深厚冲积层冻结法凿井理论与技术

程 桦 著

科学出版社

北 京

内 容 简 介

本书针对黄淮地区(特别是两淮地区)深厚冲积层冻结法凿井存在的理论与关键技术问题,系统总结了作者及其学术团队二十多年在该方面研究成果。全书共十二章,主要内容包括:通过大量的试样室内试验,分析深厚冲积层土质物理特性、冻土力学与变形性质;采用理论分析、模型试验和数值模拟相结合的方法,揭示深井多排孔冻结温度场形成规律、冻结壁的力学特性和变形特征、冻结壁与井壁共同作用机理、冻结压力形成机制和分布规律;提出满足不同水文与工程地质条件的新型冻结井壁结构形式,建立新型井壁结构设计计算方法;介绍研究成果在深井冻结法凿井成功应用的典型案例。

本书可供矿井建设工程领域科研、设计、施工人员以及高等院校相关专业教师和研究生学习参考。

图书在版编目(CIP)数据

深厚冲积层冻结法凿井理论与技术/程桦著. —北京:科学出版社,2016.9
ISBN 978-7-03-046063-9

Ⅰ.①深… Ⅱ.①程… Ⅲ.①冲积层-冻结法(凿井)-研究 Ⅳ.①TD265.3

中国版本图书馆 CIP 数据核字(2015)第 249612 号

责任编辑:李 雪 / 责任校对:李 影
责任印制:肖 兴 / 封面设计:耕者设计工作室

科 学 出 版 社 出版
北京东黄城根北街 16 号
邮政编码:100717
http://www.sciencep.com
北京通州皇家印刷厂 印刷
科学出版社发行 各地新华书店经销

*

2016 年 9 月第 一 版 开本:787×1092 1/16
2016 年 9 月第一次印刷 印张:31 1/2
字数:723 000
定价:218.00 元
(如有印装质量问题,我社负责调换)

前　言

　　我国河北、河南、山东、安徽中北部、江苏北部等中东部大型煤田煤系地层均被新生界松散冲积层所覆盖,其中华北地区的开滦煤田、邢台煤田从20~545m不等;华东地区的淮南、淮北、兖州、徐州、大屯、巨野等矿区从20~776m不等,且以淮南和巨野矿区最为深厚。该新生界松散冲积层主要由黏土、砂土、砂质黏土层组成,其下部有厚度不等若干富含水层。在上述地区进行煤炭开发,立井井筒必须穿越该富水松散冲积层。

　　冻结法凿井是采用人工制冷的方法,在井筒周围含水岩土层形成封闭的冻结壁,以抵抗水土压力,隔绝地下水和井筒的联系,确保井筒掘砌安全的一种特殊工法。1880年德国工程师Poetsch提出了人工地层冻结原理,并于1883年成功应用于德国阿尔巴里德煤矿井筒施工。其后,随着人工制冷技术的发展和冻结施工工艺日趋完善,该工法已成为矿山井筒穿越不稳定含水地层最有效的施工方法之一。

　　我国自1955年从波兰成功引进冻结法凿井技术与装备以来,经过60年来的发展,走过了从无到有,规模从小到大,冻结深度从浅到深几个阶段。至20世纪80年代末,采用冻结法凿井的矿区已扩展到邢台、淮北、淮南、大屯、兖州、徐州、平顶山、永夏等,冻结法通过的冲积层厚达374.5m(永夏矿区陈四楼煤矿副井),掘进直径达11.5m(淮南矿区潘二煤矿副井)。1998年以后,随着我国经济的快速发展,迎来了有史以来最大规模的煤矿新井建设高潮,期间,冻结井穿越的冲积层厚度不断加深,如山东济西矿(458m,2003年)、安徽丁集矿(530m,2005年)、山东龙固矿(567.7m,2005年)、山东郭屯矿(587m,2007年)、安徽口孜东矿(573m,2008年)等。

　　冻结法凿井穿越的地层水文地质与工程地质条件复杂、多变,具有强烈的不确定性,因设计与施工失当引发的诸如冻结壁失稳、井壁破损、淹井等重大事故时有发生。特别是20世纪90年代末以来,随着井筒穿越的冲积层厚度不断加深、井型加大,由此产生的深厚冲积层(350m以深)人工冻土物性参数与力学特性、冻结温度场形成规律、冻结壁稳定性、外荷载、井壁结构设计等基础理论严重滞后工程实践;冻结孔成孔、冻结壁形成与控制、井筒掘砌等关键技术有待解决;凿井施工装备无法满足安全、快速施工要求。

　　本书力求在原350m以浅冻结凿井法理论与技术基础上,构建深厚冲积层冻结法凿井理论与技术体系框架。但是,由于冻结法凿井面临的工程对象——富水深埋岩土的各种性质具有强烈的不确定性,影响深埋人工冻土物理与力学性质、冻结温度场形成与分布、冻结壁与井壁共同作用、冻结压力等因素众多,相关的理论和技术问题还有待进一步研究揭示。对此,长期以来国内中国矿业大学、中煤科工集团天地科技建井研究院等高校、科研、设计及施工单位的同仁与专家,也开展了大量研究和工程实践工作,取得了丰硕成果,为推动我国冻结法凿井技术进步做出了重要贡献。由于本书作者知识和认识的局限,书中内容肯定还有不妥和商榷之处,恳请同行专家不吝赐教与指正,以期共同丰富和完善深厚冲积层冻结法凿井理论与技术体系,推动我国建井科技的不断进步。

　　书中内容凝聚了研究团队成员近 20 年来的心血与付出。借此机会,首先感谢恩师孙文若教授给予的培养与指导;感谢姚直书教授、荣传新教授在科研项目技术负责和研究团队引领方面做出的贡献;感谢蔡海兵教授、王晓健副教授、宋海清讲师、黎明镜讲师和郑腾龙讲师在科研项目参与中所做的相关研究工作;感谢邓昕工程师、李文生同志在现场实测和实验室试验方面付出的智慧和辛勤劳动;感谢淮南矿业(集团)有限责任公司、淮北矿业(集团)有限责任公司、皖北煤电集团有限责任公司、国投新集能源股份有限公司、煤炭工业合肥设计研究院、中煤矿山建设集团有限责任公司等相关单位,长期以来对我们研究团队的大力支持和厚爱;最后,还要感谢马茂艳博士、姚亚锋博士等为本书所付出的努力。

　　本书的出版得到国家自然科学基金项目(No. 51474004、No. 51374010)的资助,作者在此深表谢意。

2016 年 3 月

目　　录

第1章 总 论

冻结法凿井是在井筒开挖前,用人工制冷的方法,暂时将井筒周围的含水岩土层冻结成封闭的冻结壁,以抵抗水土压力,隔绝地下水和井筒的联系,然后在冻结壁的保护下,进行井筒掘砌施工的一种特殊方法。

自1883年德国工程师Poetsch提出人工地层冻结原理并成功应用于阿尔巴里德煤矿9号井凿井工程之后,随着人工制冷技术的发展以及冻土热力学、力学研究的不断深入,冻结施工工艺日趋完善,冻结法施工技术已成为一种可行的和极具竞争力的软土及不稳定含水地层中土层加固、隔水的有效施工方法。人工冻结壁具有隔水性好、适应性强、对环境影响小、支护结构灵活、易于控制等优越性,越来越受到国内外土木工程界的关注,其应用也逐步推广。1955年我国首次和波兰合作,在开滦林西矿风井采用冻结法。此后,在双鸭山、铁法、开滦、兖州、邯郸、大屯、徐沛、淮北、淮南、平顶山、永夏等主要煤炭基地建设中,冻结凿井法得到了广泛的应用。进入21世纪以来,随着我国西部大开发战略的实施,陕西、甘肃、山西、宁夏、内蒙古等地区展开了史上最大规模的煤矿新井建设,冻结凿井法又在该地区含水基岩竖、斜井井筒施工中得到广泛应用。

冻结凿井法在煤矿建设实践中显示了明显的优势,它既能用于不稳定的冲积层,又可用于基岩含水层;既可以应用于立井,又可以应用于斜井及风道口工程,具有防水性好、适应性强、技术可靠、人工冻土自承能力高、工期易于保证等优点,已成为我国在冲积地层和西部地区富(含)水基岩中开凿立井筒使用最为广泛的特殊施工方法。

由于冻结法凿井穿越的地层水文地质与工程地质层复杂、多变,具有强烈的不确定性,其施工难度不但与水文与工程地质条件、冻结深度以及井筒几何尺寸等客观条件有关,而且取决于设计理论、施工关键技术与工艺以及凿井施工装备等。在理论研究方面,主要包括人工冻土物性参数与力学特性、冻结温度场形成规律、冻结壁稳定性、井壁结构设计理论等;在施工关键技术与工艺方面,主要涉及冻结孔成孔、冻结壁形成与控制、井筒掘砌以及施工装备等。纵观冻结法凿井130多年的发展历史,虽然其源于欧洲,先于我国70余年,但20世纪70年代以后,随着欧洲发达国家能源结构的调整,煤炭行业发展停滞,相关的理论与技术研究几近停顿。而我国是富煤贫油的国家,煤炭占一次能源的比例长期维持在70%左右,尤其是"十一五"以来,随着我国经济快速发展,对煤炭需求大幅增长,新建煤矿多为深埋大型矿井,冻结法凿井设计理论与技术又有了较大进步。

1.1 冻结法凿井应用概况

1.1.1 国外

德国于1883年首先采用冻结法凿井获得成功。1958年前,鲁尔矿区施工的250个井筒多数采用冻结法施工。1981 年施工的瓦尔朱姆矿维尔德矿风井,井深 1060m,净直径 6.0m,冻深 581.0m。据 1983 年报道,伏尔德矿的冻结深度 600m,是当时德国冻结最深的井筒。波兰于 1885 年开始采用冻结法凿井,至 20 世纪 70 年代末已建成立井井筒 250 个,其中卢布林矿区最大冻结深度为 760m。

英国于 1909 年开始采用冻结法凿井,冻结砂岩含水层。20 世纪 70 年代初建成的博尔比钾盐矿进风井,净直径 5.0m,冻结深度 930m,采用双层钢板混凝土复合井壁。20 世纪 70 年代末建设的赛尔比煤矿,年产商品煤 1000 万 t,5 对立井 10 个井筒和 2 个提煤斜井均采用了冻结法施工。

苏联于 1928 年开始采用冻结法凿井,是世界上采用冻结法施工规模最大的国家之一,施工约 500 个,雅可夫列铁矿 2 号罐笼井冻结深度 620m,是最深的冻结井筒。加拿大萨尔修切温钾盐 1 号矿,最大的冻结深度 915.0m(表 1-1 和表 1-2)。

表 1-1　国外井筒最大冻深一览表

项目	英国	加拿大	波兰	苏联	比利时	德国
最大冻深/m	930	915	860	800	638	628

表 1-2　世界各国深冻结井一览表

国名	矿名	冻结深度/净直径/m	冻结方案	施工时间
英国	博尔比钾盐矿	930/5.5	局部冻结岩石(590~930m)	1969~1974 年
加拿大	萨尔修切温钾盐 1 号矿	915/4.88	差异冻结(610m,915m)	1954~1958 年
波兰	苏瓦乌克铁矿	860	一次冻全深	1970 年
比利时	候泰灵矿 2 号井	638/4.9	一次冻全深	1927~1933 年
苏联	雅可夫列铁矿 2 号罐笼井	620/7.5	全段冻结(0~390m,390~620m)	1976~1980 年
德国	维尔德矿风井	582/6.0	一次冻全深	1986 年
中国	甘肃核桃峪矿副井	950/9.0	一次冻全深	2011 年

国外冻结法凿井按其地质条件可分为两类:一类是地质条件较好,但深部地层含水大或岩层不完整,采用深部局部冻结或差异冻结。另一类是第三、第四系地层特厚,条件复杂,要对其全深冻结。需要指出的是,表 1-2 所列的各井筒所穿越的地层均以基岩为主,属基岩冻结范畴。

1.1.2　国内

纵观我国冻结凿井法半个多世纪以来从无到有,规模从小到大,冻结深度从浅到深的发展,经历了探索、推广应用、巩固提高、创新发展四个阶段。

新中国成立初期,煤矿建设施工只能采用板桩法、料石沉井法穿过井筒上部近 10m 深的不稳定表土层,以至于当时不少井筒施工因遇到表土流沙层而陷入困境。例如,汾西河溪沟矿井井筒采用短段吊挂井壁施工失败,且发生了人身伤亡和淹井事故;有些井筒开凿后遇到流沙层面被迫淹井停工等。1955 年,我国引进波兰冻结法凿井技术与装备,由开滦煤矿与波兰凿井队协作,在林西风井首次采用冻结法凿井获得成功。随后又在开滦唐家庄风井,当时在苏联专家的指导下,采用国产设备,这是我国自主成功设计施工的第一个冻结井筒,为我国冻结法凿井技术的应用培养技术力量打下了基础。

在 20 世纪 70 年代以前,我国对冻结法凿井技术进行完善和推广。在使用地区上,由原先的开滦矿区扩展到邢台矿区、淮北矿区、淮南矿区等,在冻结深度上,由 100m 左右发展到 260m,不少矿区的立井井筒全部采用该法。但是随着冻结深度的增加,带来了诸如冻结孔造孔技术,冻结壁厚度设计与变形,掘进段高的合理确定,井壁破裂及漏水等新问题。由于当时国内对冻结法凿井理论与技术缺乏深入、系统的研究,工程经验少,尽管试图从国外(苏联、联邦德国、波兰等)的资料与经验中找到解决问题的办法,但因水文与工程地质的差异,收效甚微,亟待研究解决。

社会需求是推动科学技术发展的动力。从 20 世纪 70 年代中期开始,淮南矿区和淮北矿区(以下简称两淮地区)、大屯矿区、兖州矿区、徐州矿区和平顶山矿区(东部)等开展了大规模的矿井建设。这些矿区均被深厚冲积层所覆盖,除少数采用沉井法施工以外,均采用了冻结法施工。如河南省永夏矿区陈四楼煤矿副井(冲积层厚达 374m);安徽淮南矿区潘二煤矿副井(成井直径达 8m,掘进直径达 11.5m)。期间,冻结管断裂、冻结壁变形大、井壁裂漏等问题一直困扰着国内建井界。直至 20 世纪 70 年代末期,在原两淮煤炭指挥部组织领导下,经国内科研单位、高校以及相关单位有关专家共同攻关,揭示了井壁裂漏机理后,通过采用塑料夹层钢筋混凝土双层井壁结构,有效制止了井壁的裂漏,解决了当时突出的井壁漏水问题。

20 世纪 80 年代初,我国冻结法凿井技术、装备水平与 50 年代相比,有了飞跃的进步。据不完全统计,1953～1980 年,采用特殊凿井法施工的井筒共有 346 个,其中采用沉井法 114 个,采用钻井法 25 个,采用混凝土帷幕法 20 个,采用冻结法 187 个,占总数的 54%(图 1-1)。

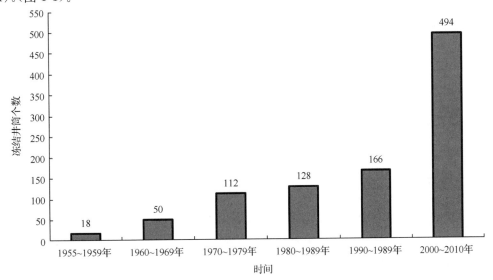

图 1-1 我国冻结法凿井施工规模增长状况[1]

　　1998 年以后,随着我国经济的快速发展,首先,在山东、安徽、河南、河北等地掀起了有史以来最大规模的煤矿新井建设高潮,期间,冻结井穿越的冲积层厚度不断加深。以黄淮地区为例,从山东济西矿(458m,2003 年),安徽丁集矿(530m,2005 年)、龙固矿(567.7m,2005 年)、郭屯矿(587m,2007 年)、口孜东矿(573m,2008 年)可看出,在短短 5 年内,我国中东部地区冻结立井穿越冲积层最大厚度增加了近 110m。

　　其后,随着我国西部大开发战略的实施,西部煤炭资源开发如火如荼,在陕西北部、宁夏、内蒙古鄂尔多斯、新疆等地区,已开工建设多个矿区。与中、东部地区新井建设相比,这些新建煤矿具有井型大、新生界地层薄(多为 30m 以浅)、矿井穿越地层以白垩系、侏罗系为主,开拓方式立井和斜井并重等特点。

　　图 1-1、表 1-3 所示为我国 1955～2010 年以来冻结法凿井施工规模、冻结深度等。统计表明,1955～2010 年,全国采用冻结法施工的立井井筒 968 个,累计井筒总长度约 22.7 万米。其中在 21 世纪头 10 年建成立井井筒 494 个,"十一五"时期施工了 254 个。20 世纪冻结深度不超过 500m,"十一五"时期冻结深度增加很快,东部地区冲积层中最大冻结深度 800m(淮南国投新集杨村煤矿,2010 年),西部地区基岩含水层中最大冻结深度 850m(陕西高空堡矿副井,2010 年)。21 世纪头 10 年,500～800m 深井冻结施工了 100 个井筒,其中约 700m 的 11 个,约 800m 的 4 个。

表 1-3　1955～2010 年我国冻结法凿井施工规模及冻结深度统计[1]

项目		施工规划/个						
		1955～1959 年	1960～1969 年	1970～1979 年	1980～1989 年	1990～1999 年	2000～2010 年("十一五")	小计
冻结深度 /m	<100	11	25	26	34	32	43(22)	171
	>100	7	18	44	50	71	109(66)	299
	>200		6	32	26	28	120(61)	212
	>300		1	9	16	30	76(39)	132
	>400			1	2	5	46(19)	54
	>500						56(35)	56
	>600						29(24)	29
	>700						11(7)	11
	>800						4(4)	4
合计		18	50	112	128	166	494(277)	968
最大冻结深度/m		162	330	415	435	400	850	

注:()内数字为"十一五"(2006～2010 年)时期的井筒个数。

　　表 1-4 表明,我国在"十一五"期间开工建设的许多井筒深度超过了波兰、俄罗斯、德国等国家。2011 年开工建设的甘肃省核桃峪矿副井,井深 1005m,净直径 9.0m,冻结深度 950m,超过英国 930m 的世界纪录。

表1-4 2003年以来部分深厚冲积层冻结法凿井项目统计数据

序号	井筒名称	净直径/m	冲积层厚/m	冻结深度/m	冻结壁厚度/m	冻结孔圈数	施工年份
1	山东张集矿主井	5.5	456.66	583	7.8	3	2009
2	山东张集矿副井	6.5	449.69	615	8.5	3	2009
3	河南赵固二矿主井	5.0	530.5	615/575	7.2	3	2006
4	河南赵固二矿副井	6.9	527.5	628	9.4	3	2006
5	河南赵固二矿风井	5.2	524.5	628/595	7.5	3	2006
6	安徽丁集矿副井	8.0	525.25	565	11.4	3	2004
7	山东郓城矿副井	7.2	536.63	590	11.0	4	2005
8	龙固矿副井	7.0	567.7	650	11.5	3	2003
9	郭屯矿主井	5.0	587.4	702	11.0	4	2004
10	安徽口孜东矿主井	7.5	568.45	737	11.5	4	2005
11	安徽口孜东矿副井	8.0	571.95	620	12.5	4	2005
12	安徽杨村矿主井	7.5	538.25	619/723	10.7	4	2012
13	安徽杨村矿副井	7.5	536.65	687/725	10.6	4	2012
14	安徽杨村矿风井	7.8	538.9	667/800	11.0	4	2012

1.2 人工冻结温度场

由人工冻结法基本原理可知,冻结法施工的成败在于作为支挡结构的冻结壁的可靠性,而冻结壁的力学性能则取决于冻土的力学性能和负温条件。由此可见,要确保冻结壁安全可靠,首先应研究冻结温度场的形成规律,掌握冻土的物理性能,从而为分析冻结壁稳定性提供基础。

人们对冻土温度场的研究已有160多年历史[2],但早期由于相关学科的局限和研究手段的落后,对冻土温度场的认识一直停留在感性阶段。直至20世纪早期,苏联成立了冻土委员会以后,才开展了较为系统、广泛的研究。20世纪中叶(1945～1960年和1961～1971年)又经历了两个较快的发展期,先后开展了与温度场有关的热力学、热物理学、土壤水热改良、工程建筑地基稳定性以及地球表面和岩石圈层的形成等方面的试验研究和以解析解为主的理论计算研究。20世纪70年代以后,计算机和数值方法在苏联冻土研究领域得到广泛应用,有力推动了该学科的发展,使以前许多难以解决的具有复杂几何形状和地质条件、考虑热质交换的非线性问题在深度和广度上都有了新的进展。但真正开始理论性研究并被公认这门学科理论奠基人的是苏联学者Сумгин,在温度场等热物理研究方面Курявцев为杰出代表。

与苏联一样,北美、西北欧的一些国家和地区,由于自然资源开发的需要,也推动了冻土温度场及其相关学科的研究进展。20世纪初阿拉斯加金矿的开采和1942年北美战备公路的严重冻害的出现,促进了对天然冻土温度场理论较全面研究。在加拿大,这方面研究主要起源于对极地多年冻土区石油、天然气等资源的开发。20世纪70年代,这些国家相继进入了研究高潮,除自然资源的开发需要外,现代监测技术和计算机技术在冻土研究领域中的应用也加速了该学科的发展。

我国在人工冻土温度场的研究上起步相对较晚。20 世纪 50 年代,余力教授首次采用水利积分仪对人工冻结法凿井温度场进行研究,根据圆管稳定导热方程推导了计算单管冻结时间的经验方程;60 年代,徐枚研究了天然细砂地基的温度场。此间的研究,主要集中在开展室内、外观测和经验方程的建立方面。直至 70 年代后期,才逐渐开展非线性相变温度场的数值模拟[3,4]。张燕和干松水[5]就立井井筒的冻结壁温度场进行了有限元数值模拟计算;陈文豹、汤志斌、王长生等 1973～1980 年先后在潘集冻结试验井、潘一东风井、潘二南风井等矿井,对单圈冻结孔和双排孔冻结情况的冻结壁温度场进行了大量的工程实测,获得了冲积层深 400m 以内的冻结壁形成与解冻的规律与特性,建立了冻结壁平均温度的经验计算公式(成冰公式)[6]。

进入 21 世纪后,随着我国黄淮地区冻结法凿井穿越冲积层厚度(400～600m)、冻结深度均不断加大,为满足冻结壁厚度的设计要求,出现了双排及以上冻结孔布孔方式。为此,国内相关科研、高校和施工单位开展了大量的多排孔冻结壁温度场理论与工程实测研究,获得了 400m 以深冻结壁温度场分布规律,取得了一系列研究成果,为深冻结井设计与施工提供了理论依据。

近年来,随着我国西部大开发战略的实施,针对内蒙古、山西、宁夏等地区特殊的水文与工程地质条件,基于对该地区冻土物理力学性质不断的深入认识,以及深立井基岩冻结法施工的成功经验的总结,对指导我国西部地区煤矿深立井建设起到重要作用。但是,由于岩(土)热物理性质具有强烈的不确定性,加之,岩(土)冻结时水分迁移机制复杂,亟待进一步研究揭示。因此,对深冻井温度场的研究尚不能满足工程设计与施工要求,仍需围绕深埋人工冻(岩)土物理特性、深井冻结壁温度场分布规律、深井冻结热工计算等方面开展深入系统研究,以满足工程设计与施工需要。

1.3　冻土力学性质

冻土是一种温度低于 0℃ 且含有冰的岩土[7],是颗粒相互联结的多成分和多相体系,普遍认为它由土颗粒、冰与土颗粒之间界面上的未冻水、土颗粒之间的冰和冰孔隙中的气体等四种成分组成[8]。影响冻土力学性质主要因素有土颗粒组成、冻结温度、土的含水率、荷载作用时间以及冻结速度等。冻土的力学性质主要包括抗压强度、抗剪强度、抗拉强度、弹性模量、压缩模量、蠕变等。

1927～1937 年,人们通过试验研究,首次获得了冻土抗压强度、抗拉强度、抗剪强度和抗扭强度与其矿物成分、含水量以及温度等之间关系的数据资料,并开展了冻土在局部荷载和侧限条件下融化下沉总量的试验研究,证明了定量热工计算时应考虑正冻和正融土中水分相变的必要性。1940 年,苏联学者 Веунбрг 研究了土中冰对冻土力学性质的影响,Цытвич 揭示了冻土中存在未冻水的事实,并说明了未冻水含量直接与负温条件有关。

1955 年,维亚洛夫首次提出了冻土长期强度的概念,认为冻土是一种在外荷载作用下,应力与应变随时间变化的物体,即物体应力与应变随时间流动的性质[9]。冻土的流变性质是由其内部联结特性所决定的,而作为理想流动固体的冰在其中起着头等重要的作用。认为冻土内部联结作用有三种:①土矿物颗粒接触处的纯分子连接作用,其值取决于矿物颗粒之间直接接触面积、粒间距离、颗粒的可压密性和物理化学性质。这些联结作用随着外压力增加而增长,但矿物颗粒的稳定性则在某些接触点上可能遭到破坏。②冰胶结联结作用是最重要的联结作用,它几乎完全制约了冻土的强度与变形性质,但它又取决于许多因素:负温值、冻土的总含冰量、冰包裹体的组构、粒度及其相对于作用力主方向、冰中未冻水的含量、空气包裹体、空隙等。③结构构造联结作用是取决于冻土的形成条件与随后的存在条件。起重要作用的是组构的不均匀性(因存在团聚体、开放性孔隙等),而且,冻土的不均匀性越强,结构缺陷就越多,结构单元和整个冻土的强度就越低。由此可见,冻土的力学性质与温度、土质、含水量、加载形式、围压大小和时间等因素有关。

早在 20 世纪 30 年代,缘于开发西伯利亚大片多年冻土的工程建设需要,苏联最早开展了冻土力学的研究。他们认识到时间因素对冻土力学性质的影响,考虑到冻土的蠕变特性,50 年代初期开始对冻土蠕变性质进行了系统化的研究[10]。与此同时,美国因为第二次世界大战的需要,在寒区军事建设中遇到了各种困难而意识到寒区冻土与常温土的极大不同,并系统地研究冻土的蠕变及强度性质[11]。此为冻土蠕变系统研究的开始。

1955 年,维亚洛夫和崔托维奇认为在恒定荷载作用下,冻土颗粒在冰晶处会发生相对移动,从而导致冰的压力融化,解释了冻土流变是一个随时间变化的物理过程。60 年代初,维亚洛夫在总结大量的试验结果基础上结合非线性蠕变理论提出了冻土的流变学原理,第一个提出了简单的幂函数形式的冻土本构关系[12],奠定了冻土蠕变研究的基础。至今,许多学者在描述冻土的应力-应变性状仍引用此种形式的冻土本构关系。从此冻土蠕变性质研究有了系统的理论分析,并成为冻土力学研究中一项重要组成部分。

20 世纪 60 年代和 70 年代,欧美其他国家也陆续开展了冻土的物理力学性质研究,冻土蠕变研究成果斐然。在理论方面,美国专门设立了陆军寒区研究与工程实验室 CRREL 从事寒区工程研究,首次提出冻土变形过程中伴随活化能的变化和冻土蠕变的动化理论[13]。Andersland 等[14,15]就应力水平及受载时间分别作为条件,研究了其对冻土蠕变速率及强度的作用。Sayles[16]对渥太华冻砂的蠕变特性做了详细研究并发表了一系列文章,得出了冻砂蠕变曲线分为减速蠕变阶段、恒速蠕变阶段和加速蠕变阶段,并分别研究了各阶段的特征。学者们不断提出各种模式来描述冻土蠕变和屈服过程并提出各种冻土蠕变模型[17~19]。近 30 年来,冻土力学的内容仍不断被丰富,Anatoly[20]提出常应力和常应变率状态下蠕变的热动力模型,Domaschuk[21]等提出冻结砂的衰减蠕变模型,Matthew[22]探讨了永久冻土中冷生构造对蠕变性能的影响。

我国关于冻土蠕变的系统研究起步较晚,直至 20 世纪 70 年代为解决青藏线建设的冻土问题才涉及冻土的蠕变问题,70 年代末和 80 年代初才开始真正在室内进行冻土蠕变的试验研究,与苏联的研究方法相似,我国的冻土蠕变研究也是以大量的室内外试验为基础得到各种工程设计参数。相继在 1978 年、1981 年和 1986 年召开了第一届、第二届和第三届全国冻土学术会议并出版了相应的学术会议论文集。吴紫汪等[23]对冻土强度与破坏特征进行研究。朱元林等[24]在实验室研究了冻结粉砂在常应力下的蠕变特性,并讨论了几种经典蠕变模型的适用性,给出了蠕变破坏准则。国际上,由于学术交流的需要,国际冻土协会和国际地层冻结协会分别成立,每隔 3 年召开一次国际性有关冻土的学术研讨会。

20 世纪 90 年代后,国外在冻土力学研究方面因为能源结构的调整,几乎没有进展,而在国内,冻土蠕变研究不断迈向新的台阶。90 年代初建立了国家冻土工程国家重点试验室。蔡中民等[25]认为衰减蠕变应变率和非衰减蠕变应变率构成了冻土的总应变率,并建立冻土黏弹塑性本构模型,该模型考虑了温度效应,且适用于静力载荷或者重复加载。对于常用的简单的幂函数形式的冻土本构,朱元林等[26]重新分析后认为这种本构关系无法描述各种类型冻土在各种不同条件下的应力-应变性能,并且针对类型各异的冻土在不同条件下开展大量的单轴压缩试验研究,得到它们的应力-应变曲线,以此为基础编制成冻土单轴压缩本构关系类型图。随煤炭开采进入深部开采阶段,“深部冻土”作为一个相对于“浅层冻土”的明确概念由崔广心、马巍等[27~29]提出,并获得了大量的研究成果。进入 21 世纪,对冻土力学的研究更着眼于工程应用,何平等[30]基于大量冻土试验研究了冻土的力学性质与冻土本构关系。李强等[31]为了寻求更简单实际的流变模型,通过试验对冻土的多种流变模型进行系统辨识,最后认为较低应力条件下和较高应力条件下的最优流变模型分别为 Burgers 模型和村山朔郎模型。汪仁和等[32]一改以往在冻结壁设计中视冻结壁为弹性体或弹塑性体的误区,视冻结壁为黏弹塑性体,建立复杂应力条件下冻土的蠕变本构方程,对深井冻结壁的黏弹塑性特征进行分析,同时得到冻结壁塑性区的发展规律。

对冻土力学性质的研究是多方面多角度的,有静力学的研究也有动力学的研究,既有冻土的宏观领域研究,也有引入某些先进测试手段如光纤测温和 CT 而涉及冻土的微细观结构领域研究。在冻土动力学研究方面,何平、朱元林、赵淑平等[33~37]在 1993~2002年先后开展了冻土在不同动载频率下的强度特性的试验研究,得出冻土蠕变破坏准则与在静载下是相同的,而且围压几乎不影响其破坏应变。Xie 等[38]开展了不同压缩加载及不同温度条件下,人工冻土的动态应力-应变特性。在冻土微细观领域研究方面,张长庆、苗天德等[39~41]用电镜分析法对冻土蠕变微结构变化进行研究,同时在冻土力学领域的研究中首次引入现代损伤力学理论,以试验研究和微结构观测为基础,分析冻土蠕变过程中微结构变化规律,得到冻土蠕变的微结构损伤理论及关于冻土蠕变的损伤演化方程。随后,沈忠言、王家澄等[42~46]于 1997~2005 年先后对冻土在冻结过程中微、细观结构的特征变化进行分析。梁承姬等[47]、李洪升等[48,49]针对冻土微裂纹的识别、发展过程及损伤进行研究计算。同时,考虑损伤影响的冻土本构模型也被不断提出。

综上所述,关于冻土力学特性的研究,国内外学者在大量的试验工作基础上,已经对人工冻土在不同温度下的力学特性有了较全面的认识,并且为工程设计提供了一些较可靠的计算理论。在我国,1985 年由张长庆、朱元林翻译出版了《冻土力学》[10];1988 年,吴紫汪、丁德文等出版了《冻结凿井冻土壁的工程性质》[50];1989 年,安维东、沈沐、马巍出版了《冻土的温度水分应力及其相互作用》[51];1994 年,吴紫汪、马巍出版了《冻土强度和蠕变》[52];制定了《人工冻土物理力学性能试验》行业标准;2001 年,徐学祖、王家澄、张立新出版了《冻土物理学》[53];2006 年,陈肖柏、刘建坤、刘鸿绪等出版了《土的冻结作用与地基》[54];2011 年,张鲁新、熊治文、韩龙武等出版了《青藏铁路冻土环境和冻土工程》[55]等。上述论著系统介绍了几十年来国内外关于天然和人工冻土力学性能和相关工程技术研究进展情况。近年来,各国学者对冻土力学性质的研究已形成全方位、多手段的研究格局,由于冻土力学性能的复杂性、多样性、非线性以及工程建设的需要,深入开展冻土的动力学性质、蠕变性能、冻土在多轴受力状态下的力学性态、冻土在加载与卸载过程中不同应力路径下的力学特性,以及利用核磁共振和 CT 技术揭示冻土微观结构特性研究等,已成为当今该领域研究的前沿和热点。

1.4　水分迁移与冻胀

土体冻结时,存在温度为±0℃面,通常称为冻结锋面,土体中的水会向这个界面附近集聚,这种现象即水分迁移。人们虽然早在 17 世纪后期就已经注意到冻胀这种自然现象,但认为这是由于土的"弯曲"变形引起的,这种观点直到 19 世纪才得以纠正,人们此时才认识到水分迁移是导致土体的冻胀的主因。早期的土体冻胀试验是在封闭系统内进行的,于是人们错误地以为冻胀仅仅是水结成了冰而已。但是人们却常常在冻土中发现有韵律性的冰透镜体条带,可是当时的试验结果却无法对此做出解释。冰箱出现后,是Taber 在开放系统中发现即使用凝固后的液体来做试验,冻胀仍然发生,才认识到未冻水向冻结锋面迁移再结成冰才是引起冻胀的主因。王家杰等认为土体冻结时,土体中热量、压力等平衡被破坏,产生包括热、水、溶质及电荷的重分布,是一种动态的过程,所以土体冻结过程中的水分迁移和冻胀力对冻土工程影响最大[56]。可以说,19 世纪初开始人们就一直致力于冻胀的研究,对土体冻胀的研究已较为深入[57]。水分迁移驱动力、冻胀模型和土体冻结过程的水、热、力耦合研究一直是冻胀研究的重点。

关于水分迁移驱动力的思索曾有过误区,当时普遍认为是单独的土体应力改变或温度改变导致了水分迁移。Everett[58] 率先提出毛细作用力理论,他认为水受毛细力驱使沿着土体中的毛细管往冻结锋面迁移聚积。此理论就是曾被广为接受并一度得到快速发展的第一冻胀理论。第一冻胀理论认为土体的冻胀完全由冻结区内水的冻结引起。第一冻胀理论较合理地阐述了冻结过程中的水分迁移现象,但是该理论认为土体冻结时只产生一层分凝冰,然而事实证明土体在冻结过程存在多层分凝冰,所以显然毛细理论并不能解释连续的冰透镜体的存在。10 年后,Miller[59~62] 提出了"冻结缘"的概念以弥补第一冻胀理论的不足,该理论即冻结缘理论,也称第二冻胀理论。该理论将存在于冰透镜体与完全未冻区之间的区域称为冻结前缘,水分迁移正是由这个区域内的未冻水、压力和渗透性等因素决定的。此理论认为冻胀不受任何约束,孔隙中的冰可以再生,所以得出的冻胀力比第一冻胀力理论得出的大。冻结缘理论因能合理阐述水分迁移现象而被广为接受。Konrad 和 Duquesne[63] 也对水分迁移方面做了相关研究并提出其模型。进入 21 世纪,学者们仍不断对冰透镜体的形成条件、冻结锋面的移动规律及冻结深度进行大量研究,土体冻胀理论日趋成熟[64~67]。

相对而言,关于冻结过程的水、热、力耦合及冻胀模型的研究起步稍晚。土体冻结过程的耦合研究,由原先的单场耦合到如今的多场耦合,经过了由简单到复杂的研究过程。

在早期将正冻土简单地分为已冻区和未冻区两个部分,只考虑到温度场的变化而忽略了应力场和水分场,得到的冻胀量也仅仅是土体中原位水的冻胀量[68]。

Harlan[69]首次进行土体冻结过程的水热耦合研究,标志着冻胀理论研究的新阶段。Harlan的热质迁移数学模型认为水分的迁移过程也是热量的迁移过程,水分迁移的动力来自于土水势梯度。该成果的缺陷是没有解释土水势的影响因素,但仍被后来的学者们采纳并得到发展。另外,Harlan模型虽然合理,但求解困难。以上种种原因导致虽然人们非常重视土体冻结过程中水分迁移问题,但水、热耦合研究却一度几乎没什么重大进展。后来,O'Neil和Miller[70,71]在第二冻胀理论基础上提出自己的模型,将正冻土分为未冻区、冻结缘和已冻区,视已冻区为刚性,而将位于冻结锋面与分凝冰暖端之间的区域界定为冻结缘区域,此区域相变剧烈,也是水分迁移发生的地方,这种模型即刚性冰模型。

Miller提出的模型相比起以前的其他模型,充分考虑了冻结缘内水、热迁移过程,而且还对分凝冰的产生机理及冻结缘内的一些参数作出描述,对冻胀过程中的很多特征能作出合理的解释,能完整、准确地描述土体的冻胀过程。Holden[72]、Piper[73]及Ishizaki[74]对Miller模型进行了简化。在刚性冰模型提出的同时,分凝势模型也由Ishizaki和Nishio[74]及Konrad[75~79]提出。Konrad将分凝势定义为水分迁移通量和冻结缘内的温度梯度之比,认为冰透镜体存在负压,而且冻结缘区的低渗透性会引起水流受到阻力,这就是导致未冻水迁移的原因。利用分凝势模型,Nixon[80]对实验冻胀数据和野外实测冻胀数据进行分析,发现分凝势模型与实际工程相符合,但是国内徐学祖等[81]却不认同,他们发现只有在温度梯度是已知的条件下符合,当处在非稳定热状况条件下,因分凝势是变量,所以无法解决实际冻胀问题。安维东等[82]和杨诗秀等[83]首次提出土壤冻结的水热耦合迁移模型,苗天德等[84,85]针对冻土的力学和热学性质进行研究并建立考虑相变的冻土水、热两场耦合模型,该模型与经典Stefan线性热传导方程不同,是非线性的Burgers方程,用于描述土体冻结过程中的水热耦合现象。Hansson等[86]得到土体冻结的水热耦合数值解。周扬等[87,88]把冰透镜体的生长视为水热耦合过程,分析了未冻水膜的影响因素。李洪升等[89]考虑冻结缘区对冻结区和未冻结区的桥连作用建立桥连式冻胀模型得到路基冻胀的半解析数值解。在这些模型的处理方法中均视外荷载为影响冻胀的一个因子,没有真正考虑冻结过程中的应力场和位移场的变化。

同时,冻结过程三场耦合研究也在不断进行,Shen Mu[90]考虑了正冻土中水分场、温度场和应力场的三场耦合并得到了数值解。安维东等[51]针对渠道冻结问题,进行土体冻结中的水分、温度和应力相互作用研究。李洪升等[91]从冻土的水分、温度和外荷载相互作用的角度出发提出土体冻胀模式。赖远明等[92,93]针对寒区隧道,研究了温度场、渗流场和应力场的耦合问题,得到了寒区隧道考虑渗流的温度场和应力场。何平等[94]在温度场、水分场中考虑进应力场得到饱和正冻土中的三场耦合模型,并探讨了水分驱动力和分凝冰等问题。李宁等[95]针对裂隙岩体介质,推导出了渗流、变形、温度场三场耦合模型,并进行了分析计算。许强等[96]以Harlan的水热耦合模型和传统的三场耦合作用模型为基础,将温度变化直接考虑进体积应变中,推导出的温度场方程和体积应变计算式,比传统的三场耦合更为合理。Zhou和Li[97]用Claypeyron方程描述冰水共存体系的温度及冰水压力建立水热力三场耦合模型,获得冰透镜体、温度及含水量的分布规律。Kang 和 Liu[98]建立水热力耦合方程对岩石介质中水的相变进行研究并提出冻胀速率方程。

1.5　冻结壁力学特性

在冻结凿井法中"一钻二壁"即冻结孔钻进、冻结壁的设计与形成,以及井壁结构设计与施工是事关该工法成败的三个关键环节与技术。其中,冻结壁功能是隔绝井内外地下水的联系和抵抗水土压力。当冻结壁完全交圈后,封闭的冻结壁还必须要有足够的强度和稳定性。冻结壁是冻结工程的核心,其强度和稳定性事关工程的成败与经济效益。

由于地层非均质性、冻结孔的偏斜,从物理、力学性质方面看,实际的冻结壁是一个非均质、非各向同性、非线性体;从几何特征看,它是一个非轴对称的不等厚筒体,在不同地压作用下,冻结壁会表现出弹性体、黏弹性体、弹黏塑性体等特性。另外,冻结壁的力学特性和稳定性还取决于凿井开挖段高、约束条件和施工工况等因素。

国外对冻结壁力学特性理论研究始于 19 世纪。在过去很长一段时期内应用弹性厚壁筒的计算方法。该方法是 1852 年法国工程师拉麦(Lamé)提出的。他假设冻结壁为在均布外压作用下的无限长弹性厚壁圆筒,给出了计算冻结壁厚度公式[99];1915 年德国学者多姆克(Domke)教授,首先把弹塑性力学引入到冻结壁厚度计算中,他假设冻结壁为在均布外压作用下的无限长弹塑性厚壁圆筒,允许冻结壁内圈处于塑性状态,外圈仍处于弹性状态下而不失稳定性给出了计算冻结壁厚度公式[100];波兰里别而曼假设冻结土为刚-塑性介质,冻结段裸露段上、下部为刚性固定,按极限平衡理论的极值曲线原理,给出了冻结壁厚度计算公式[101]。

1954 年,特鲁巴克(Трупак)的《冻结凿井法》[102]巨著出版,该书对冻土的性质、冻结壁形成规律、冻结温度场、井筒掘进与支护技术、冻结壁的解冻等问题进行了全面系统的论述,不失为冻结法凿井技术的经典之作,其中的一些内容对当今冻结法设计与施工仍有重要的指导意义。

进入 20 世纪 50 年代以后,深厚表土层中凿井的重点从以德国为中心的西欧和北欧,转移到了苏联。以维亚络夫教授为首的公路研究院和地基研究所的扎列茨基教授等对冻土的流变特性、人工冻土力学特性、冻土和人工冻土结构物的本构关系等的研究,取得了被同行学者和专家称赞的成果。并于 1962 年,将冻结壁按无限高和有限高两种计算模式,考虑冻土变形的非线性特征、冻土的蠕变以及变形过程和破坏强度与全应力之间的关系,按变形和强度两种极限状态,给出了冻结壁厚度计算公式[12]。

我国早在 20 世纪 50 年代就开展了冻结壁研究。但由于当时冻结井深度浅,在冻结壁工程设计时主要引用德国和苏联的研究成果。70 年代以后,我国在华东、华中地区开展了大规模的煤矿建设,许多矿区的矿井要通过从百余米至 400 余米不等的深厚表土层,特别是在 1978 年 4 月,潘一东风井发生溃井事故后,业主、施工、科研等单位从冻结壁、井壁结构设计和施工质量等方面对事故原因进行了总结和分析,加强了深厚表土层中地压的实测、冻结壁厚度和强度及变形规律等方面的研究工作。

在模型试验研究方面,翁家杰和张铭[103]利用冻结壁室内模型试验综合研究了冻结壁的稳定性问题,把极限应变作为冻结壁稳定问题。崔广心[104,105]借助室内模拟试验研究冻结壁厚度及其影响因素,得出冻结壁厚度的计算公式。吴紫汪等[106]通过模型试验得到了影响冻结壁变形的重要因素,并找到最大变形处及其变化规律。杨平等[107]研发了冻结壁三轴流变试验台座,并开展了大型模型试验研究,根据试验数据整理和分析了冻结壁、冻结管变形及工作面底鼓特性;黏土、砂土层交互时冻结壁温度、位移特征、冻结管应力特性等。姚直书等[108]开展了冻结壁与井壁结构相互作用大型模型试验研究,重点研究了冻结壁在形成过程中冻胀力演变规律。

在冻结壁计算理论方面,杨平[109]利用实验和实测数据,推导出深井冻结壁变形计算的理论公式。陈湘生[110]提出深冻结壁时空设计理论,给出以冻结壁(冻结管)变形极限为准则的冻结壁设计理论及公式。胡向东[111,112]采用“卸载状态下冻结壁—周围土体共同作用”力学模型,推导出了冻结壁的位移计算解析公式,给出了冻结壁的位移公式。王建州等[113]在视冻结壁为黏弹性厚壁圆筒的基础上进行分层计算提出径向分层计算方法,推导出冻结壁的应力分布和变形演化规律。荣传新等[114]基于黏弹性理论,建立了一个适用于深厚冲积层的考虑冻结壁与外层井壁以及周围土体共同作用的黏弹性计算模型,模型中同时考虑了冻结壁的蠕变变形,推导出作用于冻结壁上的外荷载表达式和冻结壁的应力分布规律,以及作用于外层井壁上的冻结压力解析表达式和井壁的应力分布规律等。

在数值模拟计算方面,郭兰波[3]和张燕[5]在20世纪80年代较早采用有限单元法对冻结壁温度场等开展了数值分析研究。其后,随着计算机技术飞速发展和ANSYS、ADINA、Flac等各种大型计算软件的出现,数值模拟已成为分析冻结壁力学特性的常用方法,相关研究成果丰硕。例如,沈沐[115]分别对无限段高和有限段高下的冻结壁,利用有限差分法和有限元法计算了蠕变问题;王建平等[116]对冻结壁的位移场分布、应力场分布、工作面底鼓变形特征利用ADINA非线性有限元程序进行了三维有限元数值计算;郭瑞平和霍雷声[117]针对两淮地区深结井冻结中遇到的工程问题,建立数学模型模拟了冻结壁位移场分布,分析了停止掘进时冻结壁壁面位移与其影响因素之间的关系;郭永富[118]利用ANSYS软件建立数学模型,分析不同地压、不同冻结壁厚度、不同冻结壁平均温度、不同开挖段高与冻结壁变形之间的关系。

冻结压力研究在20世纪六七十年代国内建井高潮中曾广泛开展,取得了大量的成果,并根据国内七个冻结井筒实测资料综合整理,给出了冻结压力的经验公式,但实测数据是来源于冲积层厚度小于400m的冻结法凿井工程[29~31,119~121]。深度超过400m,甚至接近600m的特厚冲积层中冻结压力的工程实测研究近年来才刚刚开始[32,122]。胡德铨和曹静[123]、姚直书等[124,125]、孙猛等[126]、李运来等[127]、陈远坤[128]、汪仁和等[129]、蔡海兵和王晓健[130]、盛天宝[131]等都是针对某一个冻结法施工的矿井进行了冻结压力的实测研究,获得了冻结压力的实测数据,另外,文献[127]、[128]、[129]和[131]根据实测数据给出了平均冻结压力随深度变化的关系表达式。通过对上述研究成果的归纳总结,认为:①影响冻结压力变化的主要因素有冻结地层深度、土层特性、冻结壁冻结状态(井帮温度、冻结壁厚度和平均温度)、冻结壁融化深度和外壁支护材料等。②同一测试水平冻结压力的不均匀性主要是由于冻结孔偏斜和盐水流量分配的不均匀性所致。王衍森等[132]对巨野矿区冻结法施工的 5 个井筒进行了冻结压力的测试,分析表明:最大冻结压力 P_{max} 普遍接近甚至超过按重液公式计算的永久水平地压 P_0,P_{max}/P_0 的平均值为 1.08,同时对冻结压力增长规律进行了分析,认为冻结壁内外部冻胀力的积聚是冻结压力超过重液水平地压的根本原因,外壁设计荷载(冻结压力)的标准值应按重液水平地压取值,并应采取适当措施,减缓冻胀力积聚,减小冻结压力。另外,薛利兵等[133]、汪仁和等[134] 对多圈管冻结壁内外部冻胀力进行了工程实测研究,分析表明:冻结壁冻胀力的存在,导致冻结压力接近甚至超过初始水平地压,加剧了外层井壁的受力程度。王国富和王磊[135] 根据冻结压力现场监测数据,构建基于 Markov 理论的立井井壁受压预测模型,该模型以有限的监测点数据预测未设置测点区域的井壁压力值,并给出预测值的可能概率。

1.6 冻结法凿井井壁结构

对冻结法凿井井壁的要求是:有足够的强度、稳定性及不渗漏水(淋水量小于 $5m^3/h$)。我国对冻结井壁的认识和研究经历了四个阶段[136]:第一阶段,从 1955 年我国首次在开滦矿区林西煤矿风井采用冻结法凿井至 70 年代末,其特征是沿用岩石段井壁的结构形式和设计原则,但是外荷载大小不同。采用的井壁结构形式主要为单层钢筋混凝土井壁和双层钢筋混凝土井壁。这个阶段由于井筒通过的表土层厚度较浅,井壁的强度、稳定性均可满足工程要求,但渗漏水超过规定量的问题一直未能解决。第二阶段,从 70 年代末期到 1987 年,其特征是通过现场实测和实验研究获得双层井壁漏水的原因和机理,并在工程实践基础上为解决井壁漏水提出了技术方案和措施。采用的井壁结构形式主要为塑料夹层双层钢筋混凝土复合井壁。第三阶段,自 1987 年以来,我国黄淮地区已有 70 多个煤矿立井井筒相继发生了破裂事故。这些井筒破坏的主要原因是由于矿区的底部含水层直接覆盖在煤系地层之上,随着矿井建设和生产的进行,表土含水层的水位逐渐下降,加之冻结壁的融沉,土体中有效应力逐渐增加,从而引起井筒周围土层固结沉降,施加给井筒一个相当大的竖向附加力,使井筒受到的竖向荷载加大,由于我国过去在井壁设计中未曾认识到这一特殊地层的竖向附加力问题,随着地层的沉降,竖向附加力逐渐增大,最终导致井壁因强度不足而破坏[137~144]。如果在特殊地层的新建矿井井壁设计中不采用新型井壁结构,则表土层段井壁在以后的生产运营期间就有可能发生破坏,造成重大安全事故。采用的井壁结构形式主要为竖向可缩性复合井壁。第四阶段,自 20 世纪末至今,随着我国中东部地区新一轮煤矿开发,新建矿井多具有穿越表土层深厚(400~700m)、地压大、地质条件复杂等特点。例如,2000 年以来,我国中东部地区建成的冻结井筒穿越的表土层厚度为济西矿(458m)、梁宝寺矿(480m)、丁集煤矿(530m)、龙固矿(567.7m)、赵固矿(522m)、口孜东矿(573m)、郭屯矿(587m)等,原有的井壁结构设计理论和承载能力都难以满足要求。为此,国内有关高校、研究、设计及施工等单位,围绕井壁结构及设计理论开展了大量的理论、模型试验、现场实测等研究,取得了系列研究成果,扭转了“建井马拉松,投资无底洞”的被动局面,有力推动了我国煤矿建井科学与技术进步。

另外,进入 21 世纪以来,随着我国西部大开发战略的实施,陕西、甘肃、宁夏、内蒙古等地区正展开史上最大规模的煤矿新井建设,众多采用冻结法施工的竖井井筒正在兴建或待建。与中东部地区相比,西部地区地层冻结的主要对象多为侏罗-白垩系地层,具有井筒直径大、冲积层浅、软弱基岩深、含水层多等特点,其岩石物理参数、地层压力特征、地下水渗流规律、岩层赋水形态等与中东部地区深厚冲积层以及石炭二叠系基岩有明显差别[145,146]。近年来,冻结凿井法在西部地区应用经历了摸索和总结发展两个阶段。在摸索阶段(2003~2007年),因对该地区地层特性认识不足,在冻结工程、井壁结构设计理论以及施工技术等方面缺乏储备和经验积累,导致淹井或井筒破裂事故多次发生。其后(2008年至今),随着对该地区冻结法凿井存在问题认识的不断加深,以及施工技术的总结完善,虽已建成一批深基岩冻结立井井筒,但井筒漏水量过大(10m³/h以上)现象尚未得到较好解决,淹井事故仍偶有发生[147,148]。目前,我国西部富含水深基岩冻结法凿井虽然在冻结孔钻进与偏斜控制、一次冻全深冻结管环形空间密闭、基岩冻结温度场控制技术等方面已取得不少成功经验,但对冻结壁形成规律和井壁结构设计理论仍缺乏深入研究。在冻结井壁设计计算方面,因我国现行《煤矿立井井筒及硐室设计规范》(GB50384—2007)[149](以下简称《规范》)的编制主要依据中东部地区深厚冲积层和石炭二叠系基岩冻结立井井筒的相关研究成果与工程实践,难以适应我国西部侏罗-白垩深基岩立井冻结井壁工程要求。按现行《规范》设计的深基岩冻结立井双层井壁过厚(如母杜柴登矿副井采用C50混凝土,外壁740mm,内壁1850mm),建井成本高,施工难度大;依工程经验取外荷载值,以期减薄双层井壁设计厚度,缺乏充分科学依据,存在重大安全隐患;采用国内研发的新型单层井壁[150],其接茬有效防水问题有待研究解决。

综上所述,针对我国西部地区侏罗-白垩系深基岩地层,开展围岩、孔(裂)隙水与井壁相互作用下冻结立井井壁外荷载、井壁结构形式与受力机理以及设计计算方法研究,已成为我国西部地区冻结法凿井亟待解决的应用基础理论课题,对安全、高效开发建设我国西部地区深部煤炭资源具有重要的理论意义和应用价值。

1.6.1 钢筋混凝土井壁

对于冻结井钢筋混凝土结构,采用弹性厚壁筒公式计算井壁应力,应用第四强度理论进行强度验算,其井壁厚度按下式初步确定[151]:

$$h = a \left[\sqrt{\frac{[R_z]}{[R_z] - \sqrt{3}P}} - 1 \right] \tag{1-1}$$

$$[R_z] = \frac{R_a + \mu_{min} R_g}{K} \tag{1-2}$$

式中,a 为井壁的内半径;P 为水平外荷载;μ_{min} 为最小配筋率;K 为安全系数;R_a、R_g 分别为混凝土和钢筋的抗压设计强度。

R_a、R_g 和 K 分别按《采矿工程设计手册》取值[151]。内层井壁的水平外荷载按静水压力计算,取 $P=0.01H$(H 为计算深度,单位为m),单位为MPa。外层井壁的水平外荷载按承受冻结压力计算。

冻结压力是指在冻结施工期间冻结壁作用于外层井壁上的水平压力,它是冻结壁和外层井壁共同作用的结果。影响冻结压力的主要因素有土性、深度、冻结温度、冻结壁厚度、井壁结构形式等。冻结压力是冻结工法本身造成的施工荷载,对冻结井筒外层井壁设计起到关键作用。冻结压力设计值由黏土层控制,我国对小于 400m 井深的冻结压力设计值,主要根据大量实测数据和工程实践,按工程类比法取值,而对于冲积层厚度超过400m 的冻结压力,国内外实测数据较少。尽管近几年来我国已针对 400m 以深冲积层冻结井开展了一些冻结压力实测研究,已有不少有关深井冻结压力的文章发表,但由于地层的多样性和复杂性,还有待进一步研究、揭示其分布规律。

1.6.2　塑料夹层双层钢筋混凝土复合井壁

塑料夹层双层钢筋混凝土复合井壁解决了长期以来深井冻结井壁开裂漏水这一难题。塑料夹层的防水机理是塑料板使内、外层井壁不直接接触,减少了外壁对内壁的约束,使内壁在降温过程中有一定的自由收缩,防止出现较大的温度应力;塑料板还具有保温作用,使内壁的降温速率减小,也减少了瞬时温差,减弱了温度应力;正是由于防止和减弱了出现的温度应力,从而消除了裂缝,大大地提高了混凝土井壁的自身封水性。塑料夹层双层钢筋混凝土复合井壁的设计原理可简要归纳如下:

(1) 采用双层井壁分开计算原则,外壁承受冻结压力,内壁承受静水压力,改变了过去假设双层井壁为整体共同承受地压的设计原则。

(2) 内、外壁间进行注浆。外层井壁接茬多,有的被压坏后进行修补,难以满足防水要求,内壁有裂缝,形成了井壁漏水的通道,因此必须进行壁间注浆。德国采用浇注沥青层(还能消除生产期间采动对井壁的影响),波兰采用塑料板。

(3) 外壁结构形式应适应冻结压力的发展规律,砌壁后能立即承受初期冻结压力,还能抵抗最大冻结压力。为了提高外壁的承载能力,德国采用混凝土砌块、横竖缝为可压缩板,壁后充填砂浆,每个段高设壁座。波兰采用大型混凝土预制弧板,每块重 500~1000kg,用螺栓连接,壁后充填砂浆。英国采用现浇混凝土。

(4) 采用高强井壁材料,提高内层井壁的强度。为了提高内层井壁的强度,德国采用钢板(单层或双层)与钢筋混凝土复合井壁,英国采用铸铁丘宾筒、双层钢板混凝土复合井壁,苏联、加拿大采用铸铁丘宾筒。

1.6.3　竖向可缩性复合井壁

竖向可缩性复合井壁结构各部分的作用是:①外层井壁,在施工期间承受冻结压力和限制冻结壁的变形,在冻结壁解冻后,冻结压力消除,外层井壁与内层井壁共同承受永久地压自重和部分竖直附加力。②内层井壁,承受外层井壁或夹层传来的水平侧压力,同时承受自重、设备重量和外层井壁或夹层传来的部分竖直附加力。内层井壁还要满足防止井壁漏水的要求。③夹层,位于内层井壁和外层井壁之间,主要作用是防漏水和改善井壁受力状况。因不同的功能要求,夹层可以选用不同的材料和结构形式。常用的夹层有塑料板、沥青和钢板。④可缩性井壁接头,保持井壁竖向可缩以适应特殊地层的竖直附加力,可缩层可由实心可缩材料构成,也可制成空心结构的可缩装置。它要求在井壁自重作用下具有刚性特征,当荷载超过某一设定值以后,可缩层具有可压缩特性。⑤泡沫塑料层设置在冻结壁与外层井壁之间,其厚度以 25~75mm 为宜,既起到隔热作用,也可防止混凝土析水被冻坏。同时由于冻结壁径向变形,泡沫塑料层自身被压缩,从而起到缓和冻结压力的作用,在黏土层中使用效果更明显。

竖向可缩性复合井壁是一种竖让横抗的新型井壁结构,其力学特性为:当竖直荷载不大时,井壁足以承受水平外载作用(抗);当竖直附加力增大到某一值后,井壁产生竖向压缩变形,使井筒和地层同步下沉(让),以减少竖向附加力对井壁的影响。为实现竖向可缩性复合井壁上述力学特性,在传统的钢筋混凝土井壁的基础上,根据井筒所处地层状况,在地层变形较大处设置可缩性井壁接头,以保证井壁具有竖向让的特性。设计可缩性井壁接头应满足以下主要要求。

1. 强度和刚度要求

可缩性井壁接头水平方向能承受水平地压;其竖直方向的临界荷载为 Q_{zmax},且 Q_{zmax} 应满足式(1-3)要求:

$$Q_p < Q_{zmax} < Q_z \tag{1-3}$$

式中,Q_p 为井壁自重;Q_{zmax} 为可缩接头竖直方向的临界荷载;Q_z 为井壁结构的竖向临界荷载。

这样既可保证可缩性井壁接头在竖向附加力增大到一定数值后、井壁自身所受荷载达到其材料极限承载能力之前,发生屈服、失稳及压缩变形,又可有效地衰减竖向附加力。

2. 可缩量的要求

可缩性井壁接头可根据需要设置 1 个或多个,所有可缩性井壁接头累积的竖向可压缩总量应大于地层可能下沉量,即应满足式(1-4)。

$$A + B \geqslant U \tag{1-4}$$

式中,A 为可缩性井壁接头累积压缩量;B 为井壁自身竖向可缩量;U 为地层下沉量。

3. 防水及其他要求

可缩性井壁接头应具有良好的防水性。即该接头在产生竖向可缩变形前后,均不发生漏水现象。另外,还应满足防腐及易加工等要求。

1.7 我国深厚冲积层冻结法凿井技术现状

冻结法凿井施工技术主要包括冻结孔施工技术、冻结方案与工艺、井筒掘砌以及相应装备等技术水平。纵观我国冻结法凿井 50 余年的技术发展,与新建煤矿井型和穿越丰富含水层厚度不断加大、我国科技工作者的不懈努力、相关领域科技进步,以及工程管理水平的不断提高有着密切联系。特别是进入 21 世纪以后,随着我国中东部地区深部煤矿的开发,立井井筒穿越的冲积层厚度由原先的 400m 以浅陡增到 600m 左右,工程的需求是推动科技进步的巨大动力。因此,10 多年来,我国冻结法凿井技术得到迅速发展,研发了大批新技术、新装备、新工艺,井筒冻结深度不断加大,建成一大批深冻结井筒,冻结法凿井技术水平发展到了一个新的阶段,达到了世界先进水平。

1.7.1 冻结方案与施工技术

1. 冻结壁厚度

东部地区不少井筒穿过 400～600m 厚的冲积层,需要的冻结壁厚度 8.0～12.0m,冻土平均温度－15℃左右。例如,安徽丁集矿副井,净直径 8.0m,冲积层厚 525.25m,冻结深度 565.0m,冻土平均温度－16℃,冻结壁厚度 11.4m;我国穿越深厚冲积层冻结深度最大的安徽杨村矿风井,净直径 7.8m,冲积层厚 538.90m,冻结深度 800.0m,冻土平均温度－18℃,冻结壁厚度 10.5m 等。表 1-5 为我国东部地区部分深井冻结壁厚度。

表 1-5　我国东部地区部分深井冻结壁厚度

序号	井筒名称	冲积层厚度/m	冻结深度/m	净直径/m	井壁厚度/m	冻结壁厚度/m	冻结孔圈数
1	山东济西主井	457.78	488	4.5	1.4	7.5	2
2	山东济西副井	458.7	488	5.0	1.5	7.6	2
3	山东龙固副井	567.7	650	7.0	2.25	11.5	3
4	山东龙固风井	533.1	650	7.5	2.1	10.5	3
5	山东赵楼主井	473	527	7.0	2.05	9.0	3
6	山东赵楼副井	475	530	7.2	2.15	9.5	3
7	山东赵楼风井	471	534	6.5	2.0	9.0	3
8	山东郭屯主井	587.4	702	5.0	2.2	10.0	4
9	山东郭屯副井	583.1	702	6.5	2.4	11.0	4
10	山东郭屯风井	577.1	702	5.5	2.3	10.5	4
11	山东郓城主井	534.28	590	7.0	2.16	10.5	4
12	山东郓城副井	536.63	594	7.2	2.25	10.8	4
13	山东花园主井	476.8	512	4.5	1.83	8.3	3
14	山东花园副井	476.8	512	5.0	1.83	8.7	3
15	河南程村主井	429.86	485	4.5	1.5	6.0	2
16	河南程村副井	426.8	485	5.0	1.8	7.0	2
17	河南赵固主井	518	575	5.0	1.7	7.3	3
18	河南赵固副井	518	575	6.5	2.1	9.0	3
19	河南赵固风井	518	575	5.0	1.7	7.3	3
20	河南泉店主井	454	513	5.0	1.78	7.13	3
21	河南泉店副井	440.1	500	6.5	2.08	8.81	3
22	河南泉店风井	440	523	5.0	1.78	7.13	3
23	安徽涡北主井	413.9	476	5.5	1.5	6.8	2

续表

序号	井筒名称	冲积层厚度/m	冻结深度/m	净直径/m	井壁厚度/m	冻结壁厚度/m	冻结孔圈数
24	安徽涡北副井	410.5	470	6.5	1.95	7.0	2
25	安徽涡北风井	413.2	474	5.0	1.6	6.3	2
26	安徽丁集主井	530.45	552	7.5	2.1	11.0	3
27	安徽丁集副井	525.25	550	8.0	2.2	12.0	3
28	安徽丁集风井	528.65	552	7.5	2.1	11.0	3
29	安徽顾北主井	464	510	7.6	2.1	10.0	3
30	安徽顾北副井	462.5	510	8.4	2.2	11.0	3
31	安徽顾北风井	464.35	510	7.0	2.05	9.5	3
32	安徽口孜东主井	568.45	737	7.5	2.38	11.5	4
33	安徽口孜东副井	571.95	617	8.0	2.4	12.5	4
34	安徽口孜东风井	573.2	626	7.5	2.38	11.5	4
35	安徽杨村矿主井	538.25	710	7.5	2.3	10.5	4
36	安徽杨村矿副井	536.65	725	7.5	2.3	11.0	4
37	安徽杨村矿风井	538.90	800	7.8	2.35	10.7	4

2. 多圈孔冻结方案

冻结壁厚度与冻结深度、土性、井径等因素相关。以往在冻结深度 350m 以浅,多采用单圈孔布孔方式,冻结壁平均温度均不低于−10℃,此后,随着冻结深度的加大以及井筒直径的增大,单圈孔布孔方式已无法满足冻结壁设计要求。理论研究与工程实践表明,单圈孔冻结壁厚度接近 3.0m 时,已接近极限,再继续冻结,冻结壁向外扩展速度极其缓慢,要达到−10℃以下平均温度和 5.0m 左右冻结壁厚度,冻结时间长达 300d 以上。淮南潘谢矿区建井中发生多次严重断管甚至淹井事故也充分验证了单圈孔布孔方式在深冻结立井应用的风险性(表 1-6)。

表 1-6　淮南潘谢矿区部分立井冻结壁厚度及平均温度

井筒名称	净直径/m	冻结深度/m	冻结管圈数	冻结壁平均温度/℃	冻结壁厚度/m
潘一矿主井	7.5	200	1	−7.5	4.5
潘一矿副井	8.0	200	1	−7.5	4.41
潘一矿中风井	6.5	221	1	−7.5	4.0
潘一矿东风井	6.5	320	1	−7.5	5.36
潘二矿主井	6.6	325	1	−7.5	5.1(断管 5 根)
潘二矿副井	8.0	325	1	−7.5	5.1(断管 7 根)
潘二矿西风井	6.5	327	1	−7.5	4.84(断管 8 根)
潘二矿南风井	7.0	320	1	−7.5	5.14(断管 14 根)
潘三矿主井	7.5	280	1	−10	2.67(断管 7 根)

井筒名称	净直径/m	冻结深度/m	冻结管圈数	冻结壁平均温度/℃	冻结壁厚度/m
潘三矿副井	8.0	280	1	-10	2.83(断管 4 根)
潘三矿中风	6.5	310	1	-10	2.35(断管 7 根)
潘三矿东风井	6.5	415	2	-7.5	6.5(断管 22 根)
潘三矿新西风井	7.0	508	4	-17	8.6
谢桥矿主井	7.2	362	1	-10	4.76
谢桥矿副井	8.0	360	2	-12	5.31
谢桥矿矸石井	6.6	330	1	-10	3.43(断管 33 根)
丁集矿主井	7.5	552	3	-17	11.0
丁集矿副井	8.0	550	3	-16.5	11.5
顾桥矿主井	7.5	325	2	-15	5.6
顾桥矿风井	7.5	370	2	-15	5.9
顾北矿主井	7.6	500	4	-12/-15	7.2/9.6(井深 464m)
顾北矿副井	8.1	500	3	-16	7.6(外圈至帮)
潘北矿风井	7.0	395	2	-15	6.3
顾桥南区进风井	8.6	345	2	-15	6.4
潘一东矿二副井	8.6	276	2	-12	4.1

进入 21 世纪后,随着我国冻结深立井穿越的冲积层厚度的不断加大,多圈孔冻结已成为中东部地区较多采用的一种方式,即由原先的单圈孔,发展到主孔+辅孔(防片帮孔)、双圈孔(主圈孔+内圈孔或插花内圈孔)、三圈孔(外圈孔+中圈孔+内圈孔或插花内圈孔)等。冻结方式也由原先的单一形式发展为多种形式组合。如山东龙固矿副井(冻结深度 650m)采用了三圈孔的布置方式,外圈孔 300m 以上加保温层局部冻结,中圈孔采用长短腿差异冻结,以及内圈孔双供液布置的四种不同形式组合的冻结方式。

冻结孔布置方式主要取决于井筒直径、冻结壁厚度、施工速度、地质特点、造孔的技术水平等因素。根据我国近几年深井冻结技术取得的进步和积累的工程经验,当冻结壁设计厚度小于 5.0m 时,多采用单圈孔或单圈孔+防偏孔;当冻结壁设计厚度为 5.0~7.0m时,适宜采用双圈孔;当冻结壁设计厚度为 7.0~10.0m 时,多采用双圈孔或三圈孔;当冻结壁设计厚度为 10.0m~13.0m 时,适宜采用三圈孔或四圈孔(防片帮孔插花布置)等。

图 1-2、图 1-3 分别为丁集矿和口孜东矿采用的多圈孔冻结方案。以口孜东主井为例,该井净径 7.6m,冲积层厚 568m,冻结深度 737m,冻结壁厚度 11.5m,采用 4 圈孔冻结方案。近 10 年来,东部地区的龙固、郭屯、丁集、郓城、李粮店、杨村等矿的井筒施工中,都成功地采用了多圈孔冻结方案。丁集矿副井和口孜东矿主井分别采用 3、4 圈孔冻结方案[152,153],如图 1-2、图 1-3 所示。图中显示了冻结孔圈数、布置圈直径、孔数、开间距、冻结深度等主要参数和各圈孔冻结方式。2 个井筒分别于 2004 年 6 月和 2007 年 6 月正式开挖,均安全顺利地通过冻结段。

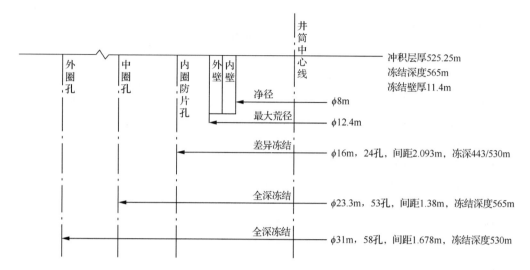

图 1-2　丁集矿副井井筒 3 圈冻结孔布置方案

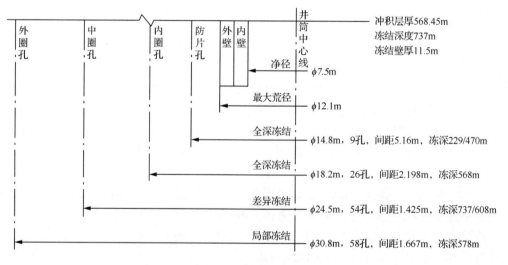

图 1-3　口孜东矿主井井筒 4 圈孔冻结布置方案

3. 观测孔布置及数量

我国中东部地区深井冻结穿越的地层远比浅井复杂,含水层数量不一定比浅井多,但含水层厚度、富水程度、水压等差异较大。与浅井冻结不同的是,为准确把握深冻结井各层位冻结情况,视情况对上、中、下部主要含水层增设水文观测孔。以丁集矿为例,该矿主、副、风三个井筒穿越上、中、下三个含水层组,且各含水组底界埋深分别为 130.4m、332.3m 和 503.0m。为此,在三个含水层下部 122m、329m、492m 各层位分别设置了三个水文孔,为准确报道各含水层水位变化,防止水文孔不同含水层间彼此窜水流通,影响正常报道,均在报道层上部采取了封孔措施。

温度观测孔布置原则是科学布孔,用尽可能少的温度观测孔获得主要含、隔水层,以及各冻结圈、孔间关键部位的温度变化情况。一般情况下,布置温度观测孔 4～6 个,即外圈孔之外布置一个,其深度与外圈孔深一致;防片孔与荒径之间布置一个,其深度在防片孔下 5～10m;其余观测孔应布置在各圈孔间距最大的部位,其中一个孔深与冻结深度一致,一个孔深与内圈孔深一致。

4. 深冻结孔施工技术

深井冻结孔钻进工程量大,一个井筒 6000～8000m,钻孔质量要求高,钻孔偏斜率:冲积层中小于 3‰,基岩中小于 5‰。相邻两孔最大间距:冲积层中小于 3.0m,基岩中小于 5.0m,防片孔及内圈孔径向偏斜应符合设计要求。以丁集矿为例,该井对钻孔偏斜率要求为:孔深 0～300m 不大于 3‰,300～500m 不大于 2‰,超过 500m 按靶域控制,靶域半径为 1m;相邻孔间距要求:中圈主冻结孔孔间距表土段不大于 2.2m,基岩段不大于 3.2m;外圈、内圈孔间距表土段不大于 2.8m,基岩段不大于 4.0m;内圈孔向井中方向偏斜不得超过 300mm。

选用高性能钻机,配备先进的陀螺测斜仪、定向纠偏技术,采用合理的钻进工艺、钻具组合,保证钻孔质量达到设计规范要求,提高钻进效率。

1) 主要施工设备

钻机。目前普遍采用国产 TSJ-2000 型及 TSJ-1000 型钻机,能力大,扭矩为 15～18kN·m,提升能力为 60～80kN。配用 ϕ89mm 钻杆。一般钻场上采用 4～8 台同时施工。

泥浆泵。选用 TBW-850/5 型或 TBW-120/7B 型,泵压 5～7MPa,流量 80～1200L/min。满足钻孔冲洗和螺杆钻具工作的要求,并配备旋流器和振动筛等设备净化泥浆。

定向纠偏设备。螺杆钻具选用国产 5LI-165×7、5LI-120×7 等型号,造斜器有 0.5°、1.0°、1.5°和 2.0°4 种,配 JDT-3 型陀螺测斜仪。

测斜仪。国产小直径、精度:±3,连续测量自动记录的 JDT-5 型陀螺测斜仪及蔡司010B 型经纬仪,精度:±1。陀螺仪放在钻杆里,实现不提杆测斜。

钻塔。选用四角钻塔,承载能力大,其高度能满足下放两根连接的冻结管长度。采用上述设备施工深冻结孔,为保证钻孔质量创造了良好的条件。

本着“防偏为主,纠偏为辅”的原则,钻进中,根据不同地层及钻孔状况,加强泥浆管理,提供优质泥浆,选择合理的钻具结合,调整控制钻压、钻速、进尺及泵压泵量等参数进行钻进,每钻进 30m 左右进行测斜,发现超偏时应及时纠偏。采用陀螺仪测斜,采用允许偏斜率及“靶域”式钻进来控制钻孔质量,“靶域”半径为 0.8～1.5m。

2) 纠偏技术

采用国产的陀螺测斜仪、螺杆钻具,掌握了钻孔定向纠偏技术,为保证钻孔质量起到了重要作用。实践表明,当孔深 200m 以深时,采用传统的铲、扫、扩、移位等纠偏方法效果差,难以保证钻孔质量。钻孔质量的好坏,对井筒冻结、掘砌施工能否顺利进行至关重要。20 世纪 80 年代初,在潘三东风井及东荣二矿风井试验采用美国进口的 YL-100 型液动螺杆钻具进行定向纠偏首获成功。其后,我国研发了国产 5LI 系列螺杆钻具、造斜器、JDT-3、JDT-5 型陀螺测斜仪等,形成了深井冻结孔纠偏技术。

3）冻结管连接方式

冻结管采用 20 号低碳钢无缝管，规格一般为 $\phi168mm\times7(8)mm$、$\phi159mm\times7(6)mm$ 或 $\phi140mm\times6mm$。冻结管连接部位是易发生断管的薄弱环节，以往多采用外套箍连接方式，常发生断管事故，后经研究，现均改用内套箍焊接方式，大幅降低了连接处断裂漏液事故的发生。施工时执行《煤矿冻结法开凿立井工程技术规范》MT/T 1124 第 6.2.4 条规定；冻结管动压试漏执行《煤矿井巷工程施工规范》（GB 50511—2010）第 5.2.8 条 4 款的规定。

5. 制冷供冷技术

与浅立井相比，深井冻结所需冷量大，对冻结壁供液控制要求高。通过设置大型制冷站，提供低温、大流量盐水，制冷设备更新换代，节水节能等技术措施，满足了深井冻结对制冷供冷的需要。具体为：

（1）深井冻结采用低温−32～−35℃、大流量、每孔 10～18m³/h 盐水，需要设置大型冷冻站。目前一个井筒的制冷站装机总标准制冷量为 10.5～14.7MJ/h。口孜东矿主井为 17.3MJ/h。东部地区部分深井冻结制冷站装机制冷情况见表 1-7。一个制冷站需要安设冷冻机、蒸发器、冷凝器、盐水泵及配电器等多台设备，电机总容量约 10 000kW，液氨近百吨，氯化钙近千吨，占地面积 2000～3000m²，形成氨、盐水、冷却水 3 个循环系统，组成一个庞大的制冷系统。

表 1-7　东部地区部分深井冻结制冷站能力

技术参数	丁集矿			顾北矿	郓城矿	赵固二矿	口孜东矿	
	主井	副井	风井	北风井	副井	副井	主井	风井
井筒净直径/m	7.5	8.0	7.5	7.0	7.2	6.9	7.5	7.5
冻结深度/m	565	565	558	502	590	628	737	626
冲积层厚/m	530.4	525.2	528.6	464.3	536.6	527.5	568.45	573
地温/℃	32.2	32.2	32.2	—	—	—	24.0	28.0
盐水温度/℃	−32～−34	−32～−34	−32～−34	−32	−32～−34	−28～−32	−35	−34～−36
冻结管总长度/m	69 249	77 317	67 790	51 605	71 520	52 347	92 271	89 553
标准制冷量/（万 kJ/h）	10 241	11 524	14 588	10 450	3 691*	1 990*	17 242	4 627*

* 工况。

制冷站能力的大小与冲积层厚度、冻结深度、冻结壁厚度有直接关系。另外与盐水温度有关，盐水温度越低，需要冷冻机的容量越大。液氨汽化温度在标准制冷量工况时每下降1℃，则冷冻机的制冷量下降 1/3 左右。当盐水温度降至−35℃时，其制冷量为标准制冷量的 1/3 左右。所以，在工程设计中结合深立井具体情况，科学合理地选择盐水温度对节能、降低冻结费用是很重要的。

（2）制冷设备更新换代，提高制冷效率，节能节水。采用新型大容量螺杆冷冻机替代了立式活塞式冷冻机。该型机具有在低温工况时运转性能显著提高、操作方便、易维护、单机容量大而体积小、占地面积小等优点。"十一五"时期大型制冷站多采用了该种新型螺杆冷冻机,组成单双级压缩制冷,大幅提高了制冷效率。20 世纪 90 年代初,研发了蒸发式冷凝器替代耗水量大的壳管立式冷凝器,并在河北元氏矿首次试用成功,之后在全国推广应用。与壳管立式冷凝器相比,该种冷凝器具有节水显著、运行可靠、养护方便、搬运装拆方便等优点。如一个深井制冷站,以前采用壳管立式冷凝器时需要水源井提供600～700m^3/h冷却水,目前采用蒸发式冷凝器后只需要 40m^3/h 左右,节水率高达80%～90%。

(3) 广泛采用信息化施工,提高了施工管理水平。21 世纪以来,随着冻结井的深度不断加大,对冻结壁形成质量和掘砌施工工艺提出了更高要求,各冻结掘砌单位联合高校、科研单位研发了计算机自动化集中监测系统,实时采集制冷站运转状况、预报冻结效果等数据来指导施工。在井筒掘砌过程中,通过工作面井帮温度、位移、冻土进入荒径等数据,及时掌握工作面冻结壁的稳定状况以及下部冻结壁厚度、井帮温度状况。为协调冻结与掘砌的关系、安全施工提供依据,大幅减少了断管、井壁破裂等事故发生。

1.7.2 冻结立井掘砌技术

1. 井筒机械化掘进作业

表土段多采用短段掘砌混合作业方式,并配套"五大一挖一深"的立井机械化装备施工,即井筒施工装备两套大绞车、大吊桶、大模板、大块组装模板和大抓岩机、一台挖掘机和基岩伞钻中深孔光面爆破。地面配备自动翻矸、汽车排矸为主体机械化作业线。

井筒掘进采用 CX55B 型挖掘机,配风镐破土;HZ-6 型中心回转抓岩机,配 3～5m^3吊桶装岩;2 套单钩提升机出矸。当工作面有少量冻土时,将 CX55B 型挖掘机的挖斗换成镐头,配风镐或破碎机开挖冻土,工作面机械化程度较高,与以往采用风镐破土、人工铁锹装岩相比,提高了掘进效率和进度,可减少工作面人数 40% 左右。

以口孜矿副井为例:主提升选用 JKI-3.2/18 型凿井专用绞车配备 4.0m^3 矸石吊桶;副提升选用 JKI-2.8/15.5 型凿井专用绞车同样配备 4.0m^3 矸石吊桶,确保了提升能力,座钩自动翻矸增强了施工的安全性和灵活性,同时也满足了下放混凝土吊桶浇注的要求。

大抓岩机和挖掘机并用。在三层吊盘的下层盘布置一台中心回转式 0.4m^3 抓岩机抓矸。当井下需大量排土时,同时使用 CX55B 小型挖掘机配合大抓向 4.0m^3 吊桶装土,使得抓矸速度较人工装矸提高了一倍以上,每小班出矸时间缩短了 2h。仅此一项,整个井筒出矸时间就节省了 400h,工人劳动强度也降低了 80% 以上。同时利用挖掘机配合施工人员开帮、清底、找平,使立模工作准确、快速。提高掘进速度,缩短了掘砌循环。

2. 深厚黏土层中快速安全掘砌

黏土层含有高岭土、钙、铝等矿物成分,土中结合水含量高,具有可冻性差、冻胀力大等特点,是冻结管断管、外层井壁破损等事故的易发地段。例如,谢桥矿矸石井断管 33 根、副井发生断管 5 根。淹井事故均发生在 200～240m 下部黏土层部位;张集矿风井 3 根冻结管断管发生在 270m 钙质黏土与砂层交界处;顾北矿副井连续发生 43 根冻结管断管,发生层位主要在井筒下部黏土层或钙质黏土层等。为此,在分析原因、总结经验的基础上,提出了"强化冻结、短段掘砌、加强支护、快速通过、辅以挖卸压槽及铺设高强度泡沫板"的施工方案,收到了"先让后抗,抗让结合"的效果。具体为,在施工过程中,水文孔水位溢出管口后,应继续采取大流量、低温盐水进行强化冻结;当井筒掘砌到防片孔下部时,在深部黏土层井帮温度和冻结壁强度满足设计要求后,井筒才能往下连续施工;过黏土层时控制掘进段高不超过 2.5m,暴露时间不超过 30h,井帮最大位移不超过 50mm。当工作面井帮温度偏高,位移量较大,工作面底鼓严重时,应立即停止掘进,继续加强冻结。工程实践表明,凡是严格按上述方案施工的井筒,均实现了在穿越厚黏土层时安全、快速、基本不断管的目的。

3. 高性能高强混凝土的施工与质量控制

20 世纪 90 年代,我国冻结法凿井中的井壁,多采用强度等级 C40、C50 的混凝土。进入 21 世纪以来,随着深冻结井井筒大量采用强度等级 C60、C70、C75 混凝土,少数井筒采用了 C80、C90 混凝土,对混凝土原材料的选择、配制、输送、振捣等各环节的质量控制提出了更高要求。特别是冻结井井筒混凝土比地面建筑、交通和水利构筑物混凝土养护环境和施工条件恶劣,如要求外层井壁混凝土具有早强、高强和防冻性能,以防止因早期强度偏低而遭受破坏;要求内层井壁具有高耐久性、抗裂和防水性能,以防止冻结壁解冻后出现井壁较大漏水。同时由于内、外壁均属于大体积混凝土施工,要求混凝土水化热低,以防止井壁出现温度裂缝等。

高性能混凝土原材料为水泥、粗细骨料、水及掺和料。掺和料有 2 种:1 种是化学剂掺和料(减水剂、密实剂),另 1 种是矿物外加剂(磨细矿渣、粉煤灰、硅粉)。目前多采用双掺技术配制高性能混凝土。为有效控制混凝土配制质量,宜采用井口地面集中搅拌站,采用强制式搅拌机、水泥仓、水泥螺旋式输送机、外加剂泵、清水泵、骨料冲洗机、电子秤、骨料配料机来制备高性能混凝土。严把原材料检验关,严格遵守混凝土搅拌、外加剂搅拌顺序等制度。混凝土从搅拌站直接送至井口,采用底卸式吊桶下放混凝土,经分灰器入模,采用高频振捣器振捣,垂直点振,不得平拉。混凝土入模温度,外壁 20℃左右,内壁 15℃左右。近年来,采用上述技术在郭屯、龙固、丁集、口孜东、赵固二矿等井筒施工中,成功配制了 C60～C90 混凝土。

4. 砌壁

砌壁使用模板和施工工艺虽因施工单位不同,但为满足深冻结井快速掘砌需要,在浅井施工基础上,对模板和施工工艺进行了改进。目前,外层井壁多采用段高 2.5/3.6m 的 MJY 型整体金属模板砌壁,备有部分 1.0～1.5m 短模板,应急之用;内层井壁采用多套金属组装式模板砌壁,或采用内爬杆式金属液压滑升模板。内层井壁一般由下而上一次全深套壁,少数井筒分两次套壁。以口孜东矿副井为例,该井筒外层井壁砌壁采用带刃角架整体单缝液压活动式金属模板,固定段高 2.2m。使用 TD-3.0 底卸式吊桶下放混凝土,混凝土经分灰器,溜灰胶管流入模板内。该模板具有整体强度大,不易变形的特点,并且浇注口是敞口式,加快了浇注时间且方便了振动棒进行振捣。在砌壁初凝后,扒去或用风镐铲除模板龙门口处混凝土,并进行抹平,保证了接茬严密和观感质量。套砌内壁采用大块组装模板,段高 1.2m。拆、组模板虽工人劳动强度大了,但此方法可连续进行浇注混凝土作业。从 2008 年 1 月 17 日起,其中包括铺底、组装临时吊盘和预埋地脚螺栓在内,只用 63 天将井筒套壁结束。

5. 井筒成井速度

目前,我国中东部深井冻结法凿井广泛采用了"三同时"快速建井技术,即将凿井工程中传统的注浆、冻结、掘砌依次施工的工艺,通过 S 孔定向钻进技术,使三者在同一井筒、同一时间段内同时施工。加之,冻结孔成孔质量好,冻结工艺与掘砌施工协调配合,钻爆法施工,工作面机械化作业程度高,实现打干井,井筒施工进度得到显著提高。掘砌外壁月进尺 100m 为正常的施工进度,也可实现月进尺 120~150m[154],平均月进尺 90m 左右。井筒冻结段综合平均月进尺 70m 左右。目前,1 口深 600~700m 的井筒,采用全深冻结或上部冻结,下部普通法施工,可在 1 年内到底。

参 考 文 献

[1] 张文. 我国冻结法凿井技术的现状与成就. 建井技术,2012,33(3):4-13.

[2] 汪东波. 双排管冻结温度场分布规律理论与试验研究. 淮南:安徽理工大学,2002.

[3] 郭兰波,庞荣庆,史文国. 竖井冻结壁温度场的有限元分析. 中国矿业学院学报,1981,(3):37-55.

[4] 丁德文,傅连弟,庞荣庆. 冻结壁变化的数学模型及其计算. 科学通报,1982,(14):875-879.

[5] 张燕,干松水. 人工冻结壁形成及温度分布有限元分析. 工程热物理学报,1984,5(2):175-181.

[6] 陈文豹,汤志斌. 潘集矿区冻结壁平均温度及冻结孔布置圈径的探讨. 煤炭学报,1982,(2):146-152.

[7] 荣传新,程桦,蔡海兵. 冻结井可缩性井壁接头力学特性研究及其应用. 煤炭科学技术,2005,33(9):37-41.

[8] 荣传新,程桦,姚直书. 钻井井壁可缩性接头力学特性研究. 煤炭学报,2003,28(3):270-274.

[9] Vialov S S, Tsytovich N A. Creep and long-term strength of frozen soils. Dok. Akad. Nauk, 1955, 104: 850-853.

[10] 崔托维奇 H A. 冻土力学. 张长庆,朱元林译. 北京:科学出版社,1985.

[11] Investigation of description,classification and strength properties of frozen soils. Vol. 1 and 2. USA Arctic construction and frost effects laboratory,technical report 40,1952.

[12] Vialov S S. The strength and creep of frozen soils calculations for ice-soil retaining structures. USA Army Cold Regions Research and Engineering Laboratory,Translations 76, 1963, AD484093.

[13] Andersland O B, Douglas A G. Soil deformation rate and activation energies. Geotechnique,1970,20(1):1-16.

[14] Andersland O B, Akili W. Stress effect on creep rates of a frozen clay soil. Geotechnique, 1967, 17(1): 27-39.

[15] Andersland O B, Liham A I. Time-dependent strength behaviour of frozen soil. Soil Mechfound. Div Am Soc Civ Eng,1970,96(SM4):1249-1265.

[16] Sayles F H. Triaxial constant strain rate tests and triaxial creep tests on frozen Ottawa sand[A]. Proc. of 2nd International Permafrost Conference. Yakutsk, USSR:[s. n.], 1973: 384-391.

[17] Ladanyi B. An engineering theory of creep of frozen soils. Canadian Geotechnical Journal,1972,9(1):63-80.

[18] Ladanyi B. Bearing capacity of strip footings in frozen soils. Canadian Geotechnical Journal,1975,12(3): 393-407.

[19] Fish A M. An acoustic and pressure meter method for investigation of the rheological properties of ice. US CRREL,internal report 846, 1976.

[20] Anatoly M F. Thermodynamic model of creep at constant stress and constant strain rate. Cold Region Science and Technology，1984,9(2):143-161.

[21] Domaschuk L, Shields D H, Rahman M. A model for attenuating creep of frozen sand. Cold Region Science and Technology，1991,19(2):145-161.

[22] Matthew T B. The influence of cryostructure on the creep behavior of ice-rich permafrost. Cold Region Science and Technology, 2012,(79-80): 43-52.

[23] 吴紫汪,张家懿,朱元林. 冻土的强度与破坏特征//中国科学院兰州冰川冻土研究所. 中国地理学会冰川冻土学术会议论文选集. 兰州:甘肃人民出版社,1983: 275-280.

[24] 朱元林,卡皮 D L. 冻结粉砂在常应力下的蠕变特性. 冰川冻土,1984,6(1):33-48.

[25] 蔡中民,朱元林,张长庆. 冻土的粘弹塑性本构模型以及材料参数的确定. 冰川冻土,1990,12(1):31-40.

[26] 朱元林,张家懿,彭万巍,等. 冻土的单轴压缩本构关系. 冰川冻土,1992,14(3):210-217.

[27] 崔广心. 深土冻土力学——冻土力学发展的新领域. 冰川冻土,1998,20(2):97-100.

[28] 马巍,吴紫旺,常小晓,等. 高围压下冻结砂土的强度特征. 冰川冻土,1996,18 (3):268-272.

[29] Ma W, Wu Z W, Zhang L X, et al. Analyses of Process on the strength decrease in frozen soils under high confining pressures. Cold regions Science and Technology, 1999, 29(1): 1-7.

[30] 何平. 冻土的力学性质及其本构关系. 兰州：中国科学院寒区旱区环境与工程研究所,2002.

[31] 李强,王奎华,谢康和. 人工冻土流变模型的识别与参数反演. 岩石力学与工程学报,2004, 23 (11):1895-1899.

[32] 汪仁和,李栋伟. 深井冻结壁粘弹塑性力学分析. 安徽理工大学学报(自然科学版),2006,26 (2):17-19.

[33] 何平,朱元林,张家懿,等. 饱和冻结粉土的动弹模及动强度. 冻川冻土,1993,15(1):170-174.

[34] 朱元林,何平,张家懿,等. 围压对冻结粉土在振动荷载作用下蠕变性能的影响. 冰川冻土,1995,17(增刊):20-25.

[35] Zhu Y L，He P, Zhang J Y, et al. Triaxial creep model of frozen soil under dynamic loading. Progress in Natural Science, 1997, 7(4): 465-468.

[36] 何平,张家懿,朱元林,等. 振动频率对冻土破坏之影响. 岩土工程学报,1995,17(3):78-81.

[37] 赵淑萍,何平,朱元林,等. 冻结砂土在动荷载下的蠕变特征. 冰川冻土,2002,24(3):270-274.

[38] Xie Q J, Zhu Z W, Kang G Z. Dynamic stress-strain behavior of frozen soil: experiments and modeling. Cold Region Science and Technology, 2014(106-107):153-160.

[39] 张长庆,魏雪霞,苗天德. 冻土蠕变过程微结构损伤行为与变化特征. 冰川冻土,1995,17(增刊):60-65.

[40] 苗天德,魏雪霞,张长庆. 冻土蠕变过程的微结构损伤理论. 中国科学(B辑),1995,25(3):309-317.

[41] 张长庆,苗天德,王家澄,等. 冻结黄土蠕变损伤的电镜分析. 冰川冻土,1995,17(增刊):54-59.

[42] 沈忠言,王家澄,彭万巍,等. 单轴受拉时冻土结构变化及其机理初析. 冰川冻土,1996,18 (3):262-267.

[43] 王家澄,张学珍,王玉杰. 电子扫描显微镜在冻土研究中的应用. 冰川冻土,1996,18 (2):184-188.

[44] 马巍,吴紫汪,蒲毅彬,等. 冻土三轴蠕变过程中结构变化的CT动态监测. 冰川冻土,1997,19(1):52-57.

[45] 吴紫汪,马巍,蒲毅彬,等. 冻土蠕变变形特征的细观分析. 岩土工程学报,1997,19(3):1-6.

[46] 宁建国,王慧,朱志武,等. 基于细观力学方法的冻土本构模型研究. 北京理工大学学报,2005,25(10):847-851.

[47] 梁承姬,李洪升,刘增利,等. 激光散斑法对冻土微裂纹形貌和发展过程的研究. 大连理工大学学报,1998,38(2): 152-156.

[48] 李洪升,刘增利,张小鹏. 冻土破坏过程的微裂纹损伤区的计算分析. 计算力学学报,2004,21(6):696-700.

[49] 李洪升,王悦东,刘增利. 冻土中微裂纹尺寸的识别与确认. 岩土力学,2004,25(4):534-537.

[50] 中国科学院兰州冰川冻土研究所. 冻结凿井冻土壁的工程性质. 兰州:兰州大学出版社,1988.

[51] 安维东,吴紫汪,马巍. 冻土的温度水分应力及其相互作用. 兰州:兰州大学出版社,1989.

[52] 吴紫汪,马巍. 冻土强度与蠕变. 兰州:兰州大学出版社,1994.

[53] 徐学祖,王家澄,张立新. 冻土物理学. 北京:科学出版社,2001.

[54] 陈肖柏,刘建坤,刘鸿绪,等. 土的冻结作用与地基.北京:科学出版社,2006.

[55] 张鲁新,熊治文,韩龙武,等. 青藏铁路冻土环境和冻土工程. 北京:北京人民交通出版社,2011.

[56] Weng J J, Zhou X S, Chen M X, et al. The underground water migration and consolidation effect of the frozen soil. Underground Engineering and Tunnels. (Quarterly) No. 1 Mar. 1999: 1-8.

[57] 齐吉林,马巍. 冻土的力学性质及研究现状. 岩土力学,2010,31(1):133-143.

[58] Everett D H. The thermodynamics of frost damage to porous solids. Transactions of the Faraday Society, 1961, 57: 1541-1551.

[59] Miller R D. Freezing and heaving of saturated and unsaturated soils. Highway Research Record, 1972,393: 1-11.

[60] Miller R D. Lens initiation in secondary heaving//Proceedings of the International Symposium on Frost Action in Soils. Ottawa,1977.

[61] Miller R D. Frost heaving in non-colloidal soils//Proceeding 3rd International Conference Permafrost. Ottawa,1978.

[62] Miller R D. Freezing phenomena in soils//Hillel D. Applications of Soil Physics. New York: Academic Press, 1980:254-299.

[63] Konrad J M, Duquesne C. A model for water transport and ice landing in freezing soil. Water Resources Research, 1993: 29(9):3109-3124.

[64] Talamucci F. Freezing processes in porous media: formation of ice lenses, swelling of the soil. Mathematical and Computer Modeling, 2003(37): 595-602.

[65] Bronfenbrener L, Bronfenbrener R. Frost heave and phase front instability in freezing soils. Cold Region Science and Technology, 2010,64(1): 19-38.

[66] Zhou J Z, Wei C F, Wei H Z, et al. Experimental and theoretical characterization of frost heave and ice lenses. Cold Region Science and Technology, 2014(104-105): 76-87.

[67] Guan H, Wang D Y, Ma W, et al. Study on the freezing characteristics of silty clay under high loading conditions. Cold Region Science and Technology, 2015(110): 26-31.

[68] 费里德曼 Г M. 冻土温度状况计算方法. 徐学祖等译. 北京:科学出版社,1982.

[69] Harlan R L. Analysis of coupled heated-fluid transport in partially frozen soil. Water Research,1973,9(5):1314-1323.

[70] O'Neil K, Miller R D. Exploration of a rigid-ice model of frost heave. Water Resources Research,1985(21):281-296.

[71] O'Neill K, Miller R D. Numerical solutions for a rigid ice model of secondary frost heave frost heave. 2nd International Symposium on Ground Freezing. Trondheim, 1980.

[72] Holden J T, Piper D, Jones R H, et al. A mathematical model of frost heave in granular materials//4th International Conference on Permafrost. Washington, D C. National Academy Press,1983:498-530.

[73] Piper D, Holden J T, Jones R H. A mathematical model of frost heave in granular materials//5th International Conference on Permafrost. Norway, 1988.

[74] Ishizaki T, Nishio N. Experimental study of frost heaving of a saturated soils//6th International Symposium on Ground freezing. Uk: Balkemam, Rotterdam,1988:65-72.

[75] Konrad J M, Morgenstern N R. A mechanistic theory of ice formation in fine grained soils. Canadian Geotechnical Journal,1980(17):473-486.

[76] Konrad J M, Morgenstern N R. The segregation potential of a freezing soil. Canadian Geotechnical Journal,1981(18):482-491.

[77] Konrad J M, Morgenstern N R. Prediction of frost heave in the laboratory during transient freezing. Canadian Geotechnical Journal,1982(19):250-259.

[78] Konrad J M. Influence of freezing mode on frost heave characteristics. Cold Regions Science and Technology, 1988,15(2):161-175.

[79] Konrad J M. The influence of heat extraction rate in freezing soils. Cold Regions Science and Technology,1987, 14(2):129-137.

[80] Nixon J E. Discrete ice lens theory for frost heave in soil. Canadian Geotechnical Journal,1991,(28):843-859.

[81] 徐学祖,王家澄,张立新,等. 土体冻胀和盐胀机理. 北京:科学出版社,1995.

[82] 安维东,陈肖柏,吴紫汪. 渠道冻结时热质迁移的数值模拟. 冰川冻土,1987,9(1):35-46.

[83] 杨诗秀,雷志栋,朱强,等. 土壤冻结条件下水热耦合迁移的数值模拟. 清华大学学报,1988,28(s1):112-120.

[84] Guo L, Miao T D. Thermodynamic model of heat-moisture migration in saturated freezing soil. Chinese Journal of Geotechnical Engineering,1998,20(5): 87-91.

[85] 苗天德,郭力,牛永红,等. 正冻土中水热迁移问题的混合物理论模型. 中国科学(D辑),1999,29(1):8-14.

[86] Hansson K, Šimůnek J, Mizoguchi M, et al. Water flow and heat transport in frozen soil:numerical solution and freeze thaw applications. Vadose zone, 2004,3(2):693-704.

[87] 周扬,周国庆,周金生,等. 饱和土冻结透镜体生长过程水热耦合分析. 岩土工程学报,2010,32(4):578-585.

[88] Zhou Y, Zhou G Q. Numerical simulation of coupled heat-fluid transport in freezing soils using finite volume method. Heat Mass Transfer, 2010,46:989-998.

[89] 李洪升,王跃东,刘增利,等. 寒冷地区路基冻胀的计算模型和方法研究. 铁道科学与工程学报,2011,8(1): 34-38.

[90] Shen M, Ladanyi B. Modeling of coupled heat, moisture and stress field in freezing soil. Cold Region Science and Technology,1987,14(3):237-246.

[91] 李洪升,等. 基于冻土水分温度和外荷载相互作用的冻胀模式. 大连理工大学学报,1998,38(1):29-33.

[92] 赖远明,等. 寒区隧道温度场和渗流场耦合问题的非线性分析. 中国科学(D辑:地球科学),1999,29(增刊): 21-26.

[93] 赖远明,吴紫汪,朱元林,等. 寒区隧道温度场、渗流场和应力场耦合问题的非线性分析. 岩土工程学报,1999, 21(5):529-533.

[94] 何平,程国栋,俞祁浩,等. 饱和正冻土中的水、热、力场耦合模型. 冰川冻土,2000,22(2):135-138.

[95] 李宁,陈波,党发宁,等. 裂隙岩体介质渗流、变形、温度场耦合分析. 自然科学进展,2000,10(8):122-128.

[96] 许强,彭功生,李南生,等. 土冻结过程中的水热力三场耦合数值分析. 同济大学学报(自然科学版),2005, 33(10):1281-1285.

[97] Zhou J Z, Li D Q. Numerical analysis of coupled water, heat and stress in saturated freezing soil. Cold Region Science and Technology, 2012,72(1): 43-49.

[98] Kang Y S, Liu Q S. A fully coupled thermo-hydro-mechanical model for rock mass under freezing/thawing condition. Cold Region Science and Technology, 2013,95(11): 19-26.

[99] Clapeyron B, Lamé G. Mémoire sur l'équilibre intérieur des corps solides homogènes. Journal Für Die Reine Und Angewandte Mathematik, 1831, 7:145-169.

[100] Domke O. Uber die beanspruchung der frostmauer beim schachtabteufen nach gefrierverf-ahren, Gluchauf. 51, No. 47, 1915.

[101] 维亚络夫 С С,查列茨基 Ю К,果罗捷茨基 С Э. 人工冻结土强度与蠕变计算. 沈忠言译. 中国科学院兰州冰川冻土研究所图书情报室, 1983.

[102] 特鲁巴克 Н Г. 冻结凿井法. 北京:煤炭工业出版社,1958.

[103] 翁家杰,张铭. 冻结壁弹塑性反演分析. 中国矿业大学学报,1991,20(1):36-43.

[104] 崔广心,卢清国. 冻结壁厚度和变形规律的模型试验研究. 煤炭学报,1992,17(1):37-47.

[105] 崔广心. 深厚冲积层冻结壁厚度的确定. 冰川冻土,1995,17(增刊):26-33.

[106] 吴紫汪,马巍,张长庆,等. 人工冻结壁变形的模型试验研究. 冰川冻土,1993,15(1):121-124.

[107] 杨平,郁楚侯,汪仁和. 冻结壁强度及其参数模拟试验研究//王长生等. 地层冻结工程技术和应用——中国地层冻结工程40年论文集. 北京:煤炭工业出版社,1995.

[108] 姚直书,程桦,夏红兵. 特深基坑排桩冻土墙围护结构的冻胀力模型试验研究. 岩石力学与工程学报,2007, 26(2):415-420.

[109] 杨平. 深井冻结壁变形计算的理论分析. 淮南矿业学院学报,1994,14(2):26-31.

[110] 陈湘生. 深冻结壁时空设计理论. 岩土工程学报,1998,20(5):13-16.

[111] 胡向东. 卸载状态下与周围土体共同作用的冻结壁力学模型. 煤炭学报,2001,26(5):507-511.

[112] 胡向东. 卸载状态下冻结壁外载的确定. 同济大学学报,2002,30(1):6-10.

[113] 王建州,周国庆,赵光思,等. 非均质厚冻结壁的黏弹性径向分层计算模型. 建井技术,2011,32(2):42-45.

[114] 荣传新,王秀喜,程桦. 深厚冲积层冻结壁和井壁共同作用机理研究. 工程力学,2009,26(3):235-239.

[115] 沈沐. 人工冻结壁蠕变变形和应力的数值分析. 冰川冻土,1987,9(2):139-148.

[116] 王建平,王正廷,伍期建. 深厚黏土层中冻结壁变形和应力的三维有限元分析. 冰川冻土, 1993, 15(2): 309-316.

[117] 郭瑞平,霍雷声. 冻结壁位移计算及冻结施工优化设计. 矿冶工程,1999,19(4):6-8.

[118] 郭永富. 深表土冻结壁变形规律. 中国工程科学,2011,13(11):81-88.

[119] 马英明. 从井壁受力规律谈深井冻结井壁的结构和设计. 中国矿业学院学报,1979,18(4):59-74.

[120] 苏立凡. 冻结井壁外力的实测研究. 煤炭学报,1981,6(1):30-38.

[121] 杨平,郁楚侯,张维敏,等. 冻结壁与外壁温度和受力实测研究. 煤炭科学技术,1999,27(4):32-35.

[122] 刘立鹏,汪小刚,贾志欣,等. 水岩分算隧道衬砌外水压力折减系数取值方法. 岩土工程学报,2013,35(3): 495-500.

[123] 胡德铨,曹静. 对深厚黏土层冻结压力的探讨//周兴旺. 全国矿山建设学术会议论文选集. 徐州:中国矿业大学 出版社,2004:347-350.

[124] 姚直书,程桦,张国勇,等. 特厚冲积层冻结法凿井外层井壁受力实测研究. 煤炭科学技术,2004,32(6):49-52.

[125] 姚直书,邓昕. 特厚冲积层冻结法凿井外层井壁关键技术分析. 煤炭工程,2005(1):7-9.

[126] 孙猛,檀鲁新,齐吉龙,等. 深厚表土层冻结井筒冻结壁内压力实测研究. 建井技术,2006,27(1):22-24.

[127] 李运来,汪仁和,姚兆明. 深厚表土层冻结法凿井井壁冻结压力特征分析. 煤炭工程,2006,(10):35-37.

[128] 陈远坤. 深厚冲积层井筒冻结压力实测及分析. 建井技术,2006,27(2):19-21.

[129] 汪仁和,亢延民,林斌,等. 深厚黏土地层冻结压力的实测分析. 煤炭科学技术,2008,36(2):30-38.

[130] 蔡海兵,王晓健. 厚黏土层冻结井壁力学特性的实测研究. 煤炭工程,2009,(3):54-56.

[131] 盛天宝. 特厚黏土层冻结压力研究与应用. 煤炭学报,2010,35(4):571-574.

[132] 王衍森,薛利兵,程建平,等. 特厚冲积层竖井井壁冻结压力的实测与分析. 岩土工程学报,2009,31(2): 207-212.

[133] 薛利兵,黄兴根,王衍森. 郓城煤矿冻结法凿井的井壁冻胀力工程实测. 煤炭科学技术,2010,38(9):34-37.

[134] 汪仁和,张瑞,李栋伟. 多圈管冻结壁形成和融化过程冻胀力实测研究. 冰川冻土,2010,32(3):538-542.

[135] 王国富,王磊. 基于 Markov 理论的立井冻结压力预测分析. 山东科技大学学报(自然科学版),2012,31(3): 47-52.

[136] 崔广心,杨维好,吕恒林,等. 深厚表土层中的冻结壁和井壁. 徐州:中国矿业大学出版社,1998.

[137] 荣传新,程桦,姚直书. 鲍店煤矿北风井井壁修复治理及其效果. 煤炭科学技术,2003,31(8):47-50.

[138] 荣传新,程桦. 开切双卸压槽井壁与表土共同作用的力学特性. 西安科技学院学报,2004,24(2):170-174.

[139] 姚直书,荣传新. 采用静力破碎法开切井壁卸压槽新技术. 建井技术,2001,22(4):23-25.

[140] 姚直书,程桦,荣传新,等. 临涣矿副井井壁修复加固设计优化. 煤炭工程,2002,49(9):4-6.

[141] 姚直书,程桦. 卸压槽法修复加固破裂井壁的技术研究. 中国煤炭,2002,28(10):32-36.

[142] 程桦,刘全林,杨俊杰,等. 横河煤矿主井破裂井壁的修复治理. 煤炭科学技术,1999,27(10):14-17.

[143] 荣传新,史忠引,程桦,等. 沉降地层破裂井壁修复治理工程设计原理. 煤炭科学技术,2004,32(7):4-8.

[144] 荣传新,程桦,姚直书. 钻井井壁可缩性接头力学特性研究. 煤炭学报,2003,28(3):270-274.

[145] 姚直书,程桦,荣传新. 西部地区深基岩冻结井筒井壁结构设计与优化. 煤炭学报,2010,35(5):760-764.

[146] 马亚军. 内蒙古自治区东胜煤田葫芦素矿井井筒检查钻孔地质报告. 鄂尔多斯:中天合创能源有限责任公司,2008.

[147] 马亚军. 东胜煤田塔然高勒矿井井筒坍塌原因分析. 中国煤炭地质,2012,24(9):44-45.

[148] 夏阳,岳丰田,高书豹,等. 西部地区淹水井筒冻结法施工监测分析. 煤炭科学技术,2012,40(3):37-40.

[149] 中国煤炭建设协会. 煤矿立井井筒及硐室设计规范(GB 50384-2007). 北京:中国计划出版社,2007.

[150] 张驰,杨维好,齐家根,等. 基岩冻结新型单层井壁施工技术与监测分析. 岩石力学与工程学报,2012,31(2):337-346.

[151] 张立荣,何国伟,李铎,等. 采矿工程设计手册. 北京:煤炭工业出版社,2003.

[152] 沈华军,郭圣昆,陆卫国,等. 深井冻结设计及施工. 建井技术,2011,32(1/2):46-50.

[153] 黄德发,吴里杨,刘民. 赵固二矿冻结凿井快速施工技术//周兴旺,程桦,郑高升,等. 矿山建设工程技术进展论文集. 合肥:合肥工业大学出版社,2008:357-363

[154] 卢相忠,张庆武. 深厚表土快速冻结技术在两淮地区应用//周兴旺,程桦,郑高升,等. 矿山建设工程技术进展论文集. 合肥:合肥工业大学出版社,2008:317.

第 2 章　深厚冲积层土质物理特性

2.1　我国第四系松散层分布概况

我国第四系沉积物分布较为广泛,除基岩裸露区外,几乎全被其所覆盖。由于它形成较晚,多未胶结成岩,保存较完整。按照空间与成因类型,可划分为青藏高原区及其邻近地区、秦岭-大别山以北地区和秦岭-大别山以南地区。

2.1.1　青藏高原地区

该地区代表寒冷气候的冰川作用和温暖气候的间冰期堆积物,主要为冰期的冰碛砾石层、间冰期的砾石层夹湖相细颗粒物质,以及山麓相混合堆积物,其厚度分布不均,因地形、冰川沉积时期气候及动力条件不同而各异。

2.1.2　西北地区

西北地区主要为昆仑山、阿尔金山、祁连山以北及贺兰山以西的广大地区,受地壳抬升影响,风化剥蚀的碎屑物被搬运至山麓及盆地快速堆积,形成的砂砾石层厚约为3000m,但后期随盆地缩小沉积范围变小。在山地区域范围内曾发生多次的冰川作用,形成冰碛和冰水沉积物质。在盆地四周的山区、山前及山间河谷地带,下部的砾石层常被砂土所覆盖,晚期为多为风积物。

2.1.3　南方地区

大别山-秦岭以南的华南和青藏高原以东的西南广大地区,可分为华南地区和西南地区。

(1)华南地区:气候湿润,大多没有经过冰川作用,由于受地形地貌控制,多形成残积物、坡积物和小型盆地沉积物,其颜色多为红色。根据该地区第四系沉积物成因,其主要类型有冲积物、湖积物、残积物和冰碛物等,以长江中下游河流、湖泊砂层和黏土层沉积以及冰川沉积最为典型。

(2)西南地区:多为高山、深谷及小型盆地沉积物。其中,高山区以冰川及冰水沉积为主,盆地以湖沼沉积为主。

2.1.4　东北地区

该区沉积物类型复杂,在高山地区有冰川和冰缘堆积,在河谷平原边缘及两岸为冲积砂砾层和黏土堆积,在浅表层为黑色土壤分布。例如,在松辽平原以湖相和湖沼相沉积为主,厚度约为 200m;大兴安岭为冰碛沉积为主。第四系的中、下更新统在松辽盆地,其厚度为 5～80m,上部为黏土层,下部为砂砾、卵石及细砂层;而大兴安岭地区主要分布厚度不均的冰川砾石层和砂土层。上更新统分布于大兴安岭东麓,为冰川和冰水堆积物,以及黑龙江东部和北部的黏土层、松辽平原的中、细粉砂层。全新统主要为现代冲积层、湖沼堆积物和风成砂堆积物。

2.1.5　北方地区

该区主要分布在内蒙古地区,沉积物由湖沼相、河流相及风成砂、黄土等组成,以砂、砾石以及黄土成层分布于该区,厚度具有不均匀性。

2.1.6　华北地区

该区范围东至滨海,西至甘肃,北起内蒙古,南至秦岭-大别山,中间包含太行山和吕梁山脉。第四纪的各统地层均发育,西北部有河流、冰川及湖泊相沉积物,以及山麓与冲积相沉积物。其中,下更新统发育最为典型,主要在河北阳原的泥河湾、河南三门峡、陕西榆林等地区,其厚度为 500～600m 的河流与湖泊相沉积物。此外,该期在山西吕梁午城地区,还发育了 20～50m 黄土层。中更新统主要以北京周口店组的洞穴堆积物以及陕西渭河南北塬区广泛分布潟湖组含钙质砂土层为典型,同期的还有分布在山西离石地区,厚度 60～80m 棕黄色的亚砂土。上更新统以山西襄汾地区丁村组的洞穴堆积物、萨拉乌苏组河湖相沉积物为典型,此外,在华北地区分布广泛、尤其在黄土高原地区的马兰黄土。全新统为近代沉积物,主要分布在华北平原地区,为山前冲积物,河流沉积物及滨海湖泊沉积物。其中,以华北平原第四系沉积最为典型,其范围西起太行山、秦岭东麓,东至临渤海、黄海,北起燕山山脉南麓,南到淮河。第四系下部埋藏着丰富的煤炭资源,主要分布于安徽的两淮、河南、鲁西南、冀北等地区,为华北煤田石炭-二叠煤系地层。

华北平原在新生代陆相河流和湖泊沉积基础上,以现代的黄河冲积物为主体,与海河、淮河及其他支流冲积物共同沉积而成。依古地形及松散层沉积物质演化过程,将其分为山前平原、中部冲积平原和滨海平原三个部分沉积物(图 2-1、图 2-2)。按照岩性与沉积物特征,将其分为全新统和更新统,更新统分为下、中、上更新统,其岩性多为砂、砂砾石、亚黏土和砂质黏土,按第四系沉积物在平面分布位置,分为北部和南部。

(1)华北平原北部。主要由黄河和海河冲积而成,地势低洼,由山前向渤海湾倾斜。自西向东依次为山前冲积、洪积平原,中部冲积平原和滨海湖积平原。由于受构造及古地貌影响,形成了北京拗陷、冀中拗陷、沧县隆起、黄骅拗陷等。第四系松散层厚度自西向东由薄变厚,向拗陷区内增大而隆起区变薄。

在燕山-太行山的山间盆地、山麓边缘及河谷一带,主要由洪积、坡积、风积、洞穴堆积半胶结砾石层、粉质黏土层,厚度为 90～800m。

在太行山及燕山近山前地带,由冲积扇群组成,其上部以亚黏土为主,下部为厚层砂砾石,厚度为 100～200m;在中部平原地区,其厚度变化较大,一般为 200～600m,拗陷区为 500～600m,在冀中拗陷一带厚度最大,位于核心部位,西以太东断裂为界,东至沧县隆

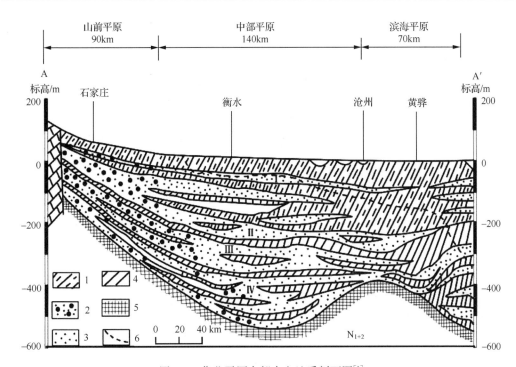

图 2-1　华北平原东部水文地质剖面图[1]

1. 亚黏土　2. 砂砾石　3. 砂层　4. 黏土　5. 第三系　6. 淡水和咸水界线

起,北依燕山褶皱带,南抵邢衡隆起,其最大厚度可达 600m,其中在北部隆起区,其厚度变薄,一般为 350～450m;在东部沿渤海弯地区,第四系沉积物以海相泥岩为主,厚度为 500～600m。

（2）华北平原南部。南部的黄淮平原位于黄河下游南侧,其北至黄河,南抵淮河流域,西起豫西山地,东临渤海及山东丘陵,由黄河、淮河下游泥砂冲积而成,地形平坦,岩性多为中细砂、砂砾石、亚黏土和砂质黏土。由平原河流相沉积演变为东部沿海海相与陆相交互沉积。

黄淮地区平原地带除了个别地区受古地形控制而沉积厚度较薄外,绝大部分地区厚度大于 100m。总体上为西高东低,在西部的伏牛山、桐柏山山前,厚度一般较薄。另外,受鲁南低山丘陵向南延伸影响,使得在徐州—淮北—蚌埠一带的沉积厚度较薄,厚度小于 100m,由砂质黏土,砂砾、砂土、黏土等组成。以此向东向、西厚度增大,向西最厚位置在河南境内,新生界松散层厚达 3000m,其中,第四系厚度可达 400m,向东部至沿海地区,为冲、湖积平原,厚度增大,其中以江苏省海安、大丰一带最大,可达 300m。此外,沿淮河分布较薄,自南向北不断增厚。淮河以南的平原区沉积厚度薄,为 30～100m,以北厚度为 100～300m。

安徽的淮南、淮北矿区位于该区南部,地表水系发育,以冲积平原为主,地势西北高,东南低,沉积厚度为 200～500m,主要由河、湖相沉积,按照含、隔水层分布,将其划分为四个含水（层）组及三个隔水层[2]（图 2-3）。

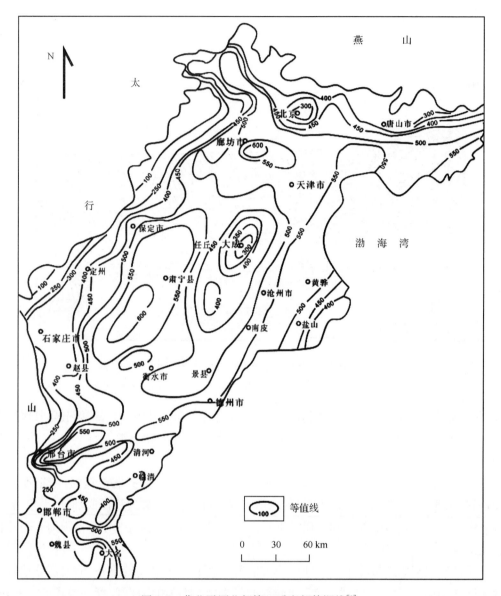

图 2-2　华北平原北部第四系底部等深线[3]

　　总之，我国第四系沉积厚度在空间上变化大，不仅受我国三级阶梯地形控制，同时受沉积时期的古气候及新构造运动共同影响，在不同区域位置呈现出不同岩性和厚度特点。

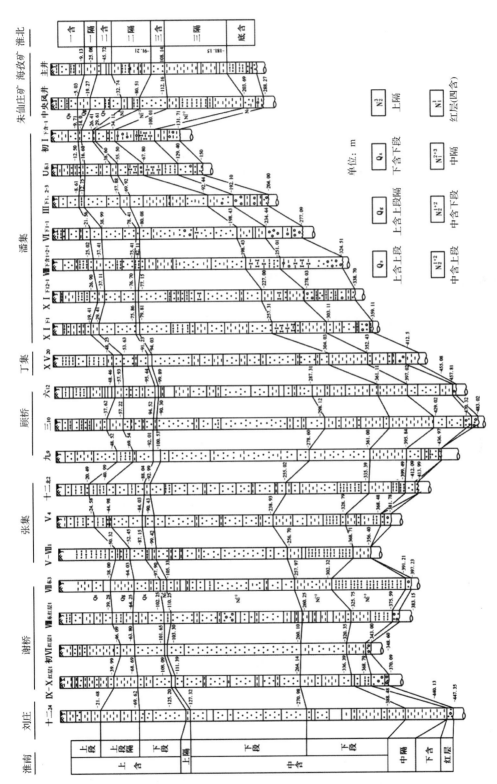

图 2-3　两淮地区第四系松散层对比图

2.2　华北平原煤田深厚冲积层分布与特征

东北地区的沈北煤田、苏家屯煤田、鹤岗煤田、双鸭山煤田,内蒙古自治区与吉林省交界的金宝屯煤田,都覆盖有冲积层。沈北煤田、双鸭山煤田也有部分薄冲积层覆盖。这些煤田上的冲积层厚度从几米至 200m 不等,其中金宝屯煤田冲积层厚百米左右,但其下部有数百米厚的泥质胶结的软岩,其施工难度不低于厚冲积层。

华北地区的开滦煤田、邢台煤田均被表土层覆盖,开滦煤田冲积层厚 20~545 m,一般厚在 50m 以上,自东北向西南逐步加深,表土层组成以砂、卵石、砾石为主,占总厚度50% 以上,砂质黏土和黏土的隔水性能较好。邢台矿区表土层厚为 80~290m,西南方向薄、东北方向厚,其特点与开滦矿区相似,但黏土层所占比例较高[4]。

华东地区的淮南矿区、淮北矿区、兖州矿区、徐州矿区、巨野矿区、大屯矿区等均为厚度不等的冲积层所覆盖。其中,以淮南和巨野矿区最为深厚。

淮南煤田煤系地层被新生界松散冲积层所覆盖。新生界冲积层厚 20~600m,由东向西,由南向北逐渐增厚,总的趋势老区较薄,潘谢矿区较厚。在 20 世纪 30~50 年代,淮南矿区多在露头处开拓开采。70 年代初,开发建设的淮河以北的潘谢和顾桂矿区(新区)煤系地层均被 200~600m(如丁集矿 525.25m,杨村矿 538.9m)新生界松散冲积层所覆盖,且一般由 3 个含水层和 2~3 个隔水层组成,土层主要由黏土、砂层、砂质黏土层组成,其中砂层约占总厚度的 40%,下部含水层富水性多为中等偏强。

淮北矿区表土层厚从北向南为 30~430m(涡北矿 420m),由黏土、砂、砂质黏土组成,其中,黏土约占 50%。该矿区的砂多为粉砂或中砂,易流动和液化。在中部和南部的厚表土层底部有 1~20m 厚的砂砾含水层直接覆盖在煤系地层上。该含水层水量丰富,开采过程中常引起水位下降,在井壁上产生竖向附加力,常造成井筒破裂。

兖州矿区(含济宁矿区)从东南向西及西北,表土层深度 16~338m 如表 2-1 所示。由砂质黏土、黏土、砂及砂砾组成,其中砂质黏土和黏土约占总厚的 60%。底部隔水层隔水性能不明显。特别是巨野煤田煤层上覆第三系及第四系层厚 406~776m,平均厚 620m。

表 2-1　兖州矿区(含济宁矿区)部分深冻结井穿过第三系、第四系地层

矿井	黏土层/%		砂层/%	
	第四系	上第三系	第四系	上第三系
郭屯矿井(平均)	64.1	62.6	35.9	37.4
梁宝寺主井	65.4	85.6	34.6	14.4
梁宝寺副井	51.6	85.8	48.4	14.2
龙固矿井副井	74.4	79.2	25.6	20.8
济西矿井副井	84.9	65.8	15.1	34.2

徐州矿区冲积层厚由东部的几米变化至西部的约 200m,并由黏土、砂质黏土、砂组成。砂多为细砂和粉砂,易流动和液化,部分地区底部含水层直接覆盖在煤系地层上。

大屯矿区与枣庄西矿区相近,它与柴里矿区为一个煤田。其中枣庄西及其北部的柴里矿区表土层厚为 20～100m,而大屯矿区表土层厚为 100～280m,表土层底部的砂砾石层含水直接覆盖在煤系地层上,其上有一层厚几米至十几米的黏土隔水层,隔水性能好,对微山湖下采煤起到了很好的隔水作用。

华中地区的平顶山矿区、永夏矿区、焦作矿区也被不同厚度的冲积层所覆盖。平顶山矿区冲积层厚自西向东为 30～350m,由含钙质结核的黏土、砂、砾石组成,砾石层厚达 20m 以上,黏土层累砂、砾石组成,砾石层厚达 20m 以上,黏土层累计占总厚度的 50% 以上。

永夏矿区位于黄淮冲积平原的东部,京沪铁路以西,地势低平开阔,西北高东南低,微向东南倾斜。冲积层厚度 100～460m,自上而下主要由第四系和第三系构成。第四系主要由黏土及砂质黏土、中夹粉细、细、中砂组成,层位不稳定,局部富含钙质及钙质结核,与下伏地层呈平行不整合接触,其中砂层所占比例为 30% 以上,胶结性差,呈松散状态,易产生流动,形成流砂。第三系地层主要由黏土、砂质黏土、粉砂、细砂及中砂、少量粗砂组成,黏土及砂质黏土含少量结核,局部含大量钙质及铁质结核,砂层较多而集中,与下伏地层呈平行不整合接触,如陈四楼矿井[5]。

邯邢煤田、焦作煤田分别位于太行山东南麓京广铁路两侧,第三系、第四系已揭露的冲积层厚度为 200～530m,属特厚冲积层,涌水量特大。例如,河北东庞矿的第四系冲积层厚为 191m,井筒冻结深度内砂性土占 57.6%,卵石层占 10.4%,风化基岩占 4.7%。第四系砾石层与下覆奥陶系灰岩含水层有水力联系,灰岩水渗漏量大。

2.3　黄淮地区冲积层物理性质

我国深厚冲积层主要分布在华北平原东部地区。华北平原新生界松散层主要是由黏土、钙质黏土、粉砂质黏土、砂层和砂砾层等组成,以冲-洪积、河湖相形成沉积。黄淮地区的深部黏土为新生界第四系地层和新第三系地层,主要由黄河和淮河的泥沙沉积形成。

2.3.1　松散土的颗粒成分及分类

以两淮矿区为例,该矿区砂岩类组中,细砂多呈灰白色和土黄色,一般质地较纯,多数中厚层的细砂均属此类。但与黏性土层相接的过渡层中细砂往往含有较多的粉黏粒。中粗砂、包括含砾的中粗砂,可分为质地较纯的中粗砂和含粉黏粒的中粗砂。

两淮矿区黏土类组,以粉砂质黏土颗粒组和黏粒组构成,多数情况,含砂粒组颗粒一般不小于 30%,黏粒组含量一般为 25%～77%,而且以大于 35% 为多数[6]。

图 2-4、图 2-5 分别反映了淮南丁集矿和口孜东矿黏土液限含水量、塑性指数沿垂向深度分布情况。除表层与底部外,几乎全属高中液黏性土,且中、下部层位是高液限黏性土集中区段,该段黏性土工程性质最差,也是冻结法凿井易发生冻结管断管和外层井壁破裂等事故的层位。

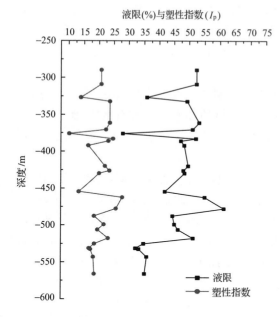

图 2-4　丁集矿液限、塑性指数沿垂向深度分布　　　图 2-5　口孜东矿液限、塑性指数沿
　　　　　　　　　　　　　　　　　　　　　　　　　　　　　　　垂向深度分布

2.3.2　松散土的黏土矿物成分

　　黄淮地区黏土矿物成分主要以高岭石、蒙脱石、伊利石或伊利石/蒙脱石混层为主,它们具有较强的吸水性与膨胀性。表 2-2 是黄淮地区 5 个矿井深部黏土的矿物成分测试结果,发现黄淮地区深部黏土的矿物成分中蒙脱石或伊蒙混层的含量很高,土体具有较强的吸水性与膨胀性。例如,淮北桃园井田中蒙脱石含量为 9.6%～62.5%,潘集三矿东风井蒙脱石含量为 7.0%～55.0%,但在垂直空间上的分布还是有一定的规律,一般是浅部和底部小于中部[7]。

表 2-2　东部矿区黏土矿物成分

矿井	埋深/m	蒙脱石/%	伊蒙混层/%	伊利石/%	高岭石/%	其他/%
徐州张双楼	210～211.8	—	76.4	14.2	8.4	—
淮北桃园	261.5	10.8	—	58.4	19.7	11.1
淮南潘三	319	26.0	—	68.0	6.0	
鲍店黏土	142	—	74	2	24	
临涣黏土	179	—	75	4	21	

2.3.3　密度与孔隙比

　　图 2-6 是丁集矿和口孜东矿黏土和砂性土干密度与埋深的关系。从图可看出,由于长期地质历史作用的结果,黏土和砂性土的干密度与埋深有一定的单调关系,局部出现的

一些振荡变化,但是从总体趋势上看,干密度随着埋深的增加而增大。以淮南丁集矿为例,埋深 150~420m 黏土的深部黏土干密度为 1.605~1.763g/cm³;200~480m 的深部砂层干密度为 1.572~1.791g/cm³。

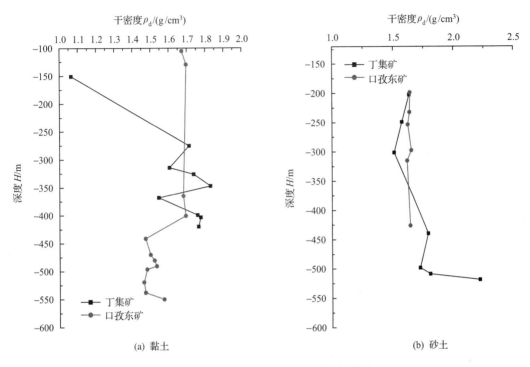

(a) 黏土　　　　　　　　　　　　　　(b) 砂土

图 2-6　深部松散土干密度与井深间关系

含水层的存在对其固结程度影响较大,因含水层影响了土层的排水固结,几乎所有与含水层相接的黏性土层都具有含水量大,密度低的特点,破坏了垂直分布规律。

图 2-7 是丁集矿、口孜东矿和龙固矿的黏土和砂土孔隙比与埋深间的关系图。该图表明,黏土和砂土孔隙比随埋深总体趋势上减小,局部呈无规则振荡变化。以丁集矿为例,150~420m 黏土的深部黏土的孔隙比为 0.494~0.691,200~480m 的深部砂性土的孔隙比为 0.484~0.713。

2.3.4　松散土层的含水量

黄淮矿区深部位松散土(特别是黏土层)的含水量普遍较小(图 2-8)。如图 2-9,口孜东矿少数黏土层位含水量大于塑限含水量,而丁集矿和龙固矿一般均小于 0.9 倍的塑限含水量 W_p,其中丁集矿最小含水量为 0.65 W_p,龙固矿为 0.515 W_p。

砂性土的含水量也存在类似规律,总体呈现由上往下依次递减的趋势。以丁集矿为例,200~300m 砂性土为 20% 以上,300~450m 中粗砂为 15%~20%;450~520m 砂砾、中粗砂为 14% 左右(图 2-10)。

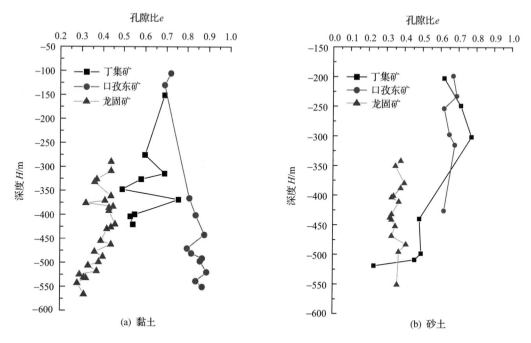

图 2-7　深部松散层黏土、砂性土孔隙比 e 与埋深关系

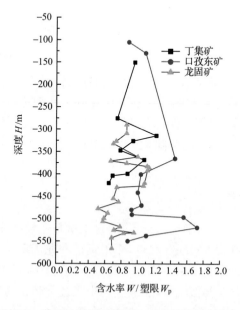

图 2-8　黄淮矿区深部黏性土含水量沿深度分布

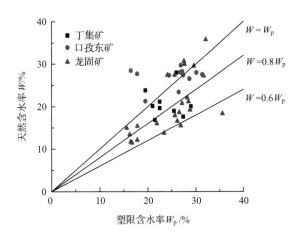

图 2-9　两淮矿区黏性土含水量与塑限关系

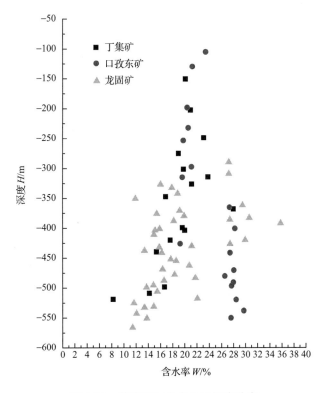

图 2-10　黄淮矿区含水量沿深度分布

即使在同一含水层,不同土层的含水量也有较大变化,这种变化一是受松散土的固结条件的制约,二是受到岩性组分的影响,粗颗粒土含水量随组成颗粒增大而减小,细颗黏土的含水量与其液限含水量有关(图 2-11)。

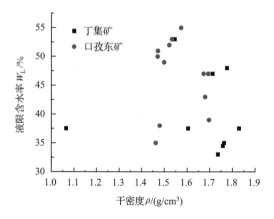

图 2-11　淮南矿区黏性土 W_L-ρ 关系

2.3.5　膨胀性与崩解性

东部地区的黏性土主要矿物为蒙脱石、伊利石,遇水膨胀。表 2-3 为山东龙固矿深厚冲积层膨胀性一览表。该表表明,研究区内第三系广泛分布硬黏土层,粉质黏土自由膨胀率较小,较纯黏土自由膨胀率大,一般为 $60\%\sim115\%$,自由膨胀率为 $20\%\sim115\%$,黄淮地区松散层底部黏土自由膨胀率一般大于 40%,属于高膨胀土。

表 2-3　山东龙固矿深厚冲积层膨胀性一览表[8]

取样编号	试验定名	膨胀力/kPa	膨胀率/%		取样编号	试验定名	膨胀力/kPa	膨胀率/%	
			有侧限	自由膨胀				有侧限	自由膨胀
61-1	含砂黏土	65.84	14.39	75.50	84	粉砂	25.04	13.45	48.80
61-2	黏土	87.99	18.74	98.00	85-1	粉土		2.20	16.10
62	粉质黏土	155.20	18.53	53.30	86	粉质黏土	74.07	7.02	58.20
66	黏土	94.23	14.25	97.40	88	黏土	209.16	12.98	105.50
72	黏土	163.88	18.83	112.00	90	黏土	451.24	39.34	103.40
73	黏土	139.70	16.10	91.10	92	含砂黏土	420.27	14.21	99.00
74	粉质黏土		0.09	21.40	94-2	黏土		1.51	56.00
76-1	黏土	15.19	2.99	115.40	98	黏土	171.98	11.13	47.20
76-2	黏土	17.10	3.45	113.20	100	黏土	65.96	7.65	58.30
78	砂质黏土	38.23	11.26	80.00	101	砂质黏土	324.93	23.40	60.40
79-1	粉土		3.15	30.10	102-1	粉质黏土	22.60	21.92	58.00
79-2	粉土		2.63	28.20	102-2	黏土	54.58	28.17	61.10
81-1	砂质黏土	41.58	1.96	88.30	103	黏土	507.77	11.79	82.00
81-2	砂质黏土	42.11	2.02	91.00	104	黏土	20.95	5.41	28.30
82	黏土	26.26	4.33	51.70	106	黏土	304.97	6.97	74.60

再如,淮北宿南矿区"四含"(含部分三隔)样品在浸水条件下均显示出强烈崩解特性,见表 2-4。

表 2-4　淮北宿南矿区黏性土崩解性对比

矿名	钻孔(样品)名	深度/m	土类名称	坍落时间	
				半散	全散
桃园	04－2 砂黏	—	砂质黏土	<1min	<5 min
	04－3 砾₂	—	黏土	<30s	<2min
	04－4 砾₃	—	黏土砾石	<30min	<1min
	04－5－4	272.7~272.9	黏土	<1min	<5min
	04－5－8	276.1~276.3	黏土	<30s	<1min
祁南	04－6	252.8~253.0	粉砂	<10s	<30s
	南风检	225~233	黏土(三隔)	<1min	<5m
	南风检	335~337	黏土砾石	<1min	<5min
	南风检	353	黏土砾石	<1min	<5min
	02 观 3₋₁	270	黏土砾石	<1min	<5min
	02 观 3₋₂	279	黏土砾石	<1min	<5min
	05 两带观 1	305~367	黏土	<1min	<5min
祁东	L5	331~334	黏土砾石	<1min	<5min
	L5	362~363	黏土砾石	<30s	<1min
	J3	282	钙质黏土	<1min	<5min
	3310	304.67	黏土砾石	<1min	<5min
	J6₄	279.79	钙质黏土砾石	<1min	<5min

2.4　冻土的基本成分与形成

2.4.1　冻土的基本成分

土是复杂的多相和多成分体系,由固、液和气三相物质组成。未冻土或融土中的固相物质通常包括物质和有机质、液相物质(水溶液)和气相物质(空气)等。固相物质组成了土的基本骨架,通常称为基质。液相和气相物质充填在土骨架的空隙中,而冻土中则增添了一种相物质——冰。

如前所述,两淮地区矿物质包括的原生矿物和次生黏土矿物。原生矿物是指在风化过程中,岩石仅受到机械破碎,而未改变原有成分和性质的矿物,如石英、云母和正长石等。次生黏土矿物是指在风化过程中,由于化学变化改变了岩石矿物原有的成分和性质。这种次生矿物颗粒非常微小,一般从几微米到百分之几微米。最主要的次生黏土矿物为层状的铝硅酸盐类、高岭土、蒙脱土和水云母类。

土中矿物颗粒具有不同的形状和大小。颗粒的形状可分为针状、多角状、结晶状、纤维状、片状、粒状和球状等。当土具有多孔性且当颗粒小到胶粒的程度时，还具有吸附性，此时，土中水就被充填或吸附在土的孔隙中。

根据土中孔隙被水充填的程度，可将土分为三类：干土——孔隙中无水充填；不饱和土——土中孔隙部分被水充填；饱和土——土中孔隙全部或大部分被水充填（一般把饱和度大于 0.85 的土视为饱和土）。

冻土中所含物质的质量和体积之间的关系可用图 2-12 所列举的基本物理指标来描述[9]。

$$\rho = \frac{M}{V}, \quad \rho_\mathrm{d} = \frac{M_\mathrm{s}}{V}, \quad \rho_\mathrm{s} = \frac{M_\mathrm{s}}{V_\mathrm{s}}$$

$$e = \frac{V_\mathrm{p}}{V_\mathrm{s}}, \quad n = \frac{V_\mathrm{p}}{V}, \quad S_\mathrm{r} = \frac{V_\mathrm{w}}{V}$$

$$W = \frac{M_\mathrm{w}}{M_\mathrm{s}}, \quad W_\mathrm{u} = \frac{M_\mathrm{wu}}{M_\mathrm{s}}, \quad i = \frac{M_\mathrm{i}}{M_\mathrm{w}}$$

式中：ρ 为天然密度；ρ_d 为干密度；ρ_s 为密度；M、M_s、M_w、M_wu、M_i 分别为土体、土骨架、土中水分、未冻水和冰的质量；V、V_s、V_p、V_w 分别为土体、土骨架、孔隙和水分的体积；e 为孔隙比；n 为孔隙率；S 为饱和度；W 为含水量；W_u 为未冻水含量；i 为相对含冰量。

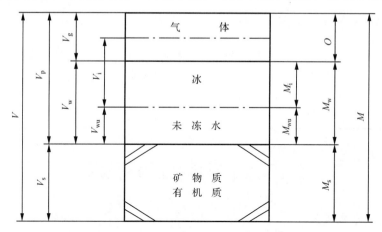

图 2-12　土的物质组成及基本物理指标

1. 固体土骨架

固体土骨架是多成分体系冻土的基础。冻土的固体矿物颗粒对冻土性质表现出极为重要的影响，冻土性质不仅取决于矿物颗粒的尺寸和形状，而且取决于矿物颗粒表面的物理化学性质，这种性质主要受制于颗粒的矿物成分及其吸附阳离子成分。除此之外，固体矿物颗粒的形状对冻土性质也有重大影响。坚硬颗粒的形状决定着冻土传递外荷载的局部应力大小。例如，有时在扁平云母砂处观测到颗粒接触点处的外压力几乎不会引起砂变形，而对于呈锐角形的山砂，则可达极大数值。另外，矿物颗粒与冰之间以及矿物颗粒接触点处会产生巨大压力，是必影响冻土性质，特别是土中所含的未冻水量，从而导致冻土结构的改变,增大了颗粒间的摩擦力和抗剪强度等[10]。

土体矿物颗粒的分散度对冻土性质也有一定影响,究其原因主要是物理化学表面现象所致。冻土的强度取决于颗粒的比表面积,特别是土的矿物成分。例如,高岭黏土的比表面积约 $10m^2/g$,而蒙脱黏土可达 $800m^2/g$。有一些矿物(如石英,长石及某些其他矿物)与孔隙水相互作用较微弱,而另些矿物(蒙脱石、绿坡缕石等)则很强烈,由于矿物成分和土粒表面的不均匀性决定了颗粒与周围介质相互作用中心的数量,从而改变了其相互作用性质。土体矿物颗粒的作用,受制于矿物颗粒表面与周围介质之间巨大的化学结合能(如孔隙水和孔隙冰)。

2. 冰

冰是构成冻土的最重要组分,与土的固体颗粒相反,冰是一种物理化学性质极为特殊的,与其他岩石截然不同的单矿物低温水化岩石。所有水的固态变体,无论其处于晶体状态还是无定形(非晶形)状态,均称为冰。

冰为六边形结晶体,具有强烈的各向异性:即在垂直于主光轴方向上,冰的黏塑性变形最大,而在平行主光轴方向上,冰的流变性表现甚小,以致在弹性变形后即开始脆性破坏。与之同时,冰在荷载作用下,甚至在极小应力下,都会经常出现黏塑性变形(流动变形),冰的上述独特性质,在很大程度上决定了冻土的力学性质。

冰的组构特点在于其晶格中氢原子活性在外界作用下(负温和压力变化等)不断改变。当温度下降时,氢原子的活性减小,冰变成较好的有序结构(更致密、更坚硬)。而当温度度低于 $-78℃$ 时,冰的晶格变成稳定状态,当温度低于 $-70℃$ 时,冰的六方体晶体变成立方晶体。随着温度的升高,其分子活化能随之增大,加速了分子的重新组合作用并削弱了分子间的连结作用,从而使冰的强度性能明显下降。

需强调指出是在天然条件下由于热动力条件(温度、压力等)会经常发生某些变化,冰的性质(组构和黏滞性等)可能也会发生显著变化。与之对应的是当自然条件稍有变化时,将引发冰性质的不稳定,从而导致冻土性质的不稳定。

3. 未冻水

冻土中的液相水——未冻水在通常负温(至少达到 $-70℃$)下总有一定数量,而且土在某一负温下的未冻结水含量不随负温的持续而变化。即在某一温度下,土中总会有一部分水会处于与冰共存的不冻结状态,随着温度降低,冰含量增加,而未冻水含量减少,使土从融化状态经过塑性冻结,而变成坚固的冻结状态。几种主要土类,当饱和度大于0.708 时的大致相变温度见表 2-5[11]。

冻土中的未冻水可能以两种状态存在[10]:

(1) 具有过剩活化能的矿物颗粒表面上的强结合状态,由于巨大的表面电分子力,该种水即使在很低温度下也不可能变成六方形晶格的冰;

(2) 弱结合状态——相成分可变的水,弱结合水冻结温度下降的原因是由于结合水和自由水层之间产生了比自由水结合较弱、活动性较强、犹如“热水”一样的水层,它结晶时要求更大的能量和更低的温度。

表 2-5　各主要土类的相变温度范围

土类	从融化到塑性冻结状态/℃	坚固冻结状态/℃
砂	$0 \sim -0.25$	低于-0.25
亚砂土	$-0.3 \sim -1.0$	低于-1.0
亚黏土	$-0.5 \sim -1.5$	低于-1.5
黏土	$-1.0 \sim -3.0$	低于-3.0
重黏土	$-2.0 \sim -4.0$	低于-4.0

冻土中与冰共存的未冻水量,取决于冷冻温度和压力,以及矿物骨架或有机矿物骨架的性质。冻土中存在未冻水是冻土物理的一个基本规律,即由前苏联学者崔托维奇提出的冻土内水和冰状态的平衡原理——冻土内含有液态水的成分,数量和性质不是不变的,而是随着该系统的状态参数变化而变化的,并与后者处于动态平衡状态。未冻水含量及其在外界作用下的变化,多方面深刻影响冻土的物理力学性质,在冻土物理学和冻土力学中具有重要意义。

4. 水汽

当冻土孔隙中没有被冰和未冻水完全充填时,即有部分被水蒸气和其他气体所充填,这些气体处于自由、受压或吸附状态。冻土中的水汽有时起着重要的作用,将在压力梯度的作用下迁移。在非饱和土体中,水汽可能是温度变化和冻结过程中水分向冻结前缘迁移、聚集的主要来源,也是小含水量砂性土类冻结时出现聚冰现象的原因。当受压气体形成封闭气泡时,土的弹性增加,而土中被吸附的气体的数量随有机质含量而递增。

总之,冻土中各相成分之间发生的作用,取决于矿物颗粒、冰表面与各种状态水之间的相互作用耦合力场,其程度与土的固体成分、比表面积、物理力学性质及交换性阳离子种类有关也与外部温度及压力等条件相关。

2.4.2　冻土的形成

1. 冻结时土颗粒与水的相互作用

冻土在形成过程中,因水与土矿物颗粒表面的相互作用,使得其与纯净水的结冰机理有不同特点。标准大气压下自由水的冻结温度是0℃,但在矿物颗粒表面力场作用下的孔隙水,特别是当其呈薄层(薄膜水)时,将存在未冻水,致使其冻结温度更低。故此,要了解上述特点,必须首先了解土颗粒与水的相互作用。

土颗粒表面带负电荷,当水接近它时,就在这种静电的引力下产生极化,使靠近土颗粒表面的水分子失去自由活动的能力而整齐、紧密地排列起来,如图2-13所示[10]。距土颗粒表面越近,静电引力强度越大,对水分子的吸引力也越大,从而形成一层密度很大的水膜,称为强结合水(吸附水)。离土颗粒稍远,静电引力强度小,水分子自由活动能力增大,这部分水称为弱结合水(薄膜水)。再远的水分子主要受重力场作用控制,形成毛细水。更远的水则完全受重力场作用控制,形成重力水(自由水),也就是普通的液态水。

综上所述,土中的水可分为强结合水、弱结合水、毛细水和自由水。前两者是结合水,密度增大,冰点降低。强结合水的厚度只有分子直径的几十倍,密度为 1.2~1.4,冰点为 $-186℃$,呈不流动状态,它占土层中总含水量的 0.2%~-2%。弱结合水的密度大于1,冰点低于 0℃ ,一般在 -20~$-30℃$时才全部冻结。人工冻结法中,大部分弱结合水被冻结,未被冻结的水称为未冻水。弱结合水的显著特点是它能直接从一个土颗粒表面迁移到另一个土颗粒表面,这种移动是缓慢的,而且只能从厚膜向薄膜移动[图 2-13(b)]。自由水存在于土壤或岩石的裂隙中,它与普通水相同,服从重力定律,能传递静水压,密度一般为 1,在一个大气压下的冰点为 0℃。人工冻结法主要是冻结自由水,它的含量多少直接影响着冷量的消耗量、冻结速度和冻土的物理力学性质[10]。

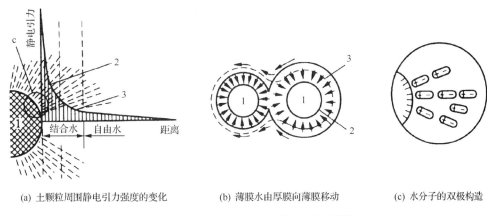

(a) 土颗粒周围静电引力强度的变化　　(b) 薄膜水由厚膜向薄膜移动　　(c) 水分子的双极构造

图 2-13　土颗粒和水相互作用示意图[10]

2. 土中孔隙水的冻结特征

土中孔隙水的冻结过程实质上是土中的水结冰胶结,充填岩土颗粒间裂隙的过程,也是消耗冷量最多的过程。大量试验表明,在岩土冷却与冻结过程中,可分为 5 个阶段,如图 2-14 所示。

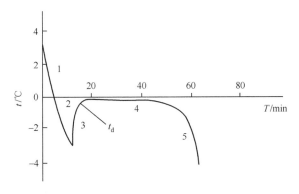

图 2-14　岩土中水的冷却和冻结过程曲线[10]

(1) 冷却段:使岩土降温到水的冰点。

(2) 过冷段:土体降至 0℃ 以下的,自由水尚不结冰,呈现过冷现象。过冷现象与试验的条件有关,主要与受冻结之土样的总热量平衡大,同一种土的过冷过程并非常数,对于天然土层,只有上部逐渐冷却和土中无冰晶时才能见到。

（3）释放潜热段:水过冷后,孔隙水开始冻结,析出结冰潜热,土温急剧增高。

（4）结冰段:温度上升至接近0℃时稳定下来,土体中水便产生结冰过程,将矿物颗粒胶结成整体形成冻土。

（5）冻土继续冷却段:随着温度的降低,冻土的强度逐渐增大。

图2-15为砂土的冷却与冻结过程曲线。由该图可见,在湿砂与饱水砂条件下,温度升至接近0℃,此时自由水在相对稳定温度下冻结,如图2-16中的Ⅲ阶段所示,在自由水冻结后,若温度继续下降,因继续析出砂性土中一些晶体和相成分可变的弱结合水冻结,放出潜热,土温呈曲线形缓慢下降。当温度低于−1℃时,则呈直线冷却,即为图2-16中的Ⅳ阶段,此时所有水分均已冻结成冰,砂土处于冻结状态。如温度开始上升,则开始时温度呈直线变化,如Ⅴ阶段所示,而后在−0.5～−1.0℃时,又呈曲线上升,此时尚未达到土的融化温度时,已冻结的弱结合水冰晶融化吸热,最后,进入自由水结冰的稳定融化过程。

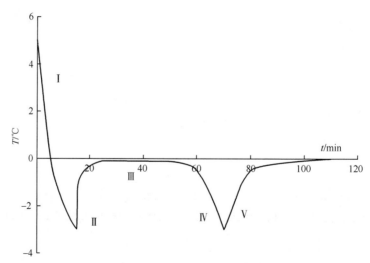

图 2-15　砂土的冷却与冻结过程曲线[10]

上述现象在各类黏性土中均会出现,其特点在于过冷后温度跃变时,因黏性土中薄膜水含量远高于砂性土,故其冷却作用在一个较低的温度（−0.1～−2.5℃,甚至更低）下进行。如图2-16所示,而且随着大量薄膜水逐渐结冰时潜热的影响,温度将缓慢下降（Ⅲ阶段）,而且持续时间长得多,此后才进入无明显潜热影响的直线冷却过程Ⅳ阶段。而后在温度升高时,由于薄膜水冰晶的不断融化吸热,温度逐渐呈曲线上升,直至全部冻土融化完毕,土温才进入正值。

冻土开始结冰的温度称为起始冻结温度,其值除与水和土矿物颗粒表面的相互作用有关外,还取决于水溶液的含盐浓度。含盐量越大,起始冻结温度越低。一般在含水丰富的砂砾层起始冻结温度约为0℃;亚黏土和黏土为−1～−4℃。

在冻土的形成过程中,除水的过冷和潜热释放外,还有水分迁移现象。过冷现象是因

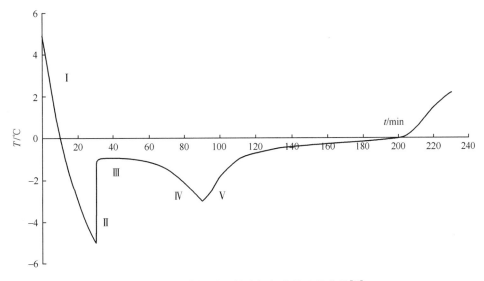

图 2-16　分散性黏土的冷却与冻结过程曲线[10]

土中水在结冰之前,水缺乏结晶核造成的。水分迁移系指土层冻结时发生水分向冻结锋面转移的现象。水变成冰时其体积将增大 9%,当该种体积膨胀足以引起土颗粒间相对位移时,则形成冻土的冻胀,加之水分迁移的作用,导致冻结锋面水分增大,加剧了土的冻胀。

水分迁移和冻胀与土性、水补给条件和冻结温度等有密切关系。在细粒土中,特别是粉质亚黏土和粉质亚砂土中的水分迁移最强烈,冻胀最甚。黏土虽然颗粒很细,但其含水量小,其冻胀性稍次于粉质亚黏土和亚砂土。砂、砾由于颗粒粗,冻结时一般不发生水分迁移。外部水分补给条件是影响水分迁移和冻胀的重要因素之一。温度梯度越大,水分迁移和冻胀越小。例如,两淮地区二含和三含底部黏性土隔水层,埋深为 $200\sim430m$,具有埋藏深和冻胀力大特点,在采用冻结法施工井筒时,如冻结施工失当,往往会发生断管和外层井壁破损事故。

2.5　冻土的热物理特性

冻土的热物理指标主要包括比热容、容积热容量、导热系数和导温系数等。对于冻结凿井工程而言,在进行冻结设计时,还需获得人工冻土的冻结温度。因此,为满足人工冻结工程设计需要,按现行设计规范要求,人工冻结土需测定的主要热参数有土的冻结温度、冻土比热容、容积热容量、导热系数、导温系数等。

2.5.1　土的冻结温度

人工冻土的冻结温度是指土开始冻结时最高最稳定的温度(图 2-15 中的 t_d)。不同岩性、不同深度的土层的冻结温度不但与土性密切相关,而且与深度、含水量、含盐量均有关。

1. 冻结温度与土性的关系

试验研究表明,在相同初始含水量情况下,冻结温度与颗粒粗细度有关,颗粒细其温度低,颗粒粗则温度高。一般情况下,黏性土类当含水量为流限含水量时冻结温度为$-0.1 \sim -0.3$℃;砂和砂性土当含水量为饱和含水量时其冻结温度为$0.0 \sim -0.2$℃。冻结法凿井井筒穿越的冲积层除上部地层外多处于超固结状态,且黏性土类具有较大膨胀性,故其冻结温度比一般地区要低。表 2-6 为分别取自淮南潘三东风井和淮北桃园副井不同岩性的土层冻结温度与土性关系试验结果。

表 2-6　两淮地区各类土冻结温度[6]

固结状况	土的类型	淮南地区		淮北地区	
		含水率/%	冻结温度/℃	含水率/%	冻结温度/℃
上部欠 固结带	黏性土	30～18	$-0.11 \sim -0.20$	30～19	$-0.20 \sim -0.70$
	粗颗黏土	20～14	$-0.10 \sim -0.12$	8～5	$-0.10 \sim -0.40$
中下部 固结带	砂(细砂与粉砂)	25～13	$-0.13 \sim -0.35$	25～7	$-0.10 \sim -0.30$
	砂黏土	20～12	$-0.5 \sim -1.5$	24～11	$-0.3 \sim -1.4$
	黏土	36～10	$-1.5 \sim -3.6$	34～14	$-1.4 \sim -3.65$
	砂砾土	17～12	$-0.14 \sim -0.3$	18～15	$-0.10 \sim -0.25$

分析可见,各土层的冻结温度变化区间不尽相同。淮南地区冻结温度变化范围比淮北地区冻结温度变化范围相对较小,且中下部固结带各同性土层相差较小。

表 2-7 和表 2-8 分别为国投新集口孜东矿副井和淮南丁集矿副井不同层位冻结温度试验结果。两煤矿副井穿越冲积层深度分别为厚 525.25m 和 609.5m。分析上述两表可见,土性对冻结温度有重要影响,砂质黏土的冻结温度最高,黏土次之,钙质黏土最低。以丁集矿为例,其砂质黏土冻结温度为$-1.4 \sim -1.5$℃,黏土为$-1.8 \sim -2.1$℃,含钙黏土为$-3.8 \sim -4.0$℃。

表 2-7　口孜东矿副井不同层位冻结温度

土层编号	土样深度/m	土层性质	含水率/%	冻结温度/℃
第 1 层	105.25～111.45	砂质黏土	23.43	-1.4
第 2 层	129.75～140.80	砂质黏土	21.27	-1.2
第 8 层	365.20～370.45	砂质黏土	27.34	-1.7
第 9 层	400.60～406.60	砂质黏土	28.25	-1.3
第 11 层	441.25～455.50	砂质黏土	27.42	-1.2
第 12 层	470.15～480.20	砂质黏土	28.07	-1.2
第 13 层	480.20～490.00	黏土	26.56	-1.5
第 14 层	490.60～496.55	黏土	27.99	-1.8
第 15 层	496.55～519.40	钙质黏土	27.69	-2.4
第 16 层	519.40～535.80	砂质黏土	28.45	-1.6
第 17 层	538.00～550.00	砂质黏土	29.73	-2.7
第 18 层	550.00～560.30	钙质黏土	27.57	-2.8

表 2-8　丁集矿副井不同层位冻结温度

副井编号	土样埋深/m	土样名称	含水率/%	冻结温度/℃
副井 1	150.9～169.10	黏土	20.14	−1.8
副井 4	275.30～279.10	砂质黏土	19.01	−1.5
副井 6	314.40～318.70	砂质黏土	23.82	−1.4
副井 7	326.20～347.27	含钙黏土	21.16	−3.8
副井 8	347.27～368.34	砂质黏土	16.87	−1.5
副井 9	368.34～389.40	含钙黏土	27.98	−4.0
副井 10	399.37～403.48	黏土	19.65	−2.0
副井 11	403.50～420.00	含钙黏土	20.05	−3.9
副井 12	420.00～436.50	黏土	17.63	−2.1

2. 冻结温度与干容重关系

从表 2-9 可见,干容重(含水量相同时)对冻结温度影响较小。总的趋势是冻结温度随干容重增大而稍有升高。砂的干容重从 1.4g/cm³ 增加到 1.8g/cm³ 时,其冻结温度升高不到 0.1℃,黏土干容重从 1.3g/cm³ 增加到 1.7g/cm³ 时,其冻结温度升高只是 0.1℃多一点,由此可见,干容重对冻结温度的影响可忽略不计。

表 2-9　冻结温度与干容重关系[6]

砂			黏土			黏土			黏土		
含水量/%	干容重/(g/cm³)	冻结温度/℃	含水量/%	干容重/(g/cm³)	冻结温度/℃	含水量/%	干容重/(g/cm³)	冻结温度/℃	含水量/%	干容重/(g/cm³)	冻结温度/℃
	1.4	−0.38		1.3	−2.03		1.3	−2.18		1.3	−4.20
	1.5	−0.35		1.4	−1.94		1.4	−2.09		1.4	−4.20
15.40	1.6	−0.33	21.26	1.5	−1.96	21.60	1.5	−1.98	16.79	1.5	−4.27
	1.7	−0.36		1.6	−1.93		1.6	−1.93		1.6	−4.10
	1.8	−0.30		1.7	−1.95		1.7	−1.96		1.7	−4.12
	1.4	−0.22		1.3	−0.83		1.3	−1.05		1.3	−2.14
	1.5	−0.18		1.4	−0.80		1.4	−1.00		1.4	−2.09
20.78	1.6	−0.16	26.98	1.5	−0.76	27.04	1.5	−0.93	21.44	1.5	−2.03
	1.7	−0.15		1.6	−0.73		1.6	−3.86		1.6	−2.06
	1.8	−0.15		1.7	−0.73		1.7	−0.88		1.7	−1.97

3. 冻结温度与深度关系

随着土层埋深的增加,其所受的地应力不断加大,土层的固结程度不断提高,特别对深厚冲积层而言,中下部土层均为超固结土,一般情况下同类土性干密度随埋深增加而增加,冻结温度随深度增加而降低,见表 2-10 和图 2-17。除埋深 105.25～480.20m 砂质黏土因同类土性颗粒和矿物成分等原因导致上述规律不明显外,480.20m 以深的各类土层冻结温度变化均明显遵循同类土性干密度随埋深增加而增加,冻结温度随深度增加而降低的规律。丁集矿与刘桥矿各土层干密度和冻结温度也呈上述规律变化(图 2-17)。

表 2-10　口孜东矿冻结温度与深度关系

层号	土样名称	深度/m	含水率/%	湿密度/(g/cm³)	干密度/(g/cm³)	冻结温度/℃
1	砂质黏土	105.25~111.45	23.43	2.07	1.673	−1.4
2	砂质黏土	129.75~140.80	21.27	1.98	1.697	−1.2
8	砂质黏土	365.20~370.45	27.34	1.89	1.680	−1.7
9	砂质黏土	400.60~406.60	28.25	1.95	1.693	−1.3
11	砂质黏土	441.25~455.50	27.42	1.90	1.472	−1.2
12	砂质黏土	470.15~480.20	28.07	1.95	1.499	−1.2
13	黏土	480.20~490.00	26.56	2.01	1.521	−1.5
14	黏土	490.60~496.55	27.99	1.97	1.533	−1.8
15	钙质黏土	496.55~519.40	27.69	1.92	1.480	−2.4
16	砂质黏土	519.40~535.80	28.45	1.94	1.463	−1.6
17	砂质黏土	538.00~550.00	29.73	1.98	1.471	−2.7
18	钙质黏土	550.00~560.30	27.57	1.99	1.573	−2.8

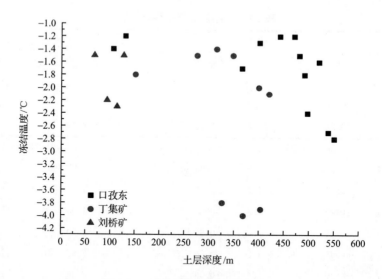

图 2-17　冻结温度与土层深度关系

4. 冻结温度与土层含盐量的关系[12]

冻结温度与土层含盐量有密切关系。含盐量大则冻结温度低,反之亦然。在冻结工程中因冻结管盐水泄漏融化冻结壁就是此原因。笔者曾针对国投新集杨村矿副井407.30~445.35m 黏性土层因冻结管盐水泄漏对冻结温度影响开展了试验研究。

　　试验严格按照国家标准《土工试验方法标准》(GB/T50123—1999)执行。实验在低温瓶与零温瓶间进行,低温瓶温度为－7.8℃,零温瓶温度为0±0.1℃,试验杯用黄铜制成,其直径为3.5cm,高为5cm,带有杯盖(图2-18)。测得试验土层的冻结温度结果见表2-11。

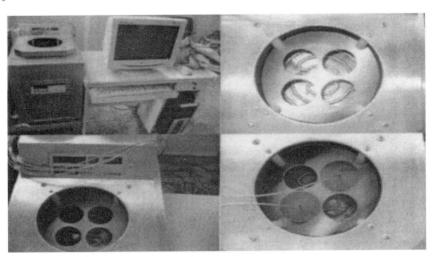

图2-18　冻结温度试验仪器

表2-11　冻结温度与含盐量的关系

项目	含盐量/%			
	4	4.5	5	5.5
冻结温度/℃	−4.4	−5.1	−6.3	−7.2

注:含盐量系指土中所含盐分的质量占干土质量的百分数。

　　图2-19为饱和含盐黏土结冰温度与含盐量关系,分析该图可见,黏土含盐率4%的结

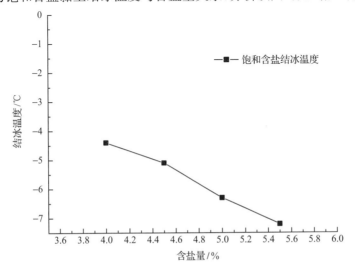

图2-19　饱和含盐黏土结冰温度与含盐量关系

冰温度是−4.4℃;含盐率为4.5%的黏土结冰温度是−5.1℃;含盐率5%的黏土结冰温度是−6.3℃;含盐率5.5%的黏土结冰温度是−7.2℃。冻土的结冰温度随着含盐量的增加而降低,呈现出很好的线性关系。

2.5.2　质量比热容和容积热容量

1. 质量比热容 C_M

单位质量的(冻)土温度改变1K时所需的热量称为比热容,单位为 J/(g·K)。冻土的比热取决于各成分的比热容和比例。当忽略冻土中的气相成分时,冻土中的质量比热按其物质成分的比热容加权平均计算,即

$$C_M = \frac{C_p + (W - W_u)C_i + W_u C_w}{1 + W} \tag{2-1}$$

式中,C_M 为冻土的质量比热容,J/(g·K);C_p、C_i、C_w 为土颗粒、冰和水的质量比热容,一般 C_p=0.71~0.84J/(g·K),C_i、C_w 值见表2-12;W 为含水量,%;W_u 为未冻水含量(冻土中未冻水的质量与干土质量之比),%。

表2-13为两淮地区同类土土骨架质量比热容测定值。该表表明,淮南、淮北两矿区质量比热容有微小不同,这主要是其矿物成分差异所致。

表2-12　水和冰的比热容随温度变化

水		冰	
温度/℃	C_w/[J/(g·K)]	温度/℃	C_i/[J/(g·K)]
10	4.208	−10	2.008
20	4.194	−20	1.967
30	4.189	−30	1.889
40	4.190	−40	1.811
50	4.193	−50	1.344

表2-13　两淮地区几种典型土的比热容[6]

土样名称	淮南地区/[J/(g·K)]		淮北地区/[J/(g·K)]	
	正温	负温	正温	负温
黏土	0.8284	0.7740	0.8075	0.7824
重粉土质亚黏土	0.8201	0.7657	—	—
中砂	0.8075	0.6904	0.7866	0.6820
钙质黏土	0.8745	0.8075	0.8661	0.7991
黏土	0.8828	0.8075	—	—
粉土质亚黏土	0.8159	0.7322	—	—
黏土	0.8786	0.7950	—	—
黏土	0.8577	0.786.6	0.8535	0.7950

　　表2-14、表2-15 分别为丁集矿土的比热容测定结果表。表2-14 表明,土层中 SiO_2 含量越大,土骨架比热容越高;湿土的比热容不但与矿物成分有关,而且与含水量有关。例如,该矿副井 8、副井 9 二组试件的 SiO_2 组分均高于其他试件,其土骨架比热容分别高于其他试件,这说明 SiO_2 含量对土骨架比热容有重要影响。但其湿土的比热容却不是最高,这说明含水量的大小对湿土比热容也有较大影响。口孜东矿黏土的比热容也与含水量密切相关,如表2-16。

表 2-14　丁集矿土骨架比热测定结果表(常温)

编号	土样名称	取样深度/m	质量分数/%						土骨架比热容/[J/(g·K)]
			SiO_2	Fe_2O_3	Al_2O_3	CaO	MgO	Σ	
副井 1	黏土	150.9～169.10	65.95	6.85	16.11	2.82	2.59	94.32	0.7685
副井 4	黏土	275.30～279.10	65.95	6.85	16.11	2.82	2.59	94.32	0.7685
副井 6	黏土	314.40～318.70	65.95	6.85	16.11	2.82	2.59	94.32	0.7685
副井 7	黏土	326.20～347.27	65.95	6.85	16.11	2.82	2.59	94.32	0.7685
副井 8	钙质黏土	347.27～368.34	69.65	6.63	16.37	1.49	5.80	99.94	0.8203
副井 9	钙质黏土	368.34～389.40	69.65	6.63	16.37	1.49	5.80	99.94	0.8203
副井 10	钙质黏土	399.37～403.48	66.19	5.31	15.13	1.62	5.79	94.04	0.7715
副井 11	黏土	403.50～420.00	66.19	5.31	15.13	1.62	5.79	94.04	0.7715
副井 12	黏土	420.00～436.50	66.19	5.31	15.13	1.62	5.79	94.04	0.7715

表 2-15　丁集矿土干、湿的比热测定结果表(常温)

编号	土样名称	取样深度/m	含水量/%	干土		水		湿土的比热容/[J/(g·K)]
				质量分数/%	比热容/[J/(g·K)]	质量分数/%	比热容/[J/(g·K)]	
副井 1	黏土	150.9～169.10	20.14	83.33	0.7685	16.67		1.4626
副井 4	黏土	275.30～279.10	19.01	84.03	0.7685	15.96		1.4418
副井 6	黏土	314.40～318.70	23.82	80.76	0.7685	19.24		1.5544
副井 7	黏土	326.20～347.27	21.16	82.54	0.7685	17.46		1.3880
副井 8	黏土	347.27～368.34	16.87	85.57	0.8203	14.43	4.19	1.5203
副井 9	黏土	368.34～389.40	27.98	78.13	0.8203	21.87		1.4311
副井 10	钙质黏土	399.37～403.48	19.65	83.33	0.7715	16.67		1.4534
副井 11	钙质黏土	403.50～420.00	20.05	83.33	0.7715	16.67		1.4096
副井 12	钙质黏土	420.00～436.50	17.63	85.03	0.7715	14.97		1.3773

表 2-16　常温下口孜东矿副井湿密度黏土质量比热

取样深度/m	土层性质	含水率/%	湿密度/(g/cm³)	干密度/(g/cm³)	比热容/[J/(g·K)]
105.25~111.45	砂质黏土	23.43	2.07	1.673	1.2973
129.75~140.80	砂质黏土	21.27	1.98	1.697	1.4479
365.20~370.45	砂质黏土	20.43	1.97	1.638	1.5376
400.60~406.60	砂质黏土	20.60	1.96	1.635	1.5673
441.25~455.50	砂质黏土	19.80	1.94	1.621	1.6245
470.15~480.20	砂质黏土	21.15	1.99	1.650	1.4871
480.20~490.00	黏土	19.65	1.91	1.615	1.4559
490.60~496.55	黏土	27.34	1.89	1.680	1.4746
496.55~519.40	钙质黏土	28.25	1.95	1.693	1.4961
519.40~535.80	砂质黏土	19.3	1.99	1.640	1.5776
538.00~550.00	砂质黏土	27.42	1.90	1.472	1.5963
550.00~560.30	钙质黏土	28.07	1.95	1.499	1.5889

2. 容积比热容 C_v

单位体积的(冻)土温度改变 1K 时所需的热量称为容积比热容,单位为 J/(m³·K)。冻土的比热容取决于各成分的比热和比例。冻土中的容积比热容为其干密度与质量比热容的乘积,即

$$C_V = P_s \frac{C_p + (W - W_u)C_i + W_u C_w}{1 + W}$$ (2-2)

式中,C_V 为冻土的容积比热容,J/(m³·K);P_s 为冻土的干密度,一般取 $P_s = 1.3 \sim 1.7$g/cm³。

3. 导热系数

导热系数为温度梯度为 1k/m 时,单位时间内通过单位面积的热量,用 λ 表示,单位为 J/(m·s·K)。

$$\lambda = \frac{Q}{\frac{\Delta t}{\Delta h} \Delta FT}$$ (2-3)

式中,λ 为导热系数,J/(m·s·K);Q 为热量,J;T 为时间,s;ΔF 为面积,m²。

导热系数主要取决于土的组分、含水率、密度和温度,并与土的结构有关,如表 2-17。冻土和融土的导热系数均与干密度呈近似线性关系;干密度相同时,导热系数随总含水量和含冰量的增加而增大;干密度和含水量相同时,粗颗粒土的导热系数比细颗粒土的大,同类土由于矿物成分和分散度的差异,可造成导热系数之间的差达 10% 以上;冻土导热系数随负温度降低而缓慢增大。

表 2-17　冻土的导热系数

土层性质	土层特点	含水量/%	导热系数/[J/(m·s·K)]
粗砂(粒度 1~2mm)	致密的	10	1.861
		18	3.140
	松散的	10	1.163
		18	2.674
细、中砂(粒度 0.25~1mm)	致密的	10	2.558
		18	3.838
	松散的	10	1.512
		18	3.486
砂土、土质砂、灰土、腐殖土		15~25	1.517~1.983

表 2-18~表 2-20 为丁集矿、口孜东矿黏土的导热系数测定值。分析表明,同类土性因含水率、密度和矿物组分等差异,导致导热系数之间出现一定幅度的差。黏土彼此相差 19%,砂质黏土 27.3%,含钙黏土 15.2%。

表 2-18　丁集矿副井黏土导热系数(常温)

编号	土样名称	土样埋深/m	含水量/%	密度/(g/cm³)	表面温度/℃	导热系数/[J/(m·s·K)]
副井 1	黏土	150.9~169.10	20.14	1.928	14	0.914
副井 4	砂质黏土	275.30~279.10	19.01	2.037	14	1.495
副井 6	砂质黏土	314.40~318.70	23.82	2.986	12	1.001
副井 7	含钙黏土	326.20~347.27	21.16	2.103	12	0.996
副井 8	砂质黏土	347.27~368.34	16.87	2.137	13	1.211
副井 9	含钙黏土	368.34~389.40	27.98	1.978	13	0.988
副井 10	黏土	399.37~403.48	19.65	2.103	12	0.900
副井 11	含钙黏土	403.50~420.00	20.05	2.131	12	1.176
副井 12	黏土	420.00~436.50	17.63	2.074	12	1.113

表 2-19　丁集矿副井黏土导热系数(负温)

编号	土样名称	土样埋深/m	含水量/%	密度/(g/cm³)	表面温度/℃	导热系数/[J/(m·s·K)]
副井 1	黏土	150.9~169.10	20.14	1.928	−10	1.384
副井 4	砂质黏土	275.30~279.10	19.01	2.037	−10	1.752
副井 6	砂质黏土	314.40~318.70	23.82	2.986	−10	1.274
副井 7	含钙黏土	326.20~347.27	21.16	2.103	−10	1.385
副井 8	砂质黏土	347.27~368.34	16.87	2.137	−10	1.654
副井 9	含钙黏土	368.34~389.40	27.98	1.978	−10	1.231
副井 10	黏土	399.37~403.48	19.65	2.103	−10	1.301
副井 11	含钙黏土	403.50~420.00	20.05	2.131	−10	1.452
副井 12	黏土	420.00~436.50	17.63	2.074	−10	1.563

表 2-20　口孜东矿冻土导热系数（负温）

土层编号	取样深度/m	土层性质	导热系数/[J/(m·s·K)]		
			−5℃	−10℃	−15℃
第1层	105.25～111.45	砂质黏土	1.66	1.80	1.92
第2层	129.75～140.80	砂质黏土	1.62	1.69	1.80
第8层	365.20～370.45	砂质黏土	1.51	1.68	1.72
第9层	400.60～406.60	砂质黏土	1.60	1.75	1.85
第11层	441.25～455.50	砂质黏土	1.69	1.76	1.81
第12层	470.15～480.20	砂质黏土	1.47	1.56	1.69
第13层	480.20～490.00	黏土	1.72	1.83	2.11
第14层	490.60～496.55	黏土	1.68	1.80	1.99
第15层	496.55～519.40	钙质黏土	1.63	1.68	1.82
第16层	519.40～535.80	砂质黏土	1.55	1.62	1.75
第17层	538.00～550.00	砂质黏土	1.66	1.75	1.82
第18层	550.00～560.30	钙质黏土	1.62	1.79	1.92

图 2-20 表明，负温条件下不同类型的土的导热系数均与温度成反比，温度越低含冰量越高，导热系数越大；对该矿井而言，同负温下黏土最大，钙质黏土次之，砂性黏土最小。

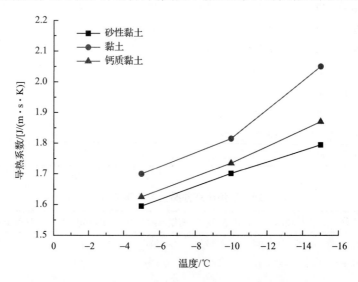

图 2-20　口孜东矿不同类型土平均导热系数与温度的关系

4. 导温系数

导温系数是传热过程中的热惯性指标，又称热扩散系数，是表征土中某一点在其相邻点温度变化时改变自身温度能力的指标，单位为 m²/s。导温系数是研究温度场变化的基本热学指标，其值主要取决于土的成分、含水量、密度等参数，其变化规律与导热系数相

似。它是分析研究介质温度场变化速率,不稳定热传导过程计算常用的基本指标。导温系数计算公式为

$$\alpha = \frac{\lambda}{C_V} \tag{2-4}$$

式中,α 为冻土的导温系数,m^2/s;λ 为导热系数;C_V 为冻土的容积比热容。

冻土的导温系数随含水(冰)量增大而持续增加,但当含冰量增大到一定值以后导温系数增大速率减缓,其中砂与黏性土表现明显。

2.6　人工冻土冻胀特性及主要影响因素

与天然冻土一样,人工冻结土体作为多孔介质,其在冻结过程中土孔隙中不仅有水分的原位冻结与体积膨胀,而且未冻区水分被抽吸、集聚至冻结锋面,即出现冻胀现象。若在冻结过程中,来自未冻区补给的水分很充分,大量水分迁移聚集,则出现严重的冻胀现象。在冻胀性很小的纯净粗粒土中(如中粗砂土层),同时在上覆荷载较大或冻结速度很快的情况下,土冻结时将会出现从冻结面的排水现象。此时,冻胀很小甚至无冻胀现象出现。这种使含水多孔介质土体冻胀时推开其颗粒间隙的力的平均值,称为冻胀力。在开放系统中,冻胀力是克服约束力、扩大颗粒相互间隙的平均力。因此,约束力越大,冻胀力也越大,相反,冻胀量则变小。直至到达某一极值,将不发生冻胀,此时的冻胀力称为最大冻胀力。

评价冻胀的影响,通常采用冻胀率、冻胀量和冻胀力 3 个指标。对于冻结凿井法,在冻结壁工程设计时主要关注冻胀率和冻胀力指标。冻胀率是总冻胀量与冻结深度比值,冻胀量是冻土表面冻胀位移的绝对值,冻胀力是土体冻结膨胀受到约束时土体对约束体的作用力。

对于冻结法凿井而言,人工冻土常为上下土层同时冻结,对于不同的土层,其矿物成分、粒度组成、土体温度、含水量 、地压等影响均有可能不同。试验表明:通常情况下,冻胀量与土层含水量关系明显,冻胀量随土层含水量的增大而增大;再者,冻胀量与土颗粒组成、矿物组分以及土中水的离子成分和浓度等因素有关。塑性指数越大则土颗粒越细,细颗粒含量越高,则其比表面积和可能的结合水含量也高,同时黏土矿物可能具有的结合水含量也越高。由于冻胀量与饱和度成正比,因为未饱和的土,其土颗粒未被水分完成充填存在空隙;而饱和土空隙充满水分,只有向外扩展,所以冻胀量也相对较大。

土体冻胀性的分类方法有许多种,其中根据土体冻胀率可将土分为五类[13]:

(1) 非冻胀性土:冻胀率 $\eta < 1$ 的土;

(2) 弱冻胀性土:冻胀率 η 为 1%～3.5% 的土;

(3) 冻胀性土:冻胀率 η 为 3%～6% 的土;

(4) 强冻胀性土:冻胀率 η 为 6%～12% 的土;

(5) 特强冻胀性土:冻胀率 $\eta > 12\%$ 的土。

2.6.1　土分散性

土的分散性是反映土冻胀性的重要指标。它表示土颗粒成分、尺寸、形状结构特性以及彼此间的组合关系。试验表明,一般情况下,粗粒土的冻胀性小于细粒土。当粒径尺寸为 0.1~0.05mm 的细砂时,即使在饱和水状态下冻结,冻胀性也很小;但当粒径处于 0.05~0.005mm 时,土具有最大的冻胀性;当粒径小于 0.005mm 或更小时,因颗粒的分散性极大,表面能相当高,土中水多被土粒强烈束缚,强吸附水量增大,当该种粒径颗粒的含量超过 50% 时,则因土中孔隙过小,造成水流通路的阻塞,形成不透水的隔离层使水迁移困难,则冻胀性急剧减小,由此可见,土的分散性对冻胀影响很大。

2.6.2　土颗粒矿物成分

影响土颗粒冻胀特性的矿物成分主要指蒙脱石(晶体较小,有时小到 0.001μm)、高岭石(晶体只有 1.0~1.1μm,厚度为 0.01~0.02μm)和水云母 3 种成分,它们都具有片状和层状构造。这些黏土矿物对其冻胀性的影响,很大程度上取决于矿物表面活性——凝结水的能力。而颗粒表面凝结的水量取决于颗粒本身的大小、矿物成分和有无交换阳离子。例如,高岭质土中,粒径 0.05~0.002mm 的细粒占 60% 以上,属粉质黏土,极易形成强烈水分迁移和析冰,冻胀性很强。这种土实际上不会交换阳离子,主要是表面化学活性很弱,亲水性小,矿物成分处于较为松散的聚集状态,从而使其有较大的可移动薄膜水,所以其有较强的冻胀性。而以蒙脱石矿物为主的黏性土中,其分散性更高,属黏土或重黏土。土中水分大部分被强烈地吸附于薄膜中,水的可移动性不大。而其所含有的 Na^+ 和 Ca^{2+} 交换能力很高,经常置换 K^+、Cs^+、Mg^{2+} 等离子,对水性影响很大,同其他矿物相比,其所结合的水量最多,有时可超过骨架的质量。对水分迁移来说,土就成了不透水的"隔离层",阻碍水分的迁移,因此以蒙脱石矿物为主的黏性土冻胀性较弱。水云母类的黏土介于以上二者之间[13]。

2.6.3　土含水量

土的冻胀起因是土中水分冻结成冰造成的土体积膨胀,可见水分是冻胀的首要条件,且土中水分的多少是影响冻胀的基本因素。工程实践表明,并非所有含水的土体都产生冻胀,而是当土中水分达到一定界限后,才有冻胀现象的发生,通常把该含水量定义为起始冻胀含水量,当土中含水量小于该阈值,即使土中全部孔隙充满冰和未冻水,土体也不发生冻胀现象。根据试验,几种典型土的起始冻胀含水量见表 2-21。

表 2-21　几种典型土的起始冻胀含水量

项目	中、高液限黏土	低液限黏土	粉质低液限砂土	砂土
起始冻胀含水量/%	13~18	11~15	8~11	7~9

在封闭的系统中,冻胀量随土中含水量的增大而增大,最终趋向一个定值,也就是其土中水由水变成冰增大 9% 的量。但在开放的系统中,由于土体中在冻结锋面有大量水分迁移,从而大幅增加了土的冻胀性。试验表明,对于黄淮地区深厚冲积层而言,其深部

黏性土层固结程度高、含水率低的土本应属非冻胀性土,而对于该类非膨胀黏性土,其起始含水量一般为 $0.84W_p$,如图 2-21。虽然黄淮地区深厚冲积层中下部黏性土多低于 $0.84W_p$[6],但因其含有高岭土、蒙脱石等矿物,在冻结过程中仍表现出较强的冻胀性。

图 2-22 和表 2-22 表明,在冷端温度和荷载相同条件下,含水率决定了黏性土冻胀率的大小,即含水率越高,冻胀率越大,在干密度基本相同的情况下,冻胀率随含水量增加而迅速加大,表现出明显的敏感性。

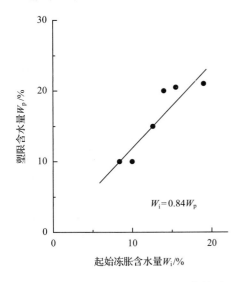

图 2-21　两淮地区黏性土 W_p-W_i 的关系

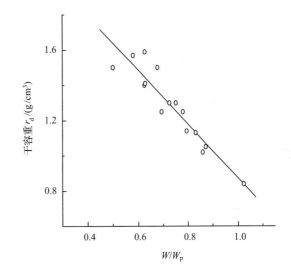

图 2-22　两淮地区黏土含水量与干容重的关系

表 2-22　冻胀率与含水率关系[14]

试验编号	实测干密度/(g/cm³)	实测含水率/%	荷载/kPa	冷端温度/℃	冻胀率/%
1	1.71	19.8	50	−20	2.624
2	1.69	24.1	50	−20	3.364
3	1.73	28.1	50	−20	4.146
4	1.72	36.1	50	−20	6.817

表 2-23 为口孜东矿副井黏性土单冷端(−10℃)在封闭系统中得到的冻胀率与含水量关系试验结果。由该表可见,埋深 105.25～455.50m 段同类砂质黏土的冻胀率与含水量有较好的正相关关系。

表 2-23　口孜东矿副井冻胀率与含水率关系

土层编号	取样深度/m	土层性质	含水率/%	冻胀率/%
第 1 层	105.25～111.45	砂质黏土	23.43	2.32
第 2 层	129.75～140.80	砂质黏土	21.27	2.85
第 8 层	365.20～370.45	砂质黏土	20.43	2.10
第 9 层	400.60～406.60	砂质黏土	20.60	2.73
第 11 层	441.25～455.50	砂质黏土	19.80	2.46

土层编号	取样深度/m	土层性质	含水率/%	冻胀率/%
第 12 层	470.15～480.20	砂质黏土	21.15	2.78
第 13 层	480.20～490.00	黏土	19.65	2.74
第 14 层	490.60～496.55	黏土	27.34	2.97
第 15 层	496.55～519.40	钙质黏土	28.25	1.99
第 16 层	519.40～535.80	砂质黏土	19.3	2.97
第 17 层	538.00～550.00	砂质黏土	27.42	2.83
第 18 层	550.00～560.30	钙质黏土	28.07	3.06

2.6.4 温度、干密度

负温是冻胀产生的必要条件之一。土体在负温下冻结过程中,随着负温的变化显示出不同的冻胀特性。试验表明(图 2-23),在开敞的体系中,其冻胀可分 3 个阶段[15]:

第一阶段:土体冻胀强度随负温的降低而剧烈增长,其增长值约占最大冻胀值的 70%～80%,负温变化范围为起始冻结温度至 -3℃ 左右;

第二阶段:土体冻胀强度增长缓慢,其增长值一般占最大冻胀值的 15%～20%:负温变化为 -3～-7℃;

第三阶段:土体冻胀率处于稳定或略有增长,一般在 5% 左右,负温变化为 -7～-10℃。

表 2-24、表 2-25 表明,冷端温度与冻胀率成反比,即冷端温度越低,冻胀率越大。同时,试验表明,膨胀黏性土的密实度与冻胀量关系密切,在既定水分条件下,其冻胀量随土的干密度增加而增大。图 2-24～图 2-28 表明,黏土冻胀率在初始阶段随时间而快速增长,后期增长率逐渐趋于零值。

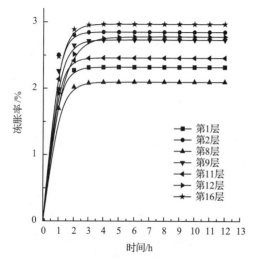

图 2-23 口孜东矿砂质黏土冻胀率
与时间的关系

图例:
- 第1层
- 第2层
- 第8层
- 第9层
- 第11层
- 第12层
- 第16层

表 2-24 黏性土冷端温度与冻胀率关系[14]

试验组号	实测干密度/(g/cm³)	实测含水率/%	荷载/kPa	冷端温度/℃	冻胀率/%
1	1.53	28.1	50	-15	3.176
2	1.49	28.1	50	-20	3.704
3	1.50	28.2	50	-25	4.907
4	1.51	27.9	50	-30	5.741

表 2-25　黏性土干密度与冻胀率关系[14]

试验组号	实测干密度/(g/cm³)	实测含水率/%	荷载/kPa	冷端温度/℃	冻胀率/%
1	1.39	28.4	100	−25	4.529
2	1.51	28.3	100	−25	4.779
3	1.59	28.0	100	−25	5.016
4	1.71	27.9	100	−25	5.333

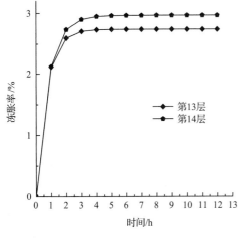

图 2-24　口孜东矿黏土冻胀率与时间的关系　　　图 2-25　口孜东矿钙质黏土冻胀率与时间的关系

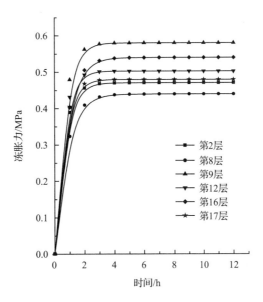

图 2-26　口孜东矿砂质黏土冻胀力与时间的关系

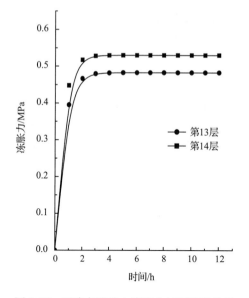

图 2-27　口孜东矿黏土冻胀力与时间的关系

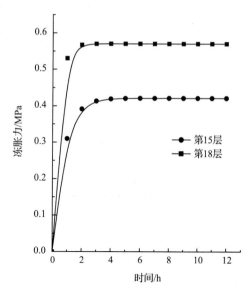

图 2-28　口孜东矿钙质黏土冻胀力
与时间的关系

2.6.5　冻结过程中的冻胀力

与冻胀量规律相同,同类膨胀黏性土冻结过程的冻胀力随含水量、干密度的增大而增大(表 2-26、表 2-27)。

表 2-26　黏性土干密度与冻胀力的关系[14]

试验组号	干密度/(g/cm³)	含水率/%	荷载/kPa	冷端温度/℃	冻胀力/MPa
1	1.71	19.9	50	−20	1.160
2	1.70	24.1	50	−20	2.253
3	1.73	28.0	50	−20	3.033
4	1.72	36.2	50	−20	2.813

表 2-27　丁集矿副井冻土冻胀、冻胀力试验结果

编号	土样名称	土样埋深/m	含水量/%	密度/(g/cm³)	冻胀率/%	冻胀力/MPa
副井 1	黏土	150.9～169.10	20.14	1.928	4.0	0.76
副井 4	砂质黏土	275.30～279.10	19.01	2.037	5.7	0.48
副井 6	砂质黏土	314.40～318.70	23.82	2.986	1.46	0.38
副井 7	含钙黏土	326.20～347.27	21.16	2.103	3.28	0.34
副井 8	砂质黏土	347.27～368.34	16.87	2.137	3.08	0.15
副井 9	含钙黏土	368.34～389.40	27.98	1.978	1.52	0.30
副井 10	黏土	399.37～403.48	19.65	2.103	1.24	0.18
副井 11	含钙黏土	403.50～420.00	20.05	2.131	4.48	0.27
副井 12	黏土	420.00～436.50	17.63	2.074	4.0	0.16

参 考 文 献

[1] 陈宗宇. 从华北平原地下水系统中古环境信息研究地下水资源演化. 长春:吉林大学,2001.

[2] 许光泉,凌标灿,严家平,等. 新生界底部含水层特征研究及数据库模拟系统. 北京:煤炭工业出版社,2004.

[3] 张宗枯,沈照理,薛禹群,等. 华北平原地下水环境演化. 北京:地质出版社,2000.

[4] 崔广心,杨维好,吕恒林. 深厚表土层中的冻结壁和井壁. 徐州:中国矿业大学出版社,1998.

[5] 黄德发,赵社邦. 冻结法凿井施工技术应用与管理. 北京:煤炭工业出版社,2010.

[6] 中国科学院兰州冰川冻土研究所. 冻结凿井冻土壁的工程性质. 兰州:兰州大学出版社,1988.

[7] 介玉新,刘正,李广信. 黄淮地区深部黏土工程性质试验研究. 工业建筑,2006,36(3):63-66.

[8] 孙如华. 东部矿区深部土结构力学性研究. 徐州:中国矿业大学,2010.

[9] 徐学祖,王家澄,张立新. 冻土物理学. 北京:科学出版社,2001.

[10] 崔托维奇 Н А. 冻土力学. 北京:科学出版社,1985.

[11] 张丰帆. 季节性冻土构筑物冻胀机理研究与应用. 长春:吉林大学,2008.

[12] 钟晶晶,程桦,曹广勇,等. 饱和含盐冻结钙质黏土单轴压缩试验研究. 安徽建筑工业学院学报(自然科学版),2013,21(6):46-50.

[13] 木下诚一. 冻土物理学. 王异,张志权译. 长春:吉林科学技术出版社,1985.

[14] 张海银. 人工冻结黏土冻胀特性试验研究. 淮南:安徽理工大学,2013.

[15] 吕书清. 影响土体冻结的主要因素及冻胀力分布. 低温建筑技术,2009,(7):87-88.

第3章　人工冻土力学特性

3.1　概　　述

深厚冲积层冻结凿井法的成败很大程度上取决于冻结壁的设计与施工。掌握冻结壁的形成规律和力学特性，是科学、合理设计冻结壁的重要依据。因此，研究人工冻土力学与变形性质，揭示其力学与变形特征是一项重要的基础工作。

与天然冻土一样，人工冻土由固、液、气和冰的四相物质组成，所不同的是其温度受控于工程需要。冻土与常温土最大的区别在于前者含有冰，使其力学与变形性质比常温土要复杂得多。与常温土的力学性质相比，冻土具有明显的流变，并且随土温度而剧烈变化。

3.1.1　冻土力学性质特点

由于冻土由固、液、气和冰的四相物质组成，与时间、矿物、温度、水分、冰，及其空间分布等因素密切相关，其力学性质表现出强烈的各向异性、非线性、不均匀性和不稳定性等，决定了其不确定性。所谓不确定性是指事物在客观或主观上不能完全明确的属性。不确定性分主、客观两类。客观不确定性是指这种不确定性是客观存在的，和人的主观愿望无关，不以人的主观愿望为转移。它主要是指事物发生和变化规律的不确定性，即事物发生或变化存在多种可能性，不存在唯一的结果。主观不确定性是指人们在主观上不能完全明确确定客观事物的一种认知上的属性。主观不确定性是人类的一种主观属性，与客观没有直接的联系，但跟客观事物的复杂性有间接的关系。不确定性现象主要包括随机性、模糊性、突变性、混沌性、灰色性等。对于冻土而言，其比常温下的岩土与结构材料更为复杂，因此存在着概念、分类、本构模型及参数、计算模型及计算方法（如水、热、力三场耦合问题）、工程变形及破坏规律等一系列的不确定性。

1. 冻土中的连接作用

冻土是一种在外荷载作用下，应力与应变随时间变化的物体即流变体。反映冻土各部分（颗粒骨架和它们的聚集体、冰和未冻水）之间相互作用的连接作用，是冻土抵抗外载能力主要因素。对冻土而言，由冰产生的连接作用对冻土的力学性质具有重要意义。冻土的基本连接作用可分为以下三种[1]：

（1）冻土中矿物颗粒接触处的纯分子的连接作用，该作用力产生于未冻水分的基本颗粒和它们的聚集体之间的吸引力，其值的大小取决于矿物颗粒之间直接接触面积、粒间距离、颗粒的可压缩性和物理化学性质等。

（2）冰胶结连接是制约冻土强度和变形性质的最重要的作用。同时，其又受到负温值、冻土的总含冰量、冰包裹体的组构、粒度及其相对于作用力的方向、冰中未冻水的含量等因素的影响,该连接作用在冻土天然结构发生破坏时随即基本消失。由此表明,不能简单将人工制备的重塑土样冻土强度实验结果简单取代天然土样。

(3) 结构构造连接作用,其作用程度的大小取决于冻土的形成条件以及此后的存在条件,并与冻土成分组构密切相关。冻土的不均匀性越强,结构缺陷就越多,与之对应的冻土强度就越低。

需特别指出的是,在评价冻土力学性质、应力-应变状态时,冻土中冰的胶结作用具有特别重要的作用。众所周知,物体的力学性质主要取决于其质点之间的抗剪强度。作为四相体系的冻土,其黏滞性主要受制于冰的性质,而冰具有明显的各向异性,在受剪切时表现得尤为明显。冰在纯剪切过程中,只有当其受剪切方向与冰晶基本平面方向重合时才会发生,而其他方向将发生冰晶破坏,并重新结晶与定向。冰的黏聚力在主光轴方向(垂直于冻结面)上,要比在平行于冻结面方向上的小得多。当冰的温度为 -3.0℃ 时,冰的抗剪强度在平行于主光轴方向上为 3.1~3.2MPa,在垂直于主光轴方向上为 2.0~2.5MPa,垂直主光轴方向与平行主光轴方向上的抗剪强度之比平均值为 0.8[1]。

冰的各向异性说明冰晶内部构造中,有相互连接的薄弱面,并对其强度性质影响很大,冰的内部融化就是沿薄弱面发生与发展的。此外,冰内部的联结作用对温度的变化特别敏感,其联结强度随温度降低而增长。当冰的温度由 -1.5℃ 下降至 -3.5℃ 时,冰的瞬时黏聚力从 2.2MPa 增加到 4.5MPa 即增加约一倍[1]。由此可见,温度对冻土力学也起到相当重要作用。

2. 冻土的变形特性

与常温土相比,作为四相体系的冻土,冰与未冻水的存在,使其在荷载、温度、不同矿物组分等共同作用下表现出弹性、塑性和黏性等不同变形特性。冻土的弹性变形表现为体应变和剪应变的可逆性,但只有在一定负温且荷载很小时存在,即在冰晶格的可逆变化、矿物颗粒间联结水膜的厚度和颗粒间的偏移范围之内。

冻土的塑性变形表现为其体应变和剪应变的不可逆性,主要由荷载作用下冰的不可逆相变与重新组合、未冻水的迁移、气体的排出与矿物颗粒的移动引起。

冻土的黏性变形表现为其剪切和体应变随荷载作用时间而发展,黏性变形主要由矿物颗粒沿未冻水膜移动、冰和未冻水的黏性滑动所引起,也属不可逆变形。定常速率的黏性流动只是在应力水平较低时发生,多数情况下,黏性变形与弹性、塑性同时发生,在宏观上表现为应力-应变状态随时间变化,也即具有明显的流变特性。因此,荷载作用时间和大小是影响冻土力学流变特性的最重要的两个因素。在温度和荷载作用时间相同的情况下,不同应力水平的冻土试样所表现出的流变特性不同。对瞬时加载而言,因在荷载接触点上孔隙水的融化存在滞后现象,故此时其力学性质变化不明显。

3.1.2 冻土的流变特性

冻土流变的表现形式为:

蠕变——在不变荷载作用下,变形随时间而发展;

松弛——在恒定变形条件下,应力随时间而衰减;

强度降低——随荷载作用时间的增加,冻土抵抗破坏的强度降低。

1. 蠕变

蠕变是弹塑黏滞性变形的过程。其中冻土中的弹性变形在施加荷载时瞬间产生,塑性和黏滞变形能够同时随时间而发展。图 3-1 为蠕变应变及应变速率随时间发展的典型曲线,其中 $\sigma_1 < \sigma_2 < \sigma_3$ 且 $\sigma_1 \leqslant \sigma_\infty$(长期强度),$\sigma_3 > \sigma_2 > \sigma_\infty$。

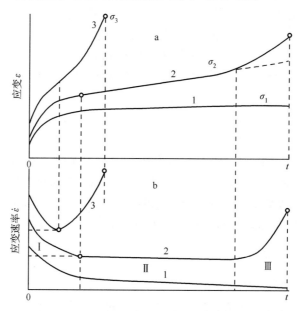

图 3-1　蠕变应变及应变速率随时间的发展[2]

1. 衰减型蠕变;2 和 3. 非衰减型蠕变

按照蠕变过程的特性,可分为衰减型蠕变和非衰减型蠕变。

衰减型蠕变:在小荷载作用下发生,如图 3-1 中的曲线 1,其作用应力 $\sigma_1 \leqslant \sigma_\infty$。其应变随荷载作用历时的增加而逐趋稳定,表现在应变速率在 I 区随时间增长而衰减,并趋向于零,即 $\dot{\varepsilon}_1 |_{t \to \infty} = 0$。

非衰减型蠕变:在大荷载作用下发生,如图 3-1 中的曲线 2 及 3,其作用应力 $\sigma_3 > \sigma_2 > \sigma_\infty$,其应变随荷载作用历时而增加,其典型的应变速率如图 3-1 中曲线 2 所示,可将其划分为三个阶段[2]:

I——蠕变第一阶段,属非稳定蠕变,应变速率 $\dot{\varepsilon}$ 逐渐减小,并趋向第二阶段的相对稳定值,且有 $\dot{\varepsilon}_I \approx \dot{\varepsilon}_{II}$;

II——蠕变过程第二阶段,为稳定黏塑性蠕变,其应变随荷载作用历时呈线性递增,即应变速率 $\dot{\varepsilon}_{II}$ 大致恒定,$\dot{\varepsilon}_{II} = C$;

III——蠕变过程第三阶段,系渐进流动蠕变,应变速率逐渐增大,最后导致脆性或黏性破坏,此阶段有 $\dot{\varepsilon}_{III} \approx \infty$。

在冻土非衰减蠕变的所有阶段中,最具实践意义的是稳定蠕变阶段,在此阶段内冻土处于连续性未受破坏的黏塑性流动状态。

2. 应力松弛

应力松弛是另一种流变过程。是指在应变恒定时,冻土试件中应力随时间不断减少的现象。其缘由是冻土在恒载作用下将发生包裹体的重结晶,并产生微裂缝,在一定应力值下这些微裂缝发展成大裂缝,同时,发生结构再造作用,降低了冻土的抗剪强度,并导致渐进流动从而出现了应力松弛现象。

3. 长期强度

蠕变的另一过程就是随荷载作用时间的不断增加而使冻土的强度不断降低,当作用的荷载足够大时,便出现非衰减蠕变,应变不断发展至冻土破坏为止。作用的应力水平越低,则发展到冻土破坏的持续时间就越长,当所加荷载在某一应力水平时,冻土试件不发生破坏,该作用应力即为冻土试件的长期强度 σ_∞,它包括抗压、抗拉、抗剪等试验的长期强度。

3.1.3　冻土流变机理

以俄罗斯维亚洛夫为代表的学者,对冻土流变开展了大量的理论与试验研究,阐明了冻土流变的物理本质,并奠定了冻土流变学的基础[3,4]。

如前所述,冰是典型的流变体,冻土的流变性质取决于其中存在的冰和未冻水,后者在一定的温度与压力下处于动平衡状态,未冻水以薄膜形式包裹在矿物颗粒和胶结冰晶体上。在荷载作用下,打破原先的动平衡,土中部分冰融化,并从较高应力区被挤压到较低应力区再次冻结,从而达到新的平衡。与此同时,冻土中的冰自身将发生黏滞性流动。

在上述过程中,土颗粒及其集合体伴随着黏土颗粒重新组合和定向,力图使其基面沿着最大剪应力方向重新排列,且处于最稳定位置。矿物颗粒位移导致彼此间联结作用破坏,并首先在骨架联结最薄弱处出现损伤,并在土中迅速扩展成网状大裂缝。对发生塑性破坏的土,其缺陷的发展虽然不会破坏土的连续性,但会加快塑性变形发展;对出现脆性破坏的土,原先微裂缝将演变成较大裂缝,从而使土的连续性受到破坏。

研究表明,冻土在受力变形过程中,存在结构联结的弱化和强化两种现象。前者由颗粒间联系发生破坏所致,后者起因于颗粒间破坏联系的恢复和冰的重结晶作用。值得注意的是,如果结构强化占优势,则冻土变形带有衰减特征,反之,如果结构弱化占主导,则出现以破坏而告终的非衰减蠕变。

3.2　人工冻土单轴抗压强度

人工冻土无侧限抗压强度是冻土一项重要的常用指标,也是冻结凿井法中冻结壁设计必需的基本参数。人工冻土单轴抗压强度不但与土性有关,而且与温度、含水量、加载方式等多种因素有关。

根据 2011 年颁布的煤炭行业标准,MT/T 593.1—2011《人工冻土物理力学性能力学性能试验》[5]中的有关规定,人工冻土单轴抗压强度试验试样规格为 $\phi61.8\text{mm}\times$ 150mm 或 $\phi50\text{mm}\times100\text{mm}$;应变速率控制加载方式下冻土瞬时单轴抗压强度试验,试样应变速率为 1.0%/min;单轴负荷增加速率控制式下冻土瞬时单轴抗压强度试验,确定的负荷增加速率,应使试样在 30s±5s 内达到破坏或轴向变形大于 20% 为止。

3.2.1 冻土抗压强度与温度

冻土与常温土最显著的区别是前者为含有冰且受控于温度的四相体系的材料。因此,研究温度对冻土瞬时强度的影响具有最基本的意义。随着温度降低,岩土中水结冰量增大,冰的强度和岩土胶结能力增强,从宏观力学角度则表现为冻土抗压强度随冻土温度的降低而增大。苏联学者[6]根据大量试验,建议用以下公式计算饱和冻结砂的单轴抗压强度:

$$\sigma_s = -0.0153|\theta|^2 + 1.1|\theta| + 2 \tag{3-1}$$

式中,σ_s 为冻土单轴抗压强度,MPa;θ 为温度,℃。

或

$$\sigma_s = 0.8|\theta| + 2 \tag{3-2}$$

国内,早在 20 世纪 80 年代就对两淮矿区人工冻土单轴抗压强度特性开展了大量试验研究[7],特别是进入 21 世纪以来,一些学者对巨厚冲积层人工冻土抗压强度与温度间关系开展了深入研究,分析表明,温度是控制冻土强度指标的主要因素,且可用下式表示:

$$\sigma_s = a + b|\theta| \tag{3-3}$$

式中,a、b 为试验系数。

图 3-2 是口孜东矿不同土性抗压强度与温度关系曲线。试验表明,包括细砂土、细中砂、黏土、钙质黏土等其抗压强度值均随温度的降低呈线性增大,且可用式(3-3)表示。

图 3-3 中的土样取自淮南丁集矿检查孔,其中砂土密度 1.94g/cm^3,含水率 20.28%,黏土密度 1.889g/cm^3,含水率 22.16%,加载方式采用应变加载(25%/min)[8]。从该图可看出,温度对冻土的力学特性影响很大,不管黏土还是砂土,随着温度的由高往低变化,试验得出的应力-应变曲线中的发生塑性变形的应力水平逐渐加大。例如,钙质黏土,在 $-5℃\sim-10℃$ 时,$d\sigma/d\varepsilon>0$ 时应力水平较低,其后即进入了 $d\sigma/d\varepsilon\cong0$ 的塑性流变状态;当温度低于 $-10℃$ 时,$d\sigma/d\varepsilon>0$ 时的应力水平较高,出现了应力强化现象,其后随即进入 $d\sigma/d\varepsilon<0$ 状态。产生这一现象的原因是,温度越低,土中的未冻水含量越少,固体颗粒和冰胶结的越牢固,其强度也就越大。

顾桥矿冻结黏土在 $-5℃$、$-10℃$、$-15℃$ 的单轴抗压强度见表 3-1,在 $-5℃$ 时冻结黏土的平均单轴抗压强度为 1.26MPa,在 $-10℃$ 时冻结黏土的平均单轴抗压强度为 2.16MPa,其强度值比 $-5℃$ 冻结黏土提高了 71.4%,在 $-15℃$ 时冻结黏土的平均单轴抗压强度为 3.04MPa,其强度值比 $-10℃$ 冻结黏土提高了 40.7%。随冻结温度降低,冻结黏土的单轴抗压强度有显著提高,这种趋势变得趋于缓慢。

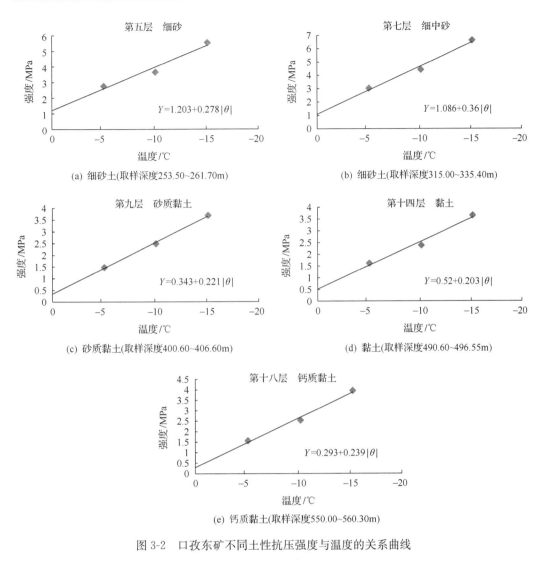

图 3-2　口孜东矿不同土性抗压强度与温度的关系曲线

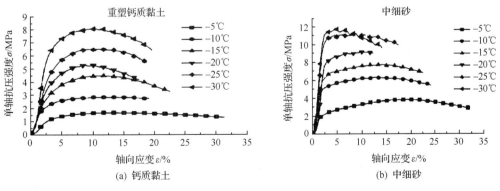

图 3-3　丁集矿重塑土不同温度下单轴抗压强度与轴向应变的关系[8]

表 3-1　顾桥矿人工冻结黏土单轴抗压强度与土工参数之间的关系[9]

项目		试样编号					
		1	2	3	4	5	6
取样深/m		53～65	79～85	216～223	231～237	283～309	347～377
岩层名称		砂质黏土	黏土	砂质黏土	黏土	砂质黏土	砂质黏土
含水量/%		23.4	23.4	35.5	30.9	18.2	21.7
干重度/(kg/m³)		15.4	15.6	15.9	16.3	15.5	16.2
液限		52.6	33.9	93.2	81.5	66	73.6
塑限		29.8	21.5	38	43.8	28.1	39.1
塑性指数		22.8	12.4	55.2	37.7	37.9	34.5
自由膨胀率/%		60	15	84	101.8	68	99
膨胀量/mm		0.563	0.181	1.379	1.12	3.015	4.274
单轴抗压强度/MPa	−5℃	1.45	1.18	1.00	1.32	1.21	1.39
	−10℃	2.07	2.79	2.41	2.57	1.72	1.92
	−15℃	3.7	3.71	2.64	2.89	2.83	3.04

3.2.2　冻土抗压强度与加载方式

根据 MT/T 593.1—2011《人工冻土物理力学性能力学性能试验》获得的人工冻土相对瞬时抗压强度与加载方式相关。

图 3-4 至图 3-6 为取自淮南地区某矿井的检查孔的重塑土试样,在不同应变和应力加载速率下冻土抗压强度试验值和关系曲线。

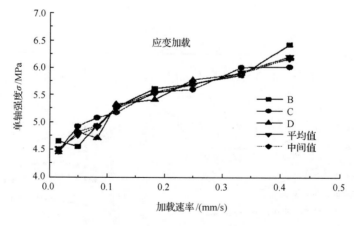

图 3-4　单轴强度与应变速率的关系[8]

图 3-4 表明,冻土抗压强度与应变加载速率成正比,即冻土抗压强度随着应变加载速率的增加而增大。

图 3-7 表明,试验从加载到破坏分为三个阶段:第一阶段,因此时施加在试件上的载荷较小,试件微观结构均处在冰晶格的可逆变化、矿物颗粒间联结水膜的厚度和颗粒间发

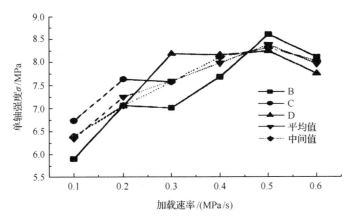

图 3-5　单轴强度与应力加载速率的关系[8]

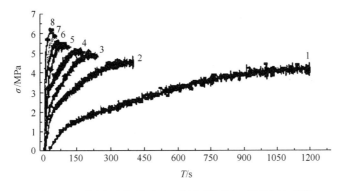

图 3-6　不同应变加载速率下抗压强度与时间的关系[8]

1. 1%/min；2. 5%/min；3. 5%/min；4. 7%/min；5. 11%/min；6. 15%/min；7. 20%/min；8. 25%/min

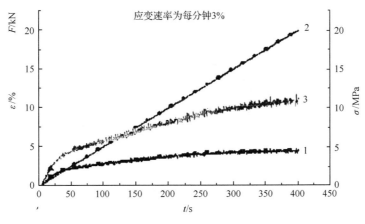

图 3-7　应力、应变、试验力与时间的关系[8]

1. 应力；2. 应变；3. 试验力

生偏移现象范围之内,宏观表现为应力增长速度与应变增长速度成正比增长;第二阶段,在恒定的应变速率下,试件所受荷载逐渐加大,试件中发生了冰的不可逆相变与重新组合、未冻水的迁移、气体的排出与矿物颗粒的移动,出现了塑性变形,表现为应变增长速度大于应力增长速度;第三阶段,随着外荷载的不断增加,冻土试件中发生矿物颗粒沿未冻水膜移动,以及冰和未冻水的黏性滑动,出现了流变现象直至试件破坏。

试件破坏时间与应力加载速率呈非线性反比关系(图 3-8),即应力加载速率越大,加载时间越短;图 3-9 中曲线 3 可分为以下四个阶段,即 o—a 弹性阶段,a—b 延性塑性阶段,b—c 塑性强化,c—d 破坏阶段等。图 3-10 表明,冻土抗压强度与应力加载速率有密切关系,冻土单轴抗压强度随应力加载速率的提高而增大,但当应力速率 $\dot{\sigma}>0.5\mathrm{MPa/s}$ 时,冻土抗压强度反而变小。

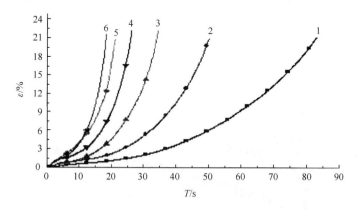

图 3-8　应力加载控制下轴向应变与时间的关系[8]

1. 0.1MPa/s;2. 0.2MPa/s;3. 0.3MPa/s;4. 0.4MPa/s;5. 0.5MPa/s;6. 0.6MPa/s;

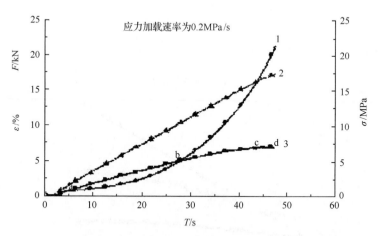

图 3-9　应力、应变、试验力与时间的关系[8]

1. 应变;2. 试验力;3. 应力

3.2.3　冻土抗压强度与土性

土的类型是人工冻结土抗压强度的一个重要影响因素。如图 3-11 所示,冻结黏性土抗压强度随其塑性指数增大而减小[7]。之所以如此,是因为塑性指数不但间接反映了其颗粒大小的含量及黏土矿物组分与含量,同时也与黏性的液限含水量指标密切相关,人工

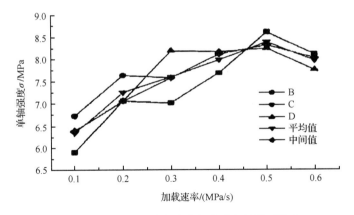

图 3-10　抗压强度与应力加载速率的关系[8]

冻结膨胀土的抗压强度随液限含水量减小而急剧增大。

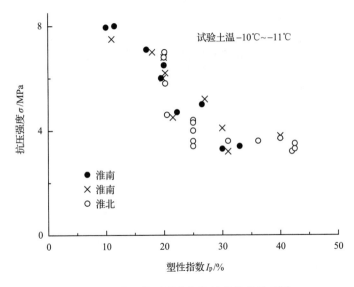

图 3-11　冻土抗压强度与塑性指数的关系[7]

　　试验表明,可将两淮人工冻结膨胀土可分为[7]:高液限低强度黏性土;中液限中强度黏性土;低液限高强度黏性土等三种类型。

　　图 3-12 表明,土性对冻土(瞬时)抗压强度有重要影响。在相同负温条件下,抗压强度高低依次为:细中砂>细砂>钙质黏土>砂质黏土>黏土。

　　从表 3-2 和图 3-13 可知,当塑性指数大于 23 时,冻结黏土单轴抗压强度都比较低,小于 23 时冻结黏土单轴抗压强度都在逐渐增高。说明塑性指数在一定程度上反映土壤中黏土粒和粉土粒的多少,塑性指数大时黏粒和粉粒比较多,颗粒比表面积大,在土壤中含有的薄膜水比较多,由于薄膜水很难结冰,而以未冻水的形式存在于冻结黏土中,使得冻结黏土单轴抗压强度比较小;反之,塑性指数小时黏土粒和粉土粒比较少,冻结时单轴抗压强度比较大。

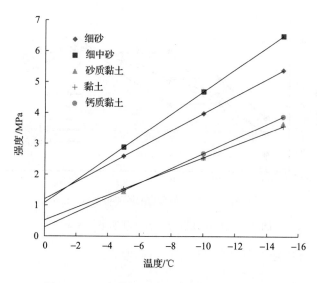

图 3-12　口孜东矿不同土性单轴抗压强度对比

表 3-2　顾桥矿东风井不同塑性指数和不同负温下的单轴抗压强度　（单位：MPa）

温度/℃	塑性指数					
	12.4	22.8	34.5	37.7	37.9	55.2
−5	1.18	1.45	1.39	1.32	1.21	1
−10	2.79	2.07	1.92	2.57	1.72	1.41
−15	3.71	3.7	3.04	2.89	2.83	2.64

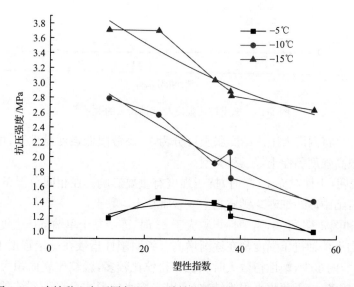

图 3-13　冻结黏土在不同负温 θ 下单轴抗压强度 s 与塑性指数之间的关系

3.2.4　冻土抗压强度与含水量

　　一般情况下,冻土的含水量越大,冻土的强度越高。但当含水量超过冻结砂的饱和含水量后,强度反而下降。舒舍丽娜研究了低温下(−10∼−15℃)冻土的抗压强度 σ_b 与其总含水量关系(图 3-14)[1]。认为各类土单轴抗压强度与总含水量关系的特征基本相同,即在非完全饱和水及结构松散情况下(含水量低于 W_{min},图 3-14 中曲线的 OA 段),抗压强度随着含水量的增加而增大;而在完全饱和水情况下,开始随着含水量的增加而减小(AB 段),并达到冰的抗压强度(B 点);随后在高含水量下(相应于曲线 CD 段),其实际保持不变;随着含水量的进一步增加,它逐渐地再次接近纯冰的抗压强度(曲线上 E 点)。

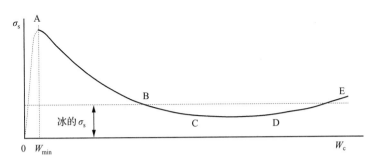

图 3-14　抗压强度与总含水量的关系

　　从表 3-3 和图 3-15 可知,含水率是影响单轴抗压强度重要因素之一,从图中可发现,不同负温下,冻土在单轴抗压强度大多数随含水率的变化呈上凸抛物线变化,峰值点为含水量的 23.4%。其原因是含水率超过该黏土的塑限使冻土含水量增大,从而降低该黏土抗压强度[9]。

表 3-3　顾桥矿东风井不同含水率和不同负温下的单轴抗压强度　(单位:MPa)

温度/℃	含水率/%				
	18.2	21.7	23.4	30.9	35.5
−5	1.21	1.39	1.45	1.32	1
−10	1.72	1.92	2.07	2.57	1.41
−15	2.83	3.04	3.7	2.89	2.64

3.2.5　冻土抗压强度与干密度

　　从表 3-4 和图 3-16 可知,随着干密度的增大,冻结黏土单轴抗压强度越来越小。通过大量实验,我们得到这种关系呈线性趋势[10]。

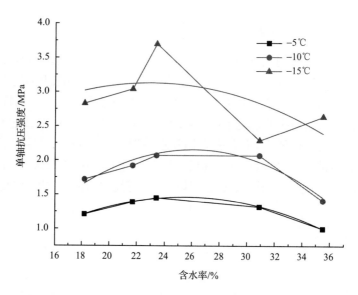

图 3-15　顾桥矿冻结黏土在不同负温下单轴抗压强度与含水率的关系

表 3-4　顾桥矿东风井不同干密度和负温下的单轴抗压强度　　　（单位：MPa）

温度/℃	干密度/(kg/m³)					
	15.4	15.5	15.6	15.9	16.2	16.3
−5	1.45	1.21	1.18	1	1.39	1.32
−10	2.57	1.72	2.79	2.41	1.92	2.07
−15	3.7	2.83	3.71	2.64	3.04	2.89

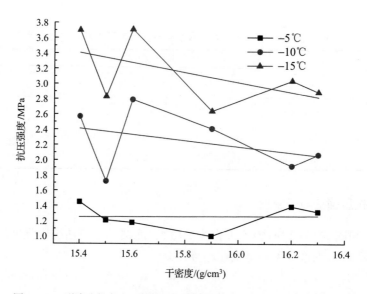

图 3-16　不同干密度在不同负温下单轴抗压强度与塑性指数的关系

3.3　人工冻土的弹性模量与泊松比

3.3.1　冻土的弹性模量

在冻结法凿井中,弹性模量是冻结壁设计中的一个重要力学参数之一。在工程中冻土弹性模量确定方法有多种,一般定义为屈服应力极限与相应的应变之比。在工程中常采用的方法是取冻土单轴抗压强度(σ_s)的一半与其所对应的应变值($\varepsilon_1/2$)的比值,即 $E=(\sigma_s/2)/(\varepsilon_1/2)$。也可以根据应力-应变关系曲线获得。研究表明,弹性模量的大小同样与土的性质、温度、加载方式等密切相关。

1. 弹性模量与加载方式关系

图 3-17 和图 3-18 表明,在应变控制加载方式下,弹性模量与加载速率呈近似线性关系,但低应变加载速率时的线性相关性好于高应变加载速率;采用应力加载方式控制时,

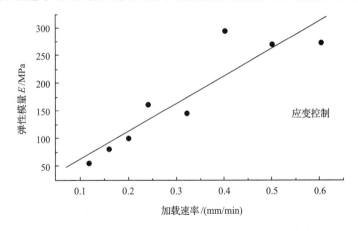

图 3-17　冻结砂土弹性模量与加载变形速率关系曲线

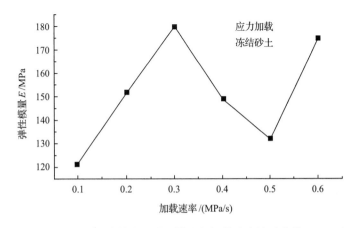

图 3-18　冻结砂土弹性模量与加载速率关系曲线

除加载速率较小时可视为近似线性关系外,不论是砂土还是黏土其弹性模量与应力加载速率之间均没有明显的线性关系。

2. 冻土弹性模量与温度关系

人工冻土瞬时无侧限抗压应力——应变关系曲线表明,冻土是一种黏弹塑性材料,按工程中常采用的方法取冻土单轴抗压强度(σ_c)的一半与其所对应的应变值($\varepsilon_1/2$)的比值时,多数(人工)冻土弹性模量随负温的降低而呈近似线性关系:

$$E_e = a_1 + a_2 \mid \theta \mid \tag{3-4}$$

式中,E_e 为冻土弹性模量,MPa;a_1 为试验常数,MPa;a_2 为试验决定的参数,MPa/℃。如表 3-5 和图 3-19 所示,淮南刘庄矿东风井冻土的弹性模量随着温度降低而呈线性升高趋势。

表 3-5　淮南刘庄矿东风井冻土弹性模量与温度关系

序号	取样深度/m	岩层名称	含水率/%	弹性模量/MPa							
				−5℃		−10℃		−15℃		−20℃	
第1组	98.20~100.60	砂质黏土	21.85	16.77		16.28		25.49		28.29	
				15.83	14.19	26.72	17.68	28.95	27.48	38.52	43.00
				11.61		10.03		28		62.09	
第2组	161.80~164.20	黏土质砂	13.28	34.81		27.78		66.03		93.25	
				46.83	43.26	69.81	47.43	59.97	62.93	124.1	120.8
				48.14		44.71		62.79		145.1	
第3组	267.80~270.20	黏土	12.9	55.23		28.82		164.29		136.2	
				39.55	41.41	92.59	53.16	102.11	133.0	171.5	165.7
				29.46		38.07		132.68		189.3	
第4组	346.50~348.90	砂质黏土	19.33	27.1		91.44		78.33		189.2	
				27.4	30.90	58.26	59.32	88.61	92.48	191.2	152.5
				38.3		28.26		110.5		77.05	
第5组	418.8~421.6	砂质黏土	15.31	41.86		26.27		84.02		193.1	
				81.55	59.63	163.5	81.07	72.97	92.83	60.38	117.3
				55.47		73.43		121.5		98.28	
第6组	450.1~452.5	砂质黏土	10.36	35.04		117		66.2		89.68	
				41.75	38.47	87.1	81.84	88.7	96.81	232.8	186.4
				38.62		41.46		135.5		236.6	

3.3.2　冻土泊松比

冻土的泊松比:$\mu = \varepsilon_2/\varepsilon_1$,即为冻土横向与纵向应变的比值。如图 3-20 所示,口孜东矿的冻土试验表明,冻土的泊松比随密度增加、负温降低而减小。

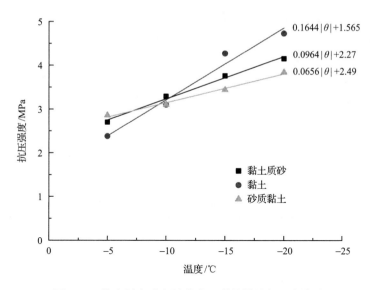

图 3-19　淮南刘庄矿东风井冻土弹性模量与温度关系

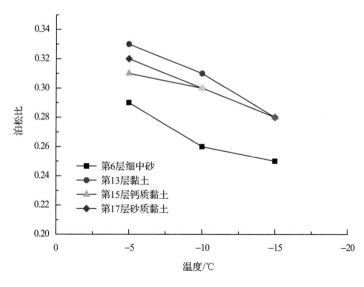

图 3-20　口孜东矿冻土泊松比与温度关系

3.4　人工冻土三轴抗剪力学特性

3.4.1　人工冻土三轴抗剪强度

根据 2011 年颁布的煤炭行业标准,MT/T593《人工冻土物理力学性能力学性能试验》中的有关规定,人工冻土三轴抗剪强度按轴向应变率 $\dot{\varepsilon}_1 = 0.1\%/min$ 进行剪切加载,对试样先冻结再固结,然后进行剪切试验。

试验以 $-10℃$ 为主,根据试样所处层位的静水压力 $0.013H$,其中 H 为试验土层深度

(单位 m),确定出三级围压值:$(0.013H-1)$MPa、$(0.013H)$MPa 和 $(0.013H+1)$MPa。

　　为探讨温度对冻土三轴强度特征的影响,在试验时,常取围压 $\sigma_2 = \sigma_3 \leqslant 6$MPa,试验温度取 $-5℃$、$-10℃$、$-15℃$ 和 $-20℃$。

　　如表 3-6、表 3-7 所示顾桥矿及两淮地区其他矿的冻土试验研究结果表明,在围压较小时,土层的三轴剪切强度特征可以用莫尔-库伦强度准则来描述:

$$\tau = \sigma \cdot \tan\varphi + C \tag{3-5}$$

式中,τ 为三轴抗剪强度,MPa;σ 为剪切面上的正应力,MPa;φ 为内摩擦角;C 为内聚力,MPa。

表 3-6　顾桥矿东风井冻土三轴剪切指标参数[10]

序号	土性	含水率/%	试验温度/℃	内摩擦角 φ/(°)	内聚力 C/MPa
第 1 组	细砂	37.22	−10	3.80	1.24
			−15	3.21	1.43
第 2 组	砂质黏土	49.24	−10	4.02	2.43
			−15	3.72	2.86
第 3 组	中细砂	80.29	−10	3.17	2.25
			−15	2.89	2.57
第 4 组	细砂	62.97	−10	2.56	2.78
			−15	2.10	3.05
第 5 组	中粗砂	55.70	−10	2.07	1.98
			−15	1.89	2.21
第 6 组	中粗砂	61.69	−10	1.99	3.04
			−15	1.73	3.21
第 7 组	黏土	47.72	−10	2.87	1.38
			−15	2.43	1.83
第 8 组	砂质黏土	45.91	−10	2.35	1.13
			−15	2.01	1.56
第 9 组	黏土	46.33	−10	3.01	1.79
			−15	2.79	2.11
第 10 组	黏土	55.83	−10	2.77	1.65
			−15	2.31	1.97
第 11 组	黏土	46.29	−10	2.46	1.83
			−15	2.02	2.05
第 12 组	黏土夹砾石	83.38	−10	1.94	2.18
			−15	1.71	2.35

表 3-7 　两淮地区部分煤矿冻土三轴剪切指标参数

土层	土性	深度/m	−5℃		−10℃		−15℃		−20℃	
			C/MPa	$\varphi/(°)$	C/MPa	$\varphi/(°)$	C/MPa	$\varphi/(°)$	C/MPa	$\varphi/(°)$
黄集	黏土	331.1~348.5	1.22	1	2.08	1	2.82	1		
张北	黏土	346~392	0.72	1	1.45	1	2.66	1	2.83	5
顾桥	重塑黏土	400~450	1.05	1	1.70	0	2.17	1	2.34	3
青东	黏土	175.5~192.2	1.79	2	3.90	2	5.66	4		
刘店	钙质黏土	282~297	2.92	0	3.75	1	4.61	0		
龙王庙	黏土	230.98~245.3	1.16	1	2.20	1	3.42	1		
袁店	黏土	190.7~242.9	1.63	0	2.24	0	2.81	0		

　　近年来,安徽理工大学冻土研究所和地下工程结构研究所对两淮地区矿井深部人工冻土大量试验研究表明,该地区深部人工冻土在不同温度下剪应力与正应力服从摩尔-库仑准则,且内摩擦角多为 $0°\sim5°$,抗剪强度随温度降低呈线性增加,内聚力 C 与温度也有较好的线性关系。

3.4.2 　人工冻土三轴抗剪力学特性影响因素

1. 人工冻土三轴抗剪强度与温度关系

　　图 3-21 表明,黏聚力与温度呈正比关系,即温度越低值越大,且与负温绝对值近似线性关系。即:

$$C_0(\theta) = n_1 + n_2|\theta| \tag{3-6}$$

式中, n_1 为试验确定的常数,MPa; n_2 为试验确定的温度系数,MPa/℃。

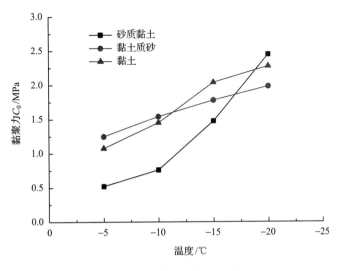

图 3-21 　刘庄矿冻土黏聚力与温度关系

表3-9是国内学者陈湘生研究总结的黄淮地区煤矿4种典型人工冻结黏土黏聚力 $C_0(\theta)$ 公式(3-6)中的参数[11]，与中国科学院兰州冻土研究所[7]的冻结砂土试验提出的 $C_0(\theta)$ 计算公式有所不同。需要指出的是，后二者均认为内摩擦角 φ 与负温有关，且负温越低，内摩擦角越大；表3-6、表3-8和图3-22也证明了内摩擦角 φ 与负温度的相关性，但内摩擦角 φ 却与负温成反比。出现上述现象，可能是土性和实验方法不同所致。

表3-8　国投新集刘庄矿冻土三轴剪切指标参数

序号	土层性质	含水率/%	试验温度/℃	内摩擦角 φ/(°)	黏聚力 C_0/MPa
第1组	砂质黏土	21.85	−5	1.87	0.523
			−10	1.52	0.760
			−15	1.37	1.474
			−20	1.14	2.446
第2组	黏土质砂	13.28	−5	4.55	1.247
			−10	3.79	1.540
			−15	3.16	1.779
			−20	2.64	1.981
第3组	黏土	12.90	−5	5.72	1.077
			−10	3.86	1.449
			−15	2.67	2.038
			−20	2.26	2.274
第4组	砂质黏土	19.33	−5	2.13	0.843
			−10	1.76	1.309
			−15	1.44	2.023
			−20	1.18	2.361
第5组	砂质黏土	15.31	−5	4.62	1.319
			−10	3.31	1.463
			−15	2.25	1.654
			−20	1.34	1.876
第6组	砂质黏土	10.36	−5	6.57	0.896
			−10	4.69	1.336
			−15	3.48	1.957
			−20	2.32	3.374

2. 人工冻土三轴抗剪强度与含水量关系

表3-8给出了不同砂质黏土在不同含水量下三轴抗剪强度参考值。将其展现在图3-23、图3-24可看到，冻结砂质黏土的黏聚力和内摩擦角均呈随含水率的增加而降低的趋势。

表 3-9 典型人工冻结黏性土黏聚力 $C_0(\theta)$ 参考值[11]

土层	含水量/%	n_1/MPa	n_2/(MPa/℃)	温度范围/℃	R^2
陈四楼矿	22	0.6	0.107	$-5\sim-20$	0.9936
潘集矿	28.9	0	0.12	$-5\sim-25$	0.9941
龙东矿	23.5	0.04	0.1	$-5\sim-25$	0.9958
	15	0.28	0.093		0.9897
谢桥矿	21.2	0.1	0.093	$-5\sim-25$	0.9817
	28	0.07	0.082		0.9848

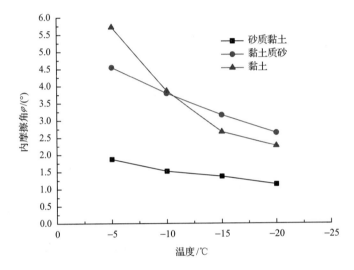

图 3-22 刘庄矿冻土内摩擦角与温度关系

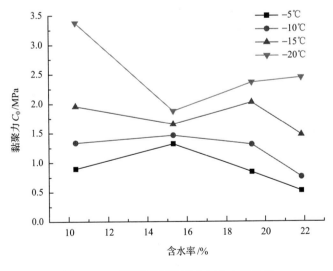

图 3-23 不同温度下黏聚力与含水量关系

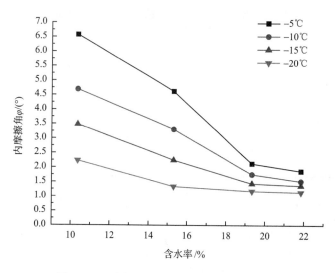

图 3-24　不同温度下内摩擦角与含水量关系

3. 围压对人工冻土三轴抗剪变形的影响

图 3-25、图 3-26 分别为淮南张集矿黏土在－5℃、－10℃下冻结黏土在瞬时三轴剪切（ε₁＝0.1%/min）试验的剪应力-轴向应变曲线；表 3-10、图 3-27、图 3-28 分别为丁集矿 12、14 层冻土先固结，后冻结（－20℃），再按 0.08mm/s 轴向应变速率加载，获得的瞬时三轴剪应力-轴向应变曲线。分析上述曲线可见，基本上每个围压下都有一个线性剪应力-轴向应变阶段；其后，在低围压作用下的剪应力-轴向应变曲线类似双曲线型，随着围压的增加，剪应力-轴向应变曲线在达到强度极限后出现软化现象。

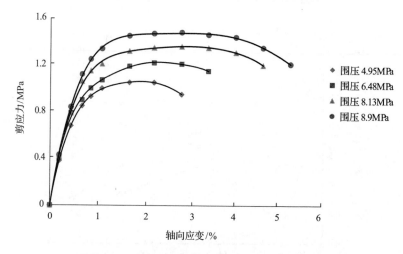

图 3-25　淮南张集矿黏土－5℃三轴剪切应力-应变曲线

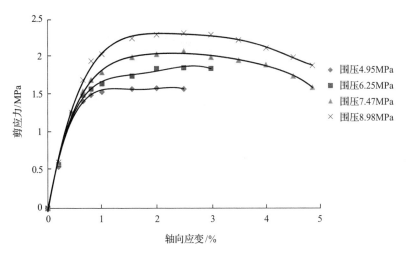

图 3-26　淮南张集矿黏土－10℃三轴剪切应力-应变曲线

表 3-10　丁集矿冻土三轴剪切强度试验土样表

土层编号	土层名称	取样深度/m	含水率/%	密度/(g/cm³)	原状土试样个数
12	钙质黏土	416～441	17.63	2.074	4
14	黏土	494～503	14.21	2.065	4

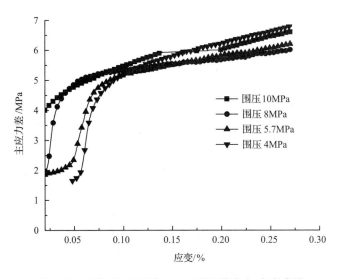

图 3-27　丁集矿 12 层冻土(－20℃)剪应力-应变曲线

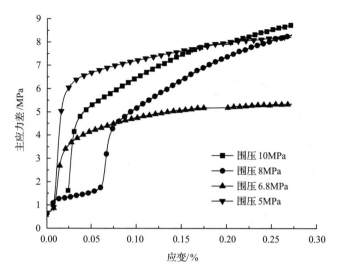

图 3-28　丁集矿 14 层冻土(−20℃)剪应力-应变曲线

3.5　人工冻土的蠕变特性

人工冻土最显著的特点是其蠕变特性。特别是近年来我国中东部地区新建冻结深立井下部厚黏土层部位,因其特有的蠕变特征,已成为冻结管断裂、外层井壁破损等事故的多发地段。因此,研究人工冻土蠕变特性,对合理设计深立井冻结壁,指导工程施工,防止事故发生具有重要的理论与工程意义。

3.5.1　人工冻土蠕变试验

本研究选取深厚冲积层冻结立井中事故多发段的下部冻结黏土进行冻结单轴或三轴蠕变试验。试验方法按当时实行的《煤炭行业标准》(MT/T593.7—1996)中冻土物理力学性能试验第 7 部分:人工冻土三轴剪切蠕变试验方法,设备采用低温三轴蠕变试验仪,试件规格为 ϕ61.8mm×125mm。

蠕变试验试验分别取−5℃、−10℃、−15℃和−20℃共 4 种温度,试验荷载取 3 级,分别为 $\sigma = 0.3\sigma_s$、$0.5\sigma_s$、$0.7\sigma_s$,σ_s 为冻土的瞬时抗压强度。对三轴剪应力蠕变试验,在所设定的试验温度下养护 24h 后,还须在所选围压下固结 4～6h,再进行蠕变试验。三轴剪切应力下蠕变试验的围压取其所在深处的地层侧压力。

图 3-29～图 3-34 分别为丁集矿副井第 11 层位和第 12 层位人工冻土在−10℃、−15℃、−20℃时的单轴蠕变曲线族。图 3-35～图 3-40 分别为该矿副井第 10、第 11、第 12 层位人工冻结土在−5℃、−10℃、−15℃、−20℃时的三轴剪切应力的蠕变曲线族。

对比图 3-29 至图 3-34 可见,三轴蠕变和单轴蠕变试验曲线形状相似,在建立复杂应力状态本构关系时,将人工冻土总的变形分为两个部分:一部分与时间无关的瞬时应变;另一部分是与时间有关的蠕变应变;假设冻土蠕变过程中,应力主轴和应变主轴相重合且保持不变,由此形成了单轴试验为基础过渡到复杂应力状态的现象学理论基础。

　　图 3-41、图 3-42 为人工冻土蠕变曲线转化成等时应力-应变曲线。该曲线表明,作用荷载较小时,冻土应力-应变关系呈线性关系;荷载作用时间较短时,冻土应力-应变关系基本呈直线,荷载较大或作用时间较长时,冻土应力-应变关系呈曲线。

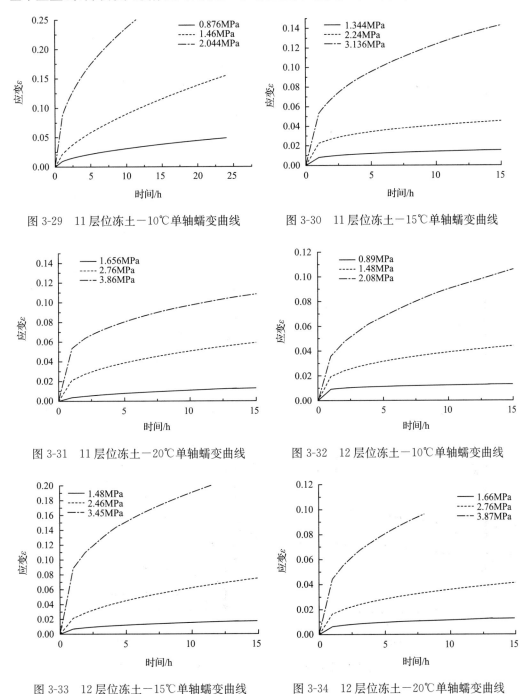

图 3-29　11 层位冻土－10℃单轴蠕变曲线　　　　图 3-30　11 层位冻土－15℃单轴蠕变曲线

图 3-31　11 层位冻土－20℃单轴蠕变曲线　　　　图 3-32　12 层位冻土－10℃单轴蠕变曲线

图 3-33　12 层位冻土－15℃单轴蠕变曲线　　　　图 3-34　12 层位冻土－20℃单轴蠕变曲线

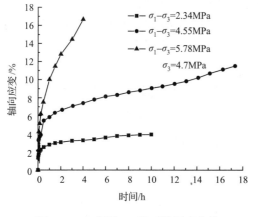

图 3-35　10 层位－5℃三轴蠕变曲线

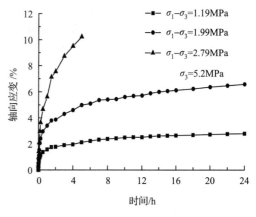

图 3-36　10 层位－10℃三轴蠕变曲线

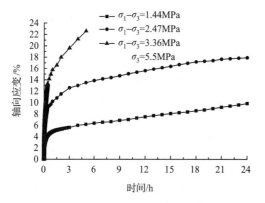

图 3-37　11 层位－5℃三轴蠕变曲线

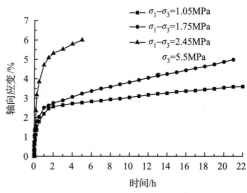

图 3-38　11 层位－10℃三轴蠕变曲线

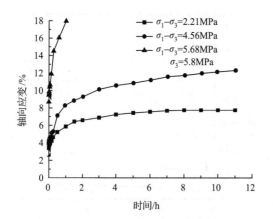

图 3-39　12 层位－15℃三轴蠕变曲线

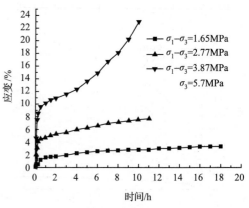

图 3-40　12 层位－20℃三轴蠕变曲线

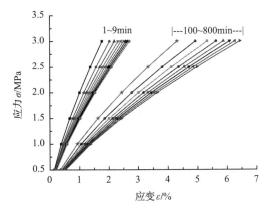

图 3-41　刘庄矿黏土－10℃等时应力-应变曲线

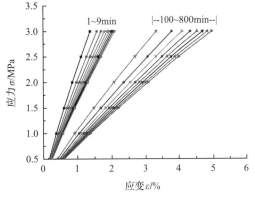

图 3-42　刘庄矿砂质黏土－10℃等时
应力-应变曲线

3.5.2　人工冻土蠕变物理意义

根据图 3-35～图 3-40 所示的人工冻土蠕变试验的一组典型曲线,大致可归结为如图 3-1 中的曲线。表现为:冻土在应力水平较低时,蠕变处于第Ⅰ和第Ⅱ阶段,即衰减蠕变和等速蠕变两个阶段;应力水平中等时,在第Ⅱ阶段蠕变曲线呈稍有上升的斜线,但没出现第Ⅲ蠕变阶段;在应力水平较高时,蠕变出现三个阶段,在第Ⅲ蠕变阶段,蠕变变形不断加速,并很快破坏。

衰减蠕变阶段:冻土压密并出现局部应力集中处冰的融化开始阶段。

等速蠕变阶段:局部应力集中处的冰融化成未冻水,向低应力区迁移结冰。并在冰融化成未冻水的迁移过程中,变形不断增加。随着冰融化速度与在低应力区未冻水结冰的速度处于相对动平衡临界状态时,蠕变以等速不断发生。

非稳定蠕变阶段:在高应力水平状态下,第Ⅱ阶段中未冻水的积累大于重新结冰量,土颗粒可能因此产生错动,促使蠕变加速,即发生渐增的蠕变速率流动,直至冻土破坏。研究冻土蠕变第Ⅰ、第Ⅱ阶段具有重要的工程意义。

如前所述,人工冻土是由土颗粒(骨架)、冰(可变胶结体)、未冻水和气体四相物质构成,其应变特性主要取决于土颗粒-冰-未冰水-气体四相物质,也即由骨架-可变胶结体-不稳定活化液体-活动催化体所决定。在一定温度和应力条件下,该四相物质处于平衡状态。当应力超过某一阈值时,人工冻土中一些颗粒间接触因受挤压而出现应力集中,这种颗粒间挤压(应力集中)会产生升温导致其间的可变胶结体部分冰融,该部分融化的水补充那些以薄膜水形式存在的未冻水,从而打破了原有的冰-未冻水-气体的平衡。该部分融化的水在应力梯度与温度梯度作用下,并借助气体的边缘效应,由高应力和高温区向低应力和低温区迁移,并重新冻结,使冰-未冻水-气体达到新的平衡。伴随这一过程,冻土中的冰会发生错动(甚至可能发展到大范围内的错动),且土颗粒在重新组合及定向时,均力图占据与最小势能相对应的最近位置。这种在外载作用下人工冻土内应力集中的高温区冰的融化、融化水-未冻水-气体的迁移、矿物颗粒间重新排列就位以及融化水在低应力、低温区的重新冻结——"愈合"的速度,慢于冰融化和新错位土颗粒数量增加——"缺陷"的速度,则人工冻土内微裂隙不断扩展——"结构弱化"。反之称为"结构强化"。人工冻土的蠕变过程,就是在外载作用下,其冰-未冻水-气体-土颗粒在平衡与不平衡间相互转化、相互作用的动平衡过程。可以说是"缺陷"与"愈合"相互转化、同时并存,"结构弱化"和"结构强化"相互转化、相互并存的过程。这就是人工冻土蠕变的物理阐释。

3.6　人工冻土蠕变本构关系

苏联学者维亚洛夫最早奠定了冻土流变学理论基础。其后,国内外学者又开展了大量的理论与试验研究。目前,蠕变本构模型主要有黏弹性和黏弹塑性等几类。但工程中最常用的主要有幂函数本构模型(维亚洛夫模型)和西原模型。

3.6.1　维亚洛夫本构模型

维亚洛夫在对大量单轴和复杂条件下冻土蠕变试验的基础上[3,4],分析了剪切应变与剪应力综合曲线,基于蠕变现象学理论,提出了如下冻土的幂函数本构模型,即冻土的应变与其应力水平、作用的时间和冻结温度呈幂函数关系:

$$\varepsilon = A_0 \sigma^B t^C \tag{3-7}$$

式中,A_0 为 $A_0 = A/(|\theta|+1)^K$ 与温度有关的参数;θ 为冻土温度,℃;σ 为蠕变应力,MPa;t 为蠕变时间,h;ε 为单轴蠕变应变,%。B、C、K 为由试验确定的无量纲参数。

三轴条件下的蠕变方程为:

$$\gamma_i = A_0 \tau_i^B t^C \tag{3-8}$$

式(3-7)、式(3-8)适用于衰减性蠕变,维亚洛夫[3,4]研究给出了非衰减性蠕变方程。基于式(3-8),维亚洛夫[3,4]还推导了几种工况下,相应的人工冻结壁设计计算公式。

3.6.2　西原本构模型

西原本构模型由理想弹性、黏性和塑性元件组成,可较好地描述材料的弹性、黏性和塑性变形特性,其元件为线性性质。该模型在岩土工程应用较广,我国学者在研究冻土性质时,将其应用到表述冻土本构关系中。西原模型由是一个凯尔文(沃格特)体和一个宾厄姆体共计五个元件串联而成,又称宾厄姆-沃格特模型,简称 B-K 模型(图 3-43、图 3-44)。

该模型采用分段函数表示如下:

(1)当应力 $\sigma \leqslant \sigma_s$ 时:

$$\varepsilon = \left\{ \frac{1}{E_1} + \frac{1}{E_2}(1 - e^{-E_i t/\eta_1}) \right\} \times \sigma \tag{3-9}$$

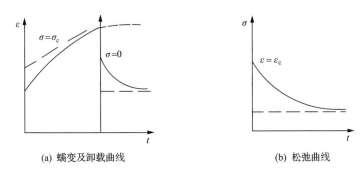

(a) 蠕变及卸载曲线　　　　　　　　　　(b) 松弛曲线

图 3-43　西原模型(B-K 模型)流变特性曲线

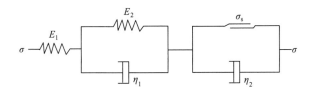

图 3-44　西原模型(B-K 模型)

（2）当应力 $\sigma > \sigma_s$ 时：

$$\varepsilon = \left\{ \frac{1}{E_1} + \frac{1}{E_2}(1 - \mathrm{e}^{-E_1 t/\eta_1}) \right\} \times \sigma + \frac{\sigma - \sigma_s}{\eta_2} t \tag{3-10}$$

式中，σ_s 为材料的屈服强度，MPa；E_1、E_2 为材料的弹性模量，MPa；η_1、η_2 为材料的黏滞系数，MPa/min；t 为作用的时间，h。

3.6.3　改进的西原模型

1. 一维西原模型

西原模型可以比较完整描述材料"弹-黏弹-黏塑"性质。该模型在低、高应力状态时，分别描述材料的弹性和黏弹塑性态。由图 3-43(a)可知，西原模型可以很好地描述蠕变的第Ⅰ、第Ⅱ阶段，即衰减蠕变阶段和等速蠕变阶段，但不能反映蠕变的第Ⅲ阶段，即加速蠕变阶段。为此，汪仁和等采用非线性黏滞元件代替线性黏滞元件对其了进行修正[12]，以期完善该模型对非线性流变阶段的描述（图 3-45）。

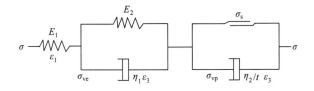

图 3-45　改进西原模型

从而得到一维改进西原模型黏弹塑性阶段的本构方程为

$$
\left.
\begin{aligned}
\varepsilon &= \left[\frac{1}{E_1} + \frac{1}{E_2}(1 - e^{-\frac{E_1}{\eta_1}t})\right]\sigma & \sigma < \sigma_s \\
\varepsilon &= \left[\frac{1}{E_1} + \frac{1}{E_2}(1 - e^{-\frac{E_1}{\eta_1}t})\right]\sigma + \frac{(\sigma - \sigma_s)t^2}{2\eta_2} & \sigma \geqslant \sigma_s
\end{aligned}
\right\}
\tag{3-11}
$$

2. 西原三维本构模型

一维流变模型不符合实际工程情况,要建立三维流变模型来解决实际工程问题。用具体物理元件只能组合成一维流变微分方程,适用于单轴应力状态条件。对于三轴应力条件下的复杂应力状态则无法用具体物理元件来表达出三维流变模型,所以通过类比把一维物理模型的结果推广到三维流变分析中[13]。

由广义 Hooke 定律,三维弹性体本构方程为

$$
\left.
\begin{aligned}
e_{ij} &= \frac{s_{ij}}{2G_0} \\
\varepsilon_{kk} &= \frac{\sigma_{kk}}{3K}
\end{aligned}
\right\}
\tag{3-12}
$$

所以弹性应变可表达为

$$
\varepsilon_{ij}^e = \frac{s_{ij}}{2G_0} + \frac{\sigma_{kk}}{3K}
\tag{3-13}
$$

式中,ε_{ij}^e 为弹性应变张量;s_{ij} 为偏应力张量;G_0 为弹性剪切模量;K 为体积模量。

黏弹性应变为

$$
\varepsilon_{ij}^{ve} = \frac{1}{2G_1}(1 - e^{-\frac{G_1}{\eta_1}t})s_{ij}
\tag{3-14}
$$

式中,G_1 为黏弹性剪切模量;η_1 为三维黏滞系数。

对于三维黏塑性,有

$$
\varepsilon_{ij}^{vp} = \langle\phi(F)\rangle \times \frac{t^2}{2\eta_2} \times \frac{\partial Q}{\partial \sigma_{ij}}
\tag{3-15}
$$

式中,$\langle\phi(F)\rangle$ 为表征塑性发展程度的开关函数,用以判别材料是否进入屈服,$\langle\phi(F)\rangle = \begin{cases} \phi(F) & F \geqslant 0 \\ 0 & F < 0 \end{cases}$,$\phi(F) = \left(\frac{F - F_0}{F_0}\right)^N$,$F$ 为冻土屈服函数,F_0 和 N 取 1;Q 为塑性势函数。

所以三维应力状态下的蠕变方程可写为

$$
\left.
\begin{aligned}
\varepsilon_{ij} &= \frac{s_{ij}}{2G_0} + \frac{\sigma_{kk}}{3K} + \frac{1}{2G_1}(1 - e^{-\frac{G_1}{\eta_1}t})s_{ij} & \sigma < \sigma_s \\
\varepsilon_{ij} &= \frac{s_{ij}}{2G_0} + \frac{\sigma_{kk}}{3K} + \frac{1}{2G_1}(1 - e^{-\frac{G_1}{\eta_1}t})s_{ij} + \langle\phi(F)\rangle \times \frac{t^2}{2\eta_2} \times \frac{\partial Q}{\partial \sigma_{ij}} & \sigma \geqslant \sigma_s
\end{aligned}
\right\}
\tag{3-16}
$$

式(3-15)和式(3-16)中,采用 D-P 屈服准则和相关联流动法则。屈服函数为

$$F = \alpha I_1 + \sqrt{J_2} - k \tag{3-17}$$

式中，I_1 为第一应力不变量，有 $I_1 = \sigma_1 + \sigma_2 + \sigma_3$；$J_2$ 为应力偏量第二不变量，有 $J_2 = \dfrac{[(\sigma_1 - \sigma_2)^2 + (\sigma_1 - \sigma_3)^2 + (\sigma_2 - \sigma_3)^2]}{6}$；$\alpha = \dfrac{2\sin\varphi}{\sqrt{3}(3 - \sin\varphi)}$；$k = \dfrac{2c\cos\varphi}{\sqrt{3}(3 - \sin\varphi)}$（$\varphi$ 为内摩擦角；c 为黏聚力）。

在常规三轴压缩试验条件下，轴向应力为 σ_1，侧向应力 $\sigma_2 = \sigma_3$，则

$$s_{11} = \sigma_1 - \sigma_{\mathrm{m}} = \frac{2}{3}(\sigma_1 - \sigma_3) \tag{3-18}$$

则可得西原模型的三维蠕变轴向应变表达式为

$$\left. \begin{aligned} \varepsilon_{11} &= \frac{\sigma_I}{3G_0} + \frac{I_1}{9K} + \frac{\sigma_I}{3G_1}\left(1 - e^{-\frac{G_1}{\eta_1}t}\right) && \sigma < \sigma_{\mathrm{s}} \\ \varepsilon_{11} &= \frac{\sigma_I}{3G_0} + \frac{I_1}{9K} + \frac{\sigma_I}{3G_1}\left(1 - e^{-\frac{G_1}{\eta_1}t}\right) + \langle \phi(F) \rangle \times \frac{t}{\eta_2} \times \left(\alpha + \frac{\sigma_I}{3\sqrt{J_2}}\right) && \sigma \geqslant \sigma_{\mathrm{s}} \end{aligned} \right\}$$

$$\tag{3-19}$$

改进西原模型的三维蠕变轴向应变表达式为

$$\left. \begin{aligned} \varepsilon_{11} &= \frac{\sigma_I}{3G_0} + \frac{I_1}{9K} + \frac{\sigma_I}{3G_1}\left(1 - e^{-\frac{G_1}{\eta_1}t}\right) && \sigma < \sigma_{\mathrm{s}} \\ \varepsilon_{11} &= \frac{\sigma_I}{3G_0} + \frac{I_1}{9K} + \frac{\sigma_I}{3G_1}\left(1 - e^{-\frac{G_1}{\eta_1}t}\right) + \langle \phi(F) \rangle \times \frac{t^2}{2\eta_2} \times \left(\alpha + \frac{\sigma_I}{3\sqrt{J_2}}\right) && \sigma \geqslant \sigma_{\mathrm{s}} \end{aligned} \right\}$$

$$\tag{3-20}$$

式中：$\sigma_I = \sigma_1 - \sigma_3$。

3. 应用实例[14,15]

从丁集矿副井所取土样的三轴蠕变试验表明（图 3-46 至图 3-53），在高围压下，应力偏差值较小和中等大小时，冻土蠕变表现为蠕变的前两个阶段，可由西原模型来表征。而应力偏差值较大时，具有加速蠕变的特性，为了表现蠕变的渐进流阶段，用改进的西原模型来表征。

分别用西原模型和改进西原模型对试验数据作拟合以对西原模型和改进西原模型进行比较分析。

设在式（3-19）、式（3-20）中，有

$$\left. \begin{aligned} n_1 &= \frac{\sigma_I}{3G_0} + \frac{I_1}{9K} \\ n_2 &= \frac{\sigma_I}{3G_1} \\ n_3 &= \frac{G_1}{\eta_1} \\ n_4 &= \frac{\langle \phi(F) \rangle}{\eta_2} \times \left(\alpha + \frac{\sigma_I}{3\sqrt{J_2}}\right) \end{aligned} \right\} \tag{3-21}$$

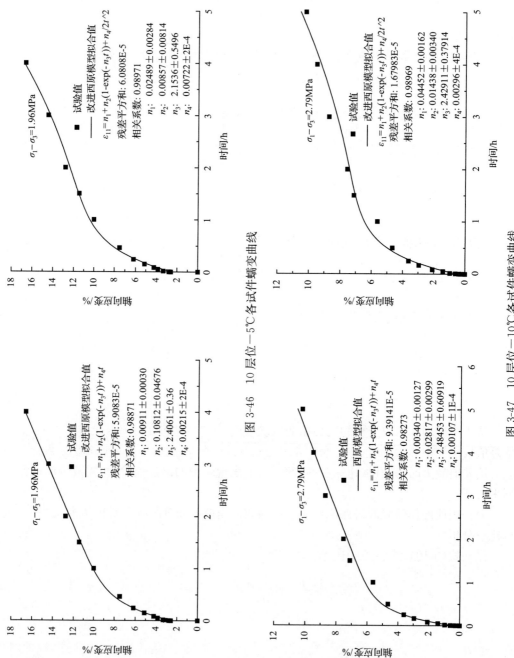

图 3-46　10 层位 −5℃ 各试件蠕变曲线

图 3-47　10 层位 −10℃ 各试件蠕变曲线

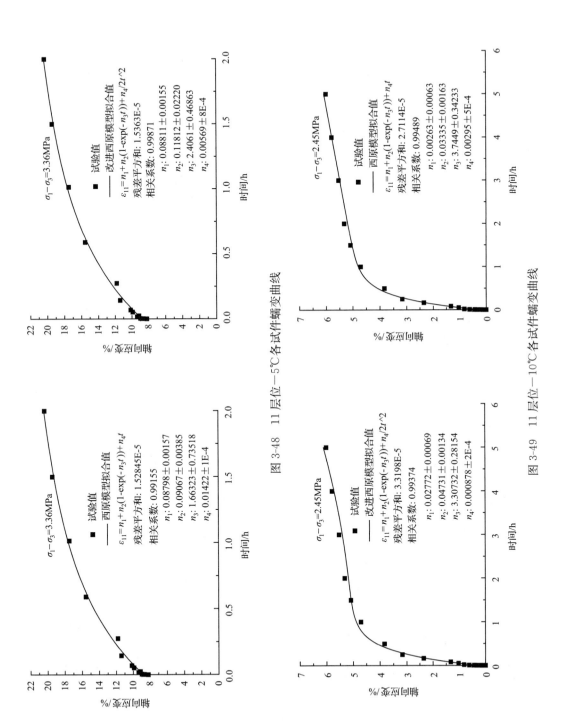

图 3-48　11 层位−5℃各试件蠕变曲线

图 3-49　11 层位−10℃各试件蠕变曲线

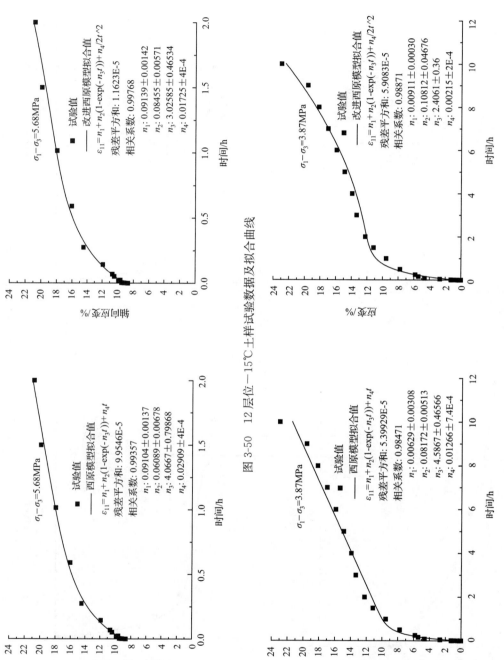

图 3-50　12 层位−15℃土样试验数据及拟合曲线

图 3-51　12 层位−20℃土样试验数据及拟合曲线

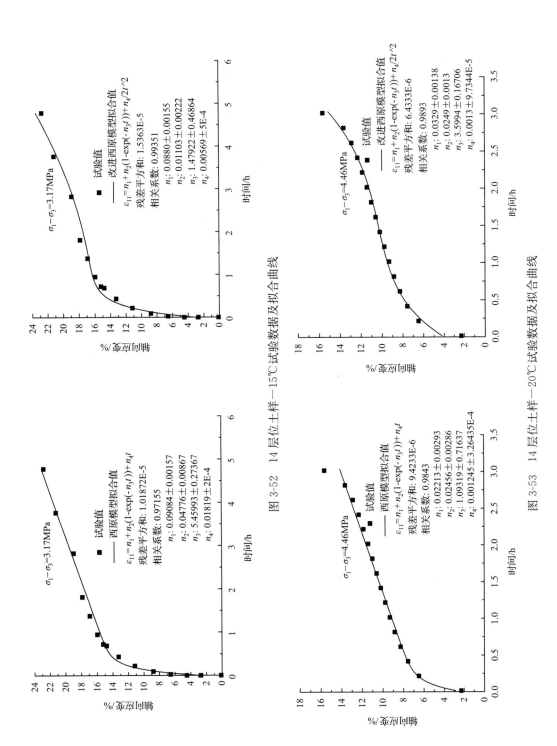

图 3-52　14 层位土样−15℃试验数据及拟合曲线

图 3-53　14 层位土样−20℃试验数据及拟合曲线

则西原模型和改进西原模型的轴向应变表达式可分别写为

$$\varepsilon_{11} = n_1 + n_2(1 - e^{-n_3 t}) + n_4 t \tag{3-22}$$

$$\varepsilon_{11} = n_1 + n_2(1 - e^{-n_3 t}) + n_4 t^2/2 \tag{3-23}$$

分别用式(3-22)和式(3-23)对土样在高偏应力值条件下的三轴蠕变试验结果进行拟合。图3-45～图3-53分别为试验数据和所用模型的拟合曲线的对比图。

由图3-45至图3-53可知,西原模型可以较好地拟合蠕变的前两个阶段数据,拟合曲线在蠕变第二阶段表现为上升的斜线,但曲线始终无法出现加速上升阶段,所以无法拟合渐近流变阶段的蠕变数据。而改进的西原模型的拟合曲线能较好地表现出加速蠕变的特性,能较好地拟合渐进流阶段的数据,所以改进的西原模型可以用来表征深部冻土流变的非线性特性。由式(3-21)可得:

$$\left.\begin{aligned} G_0 &= \frac{(1-2\mu)I_1 + 2(1+\mu)\sigma_I}{6n_1(1+\mu)} \\ G_1 &= \frac{\sigma_I}{3n_2} \\ \eta_1 &= \frac{G_1}{n_3} \\ \eta_2 &= \frac{1}{n_4}\langle\varphi(F)\rangle \times \left(\alpha + \frac{\sigma_I}{3\sqrt{J_2}}\right) \end{aligned}\right\} \tag{3-24}$$

根据上式即可确定改进西原模型中的物理参数(表3-11)。

表 3-11　改进的西原模型参数

温度/℃	E_1/MPa	μ	E_2/MPa	η_1/(MPa·min)	η_2/(10^3MPa·min^2)	c/MPa	φ/(°)
−5	86	0.26	198	1350	1875	1.58	10
−10	103	0.24	212	1860	2676	2.20	9
−15	214	0.22	273	2480	3292	4.19	8
−20	296	0.19	302	2766	3692	5.09	7

3.6.4　冻土的有限变形本构关系模型

1. 有限变形表征

随着冻结凿井中冻结深度的增加,以及人工地层冻结法应用范围的扩大,除了在设计和施工中要考虑冻结壁的强度问题外,其稳定性问题已成为另一关键课题,也即冻土的变形问题。冻土的变形包括瞬时弹性、塑性变形和蠕变变形(应力不变随时间延长而发生的变形)三部分,其中冻土的蠕变变形是其总变形量的主要部分。以往在研究冻土蠕变性能时,多将冻土的变形作为小应变变形,小应变变形物体表示物体所有体元均处于小应变情况,即表示物体内一点的应变状态的6个应变分量都很小,比如以10^{-3}计,而从冻土变形的实验结果来看,冻土的应变达到0.2～0.3[16~20],因此冻土的变形不是小应变变形,而是处于大应变状态,本节下述根据冻土三轴蠕变试验结果,采用有限变形来表征冻土材料的本构关系[21]。

一个物体在 t_0 时刻的初始构形记为 B,并把初始构形选作参照构形;在任意时刻的现时构形记为 b。初始构形中的物理量均用大写字母表示,如 X_K 表示点 X 在 Lagrange 坐标系(L 坐标系)中的坐标分量,$U_{K,L}$ 表示物质位移梯度分量,E_{KL} 表示 Green 或 Lagrange 应变分量;现时构形中的物理量均用小写字母表示,如 x_k 表示点 x 在 Euler 坐标系(E 坐标系)中的坐标分量,$u_{k,l}$ 表示空间位移梯度分量,e_{kl} 表示 Euler 或 Almansi 应变分量。各类应变的定义如下[22]。

Green 应变:

$$E_{KL} = \frac{\mathrm{d}l^2 - \mathrm{d}L^2}{2\mathrm{d}X_K \mathrm{d}X_L} = \frac{1}{2}\left(\frac{\partial x_m}{\partial X_K}\frac{\partial x_m}{\partial X_L} - \delta_{KL}\right) = \frac{1}{2}\left(U_{K,L} + U_{L,K} + U_{M,K}U_{M,L}\right) \quad (3\text{-}25)$$

Euler 应变:

$$e_{kl} = \frac{\mathrm{d}l^2 - \mathrm{d}L^2}{2\mathrm{d}x_k \mathrm{d}x_l} = \frac{1}{2}\left(\delta_{kl} - \frac{\partial X_M}{\partial x_k}\frac{\partial X_M}{\partial x_l}\right) = \frac{1}{2}\left(u_{k,l} + u_{l,k} + u_{m,k}u_{m,l}\right) \quad (3\text{-}26)$$

式中,$\mathrm{d}L^2 = \mathrm{d}X_K \mathrm{d}X_L \delta_{KL}$,$\mathrm{d}l^2 = \mathrm{d}x_k \mathrm{d}x_l \delta_{kl}$ 分别表示初始构形 B 和现时构形 b 中微元线段的长度。

Euler 应力与 Kirchhoff 应力之间的关系:

$$s_{kl} = J x_{k,K} x_{l,L} S_{KL} \quad (3\text{-}27)$$

式中,s_{kl} 为 Euler 或 Cauchy 应力张量分量;S_{KL} 为 Kirchhoff 应力张量分量;J 为 Jacobi 变换行列式的值,即 $J = |X_{K,k}|$。

冻土试件为圆柱体,试件变形前后的尺寸如图 3-54 所示,材料是均匀各向同性的,在三轴蠕变试验中施加在试件上的荷载也是均匀的。因此,试件在柱轴坐标系中的 Green 应变可简化为(3-28)、(3-29)式的形式。

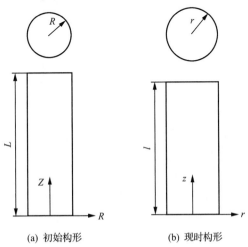

(a) 初始构形　　　　　(b) 现时构形

图 3-54　冻土试件变形

轴向 Green 应变：

$$E_Z = \frac{1}{2}\left(\frac{l^2 - L^2}{L^2}\right) = \frac{\Delta L}{L} + \frac{1}{2}\left(\frac{\Delta L}{L}\right)^2 \qquad (3-28)$$

径向 Green 应变：

$$E_R = \frac{1}{2}\left(\frac{r^2 - R^2}{R^2}\right) = \frac{\Delta R}{R} + \frac{1}{2}\left(\frac{\Delta R}{R}\right)^2 \qquad (3-29)$$

式中，$\Delta L = l - L$；$\Delta R = r - R$；其他符号如图 3-54 所示。

相应的 Kirchhoff 应力可写成式(3-30)、式(3-31)的形式。

轴向 Kirchhoff 应力：

$$S_Z = \frac{PL}{Al} \qquad (3-30)$$

径向 Kirchhoff 应力：

$$S_R = \sigma_3 \qquad (3-31)$$

式中，P 为作用于试件 Z 方向上的荷载，N；σ_3 为作用于试件上的围压，MPa。A 为试件初始构形的面积，$A = \pi R^2$。

2. 三轴蠕变试验

三轴蠕变试验是在中国科学院寒区旱区环境与工程研究所冻土工程国家重点实验室(State key laboratory of frozen soil engineering)完成的，试验设备为 MTS-810 低温三轴测试系统(图 3-55)。

图 3-55　MTS-810 低温三轴测试系统　　　　　　　图 3-56　冻土试件

冻土三轴蠕变试验的两种土样分别为黏土和砂土。黏土试样含水率为 17.63%,密度为 2074kg/m³;砂土试样的含水率为 14.21%,密度为 2065kg/m³。试件规格:ϕ61.8mm×125mm(图 3-56)。

将制好的圆柱状土样,置于 −30℃的低温箱中,使其快速冻结,48h 后脱模,并在三轴压力室内保持实验所需温度静置 12h 后进行试验。先施加围压固结 2h,然后按一定速率施加竖向压力至试验要求的荷载,保持荷载恒定进行蠕变试验。试验过程通过计算机全自动控制,轴向位移由轴压系统自动测量得到,围压系统测量压力室中的油量变化可得到体应变。

3. 试验结果分析

图 3-57 和图 3-58[图中 1(ε_1)和 1(E_z)分别表示 $\sigma_1 - \sigma_3 = 2.47$MPa 时小应变 ε_1 和 Green 应变 E_z 随时间变化曲线,其余类推]给出了两种土样试件,在一定温度(T)和围压下,不同轴向压力的应变-时间曲线。采用小变形表征时,取小应变和应力为:$\varepsilon_1 = \Delta L/L$,$\sigma_1 = P/A$。采用有限变形表征时取式(3-28)、式(3-29)定义 Green 的应变张量和式(3-30)、式(3-31)定义的 Kirchhoff 应力张量(共轭应力应变对)。由图 3-57 和图 3-58 可见,在相同试验条件下,应变小于 0.06 时,小应变 ε_1 和 Green 应变 E_z 的数值几乎相等,随着应变的增加,两种表征方式计算结果差别越来越大,采用小变形表征时 $\varepsilon_1 = 0.2332$,而采用有限变形表征时 $E_z = 0.206$,ε_1 比 E_z 增大 13.2%,由此可见,如果不考虑试件变形前后长度的改变,计算出的应变与实际变形有较大偏离,因此应该采用有限变形表征冻土材料的本构关系。

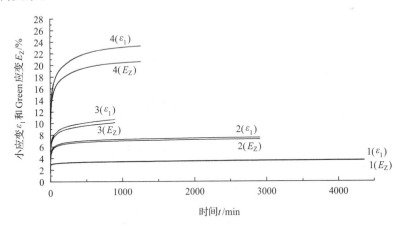

图 3-57　冻结黏土的三轴蠕变曲线($T = -15$℃,$\sigma_3 = 5.7$MPa)
1. $\sigma_1 - \sigma_3 = 2.47$MPa;2. $\sigma_1 - \sigma_3 = 4.47$MPa;3. $\sigma_1 - \sigma_3 = 5.47$MPa;4. $\sigma_1 - \sigma_3 = 5.81$MPa

如果只考虑蠕变过程的前两个阶段,则可用统一的蠕变方程描述[4],对于小应变情况,冻土的本构关系为:

$$\varepsilon_1 = A(\sigma_1 - \sigma_3)^B t^C \tag{3-32}$$

式中,A 为与温度有关的蠕变参数;B 和 C 分别为应力和时间 t 的蠕变参数。应力单位

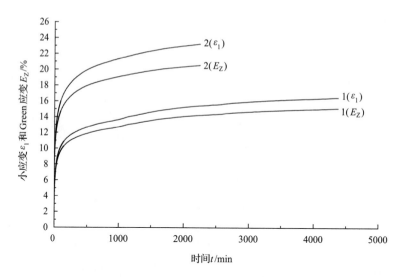

图 3-58　冻结砂土的三轴蠕变曲线($T=-15℃$, $\sigma_3=6.8$MPa)

1. $\sigma_1-\sigma_3=4.37$MPa; 2. $\sigma_1-\sigma_3=4.7$MPa

为 MPa,时间 t 单位为 h。

对于有限变形情况,用 Green 应变和 Kirchhoff 应力表示的冻土本构关系为:

$$E_Z = A(S_Z - \sigma_3)^B t^C \tag{3-33}$$

式中,参数同上。

根据式(3-32)和式(3-33),由试验数据统计分析可得 A、B、C 三个试验蠕变参数的值,见表 3-12。由表 3-12 可知,采用有限变形表征时 A、B、C 的值小于采用小应变表征时的对应值,而 A、B、C 的取值大小直接影响到冻结壁的设计厚度,因此冻土本构关系的表征形式对冻结壁的设计影响很大。

表 3-12　冻土蠕变参数

土性及表征类型		A	B	C	U_r/mm		实测位移/mm
黏土	小应变表征	0.005 216	1.784	0.089	$U_{rs}=151.214$	公式(3-34)	64.04
	有限变形表征	0.004 698	1.591	0.057	$U_{rf}=57.502$	(ANSYS)	
砂土	小应变表征	0.027 771	1.041	0.144	$U_{rs}=340.982$	公式(3-34)	52.81
	有限变形表征	0.017 965	1.025	0.088	$U_{rf}=49.552$	(ANSYS)	

注:回归计算时,应力单位为 MPa,时间单位为 h。

为了分析比较冻土本构关系两种表征形式的合理性,以山东省济西煤矿主井(目前国内采用冻结法施工最深的矿井,冻结深度 488m)为例,计算其主井冻结壁井帮最大径向位移,并与施工时的实测结果对比。小应变表征的冻土蠕变参数 A、B、C 代入有限段高下冻结壁井帮最大径向位移计算公式[15](3-34),计算参数为:由济西煤矿检 1 孔地质柱状图可知,砂土层位于 289.0~308.4m 处,取 $H=300$m,则 $P=1.3H=3.9$MPa,黏土层位于 437.9~457.8m 处,取 $H=450$m,则 $P=1.3H=5.85$MPa; $\xi=0$; $a=4.0$m; $b=11.6$m;

$k=2/3$；$h=2.5\text{m}$；$t=24\text{h}$；$T=-15\text{℃}$；同时有限变形表征的冻土蠕变参数 A、B、C 进行有限元数值计算（ANSYS），计算结果见表 3-12。实测径向位移的平均值在表 3-12 的最右列给出。

$$U_{\mathrm{r}} = 3^{\frac{1+B}{2}} A \left[\frac{\left(1 - \frac{1}{B}\right)(1-\xi)P}{a\left[\left(\frac{b}{a}\right)^{\frac{B-1}{B}} - 1\right]} \right]^{B} (kh)^{1+B} t^{C} \tag{3-34}$$

式中，U_{r} 为冻结壁井帮最大径向位移；A、B、C 为试验蠕变参数；P 为地压；ξ 为冻结井工作面处固定条件参数；a 为冻结壁内半径；b 为冻结壁外半径；k 是最大径向位移截面距工作面处的距离与未支护高度（段高）之比值；h 为段高；t 为时间。

用 U_{rs} 表示由小应变表征回归的蠕变参数 A、B、C 计算得出的冻结壁井帮最大径向位移 U_{r}、U_{rf} 表示由有限变形表征回归的蠕变参数 A、B、C 计算得出的冻结壁井帮最大径向位移 U_{r}，由表 3-12 可见，不论是黏土还是砂土，U_{rf} 均小于 U_{rs}；并且 U_{rf} 均比 U_{rs} 更接近于实测位移；由此可见，根据冻土的有限变形本构关系计算得出的冻结壁井帮最大径向位移更接近于实测结果，因此采用冻土的有限变形本构关系进行冻结壁设计计算是合理的。

3.6.5　人工冻土蠕变模型的识别与参数反演

在人工冻结工程设计中，通常是现场采样后在实验室内进行人工冻土蠕变试验，根据试验数据，建立冻土力学计算模型。冻土力学模型的数学表达有多种形式。如经验方程法、遗传流变法和流变模型法等。经验方程法从冻土蠕变特性出发，由试验直接拟合出冻土流变经验方程，其缺点是只反映了流变的外部表象，无法反映其内部机理，同时受试验范围限制，通用性差。其优点是较直观，可直接使用，因而成为工程设计人员经常采用的方法之一。遗传流变法是具有遗传积分形式的本构模型，内部包含一个积分核函数，通过求解核函数建立相应的数学力学模型，其缺点是不够直观，物理意义不够明确，且应用不方便，较少采用。流变模型法是采用一些基本元件来代表物体的内部特性，通过元件的组合来构建力学模型，所得到的模型是微分形式的本构模型，具有比较直观、物理意义明确等优点，广大工程技术人员也经常采用。

由于人工冻土是一种固、液、气和冰的四相组成的物质，与时间、矿物、温度、水分、冰以及空间分布等因素密切相关，其力学性质表现出强烈的各向异性、非线性、不均匀性和不稳定性等，决定了其具有不确定性的特点。蠕变模型由基本元件弹簧（H），黏壶（N）和摩擦片（S）组合而成，常用的不同的流变模型适应不同的变形情况，如 Kelvin 体（K＝H/N），Burgers 体（K-M）等属于黏弹性体，而 Bingham 体（B＝H-N/S）、村山朔郎体（H-H/N/S）、西原体（K-B）等属于黏弹塑性体；广义开尔文体（H-H/N）适宜于描述最终趋于稳定的蠕变，Burgers 体适宜于描述有衰减和流动阶段的蠕变，Bingham 体只适于描述流动阶段，而西原体既可以描述衰减蠕变，也可以描述非衰减蠕变，两种扩展模型在各自原型上增加了一个开尔文体，所反映的规律与原型是一致的，所不同的是可以从数值上更加精确地模拟试验曲线，描述流变规律。因此，如何依据试验结果，通过对模型辨识和反方法研究，从众多的流变模型中优选出最能准确描述不同人工冻土在不同条件下表现出的蠕变特性模型,已成为国内外有关学者关注的热点之一。

1. 最小二乘法

图 3-59 为采用最小二乘法对人工冻土的蠕变模型识别与参数反演流程[23]。首先选取常用的人工冻土流变模型作为系统辨识对象。根据模型的类别,分成两部分:一部分为表达较低应力状态作用下的黏弹性模型;而在较高应力下,冻土的塑性得以发展,以黏弹塑性模型表达。参数辨识目标函数为:

$$\min_{t \in (0, \infty)} F(t) = \sum_{i=i_0}^{i_p} (f_i - f_t^p)^2 \tag{3-35}$$

式中,f_i 和 f_t^p 分别为第 i 个曲线拟合值和第 i 个观测值。运用迭代法求解,首先给出一组估计初值,代入 f 函数,求出 f 值,再代入式(3-35)求出与试验数据的方差,如果是最小值,则对应参数即为所求参数,否则,反复进行迭代,直至满足要求为止。然后,对比所选的各种流变模型的参数辨识结果,优选出最优模型。

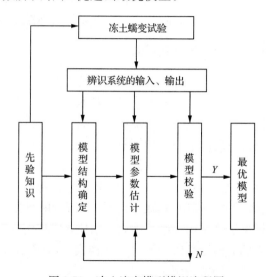

图 3-59　冻土流变模型辨识流程图

2. 模糊随机辨识与综合选优法

国内外学者在流变模型辨识方面做了大量的研究工作,归结起来有如下特点[24~28]:随机参数反演大都采用最小二乘法、贝叶斯分析法、极大似然估计法等数理统计方法,其优点是简单易用,缺点是反演效率不高[28~30];以往模型辨识采用单一的评价指标,或多指标但其权重完全靠经验给出,显然这样的评价缺乏合理性,往往得不到同等条件下真正的最优模型。

此外,目前关于人工冻土蠕变模型的不确定性分析中,多数仅考虑随机性或模糊性,而两者同时结合考虑的文献报道很少。本方法基于上述不足,以淮南丁集矿为工程背景,采用模糊蚁群智能计算的方法对蠕变模型随机参数进行反演。在此基础上,建立双指标模糊评价目标函数,给出模糊权重的计算方法;针对几种常用的蠕变模型进行综合评价,最后得出三种不同应力条件下的最优模型。该分析过程融入智能计算,兼顾随机性和模糊性,为人工冻土蠕变模型的不确定分析提供一种有效的新方法。

1) 蠕变柔量和柔量参数

大量实验表明,冻土的蠕变是流变特性的一个重要方面。与塑性变形不同,蠕变不需要应力超过弹性极限,只需应力的作用时间足够长,即便小于弹性极限施加的力时也可以出现。

岩土体的蠕变模型通常有经验模型与元件模型两种,其中元件蠕变模型由弹簧、黏壶和摩擦片等元件通过不同的组合而成,如西原模型元件如图 3-60 所示。蠕变模型的种类多样,不同的模型适应不同的情况。

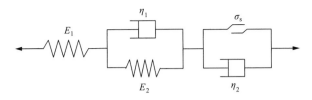

图 3-60　西原模型

以西原模型为例,其蠕变方程为

当 $\sigma \leqslant \sigma_s$ 时

$$\varepsilon = \left[\frac{1}{E_1} + \frac{1}{E_2}(1 - e^{\frac{-E_1}{\eta_1}t})\right] \times \sigma \tag{3-36}$$

当 $\sigma > \sigma_s$ 时

$$\varepsilon = \left[\frac{1}{E_1} + \frac{1}{E_2}(1 - e^{\frac{-E_1}{\eta_1}t})\right] \times \sigma + \left(\frac{\sigma - \sigma_s}{\eta_2}\right)t \tag{3-37}$$

分析以上方程得知 σ 为试验恒定应力,t 为作用时间,E_0、E_1、η_1、η_2 为待反演参数。为不失一般性,所有蠕变方程都可以表示为如下形式[31,32]:

$$\varepsilon(t) = \int_0^t J(t - \tau)\frac{\mathrm{d}\sigma}{\mathrm{d}\tau}\mathrm{d}\tau \tag{3-38}$$

借助微分算子,把蠕变柔量 $J(t)$ 定义为如下偏微分方程通式

$$p_0 + p_1\frac{\partial\sigma}{\partial} + p_2\frac{\partial^2\sigma}{\partial^2} + \cdots + p_n\frac{\partial^n\sigma}{\partial^n} = q_0\varepsilon + q_1\frac{\partial\varepsilon}{\partial} + q_2\frac{\partial^2\varepsilon}{\partial^2} + \cdots + q_m\frac{\partial^m\varepsilon}{\varepsilon^m} \tag{3-39}$$

上式可以简化成

$$P\sigma = Q\varepsilon \tag{3-40}$$

其中:$P = \sum_{k=0}^{n} p_k\frac{\mathrm{d}^k}{\mathrm{d}t^k}$,$Q = \sum_{k=0}^{m} q_k\frac{\mathrm{d}^k}{\mathrm{d}t^k}$

对蠕变柔量 $J(t)$ 偏微分方程进行拉普拉斯变换,得

$$J(t) = \frac{P(t)}{tQ(t)} = \frac{1 + p_1 t + p_2 t^2 + \cdots + p_n t^n}{t(q_0 + q_1 t + q_2 t^2 + \cdots + q_m t^m)} \quad (3\text{-}41)$$

对式(3-40)继续进行拉普拉斯变换,蠕变柔量最终为

$$J(t) = \varphi(t, p, q) \quad (3\text{-}42)$$

式中, $p = \{p_1, p_2, \cdots, p_n\}$; $q = \{q_0, q_1, \cdots, q_m\}$ 为相应的柔量参数。

按以上方法整理归纳,几种常用模型的蠕变柔量参数如表 3-13 所示。

表 3-13　常用蠕变柔量参数

蠕变模型	柔量参数
开尔文体	$q_0 = E, q_1 = \eta$
广义开尔文体	平 $p_1 = \dfrac{\eta}{E_1 + E_2}, q_0 = \dfrac{E_1 E_2}{E_1 + E_2}, q_1 = \dfrac{E_1}{E_1 + E_2}\eta$
Jeffreys 体	$p_1 = \dfrac{\eta_2}{E}, q_1 = \eta_1 + \eta_2, q_2 = \dfrac{\eta_1 \eta_2}{E}$
Burgers 体	$p_1 = \dfrac{\eta_1}{E_1} + \dfrac{\eta_1 + \eta_2}{E_2}, p_2 = \dfrac{E_1 + E_2}{E_1 E_2}, q_1 = \eta_1, q_2 = \dfrac{\eta_1 \eta_2}{E_2}$
西原体 $\sigma < \sigma_s$	$p_1 = \dfrac{\eta}{E_1 + E_2}, q_0 = \dfrac{E_1 E_2}{E_1 + E_2}, q_1 = \dfrac{E_1}{E_1 + E_2}\eta$
西原体 $\sigma > \sigma_s$	$p_1 = \dfrac{\eta_2}{E_1} + \dfrac{\eta_1}{E_2} + \dfrac{\eta_2}{E_2}, p_2 = \dfrac{\eta_1 \eta_2}{E_1 E_2}, q_1 = \eta_2, q_2 = \dfrac{\eta_1 \eta_2}{E_1}$

2) 模糊蚁群算法反演参数

根据本文黏土试件单轴抗压和单轴蠕变试验结果,在不同的温度下,对应相同的应力水平,变形趋势相似,数据也基本接近。如 -5℃、-10℃和 -15℃低应力水平下,最终应变分别为 1.01%、0.95%和 0.93%。故可用 -10℃为例,利用模糊蚁群算法对表 3-13 中的各模型蠕变柔量分别进行三种应力水平下的参数辨识,获其规律可推广到 -5℃和 -15℃。

设蚂蚁个数 $m = 60, \alpha = 2, \beta = 5, \rho = 0.75$,初始化每只蚂蚁随机给出一组柔量参数,计算出初始信息量 τ_{ij} 和增值 $\Delta \tau_{ij}^k$,再利用信息素更新公式 $\tau_{ij}(t + n) = \rho \tau_{ij}(n) + \tilde{c}^k \sum_k \Delta \tau_{ij}^k$, $\tilde{c}$ 为周游过程中当前最优解信息素的模糊化系数。按算法经过多次迭代,最后全局最优解即为柔量参数的反演结果,见表 3-14。

3) 目标函数的改进

以往工程中的模型选优主要依靠精度指标,简单地认为模型的优劣完全取决于它的总体计算精度[33,34]。因此传统的评价目标函数为

表 3-14　蠕变模型参数反演结果

蠕变模型	加载系数	参数反演结果					测定系数	参数个数
		p_1	p_2	q_0	q_1	q_2		
开尔文体	0.3	—	—	0.31	0.28	—	0.868	
	0.5	—	—	0.35	0.25	—	0.823	2
	0.7	—	—	0.78	0.16	—	0.805	
广义开尔文体	0.3	0.46	—	0.41	0.33	—	0.936	
	0.5	0.63	—	0.52	0.45	—	0.948	3
	0.7	0.84	—	0.70	0.61	—	0.962	
Jeffreys 体	0.3	0.85	—	—	0.93	0.76	0.856	
	0.5	0.91	—	—	1.18	0.88	0.950	3
	0.7	0.95	—	—	1.36	1.01	0.821	
Burgers 体	0.3	0.37	1.01	—	0.21	0.86	0.901	
	0.5	0.64	1.78	—	0.34	1.12	0.952	4
	0.7	0.82	2.13	—	0.59	1.56	0.883	
西原体	0.3	0.33	—	0.56	0.42	—	0.912	3
	0.5	0.21	—	0.33	0.28	—	0.945	
	0.7	2.13	1.37	—	0.64	1.01	0.998	4
村山朔郎体	0.3	0.76	1.22	—	0.25	0.76	0.939	
	0.5	0.90	1.65	—	1.31	1.15	0.908	4
	0.7	1.02	0.98	—	0.84	0.53	0.876	

$$\min Y(t) = \sum_{i=t_o}^{t_1} (y_i - y_i')^2, t \in (0, +\infty) \tag{3-43}$$

式中，y_i 为第 i 种情况下曲线拟合值；y_i' 为相对应的观测值，当 $Y(t)$ 取得最小值时模型最优。经过分析得知，从单一指标去评价模型具有不合理性，假设某模型精度高而计算复杂，显然不是理想的模型。因此，模型选优需采用多指标综合分析评价。本文依靠测定系数和模型算法复杂度双重指标对蠕变模型进行综合评价选优，同时改变以往多指标评价目标函数中指标权值完全依靠专家经验给出的方法，建立了新的模型选优目标函数。考虑到评价指标的界定本身具有一定模糊性，调整后双重指标模糊加权目标评价函数如下

$$\min F(n) = \tilde{\omega}_1 \sum \mu_1 R(n) + \tilde{\omega}_2 \sum \mu_2 O(n) \tag{3-44}$$

式中，μ_1、μ_2 为各指标模糊隶属度函数；$R(n)$ 为测定系数指标；$O(n)$ 为模型算法复杂度指标；$\tilde{\omega}_1$，$\tilde{\omega}_2$ 为各指标模糊权重。

4) 蠕变模型的模糊识别与综合选优

根据表 3-14 模型参数反演结果，单考虑测定系数指标，低应力下，村山朔郎模型最优；中应力下，Burgers 模型最优；较高应力下，西原体模型最优。为进一步综合评价，利

用式(3-44)改进后的目标函数,结合测定系数 $R(n)$ 和算法复杂度 $O(n)$ 两种指标,计算模糊指标权重 $\tilde{\omega}_1$ 和 $\tilde{\omega}_2$,建立模糊综合评价矩阵,采用模糊评判的方法,综合分析出三种应力条件下的最优的模型。

用测定系数表示模型的精度,参数个数表示计算的复杂度,三种应力条件下 6 种常用蠕变模型的模糊评价矩阵表示为

$$A = \begin{bmatrix} 2 & 3 & 3 & 4 & 3 & 4 \\ 0.868 & 0.936 & 0.856 & 0.901 & 0.912 & 0.939 \end{bmatrix}$$

$$B = \begin{bmatrix} 2 & 3 & 3 & 4 & 3 & 4 \\ 0.823 & 0.948 & 0.950 & 0.952 & 0.945 & 0.908 \end{bmatrix}$$

$$C = \begin{bmatrix} 2 & 3 & 3 & 4 & 4 & 4 \\ 0.805 & 0.962 & 0.821 & 0.883 & 0.998 & 0.876 \end{bmatrix}$$

式中,矩阵 A、B 和 C 分别为低、中和高三种应力条件下评价矩阵:每个矩阵的第一行向量表示蠕变模型在该应力下的算法复杂度;第二行向量表示模型在该应力下的测定系数;矩阵列向量表示 6 种模型对应的指标。

根据模糊数学的相关理论,需对矩阵中各指标不同量纲的元素进行归一化处理

$$复杂度处理:a_{ij} = \frac{x_{i1} \wedge x_{i2} \wedge \cdots \wedge x_{i6}}{x_{ij}}, x_{ij} > 0 \tag{3-45}$$

$$测定系数处理:b_{ij} = \frac{x_{ij} - (x_{ij})_{\min}}{(x_{ij})_{\max} - (x_{ij})_{\min}}, x_{ij} > 0 \tag{3-46}$$

规范化后的模糊评价矩阵为

$$A' = \begin{bmatrix} 1.000 & 0.667 & 0.667 & 0.500 & 0.667 & 0.500 \\ 0.145 & 0.964 & 0.000 & 0.542 & 0.675 & 1.000 \end{bmatrix}$$

$$B' = \begin{bmatrix} 1.000 & 0.667 & 0.667 & 0.500 & 0.667 & 0.500 \\ 0.000 & 0.969 & 0.984 & 1.000 & 0.946 & 0.659 \end{bmatrix}$$

$$C' = \begin{bmatrix} 1.000 & 0.667 & 0.667 & 0.500 & 0.500 & 0.500 \\ 0.000 & 0.813 & 0.083 & 0.404 & 1.000 & 0.368 \end{bmatrix}$$

5) 评价指标模糊权重的确定

首先分别计算三个评价矩阵各行向量的均值和标准差

$$\bar{x}_i = \frac{1}{6} \sum_{j=1}^{6} x_{ij}, s_i = \sqrt{\frac{\sum_{j=1}^{6} (x_{ij} - \bar{x}_i)^2}{5}}, i = 1, 2 \tag{3-47}$$

然后计算变异系数

$$\tilde{\omega}_i = s_i / \bar{x}_i, i = 1, 2 \tag{3-48}$$

最后得到的三种应力下的模糊权重系数

低应力指标权重:$\tilde{\omega}_1 = 0.273, \tilde{\omega}_2 = 0.727$

中应力指标权重：$\tilde{\omega}_1 = 0.273, \tilde{\omega}_2 = 0.727$

高应力指标权重：$\tilde{\omega}_1 = 0.289, \tilde{\omega}_2 = 0.711$

6）模糊综合评价矩阵

$$D = \begin{bmatrix} 0.378 & 0.882 & 0.000 & 0.531 & 0.673 & 0.864 \\ 0.273 & 0.887 & 0.897 & 0.864 & 0.870 & 0.616 \\ 0.289 & 0.771 & 0.252 & 0.432 & 0.856 & 0.406 \end{bmatrix}$$

利用改进后的目标函数计算得出最终模糊综合评价矩阵 D：其行向量表示低、中和高三种应力条件下蠕变模型的模糊综合评价指标；列向量表示 6 种常用蠕变模型。根据模糊隶属度最大原则，结果表明在低应力下，广义开尔文模型最优；中应力下，Jeffreys 模型最优；较高应力下，西原体模型最优。显然与单指标的选优结果有所不同。

3. 模糊蚁群算法效率分析

通过模拟试验，用模糊蚁群算法、传统蚁群算法和最小二乘法对西原模型柔量参数进行反演，比较三种算法的反演效率。实验平台主机具体配置：CPU 为 Intel 酷睿 I3-2120，内存 2G，硬盘 600G，网卡 100M。软件平台：Windows XP SP3。调试软件：MATLAB 2010B。试验结果如图 3-61 所示。

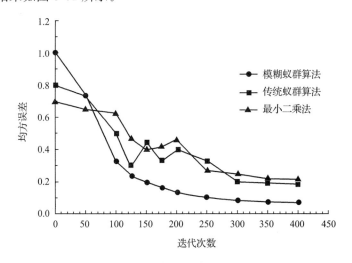

图 3-61　算法效率对比图

从图 3-61 中可以看出，随着迭代次数的增加，模糊蚁群算法收敛得越来越迅速，误差也越来越小，相比其他算法更具有鲁棒性、收敛性和高效性。

参 考 文 献

[1] 崔托维奇 H A. 冻土力学. 北京：科学出版社，1985.

[2] 陈肖柏，刘建坤，刘鸿绪，等. 土的冻结作用与地基. 北京：科学出版社，2006.

[3] 维亚络夫 C C，查列茨基 Ю. K，果罗捷茨基 C Э. 人工冻结土强度与蠕变计算. 沈忠言译. 中国科学院兰州冰川冻土研究所图书情报室，1983.

[4] 维亚络夫 C C. 冻土流变学. 刘建坤, 刘尧军, 徐艳译. 北京: 中国铁道出版社, 2005.

[5] 中国煤炭工业协会. 中华人民共和国煤炭行业标准, 人工冻土物理力学性能力学性能试验(MT/T 593. 1-2011). 国家安全生产监督管理总局, 2011.

[6] 特鲁巴克 H Γ. 冻结凿井法. 北京: 煤炭工业出版社, 1958.

[7] 中国科学院兰州冰川冻土研究所. 冻结凿井冻土壁的工程性质. 兰州: 兰州大学出版社, 1988.

[8] 张照太. 深土冻土力学性能试验研究及工程应用. 淮南: 安徽理工大学, 2006.

[9] 陈汉青, 程桦, 曹广勇. 简析顾桥矿东风井土工基本参数与冻结黏土单轴抗压强度之间的关系. 安徽建筑工业学院学报(自然科学版), 2014, 22(1): 76-78.

[10] 郑明, 程桦, 曹广勇. 淮南顾桥矿东风井人工冻土力学性能试验分析. 安徽建筑工业学院学报(自然科学版), 2014, 22(4): 92-95.

[11] 陈湘生. 地层冻结工法理论研究与实践. 北京: 煤炭工业出版社, 2007.

[12] 汪仁和, 李栋伟, 王秀喜. 改进的西原模型及其在 ADINA 程序中的实现. 岩土力学, 2006, 27(11): 1954-1958.

[13] 孙钧, 侯学渊. 地下结构(上、下册). 北京: 科学出版社, 1987.

[14] 马茂艳, 程桦. 深井井壁砌筑前后冻结壁稳定性力学分析模型探讨. 煤矿安全, 2010, 429(7): 138-140.

[15] Ma M Y, Cheng H, Rong C X. Analytical solution of stress and displacement fields of frozen wall in deep alluvium according for time-space effect. Applied Mechanics and Materials, 2012, 170-173: 1820.

[16] Ma W, Chang X X. Analyses of strength and deformation of an artificially frozen soil wall in underground engineering. Cold Regions Science and Technology, 2002, 34(1): 11-17.

[17] Ono T. Lateral deformation of freezing clay under triaxial stress condition using laser-measuring device. Cold Regions Science and Technology, 2002, 35(1): 45-54.

[18] Ma W, Wu Z W, Zhang L X, et al. Analyses of process on the strength decrease in frozen soils under high confining pressures[J]. Cold Regions Science and Technology, 1999, 29(1): 1-7.

[19] 马巍, 吴紫汪, 盛煜. 冻土的蠕变及蠕变强度. 冰川冻土, 1994, 16(2): 113-118.

[20] Sayles F H. Triaxial and creep tests on frozen Ottawa sand//Proceedings of the North American Contribution to the 2nd International Permafrost Conference. Yakutsk, USSR National Academy of Sciences, Washington, DC. 1973: 384-391.

[21] 荣传新, 王秀喜, 程桦. 冻土的有限变形本构关系的实验研究. 实验力学, 2005, 20(1): 132-138.

[22] Fung Y C. Foundation of Solid Mechanics. New Jersey: Prentice-Hall, 1965.

[23] 李强, 王奎华, 谢康和. 人工冻土流变模型的识别与参数反演. 岩石力学与工程学报, 2004, 23(11): 1895-1899.

[24] 袁文华. 人工冻土黏弹塑性本构参数反分析研究. 岩土力学, 2013, 34(11): 3091-3095.

[25] 徐平, 杨挺青. 岩石流变试验与本构模型辨识. 岩石力学与工程学报, 2001, 20(s): 1739-1744.

[26] 薛凯喜, 赵宝云, 刘东燕, 等. 岩石非线性拉、压蠕变模型及其参数辨识. 煤炭学报, 2011, 36(9): 1440-1445.

[27] 朱珍德, 徐卫亚. 岩体黏弹性本构模型辨识及其工程应用. 岩石力学与工程学报, 2002, 21(11): 1605-1609.

[28] 陈军浩, 姚兆明, 徐颖, 等. 人工冻土蠕变特性粒子群分数阶导数模型. 煤炭学报, 2013, 38(10): 1763-1768.

[29] 贺俊, 杨平, 董朝文. 基于 BP 神经网络冻土强度预测模型研究. 路基工程, 2011, 156(3): 54-57.

[30] 罗润林, 阮怀宁, 朱昌星. 基于粒子群-最小二乘法的岩石流变模型参数反演. 辽宁工程技术大学学报(自然科学版), 2009, 28(5): 750-753.

[31] 袁海平, 曹平, 许万忠, 等. 岩体黏弹塑性本构关系及改进 Burgers 蠕变模型. 岩土工程学报, 2006, 28(6): 796-799.

[32] 陈炳瑞, 冯夏庭, 丁秀丽, 等. 基于模式搜索的岩石流变模型参数识别. 岩石力学与工程学报, 2005, 24(2): 207-211.

[33] Xing Z Y, Jia L M, Zhang Y. A case study of data-driven interpretable fuzzy modeling. Acta Automatica Sinica, 2005, 31(6): 815-824.

[34] Chang X, Lilly J H. Evolutionary design of a fuzzy classifier from data. IEEE Trans System Man Cybernetic Part B, 2004, 34(4): 1894-1906.

第4章 深厚冲积层人工冻结壁温度场

深厚冲积层人工冻结温度场是一个含有相变的温度场,具有移动的内热源和复杂的边值条件,在整个地层的冻结过程中冻结温度场随时间和空间而变化,是一个不稳定温度场。研究和掌握冻结温度场的目的是:①求算冻土的强度,以计算冻结壁的设计厚度;②检查和确定冻结壁的形成情况及发展厚度;③冻结冷量计算[1]。

研究人工冻结壁的温度场对于冻结制冷系统的科学控制、地下工程的安全施工具有至关重要的意义。人们对冻土温度场的研究已有170多年的历史[2],但早期由于测试手段的限制,对冻土温度场的认识只是处于一种表面的感知状态。直至20世纪早期,俄国成立了冻土研究委员会后,才开展了较为广泛的研究。20世纪中叶(1945~1960年和1961~1971年)又经历了两个较快的发展时期,先后开展了与温度场有关的热力学、热物理学、土壤水热改良、工程建筑地基稳定性以及地球表面和岩石圈层的形成等方面的试验研究和以解析解为主的理论计算研究。20世纪70年代后,计算机和数值方法在苏联冻土领域得到了广泛应用,使以前许多难以解决的具有复杂几何形状和地质条件、考虑热质交换的非线性问题在深度和广度上都有了新的发展。真正开始理论性研究并被公认为这门学科理论奠基人的是苏联学者 Сумгин,在温度场等热物理研究方面则以 Курявцев 为杰出代表[3~8]。

北美、西北欧的一些国家和地区,与苏联一样,由于自然资源的开发需要,也推动了冻土温度场及其相关学科的研究进展。20世纪初阿拉斯加金矿的开采和1942年北美战备公路的严重冻害的出现,促进了对温度场理论上的较全面研究。在加拿大,这项研究的蓬勃发展主要起源于对极地多年冻土区石油、天然气等资源的开发。70年代,这些国家相继进入了研究的高潮。除自然资源的开发需要外,现代监测技术和计算机技术在冻土研究领域中的应用也加速了该学科的发展。1973年 Bonaicina 和 Fasana 求得了一维非线性温度场的数值解,同期,还开展了与温度有关的其他问题的科学研究。

我国在冻土温度场的研究上起步相对较晚。20世纪50年代,余力教授首次采用水利积分仪对人工冻结法凿井温度场进行研究,根据圆管稳定导热方程推导了计算单管冻结时间的经验方程;1962年徐枚研究了天然细砂地基的温度场。此间的研究,主要集中在开展室内、外观测和经验方程的建立方面。直至70年代后期,才逐渐开展非线性相变温度场的数值模拟[9,10]。1983年张燕等就立井井筒的冻结壁温度场进行了有限元数值模拟计算;陈湘生、陈文豹、汤志斌、王长生等就许多矿区的不同冻结深度的井筒,对单圈冻结孔和双圈孔冻结情况的冻结壁温度场进行了全面系统的工程实测,获得了冲积层深400m以内的冻结壁形成与解冻的规律与特性,并根据工程实测数据分析处理,建立了冻结壁平均温度的经验计算公式[11](成冰公式),目前仍普遍应用于工程实际计算。

80年代后,世界各寒区发达国家对冻土研究的重视及相关学科的发展,进一步推动了本学科向多维多相非线性问题和多场相互作用问题理论模型的建立和求解、研究和应用现代化高效能及高精度的试验技术领域的发展。

就理论研究而言,冻土温度场研究已从早期的定性描述发展到了今天的利用计算机进行三维数值分析和模拟。其间经历了以试验和实测为主的经验方程、均质一维、二维线性稳定问题和一维非稳定问题的解析计算等。

随着科技的进步,人们在研究冻土冻结温度场的手段上已经有了根本性的提高,借助大型有限元软件进行多种条件下二维、三维问题的温度场的数值模拟,已经成为复杂工程冻结温度场计算与分析的主要方法;在温度场的监测上实现了计算机控制自动温度数据采集和分析,大大提高了量测温度的精度和温度场性状分析的水平。

4.1　冻结壁温度场分析理论基础

4.1.1　单管冻结的温度场理论解

单个冻结管冻结时,周围冻土(岩石)必定有一个同心圆等温线分布的温度场,紧靠冻结管四周的冻土(岩石),形成一个冻结圆柱,圆柱由内向外,温度逐渐升高,离开冻结管越远,温度越高,直到土(岩石)的正常地温,这时土(岩石)的温度不再受冻结的影响。

经典单管冻结壁温度场分布的特鲁巴克公式如下[12]:

$$t(r) = t_{CT} \frac{\ln \dfrac{\xi}{r}}{\ln \dfrac{\xi}{r_0}} \qquad (4\text{-}1)$$

式中,$t(r)$ 为冻土区域内计算点的温度,℃;t_{CT} 为冻结管外表面的温度,℃;r 为计算点到冻结轴线的距离,m;ξ 为单管冻土柱半径,m;r_0 为冻结管外半径,m。

4.1.2　直线单排管冻结壁温度场理论解

特鲁巴克基于单管稳态导热问题,提出了单排直线型冻结壁温度场的最为全面的计算方法[12]。特鲁巴克在冻结壁主面(Ⅰ-Ⅰ)和界面(Ⅱ-Ⅱ)内观察冻土温度场,并给出相应面的温度分布的表达式。

$$t_1 = t_{CT} \frac{\ln \dfrac{\xi}{y}}{\ln \dfrac{\xi}{r_0}} \qquad (4\text{-}2)$$

$$t_2 = t_{CT} \frac{\ln \dfrac{2\xi}{\sqrt{4y^2 + l^2}}}{\ln \dfrac{\xi}{r_0}} \qquad (4\text{-}3)$$

式中,t_1 为主面任意点的温度,℃;y 为计算点到单排管轴线的距离,m;l 为冻结管间距,m。

4.1.3　环形多排孔冻结温度场的数学模型

立井冻结温度场的求解问题是一个有相变、移动边界、内热源、边界条件复杂的不稳定导热问题。一般将立井冻结温度场简化为平面轴对称问题。

冻结壁温度场的变化过程可以划分为三个阶段,即积极冻结期,维持(或消极)冻结期和解冻恢复期。

为叙述方便起见,主要符号介绍如下:

t—— 温度;

τ——时间(或时间步长);

r——平面上极坐标矢径;

t_0——地温;

a——土的导温系数;

r_0——冻结管半径;

q_0——单一冻结孔制冷量;

Q——结冰潜热;

λ——土的导热系数;

"+"、"-"——"融"、"冻"状态;

d——两冻结管直线距离的一半;

t_1、t_2——内、外冻结壁温度;

R_0——冻结孔布置圈半径;

n——冻结管个数;

α——放热系数;

R_a——井筒荒径(半径)。

1. 积极冻结期

本阶段可分为交圈前时期和冻结壁整体发展时期。

1)交圈前时期

冻结壁在交圈前的发展,是以每一冻结孔的中心为圆心,以 r_0 为内半径,沿径向扩展的,当不考虑各管之间相互影响时,其数学模型为(A):

$$\frac{\partial t^-}{\partial \tau} = a^- \left(\frac{\partial^2 t^-}{\partial r^2} + \frac{1}{r}\frac{\partial t^-}{\partial r} \right) \tag{4-4}$$

$$\frac{\partial t^+}{\partial \tau} = a^+ \left(\frac{\partial^2 t^+}{\partial r^2} + \frac{1}{r}\frac{\partial t^+}{\partial r} \right) \tag{4-5}$$

$$t^+ (r,0) = t_0 \tag{4-6}$$

$$t^+ (\infty,\tau) = t_0 \tag{4-7}$$

$$-\lambda^- \left. \frac{\partial t^-}{\partial r} \right|_{r=r_0} = \frac{q_0}{2\pi r_0} = q \tag{4-8}$$

当 $r = \xi$ 时,有

$$t^- = t^+ = t^* \qquad (4\text{-}9)$$

$$-\lambda^- \frac{\partial t^-}{\partial r} + \lambda^+ \frac{\partial t^+}{\partial r} = Q \frac{\mathrm{d}\xi}{\mathrm{d}\tau} \quad \tau = 0, \xi = r_0 \qquad (4\text{-}10)$$

当考虑有冻结管之间的相互影响时,数学模型为(B):

$$\frac{\partial^2 t^+}{\partial r^2} + \frac{1}{r} \frac{\partial t^+}{\partial r} = \frac{\partial^2 t^-}{\partial r^2} + \frac{1}{r} \frac{\partial t^-}{\partial r} = 0 \qquad (4\text{-}11)$$

$$-\lambda^- \frac{\partial t^-}{\partial r} \bigg|_{r=0} = \frac{q_0}{2\pi \cdot r_0} \qquad (4\text{-}12)$$

当 $r = \xi$ 时,有

$$t^- = t^+ = t^* \qquad (4\text{-}13)$$

$$\lambda^- \frac{\partial t^-}{\partial r} - \lambda^+ \frac{\partial t^+}{\partial r} = Q \frac{\mathrm{d}\xi}{\mathrm{d}\tau} \quad \tau = \tau_a, \xi = r_0 \qquad (4\text{-}14)$$

当 $r = d$ 时,有

$$\frac{\partial t}{\partial r} = 0 \qquad (4\text{-}15)$$

$$t^+ = t_1 \qquad (4\text{-}16)$$

实际上的冻结壁变化应介于(A)和(B)模型之间,模型(A)描述主面的冻结壁变化,模型(B)描述界面的冻结壁变化。

2) 整体发展时期

将交圈之后的冻结壁等效成一圆环,以井筒中心为圆心,初始厚度为 $2\pi R_0/n$,内、外半径分别为 $R_0(1-\pi/n)$ 和 $R_0(1+\pi/n)$。此后,该圆环沿径向两侧不等速发展,并将 n 个冻结管的吸热率的和等效成以 R_0 为半径的圆周的吸热率,即 $nq_0 = 2\pi R_0 q$,其数学模型为(C):

$$\frac{\partial t_{1,2}^-}{\partial \tau} = a^- \left(\frac{\partial^2 t_{1,2}^-}{\partial r^2} + \frac{1}{r} \frac{\partial t_{1,2}^-}{\partial r} \right) \qquad (4\text{-}17)$$

$$\frac{\partial t_{1,2}^+}{\partial \tau} = a^+ \left(\frac{\partial^2 t_{1,2}^+}{\partial r^2} + \frac{1}{r} \frac{\partial t_{1,2}^+}{\partial r} \right) \qquad (4\text{-}18)$$

式中,“1”和“2”分别表示冻结管内、外两区间。

$$t_1^+(r,0) = t_2^+(r,0) = t_0 \qquad (4\text{-}19)$$

$$t^-(r,0) = t(r) \qquad (4\text{-}20)$$

$r = R_0$ 时,

$$t_1^- = t_2^- \qquad (4\text{-}21)$$

$$t_1^+(0,\tau) \to 有限 \tag{4-22}$$

$$t_2^+(\infty,\tau) = t_0 \tag{4-23}$$

$r = \xi_1$ 时，

$$t_1^- = t_1^+ = t^* \tag{4-24}$$

$$\lambda^- \frac{\partial t_1^-}{\partial r} - \lambda^+ \frac{\partial t_1^+}{\partial r} = Q \frac{\mathrm{d}\xi_1}{\mathrm{d}\tau}, \tau = 0, \xi_1 = R_0\left(1 - \frac{\pi}{n}\right) \tag{4-25}$$

$r = \xi_2$ 时，

$$t_2^- = t_2^+ = t^* \tag{4-26}$$

$$\lambda^- \frac{\partial t_2^-}{\partial r} - \lambda^+ \frac{\partial t_2^+}{\partial r} = Q \frac{\mathrm{d}\xi_2}{\mathrm{d}\tau}, \tau = 0, \xi_2 = R_0\left(1 + \frac{\pi}{n}\right) \tag{4-27}$$

如果计算时间从冻结开始计时，即交圈前时期也用等效环模型，这时，代替式(4-25)和式(4-27)的初始值为

$$\tau = 0, \quad \xi_1 = \xi_2 = R_0$$

这时的模型为(C')。

2. 维持冻结期

此时期的数学模型(D)，可引入井筒放热的补充边界条件，其他条件与积极冻结期相同，这时在井帮(R_a)处的热量平衡方程

$$\lambda^+ \frac{\partial t_1^+}{\partial r}\Big|_{r=R_a} = \alpha(t_a^+ - t_1^+) \tag{4-28}$$

式中，$\alpha = \left(\dfrac{1}{\alpha_0} + \displaystyle\sum_{k=1}^m \delta_k/\lambda_k\right)^{-1}$；$\alpha_0$ 为空气放热系数。

同时，代替式(4-15)和式(4-17)的初始值为

$$\tau = 0, \quad \xi_1 = L_1, \quad \xi_2 = L_2$$

3. 解冻恢复期

本期由于冻结管停止吸热，因此与积极冻结期相比较，冻结区方程可以合并为一个，在$(r = R_a)$处，仍保持式(4-18)，计时时间从冻结管吸热停止算起，而初始的冻结壁位置为：

$$\tau = 0, \quad \xi_1 = L_1, \quad \xi_2 = L_2 \tag{4-29}$$

这一数学模型为(E)。

4.2　人工冻结壁温度场形成规律试验研究

4.2.1　冻结温度场模型试验相似准则[13-16]

冻结壁的形成是一个热传导的过程，由热传导方程、边界条件和初始条件，可得相似准则方程：

$$F(F_0, K_0, R, \theta) = 0 \qquad (4\text{-}30)$$

式中：$F_0 = a\tau/r^2$ 为傅里叶准则（谐时准则），稳定导热时，$F_0 = 0$；$K_0 = Q/tc$ 为柯索维奇准则，无潜热时，$K_0 = 0$；$R = \xi/r$ 为几何准则；θ 为温度准则，包含 t_0/t_v, t_D/t_v, t/t_v；a 为导温系数，m^2/s；τ 为时间，h；Q 为单位土体冻结时放出的潜热量，J/g；c 为比热，$J/(g \cdot ℃)$；t_0 为岩土初始温度，℃；t_v 为盐水温度，℃；t_D 为冻结温度，℃。

因模型材料取自现场的原材料，则导温系数相似常数 $C_a = 1$，比热相似常数 $C_c = 1$。且试验中保证模型土体和现场土体的含水率相同，则潜热相似常数也为1，代入傅里叶准则和柯索维奇准则，可得：

$$C_\tau = C_l^2 \qquad (4\text{-}31)$$

$$C_t = 1 \qquad (4\text{-}32)$$

式中，C_τ、C_t、C_l 分别为温度、时间和几何相似常数。

式(4-31)和式(4-32)表明，模型试验的时间相似比为几何相似比的平方，模型中各点温度与原型相等。

在满足冻结温度场相似准则的同时，还需满足冻结管自身相似准则。冻结管冻结1h内能够转移的热量 Q_0 可按下式计算：

对于原型，有

$$Q_0 = \pi \cdot q \cdot D \cdot H \cdot N \qquad (4\text{-}33)$$

对于模型，有

$$Q_0' = \pi' \cdot q' \cdot D' \cdot H' \cdot N' \qquad (4\text{-}34)$$

式中，q 为冻结管散热系数，$J/(m^2 \cdot h)$；D 为冻结管外径，m；H 为冻结深度，m；N 为冻结区段内冻结管数量。

式(4-33)和式(4-34)中的各参数相似常数如下：

$$C_Q = Q_0/Q_0'; C_q = q/q'; C_D = D/D'; C_H = H/H'; C_N = N/N' \qquad (4\text{-}35)$$

因模型和原型采用同样数量冻结管，模型（铜质）与原型（钢质）的散热系数的差别忽略不计，则有：

$$C_q \approx C_N = 1; \quad C_D = C_H = C_l;$$
$$C_Q = C_l^2 \qquad (4\text{-}36)$$

模型土体冻结时,冷媒剂在冻结器内的流动速度是根据模型和实物准则方程式求出的,即:

$$\nu d / \nu' = \nu' d' / \nu'$$ (4-37)

则有 $\nu' = C_1 \cdot \nu$,即冷媒剂在模拟冻结器内流动速度应比实际高 C_1 倍。

所以,要使模型与原型冻结温度场相似,在模型设计中应满足冻结壁几何尺寸、平均温度、地层性质和冻结器内流动速度相似条件。

4.2.2　双排管冻结温度场物理模型试验[17]

采用双排孔冻结的冻结壁厚度发展较快,形成冻结壁的平均温度较低,双排孔冻结的布孔方式与参数设计仍需要通过实验室试验、理论研究和现场实践加以不断优化。通过研究双排孔冻结壁的温度场形成规律,进而有效地控制冻结壁的发展速度及冻结壁的强度。为此,根据谢桥矿副井双排孔冻结原型进行物理模型试验研究。

1. 冻结工程概况

本试验原型为谢桥矿副井双排管冻结工程。谢桥副井井筒直径8m,总深度689.2m,井壁结构冲积层段为双层钢筋混凝土夹聚氯乙烯塑料板的复合井壁,厚1.1~1.8m,穿过深298.7m的第四冲积层,地温高达27℃,地质条件复杂,采用冻结法施工。

井筒冻结深度360m,插入风化带和基岩61.3m,采用双圈孔冻结,内圈孔密,外圈孔稀的形式布置。内圈孔布置直径17m,孔数32个,孔距1.67m,孔深346m和360m两种,差异冻结,外圈孔布置圈直径20m,孔数20个,孔距3.14m,孔深322m,积极冻结时盐水温度为−30℃,冻结壁设计厚度为5.31m,其平均温度−12℃,需冷量为9807kJ/h。

2. 模型试验设计

1) 基本假设

(1) 由于本试验主要研究冻结温度场的分布规律,不考虑应力和变形,而导热系数与压力无关,故可水平截取一定厚度的井筒进行模化,把轴对称空间问题化为轴对称平面问题;

(2) 在研究范围内,认为土体是均匀的、连续的;

(3) 岩土初始温度均为一等值常数(第一类边界条件),冻结管在所截长度上保持恒等温;

(4) 土体冻结时,潜热集中在冻结相变界面连续放出,冻结前后热参数(比热、导热系数等)发生突变,各为一定值。

2) 模型参数设计

由于从现场取土进行模型试验,则模型材料为原材料,则 $C_a = 1$,$C_c = 1$,含水率相同,结冰时放出的潜热量相等,由式(4-39)得出模型试验的时间相似比为几何相似比的平方;$C_t = 1$,即 $t = t'$,表示模型中各点温度与原型各对应点温度相等。

3）确定几何相似比

根据模型参数设计和试验规模的要求，模型几何相似比 C_l 取 28；则模型中各参数均可得出，见表 4-1。

表 4-1　模型参数

名称	原型	模型
井筒净直径/m	8	0.286
冻结壁厚度/m	5.31	0.19
外圈冻结孔布置半径/m	10	0.357
内圈冻结孔布置半径/m	8.5	0.304
内圈冻结管根数/根	32	32
外圈冻结管根数/根	20	20
外圈冻结孔间距/m	3.142	0.112
内圈冻结孔间距/m	1.669	0.06
冻结管外径/mm	139	5
盐水温度/℃	−20	−20
冻结壁平均温度/℃	−12	−12
土层原始温度/℃	7	7
冻结需冷量/(kJ/h)	9807	12.51

在物理模拟岩石冻结过程时如何准确确定冻结管的热影响半径非常重要，因为由它决定模拟参数、模型容器尺寸、试验期限等。

哈基莫夫解关于土壤冻结时间问题时，假设冻结半径和热影响半径之间是直线关系：$x = \alpha\xi$；

式中，α 为无因次比例系数，即热影响系数。

由哈基莫夫对实际土壤冻结过程研究表明，除冻结过程开始瞬间外，热影响系数值 α 为 4.5～5.5，本试验模型考虑热影响系数为 5，则热影响半径：

$$x = \alpha\xi = 5/28 \times 5.31/2 = 0.474\text{m}$$

因此模型容器拟取用直径为 1.6m，高为 1.2m 的圆筒模型。竖直方向可模拟 33.6m，需直径为 6mm 的冻结管 52 根，冻结站制冷量需 12.51kJ/h；

在模型设计中还需满足冻结温度场边界条件相似，由于模型试验拟在室内进行，室内气温可满足土层原始温度要求。在模型表面用保温材料做好隔热保温，即可达到温度边界条件相似。

3. 模型试验实施

1）试验系统与测试方法

制冷系统主要由冷冻机、盐水箱、盐水泵、配液管、集液管、冻结管（ϕ6mm 紫铜管）和电气控制柜组成。冷冻系统的测温,由冷冻机控制柜中的测温显示器和各温度传感器进行,主要检测盐水温度、冻土温度、大气温度和冷冻机工作温度等;土体温度场监测采用热电偶测温系统。

在共主面(同时通过内、外圈冻结管中心和井筒中心的剖面)、界主面(同时通过内圈冻结管中心、外圈相邻冻结管连线中心和井筒中心的剖面)、共界面(同时通过内圈相邻冻结管连线中心、外圈相邻冻结管连线中心和井筒中心的剖面)上各布置 7 根热电偶串,共21 根热电偶串,每根热电偶串上布置两个温度测点,分别伸入黏土层和砂土层,可测不同土层内的温度变化值。

温度测点在各特征面上基本沿等间距分布,其编号从内到外分别为 1 号、2 号、3 号、4 号、5 号、6 号和 7 号。双圈冻结管、热电偶串、各特征面的平面布置如图 4-1 所示,图 4-2 为冻结管模型试验图。

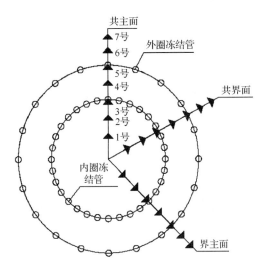

图 4-1　热电偶串、特征面的平面布置

图 4-2　冻结管模型

2) 试验过程

试验为模拟冻结全过程的原材料模型试验。试验过程为:调试制冷系统,分层填埋重塑土(取自某矿黏性土),埋设冻结管和热电偶串,形成测温系统。为了了解内、外圈冻结管间距(径、环向)对温度场影响,通过改变上述参数,共设计了 3 次试验,每次试验持续6h,每次试验中冻结管间距参数见表 4-2。

表 4-2　冻结管间距参数

试验次数	内圈管间距/mm	外圈管间距/mm	内外圈距/mm
1	60	112	53
2	83	112	53
3	83	150	53

双圈管冻结壁温度场的模型试验实施如图 4-3 所示。

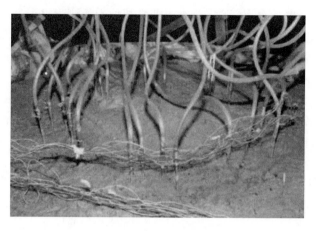

图 4-3　冻结温度场模型试验实施

4. 试验结果与分析

1) 冻结壁温度分布

由试验资料可见,双圈孔冻结时,在其所处的深度、土层性质、冻结管直径、盐水温度相同的条件下,因共主面、界主面和共界面上冻结管根数和空间位置的差异,导致其温度分布规律明显不同。

图 4-4 为共主面温度分布曲线。由于在该面上有两根冻结管,在内、外侧冻结管形成的冷量共同作用下,位于内、外侧冻结管连线中心的测点(4 号点)温度下降最快,且该区域内温度最低;内圈冻结管位于冻结壁内侧,在冻结过程中,其内侧热交换在冻结初期与外圈孔外侧相当,故在冻结初期 2 号、6 号两测点温降速率相差很小;随着冻结时间的推移,外排孔外侧冻结锋面热交换逐渐小于内圈孔内侧,因此,冻结管内侧 2 号点温度下降速率相应大于 6 号点。鉴于此,共主面温度曲线在冻结初期呈马鞍形,至冻结后期呈非对称梯形。

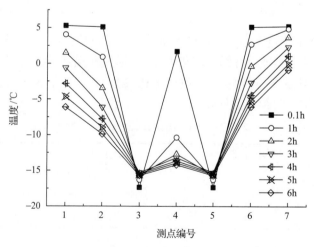

图 4-4　黏土层共主面温度曲线

　　图 4-5 为通过内排冻结管界主面温度曲线。由图可见,该温度曲线在冻结初期,以冻结管为界点,内、外侧均为近似抛物线状,随着冻结壁的发展,冻结管外测温度曲线演变成上凹形曲线。

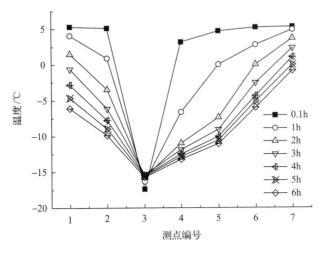

图 4-5　黏土层界主面温度曲线

　　图 4-6 为黏土层共界面温度曲线。由于该截面上没有冻结管穿过,该断面冷量均为相邻冻结管传递而来,故其降温速率均低于共主面和共界面,其温度曲线呈上凹曲线状,最低温度点位于 3 号测点处。

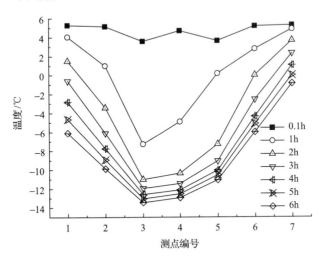

图 4-6　黏土层共界面温度曲线

　　综上所述,双圈管冻结壁温度场均匀性较好,可有效降低冻结压力的非均匀性,易于保证冻结壁厚度形成,能满足冻结设计厚度大、平均温度低的深井冻结井要求。

　　2)冻结壁交圈时间

　　冻结壁交圈时间主要与土层性质、布孔方式、冻结管成孔质量、冻结管直径、盐水温度以及冻结供冷量等因素有关。

试验结果表明(表 4-3),当冻结管直径、孔距、圈距及盐水温度一定时,冻结壁交圈时间随着土壤粒径的增大而提前,砂层的交圈时间短,黏土层的交圈时间长。当土层、冻结管直径、盐水温度一定时,冻结壁交圈时间与孔距成正比。

表 4-3　冻结壁交圈时间试验结果

土层	内圈管间距/mm		外圈管间距/mm		内外圈距/mm
	60	83	112	150	53
黏土层	0.4	0.6	1	1.4	0.2
砂层	0.25	0.4	0.5	1.2	0.1

表 4-4 表明,试验所得冻结壁交圈时间均小于现场实测。究其原因,主要是试验条件与实际差距所致,如试验没有考虑地压对迟滞冻结的影响;实际冻结锋面水分迁移比模型试验要充分得多,消耗的等效冷量要比试验大,以及冻结管偏斜等。

表 4-4　冻结壁交圈时间试验与现场实测值对比(砂层)

数值	内圈管间距 83mm	外圈管间距 150mm
试验值	0.4	1.2
现场实测值(相似转换后)	0.61	1.24

综上所述,对于双排管冻结壁温度场分布规律与单排管冻结壁既有相似点,也有差异处。在共主面上,因径向相邻内外排冻结管的叠加作用,在内外排冻结管区间形成了快速温降的低温区;双排管冻结壁界主面和共界面上的温度分布规律分别与单排管冻结壁主面和界面大致相同。双排管冻结壁各特征面温度曲线表明,其温度场仍呈现较大的非均匀性。但与单排管相比,因双排冻结管单位时间供冷量大,加之内外排冻结管冷量传递的彼此叠加作用,其温度场非均匀性要优于单排管,且具有平均温度低和形成冻结壁厚大等优点。与单排管冻结壁相比,内外排圈径、冻结管间距等布孔方式对冻结壁形成厚度、平均温度、交圈时间等影响更大。因此,在进行多排管冻结设计时,应更加关注其布孔方式的优化,以获得最佳冻结效果。

4.2.3　多排管冻结温度场物理模型试验[18]

1. 模型实验设计

对模型试验的基本假设与双排孔试验基本相同,杨村煤矿副井井筒设计参数见表 4-5。

表 4-5　副井井筒冻结孔布置参数表

冻结孔	圈径/m	孔数/个	间距/m	深度/m	备注
外排	29.1	56	1.63	619	全深冻结
主排	22.4	26/26	1.35	619/723	差异冻结
内排	17.4	25	2.18	619	全深冻结

此次模型以分析杨村煤矿深厚钙质黏土层位冻结温度场的发展规律为目的,选取三圈管(外排、主排、内排)为研究对象进行模型设计,不考虑防片孔。综合考虑,本次试验的相似比 C_l 取 35。

通过计算得出的杨村煤矿模型及原型各几何参数(表 4-6)。

表 4-6　杨村煤矿模型及原型各几何参数(相似比取 35)

冻结孔类型	参数	原型	模型	备注
外排孔	圈径/m	29.7	0.848	
	孔数/个	55	32	全深冻结
	开孔间距/m	1.696	0.086	
中排孔	圈径/m	23.3	0.666	
	孔数/个	26/26	30	差异冻结
	开孔间距/m	1.407	0.072	
内排孔	圈径/m	18.3	0.523	
	孔数/个	26	16	全深冻结
	开孔间距/m	2.206	0.11	
	冻结壁厚度/m	10.7	0.306	
	冷媒剂温度/℃	-32	-32	
	冻结管外径/mm	159	6	
	冻结壁平均温度/℃	-18	-18	

2. 测温方法及注意事项

(1)试验用土取自淮南杨村煤矿副井 440m 层位的钙质黏土,将土称重,按照 25% 的含水率算出水的重量,放到搅拌机中搅拌(图 4-7),使土中的含水率均匀。

图 4-7　搅拌土的过程

(2)将搅拌好的土样放入圆筒内,尽量放均匀,用铁锤或铁夯进行夯实,夯实高度不宜太高,高度一般不大于 200mm,冻结管(图 4-8)之间更应注意土的密实度。

(3)测温传感器制作和标定。取 6 根细直的木棍,按照图 4-9 中的标尺,在木棍上精确标出每个测温点位置,将热电偶串布置在木棍上每个测温点位置,用白色胶布封上,再

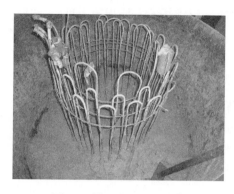

图4-8　模型实验中冻结管

用504硅胶涂抹密实以防土中的水侵入影响测温效果。每根木棍用一根测温线，并标明序号，以便布置时能够明确哪个界面，并且能够放对位置。

（4）模型高度为1.2m，放土时铁筒底部预留30cm垫层，预留90cm空间，因为要布置两层，因此两层的布置方式分别为：第一层为距铁筒底部60cm处布置一层，记为下层；第二层为距铁筒90cm处布置一层，记为上层。

具体位置如图4-10所示。

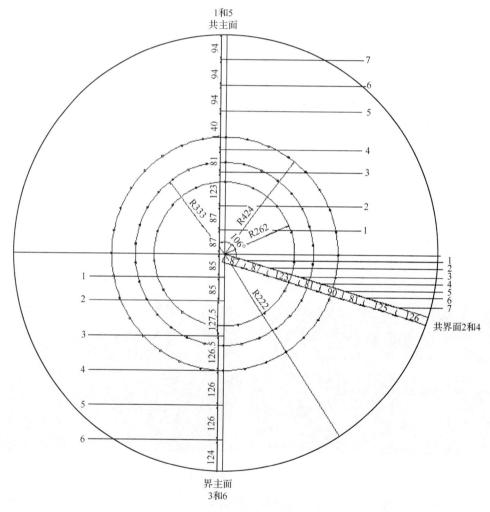

图4-9　温度测点平面布置示意图（图中数字1-7为热电偶串编号）

（5）由于图4-9设计的各个界面与现实中冻结管弯管方式有一定差别，因此在放置木棍时应根据实际情况，例如，布置共主面时应找外、中、内三圈管在一条直线上，将木棍

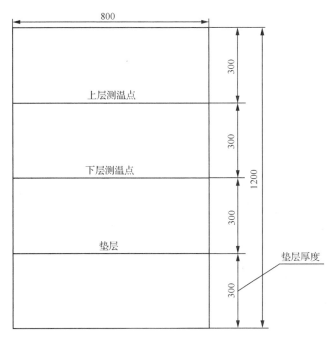

图 4-10　相似模拟试验测温点布置的剖面图（单位：mm）

放到上面；界主面应取相邻的在一条直线上的三圈管中间布设；界主面应取相邻且在一条直线上的内圈和中圈管中间并穿过外圈管。现场布置如图 4-11 所示。

图 4-11　模型实验测温点布置平面图

（6）将热电偶的外线分类集中进行焊接，并与测温装置连在一起。

3. 试验过程分析

此模型容器拟取用直径为 1.6m、高为 1.2m 的圆筒模型（图 4-12）。模型体积总计为：由于考虑冻结管的接触问题，留有 0.3m 的垫层，因此此次模型试验黏土层的厚度为

0.9m，土和水的重量总计为 3725.81kg。

$$\frac{\pi \times D^2}{4} \times 0.9 = 1.8\text{m}^3$$

由此可得模型中土的密度：$\rho = \dfrac{3725.81}{1.8} = 2070\text{kg/m}^3$

图 4-12　冻结实验模型

热电偶串在共主面上布置 7 串，在界主面上布置 7 串，在共界面上布置 6 串。在竖直方向上分两层布设。布设方法如图 4-12 所示。

该实验数据采集时间为 0h—0.5h—1h—1.5h—2h—2.5h—3h—3.5h—4h—4.5h—5h—5.5h—6h—7h—8h—9h—10h—11h—12h 等，其中冻结时间取 70h，回温时间取 580h，共主面（1、5），界主面（3、6），共界面（2、4）。

试验过程中第 8h 冷冻控制柜温度降为预设温度－32℃，该试验采用日本东芝 TDS-303 数据采集仪，每隔 0.5h 记录一次各个测温点的温度，总共持续 70h。

4. 试验结果及分析

1）各测点时间分布规律

杨村煤矿黏土层位共主面、共界面、界主面上各个测点随时间变化分布规律分别如图 4-13 至图 4-18 所示。

图形分析结论：

（1）从图 4-13 至图 4-16 可以看出，共主面和共界面上各个测温点冻结与回温过程温度变化曲线大致呈不规则的马鞍形，冻结过程中初始的 70h 内温度急剧下降，特别是 1 号、2 号、3 号、4 号测温点距离冻结管最近温度下降也最剧烈，从起初的 20℃下降到－25℃左右，最后冻结温度都趋于－25℃左右。3 号和 4 号测温点前 25h 降温速度为 1.6℃/h，比照图 4-12 可以看出，3 号测温点位于内排管和主排管中间，4 号测温点位于主排管和外排管中间，1 号和 2 号测温点均位于开挖荒径以内，这两个测温点相比于 1 号和 2 号测温点来说，温度下降更加明显。说明冻结过程位于内排和外排之间的温降最快，两个冻结管对其之间的温降具有叠加效应。回温的过程相对于冻结过程比较缓慢，曲线较

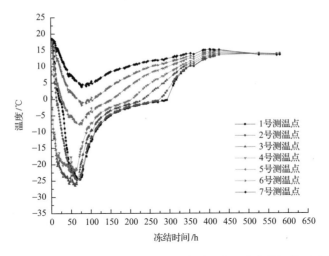

图 4-13　杨村煤矿黏土层位共主面 7 个测温点温度变化规律（上层）

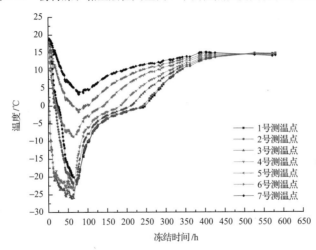

图 4-14　杨村煤矿黏土层位共主面 7 个测温点温度变化规律（下层）

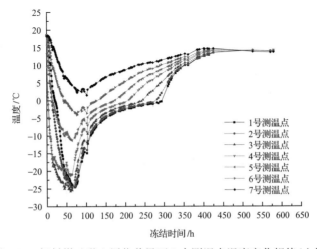

图 4-15　杨村煤矿黏土层位共界面 7 个测温点温度变化规律（上层）

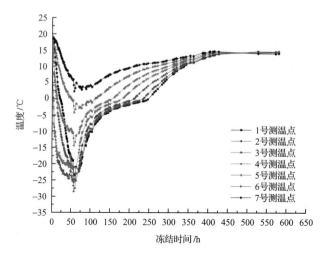

图 4-16　杨村煤矿黏土层位共界面 7 个测温点温度变化规律（下层）

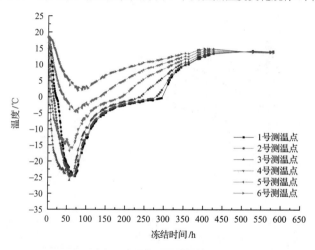

图 4-17　杨村煤矿黏土层位界主面 6 个测温点温度变化规律（上层）

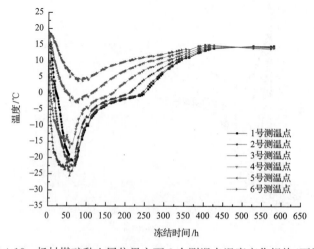

图 4-18　杨村煤矿黏土层位界主面 6 个测温点温度变化规律（下层）

为平滑,从最低温度到冻结壁融化用了 180h 左右。由此可以得出,冻结壁形成过程和冻结壁全部融化过程所要的时间比为 1:2.57。从图 4-7 至图 4-19 还可以看出,距离冻结管较远的 5~7 号测温点则温降不是很明显,最低温度也才达到−8℃。5~7 号测温点温降幅度分别随着距离冻结管距离的增大而减小,符合实际情况。7 号测温点最低温度高于 3℃。

(2) 从图 4-17、图 4-18 可以看出,界主面冻结过程中初始的 70h 内温度急剧下降,特别是 1~3 号测温点距离冻结管最近温度下降也最剧烈,从起初的 20℃下降到−25℃左右,回温的过程相对于冻结过程比较缓慢,曲线较为平滑。从图中曲线还可以看出,1~3 号测温点距离冻结管最近温度下降也最剧烈,但是距离冻结管较远的 5 号、6 号测温点则温降不是很明显,比照图 4-12 可以看出,3 号测温点位于内排管和主排管中间,4 号测温点位于外排管边上,从图中可以看出,3 号处于两个冻结管之间,温降最为明显,4 号测温点虽然距离冻结管最近,但是温降不如 3 号快,甚至不如 1 号、2 号明显,5 号、6 号测温点温降幅度分别随着距离冻结管距离的增大而减小,符合实际情况。

(3) 综上所述,将上层与下层数据绘出的结果相比照可以看出,共主面、界主面以及共界面上下层温度变化趋势相似,有很小的差别,说明同一土层土性上下层冻结效果差别不大,可见冻结法对于同一土层上下层冻结影响微乎其微,可以忽略不计。距离冻结管最近的测温点温度未必就降得快。处于两排冻结管之间的测温点温降趋势明显,有较好的冻结效果,说明两个冻结管对其之间的区域有叠加降温效应。

2) 各测点空间分布规律

A. 冻结过程

杨村煤矿黏土层位共主面、共界面、界主面上各个测温点不同时间空间分布分别如图 4-19 至图 4-24 所示。

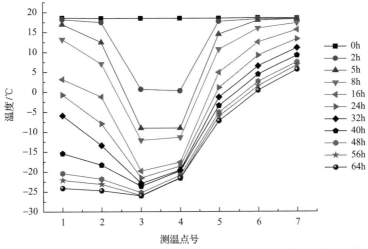

图 4-19 杨村矿黏土层位共主面 7 个测温点不同时间对应的温度(上层)

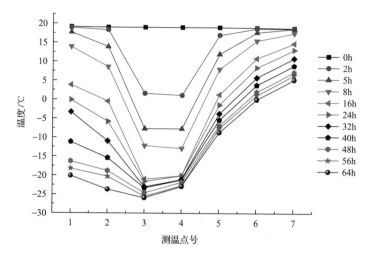

图 4-20　杨村矿黏土层位共主面 7 个测温点不同时间对应的温度(下层)

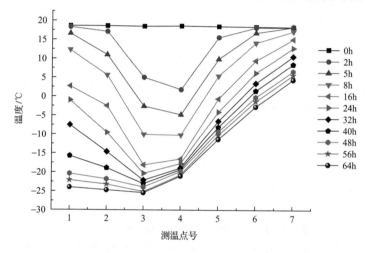

图 4-21　杨村矿黏土层位共界面 7 个测温点不同时间对应的温度(上层)

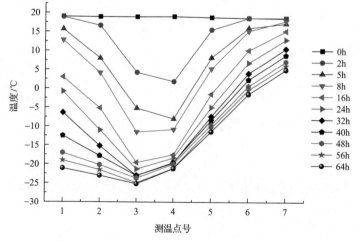

图 4-22　杨村矿黏土层位共界面 7 个测温点不同时间对应的温度(下层)

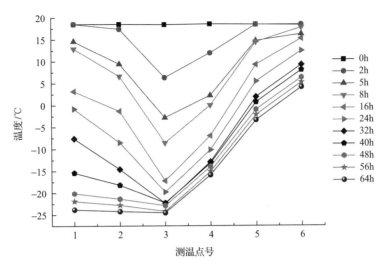

图 4-23　杨村矿黏土层位界主面 6 个测温点不同时间对应的温度（上层）

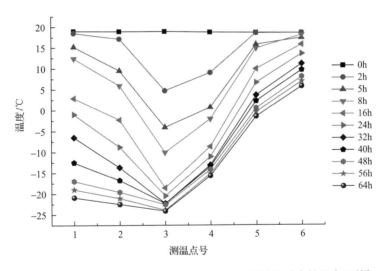

图 4-24　杨村矿黏土层位界主面 6 个测温点不同时间对应的温度（下层）

图形分析结论：

（1）从图 4-19 至图 4-22 可以看出，共主面和共界面上测温点在空间上大致呈不规则的马鞍形，初始 0～16h 内温降速度最快，特别是 3 号和 4 号测温点温降最为明显，6 号和 7 号为最外圈的两个测温点，温降不明显，3 号和 4 号测温点前 16h 内温降速度为 2.5℃/h，3 号测温点位于内排和主排之间，4 号测温点位于主排和外排之间，3 号和 4 号两个测温点温度变化最为明显。1 号、2 号测温点均位于开挖荒径以内，初始温度降得不明显，但是冻结后期温度基本与 3 号和 4 号测点接近，5～7 号测温点随着距离冻结管越远温降越小，其中 7 号测点降温速度为 0.23℃/h，从图可以看出，冻结后期各个测温点相互之间距离比较密，说明冻结后期各个测温点温降不明显，冻结后期对冻结壁厚度与冻结壁平均温度的发展的影响已经微乎其微。

（2）从图 4-23、图 4-24 可以看出，界主面上各个测温点在初始 0～16h 温度骤降，特别是 3 号测温点温降最为明显，5 号和 6 号测温点为最外圈的两个测温点，温降不明显，由图 4-9 知 3 号测温点位于内排和主排之间，4 号测温点位于外排管上，但是 4 号测温点降温速度不是最慢的，1 号、2 号测温点均位于内排管以内，初始温度降得不明显，但是后期基本与 3 号测温点接近，5 号、6 号测温点随着距离冻结管越远温降越小。

B. 回温过程

杨村煤矿黏土层位共主面、共界面、界主面上各个测温点不同时间空间分布分别如图 4-25 至图 4-28 所示。

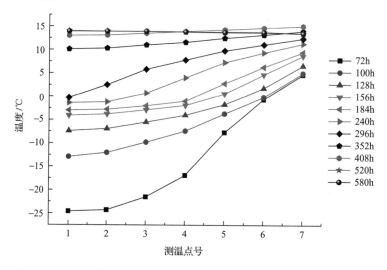

图 4-25　杨村矿黏土层位共主面 7 个测温点不同时间对应的温度（上层）

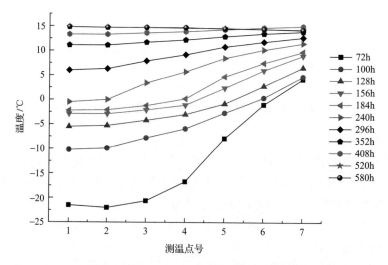

图 4-26　杨村矿黏土层位共主面 7 个测温点不同时间对应的温度（下层）

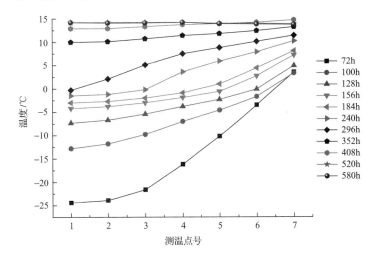

图 4-27　杨村矿黏土层位共界面 7 个测温点不同时间对应的温度（上层）

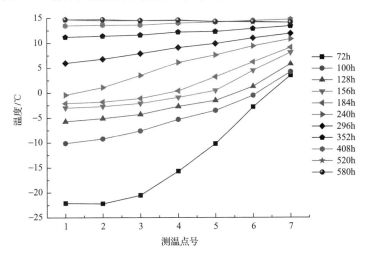

图 4-28　杨村矿黏土层位共界面 7 个测温点不同时间对应的温度（下层）

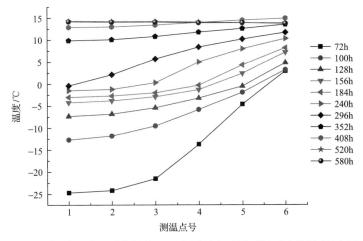

图 4-29　杨村矿黏土层位界主面 6 个测温点不同时间对应的温度（上层）

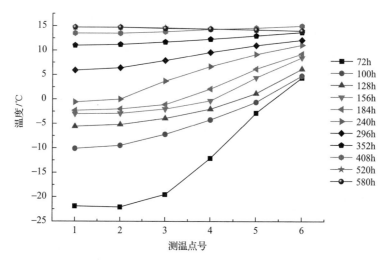

图 4-30　杨村矿黏土层位界主面 6 个测温点不同时间对应的温度(下层)

图形分析结论:

(1) 从图 4-25 至图 4-28 可以看出,共主面和共界面上各个测温点在回温过程中曲线较为平缓,每条均为平滑的直线,以回温速度最快的 3 号测温点为例,初始回温速度较快,前 100h 内回温速度为 0.13℃/h,后期回温较慢,最后的 60h 温度基本没有变化,两条曲线重合,1～3 号测温点升温幅度相对来说较大,1～3 号和 4～7 号测温点随着距离冻结管越远,温度越高,回温的过程各个测温点温度所形成的曲线比冻结过程曲线平滑,处于零下的温度升温到 0℃所用的时间少于从 0℃升温到室温所用的时间。

(2) 从图 4-29 和图 4-30 可以看出,界主面上各个测温点在回温过程中曲线较为平缓,初始回温速度较快,后期回温较慢,最后的 60h 温度基本没有变化,两条曲线重合,以回温速度最快的 2 号测温点为例,初始回温速度较快,1～3 号测温点在初始的时间内升温幅度相对来说较大,1～3 号和 4～6 号测温点随着距离冻结管越远,温度越高。

从图 4-31 可以看出,三个不同界面冻结壁平均温度变化较为平滑,起初温度变化快,后期趋于平缓。说明冻结初始影响较大,从图 4-32 可以看出,冻结壁平均温度下降曲线为一平滑曲线,可以计算出冻结壁平均温度下降速度为 0.23℃/h。

从图 4-33 可以看出,三个不同界面冻结壁厚度变化较为平滑,起初温度变化较快,冻结壁厚度变化较快,说明冻结初期温降较快,后期趋于平缓,冻结壁厚度变化较慢。冻结壁厚度发展速度共主面为最快,界主面次中,共界面最慢;从图 4-34 可以看出,冻结壁厚度发展可以分为两个阶段:第一阶段为 5(交圈)～19h,此段时间为冻结壁厚度发展速度最快阶段,冻结壁厚度发展速度为 17.9mm/h;第二阶段为 19～70h,冻结壁厚度发展速度为 1.96mm/h。可以看出,冻结壁厚度初始发展较快,后期发展较慢,计算出冻结壁厚度平均发展速度为 5.4mm/h。

综上所述,多排管冻结模型温度场的三个主要界面上各个测温点时间分布图中冻结与回温过程温度变化曲线大致呈不规则的马鞍形,冻结壁形成过程和冻结壁全部融化过程所要的时间比为 1:2.57。

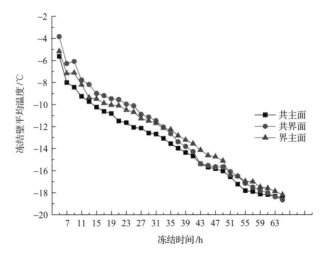

图 4-31　杨村矿黏土层位 3 个不同界面冻结壁平均温度随时间变化

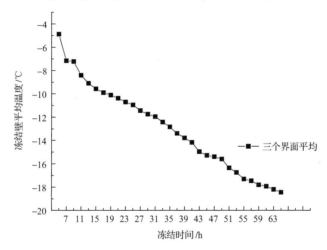

图 4-32　杨村矿黏土层位 3 个界面平均后得出的冻结壁平均温度随时间变化

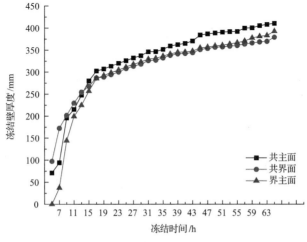

图 4-33　杨村矿黏土层位 3 个不同界面冻结壁厚度随时间变化

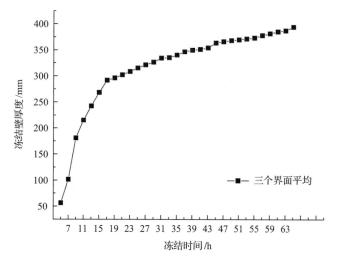

图 4-34　杨村矿黏土层位 3 个界面平均后得冻结壁厚度随时间变化

冻结后期各个测温点温降不明显,冻结后期对冻结壁厚度与冻结壁平均温度的发展的影响已微乎其微。各个测温点 16h 内最快降温速度为 2.4℃/h,回温的过程各个测温点温度所连成的线相比冻结过程曲线平滑,处于零下的温度升温到 0℃所用的时间少于从 0℃升温到室温所用的时间。

各个测温点对应的圆弧上,温度变化趋势相近,即同一面不同标高上各个测温点温度对比可以看出各个测温点温度变化趋势相似,冻结温度场发展速度共主面最快,界主面次之,共界面最慢。

4.3　多圈孔冻结壁温度场数值分析

4.3.1　冻结温度场数值模拟概述[19,20]

1. 数值模拟方法概述

在科学技术领域内,对于许多力学问题和物理问题,人们已经得到了它们应遵循的基本方程和相应的定解条件。但能利用解析方法求出精确解的只是少数。对于大多数非线性和几何形状不规则的问题,采用解析方法求解时,只能通过对问题的简化方式求解,往往产生较大的误差甚至错误的结论。因此人们就寻找和发展了另一种求解复杂问题的有效方法——数值模拟解法。特别是近 30 年来,随着计算机的飞速发展和广泛应用,数值模拟已成为求解科学技术问题的主要工具。

目前,具体的数值模拟方法有很多种,如有限差分法,有限单元法、边界单元法、离散单元法等。这些方法在不同的应用领域内起着重要作用。数值模拟有着其他研究方法无法比拟的优越性。它可以考虑众多影响因素,进行多方案的快速对比,在参数敏感性分析中具有明显优势。此外,很多数值模拟软件具有强大的前处理和后处理功能,显著提高了输入和输出结果的可视化程度。以上特点决定了数值模拟方法应用的广泛性。目前已在矿山、土木工程、机械、航天等领域广泛采用。

在岩土工程方面,随着工程建设规模和复杂程度的不断加大,岩土工程所面临的荷载、岩土性质、边界条件等也更加复杂。许多工程问题若离开大型数值模拟软件和高速电子计算机,是无法进行理论分析的。因此,目前数值模拟方法已成为研究大型和复杂的岩土工程中形变、应力、强度和稳定性等问题的主要手段之一。

数值模拟已渗透到几乎所有的岩土力学领域。以土力学为例,在诸如饱和和非饱和土的渗透固结、土体变形应力分析、土坡稳定、结构物与土的相互作用、地下工程的变形、支护与稳定性分析、天然或人工冻土的温度场、渗流场、应力场、位移场的耦合等。

当然,数值模拟也并非完美无缺。因为其求解问题的方法,要么是对基本方程和相应定解条件的直接近似求解;要么是求解原问题的等效积分方程的近似解,或者将连续的无限自由度问题变成离散的有限自由度问题再求近似解等。因此,数值模拟的解仍是近似解,加之对岩土的本构关系还有些没有完全研究透彻,岩土基本物理力学参数的确定和选取还存在较大的或然性,因此,数值模拟方法也是在不断发展的,其求解结果的精度准确性、实用性等也会越来越高。

深厚冲积层中冻结壁温度场的研究是一个相当复杂的岩土工程问题。必须运用包括数值模拟在内的现代研究手段,才能较为准确和快捷地研究深厚冲积层中冻结壁的特性。

本节拟用目前国际上较著名的 ANSYS 有限元计算分析软件,对深厚冲积层冻结壁温度场进行分析和研究。

2. 程序简介

ANSYS 公司的 ANSYS 软件是集结构、热、流体、电磁、声学于一体的大型通用有限元分析软件,可广泛应用于核工业、铁道、石油化工、航空航天、机械制造、能源、汽车交通、国防军工、电子、土木工程、造船、生物医学、轻工、地矿、水利、日用家电等一般工业及科学研究领域,是功能最丰富的有限元软件。该软件提供了一个不断改进的功能清单,具体包括:结构高度非线性分析、电磁分析、计算流体动力分析、设计优化、接触分析、自适应网格划分、大应变/有限转动功能以及利用 ANSYS 参数设计语言(APDL)的扩展宏命令功能。

ANSYS 程序是一个功能强大的、灵活的设计分析及优化软件包。该软件可浮动运行于从 PC 机、NT 工作站、UNIX 工作站直至巨型机的各类计算机及操作系统中,数据文件在其所有的产品系列和工作平台上均兼容。其多物理场耦合的功能,允许在同一模型上进行各式各样的耦合计算,如热-结构耦合、磁-结构耦合以及电-磁-流体-热耦合。在 PC 机上生成的模型同样可运行于巨型机上,这样就保证了所有的 ANSYS 用户的多领域多变工程问题的求解。

对于本节所讨论的冻结壁的温度场分析计算,ANSYS 软件主要具有以下突出的优点:

(1) 可以用单元数据表实现水在不同相态下具有不同导热系数及比热从而可设置未冻土与冻土的导热系数与比热随温度的变化值;

(2) ANSYS 瞬态热分析中最强大的功能之一就是可以分析相变问题;

（3）在后处理中，ANSYS 设定了代表输出数据的变量，可直接在程序中进行加、减、乘、除、积分、微分等数学运算，并可以作出两变量之间的函数关系曲线，所以可以比较方便地作出冻结壁温度场变化曲线，进而可求得冻结壁平均温度值。

3. 温度场有限元数值模拟原理

考虑热传导现象，根据能量守恒原理，空间任一微分单元体内，因热传导而聚集的热量与单元体本身产生的热量之和，必等于该单元体温度升高所容纳的热量。其数学表达式，即热传导微分方程为：

$$空间热传导 \quad a\left(\frac{\partial^2 t}{\partial x^2} + \frac{\partial^2 t}{\partial y^2} + \frac{\partial^2 t}{\partial z^2}\right) + \frac{Q}{c\rho} - \frac{\partial t}{\partial \tau} = 0 \tag{4-38}$$

$$平面热传导 \quad a\left(\frac{\partial^2 t}{\partial x^2} + \frac{\partial^2 t}{\partial y^2}\right) + \frac{Q}{c\rho} - \frac{\partial t}{\partial \tau} = 0 \tag{4-39}$$

利用变分法中的欧拉公式，可在相同的初始条件和边界条件下，使热传导微分方程等价于泛函取最小值：

$$\Phi(t) = \iiint_G \left(\frac{\alpha}{2}\left(\left(\frac{\partial t}{\partial x}\right)^2 + \left(\frac{\partial t}{\partial y}\right)^2 + \left(\frac{\partial t}{\partial z}\right)^2\right) + \left(\frac{\partial t}{\partial \tau} - \frac{Q}{c\rho}\right)t\right)\mathrm{d}x\mathrm{d}y\mathrm{d}z \tag{4-40}$$

$$\Phi(t) = \iiint_G \left(\frac{\alpha}{2}\left(\left(\frac{\partial t}{\partial x}\right)^2 + \left(\frac{\partial t}{\partial y}\right)^2\right) + \left(\frac{\partial t}{\partial \tau} - \frac{Q}{c\rho}\right)t\right)\mathrm{d}x\mathrm{d}y \tag{4-41}$$

取最小值的条件式是：

$$\frac{\partial \Phi(t)}{\partial t} = 0 \tag{4-42}$$

有限单元法来求解温度 t 的实质是：把区域 G 划分为有限个单元体，以单元体的节点温度为参数，选取简单的代数式表示单元体内的温度场。各单元的温度场拼集起来，便是整个区域的温度场。为了使这种温度场近似于实际温度场，需做到以下三点：

（1）每个节点的温度必须近似于该处的实际温度；

（2）单元体的大小必须与温度梯度相适应，温度变化急剧的部位，单元体应划小；

（3）在单元的界面上温度变化保持连续。

第（2）、第（3）点可通过划分单元及选取温度函数来达到，为达到第（1）点，应使温度 t 的泛函 $\Phi(t)$ 满足条件式(4-41)，其物理意义是，使区域 G 在热传导的任何瞬时，均处于稳定导热的热平衡状态。

模拟平面热传导，采用三角形单元网格划分较为方便，对单元网格做以下规定：

（1）冻结管所在节点，其温度按已知规律下降，预先给定；

（2）其他各节点在初始时刻，其温度均取地层原始温度；

（3）边界节点不受冻结管影响，其温度保持不变；

（4）结冰区和未结冰区界面的温度，取土体结冰温度，在此界面上放出结冰潜热；

（5）结冰区和未结冰区各有确定的比热、导热系数和导温系数。

ANSYS 热分析基于能量守恒原理的热平衡方程,即热力学第一定律[9]

$$Q - W = \Delta U + \Delta KE + \Delta PE \tag{4-43}$$

式中, Q 为热量; W 为做功; ΔU 为系统内能; ΔKE 为系统动能; ΔPE 为系统势能。

对于多数工程传热问题, $\Delta KE = \Delta PE = 0$;通常考虑没有做功, $W = 0$,则有 $Q = \Delta U$;对于稳态热分析: $Q = \Delta U = 0$,即流入系统的热量等于流出的热量;对于瞬态热分析, $q = \mathrm{d}U/\mathrm{d}t$,即流入或流出的热传递速率 q 等于系统内能的变化。

ANSYS 热分析用有限元法计算各节点的温度,并导出其他热物理参数。本研究的冻结温度场是一个瞬态的过程,并在冻结过程中伴随着相变过程的发生,是一个较复杂的过程。在这个过程中系统的温度、热流率、热边界条件以及系统内能随时间都有明显变化。根据能量守恒原理,瞬态热平衡可以表达为

$$[C]\{\dot{T}\} + [K]\{T\} = \{Q\} \tag{4-44}$$

式中, $[K]$ 为传导矩阵,包含导热系数、对流系数及辐射率和形状系数; $[C]$ 为比热矩阵,考虑系统内能的增加; $\{T\}$ 为节点温度向量; $\{\dot{T}\}$ 为温度对时间的导数; $\{Q\}$ 为节点热流率向量,包含热生成。

4.3.2　深厚冲积层冻结壁温度场数值模拟研究

1. 数值计算模型的建立过程

1) 原型的基本特征

以山东省济西煤矿主井冻结井筒为计算模型,主井井筒穿过巨厚第四系和第三系冲积层,采用冻结法施工,冻结深度为 488m,冻结段掘砌深度为 483.7m,其余参数见表 4-7。

(1) 冻结工艺:采用双排、差异、异径冻结方式。内排孔在冻结管内布置双供液管,长管 458m,短管 250m。冻结初期,关闭短管,采用盐水反循环冻结工艺;当井筒掘砌深度超过 250m 时,开启短管作回液管,采用盐水正循环,进行局部冻结。

(2) 冻结参数值(表 4-7)。

(3) 制冷工况:积极期盐水温度为 -34℃左右,高温季节冷凝温度为 +35℃。

表 4-7　井筒冻结施工主要技术参数

序号	项目名称		参数(主井)
1	井筒净直径/m		4.5
2	井壁最大厚度/m		1.65
3	井筒掘进深度/m		483.7
4	冲积层厚度/m		457.78
5	冻结深度	主孔/m	488/468
		辅孔/m	458
6	冻结壁最大厚度(厚度/深度)/(m/m)		7.6/450
7	冻结壁平均温度/[℃/(m·d)]		-20.7/450/247

续表

序号	项目名称		参数（主井）
8	冻结孔最大孔间距	表土/m	2.72
		岩石/m	3.88
9	主排冻结孔布置	圈径/m	16.5
		孔数/个	40
		开孔间距/m	1.295
10	辅排冻结孔布置	圈径/m	11
		孔数/个	10
		开孔间距/m	3.45
11	供液管规格	主孔/mm	$\Phi75\times5$
		辅孔/mm	$\Phi60\times5$
12	冻结管规格/mm		$\Phi133/159$
13	水文孔布置（深孔/浅孔）/（个/m）		1/430、1/83
14	测温孔布置（深度/个数）/（个/m）		5/1892
15	钻孔工程量/m		26 235
16	冻结站最大制冷量/（kcal[①]/h）		648×10^4
17	工期	1 冻结造孔/d	102
		2 冻结站运转/d	324
		①开挖前/d	63
		②掘砌期/d	218
		③套壁期/d	41

① 1kcal≈4.18kJ，下同。

　　为了及时掌握和控制盐水系统运转情况和盐水漏失现象，保证冻结壁的均衡发展和安全，从冻结开始至结束，在现场采用了测温装置，计算机自动、定时采集盐水温度数据。现场实测得到的盐水去、回路温度随时间变化如图 4-35 所示。

　　由图中可知，去、回路盐水温差由开冻的第 29d 的 6.3℃至第 150d 的 2.0℃呈线性减小，以后温差基本保持在 1.4～2.0℃，这说明冻结开始时热交换量大，以后逐渐减小；进入维护冻结期时，热交换达到稳定，此时冻结温度场可近似为稳定温度场。

　　2）基本假设

　　冻结温度场的发展是一个极为复杂的动态过程，在这一过程中温度场的发展与土层性质、冻结时间、冻结管布置等多种因素相关，用数值模拟方法分析所有的确定或不确定性因素既不可能也没必要。因此，本章在数值分析中作如下基本假设：

　　（1）不计冻结管的偏斜、土层性质沿深度的变化；

　　（2）为增强可视化效果，对深井，将本课题视为平面应变问题；

　　（3）土体（包括冻土、原状土）材料为均质、各向同性；

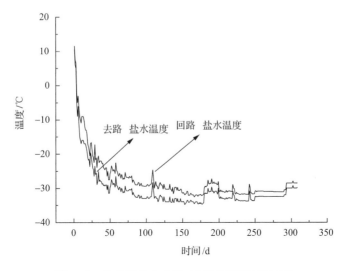

图 4-35　冻结管盐水去路、回路温度随时间变化

（4）不考虑井筒开挖段高、混凝土水化热对温度场发展的影响；

（5）不考虑冻土中水分迁移对冻结温度场的影响。

3）计算模型

对复杂的实体工程问题进行数值分析时，首先必须建立合理的计算模型，使工程问题适合应用数值方法求解。以济西矿主井井筒为模拟计算模型。井筒净直径 4.5m，开挖荒径 7.8m，辅（内）排冻结管布置圈径 11m，主（外）排冻结管布置圈径 16.5m，分析区域外径取 160m。

在 ANSYS 程序当中，有限元的网格是由程序自己来完成的，用户所要做的就是通过给出一些参数与命令来对程序实行"宏观调控"，网格划分对模拟结果与模拟速度起着关键性的作用。为了合理地划分单元，使计算结果趋于精确，本计算模型中距冻结管较远的区域单元划分较疏，距冻结管较近的区域单元划分较密，如图 4-36 所示。

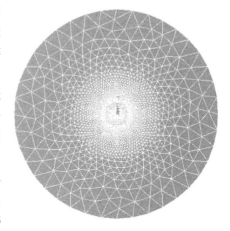

图 4-36　数值计算模型网络划分示意图

由于冻结温度场是一个非线性的瞬态的并伴随着相变发生的问题，因此数值模拟中一般选取低阶的热单元，本模型采用四节点四边形的二维实体热单元 PLANE55 来进行网络划分。

4）荷载及初始条件

（1）荷载条件：数值计算中，将每一根冻结管视为模型中的单一节点来处理，因此施加于分析模型中的恒荷载即为节点的温度荷载（图 4-37）。

节点的温度荷载（冻结管表面温度）的取值由图 4-35 给出。在 ANSYS 软件中，可运用函数工具（Functions）加载复杂的荷载条件到模型上。通过对图 4-35 中的曲线进行拟

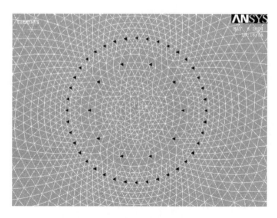

图 4-37　数值计算模型温度荷载示意图

合所得到的盐水温度随时间的变化关系式如下：

$$\text{temp} = -5.2023\ln(\text{day}) - 5.8125$$

$$(4-45)$$

（2）初始条件：土体初始温度 $+22℃$。

5）计算参数的选取

冻结温度场的发展是一个非线性的瞬态问题，其热参数是随温度变化而变化的。冻土和原状土的主要区别在于其中含有冰，这直接导致了两种土性在密度、比热和导热系数等热物理参数上的差异。土层在融解状态及冻结状态下的热性能参数，参考中科院兰州冰川冻土研究所对两淮矿区黏土的热性能试验测定结果来选取。本文数值计算模型的参数见表 4-8。

表 4-8　数值计算参数的选取

土体状态	密度/(kg/m³)	导热系数/[kcal/(m·h·℃)]	比热/[kcal/(kg·℃)]
冻土	2020	1.66	0.19
原状土	1700	1.20	0.20

伴有相变的热传导问题的特点是固液两态的相界面位置未知且移动，并在相界面处伴有潜热的释放、吸收，这类问题又称为移动边界问题，数学上称 Stefan 问题，土壤的冻结过程即为此类问题。此类问题除极少数简单情况能进行分析求解外，主要以数值方法求解，包括近似积分法、摄动法、焓法和显热容法等。其中显热容法较为简单和实用，并易于进行三维推广，本书即采用此种方法。其思路是把相变潜热折算成在一个小的温度范围内的显热容，显热容大小由相变潜热和相变温度范围所决定，从而将原 Stefan 问题转化为在同一区域内的单相非线性瞬态导热问题。

相变热传导问题的有限元求解离散公式

$$[C]\{\dot{T}\} + [K]\{T\} = \{R\}$$

$$(4-46)$$

式中，$[K]$ 为热传导和边界热交换矩阵；$[C]$ 为热容矩阵；$\{R\}$ 为各节点的热流向量。对时间差分离散后，可得到瞬态温度场的有限元公式

$$\left(\xi[K] + \frac{[C]}{\Delta t}\right)\{T\}_t = \xi\{R\}_t + (1-\xi)\{R\}_{t-\Delta t} + \left\{\frac{[C]}{\Delta t} - (1-\xi)[K]\right\}\{T\}_{t-\Delta t}$$

$$(4-47)$$

式中，ξ 为时间差分系数。

为了处理潜热引入物理量热焓 H

$$H = \int_{T_f}^{T} C_P dT = \begin{cases} C_P(T - T_f) + L, & T \geqslant T_f \\ C_P(T - T_f), & T < T_f \end{cases} \tag{4-48}$$

式中，T_f 为相变温度；L 为潜热。

对于每个单元有

$$H^e = \sum_{1}^{4} N_i(x, y) H_i(t) = [N]\{H\}^T \tag{4-49}$$

单元的热焓值判据为

$$\begin{cases} 如果\ 0 < H^e < L, & 单元发生相变 \\ 如果\ H^e \leqslant 0, H^e \geqslant L, & 则无相变发生 \end{cases}$$

于是，潜热的影响可通过热容的变化表示，相变单元上的等效热容$\langle C_P \rangle$的计算式为

$$\langle C_P \rangle = \frac{dH}{dT} = \frac{\partial H/\partial x \cdot \partial T/\partial x}{(\partial T/\partial x)^2} + \frac{\partial H/\partial y \cdot \partial T/\partial y}{(\partial T/\partial y)^2} \tag{4-50}$$

相界面位置在求出每个时间步的温度分布后确定。

在 ANSYS 程序中考虑此类问题时，也是通过定义材料的焓随温度变化来考虑熔融潜热。焓的单位是 J/m³，是密度与比热的乘积对温度的积分：

$$H = \int \rho \cdot C(t) dT \tag{4-51}$$

根据上式，求得土冻结时焓值变化曲线，如图 4-38 所示。

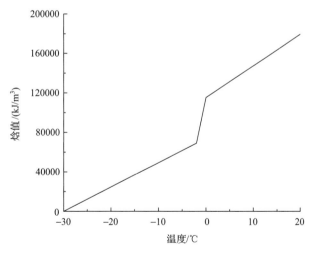

图 4-38　焓值随温度变化曲线

2. 计算结果及分析

1) 冻结壁温度分布

在济西矿主井井筒冻结施工过程中，为了监测冻结壁在冻结过程中的发展情况，判断

冻结壁的交圈时间、厚度和温度,以便及时采取相应的措施。总共设计了 5 个测温孔,其布置情况如图 4-39 所示。为了便于将数值模拟与现场实测相对照,以下选取同样的 5 个位置进行研究。

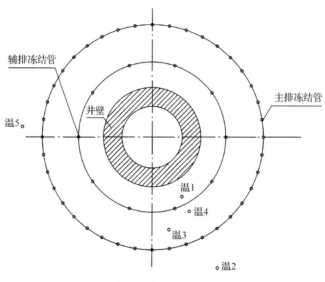

图 4-39　测温孔布置图

冻结壁的温度分布状况取决于许多因素,而其中重要因素是冻结管的间距和冻结持续时间,当冻结管的间距一定时,冻结持续时间尤为重要。对于现场埋设的 5 个测温孔,其现场实测和数值模拟的温度分布分别如图 4-40 至图 4-44 所示。

由此可见,1 号、3 号、4 号和 5 号测温孔的数值模拟结果和现场实测的结果基本吻合,2 号测温孔两者的结果有所偏差,这是因为 2 号测温孔是离两排冻结管最远的一个,由于现场的冻结管不可避免有所倾斜,从而导致 2 号测温孔的计算结果误差相对较大。

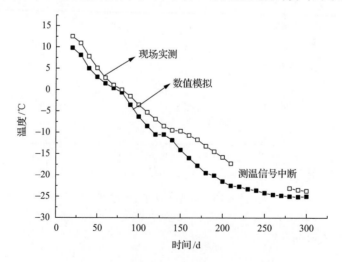

图 4-40　1 号测温孔温度随冻结时间的发展

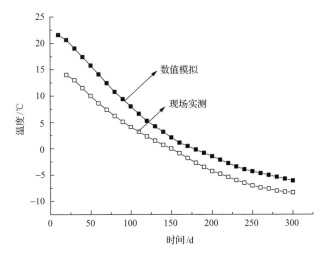

图 4-41　2 号测温孔温度随冻结时间的发展

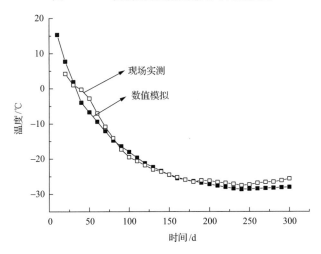

图 4-42　3 号测温孔温度随冻结时间的发展

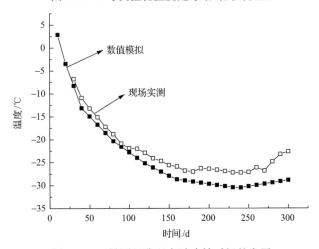

图 4-43　4 号测温孔温度随冻结时间的发展

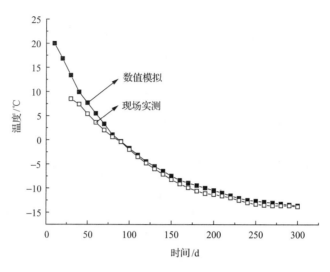

图 4-44　5 号测温孔温度随冻结时间的发展

5 个测温孔随时间变化规律基本相同,积极冻结期(150d)降温梯度较大,且距离两排冻结管越近,其降温梯度就越大;过了积极冻结期,到了维护冻结期时,测温孔的降温较为缓慢,由于地层热量的不断补给,导致部分测温孔在冻结后期有温度回升的现象。

对于双排管冻结温度场的特征面可分为共主面、界主面和共界面。而对于本计算模型,由于冻结管布置的原因,则不会出现共界面这一特征面。共主面和界主面上的温度分布分别如图 4-45、图 4-46 所示。

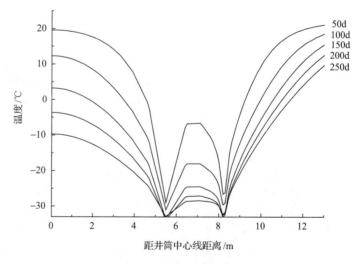

图 4-45　冻结壁共主面温度随冻结时间变化曲线

2)冻结壁平均温度

冻结壁的平均温度也是冻结壁温度场中一极为重要的参数,由它可确定冻结壁强度和稳定性。本计算模型对冻结壁有效厚度内所有的有限元单元进行单元面积与单元平均

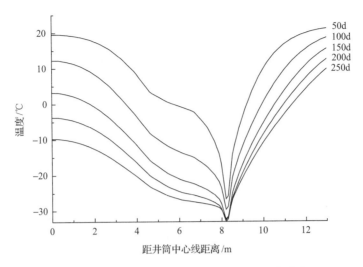

图 4-46　冻结壁界主面温度随冻结时间变化曲线

温度乘积的积分,再将计算出积分值除以冻结壁有效厚度内所有的单元面积之和,即得出冻结壁有效厚度内的体平均温度。其计算结果如图 4-47 所示。

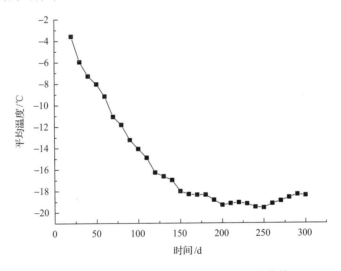

图 4-47　冻结壁平均温度随冻结时间变化曲线

由图 4-47 可见,冻结壁有效厚度内平均温度在积极冻结期和维护冻结期前期呈递减趋势降低,且在积极冻结期其梯度较为明显。维护冻结后期,由于盐水温度升高,冻结壁平均温度略有回升。

3）冻结壁的扩展动态

（1）冻结壁交圈情况。冻结壁是随着冻结时间而慢慢扩展的,在本双排孔冻结冻结模型中,主（外）孔由于其冻结管布置间距较辅（内）排孔小,故主排冻结孔先交圈。由数值模拟结果得出主排孔的交圈时间大致为 22d,即从 22d 起冻结壁形成,主、辅两排冻结孔相交的时间大致为 40d,即在此之前冻结壁只由主排冻结管形成。这两时刻的冻结温度场彩云图分别见图 4-48、图 4-49。

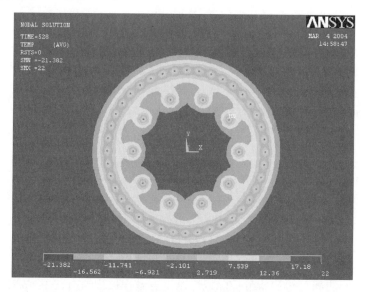

图 4-48　冻结 22d 冻结壁的发展

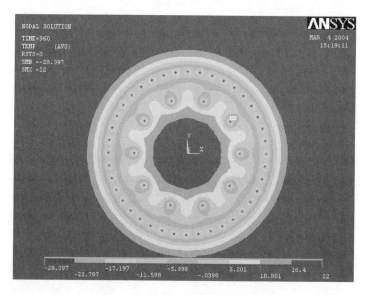

图 4-49　冻结 40d 冻结壁的发展

（2）冻结壁有效厚度。在冻结壁有效厚度的计算过程中，对于界主面从 22d 开始计算，对于共主面也从 22d 开始计算，但在 22～40d 共主面上的冻结壁厚度只能考虑主排冻结管所形成的厚度。共主面和界主面上冻结壁有效厚度随冻结时间的变化曲线如图 4-50 所示。

济西矿主井冻结 250d，实测冻结壁厚度为 7.6m。而本次模拟计算在温度场发展 250d 时，冻结壁厚度为 7.5m，与现场实测基本吻合。

由图 4-50 可见，冻结壁有效厚度随着冻结时间逐渐增加，而冻结壁发展速度随着时

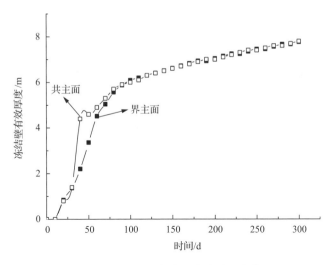

图 4-50　冻结壁有效厚度随时间变化

间逐渐减小。积极冻结期冻结壁的发展速度较大,最大值可达 52.6mm/d。到了维护冻结期冻结壁的发展速度较为缓慢,图中反映出此时冻结壁有效厚度与冻结时间呈线性分布,即冻结壁的发展速度趋于一定值。在冻结前期,共主面上的冻结壁发展速度较界主面上的发展速度块,在冻结后期,则共主面上的冻结壁发展速度慢于界主面上的发展速度,冻结 110d 后,共主面上的发展速度为 10mm/d,界主面上的发展速度为 10.5mm/d,但两者相差不大。由此可见,对于计算模型,鉴于施工的安全性,冻结壁有效厚度的取值应以界主面上的数值为妥。

4.3.3　朱集西矿副井冻结工程实例分析

1. 工程概况

皖北煤电集团公司朱集西矿设计有主井、副井、风井和矸石井四个井筒,其中副井井筒设计净直径为 8.0m,穿过冲积层厚度 468.70m,风化带厚度 35.05m。冻结深度最深达到 535m。截至 2009 年 6 月 28 日,副井冻结 93d,水文孔 1、水文孔 2 已经冒水。为使设计和施工中的冻结壁安全可靠,确保朱集西矿井能安全,快速、优质地建成,特对副井井筒的冻结温度场进行数值分析。其副井井筒的主要技术特征见表 4-9。

表 4-9　朱集西矿副井井筒技术特征

序号	项目	朱集西矿副井
1	井筒净直径/m	8.0
2	冲积层厚度/m	468.70
3	风化带厚度/m	35.05
4	最大井筒荒直径/m	13.156

2. 冻结方案

朱集西矿副井表土段采用多排孔冻结方式,具体设计方案如下:

(1) 冻结深度,采用外排孔＋中排孔＋内排孔＋防片帮孔冻结方式,冻结深度及冻结方式为外排孔冻结深度 495m。中排孔采用差异冻结方式,其长腿深度为 535m,短腿深度为 505m。内排孔冻结深度为 495m。防片帮孔冻结深度为 205m。

具体冻结孔布置参数见表 4-10。

表 4-10 井筒冻结孔布置参数

冻结孔	圈径/m	孔数/个	间距/m
外排	29.0	54	1.687
中排	22.8	54	1.326
内排	16.4	16	3.219
防片帮	14.2	16	2.788

(2) 冻结壁设计,井筒表土段最大掘进荒径 13.156m。设计积极冻结期盐水温度为 $-30\sim-32℃$,取控制层位 410.25m。设计冻结壁厚度为 10.0m;设计冻结壁平均温度为 $-17\sim-18℃$

冻结施工过程中,确保冻结壁的稳定性和冻结管的安全性至关重要;冻结壁的稳定性取决于冻结壁厚度和温度分布规律,而冻结壁的厚度和温度又取决于冻结孔的偏斜、低温循环盐水温度、盐水流量、原始地温、冻结时间、土性、土层含水量、地下水流速等因素。

采用大型土木工程数值计算软件 ANSYS 对朱集西矿副井冻结温度场进行数值分析。以下计算结果基于朱集西矿副井冻结孔偏斜复测数据、冻土报告、低温循环盐水温度、原始地温的分布规律等资料。

3. 各个层位冻结温度场实际发展分析

1) 累深 50m 层位(砂质黏土)实际发展分析

50m 层位冻结温度场发展 65d 所形成的冻结温度场云图如图 4-51 所示。

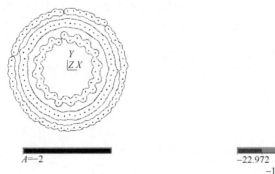 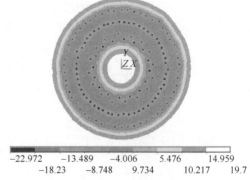

| -22.972 | -13.489 | -4.006 | 5.476 | 14.959 |
| -18.23 | -8.748 | 9.734 | 10.217 | 19.7 |

图 4-51 朱集西副井井筒 50m 层位(砂质黏土)冻结温度场等温线与云图(冻结 65d)

2) 累深 100m 层位(细砂)实际发展分析

100m 层位冻结温度场发展 65d 所形成的冻结温度场云图如图 4-52 所示。

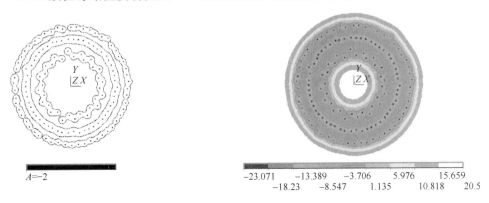

$A=-2$　　　　　　　-23.071　-13.389　-3.706　5.976　15.659
　　　　　　　　　　　　-18.23　-8.547　1.135　10.818　20.5

图 4-52　朱集西矿副井井筒 100m 层位(细砂)冻结温度场等温线与云图(冻结 65d)

3) 累深 150m 层位(黏土)实际发展分析

150m 层位冻结温度场发展 65d 所形成的冻结温度场云图如图 4-53 所示。

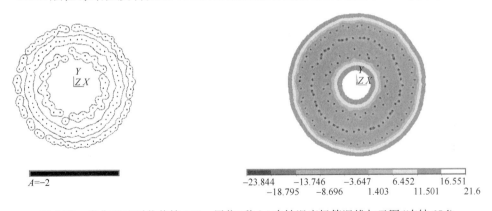

$A=-2$　　　　　　　-23.844　-13.746　-3.647　6.452　16.551
　　　　　　　　　　　　-18.795　-8.696　1.403　11.501　21.6

图 4-53　朱集西矿副井井筒 150m 层位(黏土)冻结温度场等温线与云图(冻结 65d)

4) 累深 200m 层位(细砂)实际发展分析

200m 层位冻结温度场发展 65d 所形成的冻结温度场云图如图 4-54 所示。

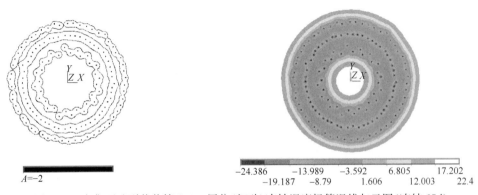

$A=-2$　　　　　　　-24.386　-13.989　-3.592　6.805　17.202
　　　　　　　　　　　　-19.187　-8.79　1.606　12.003　22.4

图 4-54　朱集西矿副井井筒 200m 层位(细砂)冻结温度场等温线与云图(冻结 65d)

5) 累深 250m 层位(细砂)实际发展分析

250m 层位冻结温度场发展 65d 所形成的冻结温度场云图如图 4-55 所示。

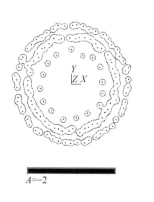 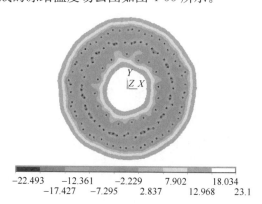

A=-2

| -22.493 | -12.361 | -2.229 | 7.902 | 18.034 |
| -17.427 | -7.295 | 2.837 | 12.968 | 23.1 |

图 4-55　朱集西矿副井井筒 250m 层位(细砂)冻结温度场等温线与云图(冻结 65d)

6) 累深 300m 层位(细砂)实际发展分析

300m 层位冻结温度场发展 65d 所形成的冻结温度场云图如图 4-56 所示。

 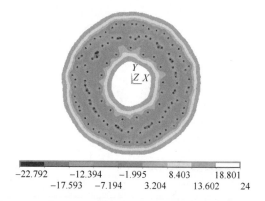

A=-2

| -22.792 | -12.394 | -1.995 | 8.403 | 18.801 |
| -17.593 | -7.194 | 3.204 | 13.602 | 24 |

图 4-56　朱集西矿副井井筒 300m 层位(黏土)冻结温度场等温线与云图(冻结 65d)

7) 累深 350m 层位(黏土)实际发展分析

350m 层位冻结温度场发展 65d 所形成的冻结温度场云图如图 4-57 所示。

 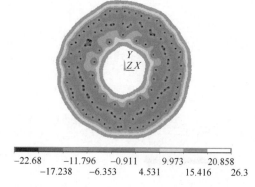

A=-2

| -22.68 | -11.796 | -0.911 | 9.973 | 20.858 |
| -17.238 | -6.353 | 4.531 | 15.416 | 26.3 |

图 4-57　朱集西矿副井井筒 350m 层位(黏土)冻结温度场等温线与云图(冻结 65d)

8）累深 400m 层位（黏土）实际发展分析

400m 层位冻结温度场发展 65d 所形成的冻结温度场云图如图 4-58 所示。

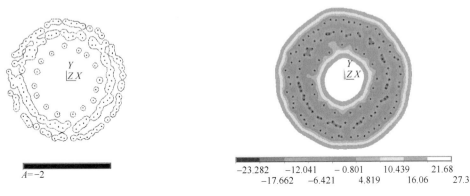

$A=-2$

$$-23.282 \quad -12.041 \quad -0.801 \quad 10.439 \quad 21.68$$
$$-17.662 \quad -6.421 \quad 4.819 \quad 16.06 \quad 27.3$$

图 4-58　朱集西矿副井井筒 400m 层位（黏土）冻结温度场等温线与云图（冻结 65d）

9）累深 450m 层位（黏土）实际发展分析

450m 层位冻结温度场发展 65d 所形成的冻结温度场云图如图 4-59 所示。

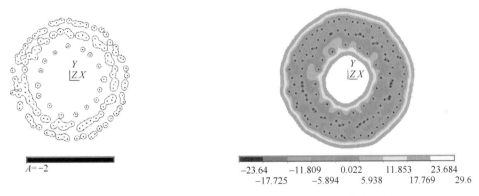

$A=-2$

$$-23.64 \quad -11.809 \quad 0.022 \quad 11.853 \quad 23.684$$
$$-17.725 \quad -5.894 \quad 5.938 \quad 17.769 \quad 29.6$$

图 4-59　朱集西矿副井井筒 450m 层位（黏土）冻结温度场等温线与云图（冻结 65d）

朱集西矿副井冻结 65d，表土段上部主排孔已经交圈，下部黏土层位仍没有交圈，需要继续强化冻结，直至主要含水层均交圈并实际冒水才能进入井筒开挖阶段的准备工作。

4. 各个层位冻结温度场预测数值分析

1）累深 50m 层位（细砂）预测分析

预计井筒正式开挖时间约 80d（试开挖 30m），根据月进尺为 80～120m 估算井筒开挖至 70m 层位，冻结壁温度场发展的时间为 95d。冻结温度场发展 95d 所形成的冻结温度场云图如图 4-60 所示。

2）累深 100m 层位（细砂）预测分析

预计井筒正式开挖时间约 80d（试开挖 30m），根据月进尺 80～120m 估算井筒开挖至 100m 层位，冻结壁温度场发展的时间为 108d。冻结温度场发展 108d 所形成的冻结温度场云图如图 4-61 所示。

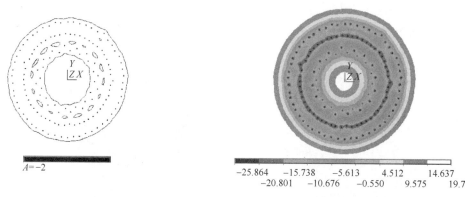

　　　　　　　　　　　　　　　　　　−25.864　　−15.738　　−5.613　　4.512　　14.637
　　　　　　　　　　　　　　　　　　　　−20.801　　−10.676　　−0.550　　9.575　　19.7

图 4-60　朱集西矿副井井筒开挖至 50m 层位(细砂)冻结等温线与云图(冻结 95d)

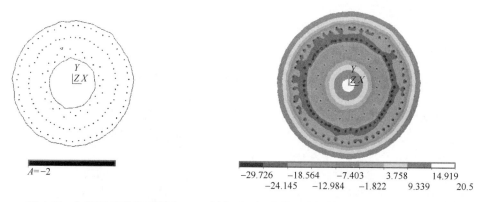

　　　　　　　　　　　　　　　　　　−29.726　　−18.564　　−7.403　　3.758　　14.919
　　　　　　　　　　　　　　　　　　　　−24.145　　−12.984　　−1.822　　9.339　　20.5

图 4-61　朱集西矿副井开挖至 100m 层位(细砂)冻结温度场等温线与云图(冻结 108d)

3) 累深 150m 层位(细砂)预测分析

　　预计井筒正式开挖时间约 80d(试开挖 30m),根据月进尺 80～120m 估算井筒开挖至 150m 层位,冻结壁温度场发展的时间为 123d。150m 层位温度场发展 123d 所形成的冻结温度场云图如图 4-62 所示。

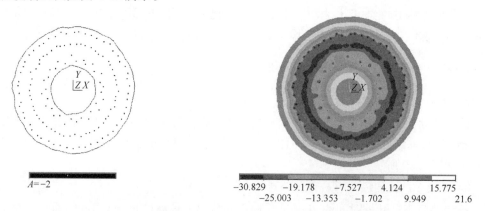

　　　　　　　　　　　　　　　　　　−30.829　　−19.178　　−7.527　　4.124　　15.775
　　　　　　　　　　　　　　　　　　　　−25.003　　−13.353　　−1.702　　9.949　　21.6

图 4-62　朱集西矿副井井筒开挖至 150m 层位(细砂)冻结温度场等温线与云图(冻结 123d)

4）累深 200m 层位（细砂）预测分析

预计井筒正式开挖时间约 80d（试开挖 30m），根据月进尺 80～120m 估算井筒开挖至 200m 层位，冻结壁温度场发展的时间为 137d。200m 层位温度场发展 137d 所形成的冻结温度场云图如图 4-63 所示。

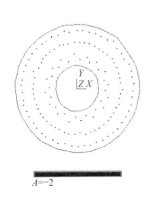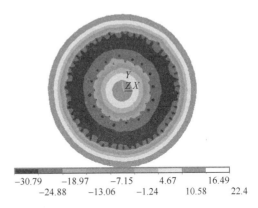

$A=-2$

$$-30.79 \quad -18.97 \quad -7.15 \quad 4.67 \quad 16.49$$
$$-24.88 \quad -13.06 \quad -1.24 \quad 10.58 \quad 22.4$$

图 4-63　朱集西副井开挖至 200m 层位（细砂）冻结温度场等温线与云图（冻结 137d）

5）累深 250m 层位（细砂）预测分析

预计井筒正式开挖时间约 80d（试开挖 30m），根据月进尺 80～120m 估算井筒开挖至 250m 层位，冻结壁温度场发展的时间为 149d。250m 层位温度场发展 149d 所形成的冻结温度场云图如图 4-64 所示。

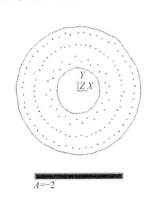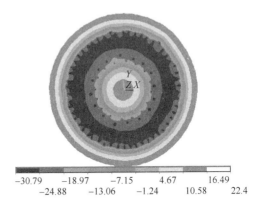

$A=-2$

$$-30.79 \quad -18.97 \quad -7.15 \quad 4.67 \quad 16.49$$
$$-24.88 \quad -13.06 \quad -1.24 \quad 10.58 \quad 22.4$$

图 4-64　朱集西矿副井开挖至 250m 层位（细砂）冻结温度场等温线与云图（冻结 149d）

6）累深 300m 层位（细砂）预测分析

预计井筒正式开挖时间约 80d（试开挖 30m），根据月进尺 80～120m 估算井筒开挖至 300m 层位冻结壁温度场发展的时间为 159d。300m 层位温度场发展 159d 所形成的冻结温度场云图如图 4-65 所示。

7）累深 350m 层位（黏土）预测分析

预计井筒正式开挖时间约 80d（试开挖 30m），根据月进尺 80～120m 估算井筒开挖至 350m 层位冻结壁温度场发展的时间为 180d。350m 层位温度场发展 180d 所形成的冻结温度场云图如图 4-66 所示。

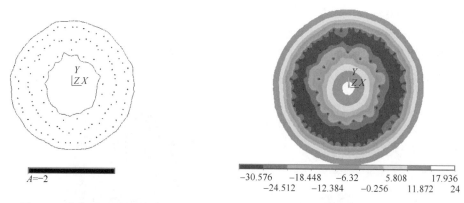

-30.576　　　-18.448　　　-6.32　　　5.808　　　17.936
　　-24.512　　　-12.384　　　-0.256　　　11.872　　　24

图 4-65　朱集西矿副井开挖至 300m 层位(细砂)冻结温度场等温线与云图(冻结 159d)

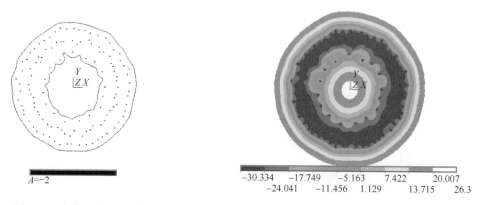

-30.334　　　-17.749　　　-5.163　　　7.422　　　20.007
　　-24.041　　　-11.456　　　1.129　　　13.715　　　26.3

图 4-66　朱集西矿副井井筒开挖至 350m 层位(黏土)冻结温度场等温线与云图(冻结 180d)

8) 累深 400m 层位(黏土)预测分析

预计井筒正式开挖时间约 80d(试开挖 30m),根据月进尺 80～120m 估算井筒开挖至 400m 层位冻结壁温度场发展的时间为 199d。400m 层位温度场发展 199d 所形成的冻结温度场云图如图 4-67 所示。

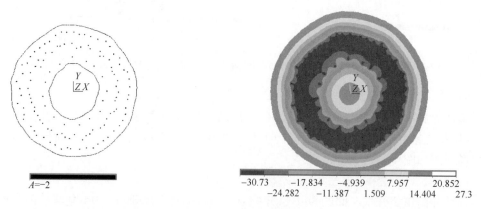

-30.73　　　-17.834　　　-4.939　　　7.957　　　20.852
　　-24.282　　　-11.387　　　1.509　　　14.404　　　27.3

图 4-67　朱集西矿副井开挖至 400m 层位(黏土)冻结温度场等温线与云图(冻结 199d)

9）累深 450m 层位(黏土)预测分析

预计井筒正式开挖时间约 80d(试开挖 30m)，根据月进尺 80～120m 估算井筒开挖至 450m 层位，冻结壁温度场发展的时间为 229d。450m 层位温度场发展 229d 所形成的冻结温度场云图如图 4-68 所示。

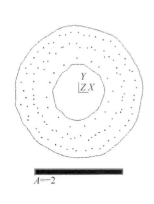
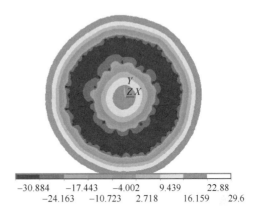

$A=-2$

−30.884　　−17.443　　−4.002　　9.439　　22.88
　　−24.163　　−10.723　　2.718　　16.159　　29.6

图 4-68　朱集西矿副井开挖至 450m 层位(黏土)冻结温度场等温线与云图(冻结 229d)

朱集西矿副井按照冻结 80d 后预开挖，表土段月进尺 80～120m/月的速度开挖井筒，经数值计算后得到井筒开挖至不同层位时冻结壁平均厚度、冻结壁平均温度、井帮温度见表 4-11。

表 4-11　朱集西矿副井冻结壁温度场预测数值计算结果

累深/m	冻结时间/d	开挖荒半径/m	冻结壁平均厚度/m	冻结壁平均温度/℃	井帮平均温度/℃
50	95	5.43	9.61	−16.3	−0.9
100	108	5.43	9.65	−16.5	−2.6
150	123	5.43	9.72	−16.5	−8.4
200	140	5.93	10.30	−16.8	0.3
250	149	5.93	10.74	−17.0	−2.2
300	159	5.93	9.75	−17.2	−4.2
350	180	5.93	9.96	−17.5	−7.1
400	199	6.48	10.5	−18.3	−9.0
450	229	6.48	11.8	−19.2	−10.3

5. 小结

根据当前的钻孔偏斜、测温孔温度、盐水温度、地温、冻土力学特性等资料，通过大型有限元软件数值模拟和反演计算可知，朱集西矿副井表土段层位冻结壁冻结 95d 以后，已经交圈并且具有一定的冻结壁厚度与强度，这通过水文孔也得到了实际验证。

按照 80d 预开挖，月进尺 80～120m 的预测条件，朱集西矿副井冻结壁厚度、冻结壁平均温度基本能满足开挖要求，但局部层位井帮温度稍高。

4.4　多圈孔冻结壁温度场分布规律实测研究

朱集西矿表土层很厚,冻结深度大,实际测量效果良好。主井、副井、风井各设置 4 个测温孔,副井各测温孔温度的实测曲线和盐水温度实测曲线如图 4-69～图 4-77 所示。

朱集西井筒掘进时对井帮温度做了实测,见表 4-12 和表 4-13。

根据朱集西矿井的测温孔实测数据和盐水温度实测数据以及实测井帮温度得到以下分析结果。

(1) 测温孔温降趋势分析。测温孔温度下降速度(冻结速度)受到土层土质和土层深度的影响。越深的土层初始温度越高,冷量损失也越小,同一种土质,深度越大则温降梯度越大;而不同的土质,热交换速度不同,所以降温梯度也不同。不同土质在同一深度处,冻结速度的大小关系为:粗砾中砂>粗砂>黏质砂土>砂质黏土>固结黏土。

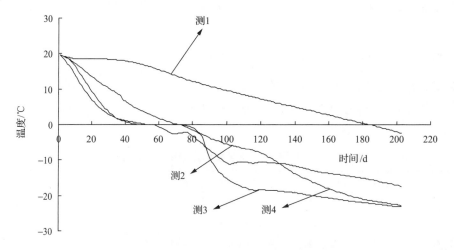

图 4-69　朱集西矿副井 70m 细砂层实测数据温度曲线

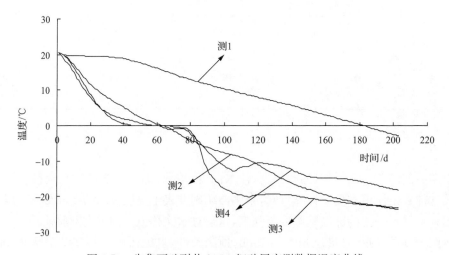

图 4-70　朱集西矿副井 100m 细砂层实测数据温度曲线

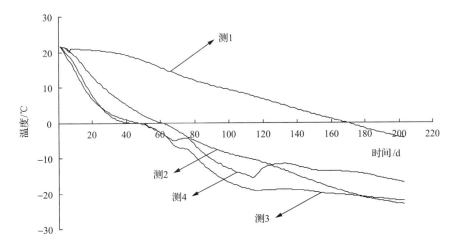

图 4-71　朱集西矿副井 150m 黏土层实测数据温度曲线

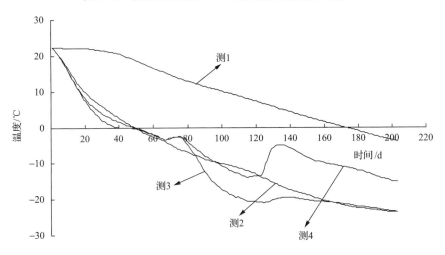

图 4-72　朱集西矿副井 200m 砂质黏土层实测数据温度曲线

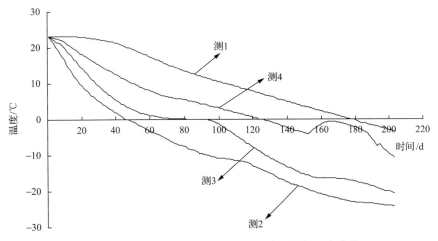

图 4-73　朱集西矿副井 250m 黏土层实测数据温度曲线

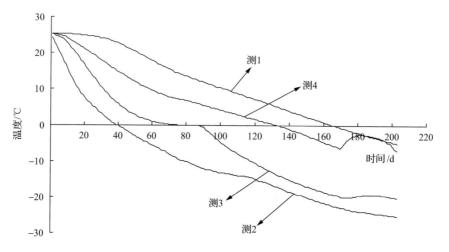

图 4-74　朱集西矿副井 300m 细砂层实测数据温度曲线

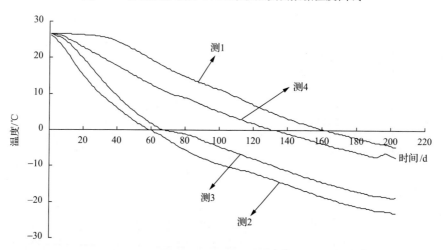

图 4-75　朱集西矿副井 350m 黏土层实测数据温度曲线

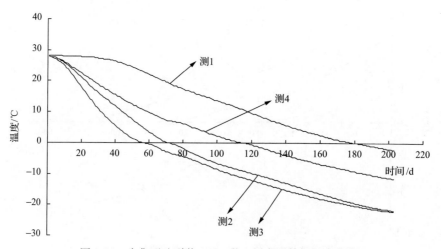

图 4-76　朱集西矿副井 400m 黏土层实测数据温度曲线

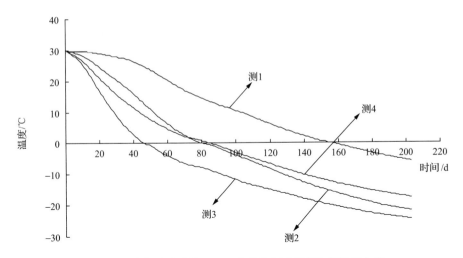

图 4-77　朱集西矿副井 450m 砂质黏土层实测数据温度曲线

表 4-12　朱集西矿主井冻土开挖过程中实测数据

井深/m	土性	东向/℃	南向/℃	西向/℃	北向/℃
50	黏质细砂	−1.0	−1.5	−0.4	−1.0
100	中粗砂	−3.0	−4.0	−5.8	−2.8
150	细砂	−6.6	−8.1	−10.2	−9.7
200	细砂	0.2	0.5	0.1	0.5
250	细砂	−2.1	−2.3	−2.5	−2.0
300	细砂	−4.2	−3.5	−4.1	−3.8
350	黏土	−6.6	−7.1	−6.5	−7.0
400	黏土	−13.8	−10.3	−10.7	−8.9
450	黏土	−11.9	−12.8	−13.5	−10.5
568	砾石	−11.3	−11.9	−11.0	−11.5

表 4-13　朱集西矿风井冻土开挖过程中实测数据

井深/m	土性	东向/℃	南向/℃	西向/℃	北向/℃
50	细砂	2.6	1.8	4.6	−0.2
100	细砂	−1.4	−1.3	−1.4	−1
150	细砂	−3.5	−2.8	−2.7	−2.9
200	细砂	−3.2	−2.3	−2.1	−3.4
250	黏土	0.3	0.4	0.1	−0.1
300	黏土	−0.7	−0.6	−1	−0.6
350	黏土	−4.8	−6.1	−8.6	−7.8
400	细砂	−6.3	−7.1	−8.3	−6.3
450	黏土	−10.8	−11.2	−12.3	−7.6
500	砂岩	−10.5	−10.2	−11.4	−10.6

冻结区不同位置冻结情况是不同的,对于冻结管荒径内或外圈冻结管外侧的区域,至冻结管圈的距离越远,抛物线开口越大,温度下降越缓慢;对于荒径内和外圈冻结管外侧的范围内,至冻结管相同距离的位置,内排冻结速度高于外排。中圈冻结管和外圈冻结管之间区域,冻结速度最快。

(2)冻结壁厚度监测结果分析。测温期间,冻结壁厚度随时间发展近似呈抛物线形,前期发展速度较快,后期发展较慢并逐渐减小。冻结壁厚度因冻结时间和土层性质不同,而存在一定差异,在冻结到250d时,固结黏土9m,砂质黏土8.5m,细砂8.4m。冻结壁设计厚度为7.2m,由此可见,实测冻结壁厚度达到或超过设计冻结壁厚度。

(3)冻结壁温度监测结果分析。冻结期间,冻结壁平均温度随着时间推移平均温度一直在下降,直到消极冻结期为止。

冻结壁平均温度从正温降到冰点过程中,降温速度较快,在冻土冰点附近,冻结壁平均温度降低缓慢,降到冰点以下后,温降梯度加大,但到后期温降梯度越来越小。在消极冻结期冻结壁平均实测温度略有减小。冻结300d后,砂土层冻结壁平均实测温度达到−16.5℃左右,钙质黏土层冻结壁平均温度达到−16℃左右,均达到施工要求,井帮位移很小,说明冻结壁温度和厚度达到了冻结壁稳定性的要求。

(4)井帮温度监测结果分析。井帮温度随着冻结时间推移和掘进深度的增加而不断降低,230m以上砂层井帮平均温度为−2~−4℃,黏土层井帮平均温度在−2℃左右。但由于上部地压较小,井帮温度基本满足井筒施工要求。230m以下砂层井帮平均温度为−4~−6℃,固结黏土层井帮平均温度在−6℃左右。

朱集西矿主井、副井和风井均采用三圈孔＋防片帮孔冻结方式,有力地保证了冻结壁的强度和厚度,设计要求对于淮南矿区深厚黏土层(垂深450m左右)井帮温度应控制在−6.5℃以下,每百米井筒深度的井帮温度下降梯度为1.5~3℃,冻结壁的井帮温度较低,冻结壁的强度高,方可控制冻结壁变形,确保外壁施工质量。施工过程中的实测表明,井帮位移没有或者很小,底臌也很小。冻结壁平均温度、冻结壁平均厚度和井帮平均温度均达到或超过设计要求,实际冻结效果良好,为井筒掘进施工提供了有力的保证。

通过对冻结井筒的冻入荒径距离、井帮温度、冻结壁平均温度和冻结壁平均厚度的预测,提前了井筒掘进的开挖时间,提高了主井、副井、风井的开挖速度,节省了冻结时间和费用。为矿建部门提供了具体的冻结壁参数,保证了井筒的高效、安全、快速掘进。通过朱集西矿冻结法凿井冻结壁温度场的数值计算和监测分析及应用,产生了巨大的经济效益和社会效益。

参 考 文 献

[1] 沈季良,崔云龙,王介峰.建井工程手册.北京:煤炭工业出版社,1986.

[2] 程知言,菇慰伦,张可能,等.人工地层冻结水分迁移动力探讨.海峡两岸岩土工程/地工技术交流研讨会论文集.上海:2002.4.

[3] Huang S L. Effects of temperature on swelling of coal shell 5th International Symposium on Ground Freezing. Jones and Holden(eds), 1988.

[4] Balkema, Rotterdan. Development of soil labile by freeze/thaw cycles-its effect oil Frostheave. Brigitte Van villiet-Lance. 5th International Symposium On Ground Freezing,Jones and holden(eds), 1988.

［5］ Balkema，Rotterdan Hareyuk Yamaguchi etc. Influence of Freezing-thaw on undrained triaxial compression shear behavior of fibrous peat. 5th International Symposium on Ground Freezing，Jones and Holden(eds)，1988.

［6］ 崔托维奇. 冻土力学. 张长庆，朱元林译. 北京：科学出版社，1985.

［7］ 崔托维奇. 冻土上的地基与基础(中译本). 北京：中国工业出版社，1985.

［8］ 汪仁和，周兴旺，淳明远. 深厚表土地层冻结法快速凿井关键技术探讨//全国矿山建设学术会议论文选集. 北京：中国矿业大学出版社，2004，8：100-102.

［9］ 郭兰波，庞荣庆，史文国. 竖井冻结壁温度场的有限元分析. 北京：中国矿业学院学报，1981，28(3)：2027.

［10］ 丁德文. 冻结壁变化的数学模型及其计算. 科学通报，1982，14(3)：1471-1473.

［11］ 叶湘. 冻结法凿井的若干问题研究. 中国煤炭，2000，26(1)：23-26.

［12］ 特鲁巴克 н г. 冻结凿井法. 北京：煤炭工业出版社，1958.

［13］ 崔广心. 相似理论与模拟关系试验. 徐州：中国矿业大学出版社，1990.

［14］ 余力. 相似理论在特殊凿井中的应用. 中国矿业学院学报，1981，(3)：1.

［15］ 魏先祥，赖远明. 相似方法的原理及应用. 兰州：兰州大学出版社，2001.

［16］ 杨俊杰. 相似理论与结构模型试验. 武汉：武汉理工大学出版社，2005.

［17］ 汪东坡. 双排管冻结温度场分布规律理论与试验研究. 硕士论文，2002.

［18］ 蔡海兵. 深厚冲积层冻结壁的优化设计及工程应用. 硕士论文，2004.

［19］ 沈华军. 口孜东矿主、副井超深厚表土冻结施工技术研究及实践. 硕士论文论文，2009.

［20］ 杜猛. 深厚钙质黏土层冻结温度场发展规律研究. 硕士论文论文，2014.

第5章 深厚冲积层冻结壁强度与稳定性研究

自从 1880 年德国工程师 Poetsch 提出人工地层冻结法(artificially ground freezing method)原理并应用到凿井工程中以来已有 130 多年的历史。我国 1955 年首次应用该方法开凿开滦林西风井以来也有 60 年的历史。回顾冻结法在国内外的应用发展史,冻结深度经历了由浅到深、应用范围由矿山凿井工程发展到其他岩土工程的过程。其中,作为临时支护结构冻结壁的设计是决定冻结法加固地层成败的关键之一,而深冻结壁设计在深表土(第四系)冻结法凿井中更为突出。

冻结壁作为凿井的临时支护结构,其主要功能是隔断井内外地下水联系和抵抗水土压力。为了形成冻结壁,在井筒周围设置一定数量的冻结管,通过冻结管中低温盐水循环,吸收其周围岩土层中的热量,使周围岩土层冻结。当冻结壁完全交圈后,封闭的冻结壁即可起到隔绝地下水的作用,但是要起到抵抗水土压力的作用,冻结壁必须有足够的强度和稳定性。冻结壁是冻结工程的核心,其强度和稳定性,事关工程的安全与成败。

实际的冻结壁,从物理、力学性质方面看,是一个非均质、非各向同性、非线性体,随着地压的逐渐增大,由弹性体、黏弹性体向黏弹塑性体过渡。从几何特征看,它是一个非轴对称的不等厚筒体。当盐水温度和冻结管布置参数一定时,代表冻结壁强度和稳定性的综合指标是厚度,而反映冻结壁整体性能的综合指标是冻结壁的变形。冻结壁变形过大,会导致冻结管断裂、盐水漏失融化冻结壁,还会使外层井壁因受到过大的冻结壁变形压力而破裂。当掘砌工艺和参数、盐水温度和冻结管间距一定时,冻结壁合理的厚度是控制冻结壁变形的最主要的手段。关于如何确定冻结壁的厚度,国内外有许多公式。一般深度小于 100m 时,将冻结壁视为无限长弹性厚壁圆筒,按拉麦公式计算[1];当深度在 200m 左右时,将冻结壁视为无限长弹塑性厚壁圆筒,按多姆克公式[2]或 Klein 公式[3]计算;当深度超过 200m 时,将冻结壁视为有限长的塑性(或黏塑性)厚壁圆筒,用里别尔曼公式和维亚洛夫公式等进行计算[4~6]。经验表明,基于无限长厚壁圆筒理论的公式均不适宜用于深厚冲积层中的冻结壁厚度计算;有限段高按强度条件计算冻结壁厚度的公式一般结果较小,难以抵抗深厚冲击层中巨大的地压;有限段高按变形条件计算冻结壁厚度的公式比其他公式合理,但是其计算结果随冻土蠕变试验参数离散过大,其使用性不是很强。

总之,随着冻结冲积层深度的加大、地压增大,简单地采用弹性理论或弹塑性理论并作若干假设所得的理论解已不能适应深厚冲积层中冻结壁计算的需要。

冻结壁厚度计算是一项相当复杂的工作,由于冻结壁内温度场分布的不均匀性带来其强度的非均匀性,冻土的流变特性,实际冻结壁的非对称性、地压的不确定性、段高及约束条件、冻结壁整体强度与冻土试件强度的不一致性等给计算工作带来许多困难。目前,国内外学者正在通过现场实测、模型试验、数值模拟和理论计算相结合的方法来解决这一难题。

在理论计算方面,陈湘生以我国近 20 年冻结施工及冻土力学研究成果为基础,提出了以冻结壁(冻结管)变形极限为准则的冻结壁设计理论及公式[7]。杨平利用实验和现场实际情况,采用理论分析法,推得冻结壁的变形公式[8]。他们得出的理论计算公式只是维亚洛夫公式[6]的演变形式,计算结果随冻土蠕变试验参数离散过大,其使用性不是很强。胡向东采用"卸载状态下冻结壁-周围土体共同作用"的力学模型,将描述卸载状态下的等效应力作用在土体的无限远外表面上,而冻结壁的外载由冻结壁与周围土体的相互作用结果决定。在此基础上提出考虑冻结壁的卸载过程及其与周围土体共同作用的黏弹塑性冻结壁计算模型,对冻结壁的外荷载及位移计算理论进行了优化,推导出了冻结壁的位移计算公式[9,10],其得出的冻结壁的位移计算公式,没有考虑开挖段高的影响,认为开挖段高无限大,计算结果较保守。

在数值计算方面,Soo 等采用有限元方法对冻结壁和加筋冻结壁进行了计算分析,得出了两种冻结壁的变形随时间的变化规律[11]。沈沐利用有限差分法和有限元法分别计算了无限段高和有限段高下冻结壁的蠕变问题;对于非均匀冻结壁,其切向应力和垂直应力的最大值出现在冻结管的轴面处;对于无限段高冻结壁模型,变形量随掘进段高和暴露时间的增加而增加;有限段高冻结壁内壁上最大的径向位移发生在略高于二分之一段高的部位;在混凝土衬砌底部,冻结壁内出现了严重的应力集中现象[12]。王建平等利用 ADINA 非线性自动增量有限元程序,对冻结壁的变形分布、应力分布、工作面底臌分布特征进行了三维有限元数值计算,分析了段高高度、暴露时间、冻结温度等对其的影响,并同若干现场量测结果比较,给相似条件下冻结壁力学状态分析提供了参考依据[13]。马明英和郭瑞平针对两淮地区深冻结井中冻结壁位移过大,造成冻结管断裂的问题,建立数学模型模拟分析了冻结壁面位移分布规律,找出停止掘进时冻结壁壁面位移与其影响因素(开挖段高、冻结壁厚度、工作面冻实情况、冻结壁平均温度、冻结壁暴露时间、地压)之间的关系,提出了实际掘进过程中冻结壁位移的分段常段高叠加计算方法,在此基础上得出了冻结壁设计取决于冻结壁位移的冻结施工优化设计步骤[14,15]。翁家杰和张铭用位移反分析法结合冻结壁模型试验、对冻结壁稳定性问题进行了综合研究,提出用极限应变作为冻土工程稳定性的判据[16]。

在模型试验方面,吴紫汪等通过模型试验得出:冻结壁变形与冻结壁高度、偏应力及平均温度等均有密切关系,试验发现冻结壁最大变形的位置并不一定在固定位置处,而是随着偏应力的增加而逐渐下移[17]。崔广心用模拟试验的方法,研究冻结壁厚度与外荷载、冻结壁温度、掘进半径、段高、段高暴露时间等参数间的关系,得到了砂层和黏土层的冻结壁厚度计算公式,并对冻土、冻结壁的力学参数、本构关系和强度理论的研究方法和方向提出建议[18,19]。汪仁和[20]基于冻结壁变形模拟试验数据,得出了冻结壁井帮最大位移计算公式,同时给出了冻结壁的承载力和安全段高的计算公式。李功洲[21]根据冻结壁收敛位移实测结果,分析了冻结壁径向位移与井帮暴露时间的变化规律和不同土层冻结壁收敛位移变化特征。

近年来,随着我国在深厚冲积层(>400m)新建矿井的不断增多,对于现有冻结壁设计理论的适用性问题,急待进一步开展理论研究和工程实践检验。

5.1　现有人工冻结壁设计理论

5.1.1　轴对称平面力学模型计算方法

1. 无限长弹性厚壁圆筒公式

假设冻结壁为在均布外压作用下的无限长弹性厚壁圆筒,其冻结壁厚度计算公式为拉麦(Lame)公式。

$$E = R_{\mathrm{a}}\sqrt{\frac{[\sigma]}{[\sigma] - \phi_1 P} - 1} \tag{5-1}$$

式中,E 为冻结壁厚度,m;R_{a} 为井筒掘进半径,m;$[\sigma]$ 为冻土的容许应力,一般可取瞬时单轴抗压强度的 $1/(2.5 \sim 4)$,MPa;ϕ_1 为系数,当用第三强度理论时(为拉麦公式),取值 2,当用第四强度理论时,取值 $\sqrt{3}$;P 为冻结壁的径向外载,MPa。

2. 无限长弹塑性厚壁圆筒公式

假设冻结壁为在均布外压作用下的无限长弹塑性厚壁圆筒,允许冻结壁内圈处于塑性状态,外圈仍处于弹性状态下而不失稳定性,其冻结壁厚度计算公式为多姆克(Domke)公式。

$$E = R_{\mathrm{a}}\left[\phi_2 \frac{P}{\sigma_{\mathrm{s}}} + \phi_3 \left(\frac{P}{\sigma_{\mathrm{s}}}\right)^2\right] \tag{5-2}$$

式中,ϕ_2、ϕ_3 为系数,当用第三强度理论时(为多姆克公式),分别取值 0.29 和 2.3,当用第四强度理论时,分别取值 0.56 和 1.33;σ_{s} 为与冻结壁暴露时间相适应的冻土长时抗压强度,也可取瞬时抗压强度的 $1/(2 \sim 2.5)$,MPa。

3. 无限长塑性厚壁圆筒公式

假设在深厚冲积层冻结时,冻结壁全部处于塑性状态——极限状态,以一定的安全系数来保证冻结壁的安全度,其冻结壁厚度计算公式为

$$E = R_{\mathrm{a}}\left[\exp\phi_4\left(\frac{P}{\sigma_{\mathrm{s}}}\right) - 1\right]k \tag{5-3}$$

式中,ϕ_4 为系数,当用第三强度理论时,取值 1,当用第四强度理论时,取值 $\sqrt{3}/2$;k 为安全系数,取值 $1.1 \sim 1.3$。

4. Klein 公式

在分析了有内支护的冻结壁变形后,考虑支护结构与冻结壁的相互作用,1980 年德国 Klein 博士提出了无限长冻结壁内侧蠕变位移的计算公式:

$$u_{a} = \left(\frac{\sqrt{3}}{2}\right)^{B+1} R_{a} \left[\frac{(P-P_{i})\dfrac{2}{B}}{1-\left(\dfrac{R_{a}}{R}\right)^{\frac{2}{B}}}\right] A(\theta)t^{C} \tag{5-4}$$

式中，u_{a} 为冻结壁内侧蠕变变形；P_{i} 为井壁支护对冻结壁的反力；R 为冻结壁外半径；$A(\theta)$、B、C 为冻土蠕变试验系数。

由式(5-4)可换算出冻结壁厚度计算公式，见式(5-5)。当 $P_{i}=0$ 时，即为无限长厚冻结壁流变公式。

$$E = R_{a} \left\{ \left[1 - \frac{(P-P_{i})\dfrac{2}{B}A(\theta)t^{C}\left(\dfrac{\sqrt{3}}{2}\right)^{B+1} R_{a}}{u_{a}}\right]^{-\frac{B}{2}} - 1 \right\} \tag{5-5}$$

5.1.2　轴对称空间问题力学模型计算方法

该方法一般也称为有限长(有限段高)的塑性(或黏塑性)厚壁圆筒公式。冻结井筒一般采用短掘短砌的施工方法，因此采用有限段高模型更接近实际，有限段高模型中，段高上、下端约束条件对冻结壁的变形有很大影响，必须予以考虑。

1. 按强度条件计算

苏联学者里别尔曼提出用极限平衡原理的极值曲线原理计算冻结壁的厚度，假设：①冻结壁的外侧面的地压为 $P = \sum\limits_{i} \gamma_{i} h_{i}$；②段高的上下段固定；③冻土为塑性体；④根据第三强度理论，抗剪强度为抗压强度的一半；⑤计算时考虑到强度松弛，取随时间变化的冻土强度。

推导出以下公式：

$$E = \frac{\sum\limits_{i} \gamma_{i} h_{i}}{\sigma_{\tau}} hK \tag{5-6}$$

式中，h 为段高，m；K 为安全系数，一般为 $1.1 \sim 1.2$；σ_{τ} 为冻土松弛强度，取与冻结壁暴露时间相一致的冻土长时抗压强度，MPa。

前苏联学者维亚洛夫、扎列茨基采用与里别尔曼完全相同的假设，采用第四强度理论，得出以下公式：

$$E = \sqrt{3}\,\chi \frac{Ph}{\sigma_{\tau}} \tag{5-7}$$

式中，χ 为支承条件系数，当井心未冻实时，视冻结壁在段高上端固定，下端不固定，$\chi = 1$；当井心冻实时，视冻结壁在段高上下两端固定，$\chi = 0.5$。

2. 按变形条件计算

(1)苏联学者维亚洛夫、扎列茨基对冻土的流变性进行了模拟和研究，提出按变形条件计算冻结壁厚度的公式：

$$E = R_{\mathrm{a}} \left\{ \left[1 + (1-\xi) \frac{(1-m)P}{3^{-\frac{1+m}{2}} A(\theta,t)} \left(\frac{h}{R_{\mathrm{a}}}\right)^{1+m} \left(\frac{R_{\mathrm{a}}}{u_{\mathrm{a}}}\right)^{m} \right]^{\frac{1}{1-m}} - 1 \right\} \tag{5-8}$$

式中：R_{a} 为井筒掘进半径，m；ξ 为段高上、下端约束程度的参数，$0 \leqslant \xi \leqslant 0.5$，若上端固定，下端不固定时，$\xi = 0$，若下端也基本固定时，$\xi = 0.5$；$u_{\mathrm{a}}$ 为冻结壁内表面容许的最大径向位移值，m，一般取 $0.03 \sim 0.06$m；$A(\theta,t)$ 为冻土的变形模量，是时间和温度的函数，MPa；h 为段高，m；m 为冻土的强化系数，砂土一般取值 0.27，黏土一般取值 0.4。

（2）陈湘生博士在维亚洛夫公式基础上，通过冻土三轴剪切蠕变模型试验，将冻土蠕变本构关系中的温度也分离出来，假定 $\dfrac{1}{m} = B$，

比较式 $\gamma_{\mathrm{c}} = \dfrac{A_0}{(|\theta|+1)^K} \tau_{\mathrm{c}}^B t^C$ 和式 $\gamma_{\mathrm{c}} = \left(\dfrac{\tau_{\mathrm{c}}}{A'}\right)^{\frac{1}{m}}$，其中 $A' = 3^{-\frac{1+m}{2}} A(\theta,t)$

有

$$\frac{1}{3^{-\frac{1+m}{2}} A(\theta,t)} = \frac{A_0^{\frac{1}{B}}}{(|\theta|+1)^{\frac{K}{B}}} t^{\frac{C}{B}}$$

现将上式代入维亚洛夫公式，提出了深冻结壁设计理论及公式：

$$E = R_{\mathrm{a}} \left[\frac{\left(1-\dfrac{1}{B}\right)(1-\xi)P}{(|\theta|+1)^{\frac{K}{B}}} \left(\frac{h}{u_{\mathrm{a}}}\right)^{\frac{1}{B}} \frac{h}{R_{\mathrm{a}}} A_0^{\frac{1}{B}} t^{\frac{C}{B}} + 1 \right]^{\frac{B}{B-1}} - R_{\mathrm{a}} \tag{5-9}$$

式中，R_{a} 为井筒掘进半径，m；ξ 为工作面约束参数，$0 \sim 0.5$；P 为水平地压，$P = 0.013 \times H$，MPa；H 为设计深度，m；u_{a} 为冻结壁内侧最大允许径向变形，m；h 为空帮高度，m；t 为掘砌时间；θ 为冻结壁平均温度，℃；A_0、K、B、C 为试验参数。

5.1.3　数理统计法

近年来，我国学者总结了新中国成立以来冻结井筒的冻结壁设计与施工经验，采用数理统计的方法，用幂函数曲线来拟合冻结壁的厚度计算公式为

$$E = \alpha R_{\mathrm{a}} H^{\beta} \tag{5-10}$$

式中，H 为冻结壁计算处深度，m；α、β 为经验系数，$\alpha = 0.04$，$\beta = 0.61$。

5.1.4　根据测温孔资料推算

根据测温孔资料可推算冻结壁的厚度，测温孔位于内侧冻结壁中时，冻结孔圈径以内的厚度为

$$E_1 = \exp\left(\frac{t_{\mathrm{c}} \ln r - t \ln r_0 + t_{\mathrm{d}} \ln \dfrac{r_0}{r}}{t_{\mathrm{c}} - t} \right)$$

$$E = \frac{E_1}{0.55 \sim 0.6} \tag{5-11}$$

测温孔位于外侧冻结壁中时,冻结孔圈径以外的厚度为:

$$E_2 = \exp\left[\frac{t_c\ln r - t\ln r_0 + t_d\ln\dfrac{r_0}{r}}{t_c - t}\right]$$

$$E = \frac{E_2}{0.40 \sim 0.45} \tag{5-12}$$

式中, r_0 为冻结管的内半径,m; r 为测温孔中心至冻结管中心的距离,m; t 为测温孔实测温度,℃; t_c 为盐水温度,℃; t_d 为土的结冰温度,℃。

5.1.5　现有冻结壁设计理论工程应用的对比计算

以山东济西矿冻结主井为计算模型,应用上述计算公式分别对此模型进行计算,并与现场实测结果相比较,从而对这些计算公式进行优缺点及适用性评价。

该主井井筒穿过巨厚第四系和第三系冲积层,采用冻结法施工,冻结深度为 488m,冻结段掘砌深度为 483.7m,井筒净直径 4.5m,开挖荒径 7.8m。

计算要点:

(1) 对于式(5-1),冻土的容许应力取单轴瞬时抗压强度的 1/2.5,分别用第三、第四强度理论进行计算。

(2) 对于式(5-2),冻土长时抗压强度取单轴瞬时抗压强度的 1/2,分别用第三、第四强度理论进行计算。

(3) 对于式(5-3),冻土长时抗压强度取单轴瞬时抗压强度的 1/2,安全系数取 1.1,分别用第三、第四强度理论进行计算。

(4) 对于式(5-5),取支护反力 P_i 取 0,冻结壁内侧蠕变位移根据济西主井现场实测取为 60mm。

(5) 对于式(5-6),取土的平均重度为 19kN/m³,冻土长时,抗压强度取单轴瞬时抗压强度的 1/2,安全系数取 1.1。

(6) 对于式(5-7),冻土长时抗压强度取单轴瞬时抗压强度的 1/2,分井心冻实和未冻实两种情况进行计算。

(7) 对于式(5-8),段高上、下端约束程度的参数 ξ 取 0.5,冻结壁内表面容许的最大径向位移值 u_a 取 50mm。

(8) 在整个计算过程中,地压采用重液公式 $P = 0.013H$ 计算,井筒掘进荒半径取为 3.9m,段高取为 2.2m,一段高暴露时间取为 24h,冻土单轴瞬时抗压强度值、冻土单轴和三轴蠕变参数见表 5-1。计算结果见表 5-2。

表 5-1　冻土抗压强度、单轴蠕变及三轴蠕变参数

累深/m	土质	温度/℃	单轴瞬时抗压强度/MPa	单轴参数			三轴转换参数		
				$A(\theta,t)$/%	B	C	$\overline{A(\theta)}$	B	C
96.9～108.9	黏土	−10	3.031	0.839	2.271	0.150	0.0500	2.271	0.150
131.0～139.8	含砾粗砂	−10	3.259	0.676	2.837	0.301	0.0550	2.837	0.301
145.3～150.4	黏土	−10	3.279	0.697	2.329	0.166	0.0434	2.329	0.166
197.1～209.9	黏土	−10	2.939	2.494	2.518	0.200	0.1722	2.518	0.200
217.9～225.5	黏土质细砂	—	—	—	—	—	—	—	—
282.0～289.0	黏土	−10	6.603	0.794	1.926	0.119	0.0396	1.926	0.119
282.0～289.0	黏土	−15	7.015	0.010	6.860	0.530	0.0075	6.860	0.530
289.0～305.4	含砾粗砂	−10	9.873	0.921	4.043	0.322	0.1470	4.043	0.322
357.0～369.5	黏土	−10	3.655	1.177	3.252	0.228	0.1217	3.252	0.228
357.0～369.5	黏土	−15	4.008	3.487	1.009	0.248	0.1051	1.009	0.248
357.0～369.5	黏土	−20	4.416	0.219	3.124	0.189	0.0211	3.124	0.189
378.2～383.7	含砾粗砂	−10	7.426	0.706	1.813	0.129	0.0331	1.813	0.129
378.2～383.7	含砾粗砂	−15	10.054	0.498	1.623	0.101	0.0210	1.623	0.010
385.7～403.4	黏土	−15	4.865	0.261	2.271	0.177	0.0157	2.271	0.177
412.4～417.7	粗砂	−10	4.857	1.914	1.388	0.126	0.0711	1.388	0.126
412.4～417.7	粗砂	−15	7.246	0.421	2.156	0.163	0.0238	2.156	0.163
415.7～419.8	粗砂	−20	9.593	0.206	2.669	0.152	0.0155	2.669	0.152
437.9～457.8	黏土	−10	2.551	0.788	3.183	0.280	0.0784	3.183	0.280
437.9～457.8	黏土	−15	4.285	0.920	2.464	0.178	0.0617	2.464	0.178
441.1～458.5	黏土	−20	6.818	0.163	2.598	0.220	0.0118	2.598	0.220

表 5-2　冻结壁厚度计算值

土层/m	土质	θ/℃	式(5-1)		式(5-2)		式(5-3)		式(5-5)	式(5-6)	式(5-7)		式(5-8)	式(5-10)
96.9～108.9	黏土	−10	—	—	8.88	6.57	6.63	5.34	10.53	3.30	3.56	1.78	3.14	2.73
131.0～139.8	粗砂	−10	—	—	12.42	8.89	8.80	6.98	50.39	3.94	4.25	2.12	3.37	3.18
145.3～150.4	黏土	−10	—	—	14.11	9.98	9.85	7.76	21.32	4.22	4.54	2.27	4.23	3.32
197.1～209.9	黏土	−10	—	—	33.03	21.94	23.18	17.13	—	6.57	7.08	3.54	12.02	4.07
		−15	—	—	13.20	9.39	9.28	7.34	—	4.07	4.39	2.19	—	4.07
282.0～289.0	黏土	−10	—	—	92.45	58.27	95.61	61.24	—	11.13	11.99	5.99	9.76	4.95
		−15	—	—	12.90	9.20	9.10	7.20	0.17	4.02	4.34	2.17	4.80	4.95
289.0～308.4	含砾粗砂	−10	—	—	32.33	21.51	22.63	16.76	—	6.50	6.99	3.50	10.86	5.15
		−15	—	—	6.84	5.20	5.37	4.38	—	2.87	3.09	1.55	—	5.15

续表

土层/m	土质	θ/℃	式(5-1)	式(5-2)		式(5-3)		式(5-5)	式(5-6)	式(5-7)		式(5-8)	式(5-10)
357.0~369.0	黏土	−10	—	64.77	41.47	54.93	37.37	—	9.28	10.0	5.00	14.83	5.74
		−15	—	54.10	34.95	42.70	29.81	—	8.47	9.12	4.56	—	5.74
		−20	—	44.80	29.23	33.38	23.87	5.76	7.68	8.28	4.14	7.63	5.74
378.2~383.7	含砾粗砂	−10	—	69.76	44.51	61.26	41.20	—	9.64	10.39	5.19	13.86	5.88
		−15	—	17.71	12.30	12.15	9.44	—	4.75	5.12	2.56	7.80	5.88
		−20	—	9.95	7.27	7.28	5.84	5.79	3.51	3.78	1.89	6.89	5.88
383.7~394.2	黏土	−10	—	52.44	33.93	40.95	28.70	—	8.33	8.98	4.49	—	5.98
		−15	—	42.19	27.62	30.98	22.31	27.22	7.45	8.03	4.01	8.15	5.98
		−20	—	31.76	21.15	22.18	16.45	—	6.44	6.93	3.47	—	5.98
412.4~417.7	粗砂	−15	—	21.84	14.93	14.91	11.42	—	5.30	5.71	2.86	11.20	6.19
		−20	—	12.78	9.12	9.02	7.15	6.52	4.00	4.31	2.16	7.86	6.19
437.9~458.5	黏土	−20	—	29.31	19.62	20.29	15.17	8.23	6.17	6.65	3.33	8.64	6.55

5.1.6　计算结果分析

（1）对于拉麦公式，即式(5-1)，是将冻结壁看成无限长的厚壁筒，作为平面变形问题处理，并假定整个冻结壁都处于弹性状态，井帮所产生的塑性变形忽略不计，因而使冻结壁的安全度偏高，计算出的冻结壁厚度偏大。这不但很不经济，而且当冲积层加深，地压值增大时，冻结壁厚度将出现很大的数值，甚至无法采用。例如，当冻土容许压力值刚好为地压值的 2 倍或$\sqrt{3}$倍时，冻结壁厚度将为无穷大。由于该计算模型中，试验所得的冻土容许压力值均小于初始计算深度（108.9m）处的地压值的$\sqrt{3}$倍，从而导致拉麦公式中根号内为负值，则出现无解。由此可见，拉麦公式的应用范围一般局限在浅冲积层中，深度一般在 100m 以内。

（2）对于多姆克公式，即式(5-2)，是将冻结壁视为理想弹塑性体组成的无限长厚壁圆筒，并认为当冻结壁的内圈进入塑性状态，而其外圈仍为弹性状态时，整个冻结壁没有失去承载能力。从表 5-2 中可看出，随着冲积层的加深，地压的增大，由于土质的原因，冻土的长时抗压强度并未随着冲积层的加深而显著增强，鉴于多姆克公式的形式，从而导致用该公式计算的冻结壁厚度极大，对于该计算模型，在表土 209.9m 处，冻结壁平均温度取 −10℃，采用第三强度理论计算的厚度达到 33.03m，这在现场冻结施工一般难以达到，与实际不相符。

对于无限长塑性厚壁圆筒的计算公式，即式(5-3)，是将冻结壁视为无限长的塑性厚壁圆筒，即让其全部进入塑性状态——极限状态，并按平面变形问题处理，然后以一定的安全系数来保证冻结壁的安全度。此公式的计算过程中出现了与多姆克公式类似的问题，在表土 209.9m 处，冻结壁平均温度取 −10℃，采用第三强度理论计算的厚度达到23.18m。

由于在深厚冲积层中，施工一般采用分段掘砌，冻结壁在任何时候都不会同时暴露其全长,而主要是在未支护的有限段高内起作用,而且段高上下端的约束程度对冻结壁的强度和稳定性有很大的影响。前述那些按无限长圆筒的计算方法都忽略了这些因素,而导致过多的强度储备。这样不仅不经济,而且在深度大时往往得出难以置信的计算结果。在深表土冻结凿井工程中,由于在深部开挖时空帮高度(h)一般都小于井筒开挖荒径($2R_a$),故不能把设计段冻结壁视为无限长厚壁圆筒,而是有限段高或有限长厚壁圆筒,总之,拉麦公式、多姆克公式和无限长塑性厚壁圆筒公式均不适合作为深厚冲积层冻结壁的厚度计算理论。

根据模型现场实测温度数据资料,选取108~150m冻结壁平均温度为-10℃,150~400m冻结壁平均温度为-15℃,400~500m冻结壁平均温度为-20℃,可得多姆克公式和无限长塑性厚壁圆筒公式分别按第三、四强度理论计算的冻结壁厚度随表土深度变化(图5-1)。

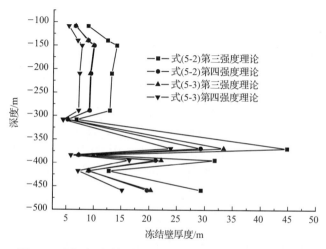

图 5-1　多姆克、塑性厚壁圆筒公式计算冻结壁厚度曲线图

(3) 对于里别尔曼公式,即式(5-6),提出用极限平衡理论的极值原理来计算冻结壁厚度,认为压力一定时,冻结壁变形值保持常量之前,冻结壁是稳定的。这时,冻结壁只是内边局部地带的应力达到流动极限。只有当塑性带达到冻结壁的外缘时,冻结壁才失去稳定性,该公式考虑了空帮段高对冻结壁的影响。维亚洛夫-扎列茨基公式,即式(5-7),提出按有限长塑性厚壁筒的计算公式,假设冻土未理想塑性体,考虑段高两端固定程度,并引入一些安全的假定,该公式不仅考虑了段高,而且考虑了段高上下约束程度对冻结壁的影响。从表5-2中计算结果可知,用这两种公式计算的冻结壁厚度较薄,特别是对于砂层,这种局限性更加明显。取表土417.7m粗砂层,冻结壁平均温度-20℃,用式(5-7)考虑井心冻实情况下,计算得到的冻结壁厚度仅有2.13m,显然如此薄的冻结壁在深冲积层中是难以承载的。

(4) 冻结壁的计算一般应按强度条件和变形条件两种极限状态进行。按强度条件计算,是指确定作用于冻结壁的应力不超过其强度极限时所必需的冻结壁厚度;按变形条件计算,是指冻结壁的变形不超过允许值时所必需的冻结壁厚度。前面的冻结壁厚度计算公式都是按强度条件进行的,由此可见,按强度条件极限状态计算冻结壁厚度有所欠妥。

　　苏联学者维亚洛夫和扎列茨基通过对冻土流变性的研究和模拟试验表面,在蠕变大的黏性冻土中,即使在冻结壁没被破坏也没有丧失承载能力之前,冻结壁变形可能达到导致冻结管断裂的严重程度。故冻结壁变形除了不能超过本身允许值外,还应同时满足冻结管允许变形值条件,不至于使冻结管破坏。冻结壁变形不但与段高 h、工作面约束条件 ξ 有关,还因其是一流变体,其变形还与空帮时间 t、冻土本身力学性质有关。因不同地层有不同的力学特性,影响冻结壁厚度设计的因素较多,考虑诸多影响因素的维亚洛夫公式,即式(5-8),普遍在深井冻结壁厚度计算中被采用。

　　从维亚洛夫对本模型的计算结果可得该公式对深厚冲积层冻结壁的厚度计算还是较合理的。但是冻土蠕变参数(特别是 A 值)对计算结果的影响程度过大,在模型的计算过程中,当 A 值变化 0.01 时,冻结壁厚度相差 2～3m,而在冻土蠕变试验中由于各种因素不免将产生一系列的误差,回归所得的参数精度直接影响计算结果,见表 5-2,对于冲积层 209.9m 用该公式计算的结果就达到 12.02m,不太符合实际。冻土蠕变参数对计算结果的灵敏度如此之高,这样等于加大了冻土蠕变试验的难度,由于现今该方面的设备和技术还不够完善,因此该公式还存在着进一步优化的问题。同样,考虑冻土流变这一显著特征的无限长冻结壁内侧蠕变位移计算理论 Klein 公式,即式(5-5),也存在类似的问题,从计算结果可知,离散性更大,而且试验回归出的蠕变系数代入该公式出现很多无解的情况。陈湘生博士[7]在维亚洛夫公式的基础上将温度和时间分离开来,而提出的有限段高按变形条件计算公式,但基于该公式与维亚洛夫公式同样描述方式,其局限性应该是与维亚洛夫公式相同的。用数理统计公式,即式(5-10)计算的结果略为偏小,因为该经验公式是基于以前的冻结井筒(一般深度小于 300m)冻结壁设计,而随着冻结深度大于 300m 的井筒日益增多,有的甚至超过 500m,近 700m,因此该公式用于深厚冲积层冻结壁厚度的计算亦存在很大的不适用性。

　　如图 5-1 中选取冻结壁平均温度与表土深度的关系,可得分别按里别尔曼公式、维亚洛夫-扎列茨基公式、维亚洛夫公式和经验公式计算的冻结壁厚度随表土深度变化情况(图 5-2)。

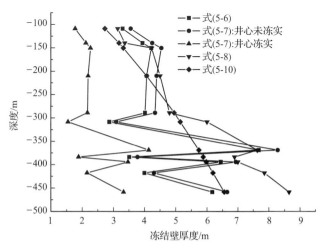

图 5-2　里别尔曼、维亚洛夫等公式计算冻结壁厚度曲线图

(5) 由图 5-1 和图 5-2 可看出，几乎所有公式(经验公式除外)的曲线在相同三处存在着很明显的拐点，即在这些位置上的冻结壁厚度相对偏小。这是由于三处刚好对应着砂层(表 5-2)，冻结砂土强度比冻结黏土强度高许多，且砂土的蠕变特性远没有黏土显著。在今后的冻结壁厚度设计理论应考虑这一关键因素。

综上所述，关系到冻结法成败的冻结壁设计理论和公式，经历了由弹性、弹塑性到流变体假设过程，相对应地，经历了无限长厚壁圆筒静态理论、动态理论和有限长厚壁圆筒准动态理论，事实证明无限长厚壁圆筒静、动态理论(包括弹性体、弹塑性体和流变体)不符合实际情况，是深冻结井中事故发生的重要原因之一。有限长厚壁圆筒准动态理论虽比较符合实际情况，但也存在着优化的迫切需要。今后对冻结壁厚度设计理论的研究应充分考虑下述几个不容忽视的重要因素：①冻结壁温度场的分布特征。上述公式都是将其视为均一温度，且没有考虑温度场与应力场、位移场的耦合作用，与实际情况有一定差别。②冻结壁的非均质性。上述公式无论基于弹性的，弹塑性的还是塑性的理论，都不得不把冻结壁首先简化为均质的，显然存在着误差。③冻结壁整体强度与试块强度的差别。④冻结壁的卸载状态。⑤冻结壁与周围地层的共同作用。

5.2　非均质冻结壁的弹塑性稳定性分析

人工地层冻结法是煤矿立井穿越冲积层最常用的工法之一。人们对于冻结壁的研究取得了很多新的成果，这些成果可以分为均质冻结壁与非均质冻结壁两类。在均质冻结壁领域，梁惠生基于摩尔-库仑强度准则对有内衬情况下的均质冻结壁进行了弹塑性分析，并提出了冻结壁厚度的简易计算公式[22]。汪仁和等基于摩尔-库仑强度准则对无内衬均质冻结壁进行了力学特性分析[23]。杨维好等考虑冻结壁与围岩的相互作用，分别从弹性、弹塑性以及塑性三个方面对冻结壁进行了力学特性分析，并且得出了新的冻结壁厚度的求解公式[24~26]。在非均质冻结壁领域，袁文伯等利用有限差分法计算出非均质冻结壁的厚度，并将结果与均质冻结壁进行了比较[27]。尤春安考虑材料性质的非均质性，将冻结壁沿径向划分成两个区，分别用半径的幂函数拟合材料性质的变化，并对非均质冻结壁的解析解进行了初步探索[28]。胡向东在总结已有理论的基础上，基于巴霍尔温度场解析解，将温度场等效成抛物线形分布，并将冻结壁视为材料性质呈抛物线变化的功能梯度材料(FGM)，在均布荷载下基于摩尔-库仑强度准则对冻结壁进行了力学特性分析[29]。

随着冻结法凿井穿越的冲积层厚度增加，作用在冻结壁上的荷载也不断增大，采用 Druker-Prager 强度准则，能更好地表征深厚冲积层冻结壁的力学特性[30~32]。同时，冻结壁的性质与温度存在着密切的关系[33]，将冻结壁温度场等效成抛物线分布，从而将冻结壁简化为材料的力学性质呈抛物线变化的功能梯度材料(FGM)[34]厚壁圆筒，即冻结壁的弹性模量与黏聚力随半径呈抛物线变化，并结合 Druker-Prager 强度准则对其进行弹塑性力学特性分析。

5.2.1　计算模型及基本假设

根据胡向东等提出的假设[29]，当温度场呈抛物线形变化时，弹性模量 E、黏聚力 C 也将呈抛物线形变化(由于泊松比与内摩擦角受温度的影响比较小,在此不做考虑),可以将均布荷载下温度场呈抛物线形变化的冻结壁简化成如图 5-3 所示的 FGM 厚壁圆筒进行求解。图 5-3 中,p 为冻结壁外荷载,σ_ρ 为塑性区与弹性区间的相互作用力;R 表示冻结壁的任一点半径,R_B 表示内径,R_H 表示外径,R_ρ 表示塑性区半径。塑性区相对半径 $\rho = R_\rho/R_B$,外半径与内半径之比 $r_H = R_H/R_B$,冻结壁任一点相对半径 $r = R/R_B$。

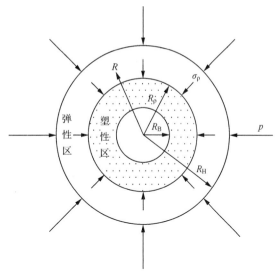

图 5-3　FGM 冻结壁受均布荷载计算模型

冻结壁材料性质随着半径的变化呈抛物线形分布,即:

$$\begin{cases} E(r) = m_1 r^2 + m_2 r + m_3 \\ C(r) = n_1 r^2 + n_2 r + n_3 \end{cases} \tag{5-13}$$

式中,r 为冻结壁任一点相对半径;m_1、m_2、m_3、n_1、n_2、n_3 为待定常数。

5.2.2　冻结壁应力求解

1. 弹性状态下应力场

图 5-3 所示的 FGM 冻结壁受均布荷载计算模型,当冻结壁完全处于弹性状态时,应力的计算公式为[29]:

$$\sigma_r^e = \frac{p\left[m_1 \ln r + m_2\left(1 - \frac{1}{r}\right) + \frac{m_3}{2}\left(1 - \frac{1}{r^2}\right) \right]}{m_1 \ln r_H + m_2\left(1 - \frac{1}{r_H}\right) + \frac{m_3}{2}\left(1 - \frac{1}{r_H^2}\right)} \tag{5-14}$$

$$\sigma_\theta^e = \frac{p\left[m_1(\ln r + 1) + m_2 + \frac{m_3}{2}\left(1 + \frac{1}{r^2}\right) \right]}{m_1 \ln r_H + m_2\left(1 - \frac{1}{r_H}\right) + \frac{m_3}{2}\left(1 - \frac{1}{r_H^2}\right)} \tag{5-15}$$

式中,p 为冻结壁外荷载;r_H 为冻结壁外半径与内半径之比;m_1、m_2、m_3 为(5-13)式中弹性模量 $E(r)$ 的待定常数。

2. 弹塑性状态下应力场

当外加荷载超过弹性极限荷载,但低于冻结壁的塑性极限承载能力时,冻结壁处于弹塑性状态,此时的冻结壁由内缘向外依次分为塑性区与弹性区。

1) 塑性区应力场

冻结壁进入塑性后,满足 Druker-Prager 强度准则:

$$\sqrt{J_2} - \alpha I_1 - k = 0 \tag{5-16}$$

式中, $\alpha = \dfrac{\sin\varphi}{\sqrt{3}\,\sqrt{3+\sin^2\varphi}}$, $k = \dfrac{\sqrt{3}C\cos\varphi}{\sqrt{3+\sin^2\varphi}}$; φ 为冻土的内摩擦角; C 为冻土的黏聚力。

在平面轴对称应变问题中对式(5-16)进行变换得

$$\frac{(\sqrt{3+\sin^2\varphi} - \sqrt{3}\sin\varphi)\sigma_\theta^p - (\sqrt{3+\sin^2\varphi} + \sqrt{3}\sin\varphi)\sigma_r^p}{\sqrt{3}C(r)} = 2\cos\varphi \tag{5-17}$$

塑性区内的平衡方程为[31]

$$\frac{\mathrm{d}\sigma_r^p}{\mathrm{d}r} + \frac{\sigma_r^p - \sigma_\theta^p}{r} = 0 \tag{5-18}$$

式中, σ_r^p、σ_θ^p 分别为塑性区的径向应力和环向应力。

联立式(5-17)和式(5-18)得

$$\frac{\mathrm{d}\sigma_r^p}{\mathrm{d}r} - 2\sqrt{3}\,\frac{\sigma_r^p\sin\varphi + C(r)\cos\varphi}{r(\sqrt{3+\sin^2\varphi} - \sqrt{3}\sin\varphi)} = 0 \tag{5-19}$$

求解微分方程(5-19)可得径向应力的通解为

$$\sigma_r^p = \frac{\sqrt{3}n_1\cos\varphi}{\sqrt{3+\sin^2\varphi} - 2\sqrt{3}\sin\varphi}r^2 + \frac{2\sqrt{3}n_2\cos\varphi}{\sqrt{3+\sin^2\varphi} - 3\sqrt{3}\sin\varphi}r - \frac{n_3\cos\varphi}{\sin\varphi}$$
$$+ Ar^{\frac{2\sqrt{3}\sin\varphi}{\sqrt{3+\sin^2\varphi} - \sqrt{3}\sin\varphi}} \tag{5-20}$$

根据边界条件,当处在冻结壁的内缘时,即 $r = 1$ 时, $\sigma_r^p = 0$, 代入式(5-19)求得

$$A = -\left(\frac{\sqrt{3}n_1\cos\varphi}{\sqrt{3+\sin^2\varphi} - 2\sqrt{3}\sin\varphi} + \frac{2\sqrt{3}n_2\cos\varphi}{\sqrt{3+\sin^2\varphi} - 3\sqrt{3}\sin\varphi} - \frac{n_3\cos\varphi}{\sin\varphi}\right) \tag{5-21}$$

将式(5-21)代入式(5-20)即可以得到径向应力的特解。

从而,由式(5-17)可以求得塑性区的环向应力:

$$\sigma_\theta^p = \left(1 + \frac{2\sqrt{3}\sin\varphi}{\sqrt{3+\sin^2\varphi} - \sqrt{3}\sin\varphi}\right)\sigma_r^p + \frac{2\sqrt{3}C(r)\cos\varphi}{\sqrt{3+\sin^2\varphi} - \sqrt{3}\sin\varphi} \tag{5-22}$$

将式(5-20)代入式(5-22)即可求得环向应力值。

2) 弹性区应力

在弹塑性分界面上的径向应力存在如下关系, $\sigma_\rho^p = \sigma_\rho^e = \sigma_\rho$。根据分析可得,弹性区的计算模型:相对内半径为 ρ, 作用荷载为 σ_ρ, 相对外半径为 r_H, 作用荷载为 p; 可知弹性应

力场为[29]：

$$\sigma_r^e = \frac{(p-\sigma_\rho)\left(m_1\ln r - \dfrac{m_2}{r} - \dfrac{m_3}{2r^2}\right) + m_1\ln\dfrac{r_H^{\sigma}}{\rho^p} + m_2\left(\dfrac{p}{\rho} - \dfrac{\sigma_\rho}{r_H}\right) + \dfrac{m_3}{2}\left(\dfrac{p}{\rho^2} - \dfrac{\sigma_\rho}{r_H^2}\right)}{m_1\ln\dfrac{r_H}{\rho} + m_2\left(\dfrac{1}{\rho} - \dfrac{1}{r_H}\right) + \dfrac{m_3}{2}\left(\dfrac{1}{\rho^2} - \dfrac{1}{r_H^2}\right)} \tag{5-23}$$

$$\sigma_\theta^e = \frac{(p-\sigma_\rho)\left(m_1\ln r + \dfrac{m_3}{2r^2} + m_3\right) + m_1\ln\dfrac{r_H^{\sigma}}{\rho^p} + m_2\left(\dfrac{p}{\rho} - \dfrac{\sigma_\rho}{r_H}\right) + \dfrac{m_3}{2}\left(\dfrac{p}{\rho^2} - \dfrac{\sigma_\rho}{r_H^2}\right)}{m_1\ln\dfrac{r_H}{\rho} + m_2\left(\dfrac{1}{\rho} - \dfrac{1}{r_H}\right) + \dfrac{m_3}{2}\left(\dfrac{1}{\rho^2} - \dfrac{1}{r_H^2}\right)} \tag{5-24}$$

3. 塑性区半径

假设塑性区的相对半径为 ρ，在 $r=\rho$ 处，弹性区的内侧屈服，满足 Druker-Prager 准则以及连续条件，由式(5-17)、式(5-22)和式(5-24)可得：

$$\sigma_\theta^e - \sigma_\rho^e = \frac{(p-\sigma_\rho)\left(m_1 + \dfrac{m_2}{\rho} + \dfrac{m_3}{\rho^2}\right)}{m_1\ln\dfrac{r_H}{\rho} + m_2\left(\dfrac{1}{\rho} - \dfrac{1}{r_H}\right) + \dfrac{m_3}{2}\left(\dfrac{1}{\rho^2} - \dfrac{1}{r_H^2}\right)} = 2\sqrt{3}\,\frac{\sigma_\rho\sin\varphi + C(\rho)\cos\varphi}{\sqrt{3+\sin^2\varphi} - \sqrt{3}\sin\varphi} \tag{5-25}$$

$$\sigma_\rho^e = \sigma_\rho^p = \frac{\sqrt{3}n_1\cos\varphi}{\sqrt{3+\sin^2\varphi} - 2\sqrt{3}\sin\varphi}\rho^2 + \frac{2\sqrt{3}n_2\cos\varphi}{\sqrt{3+\sin^2\varphi} - 3\sqrt{3}\sin\varphi}\rho - \frac{n_3\cos\varphi}{\sin\varphi} + C_1\rho^{\frac{2\sqrt{3}\sin\varphi}{\sqrt{3+\sin^2\varphi} - \sqrt{3}\sin\varphi}} \tag{5-26}$$

式中，$C_1 = -\left(\dfrac{\sqrt{3}n_1\cos\varphi}{\sqrt{3+\sin^2\varphi} - 2\sqrt{3}\sin\varphi} + \dfrac{2\sqrt{3}n_2\cos\varphi}{\sqrt{3+\sin^2\varphi} - 3\sqrt{3}\sin\varphi} - \dfrac{n_3\cos\varphi}{\sin\varphi}\right)$

联立式(5-25)、式(5-26)可求出冻结壁塑性区相对半径 ρ 及承受的外荷载 p 的大小。

5.2.3　工程算例

淮南矿区杨村矿主井采用人工地层冻结法施工，在深度为 530m 处，冻结壁的内径 $R_B = 6m$，对应的温度为 $-8℃$，外径 $R_H = 18m$，对应的温度为 $-3℃$，$r_H = R_H/R_B = 3$，冻结壁温度场抛物线顶点的温度为 $-28℃$。通过计算可得温度场的抛物线方程为：$T(r) = 22.5r^2 - 87.5r + 57$，冻结壁的平均温度为 $-20.5℃$。实验测得杨村矿的冻土的力学参数见表 5-3。

表 5-3　淮南杨村矿粉质黏土冻土试验数据

参数	值
冻土弹性模量 E/MPa	$-10.38T + 23.69$
冻土黏聚力 C/MPa	$-0.25T + 0.89$
冻土内摩擦角 φ/(°)	10
冻结壁的平均温度/℃	-20.5
泊松比	0.3

把冻结壁温度场的抛物线方程代入表 5-3 中的弹性模量和黏聚力的表达式,得:

$$E(r) = -233.55r^2 + 908.25r - 567.97$$
$$C(r) = -5.63r^2 + 21.88r - 13.35$$

从而可得式(5-13)中的参数 $m_1 = -233.55, m_2 = 908.25, m_3 = -567.97; n_1 = -5.63,$ $n_2 = 21.88, n_3 = -13.55$。

冻结壁外荷载 p 按重液公式进行计算:

$$p = 0.012h \qquad\qquad (5\text{-}27)$$

式中,h 为计算深度,m。

依据推导的 FGM 冻结壁的应力求解公式,得出冻结壁在弹性极限和塑性极限状态下的应力分布如图 5-4(a)所示;当冻结壁承受的外荷载 p 分别为 12.02MPa、16.09MPa 和 18.24MPa 时,对应的塑性区相对半径 ρ 分别为 1.5、2.0 和 2.5,其应力分布如图 5-4(b)所示。

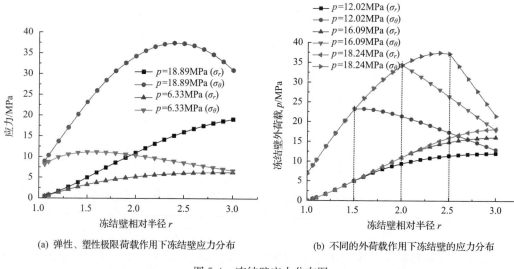

(a) 弹性、塑性极限荷载作用下冻结壁应力分布　　　　(b) 不同的外荷载作用下冻结壁的应力分布

图 5-4　冻结壁应力分布图

由图 5-4 可知,冻结壁的径向应力 σ_r 随着 r 的增大而不断增加。由图 5-4(a)可见,当冻结壁处于弹性极限状态,即 $p = 6.33$MPa 时,冻结壁的环向应力呈抛物线的变化,在 $r = 1.6$ 处达到环向应力最大值 11.15MPa,而后又逐渐减小;当塑性区的相对半径 $\rho = 3$ 时,冻结壁处于塑性极限状态,此时的外荷载为 18.89MPa,冻结壁的环向应力也呈现抛物线形的变化,在 r 小于 2.4 时,该状态下的冻结壁的环向应力不断增大,当 $r = 2.4$ 时,冻结壁的环向应力达到最大值 37.44MPa,当 $2.4 \leqslant r \leqslant 3$ 时,冻结壁的环向应力不断减小。由图 5-4(b)可见,冻结壁塑性区环向应力 σ_θ 与外荷载大小无关,只和位置有关,随着半径的增大而增大;当塑性区的相对半径 $\rho < 2.4$ 时,冻结壁环向应力 σ_θ 的最大值出现在弹塑性分界线上;当塑性区的相对半径 $2.4 \leqslant \rho < 3$ 时,冻结壁的环向应力 σ_θ 的最大值出现在 $r = 2.4$ 处。

塑性区相对半径与外荷载之间的关系如图 5-5 所示，随着冻结壁外荷载增加，塑性区的半径也不断增大。当塑性区的相对半径 $\rho=3$ 时，冻结壁处于塑性极限状态，此时的外荷载为 18.89MPa，即杨村矿主井冻结壁的极限承载力。而该矿主井冻结壁在 530m 处承受的外荷载由式(5-27)可得 $p=6.36$MPa，该荷载约等于弹性极限荷载，表明冻结壁是安全的。

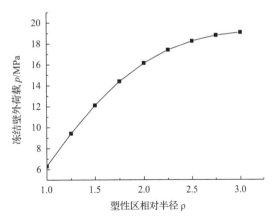

图 5-5　塑性区半径与外荷载之间的关系

弹性和塑性极限荷载与冻结壁外半径与内半径比 r_H 的关系曲线如图 5-6 所示，由图 5-6 可见，随着 r_H 的增大，弹性与塑性极限荷载不断增加，但弹性极限荷载的增长速度逐渐变小，塑性极限荷载随着 r_H 呈直线增加。

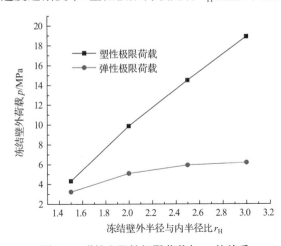

图 5-6　弹性和塑性极限荷载与 r_H 的关系

综上所述，基于 Druker- Prager 强度准则，将冻结壁视为力学性质呈抛物线变化的功能梯度材料(FGM)的厚壁圆筒，推导出 FGM 冻结壁弹性区和塑性区的应力解析表达式，以及作用于冻结壁的外荷载 p 与塑性区相对半径 ρ 之间的关系表达式。计算结果表明：冻结壁的径向应力随相对半径 r 的增大而增加，冻结壁环向应力随相对半径 r 呈抛物线的变化，并且冻结壁塑性区的环向应力与外荷载大小无关，只和其所处位置有关。另外，由工程实例计算可得，冻结壁在 530m 处承受的外荷载 $p=6.36$MPa，约等于冻结壁的弹性极限力 6.33MPa，小于其塑性极限承载力 18.89MPa，表明该冻结壁是安全的。

5.3　冻结壁的黏弹塑性稳定性分析

传统的冻结壁设计方法中，将冻结壁看作一个表面承受确定压力的无限长弹性、塑性或黏弹塑性厚壁圆筒，冻结壁外荷载等于原始水平地压值[35~40]（一般采用重液公式 $P=0.011\sim0.013H$）。这实际上是将冻结壁当作普通的厚壁圆筒结构，相当于在其内部土体被开挖之后恒定的地压直接作用于冻结壁外表面上，而忽略了冻结壁的卸载过程及其与周围土体的共同作用。

文献[9]和文献[10]虽然考虑了卸载状态[41]下冻结壁与周围土体共同作用，但认为冻结壁是弹塑性的,没有考虑其蠕变特性。冻结壁稳定性是由其所承担的外荷载大小和变形量决定的,而冻结壁的外荷载不是固定不变的,它由冻结壁与周围土体共同作用的结果决定。另外,冻结壁蠕变变形是其变形量的主要部分,因此在分析冻结壁的稳定性时必须考虑冻结壁的蠕变。本文同时考虑了冻结壁的卸载过程、与周围土体共同作用以及冻结壁的蠕变变形,导出了与周围土体共同作用的冻结壁的黏弹塑性计算模型。

5.3.1　冻结壁的力学模型

冻结壁的变形是由于其内部的土体被开挖而产生的,也就是由解除应力场引起的。因此在工程意义上考察冻结壁应力应变状态时,只需考虑解除应力场的作用,而不必考虑原始应力场的作用。为了便于确定解除应力场,以作用在外围无限土体外边界上的等效荷载来代替冻结壁内表面上的解除应力,对于平面应变问题,等效荷载由下式表示[9,10]:

$$P_{eq} = \frac{P}{2(1-\mu_0)} \tag{5-28}$$

式中,P 为土体的原始水平应力;μ_0 为土体的泊松比。

冻结壁的力学模型如图 5-7 所示,冻结壁周围土体为弹性区,视为各向同性弹性连续体,弹性模量 E_0,剪切模量 G_0,泊松比 μ_0;冻结壁分为黏弹性区和黏塑性区,假定为均质各向同性黏弹塑性连续体,弹性模量 E,剪切模量 G,泊松比 μ。周围土体无限远处边界 $L_\infty(r=r_\infty)$ 有等效应力 P_{eq};冻结壁外表面 $L_1(r=r_1)$ 有外荷载 P_1;冻结壁的黏弹性区与黏塑性区交界面 $L_F(r=r_F)$ 有接触应力 P_F;冻结壁内表面 $L_0(r=r_0)$ 有 $P_0=0$。

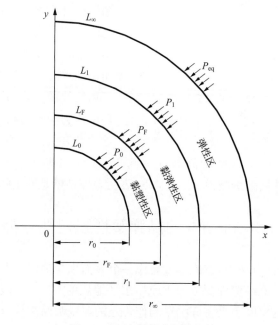

图 5-7　冻结壁黏弹塑性区域

5.3.2　冻结壁的黏弹塑性分析

1. 外围土体弹性区

外围土体可看成内外受均布压力的弹性厚壁圆筒来计算,周围土体径向应力和环向应力的计算如下[42]:

$$\sigma_{r1(FS)} = \frac{r_1^2 r_\infty^2}{r_\infty^2 - r_1^2} \cdot \frac{P_1 - P_{eq}}{r^2} + \frac{r_\infty^2 P_{eq} - r_1^2 P_1}{r_\infty^2 - r_1^2} = \left(1 - \frac{r_1^2}{r^2}\right) P_{eq} + P_1 \frac{r_1^2}{r^2} \tag{5-29}$$

$$\sigma_{\theta1(FS)} = \frac{r_1^2 r_\infty^2}{r_\infty^2 - r_1^2} \cdot \frac{P_{eq} - P_1}{r^2} + \frac{r_\infty^2 P_{eq} - r_1^2 P_1}{r_\infty^2 - r_1^2} = \left(1 + \frac{r_1^2}{r^2}\right) P_{eq} - P_1 \frac{r_1^2}{r^2} \tag{5-30}$$

在外围土体与冻结壁交界处 $L_1(r = r_1)$ 上土体位移:

$$u_{1(FS)} = \frac{r_1}{E_0} \left[2(1 - \mu_0^2) P_{eq} - (1 + \mu_0) P_1\right] = \frac{r_1}{2G_0} \left[2(1 - \mu_0) P_{eq} - P_1\right] \tag{5-31}$$

2. 冻结壁的黏弹性区

在冻结壁的黏弹性区,考虑冻土的蠕变,采用厚壁筒蠕变力学理论来进行分析,则该问题转化为:内、外半径为 r_F、r_1,承受内压 P_F、P_1 的厚壁筒。

对于复杂应力状态下冻土蠕变可由统一的流动方程来描述[4,43]:$\gamma_i = D(\theta)\tau_i^B t^C$

由 $\tau_i = \sigma_i / \sqrt{3}$, $\gamma_i = \sqrt{3}\varepsilon_i$ 得:

$$\varepsilon_i = 3^{-\frac{1+B}{2}} D(\theta)\sigma_i^B t^C = A(\theta)\sigma_i^B t^C \tag{5-32}$$

式中,γ_i 为剪应变强度;τ_i 为剪应力强度;ε_i 为应变强度;σ_i 为应力强度;t 为时间;$D(\theta)$、$A(\theta)$、B、C 为蠕变参数;θ 为温度。$A(\theta) = 3^{-\frac{1+B}{2}} D(\theta)$

用应变速率来表示,则式(5-32)变为:

$$\dot{\varepsilon}_i = A(\theta)\sigma_i^B C t^{C-1} \tag{5-33}$$

式中,$\dot{\varepsilon}_i$ 为应变率强度。

应力应变关系采用 Mises 型增量理论,冻土蠕变体积不可压缩,则 $\varepsilon_m = 0$,

$$\dot{\boldsymbol{\varepsilon}}_{ij} = \dot{\boldsymbol{e}}_{ij} = \frac{3\dot{\boldsymbol{\varepsilon}}_i}{2\sigma_i} \boldsymbol{S}_{ij} \tag{5-34}$$

式中,$\dot{\boldsymbol{\varepsilon}}_{ij}$ 为应变率张量;$\dot{\boldsymbol{e}}_{ij}$ 为偏应变率张量;$\boldsymbol{S}_{ij}$ 为偏应力张量。

由式(5-30)、式(5-31)可得:

$$\dot{\boldsymbol{e}}_{ij} = \frac{3}{2} \dot{\boldsymbol{\varepsilon}}_i^{(1-\frac{1}{B})} A(\theta)^{\frac{1}{B}} C^{\frac{1}{B}} t^{\frac{C-1}{B}} \boldsymbol{S}_{ij} \tag{5-35}$$

对平面应变问题,有 $\varepsilon_z = 0$。由 $\varepsilon_m = 0$,则 $\dot{\varepsilon}_m = 0$,联立几何方程,得:

$$\frac{\mathrm{d}\dot{u}}{\mathrm{d}r} + \frac{\dot{u}}{r} = 0 \tag{5-36}$$

平衡方程为：

$$\frac{\partial \sigma_r}{\partial r} + \frac{\sigma_r - \sigma_\theta}{r} = 0 \tag{5-37}$$

边界条件为：

$$\begin{cases} r = r_{\mathrm{F}} & \sigma_r = P_{\mathrm{F}} \\ r = r_1 & \sigma_\theta = P_1 \end{cases} \tag{5-38}$$

联立式(5-35)、式(5-36)、式(5-37)、式(5-38)，求解，得应力和位移速率表达式：

$$\begin{cases} \sigma_r = \dfrac{P_1 r_1^{\frac{2}{B}} - P_{\mathrm{F}} r_{\mathrm{F}}^{\frac{2}{B}}}{r_1^{\frac{2}{B}} - r_{\mathrm{F}}^{\frac{2}{B}}} - \dfrac{(P_1 - P_{\mathrm{F}}) r_1^{\frac{2}{B}} r_{\mathrm{F}}^{\frac{2}{B}}}{(r_1^{\frac{2}{B}} - r_{\mathrm{F}}^{\frac{2}{B}}) r^{\frac{2}{B}}} \\[3mm] \sigma_\theta = \dfrac{P_1 r_1^{\frac{2}{B}} - P_{\mathrm{F}} r_{\mathrm{F}}^{\frac{2}{B}}}{r_1^{\frac{2}{B}} - r_{\mathrm{F}}^{\frac{2}{B}}} + \dfrac{2 - B}{B} \dfrac{(P_1 - P_{\mathrm{F}}) r_1^{\frac{2}{B}} r_{\mathrm{F}}^{\frac{2}{B}}}{(r_1^{\frac{2}{B}} - r_{\mathrm{F}}^{\frac{2}{B}}) r^{\frac{2}{B}}} \end{cases} \tag{5-39}$$

$$\dot{u} = \frac{3^{\frac{1+B}{2}}}{2B^B} (P_1 - P_{\mathrm{F}})^B \frac{r_1^2 r_{\mathrm{F}}^2}{(r_1^{\frac{2}{B}} - r_{\mathrm{F}}^{\frac{2}{B}})^B r} A(\theta) C t^{C-1} \tag{5-40}$$

则黏弹性区外边界位移为

$$u^o{}_{1(\mathrm{FE})} = \frac{3^{\frac{1+B}{2}}}{2B^B} (P_1 - P_{\mathrm{F}})^B \frac{r_1^2 r_{\mathrm{F}}^2}{(r_1^{\frac{2}{B}} - r_{\mathrm{F}}^{\frac{2}{B}})^B r_1} A(\theta) t^C \tag{5-41}$$

设 $h_{(\mathrm{FE})} = r_1/r_{\mathrm{F}}$，则有：

$$u^o{}_{1(\mathrm{FE})} = \frac{3^{\frac{1+B}{2}}}{2B^B} (P_1 - P_{\mathrm{F}})^B \frac{r_1}{(h_{(\mathrm{FE})}^{\frac{2}{B}} - 1)^B} A(\theta) t^C \tag{5-42}$$

同理可得：黏弹性区内边界位移为

$$u^i{}_{1(\mathrm{FE})} = \frac{3^{\frac{1+B}{2}}}{2B^B} (P_1 - P_{\mathrm{F}})^B \frac{r_1^2 r_{\mathrm{F}}}{(r_1^{\frac{2}{B}} - r_{\mathrm{F}}^{\frac{2}{B}})^B} A(\theta) t^C \tag{5-43}$$

根据冻结壁与外围土体位移协调条件 $u^o{}_{1(\mathrm{FE})} = u_{1(\mathrm{FS})}$，代入式(5-31)和式(5-32)得：

$$\frac{r_1}{2G_0} \left[2(1 - \mu_0) P_{\mathrm{eq}} - P_1 \right] = \frac{3^{\frac{1+B}{2}}}{2B^B} (P_1 - P_{\mathrm{F}})^B \frac{r_1}{(h_{(\mathrm{FE})}^{\frac{2}{B}} - 1)^B} A(\theta) t^C \tag{5-44}$$

显然，P_1 是 P_{eq}、P_{F}、$h_{(\mathrm{FE})}$ 等参数的函数，一般形式可写成：

$$P_1 = f(P_{\mathrm{eq}}, P_{\mathrm{F}}, h_{(\mathrm{FE})}) \tag{5-45}$$

然而，很难得到 $f(P_{\mathrm{eq}}, P_{\mathrm{F}}, h_{(\mathrm{FE})})$ 的显式表达式。通常，通过蠕变试验以数据形式给出它

们之间的函数关系。

黏弹性区冻结壁应力式(5-39)也可由 P_{eq}、P_F 表示为

$$
\begin{cases}
\sigma_r = \dfrac{f(P_{eq},P_F,h_{(FE)})r_1^{\frac{2}{B}} - P_F r_F^{\frac{2}{B}}}{r_1^{\frac{2}{B}} - r_F^{\frac{2}{B}}} - \dfrac{(f(P_{eq},P_F,h_{(FE)}) - P_F)r_1^{\frac{2}{B}} r_F^{\frac{2}{B}}}{(r_1^{\frac{2}{B}} - r_F^{\frac{2}{B}})r^{\frac{2}{B}}} \\[4mm]
\sigma_\theta = \dfrac{f(P_{eq},P_F,h_{(FE)})r_1^{\frac{2}{B}} - P_F r_F^{\frac{2}{B}}}{r_1^{\frac{2}{B}} - r_F^{\frac{2}{B}}} + \dfrac{2-B}{B}\dfrac{(f(P_{eq},P_F,h_{(FE)}) - P_F)r_1^{\frac{2}{B}} r_F^{\frac{2}{B}}}{(r_1^{\frac{2}{B}} - r_F^{\frac{2}{B}})r^{\frac{2}{B}}}
\end{cases}
\tag{5-46}
$$

在冻结壁的黏弹性区和黏塑性区交界面 $L_F(r = r_F)$ 上,有:

$$
\sigma_{rF(FE)} = P_F
\tag{5-47}
$$

$$
\sigma_{\theta F(FE)} = \frac{f(P_{eq},P_F,h_{(FE)})h_{(FE)}^{\frac{2}{B}} - P_F}{h_{(FE)}^{\frac{2}{B}} - 1} + \frac{2-B}{B}\frac{f(P_{eq},P_F,h_{(FE)}) - P_F}{h_{(FE)}^{\frac{2}{B}} - 1}
\tag{5-48}
$$

3. 冻结壁的黏塑性区

冻土的蠕变强度是指在该应力作用下冻土不是发生破坏就是导致稳定性丧失。在常应力冻土蠕变试验中,这一瞬时是与该材料从稳定蠕变过渡至渐进流动这一部位相一致的,也就是蠕变速率达到最小值的那一点。由试验资料分析可知,冻土三轴蠕变强度可由下式来描述[43]:

$$
\sigma_1 - \sigma_3 = \frac{B_1(\sigma_3,\theta)}{(t+1)^\xi}
\tag{5-49}
$$

$B_1(\sigma_3,\theta)$ 为与围压和温度有关的参数,可用下式表示:

$$
B_1(\sigma_3,\theta) = A_1\sigma_3 + B_1\sqrt{\theta} + C_1
\tag{5-50}
$$

式中,θ 为温度;t 为时间;A_1、B_1、C_1、ξ 为试验系数。

在冻结壁黏塑性区,平衡方程为

$$
\frac{\mathrm{d}\sigma_{r(FV)}}{\mathrm{d}r} - \frac{\sigma_{\theta(FV)} - \sigma_{r(FV)}}{r} = 0
\tag{5-51}
$$

边界条件为:

$$
r = r_0, \quad \sigma_{r(FV)} = 0
\tag{5-52}
$$

由式(5-49)可得:

$$
\sigma_{\theta(FV)} - \sigma_{r(FV)} = \frac{B_1(\sigma_r,\theta)}{(t+1)^\xi}
\tag{5-53}
$$

$$
\sigma_{\theta(FV)} = \left(\frac{A_1}{(t+1)^\xi} + 1\right)\sigma_{r(FV)} + \frac{B_1\sqrt{\theta} + C_1}{(t+1)^\xi}
\tag{5-54}
$$

由式(5-51)～式(5-54),可以解得:

$$\sigma_{r(FV)} = \frac{B_1 \sqrt{\theta} + C_1}{A_1} \left[(r/r_0)^{\frac{A_1}{(t+1)^\xi}} - 1 \right] \tag{5-55}$$

$$\sigma_{\theta(FV)} = \frac{B_1 \sqrt{\theta} + C}{A} \left[\left(\frac{A_1}{(t+1)^\xi} + 1 \right) (r/r_0)^{\frac{A_1}{(t+1)^\xi}} - 1 \right] \tag{5-56}$$

在冻结壁黏弹性区和黏塑性区交界面 $L_F(r = r_F)$ 上,有:

$$\sigma_{rF(FV)} = \frac{B_1 \sqrt{\theta} + C_1}{A_1} \left((h_{(FV)})^{\frac{A_1}{(t+1)^\xi}} - 1 \right) \tag{5-57}$$

$$\sigma_{\theta F(FV)} = \frac{B_1 \sqrt{\theta} + C_1}{A_1} \left[\left(\frac{A_1}{(t+1)^\xi} + 1 \right) (h_{(FV)})^{\frac{A_1}{(t+1)^\xi}} - 1 \right] \tag{5-58}$$

式中: $h_{(FV)} = r_F/r_0$。

则冻结壁黏弹性区和黏塑性区交界面 $L_F(r = r_F)$ 上接触应力 P_F 为

$$\sigma_{rF(FE)} = P_F = \sigma_{rF(FV)} \tag{5-59}$$

$$P_F = \frac{B_1 \sqrt{\theta} + C_1}{A_1} \left((h_{(FV)})^{\frac{A_1}{(t+1)^\xi}} - 1 \right) \tag{5-60}$$

综合式(5-60)、式(5-45)和式(5-25)最终可得冻结壁外载的表达式为

$$P_1 = g(P, h_{(FE)}, h_{(FV)}) \tag{5-61}$$

式中, $g(P, h_{(FE)}, h_{(FV)})$ 为关于土体原始水平应力、冻结壁黏弹性区与黏塑性区边界的函数,具体形式由冻土蠕变试验确定。

5.3.3　冻结壁稳定性计算

随着水平地压、冻结壁厚度以及温度变化,冻结壁可能处于三种阶段:①全黏弹性阶段:冻结壁完全处于黏弹性状态,没有黏塑性区产生;②黏弹-塑性阶段:冻结壁内侧为黏塑性状态,冻结壁外侧为黏弹性状态;③全黏塑性阶段:冻结壁完全处于黏塑性状态,没有黏弹性区产生。

以山东济西主井为计算模型,取 $H = 450$m 黏土层作为计算控制层。为了简化计算,只考虑冻结壁处于全黏弹性阶段,即冻结壁没有黏塑性区产生。计算参数的选取如下:土体弹性模量 $E_0 = 65$MPa,泊松比 $\mu_0 = 0.35$;冻土三轴蠕变参数 $A(\theta) = 0.0195$MPa, $B = 1.591$, $C = 0.057$;冻结壁内半径 $r_0 = 4.0$m;冻结壁外半径 $r_1 = 11.6$m。由于只考虑冻结壁的黏弹性区域,则有 $r_F = r_0$,且有 $P_F = 0$。将上述计算参数分别代入式(5-44)和式(5-43),得到冻结壁外荷载 P_1 随时间 t 变化的关系曲线(图 5-8)和冻结壁的径向位移 U_r(黏弹性区内边界位移 $u_{1(FE)}^i$)随时间 t 变化的关系曲线(图 5-9)。

由图 5-8 可知,作用在冻结壁上的外荷载并不是土体原始水平应力,而是随时间增加逐渐减小,并且其值小于土体原始水平应力。由图 5-9 可以看出,冻结壁的径向位移随时

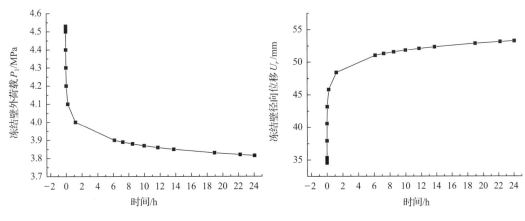

图 5-8　冻结壁外荷载 P_1 随时间 t 变化　　　　图 5-9　冻结壁的径向位移 U_r 随时间 t
　　　　　的关系曲线　　　　　　　　　　　　　　变化的关系曲线

间增加而不断变大,开挖初期,冻结壁的径向位移随时间增长较快,开挖后 1h 冻结壁的位移占 24h 冻结壁位移量的 90%;当 $t=24$h, $u_r=53.259$mm,现场实测位移为 64.04mm;由于计算时假设冻结壁整个区域为黏弹性体,没有考虑冻土的黏塑性,而冻结壁实际变形过程中存在黏塑性变形,因此计算值小于实测值[44]。

综上所述,在考虑冻结壁的卸载过程及与周围土体共同作用的同时,还考虑了冻结壁的蠕变变形,得出了与周围土体共同作用的冻结壁的黏弹塑性计算模型,并导出了冻结壁黏弹塑性区的应力及其外荷载的解析式;通过理论计算,可知真正作用在冻结壁上的外荷载其实并不是土体原始水平应力,其值比土体原始水平应力小;并且利用此外荷载计算得出的冻结壁位移与实测位移基本一致。

5.4　冻结壁有限变形有限元分析

人工冻结壁的变形及其影响因素是冻结凿井工程,特别是深厚冲积层冻结法凿井工程中亟待研究解决的技术课题。冻结壁因其温度和强度的非均匀性,加之冻结地层条件及施工参数对冻结壁变形的影响,用精确的解析方法来解决此类问题很困难,本章利用冻土的有限变形本构关系,对深厚冲积层(大于 400m)冻结壁的变形及其影响因素的关系进行研究和分析,得出了冻结壁的井帮位移(U_r)与冻结壁厚度(δ)、冲积层厚度(H)、开挖段高(h)、开挖段井帮暴露时间(t)和井筒开挖半径(R)关系表达式。

5.4.1　冻土黏弹性有限变形有限元格式

在拉格朗日体系中,采用克希霍夫应力和格林应变这一对共轭的应力应变量,以变形前 $t=0$ 时刻的构形作为参考构形,其虚功表达式为:

$$\int_V S_{ij}^{t_1} \delta E_{ij}^{t_1} \, \mathrm{d}V = \delta W^{t_1} \tag{5-62}$$

上标表示当前时刻,物体由时刻 t 变化到 t_1 时刻时,参照构形 f 有:

$$S_{ij}^{t_1} = S_{ij}^t + \Delta S_{ij}^t \tag{5-63}$$

$$E_{ij}^{t_1} = E_{ij}^t + \Delta E_{ij}^t \tag{5-64}$$

$$u_i^{t_1} = u_i^t + \Delta u_i^t \tag{5-65}$$

根据格林应变的定义,式(5-64)可写为:

$$
\begin{aligned}
\Delta E_{ij}^t = E_{ij}^{t_1} - E_{ij}^t &= \frac{1}{2}\left[\frac{\partial(u_i^t + \Delta u_i^t)}{\partial X_j} + \frac{\partial(u_j^t + \Delta u_j^t)}{\partial X_i} + \frac{\partial(u_k^t + \Delta u_k^t)}{\partial X_i}\frac{\partial(u_k^t + \Delta u_k^t)}{\partial X_j}\right] \\
&\quad - \frac{1}{2}\left(\frac{\partial u_i^t}{\partial X_j} + \frac{\partial u_j^t}{\partial X_i} + \frac{\partial u_k^t}{\partial X_i}\frac{\partial u_k^t}{\partial X_j}\right) \\
&= \frac{1}{2}\left(\frac{\partial \Delta u_i^t}{\partial X_j} + \frac{\partial \Delta u_j^t}{\partial X_i}\right) + \frac{1}{2}\left(\frac{\partial u_k^t}{\partial X_i}\frac{\partial \Delta u_i^t}{\partial X_j} + \frac{\partial u_k^t}{\partial X_j}\frac{\partial \Delta u_j^t}{\partial X_i}\right) + \frac{1}{2}\left(\frac{\partial \Delta u_k^t}{\partial X_i}\frac{\partial \Delta u_k^t}{\partial X_j}\right)
\end{aligned}
\tag{5-66}
$$

式(5-54)中第一、二项是线性项,因为在 t 时刻的 $\partial u_k^t/\partial X_i$、$\partial u_k^t/\partial X_j$ 是已知的;第三项为非线性项,式(5-54)也可写为:

$$\Delta E_{ij}^t = \Delta E_{ij}^{L_1} + \Delta E_{ij}^{L_2} + \Delta E_{ij}^{NL} = \Delta E_{ij}^L + \Delta E_{ij}^{NL} \tag{5-67}$$

其中上标 L_1、L_2、L 表示线性,NL 表示非线性。

$$\Delta E_{ij}^{L_1} = \frac{1}{2}\left(\frac{\partial \Delta u_i^t}{\partial X_j} + \frac{\partial \Delta u_j^t}{\partial X_i}\right) \tag{5-68}$$

$$\Delta E_{ij}^{L_2} = \frac{1}{2}\left(\frac{\partial u_k^t}{\partial X_i}\frac{\partial \Delta u_i^t}{\partial X_j} + \frac{\partial u_k^t}{\partial X_j}\frac{\partial \Delta u_j^t}{\partial X_i}\right) \tag{5-69}$$

$$\Delta E_{ij}^{NL} = \frac{1}{2}\left(\frac{\partial \Delta u_k^t}{\partial X_i}\frac{\partial \Delta u_k^t}{\partial X_j}\right) \tag{5-70}$$

冻土的有限变形蠕变方程为: $E_Z = A(S_Z - S_R)^B t^C$,将其转化为等效蠕变应变 $\bar{E}^C$ 与等效应力 $\bar{S}$ 的形式可表示为:

$$\bar{E}^C = A\bar{S}^B t^C \tag{5-71}$$

按照相关流动准则(Prandtl-Reuss 方程),蠕变应变增量与应力状态之间满足:

$$\Delta E_{ij}^C = \Delta \bar{E}^C \frac{\partial \bar{S}}{\partial S_{ij}} = AC\bar{S}^B t^{C-1}\frac{\partial \bar{S}}{\partial S_{ij}}\Delta t \tag{5-72}$$

设冻土的有限变形本构关系的增量形式如下:

$$\Delta S_{ij} = D_{ijkl}(\Delta E_{kl} - \Delta E_{kl}^C) \tag{5-73}$$

式中, D_{ijkl} 为在时刻 t 参照初始构形的增量材料性质张量。

前面虚功方程(5-62)可写为:

$$\int_V (S_{ij}^t + \Delta S_{ij}^t)\delta(E_{ij}^t + \Delta E_{ij}^t)\mathrm{d}V = \delta W^{t_1} \tag{5-74}$$

将式(5-67)和式(5-73)代入式(5-74),并注意到 $\delta(E_{ij}^t + \Delta E_{ij}^t) = \delta(\Delta E_{ij}^t)$ 可得:

$$\int_V \Delta E_{kl}^L D_{ijkl} \delta \Delta E_{ij}^L \mathrm{d}V + \int_V \Delta E_{kl}^L D_{ijkl} \delta \Delta E_{ij}^{NL} \mathrm{d}V + \int_V \Delta E_{kl}^{NL} D_{ijkl} \delta \Delta E_{ij}^L \mathrm{d}V + \int_V \Delta E_{kl}^{NL} D_{ijkl} \delta \Delta E_{ij}^{NL} \mathrm{d}V$$

$$+ \int_V S_{ij} \delta \Delta E_{ij}^{NL} \mathrm{d}V = \delta W^{t_1} - \int_V S_{ij} \delta \Delta E_{ij}^L \mathrm{d}V + \left(\int_V \Delta E_{kl}^C D_{ijkl} \delta \Delta E_{ij}^L \mathrm{d}V + \int_V \Delta E_{kl}^C D_{ijkl} \delta \Delta E_{ij}^{NL} \mathrm{d}V \right)$$

$$(5\text{-}75)$$

这里所有量都是 t 时刻的,为简单起见,省略了上标。

在有限单元法中,位移增量 $\{\Delta u\}$ 用节点位移增量 $\{\Delta d\}$ 表示:

$$\{\Delta u\} = [N]\{\Delta d\} \tag{5-76}$$

将式(5-76)代入应变位移关系的增量形式,即式(5-66),并写成矩阵形式:

$$\{\Delta E_{ij}\} = ([B^L] + [B^{NL}])\{\Delta d\} \tag{5-77}$$

式中, $[B^L]$ 对应于式(5-66)中右端的第一、二项,它们仅是坐标 $\{X\}$ 的函数,而与 $\{\Delta d\}$ 无关,而 $[B^{NL}]$ 对应于式(5-67)右端第三项,它是 $\{X\}$ 和 $\{\Delta d\}$ 的函数。式(5-75)中右端第一项为外荷载 $\{F\}$ 的虚功:

$$\delta W = \{\delta \Delta d\}^T \{F\} \tag{5-78}$$

而式(5-75)中右端的第二项表示从 t 到 t_1 的时间增量中应力的虚功,在有限单元法中它相应于应力在节点上的等价合力 P 在节点虚位移增量上所做的虚功,即:

$$\int_V S_{ij} \delta \Delta E_{ij}^L \mathrm{d}V = \{\delta \Delta d\}^T \{P\} \tag{5-79}$$

而式(5-75)中右端的第三项表示从 t 到 t_1 的时间增量中蠕变虚功,即:

$$\int_V \Delta E_{kl}^C D_{ijkl} \delta (\Delta E_{ij}^L + \Delta E_{ij}^{NL}) \mathrm{d}V = \{\delta \Delta d\}^T \{C\} \tag{5-80}$$

这样,把式(5-77)、式(5-78)、式(5-79)、式(5-80)代入式(5-75),并注意到对任意的 $\{\delta \Delta d\}$,该方程均应成立,可得:

$$([K]_0 + [K]_\sigma + [K]_L)\{\Delta d\} = [K]_T \{\Delta d\} = \{F\} - \{P\} + \{C\} \tag{5-81}$$

式中:

$$[K]_0 = \sum \int_V [B^L]^T [D][B^L] \mathrm{d}V \tag{5-82}$$

$$[K]_\sigma = \sum \int_V [\partial N/\partial X]^T [S][\partial N/\partial X] \mathrm{d}V \tag{5-83}$$

$$[K]_L = \sum \int_V ([B^L]^T [D][B^{NL}] + [B^{NL}]^T [D][B^L] + [B^{NL}]^T [D][B^{NL}]) \mathrm{d}V$$

$$(5\text{-}84)$$

式(5-81)是冻土有限变形的有限元公式,等号左边三个矩阵之和用 $[K]_T$ 表示,称为切线刚度,它表示载荷增量与位移增量之间的关系。式(5-82)为常规有限元法中的刚度矩阵,但是,材料矩阵 $[D]$ 是根据式(5-73)定义的 t 时刻的材料刚度矩阵。式(5-83)的 $[K]_σ$ 称为初应力或几何刚度矩阵,它表示在大变形情况下初应力对结构刚度的影响,公式中没有明显含有位移增量,但为 $\{\Delta d\}$ 的函数,因此,$[K]_σ$ 是变量 $\{\Delta d\}$ 隐函数。式(5-84)的 $[K]_L$ 称为初位移刚度矩阵或大位移刚度矩阵,是由大位移引起的结构刚度变化,其中含有 $\{\Delta d\}$ 的一阶与二阶函数。

5.4.2 冻结壁变形特性数值分析

1. 计算模型方案

深厚冲积层合理的冻结施工设计是保障冻结井筒安全施工的关键之一,冻结壁厚度、冲积层厚度、井筒开挖段高、土性及段高暴露时间等都是影响冻结壁变形的主要参数,由于黏土层是冻结壁设计的控制层位[45],因此,计算时选取的开挖处的土性为黏土。本章以山东省济西生建煤矿主井冻结井筒和安徽省淮南矿业(集团)有限责任公司丁集矿副井冻结井筒为计算模型,采用 ANSYS 软件[46]对冻结壁变形特性进行分析。综合考虑上述影响因素,并针对两个深厚冲积层冻结井的特点,共选择了 20 个计算模型,如表5-4 所示。

表 5-4　计算模型方案

矿井	计算模型	冻结壁厚度/m	冲积层厚度/m	开挖段高/m
济西生建矿主井	①	7.6	425	2.0
	②	7.6	425	2.5
	③	7.6	425	3.0
	④	7.6	450	1.5
	⑤	7.6	450	2.0
	⑥	7.6	450	2.5
	⑦	6.0	425	2.0
	⑧	6.0	425	2.5
	⑨	6.0	450	1.5
	⑩	6.0	450	2.0
丁集矿副井	①	11.4	500	2.0
	②	11.4	500	2.5
	③	11.4	500	3.0
	④	11.4	525	1.5
	⑤	11.4	525	2.0
	⑥	11.4	525	2.5
	⑦	10.0	500	2.0
	⑧	10.0	500	2.5
	⑨	10.0	525	1.5
	⑩	10.0	525	2.0

2. 模型的建立

1）原型的基本特征

济西生建煤矿主井冻结井筒穿过冲积层厚度为457.78m，采用冻结法施工，冻结深度为488m，井筒开挖最大直径为8m。

淮南矿业（集团）有限责任公司丁集矿副井冻结井筒穿过冲积层厚度为525.25m，采用冻结法施工，冻结深度为565m，井筒开挖最大直径为12.4m。

2）基本假设

冻结法凿井过程中，由于在实际施工时冻结孔钻孔的偏斜，所形成的冻结壁实际上是一个不规则的圆筒形挡土和封水的临时结构物。另外，各个土层性质的不同造成冻结壁的力学性质十分复杂。虽然数值模拟方法可以作为一种重要的研究手段，但是在数值模拟模型中体现所有的确定性或不确定性因素既不可能也没必要。因此，本文做如下假设：

（1）冻结壁、钢筋混凝土井壁、土体和荷载均为轴对称分布，并近似认为冻结壁和内衬结构沿深度方向保持不变，将计算模型简化为轴对称问题；

（2）钢筋混凝土井壁、冻结壁和周围原状土体均为均质材料，各向同性；

（3）表土下卧基岩为刚性体，不考虑下卧基岩的应力、应变问题；

（4）计算模型中不考虑地层中冻结管的影响，不考虑混凝土中钢筋的分布情况；

（5）不考虑冻结壁的冻融过程，冻结壁为一均匀温度场，且沿井筒垂直方向无变化；

（6）不考虑地面施工荷载。

3）计算模型（以济西主井为例）

计算中着重分析黏土层位，依据表5-4中所列各种方案分别建立计算模型进行数值模拟。

计算区域的半径取为60.9m，深为500.0m（表土段），共划分8564个单元，单元类型为8节点四边形单元（ELEMENT TYPE 1 IS PLANE82 AXI. 8-NODE STRUCTURAL SOLID），外层混凝土井壁与冻结壁之间采用接触单元（ELEMENT TYPE 2 IS TARGE169 2-D TARGET SEG-MENT, ELEMENT TYPE 3 IS CONTA172 2D 3-NODE SURF-SURF CONTACT），计算模型为轴对称模型，如图5-10所示。

4）分析过程

首先计算原状土层在重力作用下的原岩应力场，然后通过 ANSYS 程序中的将单元"杀死"（ekill）的命令来模拟井筒掘进过程。此命令就是在开挖荷载步计算中，将预开挖土体段高的单元"杀死"，使其在整体刚度矩阵中的贡献为零。对于冻结壁位移的计算，因为现场实测位移是由

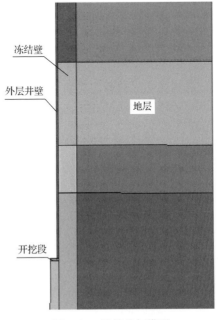

冻结壁

外层井壁

地层

开挖段

图 5-10　计算几何模型

开挖引起的,而程序输出的结果则是由开挖卸载引起的位移和重力场引起的初始位移两部分组成,因此必须在程序输出的位移值中减去初始位移值,才是真实的冻结壁位移值。

5) 荷载及初始条件

(1) 荷载条件。施加在模型上的荷载为土体的自重荷载。模型中的重力加速度取为 $9.8\mathrm{m/s}^2$。

(2) 边界条件。模型的上边界为地表取自由边界(不考虑施工荷载),基岩处取固定端约束,模型右侧约束其径向位移,允许模型因自重应力而产生沉降。

6) 计算参数的选取

A. Drucker-Prager 模型[46]

在计算过程中,外层井壁和常温土层采用 Drucker-Prager 屈服准则,此屈服准则是对 Mohr-Coulomb 准则的近似。在 Drucker-Prager 屈服准则的数据表中,输入三个值,即黏聚力 C、内摩擦角 ϕ、膨胀角 ϕ_0。膨胀角 ϕ_0 用来控制体积膨胀的大小,对压实的颗粒状材料,当材料受剪时,颗粒将会膨胀,如果膨胀角 $\phi_0 = 0$,则不会发生体积膨胀。如果 $\phi_0 = \phi$,在材料中将会发生严重的体积膨胀,一般来说,$\phi_0 = 0$ 是一种保守方法。

对 Drucker-Prager 屈服准则,其等效应力的表达式为:

$$\sigma_{\mathrm{e}} = 3\beta\sigma_{\mathrm{m}} + \left[\frac{1}{2}\{S\}^T[M]\{S\}\right]^{1/2} \tag{5-85}$$

式中,σ_{m} 为平均应力或静水压力;$\{S\}$ 为偏应力向量;β 为材料常数;

$$[M] = \begin{bmatrix} 1 & 0 & 0 & 0 & 0 & 0 \\ 0 & 1 & 0 & 0 & 0 & 0 \\ 0 & 0 & 1 & 0 & 0 & 0 \\ 0 & 0 & 0 & 2 & 0 & 0 \\ 0 & 0 & 0 & 0 & 2 & 0 \\ 0 & 0 & 0 & 0 & 0 & 2 \end{bmatrix}$$

材料常数 β 的表达式如下:

$$\beta = \frac{2\sin\phi}{\sqrt{3}(3-\sin\phi)} \tag{5-86}$$

式中,ϕ 为内摩擦角。

材料的屈服参数定义为

$$\sigma_{\mathrm{n}} = \frac{6C\cos\phi}{\sqrt{3}(3-\sin\phi)} \tag{5-87}$$

式中,C 为黏聚力

屈服准则的表达式如下:

$$F = 3\beta\sigma_{\mathrm{m}} + \left[\frac{1}{2}\{S\}^T[M]\{S\}\right]^{1/2} - \sigma_{\mathrm{n}} = 0 \tag{5-88}$$

对外层井壁和常温土材料,当材料参数 β、σ_{n} 给定后,其屈服面为一圆锥面,此圆锥面是六角形的摩尔-库仑屈服面的外切锥面。参数取值见表 5-5。

表 5-5　外层井壁和土层计算参数取值

土质	密度 /(g/cm³)	弹性模量 /MPa	泊松比	内摩擦角 /(°)	黏聚力 /MPa	膨胀角 /(°)
黏土	2.04	4.81	0.35	14.5	0.007	0
砂土	2.08	14.1	0.32	15.5	0.006	0
混凝土	2.40	40000	0.15	38.0	17.6	0

B. 冻土蠕变模型

ANSYS 程序可使用显式和隐式两种积分方法进行蠕变分析。隐式方法较快且精确,特别适用于有限变形问题,其蠕变方程可写成如下形式[46]:

$$\dot{\bar{E}} = C_1 \, \bar{S}^{C_2} t^{C_3} \, e^{-C_4/T} \tag{5-89}$$

式中,C_1、C_2、C_3、C_4 分别为 ANSYS 程序需要输入的蠕变参数。

另外,冻土的有限变形蠕变方程为 $E_Z = A(S_Z - S_R)^B t^C$,将其转化为等效蠕变应变 $\bar{E}$ 与等效应力 $\bar{S}$ 的形式可表示为

$$\bar{E} = A\,\bar{S}^B t^C \tag{5-90}$$

式中,A、B、C 分别为有限变形表征的冻土蠕变参数。

对式(5-90)求等效蠕变应变 $\bar{E}$ 对时间 t 的导数可得

$$\dot{\bar{E}} = AC\,\bar{S}^B t^{C-1} \tag{5-91}$$

比较式(5-89)和式(5-91)可得:$C_1 = AC$,$C_2 = B$,$C_3 = C-1$,$C_4 = 0$。把有限变形表征的冻土蠕变参数 A、B、C 的值分别代入可得 C_1、C_2、C_3、C_4 的值。

在 ANSYS 程序中所要输入的蠕变模型计算参数见表 5-6。

表 5-6　蠕变模型参数取值表

土质	密度/(g/cm³)	弹性模量/MPa	泊松比	C_1	C_2	C_3	C_4
冻结黏土	2.074	139.2	0.15	0.000 268	1.591	−0.943	0
冻结砂土	2.065	294.5	0.12	0.001 581	1.025	−0.912	0

3. 计算结果及分析

1) 变形分析

对于济西生建矿主井,在井筒掘进至冲积层厚度为 425m 处,冻结壁厚度为 7.6m,开挖段高为 2.5m,计算得到的冻结壁径向位移随时间变化关系如图 5-11～图 5-18 所示。其中图 5-11～图 5-15 为在不同时刻冻结壁径向位移分布图。由图 5-11～图 5-15 可见,随着时间的增加,冻结壁径向位移不断增大,冻结壁的最大径向位移发生在开挖段高的中部。图 5-16 为开挖段高内、不同时刻井帮的径向位移曲线,由图 5-16 可见,同一时刻井

帮的径向位移在开挖段高内呈抛物线分布,开挖后 4h,井帮的最大径向位移为
48.057mm,开挖后 9h,井帮的最大径向位移为 52.573mm,开挖后 14h,井帮的最大径向
位移为 55.337mm,开挖后 19h,井帮的最大径向位移为 57.351mm,开挖后 24h,井帮的
最大径向位移为 58.941mm。图 5-17 为开挖段高内、不同时刻距井帮 1.0m 处冻结壁的
径向位移曲线。由图 5-17 可见,同一时刻此处的径向位移在开挖段高内也呈抛物线分
布,开挖后 4h,距井帮 1.0m 处冻结壁的最大径向位移为 28.426mm,开挖后 9h,距井帮
1.0m 处冻结壁的最大径向位移为 29.854mm,开挖后 14h,距井帮 1.0m 处冻结壁的最大
径向位移为 30.76mm,开挖后 19h,距井帮 0.5m 处冻结壁的最大径向位移为
31.437mm,开挖后 24h,距井帮 1.0m 处冻结壁的最大径向位移为 31.974mm。图 5-18
为开挖段高内、开挖后 4h、距井帮不同距离处冻结壁的径向位移曲线。井帮的最大径向
位移为 48.057mm,距井帮 1.0m 处冻结壁的最大径向位移为 28.426mm,距井帮 2.0m 处
冻结壁的最大径向位移为 14.115mm,距井帮 2.5m 处冻结壁的最大径向位移为
5.066mm。综合图 5-16～图 5-18 可知,开挖段高内,冻结壁的径向位移随着时间的增加
而增大,但增长速度随时间增加而减小;并且冻结壁内部的径向位移随着距开挖井帮的距
离增大而减小。

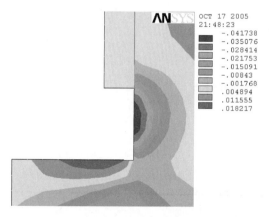

图 5-11　开挖后 4h 冻结壁径向位移(m)分布图

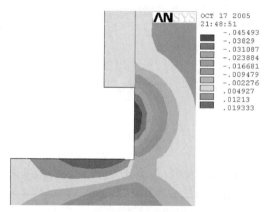

图 5-12　开挖后 9h 冻结壁径向位移(m)分布图

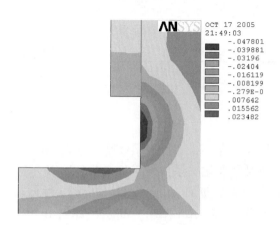

图 5-13　开挖后 14h 冻结壁径向位移(m)分布图

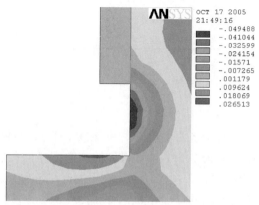

图 5-14　开挖后 19h 冻结壁径向位移(m)分布图

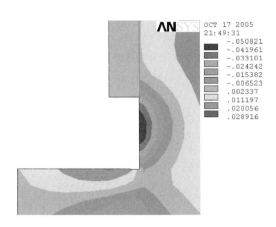

图 5-15　开挖后 24h 冻结壁径向位移(m)分布图

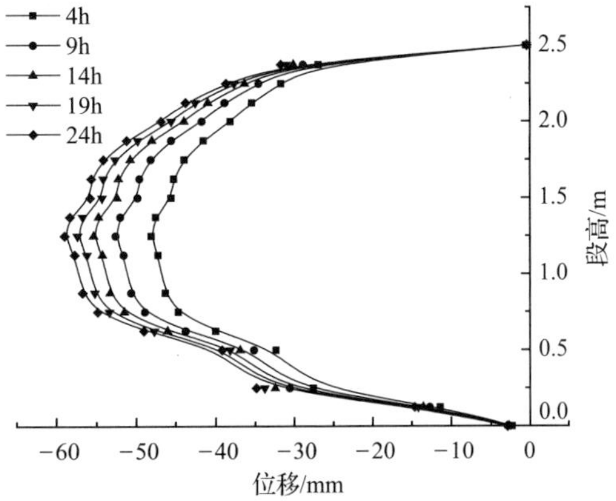

图 5-16　井帮径向位移随时间变化曲线

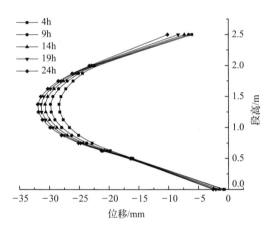

图 5-17　距井帮 1.0m 处径向位移随时间
变化曲线

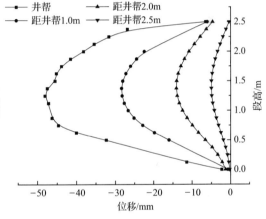

图 5-18　开挖后 4h 距井帮不同距离处径向
位移曲线

图 5-19 为济西生建矿主井,在井筒掘进至冲积层厚度为 425m 处,冻结壁厚度为 7.6m,开挖段高为 2.5m,开挖后 24h 掘进工作面底臌位移分布图。由图 5-19 可见,沿深度方向,距离掘进工作面越远,底臌位移量越小;沿开挖直径范围内,掘进工作面底臌位移分布呈半球面状,井筒中心处,底臌位移量最大,其值为 237.1mm。

对于丁集矿副井,在井筒掘进至冲积层厚度为 525m 处,冻结壁厚度为 11.4m,开挖段高为 2.5m,计算得到的冻结壁径向位移随时间变化关系如图 5-20～图 5-25 所示。其中图 5-20～图 5-24 为在不同时刻冻结壁径向位移分布图。由图 5-20～图 5-24 可见,随着时间的增加,冻结壁径向位移不断增大,冻结壁的最大径向位移发生在开挖段高的中部。图 5-25 为开挖段高内、不同时刻井帮的径向位移曲线。由图 5-25 可见,同一时刻井帮的径向位移在开挖段高内呈抛物线分布,开挖后 4h,井帮的最大径向位移为 82.03mm,开挖后 9h,井帮的最大径向位移为 88.95mm,开挖后 14h,井帮的最大径向位移为 93.13mm,开挖后 19h,井帮的最大径向位移为 96.22mm,开挖后 24h,井帮的最大径向位移为 98.52mm。总之,开挖段高内,冻结壁的径向位移随着时间、位置的变化规律与济西生建矿主井计算结果类似,只是相同时间、相同位置处的冻结壁的径向位移是济西生建矿主井计算结果的 1.7 倍左右。

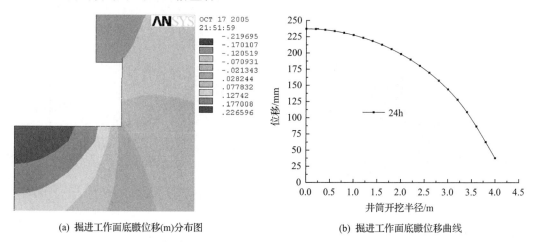

(a) 掘进工作面底臌位移(m)分布图　　　　　(b) 掘进工作面底臌位移曲线

图 5-19　开挖后 24h 掘进工作面底臌位移(m)分布图

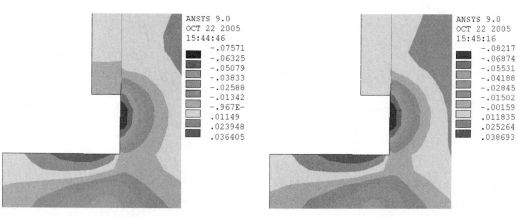

图 5-20　开挖后 4h 冻结壁径向位移(m)分布图　　　图 5-21　开挖后 9h 冻结壁径向位移(m)分布图

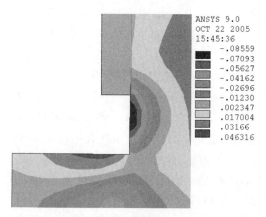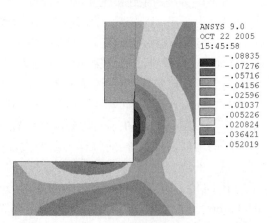

图 5-22　开挖后 14h 冻结壁径向位移(m)分布图　　　图 5-23　开挖后 19h 冻结壁径向位移(m)分布图

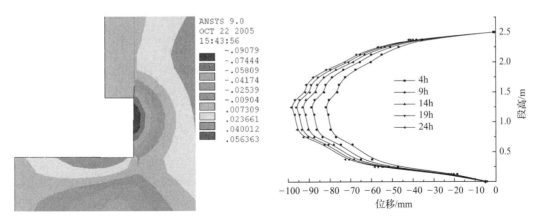

图 5-24　开挖后 24h 冻结壁径向位移(m)分布图　　图 5-25　井帮径向位移随蠕变时间变化曲线

图 5-26 为丁集矿副井,在井筒掘进至冲积层厚度为 525m 处,冻结壁厚度为 11.4m,开挖段高为 2.5m,开挖后 24h 掘进工作面底臌位移分布图。由图 5-26 可见,沿深度方向,距离掘进工作面越远,底臌位移量越小;沿开挖直径范围内,掘进工作面底臌位移分布呈半球面状,井筒中心处,底臌位移量最大,其值为 306.87mm。

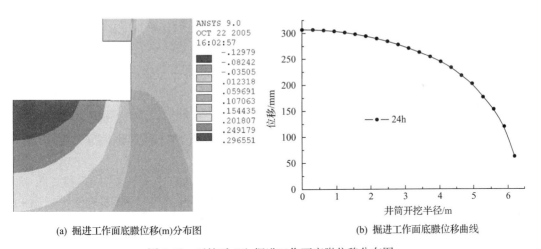

(a) 掘进工作面底臌位移(m)分布图　　　　　(b) 掘进工作面底臌位移曲线

图 5-26　开挖后 24h 掘进工作面底臌位移分布图

2) 冻结壁井帮最大径向位移公式回归

评价冻结壁稳定性的主要指标是井帮最大径向位移,通过对不同冻结壁厚度(δ)、不同冲积层厚度(H)、不同开挖段高(h)和不同开挖半径(R)的 20 个计算模型的计算分析,得出每个计算模型的冻结壁井帮最大径向位移(U_r)随时间(t)的变化值见表 5-7。

表 5-7   计算模型各方案井帮最大径向位移随时间变化值

矿井	计算模型	4h	9h	14h	19h	24h
济西生建矿主井	①	37.40	40.92	42.93	44.42	45.63
	②	48.06	52.57	55.34	57.35	58.94
	③	58.78	63.94	67.07	68.94	70.63
	④	31.97	34.92	36.4	37.46	38.35
	⑤	41.00	44.10	46.51	47.88	48.94
	⑥	54.74	58.73	61.21	63.08	64.42
	⑦	57.46	61.3	63.61	65.09	66.24
	⑧	69.89	74.36	76.99	78.96	80.42
	⑨	49.66	53.22	54.7	55.8	56.67
	⑩	65.67	69.3	71.48	72.97	74.3
丁集矿副井	①	52.1	57.86	61.17	63.6	65.55
	②	69.81	77.2	81.64	84.86	87.4
	③	87.76	96.5	101.6	105	107.8
	④	45.14	49.74	52.18	53.93	55.36
	⑤	61.13	66.49	70.23	72.56	74.37
	⑥	82.03	88.95	93.13	96.22	98.52
	⑦	76.96	83.02	86.63	89.04	90.91
	⑧	96.38	103.71	108	111.16	113.57
	⑨	62.68	67.87	70.3	72.09	73.49
	⑩	85.58	91.47	94.95	97.39	99.46

注:表中的计算方案和表 5-3 中的计算方案相对应。

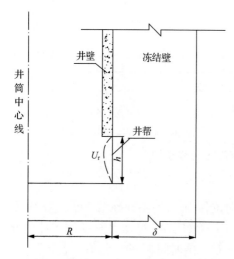

图 5-27   冻结壁井帮最大径向位移示意图

通过对表 5-7 中(表中未列出全部的 100 组)数据进行分析回归,得出冻结壁井帮最大径向位移(U_r)与冻结壁厚度(δ)、冲积层厚度(H)、开挖段高(h)、开挖半径(R)和时间(t)的关系(图 5-27)表达式如下(冻结壁平均温度为 $-15\,^{\circ}\mathrm{C}$):

$$U_r = 0.000685 \left(\frac{H}{\delta}\right)^{1.81266} h^{1.03647} R^{1.99752} t^{0.098574}$$

(5-92)

式中,U_r 为井帮最大径向位移(图 5-23),mm;δ 为冻结壁厚度,m;H 为冲积层厚度,m;h 为开挖段高,m;t 为段高暴露时间,h;R 为井筒开挖荒半径,m。

由式(5-92)可知,冻结壁井帮最大径向位移(U_r)随着冲积层厚度(H)、开挖段高(h)、开挖半径(R)和时间(t)的增加而增大,随着冻结壁厚度(δ)的增大而减小。

3) 冻结壁井帮最大径向位移公式评价

式(5-92)是根据冻结壁有限变形有限元计算结果回归得到的,为了检验该公式的合理性,利用式(5-92)计算结果与济西生建矿主井施工过程中实测结果[47]进行比较,以检验其可靠性。

济西生建矿主井在冲积层厚度 402.8～451.3m 位置处,冻结壁厚度为 7～7.6m,开挖段高为 2.2m,开挖半径为 4.0m,冻结壁平均温度−15℃,土性为黏土。开挖后 24h,冻结壁井帮最大径向位移实测值与式(5-92)计算值比较见表 5-8。由表 5-8 可见,共有 18 个测量水平,每个测量水平分东、西、南、北方向 4 个测点,每个测量水平 4 个测点的平均值与之对应的计算结果偏差不大,有 6 个测量水平的值与计算结果的偏差超过 15%,最大为 21.57%;有一半的测量水平的值与计算结果的偏差在 10% 以内。

表 5-8　冻结壁井帮最大径向位移实测结果与计算值比较(开挖后 24h)

测点深度 /m	实测结果/mm					回归公式 计算值/mm	计算值与实测 结果误差/%
	东	南	西	北	平均值		
402.8	83.37	71.46	59.55	47.64	65.51	56.00	−14.51
405	50.57	62.24	58.35	55	56.54	55.80	−1.31
407.3	56.51	56.51	90.42	64.05	66.87	55.63	−16.81
409.5	65.68	60.63	25.26	65.68	54.31	55.44	2.08
411.7	94.49	23.62	37.8	56.69	53.15	55.26	3.96
413.9	66.23	48.86	41.41	53.82	52.58	55.07	4.74
422.7	58.68	49.68	53.72	49.04	52.78	56.48	7.01
424.9	41.6	56	52.4	35.2	46.30	56.29	21.57
427.1	50.53	35.37	106.11	50.53	60.64	56.10	−7.48
433.7	57.66	72.07	72.07	65.77	66.89	56.96	−14.85
435.9	60.57	45.43	35.14	—	47.05	56.77	20.66
438.1	75.51	50.79	37.75	32.36	49.10	56.58	15.22
440.3	—	48.6	37.38	58.69	48.22	56.39	16.94
442.5	56.1	80.8	64.33	76.03	69.32	56.21	−18.91
444.7	60.97	44.34	94	27.71	56.76	56.03	−1.28
446.9	68.32	62.7	47.85	56.76	58.91	55.85	−5.19
449.1	55.43	72.57	50.86	47.14	56.50	55.67	−1.46
451.3	59.04	71.56	66.52	59.04	64.04	55.50	−13.33

图 5-28 为冻结壁井帮最大径向位移实测结果与计算值对比图。由图 5-28 可见,实测结果与计算值差的绝对值只有两个测量水平超过 10mm,其余测量水平的实测结果与计算值差的绝对值均在 10mm 以内。因此,通过回归计算得到的冻结壁井帮最大径向位移公式 $U_r = 0.000685 \left(\dfrac{H}{\delta} \right)^{1.81266} h^{1.03647} R^{1.99752} t^{0.098574}$ 是比较符合实际的,此式可为深厚冲积层冻结壁设计提供参考。

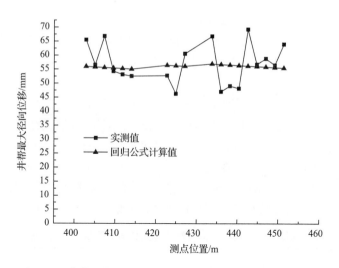

图 5-28　冻结壁井帮最大径向位移实测结果与计算值比较图

4）冻结壁井帮最大径向位移公式分析

当开挖段高为 2.5m，开挖半径为 6.2m，时间为 14h，在不同冻结壁厚度情况下，井帮最大径向位移（U_r）与冲积层厚度（H）的关系如图 5-29 所示。由图 5-29 可知，在相同的冻结壁厚度条件下，冻结壁井帮最大径向位移（U_r）随着冲积层厚度（H）的增大而增大，基本呈二次抛物线性增加。冲积层厚度增加 100m，冻结壁厚度为 9m 时，井帮最大径向位移增加 43.48m；冻结壁厚度为 9.5m 时，井帮最大径向位移增加 39.42m；冻结壁厚度为 10m 时，井帮最大径向位移增加 35.92m；冻结壁厚度为 10.5m 时，井帮最大径向位移增加 32.88m；冻结壁厚度为 11.4m 时，井帮最大径向位移增加 28.32m。

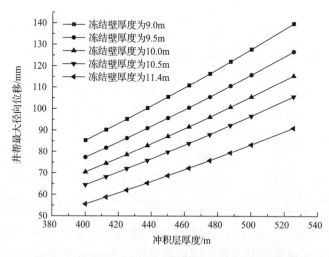

图 5-29　井帮最大径向位移随冲积层厚度的变化关系

当冲积层厚度为 525.25m，开挖半径为 6.2m，时间为 14h，在不同冻结壁厚度情况下，冻结壁井帮最大径向位移（U_r）与开挖段高（h）的关系如图 5-30 所示。由图 5-30 可知，在相同的冻结壁厚度条件下，冻结壁井帮最大径向位移（U_r）随着开挖段高（h）的增大而增大,基本呈线性增加。开挖段高增加 1.0m,冻结壁厚度为 9m 时,井帮最大径向位移增加 57.42m;冻结壁厚度为 9.5m 时,井帮最大径向位移增加 52.06m;冻结壁厚度为 10m 时,井帮最大径向位移增加 47.44m;冻结壁厚度为 10.5m 时,井帮最大径向位移增加 43.42m;冻结壁厚度为 11.4m 时,井帮最大径向位移增加 37.41m。

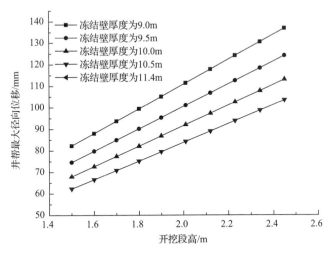

图 5-30　井帮最大径向位移随开挖段高的变化关系

当冲积层厚度为 525.25m,开挖半径为 6.2m,时间为 14h,在不同开挖段高情况下,冻结壁井帮最大径向位移与冻结壁厚度的关系如图 5-31 所示。由图 5-31 可知,在开挖段高相同的条件下,冻结壁井帮最大径向位移随着冻结壁厚度的增大而减小。

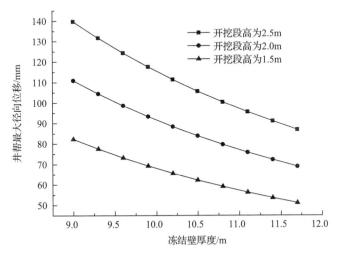

图 5-31　井帮最大径向位移随冻结壁厚度的变化关系

当冲积层厚度为 525.25m,开挖段高为 2.5m,开挖半径为 6.2m,在不同冻结壁厚度情况下,冻结壁井帮最大径向位移与时间的关系如图 5-32 所示。从图 5-32 可以看出,开挖后 24h,冻结壁井帮最大径向位移随着时间的增大而增大,但其增长速度随时间增加而减小。

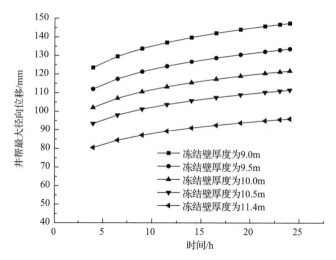

图 5-32　井帮最大径向位移随时间的变化关系

综上所述,利用冻土有限变形本构关系,对深厚冲积层冻结壁进行了有限元分析,得出冻结壁的变形特性如下:

(1)冻结壁井帮径向位移在段高内的分布是不均匀的,一般是上下小、中间大;冻结壁内部径向位移比井帮径向位移小得多;同时掘进工作面伴随严重的底臌现象。

(2)通过对不同冻结壁厚度(δ)、不同冲积层厚度(H)、不同开挖段高(h)和不同开挖半径(R)的 20 个模型的计算分析,得出冻结壁井帮最大径向位移(U_r)的计算公式:
$$U_r = 0.000685 \left(\frac{H}{\delta} \right)^{1.81266} h^{1.03647} R^{1.99752} t^{0.098574} 。$$

(3)回归公式计算结果与济西生建矿主井施工过程中的实测结果偏差较小,因此,通过回归计算得到的冻结壁井帮最大径向位移公式是合理的。此公式可为深厚冲积层冻结壁设计提供参考。

(4)冻结壁井帮最大径向位移随着冲积层厚度和开挖段高的增大而增大,随着冻结壁厚度增大而减小,同时随着时间的增加而增大,但其增长速度随时间增加而减小。

参 考 文 献

[1] Lamé G,Clapeyron B. Mémoire sur l'équilibre intérieur des corps solides homogènes. Journal für die reine und angewandte Mathematik,1831,7:145-169.

[2] Domke O. Über die Beanspruchung der Frostmauer beim Schachtabteufen nach dem Gefrierverfahren. Glückauf,1915,51:1129-1135.

[3] Klein J. Die bemessung von gefreirscbachten in tonformationen ohhe reibung mit berucks-chtigung der zeit. Gluckauf-forschungshefte. 41,H. Z,1980.

[4] 维亚洛夫 C C,查列茨基 Ю K,果罗捷茨基 C Э. 人工冻结土强度与蠕变计算. 兰州:中国科学院兰州冰川冻土研究所,1983.

[5] Cheng X S. Mechanical characteristics of artificially frozen clays under triaxial stress condition. Proceeding of 5th International Symposium on Ground Freezing,Nottingham,1988.

[6] Vialov S S,Gmoshinskii V G,Gorodetskii S E,et al. The strength and creep of frozen soils and calculations for ice-soil retaining structures. US Army Cold Regions Research and Engineering Laboratory,Translation,1963.

[7] 陈湘生. 深冻结壁时空设计理论. 岩土工程学报,1998,20(5):13-16.

[8] 杨平. 深井冻结壁变形计算的理论分析. 淮南矿业学院学报,1994,14(2):26-31.

[9] 胡向东. 卸载状态下冻结壁外载的确定. 同济大学学报,2002,30(1): 6-10.

[10] 胡向东. 卸载状态下与周围土体共同作用的冻结壁力学模型. 煤炭学报, 2001,26(5):507-511.

[11] Soo S,Wen R K,Andersland O B,et al. Finite element method for analysis of frozen earth structures. Cold Regions Science and Technology,1987,13:121-129.

[12] 沈沐. 人工冻结壁蠕变变形和应力的数值分析. 冰川冻土,1987,9(2):139-148.

[13] 王建平,王正廷,伍期建. 深厚黏土层中冻结壁变形和应力的三维有限元分析. 冰川冻土,1993,15(2):309-316.

[14] 郭瑞平,霍雷声. 冻结壁位移计算及冻结施工优化设计. 矿冶工程,1999,19(4):6-8.

[15] 马明英,郭瑞平. 冻结凿井中冻结壁位移规律及影响因素的研究. 冰川冻土,1989,11(1):20-33.

[16] 翁家杰,张铭. 冻结壁弹塑性反演分析. 中国矿业大学学报,1991,20(1):36-43.

[17] 吴紫汪,马巍,张长庆,等. 人工冻结壁变形的模型试验研究. 冰川冻土 1993,15(1):121-124.

[18] 崔广心. 深厚冲击层冻结壁厚度的确定. 冰川冻土,1995,17(增刊):26-33.

[19] 崔广心,卢清国. 冻结壁厚度和变形规律的模型试验研究. 煤炭学报,1992,17(1):37-47.

[20] 汪仁和. 黏土冻结壁的变形特性与计算. 冰川冻土,1996,18(1):47-52

[21] 李功洲. 深井冻结壁位移实测研究. 煤炭学报,1995,20(1):99-104.

[22] 梁惠生. 冻结凿井中冻结壁的弹塑性分析. 煤炭学报,1980,5(2):23-32.

[23] 汪仁和,李栋伟,王秀喜. 摩尔-库仑强度准则计算冻结壁应力场和位移场. 工业建筑,2005,35(10):40-42.

[24] 杨维好,杨志江,韩涛,等. 基于与围岩相互作用的冻结壁弹性设计理论. 岩土工程学报,2012,34(3):516-519.

[25] 杨维好,杨志江,柏东良. 基于与围岩相互作用的冻结壁弹塑性设计理论. 岩土工程学报,2013,35(1):175-180.

[26] 杨维好,杜子博,柏东良,等. 基于与围岩相互作用的冻结壁塑性设计理论. 岩土工程学报,2013, 35(10): 1857-1862.

[27] 袁文伯. 非均质冻结壁的应力分析. 煤炭学报,1983,8(2):40-42.

[28] 尤春安. 非均质冻结壁弹塑性分析及壁厚的计算. 煤炭学报,1986,11(2):80-88.

[29] 胡向东,舒畅,佘思源. 均布荷载下抛物线形 FGM 冻结壁弹塑性解. 煤炭学报,2012,37(3):379-384.

[30] 荣传新,王秀喜,程桦. 有限变形理论的深厚冲积层冻结壁变形特性分析. 西安科技大学学报,2010,30(1):63-70.

[31] 郑颖人. 岩土塑性力学基本原理. 北京:中国建筑工业出版社,2002.

[32] 徐秉业. 应用弹塑性力学. 北京:清华大学出版社,1995.

[33] 翁家杰. 井巷特殊施工. 北京:煤炭工业出版社,1991.

[34] Chen Y Z, Lin X Y. Elastic analysis for thick cylinder and spherical pressure vessels made of functionally graded materials. Computational Materials Science,2008,44(2):581-587.

[35] 余力,崔广心,翁家杰,等. 特殊凿井. 北京:煤炭工业出版社,1981:2,3.

[36] 崔广心,杨维好,吕恒林,等. 深厚表土层中的冻结壁和井壁. 徐州:中国矿业大学出版社,1998.

[37] 崔托维奇. 冻土力学. 北京:科学出版社,1985.

[38] 张向东,张树光,李永清,等. 冻土三轴流变特性试验研究与冻结壁厚度的确定. 岩石力学与工程学报, 2004, 23(3):395-400.

[39] 陈湘生. 我国人工冻结黏土蠕变数学模型及应用. 煤炭学报,1995,20(4):399-402.

[40] 陈湘生. 对深冻结井几个关键问题的探讨. 煤炭科学技术,1999,1(27):36-38.

[41] Ma W,Chang X X. Analysis of strength and deformation of an artificially frozen soil wall in underground engineering. Cold Regions Science and Technology,2002,34(1):11-17.

[42] Fung Y C. Foundation of Solid Mechanics. New Jersey:Prentice-Hall,1965.

[43] 马巍,吴紫汪,等. 冻土的蠕变及蠕变强度. 冰川冻土,1994,16(2):113-118.

[44] 荣传新,王秀喜,程桦,等. 冻结壁稳定性分析的黏弹塑性模型. 力学与实践,2005,7(6):68-72.

[45] 吴紫汪,马巍. 冻土强度与蠕变. 兰州:兰州大学出版社,1994.

[46] Kohnke P. ANSYS Theory Reference. ANSYS,Inc. December,2000.

第6章　冻结壁与外层井壁共同作用机理

冻结壁是一种临时承载结构,在设计永久井壁(内层井壁)时不能将其承载能力考虑进去,但在设计外层井壁时,应该考虑其与外层井壁相互作用、共同承载。外层井壁承受的外荷载即冻结压力,冻结压力主要包括两部分[1]:①现浇混凝土时,冻土融化再冻结产生的冻胀压力。因无外部补给水源,这种冻胀压力只是由于冻土融化的水和现浇混凝土所产生的水分再冻结成冰而致。这种冻胀压力是有限的,且可以通过在现浇混凝土外层井壁与冻结壁之间适当加一层泡沫层消除。②冻结壁是一流变体,其变形随时间变化而变化。这种位移被外层井壁所约束,故外层井壁对冻结壁产生反力。由于冻结压力是冻结壁对外层井壁的作用力,而它又是由于外层井壁的存在而产生的,也就是说,冻结压力是冻土壁和外层井壁这两个地下结构物之间的相互作用,作用力的大小与两者的特性有关,且互为作用力与反作用力。冻结壁变形与外层井壁刚度的关系可由图 6-1 简要说明。由图 6-1 可见,冻结压力的大小有以下三种情况:①冻土壁的变形能力和外层井壁的刚度均很大,作用于外层井壁的冻结压力则很大;②冻土壁的变形量很大,但外层井壁刚度很小,则冻结压力很小;③冻土壁变形量很小,不论外壁的刚度如何,冻结压力都很小。

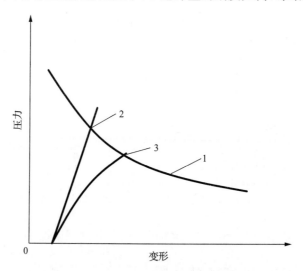

图 6-1　冻结壁变形与外层井壁刚度的关系
1. 冻结壁变形与压力曲线;2. 刚性井壁变形与压力曲线;3. 柔性井壁变形与压力曲线

进入 21 世纪以来,随着我国煤矿开采深度的不断增加,冻结法凿井所穿越的冲积层厚度已由早期的 300m 左右增至 400~600m。随地层深度的增加,人工冻土的力学特性尤为复杂[2,3]。冻结壁与井壁结构设计是冻结法凿井的设计基础,冻结压力是外层井壁设计的重要依据[2],是井筒施工过程中井帮作用于井壁之上的水平外荷载,是冻结壁与外层井壁共同作用的结果,其作用力的大小与两者的材料特性有关。多年来,国内外学者针对人工冻结凿井冻结压力产生的机理及大小,开展了大量理论与实测研究,取得了不少研究成果[4~9]。另外,杨俊杰[10,11]、Auld[12]和 Sugihara 等[13]考虑冻结壁与外层井壁的相互作用,开展了外层井壁设计计算理论的研究,但他们在计算时把冻结壁看作弹性或弹塑性体,没有考虑冻结壁的蠕变特性。荣传新等[9]基于黏弹塑性冻土流变本构,建立了一个适合于深厚冲击层的考虑冻结壁与外层井壁以及周围土体共同作用的黏弹性计算模型,模型中同时考虑冻结壁的蠕变变形,推导出作用于冻结壁上的外荷载表达式和冻结壁的应力分布规律,以及作用于外层井壁上的冻结压力解析表达式和井壁应力分布规律。王衍森和文凯[14]基于深部冻土的蠕变本构及冻结壁温度场,模拟井筒掘砌施工,开展冻结壁与井壁相互作用的数值分析,获得了冻结凿井施工工况条件下,冻结壁对井壁相互作用力的增长规律。

6.1　基于维亚洛夫公式的冻结壁和井壁共同作用理论解

在考虑冻结壁卸载过程的前提下,同时考虑冻结壁与外层井壁和周围土体共同作用以及冻结壁的蠕变变形,导出作用于外层井壁上的冻结压力表达式。

6.1.1　力学模型

冻结壁的变形是由于其内部的土体被开挖而产生的,也就是由卸载过程中的解除应力场引起的。因此在工程意义上考察冻结壁应力应变状态时只需考虑解除应力场的作用,而不必考虑原始应力场的作用。为了便于确定解除应力场,以作用在外围无限土体外边界上的等效荷载来代替冻结壁内表面上的解除应力,对于平面应变问题,等效荷载由下式表示[15,16]:

$$P_{eq} = \frac{P}{2(1-\mu_0)} \tag{6-1}$$

式中,P 为土体的原始水平应力;μ_0 为土体的泊松比。

冻结壁与外层井壁共同作用的力学模型如图 6-2 所示,外层井壁和冻结壁周围土体视为各向同性弹性连续体,外层井壁的弹性模量 E,泊松比 μ;冻结壁周围土体弹性模量 E_0,泊松比 μ_0;冻结壁假定为均质各向同性黏弹性连续体,周围土体无限远处边界 $L_\infty(r=r_\infty)$ 有等效应力 P_{eq};冻结壁外表面 $L_1(r=r_1)$ 有外荷载 P_1;冻结壁与外层井壁的交界面 $L_2(r=r_2)$ 有冻结压力 P_2;外层井壁内表面 $L_0(r=r_0)$ 有 $P_0=0$。

6.1.2　外围土体的弹性分析

外围土体可看成内外受均布压力的弹性厚壁圆筒来计算,周围土体径向应力和环向应力的计算如下[17]:

$$\sigma_{r(SE)} = \frac{r_1^2 r_\infty^2}{r_\infty^2 - r_1^2} \cdot \frac{P_1 - P_{eq}}{r^2} + \frac{r_\infty^2 P_{eq} - r_1^2 P_1}{r_\infty^2 - r_1^2} = \left(1 - \frac{r_1^2}{r^2}\right)P_{eq} + P_1 \frac{r_1^2}{r^2} \tag{6-2}$$

$$\sigma_{\theta(SE)} = \frac{r_1^2 r_\infty^2}{r_\infty^2 - r_1^2} \cdot \frac{P_{eq} - P_1}{r^2} + \frac{r_\infty^2 P_{eq} - r_1^2 P_1}{r_\infty^2 - r_1^2} = \left(1 + \frac{r_1^2}{r^2}\right)P_{eq} - P_1 \frac{r_1^2}{r^2} \tag{6-3}$$

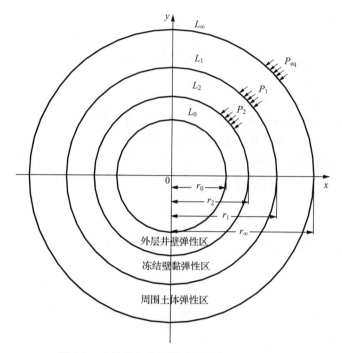

图 6-2　冻结壁与外层井壁共同作用力学模型

在外围土体与冻结壁交界处 $L_1(r = r_1)$ 上土体位移：

$$u_{(\text{SE})} = \frac{r_1}{E_0}\left[2(1-\mu_0^2)P_{\text{eq}} - (1+\mu_0)P_1\right] \tag{6-4}$$

6.1.3　冻结壁的黏弹性分析

在冻结壁的黏弹性区，考虑冻土的蠕变，采用厚壁筒蠕变力学理论来进行分析，则该问题转化为：内、外半径为 r_2、r_1，承受内压 P_2、P_1 的厚壁筒。

对于复杂应力状态下冻土蠕变可由统一的流态方程来描述[18,19]：

$$\varepsilon_i = A(\theta)\sigma_i^B t^C \tag{6-5}$$

式中，ε_i 为等效应变（应变强度）；σ_i 为等效应力（应力强度）；t 为时间；$A(\theta)$、B、C 为蠕变参数；θ 为温度。

用应变速率来表示，则有：

$$\dot{\varepsilon}_i = A(\theta)\sigma_i^B C t^{C-1} \tag{6-6}$$

式中，$\dot{\varepsilon}_i$ 为应变率强度。

应力应变关系采用 Mises 型增量理论，冻土蠕变体积不可压缩，则 $\varepsilon_m = 0$，

$$\dot{\boldsymbol{\varepsilon}}_{ij} = \dot{\boldsymbol{e}}_{ij} = \frac{3\dot{\varepsilon}_i}{2\sigma_i}\boldsymbol{S}_{ij} \tag{6-7}$$

式中，$\dot{\boldsymbol{\varepsilon}}_{ij}$ 为应变率张量；$\dot{\boldsymbol{e}}_{ij}$ 为偏应变率张量；$\boldsymbol{S}_{ij}$ 为偏应力张量。

由式(6-6)、式(6-7)可得：

$$\dot{e}_{ij} = \frac{3}{2}\,\dot{\varepsilon}_i{}^{(1-\frac{1}{B})}A\,(\theta)^{\frac{1}{B}}C^{\frac{1}{B}}t^{\frac{C-1}{B}}S_{ij} \tag{6-8}$$

不计弹性应变，取 $\varepsilon_{ij}^e = 0$，用 σ_m 表示平均应力，则有：

$$\begin{cases} \dot{\varepsilon}_r = \chi(\sigma_r - \sigma_m) \\ \dot{\varepsilon}_\theta = \chi(\sigma_\theta - \sigma_m) \\ \dot{\varepsilon}_z = \chi(\sigma_z - \sigma_m) \end{cases} \tag{6-9}$$

式中：$\chi = \frac{3}{2}\,\dot{\varepsilon}_i{}^{(1-\frac{1}{B})}A\,(\theta)^{\frac{1}{B}}C^{\frac{1}{B}}t^{\frac{C-1}{B}}$。

将式(6-9)前两式相减可得：

$$\sigma_\theta - \sigma_r = \chi^{-1}(\dot{\varepsilon}_\theta - \dot{\varepsilon}_r) \tag{6-10}$$

由 $\varepsilon_m = 0$，则 $\dot{\varepsilon}_m = 0$，即：

$$\dot{\varepsilon}_r + \dot{\varepsilon}_\theta + \dot{\varepsilon}_z = 0 \tag{6-11}$$

率型应变-位移关系为：

$$\dot{\varepsilon}_\theta = \frac{\dot{u}}{r},\ \dot{\varepsilon}_r = \frac{\mathrm{d}\dot{u}}{\mathrm{d}r} \tag{6-12}$$

对平面应变问题，有 $\varepsilon_z = 0$，则 $\dot{\varepsilon}_z = 0$，由式(6-11)可得 $\dot{\varepsilon}_r = -\dot{\varepsilon}_\theta$。

将式(6-12)代入 $\dot{\varepsilon}_r = -\dot{\varepsilon}_\theta$ 得到：

$$\frac{\mathrm{d}\dot{u}}{\mathrm{d}r} = -\frac{\dot{u}}{r} \tag{6-13}$$

积分式(6-13)，可得：

$$\dot{u} = \frac{k}{r} \tag{6-14}$$

式中，k 为积分常数。

将式(6-14)代入式(6-12)，得：

$$\dot{\varepsilon}_\theta = \frac{k}{r^2},\quad \dot{\varepsilon}_r = -\frac{k}{r^2} \tag{6-15}$$

将式(6-15)代入应变率强度表达式，并考虑到 $\dot{\varepsilon}_z = 0$，得：

$$\dot{\varepsilon}_i = \frac{\sqrt{2}}{3}\sqrt{(\dot{\varepsilon}_r - \dot{\varepsilon}_\theta)^2 + (\dot{\varepsilon}_\theta - \dot{\varepsilon}_z)^2 + (\dot{\varepsilon}_z - \dot{\varepsilon}_r)^2} = \frac{2}{\sqrt{3}}\frac{|k|}{r^2} \tag{6-16}$$

平衡方程为：

$$\frac{\mathrm{d}\sigma_r}{\mathrm{d}r} + \frac{\sigma_r - \sigma_\theta}{r} = 0 \tag{6-17}$$

将式(6-10)、式(6-15)代入式(6-17)，然后对 σ_r 积分得：

$$\sigma_r = k_1 - \left(\frac{2}{\sqrt{3}}\right)^{\frac{B+1}{B}}\frac{B}{2}\frac{k^{\frac{1}{B}}}{\left[A(\theta)Ct^{C-1}\right]^{\frac{1}{B}}r^{\frac{2}{B}}} \tag{6-18}$$

式中，k_1 为对 σ_r 积分时引入的常数。

边界条件为：

$$\begin{cases} r = r_2 & \sigma_r = P_2 \\ r = r_1 & \sigma_r = P_1 \end{cases} \tag{6-19}$$

由边界条件式(6-19)可以确定积分常数 k 和 k_1。然后，得到如下应力和位移速率表达式：

$$\begin{cases} \sigma_r = \dfrac{P_1 r_1^{\frac{2}{B}} - P_2 r_2^{\frac{2}{B}}}{r_1^{\frac{2}{B}} - r_2^{\frac{2}{B}}} - \dfrac{(P_1 - P_2) r_1^{\frac{2}{B}} r_2^{\frac{2}{B}}}{\left(r_1^{\frac{2}{B}} - r_2^{\frac{2}{B}} \right) r^{\frac{2}{B}}} \\ \\ \sigma_\theta = \dfrac{P_1 r_1^{\frac{2}{B}} - P_2 r_2^{\frac{2}{B}}}{r_1^{\frac{2}{B}} - r_2^{\frac{2}{B}}} + \dfrac{2-B}{B} \dfrac{(P_1 - P_2) r_1^{\frac{2}{B}} r_2^{\frac{2}{B}}}{\left(r_1^{\frac{2}{B}} - r_2^{\frac{2}{B}} \right) r^{\frac{2}{B}}} \end{cases} \tag{6-20}$$

$$\dot{u} = \frac{3^{\frac{1+B}{2}}}{2B^B} (P_1 - P_2)^B \frac{r_1^2 r_2^2}{\left(r_1^{\frac{2}{B}} - r_2^{\frac{2}{B}} \right)^B r} A(\theta) C t^{C-1} \tag{6-21}$$

则冻结壁外边界位移为：

$$u^o_{\text{(FE)}} = \frac{3^{\frac{1+B}{2}}}{2B^B} (P_1 - P_2)^B \frac{r_1 r_2^2}{\left(r_1^{\frac{2}{B}} - r_2^{\frac{2}{B}} \right)^B} A(\theta) t^C \tag{6-22}$$

同理可得：冻结壁内边界位移为：

$$u^i_{\text{(FE)}} = \frac{3^{\frac{1+B}{2}}}{2B^B} (P_1 - P_2)^B \frac{r_1^2 r_2}{\left(r_1^{\frac{2}{B}} - r_2^{\frac{2}{B}} \right)^B} A(\theta) t^C \tag{6-23}$$

根据冻结壁与外围土体位移协调条件 $u^o_{\text{(FE)}} = u_{\text{(SE)}}$，代入式(6-4)和式(6-22)后得：

$$\frac{r_1}{E_0} \left[2(1 - \mu_0^2) P_{\text{eq}} - (1 + \mu_0) P_1 \right] = \frac{3^{\frac{1+B}{2}}}{2B^B} (P_1 - P_2)^B \frac{r_1 r_2^2}{\left(r_1^{\frac{2}{B}} - r_2^{\frac{2}{B}} \right)^B} A(\theta) t^C \tag{6-24}$$

显然，P_1 是 P_{eq}、P_2、r_1、r_2 等参数的函数，一般形式可写成：

$$P_1 = f(P_{\text{eq}}, P_2, r_1, r_2) \tag{6-25}$$

然而，很难得到 $f(P_{\text{eq}}, P_2, r_1, r_2)$ 的显式。通常，通过蠕变试验以数据形式给出它们之间的函数关系。

黏弹性区冻结壁应力式(6-20)亦可由 P_{eq}、P_2 表示为：

$$\begin{cases} \sigma_r = \dfrac{f(P_{\text{eq}}, P_2, r_1, r_2) r_1^{\frac{2}{B}} - P_2 r_2^{\frac{2}{B}}}{r_1^{\frac{2}{B}} - r_2^{\frac{2}{B}}} - \dfrac{(f(P_{\text{eq}}, P_2, r_1, r_2) - P_2) r_1^{\frac{2}{B}} r_2^{\frac{2}{B}}}{\left(r_1^{\frac{2}{B}} - r_2^{\frac{2}{B}} \right) r^{\frac{2}{B}}} \\ \\ \sigma_\theta = \dfrac{f(P_{\text{eq}}, P_2, r_1, r_2) r_1^{\frac{2}{B}} - P_2 r_2^{\frac{2}{B}}}{r_1^{\frac{2}{B}} - r_2^{\frac{2}{B}}} + \dfrac{2-B}{B} \dfrac{(f(P_{\text{eq}}, P_2, r_1, r_2) - P_2) r_1^{\frac{2}{B}} r_2^{\frac{2}{B}}}{\left(r_1^{\frac{2}{B}} - r_2^{\frac{2}{B}} \right) r^{\frac{2}{B}}} \end{cases} \tag{6-26}$$

6.1.4　外层井壁的弹性分析

钢筋混凝土外层井壁可看成外受均布压力的弹性厚壁圆筒来计算,其应力和位移的计算如下[17]:

$$\sigma_{r(CE)} = \frac{r_2^2 P_2}{r_2^2 - r_0^2}\left(1 - \frac{r_0^2}{r^2}\right) \tag{6-27}$$

$$\sigma_{\theta(CE)} = \frac{r_2^2 P_2}{r_2^2 - r_0^2}\left(1 + \frac{r_0^2}{r^2}\right) \tag{6-28}$$

$$u_{(CE)} = \frac{r_2^2 P_2}{E(r_2^2 - r_0^2)}\left[\frac{(1+\mu)r_0^2}{r} + (1-\mu)r\right] \tag{6-29}$$

在外层井壁与冻结壁交界处 $L_2 (r = r_2)$ 上外层井壁的位移:

$$u^o{}_{(CE)} = \frac{r_2 P_2}{E(r_2^2 - r_0^2)}\left[(1+\mu)r_0^2 + (1-\mu)r_2^2\right] \tag{6-30}$$

根据外层井壁与冻结壁位移协调条件 $u^i{}_{(FE)} = u^o{}_{(CE)}$,代入式(6-23)和式(6-30)后得:

$$\frac{r_2 P_2}{E(r_2^2 - r_0^2)}\left[(1+\mu)r_0^2 + (1-\mu)r_2^2\right] = \frac{3^{\frac{1+B}{2}}}{2B^B}(P_1 - P_2)^B \frac{r_1^2 r_2}{(r_1^{\frac{2}{B}} - r_2^{\frac{2}{B}})^B}A(\theta)t^C \tag{6-31}$$

联立式(6-24)和式(6-31),并同时考虑式(6-1),得到作用于冻结壁上的外荷载的表达式为:

$$P_1 = P - \frac{E_0 r_2^2\left[(1+\mu)r_0^2 + (1-\mu)r_2^2\right]}{Er_1^2(r_2^2 - r_0^2)(1+\mu_0)}P_2 \tag{6-32}$$

把式(6-32)代入式(6-31)得:

$$\frac{P_2}{E(r_2^2 - r_0^2)}\left[(1+\mu)r_0^2 + (1-\mu)r_2^2\right]$$
$$= \frac{3^{\frac{1+B}{2}}}{2B^B}\left(P - P_2 - \frac{E_0 r_2^2\left[(1+\mu)r_0^2 + (1-\mu)r_2^2\right]}{Er_1^2(r_2^2 - r_0^2)(1+\mu_0)}P_2\right)^B \frac{r_1^2}{(r_1^{\frac{2}{B}} - r_2^{\frac{2}{B}})^B}A(\theta)t^C \tag{6-33}$$

由式(6-33)可求解出外层井壁与冻结壁共同作用产生的冻结压力 P_2,其大小不仅与外层井壁混凝土的弹性模量 E 和泊松比 μ,冻结壁周围土体弹性模量 E_0 和泊松比 μ_0,冻结壁蠕变参数 $A(\theta)$、B、C,时间 t,温度 θ,外层井壁的内外半径 r_0、r_2,冻结壁的内外半径 r_2、r_1,地压 P 的大小等因素有关,而且还与现浇混凝土的强度增长及其弹性模量随时间的变化等因素有关。

由冻土蠕变实验结果可知,冻结壁蠕变参数 B 的值一般为:$1 \leqslant B \leqslant 2$,取 $B=1$ 时,利

用式(6-33)可写出冻结压力 P_2 的显式为:

$$P_2 = \frac{P}{1 + \dfrac{2\left[(1+\mu)r_0^2 + (1-\mu)r_2^2\right](r_1^2 - r_2^2)}{3E(r_2^2 - r_0^2)r_1^2 A(\theta)t^C} + \dfrac{E_0 r_2^2 \left[(1+\mu)r_0^2 + (1-\mu)r_2^2\right]}{Er_1^2(r_2^2 - r_0^2)(1+\mu_0)}}$$

(6-34)

在本节计算中,以山东省济西生建煤矿主井为计算模型,计算参数的选取如下:土体弹性模量 $E_0 = 65\text{MPa}$,泊松比 $\mu_0 = 0.3$;外层井壁混凝土泊松比 $\mu = 0.2$,井壁内半径 $r_0 = 3.15\text{m}$,外半径 $r_2 = 4.0\text{m}$;冻土三轴蠕变参数 $A(\theta) = 0.005216\text{MPa}$,$C = 0.089$,时间 t 的单位为 h;冻结壁内半径 $r_2 = 4.0\text{m}$,冻结壁外半径 $r_1 = 11.6\text{m}$;计算深度 450m,原始地层压力 $P = 5.85\text{MPa}$;此处的外层井壁混凝土强度等级为 C65。将上述计算参数分别代入式(6-34),得到不同时间下的冻结压力 P_2 随外层井壁混凝土弹性模量变化的关系曲线如图 6-3 所示,以及冻结压力 P_2 随时间 t 变化的关系曲线如图 6-4 所示。

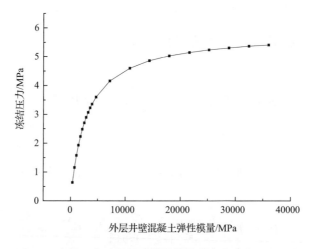

图 6-3　冻结压力随混凝土弹性模量的变化曲线($t=24\text{h}$)

由图 6-3 可见,外层井壁混凝土弹性模量变化对冻结压力的影响非常大,当外层井壁混凝土弹性模量由 360MPa 增加到 36000MPa 时,取 t=1d,冻结压力由 0.64MPa 增加到 5.41MPa,冻结压力增加了 8 倍多,说明在外层井壁现浇混凝土的初期,由于混凝土的强度增长较快,一般混凝土的 3d 强度达到其设计强度的 70% 左右,混凝土的 7d 强度达到其设计强度的 90% 左右,其弹性模量也增加较快,因此作用于外层井壁上冻结压力增长较快。现场测试结果也是如此。

由图 6-4 可见,当外层井壁的混凝土的弹性模量 $E=36000\text{MPa}$ 时,冻结压力随时间的变化不大,时间 t 从 0.1d 增加到 25d,冻结压力只增加了 0.19MPa。这说明当外层井壁现浇混凝土的强度达到其设计强度时,冻结压力趋于稳定。这一点也得到了现场测试结果的验证。

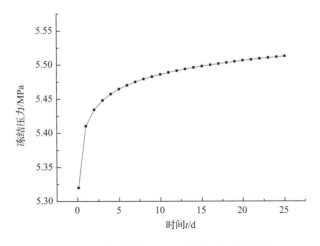

图 6-4　冻结压力随时间的变化曲线(C65 混凝土的弹性模量 $E=36000$MPa)

6.1.5　冻结压力的理论计算公式的评价

　　为了验证冻结压力的理论计算公式(6-33)的合理性,利用该式的计算结果与山东省济西生建煤矿主井第二测试水平的实测结果进行比较,以检验其可靠性。计算参数选取如下:土体弹性模量 $E_0=65$MPa,泊松比 $\mu_0=0.3$;外层井壁混凝土泊松比 $\mu=0.2$,井壁内半径 $r_0=3.15$m,外半径 $r_2=4.0$m;冻土三轴蠕变参数 $A(\theta)=0.005216$MPa,$B=1.784$,$C=0.089$,时间 t 的单位为 h;冻结壁内半径 $r_2=4.0$m,冻结壁外半径 $r_1=11.6$m;该测试水平的深度为 385.7m,则原始地层压力 $P=5.01$MPa;此处的外层井壁混凝土强度等级为 C55,其弹性模量 $E=35500$MPa,由于混凝土浇筑初期其强度不断增加,则其弹性模量的值也是由 0 不断增大到 35500MPa,即混凝土的弹性模量 E 是时间 t 的函数,弹性模量 E 的取值如图 6-5 所示。将上述计算参数分别代入式(6-33),得到不同时间下的冻结压力 P_2 的计算值见表 6-1。表 6-1 为济西生建煤矿主井第二测试水平冻结

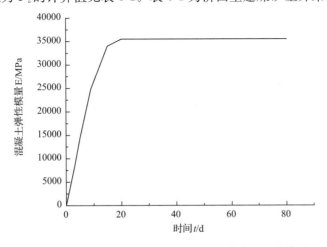

图 6-5　混凝土的弹性模量 E 随时间 t 的变化关系曲线图

压力的理论公式计算值与实测结果比较表。由表 6-1 可见,冻结压力的理论公式计算值与实测结果的平均值偏差不大,只有一个测试水平的实测结果平均值与理论公式的计算结果偏差超过 10%。图 6-6 为济西生建煤矿主井第二测试水平冻结压力的理论公式计算值与实测结果对比图,从图 6-6 可以看出,冻结压力的理论公式计算值与实测结果平均值差的绝对值均在 0.24MPa 以内,因此冻结压力的理论计算公式(6-33)是比较符合实际的,此公式可为冻结法凿井的外层井壁结构设计提供依据。

表 6-1　济西生建煤矿主井第二测试水平冻结压力的理论公式计算值与实测结果比较表

时间/d	实测冻结压力的平均值/MPa	式(6-33)计算结果/MPa	计算结果与实测结果的误差/%
3	2.08	2.32	11.5
5	3.36	3.65	8.6
12	3.9	4.01	2.8
19	4.22	4.19	−0.7
33	4.5	4.21	−6.4
34	4.54	4.21	−7.3
37	4.54	4.21	−7.3
47	4.34	4.22	−2.8
57	4.36	4.23	−3.0
80	4.48	4.24	−5.4

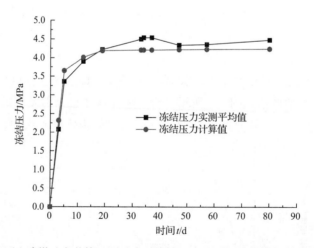

图 6-6　济西生建煤矿主井第二测试水平冻结压力的理论计算值与实测结果对比图

综上所述,通过对深厚冲积层冻结壁和井壁的共同作用机理的理论分析,得到了作用于冻结壁上的外荷载表达式,冻结壁的应力分布规律;以及作用于外层井壁上的冻结压力表达式和井壁的应力分布规律。并且,由计算分析可知,外层井壁的弹性模量对冻结压力的影响非常大,取 $t=1$d,当外层井壁混凝土弹性模量由 360MPa 增加到 36000MPa 时,冻结压力由 0.64MPa 增加到 5.41MPa,冻结压力增加了 8 倍多,说明在外层井壁现浇混凝土的初期,由于混凝土的强度增长较快,其弹性模量也增加较快,因此作用于外层井壁上冻结压力增长较快。由理论分析和现场实测结果可知,深厚冲积层的冻结压力大小与土层性质和埋深等因素有关。对于深埋钙质黏土,由于其蠕变变形较大,其作用于外层井壁上的冻结压力很大。并且随着埋深的增加,冻结压力也相应增加。通过对冻结压力的理论公式计算值与实测结果的比较分析,可知,理论公式(6-33)计算的冻结压力值与实测的冻结压力平均值偏差不大,因此冻结压力的理论计算公式是合理的,此公式可为冻结法凿井的外层井壁结构设计提供依据。

6.2　基于广义开尔文模型的冻结壁和井壁共同作用解析解

基于深埋人工冻土蠕变试验结果,选用广义开尔文流变模型来表征冻土稳定蠕变阶段,运用弹性-黏弹性对应原理和围岩与结构物共同作用原理,给出了深厚冲积层冻结立井冻结压力表达式,揭示了冻结压力变化规律,并得到工程实测验证。

6.2.1　力学模型

图 6-7 为周围土体、冻结壁和外层井壁共同作用的力学模型。由内向外分为外层井壁弹性区、冻结壁黏弹性区和周围土体弹性区。周围土体无限远处边界有效应力为 P_{eq};冻结壁黏弹性区外表面与周围土体交界处的外载荷为 P_2;外层井壁与冻结壁黏弹性区内表面交界处冻结压力为 P_t。

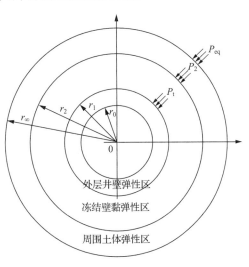

图 6-7　计算力学模型

6.2.2　计算假设

为便于计算分析,做如下假设:①土体为理想弹性体,冻结壁为理想黏弹性体;②冻结壁厚度均匀,计算时取其平均温度,温度不均造成的影响忽略不计;③将冻结壁和周围土体的相互作用问题视为轴对称平面应变问题;④外壁钢筋混凝土视为均质的线弹性介质。

6.2.3　外层土体位移场计算

将外层土体视为内外受均布压力的弹性厚壁圆筒,考虑到 r_∞ 远大于 r_2,故得其位移场:

$$u^s = \frac{r(1+\mu_0)}{E_0}\left[\left(\frac{r_2^2}{r^2}+1-2\mu_0\right)P_{eq} - \frac{r_2^2}{r^2}P_2\right] \tag{6-35}$$

式中,E_0 为周围土体弹性模量;μ_0 为周围土体泊松比。外层土体与冻结壁交界处($r=r_2$)的位移为:

$$u^s\big|_{r=r_2} = \frac{(P_0-P_2)(1+\mu_0)r_2}{E_0} \tag{6-36}$$

6.2.4　冻结壁位移场的黏弹性求解

视冻结壁黏弹区为承受内、外压的厚壁筒,由弹性理论可得冻结壁区位移的弹性解:

$$
\begin{aligned}
u &= \frac{1+\mu}{E}\left[\left(\frac{P_2-P_tk_1^2}{1-k_1^2}\right)(1-2\mu)r+\left(\frac{P_2-P_t}{1-k_1^2}\right)\frac{r_1^2}{r}\right] \\
&= \frac{(1+\mu)(1-2\mu)}{E}\left(\frac{P_2-P_tk_1^2}{1-k_1^2}\right)r+\frac{(1+\mu)}{E}\left(\frac{P_2-P_t}{1-k_1^2}\right)\frac{r_1^2}{r}
\end{aligned}
\tag{6-37}
$$

式中,$k_1=r_1/r_2$,E 为冻结壁弹性模量;μ 为其泊松比。

由冻土单轴蠕变结果可知,冻土的稳定蠕变曲线形式(图 6-8)和广义开尔文模型蠕变曲线(图 6-9)形式相近,所以可用广义开尔文模型(图 6-10)来表征冻土的稳定蠕变特征。

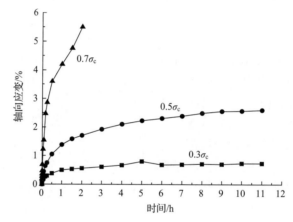

图 6-8　－10℃时冻土蠕变曲线

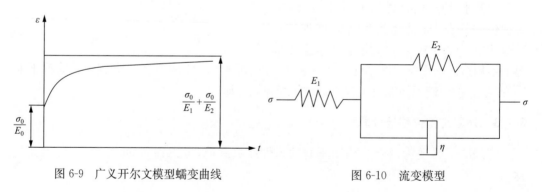

图 6-9　广义开尔文模型蠕变曲线　　　　　图 6-10　流变模型

其本构模型为:

$$
\sigma+\frac{\eta}{E_1+E_2}\dot{\sigma}=\frac{E_1E_2}{E_1+E_2}\varepsilon+\frac{\eta E_1}{E_1+E_2}\dot{\varepsilon}
\tag{6-38}
$$

式中,σ、ε 为分别为广义开尔文组合模型的应力、应变;E_1、E_2、η 为分别为串联弹簧的弹性模量、K 体弹簧的弹性模量、粘壶的黏性系数。

当应力 $\sigma = \sigma_0 = \text{Const}$，可推导出蠕变本构方程：

$$\varepsilon = \left(\frac{1}{E_1} + \frac{1}{E_2}\right)\sigma_0 - \frac{1}{E_2}\sigma_0 e^{-\frac{E_2}{\eta}t} \tag{6-39}$$

由蠕变本构方程及蠕变曲线可见：

$t = 0$ 时，$\varepsilon = \dfrac{\sigma_0}{E_1}$，表明广义开尔文体具有瞬时弹性应变；$t \to \infty$ 时，$\varepsilon = \dfrac{\sigma_0}{E_1} + \dfrac{\sigma_0}{E_2} = \dfrac{\sigma_0(E_1 + E_2)}{E_1 E_2}$，$\dot{\varepsilon} = 0$，可见该模型能模拟稳定蠕变。

因此，对于属于"稳定蠕变"类型的冻结壁，可以采用该模型进行流变分析。由瞬时弹性应变及稳定后总应变的表达式可见：E_1 即为"广义开尔文体"的瞬时弹性模量，$\dfrac{E_1 E_2}{E_1 + E_2}$ 相当于其长期弹性模量。

但式(6-38)仅是一维"黏弹性模型"的流变本构方程，而实际冻结壁土体是三维应力状态，因此，必须将式(6-38)推广至三维空间。根据弹塑性力学的基本原理，任意一点的三维应力均可分解成"球应力"与"偏应力"。"球应力"仅使介质产生体积变化，"偏应力"则仅使介质产生形状改变。在复杂应力条件下，对于各向同性的线性黏弹性体的本构方程，可表示为：

$$\left.\begin{array}{l} P'\boldsymbol{S}_{ij} = Q'\boldsymbol{e}_{ij} \\ P''\boldsymbol{\sigma}_{ii} = Q''\boldsymbol{\varepsilon}_{ii} \end{array}\right\} \tag{6-40}$$

式中，P'、Q'、P''、Q'' 为描述黏弹性的微分算子，是 $\dfrac{\partial}{\partial t}$ 的多项式；$\boldsymbol{S}_{ij}$ 为应力偏张量；$\boldsymbol{e}_{ij}$ 为应变偏张量；$\boldsymbol{\sigma}_{ii}$ 为应力球张量；$\boldsymbol{\varepsilon}_{ii}$ 为应变球张量。

对于复杂应力条件下的线弹性体的本构方程为：

$$\left.\begin{array}{l} \boldsymbol{S}_{ij} = 2G\boldsymbol{e}_{ij} \\ \boldsymbol{\sigma}_{ii} = 3K\boldsymbol{\varepsilon}_{ii} \end{array}\right\} \tag{6-41}$$

式中，G 为剪切模量；K 为体积弹性模量。

只需采用三维元件参数取代广义开尔文体中的一维元件参数（分别用 $2G_1$、$2G_2$、$2H$ 代替 E_1、E_2、η），并以应力偏张量 $\boldsymbol{S}_{ij}$、应变偏张量 $\boldsymbol{e}_{ij}$ 分别取代应力 σ、应变 ε，即可得到以下的"黏弹性模型"的三维流变本构方程，于是可将式(6-38)扩展到三维受力状态下，其微分型本构方程可表示为

$$\left.\begin{array}{l} \dot{\boldsymbol{S}}_{ij} + \dfrac{G_1 + G_2}{H}\boldsymbol{S}_{ij} = 2G_1\dot{\boldsymbol{e}}_{ij} + \dfrac{2G_1 G_2}{H}\boldsymbol{e}_{ij} \\[3mm] \boldsymbol{\sigma}_{ii} = 3\boldsymbol{K}\boldsymbol{\varepsilon}_{ii} \end{array}\right\} \tag{6-42}$$

式中，$G_1 = \dfrac{E_1}{2(1+\mu)}$，$G_2 = \dfrac{E_2}{2(1+\mu)}$，$H = \eta$。

因为在拉氏象空间下有：

$$\bar{P}'(s) = s + \frac{G_1 + G_2}{H}, \bar{Q}'(s) = 2G_1 s + 2\frac{G_1 G_2}{H} \left.\right\}$$

$$\bar{P}''(s) = 1, \bar{Q}''(s) = 3K \qquad (6\text{-}43)$$

比较式(6-40)、式(6-41)、式(6-42),可知

$$G = \frac{\overline{E(s)}}{2[1 + \overline{\mu(s)}]} = \frac{1}{2}\frac{\bar{Q}'}{2\bar{P}'} \left.\right\}$$

$$K = \frac{\overline{E(s)}}{3[1 - 2\overline{\mu(s)}]} = \frac{1}{3}\frac{\bar{Q}''}{3\bar{P}''} \qquad (6\text{-}44)$$

比较线弹性体和黏弹性体在拉氏象空间中的形式,再由弹性力学关系可知:

$$\bar{E}(s) = \frac{9KG}{3K + G} = \frac{9K\dfrac{G_1 G_2}{H} + 9KG_1 s}{3K\dfrac{G_1 + G_2}{H} + \dfrac{G_1 G_2}{H} + (G_1 + 3K)s} \left.\right\}$$

$$\bar{\mu}(s) = \frac{3K - 2G}{6K + 2G} = \frac{3K\dfrac{G_1 + G_2}{H} - 2\dfrac{G_1 G_2}{H} + (3K - 2G_1)s}{6K\dfrac{G_1 + G_2}{H} + 2\dfrac{G_1 G_2}{H} + 2(G_1 + 3K)s} \qquad (6\text{-}45)$$

$\bar{E}(s)$、$\bar{\mu}(s)$ 表示在黏弹性象空间中弹性常数的对应值。将式 $\bar{E}(s)$、$\bar{\mu}(s)$ 取代式(6-37)中的弹性常数 E, μ 可得相应的黏弹性问题在拉氏平面上的解。观察式(6-37),只需分别对 $\dfrac{1+\mu}{E}\mu$ 和 $\dfrac{(1+\mu)(1-2\mu)}{E}$ 进行拉式逆代换后代入式(6-37)即可得冻结壁位移场的黏弹性。

$$\frac{1+\mu}{E} = \frac{1+\bar{\mu}(s)}{s\bar{E}(s)} = \frac{G_1 + G_2}{2G_1 G_2}\frac{1}{s} - \frac{1}{2G_2}\frac{1}{s + \dfrac{G_2}{H}} \qquad (6\text{-}46)$$

由拉普拉斯逆代换,式(6-46)可表示为:

$$\frac{G_1 + G_2}{2G_1 G_2} - \frac{1}{2G_2}\exp\left(-\frac{G_2}{H}t\right) \qquad (6\text{-}47)$$

$$\frac{(1+\mu)(1-2\mu)}{E} = \frac{[1+\bar{\mu}(s)][1-2\bar{\mu}(s)]}{s\bar{E}(s)}$$

$$= \frac{3}{2}\frac{G_1 + G_2}{3KG_1 + 3KG_2 + G_1 G_2}\frac{1}{s} - \frac{3}{2}\frac{G_1^2}{(G_1 + 3K)(3KG_1 + 3KG_2 + G_1 G_2)} \qquad (6\text{-}48)$$

$$\frac{1}{s + \dfrac{3KG_1 + 3KG_2 + G_1 G_2}{(G_1 + 3K)H}}$$

由拉普拉斯逆代换,式(6-48)可表示为:

$$\frac{3}{2}\frac{G_1+G_2}{3KG_1+3KG_2+G_1G_2}-\frac{3}{2}\frac{G_1^2}{(G_1+3K)(3KG_1+3KG_2+G_1G_2)}$$

$$\exp\left[-\frac{3KG_1+3KG_2+G_1G_2}{(G_1+3K)H}t\right] \tag{6-49}$$

将式(6-47)和式(6-49)代入式(6-37)得冻结壁位移场的黏弹性解为：

$$u(r,t)=A\left(\frac{P_2-P_tk_1^2}{1-k_1^2}\right)r+B\left(\frac{P_2-P_t}{1-k_1^2}\right)\frac{r_1^2}{r} \tag{6-50}$$

式中：$A=\dfrac{3}{2}\dfrac{G_1+G_2}{3KG_1+3KG_2+G_1G_2}-\dfrac{3}{2}\dfrac{G_1^2}{(G_1+3K)(3KG_1+3KG_2+G_1G_2)}$

$\exp\left[-\dfrac{3KG_1+3KG_2+G_1G_2}{(G_1+3K)H}t\right]$；$B=\dfrac{G_1+G_2}{2G_1G_2}-\dfrac{1}{2G_2}\mathrm{EXP}\left(-\dfrac{G_2}{H}t\right)$。

视冻结壁黏弹区温度不变化，由冻结壁位移场黏弹性解可求得其与外层井壁($r=r_1$)和周围土体($r=r_2$)的位移表达式分别为：

$$\left.\begin{aligned}
u^{nf}\big|_{r=r_1}&=A\left(\frac{P_2-P_tk_1^2}{1-k_1^2}\right)r_1+B\left(\frac{P_2-P_t}{1-k_1^2}\right)r_1\\
u^{nf}\big|_{r=r_2}&=A\left(\frac{P_2-P_tk_1^2}{1-k_1^2}\right)r_2+B\left(\frac{P_2-P_t}{1-k_1^2}\right)\frac{r_1^2}{r_2}
\end{aligned}\right\} \tag{6-51}$$

6.2.5　外层井壁位移场的弹性求解

井壁可看成仅受外力 P_t 的厚壁圆筒，可得井壁与冻结壁交界处($r=r_1$)的位移场：

$$u^w\big|_{r=r_1}=\frac{P_tr_1(1+\mu_3)}{E_3(1-k_2^2)}(1-2\mu_3+k_2^2) \tag{6-52}$$

式中，E_3 为井壁弹性模量；μ_3 为泊松比；$k_2=r_0/r_1$。

6.2.6　冻结压力求解

冻结凿井施工过程中，外壁与冻结壁之间铺设了聚苯乙烯泡沫板，设其厚度为 δ。由于外层井壁，黏弹性冻结壁以及外围土体在变形过程中满足以下位移协调条件：

$$\left.\begin{aligned}
u^w\big|_{r=r_1}+\delta&=u^{nf}\big|_{r=r_1}\\
u^{nf}\big|_{r=r_2}&=u^s\big|_{r=r_2}
\end{aligned}\right\} \tag{6-53}$$

将式(6-36)、式(6-51)、式(6-52)代入上述位移协调条件可得冻结压力表达式为：

$$P_t=\frac{\left[A+Bk_1^2+(1-k_1^2)\dfrac{1+\mu_0}{E_0}\right](1-k_1^2)\dfrac{\delta}{r_1}-(A+B)(1-k_1^2)\dfrac{1+\mu_0}{E_0}P_0}{(A+B)^2k_1^2-\left[A+Bk_1^2+(1-k_1^2)\dfrac{1+\mu_0}{E_0}\right]\left[\dfrac{(1+\mu_3)(1-2\mu_3+k_2^2)(1-k_1^2)}{E_3(1-k_2^2)}+Ak_1^2+B\right]}$$

$$\tag{6-54}$$

6.2.7 工程实例分析

淮南某矿副井,新生界松散层厚度 525.25m,井筒净直径 8m,冻结深度为 565m。计算深度取 500m,初始水平地压为 6MPa,冻结壁平均温度为 $-18℃$,冻结壁厚 11.8m,外层井壁内半径 r_0 为 5.1m,外半径 r_1 为 6.2m。$E_0 = 65$MPa,周围土体泊松比 $\mu_0 = 0.3$,外层井壁泊松比 $\mu_3 = 0.2$,冻结壁泊松比 $\mu = 0.3$。利用不同温度条件下获得的冻土蠕变试验曲线可拟合出黏弹性模型中各参数(表 6-2)。井壁弹性模量 E_3 按图 6-11 所示曲线取值。

表 6-2　广义开尔文模型参数

温度/℃	E_1/MPa	E_2/MPa	η/(MPa/d)
-10	287	66	163
-15	354	191	430
-20	423	278	644

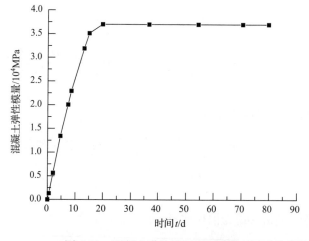

图 6-11　混凝土弹性模量实测曲线

泡沫板厚度 δ 取 75mm,将上述计算参数分别代入式(6-54),得到不同时刻的冻结压力 P_t 的计算值(表 6-3)。图 6-12 为所推得的冻结压力公式在不同泡沫板厚度下求得的解析解与实测数据的对比结果。

表 6-3　冻结压力的理论公式计算值与实测结果比较表

时间/d	实测冻结压力平均值/MPa	理论计算结果/MPa	计算结果与实测结果的误差/%
5	4.30	4.68	8.74
10	4.65	4.96	6.67
15	5.02	5.05	0.52
20	5.12	5.08	-0.82
30	5.34	5.09	-4.74
50	5.48	5.09	-7.15
75	5.26	5.09	-3.27

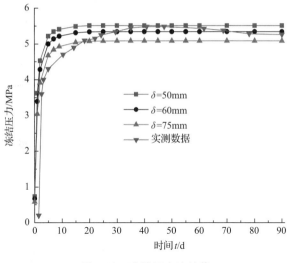

图 6-12　冻结压力比较值

由图 6-12 和表 6-2 可见,泡沫板可以吸收瞬时弹性变形释放的能量,冻结压力随着其厚度的增加而减小。冻结压力的理论公式计算值与实测结果平均值,前 10d 相差较大,两者差值的绝对值约 0.5MPa;在外层井壁砌筑 20d 后,冻结压力趋于稳定,两者差值的绝对值在 0.2MPa 以内;总之,冻结压力的理论计算值与实测结果的偏差绝对值在 10% 以内。因此冻结压力的理论计算公式是比较符合实际的,此公式可为冻结法凿井的外层井壁结构设计提供依据。

综上所述,广义开尔文流变模型可以表征冻土的稳定蠕变阶段,并通过对冻结壁与外层井壁以及周围土体共同作用机理分析,利用弹性-黏弹性对应原理,求得冻结壁位移场的黏弹性解,导出作用于外层井壁上的冻结压力表达式。计算分析表明,泡沫板可以吸收瞬时弹性变形释放的能量,冻结压力随着其厚度的增加而减小。冻结压力的理论公式计算值与实测结果偏差的绝对值在 10% 以内。因此冻结压力的理论计算公式是比较符合实际的,此公式可为冻结法凿井的外层井壁结构设计提供依据。

6.3　冻结壁与外层井壁共同作用有限元分析

冻结壁与外层井壁共同作用机理复杂,影响因素众多,在理论解析法研究过程中,均做了大量的简化而使问题求解的精度受到影响,而且考虑冻结壁变形的黏塑性后使得问题求解更为繁琐。在目前理论研究尚滞后于实践的条件下,数值模拟方法已成为解决该问题的可行途径。通过基于三维冻结壁有限元模型的数值模拟研究,不但可以获得施加于外井壁的冻结压力,还可以准确地再现冻结法凿井过程,并且能充分考虑冻结过程中温度的变化,实现温度场与应力场、位移场的耦合。

6.3.1　冻土流变本构模型及其在 ABAQUS 中的实现

自 20 世纪 60 年代以来,冻土的流变本构理论研究取得了较大的发展,国内外学者对冻土蠕变变形特征和冻土蠕变本构模型进行了大量研究,取得了不少成果[20～37]。在流变试验基础上,根据冻土蠕变试验成果选择合适的模型来全面正确地描述深部冻土蠕变特性是冻土流变模型研究的一个重要内容,也是冻结壁变形及冻结井冻结压力分布规律研究的关键。

选择具有强大的计算能力和广泛的模型性能的通用有限元软件 ABAQUS 作为计算软件,该软件包含大量不同种类的单元模型、材料模型和分析过程。实验表明改进的西原模型可以描述高应力条件下冻土的非线性蠕变特性,但是 ABAQUS 模型库中并没有改进的西原模型,使得 ABAQUS 在冻土工程中的应用受到限制,需要通过二次开发添加。为此,本文在冻土蠕变实验基础上,选用改进西原模型来表征深埋冻土蠕变特性,借助 ABAQUS 用户材料子程序(UMAT)接口,通过 Frotran 编程开发了改进西原模型,将冻土在复杂应力条件下所表现出的本构关系添加到 ABAQUS 中,扩充了其材料模式。最后对冻土三轴蠕变试验结果进行数值计算以验证所编制的接口程序的正确性。

1. 冻土流变本构模型

微分本构模型和积分本构模型是用来描述材料流变的两种形式。微分本构模型相对积分本构模型更容易理解,它由几种能描述材料基本性能的元件(弹性、塑性和黏性元件)组合成。将这些元件按不同形式进行串联或并联便可得到一些典型的流变本构模型体,同时可以推导出各种流变本构模型的有关方程和特征曲线。这些不同的物理元件组合可以用来描述材料单轴应力状态下的流变性能[38]。

流变模型中的弹性、黏性和塑性状态分别采用基本元件胡克体(H 体)、牛顿体(N 体)和圣维南体(V 体)来描述。二元件模型由基本元件彼此两两串联或并联而成,有马克斯威尔体(M 体,即 H-N 体)、凯尔文体(K 体,即 H|N 体)、理想弹塑体(H-V 体)和理想黏塑性体(V|N),其中马克斯威尔体(M 体)能表征具有松弛特性的松弛模型,理想弹塑体(H-V 体)在低应力条件下,仅起弹簧作用,在高应力作用下则仅有摩擦片起作用。

在解决实际问题中常被采用的是由基本元件和二元件组合成三元件模型,三元件模型能比较全面地模拟材料流变特性,方程也较简单。三元件模型有 H-K 模型、H|M 体和宾厄姆体(B 体)。

此外,M-K 模型(伯格模型)、(K|V)-H 模型为四元件模型。

在岩土工程中采用较多的西原模型是五元件模型,也称为宾厄姆-沃格特模型。由一个凯尔文(沃格特)体和一个宾厄姆体串联而成,也称 B-K 模型(图 6-13、图 6-14)。

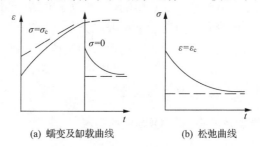

(a) 蠕变及卸载曲线　　　(b) 松弛曲线

图 6-13　西原正夫模型(B-K 模型)流变特性曲线[38]

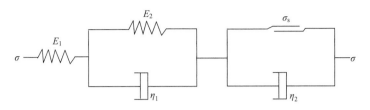

图 6-14　西原正夫模型(B-K 模型)[38]

西原正夫模型是能比较完整描述材料"弹-黏弹-黏塑"状态的一个模型,在低应力时可描述黏弹性状态,高应力状态时可描述黏弹塑性状态。由图 6-13(a)可知,西原正夫模型可以很好地描述蠕变的第Ⅰ、第Ⅱ阶段,即衰减蠕变阶段和等速蠕变阶段,不能反映蠕变的第Ⅲ阶段,即加速蠕变阶段。为了反映模型的非线性流变阶段,可用非线性黏滞元件代替线性黏滞元件对其进行修正[39](图 6-15)。

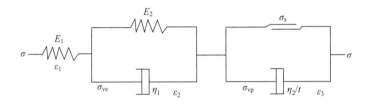

图 6-15　改进西原模型[38]

在低应力状态,即 $\sigma < \sigma_s$ 时,摩擦片为刚体,模型退化为瞬时弹性-黏弹性模型,如图 6-16 所示。

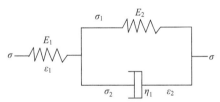

图 6-16　瞬时弹性-黏弹性模型

由力学模型中的串、并联关系可知:

$$\sigma = \sigma_{ve} = \sigma_1 + \sigma_2 \tag{6-55}$$

$$\sigma = E_1 \varepsilon_1 \tag{6-56}$$

$$\sigma_1 = \eta_1 \dot{\varepsilon}_2 \tag{6-57}$$

$$\sigma_2 = E_2 \varepsilon_2 \tag{6-58}$$

$$\varepsilon = \varepsilon_1 + \varepsilon_2 \tag{6-59}$$

$$\dot{\varepsilon} = \dot{\varepsilon}_1 + \dot{\varepsilon}_2 \tag{6-60}$$

式中,σ_{ve} 为 Kelvin 体的黏弹性应力;σ_1、σ_2 分别为 Kelvin 体并联部分应力;E_1、E_2 分别为

Hooke 体和 Kelvin 体的弹性模量；ε_1、ε_2 分别为 Hooke 体和 Kelvin 体的应变；η_1 为 Kelvin 体的黏滞系数。

由式(6-55)、式(6-57)和式(6-58)得：

$$\sigma = \sigma_1 + \sigma_2 = E_2\varepsilon_2 + \eta_1\dot{\varepsilon}_2 \tag{6-61}$$

由式(6-56)、式(6-59)得：

$$\varepsilon_2 = \varepsilon - \frac{\sigma}{E_1} \tag{6-62}$$

由式(6-56)、式(6-60)得：

$$\dot{\varepsilon}_2 = \dot{\varepsilon} - \frac{\dot{\sigma}}{E_1} \tag{6-63}$$

因为在恒应力条件下，$\dot{\sigma} = 0$，所以把式(6-62)、式(6-63)代入式(6-61)得：

$$\eta_1\dot{\varepsilon} + E_2\varepsilon = \left(1 + \frac{E_2}{E_1}\right)\sigma \tag{6-64}$$

对式(6-64)积分并考虑到初始条件：

$$\varepsilon\big|_{t=0} = \varepsilon_1 = \frac{\sigma}{E_1} \tag{6-65}$$

可得黏弹性蠕变方程：

$$\varepsilon = \left[\frac{1}{E_1} + \frac{1}{E_2}(1 - e^{-\frac{E_2}{\eta_1}t})\right]\sigma \tag{6-66}$$

在高应力状态下，即 $\sigma \geqslant \sigma_s$ 时，为瞬时弹性-黏弹性-黏塑性模型，此时

$$\sigma = \sigma_{vp} = \sigma_s + \eta_2\frac{d\varepsilon_{vp}}{tdt} \tag{6-67}$$

因为 $t = 0$，$\sigma_{vp} = 0$，在常应力条件下，对上式积分可得：

$$\varepsilon_{vp} = \frac{(\sigma - \sigma_s)t^2}{2\eta_2} \tag{6-68}$$

式中，σ_{vp}、σ_s 分别为 Bingham 体黏塑性应变和圣维南体的极限摩阻力；η_2 为黏滞系数。

所以一维改进西原本构模型黏弹塑性阶段的本构方程为式(6-69)，改进西原模型的计算参数如表 3-11 所列。

$$\left.\begin{array}{ll}\varepsilon = \left[\dfrac{1}{E_1} + \dfrac{1}{E_2}(1 - e^{-\frac{E_1}{\eta_1}t})\right]\sigma & \sigma < \sigma_s \\[4mm] \varepsilon = \left[\dfrac{1}{E_1} + \dfrac{1}{E_2}(1 - e^{-\frac{E_1}{\eta_1}t})\right]\sigma + \dfrac{(\sigma - \sigma_s)t^2}{2\eta_2} & \sigma \geqslant \sigma_s \end{array}\right\} \tag{6-69}$$

2. ABAQUS 有限元软件及其 UMAT

1) ABAQUS 软件

ABAQUS 是由美国 HKS 公司研制开发的在国际上功能最强的大型通用有限元软件之一,具有能够真实反映土体性状的材料模型。因其能较准确、灵活地建立土体初始应力状态,适合岩土工程中的一些特定问题如填土或开挖等。ABAQUS 包含丰富的求解单元模式、材料分析模型及分析过程,在高度非线性问题的求解上占有优势,很适用于求解岩土工程问题。

对于岩土工程,ABAQUS 有以下功能[40]:

(1) 拥有的本构模型能够真实反映土体性状,如土体的剪胀特性、屈服特性等。拥有 Druker-Prager 模型、摩尔-库仑模型、Cam-Clay 模型等,土体的大部分应力应变特点可得以真实反映。ABAQUS 提供的二次开发接口,可以根据用户的要求和需要灵活地自定义材料特性。

(2) ABAQUS 适合进行饱和土和非饱和土的流体渗透、应力的耦合分析。

(3) ABAQUS 针对岩土工程中经常涉及的结构体与土之间的相互作用问题,可以正确模拟土体与结构体之间的脱开、滑移等现象。

(4) 具备处理复杂边界条件和复杂载荷条件的能力。利用 ABAQUS 的单元"生死"功能可以精确模拟开挖或填土造成的边界条件改变,另外还提供了无限元来模拟地基无穷远处的边界条件。

(5) ABAQUS 建立土体初始应力状态时更灵活、更准确。

ABAQUS 可以进行结构的静力和动力分析,各种常用工程材料的性能都可以模拟,另外 ABAQUS 还具有强大的非线性计算能力。ABAQUS/standard 采用 U. L. 法和 Jaumann 应变率来分别进行几何非线性问题的计算和实体单元的处理。

2) ABAQUS 用户材料子程序(UMAT)

当用户遇到的实际问题无法利用 ABAQUS 本身所提供的单元库和求解模型来解决时,用户可以根据实际情况自行定义材料模型。ABAQUS 具有功能强大的用户子程序接口 Abaqus User Subroutines,用户可以按照实际工程需要开发基于 ABAQUS 内核的程序。常用的用户子程序有 UMAT(User subroutine to define a material's mechanical behavior)即和 UEL(User subroutine to define an element),其中用户材料子程序 UMAT 的使用最为广泛,主要用于弥补 ABAQUS 自带材料模型的不足,用户开发自己的材料模型完成各种材料分析。

现今 ABAQUS 得以广为采用的原因之一就是 ABAQUS 给用户提供的功能强大的二次开发工具及其接口,用户可以针对特定工程问题很方便地实现个性化的有限元建模、分析和后处理。通过用户材料子程序接口用户可以定义任何适合自己所研究问题的材料模型。ABAQUS 在读取材料常数上没有数量要求,并且为了方便在这些子程序中应用,在每一材料计数点给任意数量的与解相关的状态变量都提供了存储功能。

ABAQUS 为扩展其适用范围给用户提供的 Fortran 语言接口即用户子程序 UMAT,它可以在 UMAT 中提供材料本构的雅克比矩阵后实现 ABAQUS 中的任何单元被赋予用户材料属性。子程序主要包括子程序文头、ABAQUS 定义的参数说明、用户定义的局部变量说明、程序主体、子程序返回和结束语句六个部分。材料本构关系的刚度系数矩阵 $[D]$ 即用户材料本构关系的雅克比矩阵,是 UMAT 的核心。

子程序在单元的积分点上得以调用。每个增量步开始时,主程序路径通过 UMAT 的接口进入 UMAT, UMAT 的相应变量得到主程序传递过来的单元当前积分点必要变量的初始值。通过子程序更新相应状态变量,完成 UMAT 计算任务。通过接口将变量更新值返回主程序,用于形成更新的整体刚度矩阵,进行平衡迭代,直至满足收敛要求,进入下一增量步求解。

ABAQUS 按照非线性增量加载法和平衡迭代法来进行求解。在每一个增量加载步的开始,用户子程序 UMAT 在 ABAQUS 的每一个计算单元的材料积分点被调用一次,通过 UMAT 计算刚度系数矩阵 $[D]$。随后,ABAQUS 形成总体刚度矩阵 $[K]$,位移增量 ΔU 可根据当前位移平衡方程求解得出,最后进行平衡校核,如果平衡校核不满足缺省或用户指定的误差,则继续进行平衡迭代直到收敛,收敛后再进入下一个增量步的求解。UMAT 子程序在每一个荷载增量步的第一次平衡迭代、每一个用户定义材料单元和每一个材料积分点都将被调用一次。因此为满足频繁地调用用户子程序必须编制出高质量的 UMAT 程序代码[41,42]。

3. 程序结构及编程

1) 子程序结构

通过子程序与 ABAQUS 主求解程序的接口,用户通过 Fortran 程序接口创建的用户材料子程序 UMAT,才可以与 ABAQUS 的资料实现交流。ABAQUS 的用户子程序是一个独立的程序单元,可以独立的被存储和编译也能被其他程序单元引用,利用子程序还可以完成各种特殊的功能。它的结构形式一般如下[43]:

SUBROUTINE S(x_1,x_2,$\cdots$,x_n)

INCLUDE'ABA_PARAM. INC'(用于 ABAQUS/Standard 用户子程序)

OR INCLUDE'VABA_PARAM. INC'(用于 ABAQUS/Explicit 用户子程序)

……

RETURN

END

文件'ABA_PARAM. INC'和'VABA_PARAM. INC'含有重要的参数用于实现 ABAQUS 主求解程序对用户子程序进行编译和链接,在安装了 ABAQUS 软件后操作系统中就已存在这两个文件。x_1,x_2,$\cdots$,x_n是由 ABAQUS 提供的用于用户子程序的接口参数,其中有些参数如 SUBROUTINE DLOAD 中的 KSTEP、KINC、COORDS,是 ABAQUS 传到用户子程序中的,而有些参数例如 F 是需要用户自己定义的。用户子程序以 END 语句结束,RETURN 语句的作用是用于程序控制。

子程序 UMAT 的编写必须遵守 UMAT 的书写格式,因为子程序与主程序之间存在数据传递,也可能共享一些变量。子程序 UMAT 中常用的变量要在文件开头给出定义。格式通常如下[40,41]:

```
SUBROUTINE UMAT(STRESS,STATEV,DDSDDE,SSE,SPD,SCD,
 1 RPL,DDSDDT,DRPLDE,DRPLDT,
 2 STRAN,DSTRAN,TIME,DTIME,TEMP,DTEMP,PREDEF,DPRED,CMNAME,
 3 NDI,NSHR,NTENS,NSTATV,PROPS,NPROPS,COORDS,DROT,PNEWDT,
 4 CELENT,DFGRD0,DFGRD1,NOEL,NPT,LAYER,KSPT,KSTEP,KINC)
C
   INCLUDE'ABA_PARAM. INC'
   CHARACTER * 80 CMNAME
   DIMENSION STRESS(NTENS),STATEV(NSTATV),
    1 DDSDDE(NTENS,NTENS),DDSDDT(NTENS),DRPLDE(NTENS),
    2 STRAN(NTENS),DSTRAN(NTENS),TIME(2),PREDEF(1),DPRED(1),
    3 PROPS(NPROPS),COORDS(3),DROT(3,3),DFGRD0(3,3),DFGRD1(3,3)
......
RETURN
END
```

2) 子程序编程

A. 黏弹性应变增量 $\Delta \boldsymbol{\varepsilon}_n^{ve}$ 计算

假定第 n 个增量步的时间步长为 Δt_n，黏弹性应变增量 $\Delta \varepsilon_n^{ve}$ 在 $t_n \rightarrow t_{n+1}$ 的时间段 Δt_n 内为

$$\Delta \boldsymbol{\varepsilon}_n^{ve} = \Delta t_n \left[(1-\Theta) \dot{\boldsymbol{\varepsilon}}_n^{ve} + \Theta \dot{\boldsymbol{\varepsilon}}_{n+1}^{ve} \right] \tag{6-70}$$

式中，$\dot{\boldsymbol{\varepsilon}}_n^{ve}$，$\dot{\boldsymbol{\varepsilon}}_{n+1}^{ve}$ 分别为第 n 个增量步和第 $n+1$ 个增量步的黏弹性应变率；Θ 为差分系数，可按如下算法取值：

$$\left. \begin{array}{l} \Theta = 0 \text{ 显式算法} \\ \Theta = 1/2 \text{ 隐式梯形法} \\ \Theta = 1 \text{ 隐式算法} \end{array} \right\} \tag{6-71}$$

对于改进西原模型，三维应力状态下黏弹性本构方程可写为：

$$\dot{\boldsymbol{\varepsilon}}_n^{ve} = \frac{1}{\eta_1} \boldsymbol{B} \sigma_n - \frac{E_1}{\eta_1} \boldsymbol{\varepsilon}_n^{ve} \tag{6-72}$$

同理有

$$\dot{\boldsymbol{\varepsilon}}_{n+1}^{ve} = \frac{1}{\eta_1} \boldsymbol{B} \sigma_{n+1} - \frac{E_1}{\eta_1} \boldsymbol{\varepsilon}_{n+1}^{ve} \tag{6-73}$$

式中，$\boldsymbol{B}$ 为弹性柔度矩阵，有

$$\boldsymbol{B} = \begin{bmatrix} 1 & -\mu & -\mu & 0 & 0 & 0 \\ -\mu & 1 & -\mu & 0 & 0 & 0 \\ -\mu & -\mu & 1 & 0 & 0 & 0 \\ 0 & 0 & 0 & 2(1+\mu) & 0 & 0 \\ 0 & 0 & 0 & 0 & 2(1+\mu) & 0 \\ 0 & 0 & 0 & 0 & 0 & 2(1+\mu) \end{bmatrix}$$

将式(6-72)和式(6-73)代入式(6-70),可得

$$\left(1+\frac{\Theta E_1 \Delta t_n}{\eta_1}\right)\Delta \boldsymbol{\varepsilon}_n^{ve} = \dot{\boldsymbol{\varepsilon}}_n^{ve}\Delta t_n + \frac{\Theta \boldsymbol{B}\Delta t}{\eta_1}\Delta \boldsymbol{\sigma}_n \qquad (6-74)$$

令 $M_t = \dfrac{\Delta t_n}{1+\dfrac{\Theta E_1 \Delta t_n}{\eta_1}}$, $\boldsymbol{N}_t = \dfrac{\Theta \boldsymbol{B}\Delta t_n}{\eta_1 + \Theta E_1 \Delta t_n}$,则有

$$\Delta \boldsymbol{\varepsilon}_n^{ve} = M_t \dot{\boldsymbol{\varepsilon}}_n^{ve} + \boldsymbol{N}_t \Delta \boldsymbol{\sigma}_n \qquad (6-75)$$

B. 黏塑性应变增量 $\Delta v\boldsymbol{\varepsilon}_n^p$ 计算

改进西原模型的黏塑性应变本构方程可写为:

$$\dot{\boldsymbol{\varepsilon}}_n^{vp} = \frac{t}{\eta_2}F\frac{\partial F}{\partial \boldsymbol{\sigma}} \qquad (6-76)$$

把 $\dot{\boldsymbol{\varepsilon}}_{n+1}^{vp}$ 用有限的 Taylor 级数展开,可得

$$\dot{\boldsymbol{\varepsilon}}_{n+1}^{vp} = \dot{\boldsymbol{\varepsilon}}_n^{vp} + \frac{\partial \dot{\boldsymbol{\varepsilon}}_n^{vp}}{\partial \boldsymbol{\sigma}}\frac{\partial \boldsymbol{\sigma}}{\partial t}\Delta t_n \qquad (6-77)$$

即

$$\dot{\boldsymbol{\varepsilon}}_{n+1}^{vp} = \dot{\boldsymbol{\varepsilon}}_n^{vp} + H_n^t \Delta \boldsymbol{\sigma}_n \qquad (6-78)$$

式中, $\Delta \boldsymbol{\sigma}_n$ 为应力增量, $\boldsymbol{H}_n^t = \dfrac{\partial \dot{\boldsymbol{\varepsilon}}_n^{vp}}{\partial \boldsymbol{\sigma}}$。

黏塑性应变增量可写为

$$\Delta \boldsymbol{\varepsilon}_n^{vp} = \Delta t_n \left[(1-\Theta)\dot{\boldsymbol{\varepsilon}}_n^{vp} + \Theta \dot{\boldsymbol{\varepsilon}}_{n+1}^{vp}\right] \qquad (6-79)$$

把式(6-78)代入式(6-79),可得

$$\Delta \boldsymbol{\varepsilon}_n^{vp} = \dot{\boldsymbol{\varepsilon}}_n^{vp}\Delta t_n + \Theta \boldsymbol{H}_n^t \Delta t_n \Delta \boldsymbol{\sigma}_n \qquad (6-80)$$

$\boldsymbol{H}_n^t$ 可由材料所使用的屈服准则以显式的形式表示如下:

$$\boldsymbol{H}_n^t = \frac{t}{\eta_2}\left[\left\langle\frac{\mathrm{d}\Phi}{\mathrm{d}F}\right\rangle \boldsymbol{a}\boldsymbol{a}^T + \langle\Phi\rangle\frac{\partial \boldsymbol{a}^T}{\partial \boldsymbol{\sigma}}\right] \qquad (6-81)$$

取 $\Phi(F) = \left(\dfrac{F-F_0}{F_0}\right)^N$, F_0 , N 均取 1,所以上式可表达为:

$$\boldsymbol{H}_n^t = \frac{t}{\eta_2}\left[\boldsymbol{a}\boldsymbol{a}^T + F\frac{\partial \boldsymbol{a}^T}{\partial \boldsymbol{\sigma}}\right] \qquad (6-82)$$

矢量 $\boldsymbol{a}$ 为屈服函数对应力的求导,即 $\boldsymbol{a} = \dfrac{\partial F}{\partial \boldsymbol{\sigma}}$ 对于 D-P 屈服准则有

$$F = \frac{2\sin\varphi}{\sqrt{3}(3-\sin\varphi)}J_1 + \sqrt{J_2} - \frac{6c\cos\varphi}{\sqrt{3}(3-\sin\varphi)} \qquad (6-83)$$

所以有

$$\boldsymbol{a}^T = \left(\frac{\partial F}{\partial \boldsymbol{\sigma}}\right)^T = \frac{\partial F}{\partial J_1}\left(\frac{\partial J_1}{\partial \boldsymbol{\sigma}}\right)^T + \frac{\partial F}{\partial \sqrt{J_2}}\left(\frac{\partial \sqrt{J_2}}{\partial \boldsymbol{\sigma}}\right)^T \tag{6-84}$$

式中，J_1 为应力第一不变量；J_2 为应力偏量的第二不变量。

令 $\dfrac{\partial F}{\partial J_1} = C_1$，$\dfrac{\partial F}{\partial \sqrt{J_2}} = C_2$，$\left(\dfrac{\partial J_1}{\partial \boldsymbol{\sigma}}\right)^T = \boldsymbol{a}_1^T$，$\left(\dfrac{\partial \sqrt{J_2}}{\partial \boldsymbol{\sigma}}\right)^T = \boldsymbol{a}_2^T$，则式(6-84)可表示为：

$$\boldsymbol{a}^T = C_1 \boldsymbol{a}_1^T + C_2 \boldsymbol{a}_2^T \tag{6-85}$$

式中，C_1、C_2 为由屈服面决定的常数，便于进行数值计算，取

$$\left.\begin{array}{l} C_1 = \dfrac{2\sin\varphi}{\sqrt{3}\,(3 - \sin\varphi)} \\[2mm] C_2 = 1 \\[2mm] \boldsymbol{a}_1^T = \{1,1,1,0,0,0\} \\[2mm] \boldsymbol{a}_2^T = \{S_x, S_y, S_z, 2\tau_{yz}, 2\tau_{zx}, 2\tau_{xy}\}/2\sqrt{J_2} \end{array}\right\} \tag{6-86}$$

所以有

$$\boldsymbol{a}\boldsymbol{a}^T = \frac{1}{4J_2}\boldsymbol{M}_1 \tag{6-87}$$

令 $\boldsymbol{R} = \boldsymbol{M}_1$，是一个 6×6 对称矩阵。有

$R_{11} = (S_x + 2\sqrt{J_2}\alpha)^2, R_{12} = (S_x + 2\sqrt{J_2}\alpha)(S_y + 2\sqrt{J_2}\alpha), R_{13}$

$\quad = (S_x + 2\sqrt{J_2}\alpha)(S_z + 2\sqrt{J_2}\alpha),$

$R_{14} = 2(S_x + 2\sqrt{J_2}\alpha)\tau_{yz}, R_{15} = 2(S_x + 2\sqrt{J_2}\alpha)\tau_{zx}, R_{16} = 2(S_x + 2\sqrt{J_2}\alpha)\tau_{xy};$

$R_{22} = (S_y + 2\sqrt{J_2}\alpha)^2, R_{23} = (S_y + 2\sqrt{J_2}\alpha)(S_z + 2\sqrt{J_2}\alpha),$

$R_{24} = 2(S_y + 2\sqrt{J_2}\alpha)\tau_{yz}, R_{25} = 2(S_y + 2\sqrt{J_2}\alpha)\tau_{zx}, R_{26} = 2(S_y + 2\sqrt{J_2}\alpha)\tau_{xy};$

$R_{33} = (S_z + 2\sqrt{J_2}\alpha)^2, R_{34} = 2(S_z + 2\sqrt{J_2}\alpha)\tau_{yz}, R_{35} = 2(S_z + 2\sqrt{J_2}\alpha)\tau_{zx};$

$R_{36} = 2(S_z + 2\sqrt{J_2}\alpha)\tau_{xy}, R_{44} = 4\tau_{yz}^2, R_{45} = 4\tau_{yz}\tau_{zx}, R_{46} = 4\tau_{yz}\tau_{xy}; R_{55} = 4\tau_{zx}^2;$

$R_{56} = 4\tau_{zx}\tau_{xy}; R_{66} = 4\tau_{xy}^2.$

式中 $\alpha = \dfrac{2\sin\varphi}{\sqrt{3}\,(3 - \sin\varphi)}$。

由式(6-85)可知

$$\frac{\partial \boldsymbol{a}^T}{\partial \sigma} = \frac{\partial \boldsymbol{a}_2^T}{\partial \sigma} = \frac{1}{2J_2^{3/2}}\boldsymbol{M}_2 - \frac{1}{4J_2^{3/2}}\boldsymbol{M}_3 \tag{6-88}$$

式中

$$
\boldsymbol{M}_2 = \begin{bmatrix}
2/3 & & & & & \\
-1/3 & 2/3 & & 对 & & \\
-1/3 & -1/3 & 2/3 & & & \\
0 & 0 & 0 & 2 & 称 & \\
0 & 0 & 0 & 0 & 2 & \\
0 & 0 & 0 & 0 & 0 & 2
\end{bmatrix}
$$

$$
\boldsymbol{M}_3 = \begin{bmatrix}
S_x^2 & S_x S_y & S_x S_z & 2S_x\tau_{yz} & 2S_x\tau_{zx} & 2S_x\tau_{xy} \\
 & S_y^2 & S_y S_z & 2S_y\tau_{yz} & 2S_y\tau_{zx} & 2S_y\tau_{xy} \\
 对 & & S_z^2 & 2S_z\tau_{yz} & 2S_z\tau_{zx} & 2S_z\tau_{xy} \\
 & & & 4\tau_{yz}^2 & 4\tau_{yz}\tau_{zr} & 4\tau_{yz}\tau_{xy} \\
 & & 称 & & 4\tau_{zr}^2 & 4\tau_{zr}\tau_{xy} \\
 & & & & & 4\tau_{xy}^2
\end{bmatrix}
$$

把式(6-87)和式(6-88)代入式(6-82),可得 $\boldsymbol{H}_n^t$ 的值,再代入式(6-80)可得 t_n 时刻的黏塑性应变增量 $\Delta v\varepsilon_n^p$。

C. $Jacobian$ 矩阵

在 t 时刻,冻土黏弹塑性本构模型的应力增量可表示为:

$$
\Delta\sigma_n = \boldsymbol{D}^e \Delta\varepsilon_n^e = \boldsymbol{D}^e (\Delta\varepsilon_n - \Delta\varepsilon_n^{ve} - \Delta\varepsilon_n^{vp}) \tag{6-89}
$$

式中, $\boldsymbol{D}^e = \dfrac{\boldsymbol{B}}{E_0}$,为弹性刚度矩阵; $\Delta\varepsilon_n^e$ 为弹性应变增量。

把式(6-75)和式(6-80)代入(6-89)式,有:

$$
\Delta\boldsymbol{\sigma}_n = \boldsymbol{D}^e (\Delta\varepsilon_n - M_t\dot{\varepsilon}_n^{ve} - \boldsymbol{N}_t\Delta\sigma_n - \dot{\varepsilon}_n^{vp}\Delta t_t - \Theta\boldsymbol{H}_n^t\Delta t_n\Delta\sigma_n) \tag{6-90}
$$

令

$$
\boldsymbol{J} = \left[(\boldsymbol{D}^e)^{-1} + \boldsymbol{N}_t + \Theta\boldsymbol{H}_n^t\Delta t_n \right]^{-1} \tag{6-91}
$$

则有

$$
\Delta\boldsymbol{\sigma}_n = \boldsymbol{J}(\Delta\varepsilon_n - M_t\dot{\varepsilon}_n^{ve} - \dot{\varepsilon}_n^{vp}\Delta t_n) \tag{6-92}
$$

式(6-92)即用于 UMAT 子程序应力更新的计算公式, $\boldsymbol{J}$ 即为 $Jacobian$ 矩阵,土体达到屈服时, $\boldsymbol{J} = \widehat{\boldsymbol{D}} = \left[(\boldsymbol{D}^e)^{-1} + \boldsymbol{N}_t + \Theta\boldsymbol{H}_n^t\Delta t_n \right]^{-1}$,土体未达到屈服时, $\boldsymbol{J} = \widetilde{\boldsymbol{D}} = \left[(\boldsymbol{D}^e)^{-1} + \boldsymbol{N}_t \right]^{-1}$ 。

D. 编程

基于上述应力更新算法,用 Fortran 参照 ABAQUS 用户子程序的接口规范进行子程序编程。图 6-17 为整个黏弹塑性 UMAT 流程图。

在程序编写时,指定 8 个材料常数,并把状态变量矩阵设为 24 维,它们表示的物理意义见表 6-4 和表 6-5。

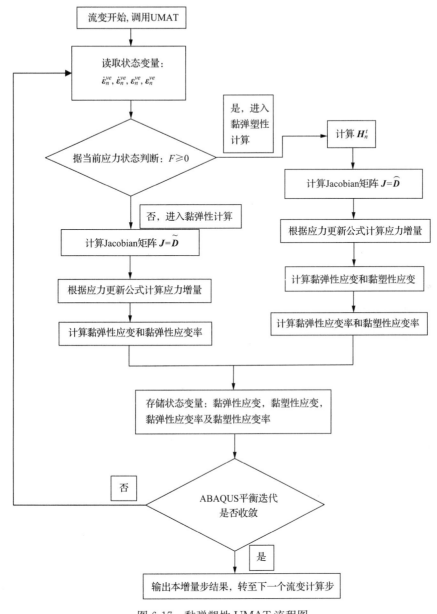

图 6-17　黏弹塑性 UMAT 流程图

表 6-4　子程序 UMAT 材料常数表

PROPS	1	2	3	4	5	6	7	8
物理性质	弹性模量	黏弹性模量	黏弹性黏滞系数	黏塑性黏滞系数	泊松比	内摩擦角	黏聚力	差分系数

表 6-5　子程序 UMAT 状态变量表

STATEV	1～6	7～12	13～18	19～24
变量含义	黏弹性应变率	黏弹性应变	黏塑性应变率	黏塑性应变

4. 子程序 UMAT 的验证

1）三轴蠕变试验

为了验证 UMAT 的合理性，建立 Φ61.8mm×125mm 的圆柱体模型。底部约束位移，侧面加压，顶部施加轴向均布荷载。图 6-18 为数值计算模型，计算参数见表 3-11。

在−20℃试验条件下对冻土的三轴蠕变进行数值模拟，可获得 UMT 中状态变量黏弹性应变、黏塑性应变、黏弹性应变率及黏塑性应变率随时间的变化曲线（图 6-19 和图 6-20），同时得到某矿副井第 12 和第 14 层土样的三轴蠕变数值模拟曲线，并与试验曲线进行了对比，结果如图 6-21 和图 6-22（ABAQUS 中以压为负）。

由图 6-19 可看出，黏弹性应变和黏塑性应变都随时间的增加而增大，黏弹性应变与蠕变的第Ⅰ、第Ⅱ阶段相对应，而黏塑性应变最终表现出快速增长的趋势。图 6-20 显示，与黏性应变曲线图相对应，黏弹性应变率随时间的增加而减小，直至为零，而黏塑性应变率随时间的增加而增大。黏弹性应变曲线和黏塑性应变曲线的变化规律是与改进西原模型的流变特性相一致的。

图 6-18　数值计算模型

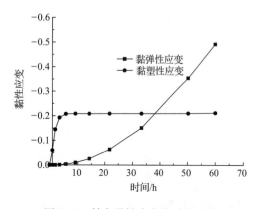

图 6-19　轴向黏性应变随时间变化

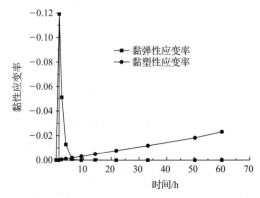

图 6-20　轴向黏性应变率随时间变化

图 6-21 和图 6-22 表明数值计算曲线与试验曲线在蠕变发展的各个阶段表现是一致的，而且改进的西原模型本构方程能很好地表征快速蠕变阶段。但是由于在试样的运输、制作及测试过程中的人为因素不可避免地会影响到土样的原始性质，使两者的数据存在一定差别。

2）参数敏感性分析

在改进的西原模型中，偏应力差及黏滞系数是控制流变特性的重要参数，所以对其进行敏感性分析。

由图 6-21 和图 6-22 可见，应变值随 $\sigma_1-\sigma_3$ 的增大而增大，表现为衰减蠕变阶段过渡到稳定蠕变阶段的应变值和稳定蠕变阶段过渡到加速蠕变阶段的应变值增大。图 6-23

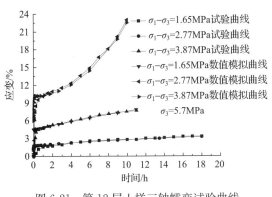

图 6-21　第 12 层土样三轴蠕变试验曲线
与数值计算曲线对比图

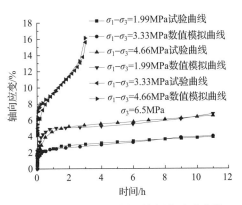

图 6-22　第 14 层土样三轴蠕变试验曲线
与数值计算曲线对比图

是其他参数不变,只改变黏弹性黏滞系数时的蠕变曲线变化图,图 6-24 是其他参数不变,只改变黏塑性黏滞系数时的蠕变曲线变化图。

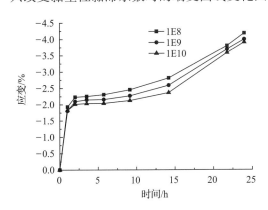

图 6-23　黏弹性黏滞系数不同时的蠕变曲线

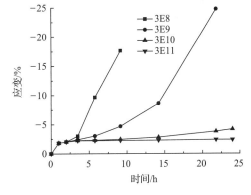

图 6-24　黏塑性黏滞系数不同时的蠕变曲线

图 6-23 表明,随黏弹性黏滞系数降低,应变值变大,进入稳定蠕变阶段的时间也有所减少,但蠕变的发展趋势是一致的。图 6-24 结果表明,随黏塑性黏滞系数的降低,冻土加速蠕变阶段的应变增长速度明显加大,试样进入破坏的时间就缩短。

由此可见,用非线性黏滞元件代替线性黏滞元件对其进行修正,得到改进西原模型的三维蠕变本构关系。并根据冻土实验结果,得到改进西原模型中的各物理参数。在改进西原模型的基础上推导出用于 ABAQUS 子程序 UMAT 应力更新所需的计算公式。利用 ABAQUS 提供给用户定义自己的材料属性的 Fortran 程序接口,编制出适用于深埋冻土黏弹塑性分析的子程序。并验证了所编制的 UMAT 的正确性。

6.3.2　计算模型及参数

丁集煤矿副井穿过表土层 525.25m,黏土层埋藏深且厚度大,在基岩段副井的风化带厚度为 16.75m。设计井筒净直径 8.0m,冻结段最大井壁厚 1.1m,最大开挖荒径 12.4m,原始地温为 30℃,布置有外、中、内三圈冻结孔。冻结盐水温度 -24~-34℃。冻结壁厚度为 11.8m。

井筒平面分布如图 6-25 所示。

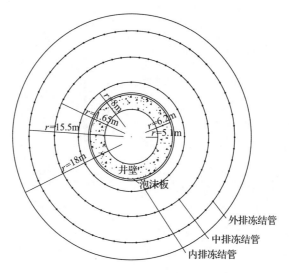

图 6-25　井筒平面分布图

主要技术参数见表 6-6。

表 6-6　丁集煤矿副井主要技术参数

序号	冻结孔类型	冻结孔参数	井筒冻结设计技术参数
1		井筒净直径/m	8
2		表土层埋深/m	525.25
3		冻结深度/m	565
4	内圈防片加强孔	圈径/m	16
		孔数/个	24
		开孔间距/m	2.093
		深度/m	443/530
		布置直径/m	28
		内径向偏值/m	≤0.5
5	中圈主冻结孔	圈径/m	23.3
		孔数/个	53
		开孔间距/m	1.38
		深度/m	565
		布置直径/m	21.0
6	外圈主冻结孔	圈径/m	31
		孔数/个	58
		开孔间距/m	1.678
		深度/m	530
		布置直径/m	14.1

由图 6-28 和图 6-29 可知,随冻结时间增加,冻结管周围温度不断下降,冻结管位置为温度最低点,270d 时,冻结管之间的区域温度较低,井帮部位温度相对较高,为-11℃。

6.3.4 井筒开挖模拟

1. 冻结壁初始应力场

在井筒开挖前,土体内由自重应力和冻胀力产生的应力场可称为初始应力场,初始应力场的大小影响井筒开挖后井帮的变形及井壁砌筑后井壁的受力情况。取土体容重 19kN/m³,以 500m 深土体为研究对象,上边界施加 10MPa 上覆土层自重,采用 Geostic 分析步平衡地应力。

根据矿井土样冻结温度试验和冻胀率实验结果,土体的冻结温度为-2.3℃,冻胀率为 4.04%。土体材料服从改进西原模型,模型参数见表 6-4。假设在整个计算过程中冻胀率不变,冻胀系数见表 6-8。

表 6-8 黏土冻胀系数

温度/℃	-20	-15	-10	-5	30
冻胀系数	0.0023	0.0031	0.0052	0.0148	0

对研究土体进行热应力分析可得不同时刻冻结壁初始地应力场,如图 6-30 所示。由于冻胀应力随冻结壁环向不均匀性分布,所以沿冻结壁径向任一位置的某一时刻取环

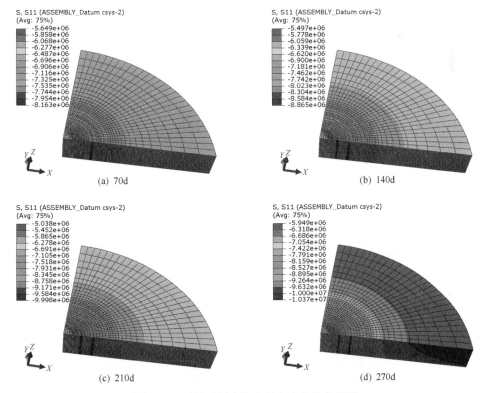

图 6-30 不同时刻土体内径向应力分布云图

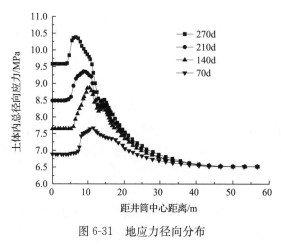

图 6-31　地应力径向分布

向应力平均值可得到该时刻的径向应力值在冻结壁内的空间分布状态,如图 6-31 所示。

由图 6-30 和图 6-31 可知,随着冻结温度的降低,土体冻结引起冻胀,使土体内应力远高于原始地应力,冻结管之间的冻胀应力较大,靠近井筒中心和周围土体中较小。冻结土体内的应力由两部分组成,一部分为土体中的初始应力,6.51MPa;另一部分为土体冻结产生的冻胀应力。由图 6-31 可知,冻结 70d 时,土体冻结产生的最大冻胀力为 1.15MPa,冻结壁内总应力增长 18%;冻结 140d 时,土体冻结产生的最大冻胀力为 2.35MPa,冻结壁内总应力增长 36%;冻结 210d 时,土体冻结产生的最大冻胀力为 3.15MPa,冻结壁内总应力增长 48%;冻结 270d 时,土体冻结产生的最大冻胀力为 3.73MPa,冻结壁内总应力增长 57%。由此可见,冻结时间从 70~210d 时,也就是冻结壁的平均温度从 −8.5℃降至 −14.3℃时,冻胀应力增长最快。

2. 井筒开挖过程模拟

取土体上边界为力边界,下边界限制竖向位移,侧向限制径向位移,两个侧边界为对称边界。井筒工作面上方外层井壁支护材料为钢筋混凝土,土体为黏弹塑性材料,符合改进的西原本构模型。

数值计算中取井筒掘砌施工实际段高 2m,每个段高的开挖时间为 24h,井壁一次性浇筑。图 6-32 为不同时刻井帮位移沿段高的变化图。井帮中部、井帮往下 1/4 处及井帮往下 3/4 处的径向位移随时间的变化曲线如图 6-33 所示。

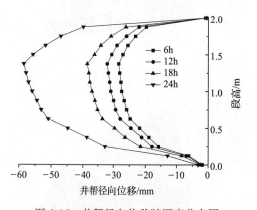

图 6-32　井帮径向位移随深度分布图

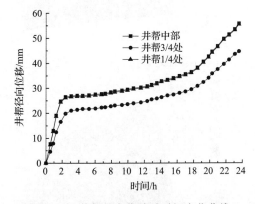

图 6-33　井帮径向位移随时间变化曲线

由图 6-32 可知,随开挖的时间增大,井帮径向位移在增加,并且增长速率在后期有所增加,因为深部冻土进入加速蠕变阶段,符合高围压下冻土的非线性流变特性;井帮位移的最大处约在井帮往下 1/3 处,为 58.5mm。由图 6-33 可知,井帮径向位移随时间的变化特性与高围压下冻土三轴蠕变试验曲线十分相似,也分为三个明显的阶段,符合改进西原模型蠕变特征。

6.3.5　井壁砌筑模拟

1. 基本假设

为了便于数值计算,做如下假设:
(1) 在冻结壁圆周方向,冻结壁各物理参数的径向分布相同;
(2) 外井壁与冻结壁接触状态沿圆周方向相同;
(3) 井壁浇筑时混凝土水化热的影响沿井筒周向相同。

2. 材料及其参数

(1) 冻土:冻土的流变本构采用前述改进的西原模型。
(2) 沫板:泡沫板视为线弹性材料,弹性参数随泡沫板压缩率的变化而改变,其弹性模量由图 6-34 得出。泊松比取 0.3。

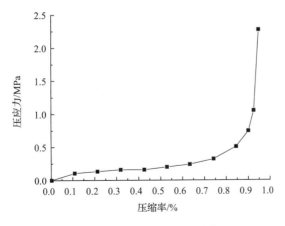

图 6-34　泡沫板压缩曲线[44]

泡沫板的材料属性可通过编制子程序 USDFLD,在材料属性中通过设置场变量来实现泡沫板弹性模量随变形量的变化。其格式为:

```
SUBROUTINE USDFLD(FIELD,STATEV,PNEWDT,DIRECT,T,CELENT,
     1 TIME,DTIME,CMNAME,ORNAME,NFIELD,NSTATV,NOEL,NPT,LAYER,
     2 KSPT,KSTEP,KINC,NDI,NSHR,COORD,JMAC,JMATYP,MATLAYO,LACCFLA)
```
……

(3) 外层井壁:外壁的强度随时间而增长,且增长迅速,在外壁浇筑后的前 3 天强度较小,此时外壁外侧泡沫板缓冲了外壁浇筑初期来自冻结壁的压力。考察长期冻结压力值可按混凝土最终强度取值。在实际浇筑时,采用 C70 混凝土,弹性模量取为 37GPa,泊松比取 0.2。

3.冻结压力模拟及结果分析

1）冻结压力模拟

模型边界条件同于井筒开挖阶段,连续开挖砌筑 5 个段高,读取第 1 个开挖段高的值(埋深为模型上表面所在深度)。

计算结果均取自第一段井壁外侧节点以考察冻结压力随井壁浇筑后时间的变化规律。在其他条件不变的情况下分别改变土体埋深、冻结壁温度、土体冻胀率的值以考察各因素对冻结压力的影响规律,对表 6-9 所列条件下的冻结压力进行计算。①、②和③计算土体埋深的影响,①、④和⑤计算冻结壁平均温度的影响,①、⑥和⑦计算冻胀率的影响。⑧、⑨、⑩计算随机条件下的冻结压力值。

2）冻结压力实测比较分析

计算所得的冻结压力稳定值见表 6-9。图 6-35 为条件①时冻结压力随时间的变化云图,图 6-36 为条件①冻结压力数值计算值与相同实际工况条件下的实测结果值对比图。

表 6-9　冻结压力计算条件

条件	土性	土体埋深/m	冻结壁平均温度/℃	冻胀率/%	冻结压力稳定值/MPa
①	黏土	500	−18	4	5.04
②	黏土	400	−18	4	4.17
③	黏土	600	−18	4	5.92
④	黏土	500	−16	4	5.57
⑤	黏土	500	−20	4	4.52
⑥	黏土	500	−18	2	4.69
⑦	黏土	500	−18	3	4.87
⑧	黏土	400	−17	2	3.62
⑨	黏土	500	−14	3	4.99
⑩	黏土	500	−15	3	4.78

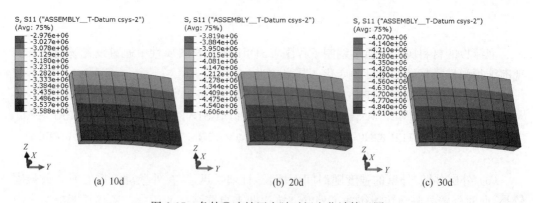

(a) 10d　　　　　　　(b) 20d　　　　　　　(c) 30d

图 6-35　条件①冻结压力随时间变化计算云图

由图 6-35 可知,随井壁浇筑后时间的增加,冻结压力不断增加,且第 10 天到第 20 天的冻结压力增长量大于第 20 天到第 30 天的增长量。图 6-36 也表明冻结压力的增长经历快速增长阶段、缓慢增长阶段和稳定增长阶段。计算结果与实测结果变化趋势一致，数值计算结果的最终稳定值为 5.04MPa，而实测的最终稳定值为 5.3MPa，数值计算结果与实测值的误差小于 15％。在冻结压力增长的开始阶段，实测值小于数值计算值是由实测中泡沫板的缓冲效应引起的，而在数值计算中泡沫板的模拟未能完全达到实际效果。冻结压力的数值计算最终稳

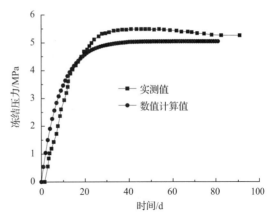

图 6-36　冻结压力值比较图

定值偏小的原因是由于影响冻结压力的因素诸多，工程中的所有情况并不能全部在数值模拟中都得以体现，而且实测过程中不可避免地会存在误差。

3）埋深的影响

图 6-37 为①、②和③条件下所计算的不同埋深条件下的冻结压力曲线对比图。

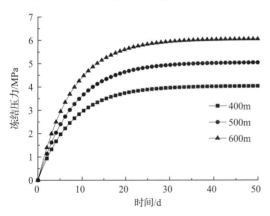

图 6-37　不同埋深的冻结压力计算值

由图 6-37 可知，当层位深度分别为 400m、500m 和 600m 时，冻结压力由 4.17MPa、5.04MPa 增加到 5.92MPa，当层位深度由 400m 增加到 500m 时，冻结压力约增加 21％。因为随着土体埋深的增大，围压增大，土体内的原始地应力增大，井筒挖掘前的冻结壁初始地应力也相对增大。

4）冻结壁平均温度的影响

图 6-38 为①、④和⑤条件下所计算的不同温度条件下的冻结压力曲线对比图。

由图 6-38 可知，当冻结壁平均温度分别为 -16℃、-18℃ 和 -20℃ 时，冻结压力由 5.57MPa、5.04MPa 减小至 4.52MPa，当冻结壁平均负温从 -16℃ 至 -18℃ 时，冻结压力约减小 10％。这是因为冻结土体的力学参数随温度降低而增大，所以冻结壁温度越低，冻结壁强度越大。

5）体冻胀率的影响

图 6-39 为①、⑥和⑦条件下所计算的不同冻胀率条件下的冻结压力曲线对比图。

由图 6-39 可知，当土体冻胀率分别为 2％、3％ 和 4％ 时，冻结压力由 4.69MPa、4.87MPa 增加到 5.04MPa。当土体冻胀率由 2％ 增加到 3％ 时，冻结压力约增加 3.8％。冻胀率增加，黏土的冻胀特性明显。

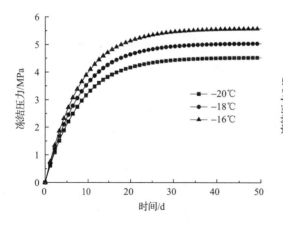

图 6-38　不同冻结壁平均温度冻结压力计算值

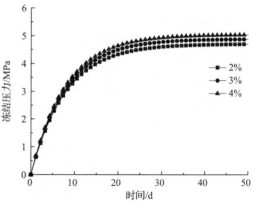

图 6-39　不同冻胀率的冻结压力计算值

6）冻结压力经验公式

将冻结压力用 P 表示，埋深、冻结壁平均温度和土体冻胀率分别表示为 H、T 和 ϑ，根据以上计算结果，构建非线性回归公式模型，用数学优化分析综合工具软件包进行多元非线性回归可得到相关系数为 0.940 的冻结压力与上述 3 个影响因素之间的非线性关系式：

$$P = 0.02027HT^{-0.27484}\vartheta^{0.09177} \tag{6-93}$$

通过数值模拟，可得如下结论：

（1）在本例中 270d 时，中圈管部位就已冻实，冻结管之间区域温度较低，井帮部位温度较高。表明多圈管冻结方案可以缩短冻结法施工工期，利于冻结壁的稳定。

（2）由初始地应力模拟可知，开挖前冻结壁内的地应力由原始地应力和冻胀产生的土体内冻结应力组成，一部分为土体中的初始应力，6.51MPa；另一部分为土体冻结产生的冻胀应力，最大应力为 3.73MPa，冻结壁内总应力增长 57%。冻结时间为 70～210d 时，冻结壁的平均温度为 -8.5～-14.3℃时，冻结壁中冻胀应力增长最快。

（3）井筒开挖时井帮位移曲线表明位移变化曲线形式与高围压下冻土三轴蠕变曲线相似，符合改进西原模型流变特征，最大径向位移为 58.5mm。

（4）冻结压力数值计算结果表明计算曲线与实测曲线变化趋势一致，都经历冻结压力的快速增长阶段、缓慢增长阶段和稳定增长阶段。数值计算结果的最终稳定值为 5.04MPa，而实测的最终稳定值为 5.3MPa，误差小于 15%。分析各因素的变化对冻结压力值的影响可知，埋深和冻结壁的平均温度的影响较大。当层位深度由 400m 增加到 500m 时，冻结压力增加 21%。当冻结壁平均温度为 -16℃～-18℃时，冻结压力减小 10%。当土体冻胀率由 2% 增加到 3% 时，冻结压力增加 3.8%。

（5）根据不同条件下的数值计算结果，可得到冻结压力与埋深、冻结壁平均温度和土体冻胀率的关系式。

参 考 文 献

[1] 陈湘生. 对深冻结井几个关键问题的探讨. 煤炭科学技术,1999,27(1):36-38.

[2] Chamberlain E,Groves C,Perham R. The mechanical behaviour of frozen earth materials under high pressure triaxial test conditions. Geotechnique,1972,22(3):469-483.

[3] Wang D Y,Ma W,Wen Z,et al. Study on strength of artificially frozen soils in deep alluvium. Tunnelling and Underground Space Technology,2008,23(4):381-388.

[4] 姜国静,王建平,刘晓敏. 超厚黏土层冻结压力实测研究. 煤炭科学技术,2013,41(3):43-46.

[5] 刘波,宋常军,李涛,等. 卸载状态下深埋黏土层冻结壁与周围土体共同作用理论研究. 煤炭学报,2012,37(1):1834-1840.

[6] 张驰,杨维好,杨志江,等. 深厚含水基岩区立井外壁冻结压力的实测与分析. 煤炭学报,2012,37(1):33-38.

[7] 盛天宝. 特厚黏土层冻结压力研究与应用. 煤炭学报,2010,35(4):571-574.

[8] 王衍森,薛利兵,程建平,等. 特厚冲积层竖井井壁冻结压力的实测与分析. 岩土工程学报,2009,31(2):207-212.

[9] 荣传新,王秀喜,程桦. 深厚冲积层冻结壁和井壁共同作用机理研究. 工程力学,2009,26(3):235-239.

[10] 杨俊杰. 深厚粘土层冻结井外壁设计的一种新方法. 煤矿设计,1997,44(7):3-6.

[11] 杨俊杰. 考虑地层抗力时的外层井壁内力计算. 煤炭工程,2002,49(2):53-55.

[12] Auld F A. Design and installation of deep shaft linings in ground temporarily stabilized by freezing-Part 2:Shaft lining and freeze wall deformation compatibility. Ground Freezing,1988,88.

[13] Sugihara K，Yoshioka H,Matsui H et al. Preliminary results of a study on the responses of sedimentary rocks to shaft excavation. Engineering Geology,1993,35(3):223-228.

[14] 王衍森,文凯. 深厚表土中冻结壁与井壁相互作用的数值分析. 岩土工程学报,2014,36(6):1142-1146.

[15] 胡向东. 卸载状态下冻结壁外载的确定. 同济大学学报,2002,30(1):6-10.

[16] 胡向东. 卸载状态下与周围土体共同作用的冻结壁力学模型. 煤炭学报,2001,26(5):507-511.

[17] Fung Y C. Foundation of Solid Mechanics. New Jersey:Prentice-Hall,1965.

[18] Ma W,Chang X X. Analyses of strength and deformation of an artificially frozen soil wall in underground engineering. Cold Regions Science and Technology,2002,34(1):11-17.

[19] Vialov S S,Gemoshinskii V G,Gorodetskii,S E,et al. The strength and creep of frozen soils and calculations for ice-soil retaining structures. US Army Cold Regions Research and Engineering Laboratory,Translation,1963.

[20] 朱元林,何平,张家懿,等. 围压对冻结粉土在振动荷载作用下蠕变性能的影响. 冰川冻土,1995,17(2):20-25.

[21] 何平,张家懿,朱元林,等. 振动频率对冻土破坏之影响. 岩土工程学报,1995,17(3):78-81.

[22] 赵淑萍,何平,朱元林,等. 冻结砂土在动荷载下的蠕变特征. 冰川冻土,2002,24(3):270-274.

[23] Xie Q J,Zhu Z,Kang G,Dynamic stress-strain behavior of frozen soil:experiments and modeling. Cold Region Science and Technology,2014,106:153-160.

[24] 张长庆,等. 冻土蠕变过程微结构损伤行为与变化特征. 冰川冻土,1995,17(增刊):60-65.

[25] 苗天德,等. 冻土蠕变过程的微结构损伤理论. 中国科学(B辑),1995,25(3):309-317.

[26] 沈忠言,等. 单轴受拉时冻土结构变化及其机理初探. 冰川冻土,1996,18(3):262-267.

[27] 马巍,等. 冻土三轴蠕变过程中结构变化的CT动态监测. 冰川冻土,1997,19(1):52-57.

[28] 吴紫汪. 冻土蠕变变形特征的细观分析. 岩土工程学报,1997,19(3):1-6.

[29] 何平,程国栋,朱元林. 冻土黏弹塑损伤耦合本构理论. 中国科学(D辑):地球科学,1999(s1),29:34-39.

[30] 王家澄,等. 电子扫描显微镜在冻土研究中的应用. 冰川冻土,1996,18(2):184-188.

[31] Zhu Y L,et al. Triaxial creep model of frozen soil under dynamic loading. Progress in Natural Science,1997,7(4):465-468.

[32] 李洪升,等. 冻土破坏过程的微裂纹损伤区的计算分析. 计算力学学报,2004,21(6):696-700.

[33] 梁承姬,等. 激光散斑法对冻土微裂纹形貌和发展过程的研究. 大连理工大学学报,1998,38(2):152-156.

[34] 李洪升,等. 冻土中微裂纹尺寸的识别与确认. 岩土力学,2004,25(4):534-537.

[35] 刘增利,等.基于动态 CT 识别的冻土单轴压缩损伤本构模型.岩土力学,2005,26(4):542-546.

[36] 宁建国,等.基于细观力学方法的冻土本构模型研究.北京理工大学学报,2005,25(10):847-850.

[37] 李栋伟,汪仁和.考虑损伤效应的冻黏土蠕变本构理论研究.煤田地质与勘探,2007,35(1):53-55.

[38] 郑雨天.岩石力学的弹塑黏性理论基础.北京:煤炭工业出版社,1988.

[39] 肖燕.软土蠕变特性研究及其在桩台桩基工程中的应用.长沙:湖南大学,2004.

[40] 庄茁,等.ABAQUS 非线性有限元分析与实例.北京:科学出版社,2005.

[41] 朱以文,等.ABAQUS 与岩土工程分析.香港:中国国书出版社,2005.

[42] 费康,张建伟.ABAQUS 在岩土工程中的应用.北京:中国水利水电出版社,2010.

[43] 陈卫忠,等.ABAQUS 在隧道及地下工程中的应用.北京:中国水利水电出版社,2010.

[44] 王衍森.特厚冲积层中冻结井外壁强度增长及受力与变形规律研究.徐州:中国矿业大学,2005.

第7章　冻结井壁外荷载

近年来在煤炭开采过程中,矿井建设逐渐向深井建设发展,在深厚冲积层中修筑煤矿立井井筒,冻结法为应用最为广泛的、有效的特殊施工方法。由于立井井筒为矿井的咽喉部位,因此根据冻结法凿井施工特点,确定冻结井壁的外荷载,选择适宜的井壁结构形式,合理地设计井壁结构,对降低井筒建造成本、保证井筒在施工期间和运营期间的安全有着十分重要的意义。

由于我国已有60多年的冻结法凿井工程实践经验,冻结井壁结构的研究和设计取得了长足的进展,同时,对冻结井壁外荷载的全面认识也相应经历了长期的过程,大致可以分为以下六个阶段[1]:

第一阶段,20世纪50～60年代初,所建冻结井筒的冲积层一般都小于200m。认为井壁仅承受水平地压(水土压力),引用松散体挡土墙理论来计算水平地压,同时认为井壁自重由地层承担,后期为了安全,将部分井壁自重(10%～40%)作为井壁的竖直荷载,冻结井壁多采用单层钢筋混凝土或素混凝土井壁,混凝土强度等级小于C20。

第二阶段,20世纪60～70年代,所建冻结井筒穿越的冲积层大于200m。发现单层井壁漏水严重已经不能满足工程要求,认识到冻结压力是一种不可忽视的井壁临时外荷载,冻结井壁结构由单层发展为双层钢筋混凝土井壁,利用外壁来抵抗冻结压力,内、外壁共同抵抗水平地压,混凝土强度等级也提高到C40,井壁的防水性能得到了改善。

第三阶段,1975～1979年,所建冻结井筒穿越的冲积层厚近400m。在此期间,主要是认识到了井壁中的温度应力,两淮矿区几个在建的冻结井内壁由于温度应力出现大量的环向裂缝,井筒发生漏水现象,双层钢筋混凝土塑料夹层复合井壁结构被研制出来并使用,取得了良好的效果,在井壁结构设计中,内、外壁外荷载分开计算,即外壁承担冻结压力、内壁承担静水压力,在内、外壁间铺设塑料薄板夹层以解除内、外壁间约束,防止内壁因温度应力而产生裂缝。

第四阶段,1979～1987年,随着冻结井筒穿越冲积层厚度的增大,特别是深厚黏土层中冻结压力及其非均匀性的显现,使得较多冻结井外壁因承受较大冻结压力被压裂,从而在冻土和外壁间铺设泡沫塑料板以缓减冻结压力,同时可起到隔热和削减井壁压力非均匀性的作用,进一步改进了深井冻结井壁结构形式。

第五阶段,1987～2003年,由于安徽两淮、江苏徐州、河南永夏和山东兖州等矿区相继发生大量的立井井壁破裂事故,认识到地层疏水沉降、冻结壁解冻等产生作用于井筒之上的竖向附加力是造成立井井壁破裂的主要原因,竖向可缩性井壁结构得到相应研究和广泛应用。

第六阶段,2003年至今,新建冻结井筒多穿越400～600m特厚表土层,因对冻结井壁外荷载的认识已较为全面,科研学者及工程技术人员主要从提高井下混凝土强度等级和改进井壁结构形式两方面来满足特厚表土层冻结井筒的支护要求。

7.1　冻结井壁外荷载分类

冻结井壁外荷载可分为两类,即立井运营期间荷载和施工期间荷载。立井运营期间荷载包括井壁自重、水平地压、水压力和竖向附加力和水平附加力等;立井施工期间荷载包括冻结压力、温度应力和注浆压力等[2,3]。

7.2　井　壁　自　重

井壁自重包含井壁、井筒装备和部分井塔的重量。若不考虑井筒装备与井塔的重量,由井壁自重荷载引起的自重应力由下式计算:

$$\sigma_g = \gamma_h H \tag{7-1}$$

式中,σ_g 为自重应力,kPa;γ_h 为井壁的平均重度,一般取 $24\sim25kN/m^3$;H 为计算深度,m。

7.3　水　平　地　压

水平地压是指表土地层施加于立井井壁上的侧压力,是地层中水和土共同作用的结果。对于松软的表土层,水平地压的计算大都以松散体极限平衡理论为基础,但按其研究方法可分为:①平面挡土墙主动土压力理论,如普氏公式、秦氏公式、索氏公式和重液公式等;②空间轴对称极限平衡理论,如别列赞采夫提出的圆筒形挡土墙主动土压力公式;③拱效应理论,如夹心墙土压力公式。下面对我国常用的几种立井水平地压计算公式进行介绍[4~6]。

7.3.1　普氏地压公式

苏联的普罗托吉亚科诺夫(1908)提出采用平面挡土墙原理来计算立井水平地压。如图 7-1 所示,假定立井井壁为平面挡土墙,围岩为松散体且黏结力 $C=0$,则作用与井壁上的侧压力等于主动土压力,从而得到著名的普氏地压公式:

$$P = \gamma H \tan^2\left(45° - \frac{\varphi}{2}\right) \tag{7-2}$$

式中,P 为水平地压,kPa;H 为计算处深度,m;γ 为岩土层自重,kN/m^3;φ 为岩土层内摩擦角,(°)。

普氏公式得出的地压与深度成正比,且呈三角形分布规律,由于该公式没有考虑地下水压力,只能用于不含水或弱含水浅表土层的地压近似计算,不适用于深部的含水表土层。

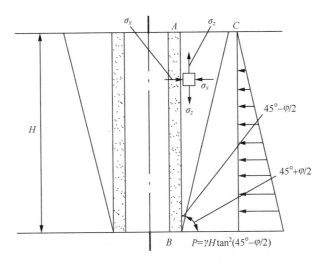

图 7-1 普氏公式计算示意图

7.3.2 秦氏地压公式

苏联的秦巴列维奇于 1933 年在普氏公式的基础上进行了改进,提出了分层计算的挡土墙地压公式,即秦氏公式。用该公式计算井壁侧压力较为符合实际情况。如图 7-2 所示,秦氏公式假定井筒周围各岩土层受破坏形成滑动棱柱体,此滑动棱柱体施于井壁的主动土压力即为井壁水平地压。

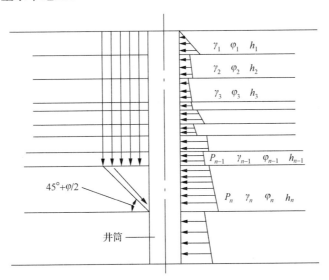

图 7-2 秦氏公式计算示意图

对于第 n 层岩土层,其水平地压由下式计算:

$$\left.\begin{array}{l} P_n^u = (\gamma_1 h_1 + \gamma_2 h_2 + \cdots + \gamma_{n-1} h_{n-1}) K_n \\ P_n^d = (\gamma_1 h_1 + \gamma_2 h_2 + \cdots + \gamma_n h_n) K_n \end{array}\right\} \tag{7-3}$$

式中，P_n^u 为第 n 层岩土体顶部处地压，kPa；P_n^d 为第 n 层岩土体底部处地压，kPa；h_1，h_2，$\cdots$，h_n 为各岩土层厚度，m；γ_1，γ_2，$\cdots$，γ_n 为各岩土层自重，kN/m³；K_n 为第 n 层岩土体侧压力系数。

该公式未考虑地层中水压力，但秦巴列维奇对于不同的土性，给出了相应加大的侧压力系数，等于间接考虑了地下水的影响，其中，流砂层的 A 值为 0.757，砂砾和砂土层的 A 值为 0.526，黏土层的 A 值为 0.387。因此，在采用秦氏公式计算立井水平地压时，应选用秦氏给定的岩土层侧压力系数。

7.3.3 索氏地压公式(悬浮体地压公式)

苏联的索科洛夫斯基提出了由秦氏公式演变而来的悬浮体地压公式，可用于含水丰富的表土层立井水平地压计算。地压包括悬浮土体的侧向土压力和静水压力两部分，土压力按秦氏公式计算，但地下水位以下的土层容重取浮重度。

$$
\left.
\begin{array}{l}
P_n^u = (\gamma_1' h_1 + \gamma_2' h_2 + \cdots + \gamma_{n-1}' h_{n-1}) K_n + \gamma_w H_{n-1} \\
P_n^d = (\gamma_1' h_1 + \gamma_2' h_2 + \cdots + \gamma_n' h_n) K_n + \gamma_w H_n
\end{array}
\right\}
\tag{7-4}
$$

式中，γ_w 为水的重度，一般取 10kN/m³；H_{n-1}、H_n 分别为第 n 层岩土体顶部、底部至地下水位的高度，m；γ_1'、γ_1'、$\cdots$、γ_n' 分别为地下水位以下各岩土层的浮重度，kN/m³。

7.3.4 重液地压公式

我国立井表土地压计算最常用的是重液公式，该公式将立井周边含水表土层视为水土混合的重液体，则作用在井壁上的水平地压可按照静液定律计算：

$$
P = 1.3\gamma_w H
\tag{7-5}
$$

式中，γ_w 为水的重度，一般取 10kN/m³；H 为计算处深度，m。

7.3.5 圆筒形挡土墙地压公式

1952 年，苏联的别列赞采夫基于空间轴对称极限平衡理论，考虑井筒的圆筒状空间结构，假定土体与井壁无摩擦力，井筒周边土体滑动曲面为圆锥体，进而采用圆筒形挡土墙主动土压力理论来计算立井表土水平地压：

$$
\begin{aligned}
P = &\gamma R_0 \frac{\tan\left(45° - \dfrac{\varphi}{2}\right)}{\lambda - 1} \left[1 - \left(\frac{R_0}{R_b}\right)^{\lambda-1}\right] + q\left(\frac{R_0}{R_b}\right)^{\lambda} \cdot \tan\left(45° - \frac{\varphi}{2}\right) \\
&+ c \cdot \cot\varphi \cdot \left[\left(\frac{R_0}{R_b}\right)^{\lambda} \cdot \tan\left(45° - \frac{\varphi}{2}\right) - 1\right]
\end{aligned}
\tag{7-6}
$$

式中，R_0 为井筒掘进半径，m；R_b 为土体滑动线与地面交点的横坐标值，m，且有：

$$
R_b = R_0 + H \cdot \tan\left(45° - \frac{\varphi}{2}\right)
$$

其中，q 为地面超载，kPa；λ 为简化系数，且有：

$$\lambda = 2\tan\varphi \cdot \tan\left(45° - \frac{\varphi}{2}\right)$$

其中，c 为土体黏聚力，kPa；φ 为土体内摩擦角，(°)；γ 为土体自重，kN/m³。

当地面超载 $q = 0$，黏聚力 $c = 0$ 时，则式(7-6)可写为：

$$P = \gamma R_0 \frac{\tan\left(45° - \dfrac{\varphi}{2}\right)}{\lambda - 1}\left[1 - \left(\frac{R_0}{R_b}\right)^{\lambda-1}\right] \tag{7-7}$$

当 $\varphi = 19°30'$ 时，$\lambda = 1$，式(7-7)为不定解，但可用幂级数作近似计算，式(7-7)可变为以下形式：

$$P = \gamma R_0 \tan\left(45° - \frac{\varphi}{2}\right)\ln\frac{R_b}{R_0} \tag{7-8}$$

当 $H \to \infty$ 时，$R_b \to \infty$，则式(7-7)变为与深度无关的定值，即 $P \to$ 定值，如式(7-9)，而这一结论未被工程实测所证实，因此圆筒形挡土墙地压公式一直未能得到推广应用。

$$P_{\max} = \gamma R_0 \frac{\tan\left(45° - \dfrac{\varphi}{2}\right)}{\lambda - 1} \tag{7-9}$$

7.3.6　夹心墙地压公式

苏联的崔托维奇在 1951 年提出竖井平行夹心墙地压理论。该理论的地压产生机理是：首先假设井筒周围有一个被扰动了的破碎圈，这个破碎圈在自重应力作用下向下滑动，其一侧与井壁，另一侧与未扰动土产生摩擦，这就发生了松散体的成拱效应，使上部土体作用于下面"计算土层面上"的竖向均布荷载没有秦氏地压理论所采用的初始应力场那样大，马英明于 1979 年提出井筒周围形成滑动筒体，引用土力学中关于两刚性墙体间松散体压力原理，导出了立井夹心墙地压公式。

$$P = \frac{\gamma b - c}{\tan\varphi}\left[1 - \exp\left(-\frac{AH\tan\varphi}{b}\right)\right] \tag{7-10}$$

式中，b 为扰动松散体滑动区宽度的一半，m，可取 $0.5 \sim 1.0 R_0$；H 为计算处深度，m；γ 为土体自重，kN/m³；c 为土体黏聚力，kPa；φ 为土体内摩擦角，(°)；A 为土体侧压力系数，且有 $A = \tan^2(45° - \varphi/2)$。

7.4　水　压　力

水压力由下式计算：

$$P_w = \gamma_w H \tag{7-11}$$

式中，P_w 为水压力，kPa；γ_w 为水的重度，一般取 10kN/m³；H 为计算深度，m。

7.5　竖向附加力

自 1987 年以来,我国安徽两淮、江苏徐州、河南永夏、山东兖州和黑龙江东荣等矿区相继发生大量的立井井壁破裂事故(据不完全统计,已达 150 多个),严重影响了矿井的生产安全,造成了重大的经济损失。国内学者采用理论分析、数值模拟、模型试验和原位观测等手段[7~14],对井壁破裂机理开展了大量科学研究,目前已对井壁破裂机理达成共识,即作用于井筒之上的竖向附加力(负摩擦力)是造成井壁破裂的主要原因,季节性温度变化是诱因。且竖向附加力产生的原因主要表现为以下三个方面:

(1) 表土含水层疏水固结沉降产生的竖向附加力;

(2) 冻结壁解冻期土体融沉产生的竖向附加力;

(3) 开采工业场地和井筒保护煤柱产生的竖向附加力。

7.5.1　疏水沉降地层中井壁附加力的理论分析

1. 分析模型

1) 基本假设

(1) 在地层沉降受井筒影响的范围内,表土层含水层为水平分布,井壁结构、地层性质和地层固结沉降等均关于井筒中心线轴对称(图 7-3);

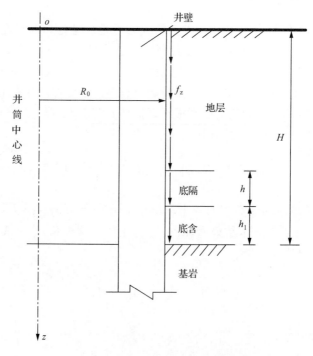

图 7-3　疏水地层井壁受力模型

(2) 井壁破坏时地表沉降量可达 200~400mm,因此分析时考虑井壁与地层间的相

对位移,同时视井筒嵌固在刚性基岩中,不可压缩;

(3) 土层与井壁界面采用双曲线型本构关系;

(4) 井壁及地层材料均满足 Mohr-Coulomb 强度准则。

2) 疏水引起的地层沉降分析

假定土体是均质各向同性体,不考虑井筒的存在对土体固结沉降的影响,底部含水层疏水产生一维固结压缩。由于底部含水层的渗透系数很大,因此分析时假定底部含水层疏水压缩是均匀、动态的,且与时间有关。底部含水层的压缩量 w_0 采用下式计算:

$$w_0 = \frac{vth_1}{E_d} \tag{7-12}$$

式中, h_1 为底部含水层的厚度,m; v 为底部含水层平均水压降速率,MPa/a; E_d 为底部含水层的压缩模量,MPa; t 为底部含水层疏水时间,a。

底部含水层疏水时,水头降低和土层压缩基本上同时发生,但底含上部隔水层的渗透性较差,其内部孔隙水压滞后于底部含水层水头下降,所以作用在土体骨架上的有效应力也是动态的,具有时效性。其沉降是逐步完成的,底部隔水层主要是垂直向下排水,属于单向固结问题,故可假定:

(1) 底含上部隔水层的初始孔隙水压力为 u_0;

(2) 底含上部隔水层上边界含水层的水头是不变的。

根据太沙基一维固结理论,有:

$$\frac{\partial u(z,t)}{\partial t} = C_v \frac{\partial^2 u(z,t)}{\partial_z^2} \qquad (t>0, H-h-h_1<z<H-h_1) \tag{7-13}$$

边界条件为:

$$u(z,0)=u_0, u[(H-h_1),t]=u_0-at \tag{7-14}$$

式中, C_v 为固结系数,且有

$$C_v = \frac{kE_s}{\gamma_w} \tag{7-15}$$

h 为底隔的厚度,m; u_0 为底隔的初始孔隙水压力,MPa; a 为底隔下边界的水压降速率(数值上等于 v),MPa/a; H 为表土层的厚度,m; E_s 为底隔的压缩模量,MPa。

采用分离变量法求解偏微分方程式(7-13),可得:

$$u = \frac{2h_1^2}{\pi^2 C_v} \sum_{n=1}^{\infty} \frac{(-1)^n a}{n^3} \left\{1-\exp\left[-\left(\frac{n\pi}{h}\right)^2 C_v t\right]\right\} \cdot \sin\frac{n\pi}{h}z + u_0 - \frac{azt}{h} \tag{7-16}$$

则底隔的压缩量为:

$$w_1(t) = \frac{1}{E_s}\int_0^h (u_0-u)\,\mathrm{d}z = \frac{2h^3}{\pi^4 C_v E_s}\sum_{n=1}^{\infty}\frac{(-1)^n a}{n^4}\cdot\left\{1-\exp\left[-\left(\frac{n\pi}{h}\right)^2 C_v t\right]\right\}$$
$$[1-\cos(n\pi)]+\frac{aht}{2E_s} \tag{7-17}$$

底含和底隔的合计压缩量为：

$$w = w_0 + w_1(t) \tag{7-18}$$

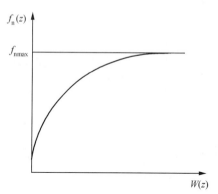

图 7-4　井壁与土体界面的本构模型

3）井壁附加力计算模型

实测结果表明：在井壁破坏时，地表沉降可达 $200\sim400\text{mm}$，因此在分析中应考虑井壁与土体的相对滑动。参照单桩受力曲线，可假定地层为弹塑性体，在井壁与土层滑动前，井深 z 处界面上的负摩擦力 f_n 与相对位移的关系可用双曲线形式描述。在井壁与地层间出现塑性滑移的瞬间，井壁负摩擦力达到最大值（图 7-4）。对于冻结井壁，因其外壁为现浇混凝土井壁，外缘较为粗糙，可以认为井壁与土层间的塑性滑移是由剪切破坏引起的。

$$f_n(z) = \frac{\Delta w}{a(z) + b(z)\Delta w} \qquad (f_n(z) < f_{sc}) \tag{7-19}$$

$$f_n(z) = f_{sc} \qquad (f_n(z) \geqslant f_{sc}) \tag{7-20}$$

式中，Δw 为深 z 处井壁与土体的相对位移；$a(z)$ 为起始剪切刚度的倒数，$a(z) = 1/\tan k$，与土性、法向应力及界面性质等因素相关；$b(z)$ 为极限负摩擦力的倒数，$b(z) = 1/f_{sc}$。

根据 Mohr-Coulomb 强度准则，有：

$$f_{sc} = p'\tan\phi + c \tag{7-21}$$

式中，p' 为作用在井壁上的有效侧压力，MPa；ϕ 为界面土体的内摩擦角，(°)；c 为界面土体的黏聚力，MPa。

4）井壁附加力对土体反作用分析

由于井壁与土体的变形模量差异很大，底部含水层的疏水和底部隔水层的压缩沉降，井壁承受竖向附加力（图 7-5），沉降量直接影响附加力值的变化和大小。同时，附加力对井筒周围土体的位移、应力也将产生影响。土体在下沉过程中，因界面阻力作用产生剪切变形，若土体径向变形的差异忽略不计，则各深度井壁四周剪切变形在同一平面上处处相等。

另外，在井壁与土层耦合分析中，必须考虑井壁与土层界面处土体的非线性变形，附加力 $f_n(z)$ 引起该界面处土体中某点的竖向位移 w_t 为：

$$w_t = w_{et} + w_{ep} \tag{7-22}$$

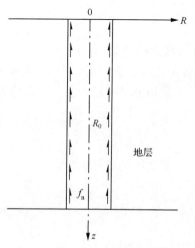

图 7-5　附加力对土体反作用模型

式中，w_{et} 为土体的弹性剪切变形；w_{ep} 为土体的塑性剪切变形。

根据广义剪切位移法理论，界面处土单元体的竖向平衡微分方程为：

$$\frac{\partial \tau_{rz}}{\partial r} + \frac{\tau_{rz}}{r} = 0 \tag{7-23}$$

边界条件为：

$$r = R_0, \tau_{rz} = \tau_0 = f_n(z) \tag{7-24}$$

则有：

$$\tau_{rz} = \frac{R_0 f_n(z)}{r} \tag{7-25}$$

式中，R_0 为井筒外半径，m。

根据弹性理论，土体中的弹性剪切变形为：

$$\gamma_e = \frac{\partial u}{\partial z} + \frac{\partial w_{et}}{\partial r} \tag{7-26}$$

由轴对称的物理方程为：

$$\gamma_e = \frac{\tau_{rz}}{G_e} \tag{7-27}$$

若 $\partial u/\partial z$ 忽略不计，可得：

$$\partial w_{et} = \frac{\tau_{rz}}{G_e} \partial r = \frac{f_n(z) R_0}{G_e} \frac{\partial r}{r} \tag{7-28}$$

$$w_{et}(z, R_0) = \int \partial w_{et} = \frac{f_n(z) R_0}{G_e} \ln\left(\frac{R_h}{R_0}\right) \tag{7-29}$$

式中，G_e 为土层弹性剪切模量，MPa；R_h 为剪切变形影响范围，且有 $R_h = 10 R_0$；γ_e 为弹性剪应变；w_{et} 为弹性位移。

土体剪应力与剪应变的非线性关系，用最常见的双曲线关系(图 7-6)可表示为：

$$\gamma = \frac{\tau}{G_0 \left(1 - \frac{R_f}{\tau_f} \tau\right)} \tag{7-30}$$

式中，τ 为剪应力，MPa；γ 为剪应变；G_0 为初始剪切模量，MPa；R_f 为破坏比(一般为 0.75~0.95)；τ_1 为线弹性段剪应力的极限值，MPa；τ_f 为土的极限抗剪强度值，MPa，且有 $\tau_f = f_{sc}$。

当井壁、土体界面处产生塑性滑移时，土体产生的塑性剪切变形(图 7-7)为

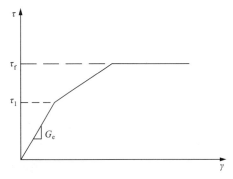

图 7-6　剪应力和剪应变的分线性关系

$$w_{ep}(z, R_0) = \frac{f_n(z) R_0}{G_0} \left[\ln\left(\frac{1 - R_f A}{1 - R_f B}\right) + \frac{A R_f}{1 - A R_f} \ln\left(\frac{B}{A}\right) \right] \tag{7-31}$$

式中，$A = \dfrac{\tau_1}{\tau_f}, B = \dfrac{f_n(z)}{\tau_f}, G_e = G_0(1 - AR_f)$。

综合式(7-22)、式(7-29)和式(7-31)，可得：

$$w_t = \frac{f_n(z)R_0}{G_0}\left[\frac{1}{1-AR_f}\ln\left(\frac{R_h}{R_0}\right) + \ln\left(\frac{1-R_fA}{1-R_fB}\right) + \frac{AR_f}{1-AR_f}\ln\left(\frac{B}{A}\right)\right] \quad (7\text{-}32)$$

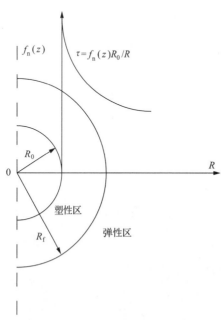

图 7-7 井壁外侧界面处变形分区

5) 井壁附加力分析

参照单桩受力曲线，可假定地层为弹塑性体，在井壁与土层滑动前，井深 z 处界面上的附加力 $f_n(z)$ 与相对位移的关系可用双曲线形式描述。在井壁与地层间出现塑性滑移的瞬间，井壁附加力达到最大值。

$$f_n(z) = \frac{\Delta s}{a(z) + b(z)\Delta s} \quad (f_n(z) < f_{n,max})$$
$$(7\text{-}33)$$

$$f_n(z) = p'\tan\varphi + c \quad (f_n(z) \geqslant f_{n,max})$$
$$(7\text{-}34)$$

式中，Δs 为深 z 处井壁与土体的相对位移，$\Delta s = w - w_t$；$a(z)$ 为起始剪切度的倒数；$b(z)$ 为极限负摩擦力的倒数，且有 $b(z) = 1/f_{n,max}$；p' 为作用在井壁上的有效侧压力，$p' = 0.013z$；φ 为界面土体内摩擦角；c 为界面土体黏结力。

2. 影响附加力各因素分析

对上述方程，采用迭代法编制计算程序进行求解。参照淮北临涣矿区地层条件，计算中所取参数 $H = 240\text{m}, h_1 = 20\text{m}, h = 50\text{m}, E_s = 77\text{MPa}, a = 0.1\text{MPa/a}$。实际井壁的土性介于砂土与黏土之间，计算时取砂土（$E_d = 45\text{MPa}, c = 0.03\text{MPa}, \varphi = 40°, \mu = 0.28$）、黏土（$E_d = 20\text{MPa}, c = 0.06\text{MPa}, \varphi = 15°, \mu = 0.36$）两种特例进行分析，得到井壁附加力与各因素间关系如图 7-8 至图 7-10 所示。

分析上述各图可见以下特征：

(1) 附加力沿深度呈非线性递增关系，土性不同，附加力的大小沿深度变化不同。在土层厚度相同的情况下，黏土中井壁附加力沿深度的变化为 33～45kPa；砂土为 41～76kPa。这与大量模拟实验中井壁附加力沿井深的分布及黏土中附加力最小、砂土最大是一致的。

(2) 井壁附加力随地层疏水持续时间逐渐增大。这是由于地层疏水是导致其固结沉降的直接原因，只要地层疏水，就会产生沉降，并对井壁产生附加力。地层的不断沉降，造成地层对井壁附加力的不断积累、增大。

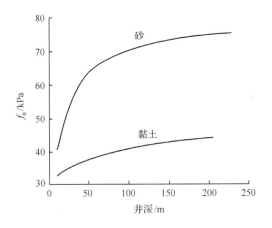

图 7-8　不同土性井壁附加力随井深的
变化规律($t＝2a$)

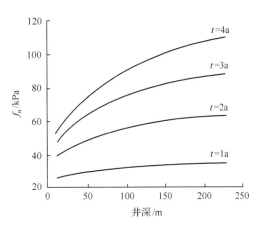

图 7-9　井壁附加力随时间的变化

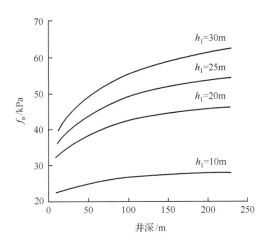

图 7-10　井壁附加力与底含厚度的关系

（3）井壁附加力与底含厚度近似成正比，其他条件相同时，底含越厚，附加力数值越大。产生这种现象是因为地层沉降与水头降高度和底含厚度成正比，底含越厚，地层沉降量越大，井壁外侧所受的附加力也就越大。

3. 计算实例

以淮北临涣矿区中央风井为例：该井筒自 1979 年 12 月建成，至 1993 年 6 月破坏，井壁破坏情况为混凝土环状剥落，钢筋外露反弯。

井筒原型参数为：井筒内半径 $R＝3.0m$，外半径 $R_0＝3.55m$，混凝土强度等级 C38，表土层总厚 $H＝240m$，底部含水层厚 $h_1＝12m$，底含上部隔水层厚 $h＝50m$，底含和底隔的压缩模量为 $E_s＝77.2MPa$，底含层的疏水速率 $a＝0.1MPa/a$，上覆土层为黏土（$E_d＝20MPa,c＝0.06MPa,\varphi＝15°,\mu＝0.36$）情况下附加力沿井筒深度方向的分布，并对 $H＝240m$ 处的井壁进行强度校核。

将以上数据输入程序中,计算的井壁附加力结果见表 7-1。计算的井壁轴向力结果($H=240$m)见表 7-2。

表 7-1　临涣矿井壁附加力计算结果

深度/m	不同地层疏水时间情况下的井壁附加力/kPa				
	3a	6a	9a	12a	13a
10	25. 9	40. 9	50. 2	55. 9	57. 4
50	29. 2	50. 8	67. 0	79. 3	82. 6
90	30. 7	55. 6	76. 6	93. 7	98. 5
130	31. 6	58. 8	82. 3	103. 0	109. 3
170	32. 2	60. 7	86. 5	109. 9	116. 8
210	32. 5	61. 9	89. 5	114. 7	122. 5
230	32. 8	62. 5	90. 4	116. 5	124. 9

表 7-2　临涣矿井壁附加力计算结果

深度/m	不同地层疏水时间情况下的井壁轴向应力/MPa				
	3a	6a	9a	12a	13a
240	13. 32	19. 36	24. 56	29. 03	30. 36

混凝土与钢筋的综合容许强度 $[R_z]$ 按下式计算:

$$[R_z]= R_c + \mu R_g \tag{7-35}$$

式中,R_c 为混凝土轴心抗压设计强度,对 C38,$R_c=23$MPa;R_g 为钢筋设计强度,$R_g=340$MPa;μ 为最小配筋率,$\mu=0.002$。

因此有:$[R(z)]=29.8$MPa;由表 7-2 可知,当 $t=13$a 时,$\sigma_z > [R_z]$。

可见,井壁在附加力与自重的共同作用下,轴向应力 σ_z 超过井壁钢筋混凝土强度,井壁便开始破裂,这与实际井壁初次破裂时(1993 年 6 月)基本一致。

7.5.2 冻结壁解冻期井壁附加力的理论分析

1. 土体融沉及其机理

冻土在融化过程中由于体积缩小而下沉,简称融沉。湿土在冻结过程中因受到水分和分散性矿物颗粒迁移及因形成冰包裹体而引起土的节理上的分异作用等因素的影响,其结构及构造发生重要的变化并形成新的极为复杂的冷生构造,如层状、网状、细胞状构造,并具有大量不同定向的薄层冰夹层和冰细胞。这些结构及构造上的变化对正融土的性质具有极为重要的影响。

冻土中的冰当土温趋于 0℃时,便开始融化,受冰胶结联结所控制的矿物颗粒间的黏聚力便减小,最后当冻土完全融化时,急剧突变式地降低到相当小的数值。

冻土融化过程中发生融沉可归结为两个方面的原因:一是冻土中冰融化成水发生体积收缩;二是冻结过程中形成新的冷生结构和构造,使土层的孔隙度增大,在外力作用下发生沉降。

　　融沉与冻胀是紧密相关的,很显然,从量值上说冻胀量越大,融沉量相应就越大。冻胀过程中迁移过来的水分在融化过程中受压力作用要渗透到周围介质,在外压力基本不变的情况下,融沉量应该与冻胀量很接近。

2. 冻结壁解冻期土层融沉量的确定方法

　　确定冻结壁的融沉量是研究冻结壁解冻期井壁附加力的前提,融沉量的大小直接影响井壁上附加力的大小。土层的融沉量可以分为两个部分:一是冰融化成水体积收缩和融化后的饱和水排泄造成下沉;二是在外力作用下,已融土的压缩。通常分别用融沉系数 A 和压缩系数 a 来作为其特征指标。根据不同的土质及含水量确定 A 和 a,然后按下式计算融沉量。

$$S = Ah + ahp \tag{7-36}$$

式中,S 为融土层的稳定融沉量;h 为融土层厚度;p 为融土层外荷载。

3. 冻结壁解冻期温度场数学模型

　　为了分析问题简便起见,各土层的热学性质上的差异忽略不计,问题简化为二维带相变的非稳定热传导问题。把整个冻结壁看作无限长圆柱体,显然圆柱体温度呈轴对称分布,是距离井筒中心距离 r 和时间 τ 的函数,表示成 $t = (r, \tau)$,它应满足下面导热微分方程:

$$\alpha^i \left(\frac{\partial^2 t^i}{\partial r^2} + \frac{1}{r} \frac{\partial t^i}{\partial r} \right) = \frac{\partial t}{\partial \tau} \tag{7-37}$$

式中,t 为温度;τ 为时间;r 为平面上极坐标矢径,土层中一点至坐标原点井筒中心的距离;i 为取值 $+$、$-$,分别表示融化、冻结状态;α 为土的导温系数。

　　冻结自然解冻期计算时间从冻结管吸热停止之时算起,此时应满足:

$$t^-(r, 0) = t_y \tag{7-38}$$

$$t_2^+(\infty, \tau) = t_0 \tag{7-39}$$

$$t_1^+(0, \tau) \rightarrow \text{有限} \tag{7-40}$$

$$\text{当 } r = \xi_1 \text{ 时}, t_1^- = t^+ = t^* \tag{7-41}$$

$$\text{当 } \tau = 0, \xi_1 = l_1 \text{ 时}, \lambda^- \frac{\partial t_1^-}{\partial r} - \lambda^+ \frac{\partial t_1^+}{\partial r} = Q \frac{d\xi_1}{d\tau} \tag{7-42}$$

$$\text{当 } r = \xi_2 \text{ 时}, t_2^- = t_2^+ = t^* \tag{7-43}$$

$$\text{当 } \tau = 0, \xi_2 = l_2 \text{ 时}, \lambda^- \frac{\partial t_2^-}{\partial r} - \lambda^+ \frac{\partial t_2^+}{\partial r} = Q \frac{d\xi_2}{d\tau} \tag{7-44}$$

$$\text{当 } r = R_a, \text{ 即在井帮处}, \lambda^+ \frac{\partial t_1^+}{\partial r} = \alpha(t_a - t_1^+) \tag{7-45}$$

式中，t_1 为冻结管内冻结壁温度；t_2 为冻结管外冻结壁温度；t_y 为盐水的温度；ξ_1 为井筒中心至内融化界面的距离；ξ_2 为井筒中心至外融化界面的距离；l_1 为冻结壁开始融化时其内边缘至井心的距离；l_2 为冻结壁开始融化时其外边缘至井心的距离；t^* 为冻结温度；R_a 为井筒荒径；λ 为土的导热系数；Q 为潜热；α_0 空气与井壁的对流换热系数；t_a 为空气温度。

冻结壁融化问题属于相变热传导问题，用解析法求解是相当困难的。这里采用解析法与数值法结合的半解析法进行求解。取冻结管内外未冻结区温度分布函数分别为：

$$t_1^+ = t^* - \frac{t_a - t^*}{\dfrac{\lambda^+}{\alpha} + R_a - \xi_1}(\xi_1 - r) \tag{7-46}$$

$$t_2^+ = t^* + (t_y - t^*)\,\mathrm{erf}\!\left(\frac{r - \xi_2}{2\sqrt{\alpha^+ \tau}}\right) \tag{7-47}$$

冻结区内由于没有冷源，$t_1^- = t_2^- = t^-$ 用下式描述：

$$t^- = t^* - (t_y - t^*)\exp\!\left[-\left(\frac{\alpha^- \pi}{\xi_2 - \xi_1}\right)^2 \tau\right]\sin\!\left(\frac{r - \xi_1}{\xi_2 - \xi_1}\pi\right) \tag{7-48}$$

将式(7-46)、式(7-47)和式(7-48)代入式(7-42)和式(7-44)，得：

当 $\tau = 0, \xi_1 = l_1, \xi_2 = l_2$ 时，

$$\frac{\pi\lambda^-(t_y - t^*)}{\xi_2 - \xi_1}\exp\!\left[-\left(\frac{\alpha^- \pi}{\xi_2 - \xi_1}\right)^2 \tau\right] + \frac{\lambda^+(t_a - t^*)}{Q\!\left(\dfrac{\lambda^+}{\alpha} + R_a - \xi_1\right)} = KQ\frac{\mathrm{d}\xi_1}{\mathrm{d}\tau} \tag{7-49}$$

$$\frac{-\pi\lambda^-(t_y - t^*)}{\xi_2 - \xi_1}\exp\!\left[-\left(\frac{\alpha^- \pi}{\xi_2 - \xi_1}\right)^2 \tau\right] + \frac{\lambda^+(t_y - t^*)}{\sqrt{\pi\alpha^+ \tau}} = KQ\frac{\mathrm{d}\xi_2}{\mathrm{d}\tau} \tag{7-50}$$

根据式(7-49)和式(7-50)组成的微分方程组，可采用龙格-库塔方法求其数值解。

4. 冻结壁解冻期井壁附加力的解析解

1）计算模型

冻结壁融沉是个极为复杂的问题，根据实际情况及方便计算的需要，将原型简化为以下计算模型：各土层的性质差异忽略不计，认为冻结壁为一均质弹性体，混凝土井壁视为线弹性体，整个结构及其受力情况按空间轴对称问题考虑，作用在混凝土井壁上的冻融负摩擦力符合叠加原理，并不考虑双向融化之间的影响。计算模型简图如图 7-11 所示。

2）解析解的推导

图 7-11 中 H 为表土层的总厚度，R_0、R_2 分别为混凝土井壁的内外半径。坐标轴 z 与井筒中心线重合。根据以上假设，可认为混凝土井壁上负摩擦力是由一系列同心的圆环状冻土融化在井壁上产生的负摩擦力的累加。现在来考虑某一圆环状单元冻土融化在井壁上产生的负摩擦力，假设冻结壁融化到距离井筒中心为 r_0 处，有正在融化的厚为 $\mathrm{d}r_0$、高为 H（图 7-11）的环状冻土单元，由于该单元冻土融沉，使得冻土层及井壁中应力状态

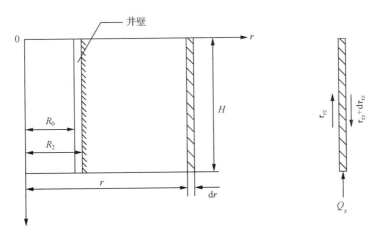

图 7-11　解析法计算模型简图

发生改变,从而在井壁上产生负摩擦力。为了便于分析 dr_0 单元融沉所产生的负摩擦力,在距井筒中心 r 处取一厚度为 dr、高为 H 的冻土单元作为隔离体进行受力分析,该环状单元从 dr_0 单元开始融化到融化结束变形稳定,其竖直方向上的应力变化为 τ_{rz},$\tau_{rz}+d\tau_{rz}$ 和 Q_z,Q_z 为底板法向反力的变化值。

根据竖直方向上的平衡条件,有:

$$-2\pi r\int_0^H \tau_{rz}dh + 2\pi(r+dr)\int_0^H(\tau_{rz}+d\tau_{rz})dh - 2\pi r\,drQ_z = 0 \tag{7-51}$$

由于正融土的融沉作用,势必带动邻近冻土层产生下沉变形,但由于混凝土井壁的存在阻止其自由下沉,从而在土层中产生剪应力。现设周围土层由于井壁限制的纵向位移为 w,则有:

$$w = S_0 - S \tag{7-52}$$

其中:S_0 为 dr_0 单元融化造成土层在不受井壁限制情况下的自由沉降量;S 为 dr_0 融化造成土层实际沉降量。

冻土融沉造成周围土层产生的水平方向位移比竖直方向位移小得多,可以忽略不计,于是周围土层由于 dr_0 环状单元的冻土融沉作用而产生的剪应变可表示为:

$$r_{rz} = \frac{dw}{dr} \tag{7-53}$$

则有:

$$\tau_{rz} = G_f r_{rz} = G_f\frac{dw}{dr} \tag{7-54}$$

另外,假设冻土的压缩模量为 E_f,则 dr_0 单元冻土融化引起 dr 单元底板法向反力的改变量为:

$$Q = \frac{E_f}{H}w \tag{7-55}$$

将式(7-52)~式(7-55)代入式(7-51),并将 $\mathrm{d}r$ 高次项忽略不计后,可得如下方程:

$$r \frac{\mathrm{d}^2 w}{\mathrm{d}r^2} + \frac{\mathrm{d}w}{\mathrm{d}r} - b^2 r w = 0 \qquad (7\text{-}56)$$

且有:

$$b^2 = \frac{E_{\mathrm{f}}}{H^2 G_{\mathrm{f}}} \qquad (7\text{-}57)$$

无穷远处井壁对地层的影响可以忽略不计,故有:

$$w\big|_{r=\infty} = 0 \qquad (7\text{-}58)$$

假设混凝土井壁与其周围土层紧密接触,无相对滑动,则有:

$$w\big|_{r=R_2} = S_0 - S_{L_0} \qquad (7\text{-}59)$$

式中,S_{L_0} 为与混凝土井壁接触处的土层沉降量。

式(7-56)为贝塞尔方程,其通解为:

$$w = C_1 K_0(br) + C_2 I_0(br) \qquad (7\text{-}60)$$

式中,$I_0(br)$、$K_0(br)$ 分别为零阶第一类、第二类虚宗量贝塞尔函数;C_1、C_2 为待定常数。

将式(7-60)分别代入式(7-58)和式(7-59),可得:

$$C_1 = \frac{S_0 - S_{L_0}}{K_0(bR_2)}, \quad C_2 = 0 \qquad (7\text{-}61)$$

所以:

$$w = \frac{S_0 - S_{L_0}}{K_0(bR_2)} K_0(br) \qquad (7\text{-}62)$$

土层实际沉降量为:

$$S = S_0 - w = S_0 - \frac{S_0 - S_{L_0}}{K_0(bR_2)} K_0(br) \qquad (7\text{-}63)$$

土层中剪应力分布为:

$$\tau_{rz} = G_{\mathrm{f}} \frac{\mathrm{d}w}{\mathrm{d}r} = G_{\mathrm{f}} b \frac{S_0 - S_{L_0}}{K_0(bR_2)} K_1(br) \qquad (7\text{-}64)$$

式中,$K_1(br)$ 为一阶第二类虚宗量贝塞尔函数。

根据式(7-64),可知混凝土井壁处的剪应力为:

$$\tau_{\mathrm{R}} = G_{\mathrm{f}} b \frac{S_0 - S_{L_0}}{K_0(bR_2)} K_1(bR_2) \qquad (7\text{-}65)$$

井壁的下沉量相对很小,可忽略不计,则:

$$\tau_{\mathrm{R}} = G_{\mathrm{f}} b \frac{S_0}{K_0(bR_2)} K_1(bR_2) \qquad (7\text{-}66)$$

现在剩下的问题就是求土层受 dr_0 单元融沉作用影响产生的自由沉降量 S_0，如果这一问题解决了，负摩擦力问题也就相应得到解决。该问题可归结为弹性圆柱体侧面受剪应力作用的空间轴对称问题，计算简图如图 7-12 所示。

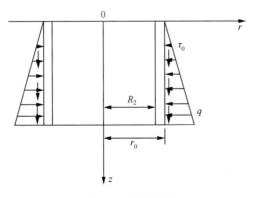

图 7-12 计算简图

由弹性理论，有如下几个基本方程：

平衡微分方程为：

$$\begin{cases} \dfrac{\partial \sigma_r}{\partial r} + \dfrac{\partial \sigma_{rz}}{\partial z} + \dfrac{\sigma - \sigma_r}{r} = 0 \\[3mm] \dfrac{\partial \sigma_z}{\partial z} + \dfrac{\partial \sigma_{rz}}{\partial r} + \dfrac{\tau_{rz}}{r} = 0 \end{cases} \tag{7-67}$$

几何方程为：

$$\begin{cases} \varepsilon_r = \dfrac{\partial u_r}{\partial r} \\[3mm] \varepsilon_\theta = \dfrac{u_r}{r} \\[3mm] \varepsilon_z = \dfrac{\partial W}{\partial z} \\[3mm] \gamma_{rz} = \dfrac{\partial u_r}{\partial z} + \dfrac{\partial W}{\partial r} \end{cases} \tag{7-68}$$

物理方程为：

$$\begin{cases} \varepsilon_r = \dfrac{1}{E}[\sigma_r - \mu(\sigma_\theta + \sigma_z)] \\[3mm] \varepsilon_\theta = \dfrac{1}{E}[\sigma_\theta - \mu(\sigma_z + \sigma_r)] \\[3mm] \varepsilon_z = \dfrac{1}{E}[\sigma_z - \mu(\sigma_r + \sigma_\theta)] \\[3mm] \gamma_{rz} = \dfrac{1}{G}\tau_{rz} = \dfrac{2(1+\mu)}{E}\tau_{rz} \end{cases} \tag{7-69}$$

经恒等变换可得如下一组方程:

$$\begin{cases} \nabla^2 \sigma_r - \dfrac{2}{r^2}(\sigma_r - \sigma_\theta) + \dfrac{1}{1+\mu} \dfrac{\partial^2 \Theta}{\partial r^2} = 0 \\[2mm] \nabla^2 \sigma_\theta + \dfrac{2}{r^2}(\sigma_r - \sigma_\theta) + \dfrac{1}{1+\mu} \dfrac{1}{r} \dfrac{\partial \Theta}{\partial r} = 0 \\[2mm] \nabla^2 \sigma_z + \dfrac{1}{1+\mu} \dfrac{\partial^2 \Theta}{\partial z^2} = 0 \\[2mm] \nabla^2 \tau_{rz} - \dfrac{\tau_{rz}}{r^2} + \dfrac{1}{1+\mu} \dfrac{\partial^2 \Theta}{\partial r \partial z} = 0 \end{cases} \tag{7-70}$$

式中,$\nabla^2 = \dfrac{\partial^2}{\partial r^2} + \dfrac{1}{r} \dfrac{\partial}{\partial r} + \dfrac{\partial^2}{\partial z^2}$。

引入应力函数 $\varphi(r,z)$,把应力分量表示为:

$$\begin{cases} \sigma_r = \dfrac{\partial}{\partial z}\left(\mu \nabla^2 \varphi - \dfrac{\partial^2 \varphi}{\partial r^2}\right) \\[2mm] \sigma_\theta = \dfrac{\partial}{\partial z}\left(\mu \nabla^2 \varphi - \dfrac{1}{r} \dfrac{\partial \varphi}{\partial r}\right) \\[2mm] \sigma_z = \dfrac{\partial}{\partial z}\left[(2-\mu) \nabla^2 \varphi - \dfrac{1}{r} \dfrac{\partial^2 \varphi}{\partial z^2}\right] \\[2mm] \tau_{rz} = \dfrac{\partial}{\partial r}\left[(1-\mu) \nabla^2 \varphi - \dfrac{\partial^2 \varphi}{\partial z^2}\right] \end{cases} \tag{7-71}$$

如果将式(7-71)代入式(7-67)中第一式可满足该方程。同样将式(7-71)代入式(7-67)中第二式和式(7-70)各式中,可知只要 φ 满足 $\nabla^4 \varphi = 0$,即:

$$\left(\dfrac{\partial^2}{\partial r^2} + \dfrac{1}{r} \dfrac{\partial}{\partial r} + \dfrac{\partial^2}{\partial z^2}\right)\left(\dfrac{\partial^2}{\partial r^2} + \dfrac{1}{r} \dfrac{\partial}{\partial r} + \dfrac{\partial^2}{\partial z^2}\right)\varphi = 0 \tag{7-72}$$

则以上各式都能满足,可见只要能构造出适当的应力函数 φ,即可求得问题的解答。参考有关弹性理论知识,经分析可设如下应力函数:

$$\varphi(r,z) = f_0(r) + f_1(r)z + f_2(r)z^2 + f_3(r)z^3 + f_4(r)z^4 + f_5(r)z^5 \tag{7-73}$$

其中:

$$\begin{cases} f_0(r) = A_0 r^2 \ln r - \dfrac{1}{4} A_2 r^4 - \dfrac{3}{8} A_4 r^4 \\[2mm] f_1(r) = A_1 r^2 + B_1 \ln r - \dfrac{3}{4} A_3 r^4 - \dfrac{15}{8} A_5 r^4 \\[2mm] f_2(r) = A_2 r^2 + B_2 \ln r \\[2mm] f_3(r) = A_3 r^2 \\[2mm] f_4(r) = A_4 \\[2mm] f_5(r) = A_5 \end{cases} \tag{7-74}$$

式中,A_{0-5}、B_{0-2} 为待定常数。

利用边界条件：

$$\sigma_r\big|_{r=R_2}=0,\ \tau_{rz}\big|_{r=R_2}=0,\ \sigma_r\big|_{r=r_0}=-q,\ \tau_{rz}\big|_{r=r_0}=\tau_0 \tag{7-75}$$

式中，τ_0 为 $\mathrm{d}r_0$ 单元融化在与其接触处的冻土层中产生的剪应力，这里认为它是恒定值，按摩擦力的计算公式计算：$\tau_0 = f \cdot \sigma_H = f \cdot k \cdot z$；$q$ 为 $\mathrm{d}r_0$ 单元融化在径向上产生的应力增加量，假设它与水平侧压力成正比，即 $q = k \cdot z \cdot \zeta$；$f$ 为冻土与正融土接触面的摩擦力系数；σ_H 为土层水平侧压力；k 为水平侧压常数。

可求出应力分量为：

$$
\begin{cases}
\sigma_r = \dfrac{R_2^2 r_0^2 k \cdot \zeta}{r_0^2 - R_2^2}\dfrac{z}{r^2} - \dfrac{r_0^2 k \cdot \zeta \cdot z}{r_0^2 - R_2^2} \\[2mm]
\sigma_\theta = -\dfrac{R_2^2 r_0^2 k \cdot \zeta}{r_0^2 - R_2^2}\dfrac{z}{r^2} - \dfrac{r_0^2 k \cdot \zeta \cdot z}{r_0^2 - R_2^2} \\[2mm]
\sigma_z = \dfrac{2 r_0 k \cdot f}{r_0^2 - R_2^2} z \\[2mm]
\tau_{rz} = -\dfrac{R_2^2 r_0^2 k \cdot f \cdot z}{r_0^2 - R_2^2}\dfrac{1}{r} + \dfrac{r_0 k \cdot f \cdot z \cdot r}{r_0^2 - R_2^2}
\end{cases}
\tag{7-76}
$$

将以上应力分量代入物理方程得：

$$\varepsilon_z = \frac{\partial W}{\partial z} = \frac{1}{E_f}\left[\frac{2 r_0 k \cdot f \cdot z}{r_0^2 - R_2^2} - 2\mu_f \frac{r_0^2 k \cdot \zeta \cdot z}{r_0^2 - R_2^2}\right] \tag{7-77}$$

将上式对 z 求积分得：

$$W(r,z) = \frac{1}{E_f}\left[\frac{r_0 k \cdot f \cdot z^2}{r_0^2 - R_2^2} - \mu_f \frac{r_0^2 k \cdot \zeta \cdot z^2}{r_0^2 - R_2^2}\right] + f'(r) \tag{7-78}$$

根据边界条件 $w\big|_{z=H}=0$，则有：

$$f'(r) = \frac{1}{E_f}\left[\frac{-r_0 k \cdot f \cdot H^2}{r_0^2 - R_2^2} + \mu_f \frac{r_0^2 k \cdot \zeta \cdot H^2}{r_0^2 - R_2^2}\right] \tag{7-79}$$

所以有：

$$W(r,z) = \frac{1}{E_f}\left[\frac{r_0 k \cdot f \cdot z^2}{r_0^2 - R_2^2} - \mu_f \frac{r_0^2 k \cdot \zeta \cdot z^2}{r_0^2 - R_2^2}\right] + \frac{1}{E_f}\left[\frac{-r_0 k \cdot f \cdot H^2}{r_0^2 - R_2^2} + \mu_f \frac{r_0^2 k \cdot \zeta \cdot H^2}{r_0^2 - R_2^2}\right] \tag{7-80}$$

现在要求 $\mathrm{d}r_0$ 单元融化引起的土层自由沉降量 S_0，很显然

$$S_0 = W(r,z)\big|_{z=0} = \frac{1}{E_f}\left[\frac{r_0 k \cdot f \cdot (z^2 - H^2)}{r_0^2 - R_2^2} - \mu_f \frac{r_0^2 k \cdot \zeta \cdot (z^2 - H^2)}{r_0^2 - R_2^2}\right] \tag{7-81}$$

该式第二项为 $\mathrm{d}r_0$ 单元融化产生的径向和切向的应力增量引起的土层在竖直方向上的位移，考虑到冻结壁水平方向相对于垂直方向的尺寸要小得多，水平方向上应变也很小，再加上冻土融化时由于状态的变化而体积收缩，所以可不考虑融沉引起的水平方向位移和应力，因而该式的第二项可忽略不计。

则有:

$$S_0 = \frac{1}{E_f}\left[\frac{(z^2-H^2)r_0 kf}{r_0^2-R_2^2}\right] \tag{7-82}$$

将上式代入式(7-63)和式(7-66),于是可得:

$$\tau_{rz} = G_f b \frac{(z^2-H^2)r_0 kf}{(r_0^2-R_2^2)E_f K_0(bR_2)}K_1(br) \tag{7-83}$$

$$\tau_{rz}\big|_{r=R_2} = G_f b \frac{(z^2-H^2)r_0 kf}{(r_0^2-R_2^2)E_f K_0(bR_2)}K_1(bR_2) \tag{7-84}$$

根据基本假定,混凝土井壁为线弹性体,井壁上的应力符合叠加原理。冻结壁融化是个连续推进的过程,冻结壁融化结束后井壁的剪应力(或负摩擦力)可认为是一系列圆环单位融化作用至井壁处的剪应力(或负摩擦力)的累加结果。于是,将式(7-84)对 r_0 进行积分,积分区间从冻结壁内边缘 l_0 处到外边缘 l_1 处,则有:

$$\tau_f = \int_{l_0}^{l} \tau_{rz}\big|_{r=R_2}\,dr_0 = \frac{K_1(bR_2)(z^2-H^2)kf}{2H\sqrt{2(1+\mu_f)}K_0(bR_2)}\ln\frac{l^2-R^2}{l_0^2-R_2^2} \tag{7-85}$$

5. 计算实例

取淮北祁南矿副井为基本算例,井壁外半径为 3.75m,冻结壁厚度为 9.0m,冻土的弹性模量取 700MPa,冻土的泊松比取 0.35,表土层总深度为 330m,水平侧压按 $13\times H$ (kPa)计算。融土和冻土之间的摩擦系数为 0.022,冻结壁内边缘 $l_0=5.5$m,外边缘 $l_1=14.2$m,水平侧压常数 $k=13$。经计算,冻融负摩擦力沿深度方向上的分布规律,如图 7-13 所示。

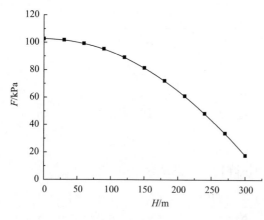

图 7-13　冻融负摩擦力沿深度方向上的分布规律

由图可知,负摩擦力是浅部较大,而越到深部越小,呈抛物线形分布,抛物线开口向下。从曲线还可以看出,曲线斜率越到深部越大,说明负摩擦力越往深部衰减越快。这是由于土层融沉时下沉量从下往上逐渐累加的缘故。

从上面推导出的冻融负摩擦力的解析式(7-85)中可以看出,冻融负摩擦力与土层厚度、侧压常数、井筒净直径、冻结壁厚度及冻土的泊松比等因素有关。

(1) 侧压力的影响。在其他计算参数相同的前提下,取水平侧压常数 k 分别为 6.5、13、19.5 三种情况,求得冻融负摩擦力沿深度方向上的分布规律,如图 7-14 所示。由图可以看出,冻融负摩擦力与侧压常数成正比,侧压常数越大,冻融负摩擦力就越大,且侧压不会改变负摩擦力的分布规律,只影响负摩擦力的大小。

（2）表土层厚度的影响。在其他计算参数相同的前提下,取表土层厚度分别为 100m、200m、330m 三种情况,求得冻融负摩擦力沿深度方向上的分布规律,如图 7-15 所示。从图可以看出,在不同表土层厚度情况下负摩擦力的分布规律是相同的,但其数值相差很大。表土层厚度是影响冻融负摩擦力相当显著的因素。

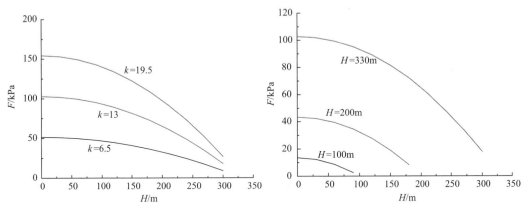

图 7-14 不同侧压下冻融负摩擦力沿深度方向上的分布规律

图 7-15 不同表土层厚度下冻融负摩擦力沿深度方向上的分布规律

（3）冻结壁厚度的影响。在其他计算参数相同的前提下,取冻结壁厚度分别为 6m、9m、12m 三种情况,求得冻融负摩擦力沿深度方向上的分布规律,如图 7-16 所示。

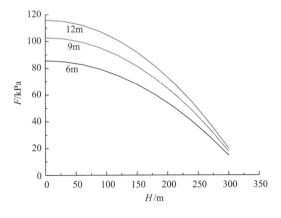

图 7-16 不同冻结壁厚度下冻融负摩擦力沿深度方向上的分布规律

由图可以看出,冻融负摩擦力随冻结壁的加厚而有所增大,但增大幅度并不大,并随着冻结壁的厚度的加大,增加速度越来越小。当冻结壁达到一定的厚度时,冻结壁厚度的因素对冻融负摩擦力的影响就显得微不足道。冻结壁厚度对冻融负摩擦力的影响主要是由于作用于井壁上的负摩擦力是由一系列圆环状冻土融化在井壁上产生的负摩擦力的累加,所以,冻结壁越厚,井壁上冻融负摩擦力就越大。但随着冻结壁的加厚,远离混凝土井壁的圆环状冻土融化对井壁的影响越来越小。

7.5.3　井筒保护煤柱开采下井壁附加力的理论分析

在采矿地质条件一定的条件下,对井筒保护煤柱进行回采必然引起井筒周围原岩应力场的变化。假定不考虑地质构造应力影响因素,则在采动前,井壁的受力状态主要由围岩重力场引起。在均匀轴对称应力场作用下,由弹性理论可知,井筒应力的通解为:

$$\sigma_r = -q_0\left(1 - \frac{a^2}{r^2}\right)$$

$$\sigma_\theta = -q_0\left(1 + \frac{a^2}{r^2}\right) \tag{7-86}$$

$$\sigma_z = -\gamma z$$

式中,σ_r 为井壁的径向应力;σ_θ 为井壁的切向应力;σ_z 为井壁的竖向应力;γ 为井壁围岩的容重;q_0 为井壁水平方向上的均布压力;z 为井壁轴向垂直深度。

井壁原始应力状态和分布规律如图 7-17(a)所示。对于井筒保护煤柱开采引起井壁水平截面附加应力场为非轴对称问题,其应力状态和分布规律如图 7-17(b)所示。

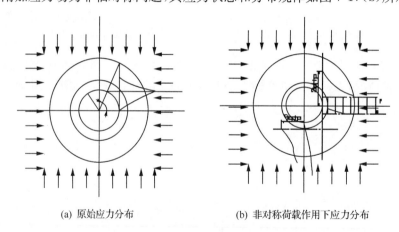

(a) 原始应力分布　　　　　　　　(b) 非对称荷载作用下应力分布

图 7-17　计算简图

井壁应力的弹性理论通解为:

$$\sigma_r = -\frac{p-q}{2}\left(1 - \frac{a^2}{r^2}\right) - \frac{p+q}{2}\left(1 + 3\frac{a^4}{r^4} - 4\frac{a^2}{r^2}\right)\cos 2\theta$$

$$\sigma_\theta = -\frac{p-q}{2}\left(1 + \frac{a^2}{r^2}\right) + \frac{p+q}{2}\left(1 + 3\frac{a^4}{r^4}\right)\cos 2\theta \tag{7-87}$$

$$\tau_{r\theta} = \frac{p+q}{2}\left(1 - 3\frac{a^4}{r^4} + 2\frac{a^2}{r^2}\right)\sin 2\theta$$

式中,σ_r 为井壁的径向应力,当 $r=a$、$\theta=0$ 时,$\sigma_r=0$、$\tau_{r\theta}=0$、$\sigma_\theta=3(q+p)$;当 $r=a$、$\theta=\pi/2$ 时,$\sigma_r=0$、$\tau_{r\theta}=0$、$\sigma_\theta=-3(q+p)$。

亦即按上述弹性理论通解公式求解算得沿煤层走向和倾斜方向井壁水平截面切向最大附加应力分别为 $3q+p$ 和 $-(3p+q)$。当附加应力与该点原岩应力叠加大于井壁强度时,井壁就会发生破坏。

在采动前,井壁轴向应力分布由自重引起。在井筒煤柱开采过程中,井筒受水平附加应力场影响,在井壁刚度小于围岩刚度时,一般情况下,井壁不会出现压应力集中现象。而当井筒围岩中含有软弱岩层(煤线或断裂破碎带)时,其刚度比井壁小。此时,围岩在垂直方向上产生的变形比井壁大。从而将覆岩的重量转加给井壁,形成压应力集中现象,使井壁发生受压破坏。

7.6　温 度 应 力

冻结井筒中,在钢筋混凝土井壁施工期间温度变化很大,温差可达 40～50℃,这必然引起井壁结构的温度应力,出现温度裂缝,对井壁的整体性有显著的影响。研究和控制冻结法凿井的温度应力,对改进井壁结构,提高井壁质量具有重要意义。

冻结施工期间,井壁受冻结的影响,温度变化大,产生温度应力。解冻后,井壁温度只受气温影响变化不大,井壁温度应力很小,可忽略不计。

井壁施工期间温度应力的发展过程可分为三个阶段[15]:

水化热作用阶段:混凝土入模后,最初由于水泥水化热的作用,井壁内部温度略有升高。由于井壁厚度不大,又受壁后冻土的影响,井壁内部温升较小,一般 2～5℃,2～3d后下降到入模温度。因此,井壁内水化热引起的残余温度应力很小,对井壁影响很小,可忽略不计。

降温阶段:因壁后冻土低温,混凝土入模后 2～3d,温度开始下降。这一阶段降温10～20℃,引起温度应力很大。

温度回升阶段:停冻和解冻后,井壁温度逐渐回升,降温阶段产生的温度应力逐渐减小。

7.6.1　井壁内外温差引起的自生温度应力

井壁降温过程,外表面温度低,内表面温度高,井壁内、外混凝土热胀冷缩,井壁结构本身又相互约束,因而产生自生温度应力。外表面温度低,出现拉应力,内表面温度高,出现压应力。其特点是整个截面上拉应力与压应力必须互相平衡。

当井壁降温趋于稳定时,可视为在冻结壁轴对称稳定温度场作用下的空心圆筒。设井壁内表面温度为 T_1,外表面温度为 T_2,按平面应变问题考虑,则井壁内距井筒中心 r 处的温度应力为[15]:

$$\sigma_r = \frac{\alpha E \Delta T}{2(1-\mu)\ln\frac{b}{a}}\left[-\ln\frac{b}{r} - \frac{a^2}{b^2-a^2}\left(1-\frac{b^2}{r^2}\right)\ln\frac{b}{a}\right] \tag{7-88}$$

$$\sigma_\theta = \frac{\alpha E \Delta T}{2(1-\mu)\ln\frac{b}{a}}\left[1-\ln\frac{b}{r} - \frac{a^2}{b^2-a^2}\left(1+\frac{b^2}{r^2}\right)\ln\frac{b}{a}\right] \tag{7-89}$$

$$\sigma_z = \frac{\alpha E \Delta T}{2(1-\mu)\ln\dfrac{b}{a}}\left[1 - 2\ln\frac{b}{r} - \frac{2a^2}{b^2 - a^2}\ln\frac{b}{a}\right] \tag{7-90}$$

式中，α 为混凝土线胀系数，$\alpha = 1 \times 10^{-5}$；$E$ 为混凝土弹性模量，MPa；μ 为混凝土泊松比；ΔT 为井壁内外表面温差，$\Delta T = T_1 - T_2$。芦岭西风井实测，$\Delta T = 2 \sim 4℃$；r 为井壁圆环内任一计算点半径，m；a、b 分别为井壁内、外半径，m；σ_r、σ_θ、σ_z 分别为井壁径向、环向、竖向应力，MPa。

在井壁内、外表面，温度应力 σ_θ 和 σ_z 有最大值，σ_r 等于零。

在 $r = a$ 处（井壁内表面），有

$$(\sigma_\theta)_{r=a} = (\sigma_z)_{r=a} = \frac{\alpha E \Delta T}{2(1-\mu)\ln\dfrac{b}{a}}\left(1 - \frac{2b^2}{b^2 - a^2}\ln\frac{b}{a}\right) \tag{7-91}$$

在 $r = b$ 处（井壁外表面），有

$$(\sigma_\theta)_{r=b} = (\sigma_z)_{r=b} = \frac{\alpha E \Delta T}{2(1-\mu)\ln\dfrac{b}{a}}\left(1 - \frac{2a^2}{b^2 - a^2}\ln\frac{b}{a}\right) \tag{7-92}$$

井壁内外温差引起的自生温度应力分布规律，如图 7-18 所示。因 ΔT 为正值，σ_θ 和 σ_z 在井壁内表面是压应力，在外表面是拉应力，σ_r 在井壁各点都是压应力，故裂缝可能在外缘先发生。

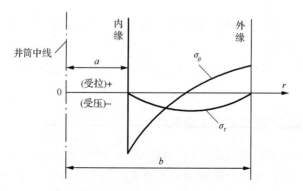

图 7-18　井壁自生温度应力分布规律

7.6.2　井壁降温引起的约束温度应力

由于冻结，混凝土入模后，不但内外壁存在温差，产生自生温度应力，而且整个井壁温度均下降、产生收缩，但外壁受壁后冻土（内壁受外壁）所约束，阻碍井壁收缩。井壁内产生约束温度应力，即竖向和径向约束温度应力。

在计算约束温度应力时，假设井壁有一平均温度且随时间变化，由浇筑初期高的水化热平均温度 t_1 降温至另一低的平均温度 t_2，使井壁各部分产生均匀收缩，同时将土层或外层井壁看成被加强了的地基，对井壁进行约束（土层对外层井壁、外层井壁对内层井壁的约束），使井壁不能自由收缩，由此产生约束温度应力。

1. 竖向约束温度应力[16]

假设外层井壁与冻土（或内层井壁与外层井壁）间的约束剪力 τ 与变形 u 成正比，如图 7-19 所示。

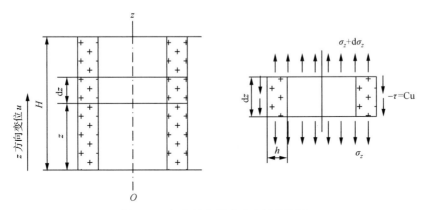

图 7-19　竖向约束温度应力计算简图

根据弹性力学理论可推导得竖向约束温度应力为：

$$\sigma'_z = \alpha E \Delta T' \left(1 - \frac{10}{H\mathrm{ch}\beta} \right) \tag{7-93}$$

$$\beta = \sqrt{\frac{C}{hE}} \tag{7-94}$$

式中，$\Delta T'$ 为井壁降温的温差，$\Delta T = t_1 - t_2$；α 为混凝土线胀系数；β 为计算系数；ch 为双曲线余弦函数符号；h 为井壁厚度；H 为井筒深度；E 为混凝土弹性模量；C 为黏结力系数，取值见表 7-3。

表 7-3　黏结力系数取值

系数	约束状况			
	软土对混凝土	混凝土对坚硬土	混凝土对混凝土	岩石对混凝土
C	1～3	6～10	60～100	150 以上

2. 径向约束温度应力

井壁降温，不但竖向收缩，径向也同时产生收缩，则有

$$\Delta b = \alpha b (t_1 - t_2) \tag{7-95}$$

式中，Δb 为降温 $(t_1 - t_2)$ 时，外壁半径缩小值；α 为混凝土线胀系数；b 为井壁外半径。

若降温阶段井壁径向收缩完全被外界所约束，则相当于井壁外表面作用一个均布的拉力 P_t。由弹性理论可得：

$$\Delta b = \frac{P_t b}{E} \left(\frac{b^2 + a^2}{b^2 - a^2} - \mu \right) \tag{7-96}$$

综合式(7-95)和式(7-96),可得:

$$P_t = \frac{\Delta b}{\dfrac{b}{E}\left(\dfrac{b^2+a^2}{b^2-a^2}-\mu\right)} = \frac{\alpha E(t_1-t_2)}{\left(\dfrac{b^2+a^2}{b^2-a^2}-\mu\right)} \tag{7-97}$$

则由径向约束引起的环向约束温度应力为

在 $r=a$ 处(井壁内表面)

$$(\sigma'_\theta)_{r=a} = \frac{2P_t b^2}{b^2-a^2} \tag{7-98}$$

在 $r=b$ 处(井壁外表面)

$$(\sigma'_\theta)_{r=b} = \frac{P_t b^2}{b^2-a^2}\left(1+\frac{a^2}{b^2}\right) \tag{7-99}$$

7.7 冻 结 压 力

7.7.1 冻结压力的形成及影响因素

冻结法凿井期间,冻结壁作用于井壁上的侧压力称为冻结压力,其主要是冻结壁变形、壁后融土回冻时的冻胀变形、土层吸水膨胀变形和壁后冻土的温度变形这四者对井壁作用的结果。

影响冻结压力的主要因素有:

(1) 土性:一般来说,黏性土(特别是由含蒙脱石、伊利石和高岭石等颗粒组成的黏性土)冻结压力最大,砂性土次之,而砾石最小;

(2) 深度:对于同类土性,深度越大,永久地压增大,冻结壁的变形有可能从弹性变形发展到黏弹性变形和黏弹塑性变形,作用在井壁上的冻结压力越大;

(3) 冻结壁温度:冻结壁平均温度和井帮温度越低,冻结壁整体强度越高,冻结压力越小;

(4) 冻结壁厚度:在相同温度和深度的条件下,冻结壁越厚,冻结压力越小;

(5) 施工工艺:井筒施工段高越大,井帮暴露时间越长,在冻结壁允许变形范围内,作用于外层井壁的初期冻结压力可以减小,但若变形过大,易引起冻结管断裂。浇灌混凝土时,受混凝土水化热的作用,则融土回冻时产生的冻胀压力越大,冻结压力就越大。

实测结果表明,黏性土层中冻结压力较大,故在确定最大冻结压力时,应比较最深土层的冻结压力和最深黏土层的冻结压力值,取其大者。另外,冻结压力沿整个施工段高分布是不均匀的,且沿井壁的环向分布也呈现出非均匀性。

7.7.2 冻结压力的经验公式

由于影响冻结压力的因素众多,故很难用理论计算的方法获得冻结压力值,一般参照已有的冻结压实测结果,基于地质条件与工程条件,拟合冻结压力的经验公式。现有的冻结压力经验公式如下：

1. 冻结压力经验公式一[17]

$$P_d = K_t K_d (1.38 \lg H - 1.26) \tag{7-100}$$

式中，P_d 为冻结压力，MPa；K_t 为温度影响系数，由井帮温度 t 确定，当 $t > -5℃$ 时，K_t 取 $0.9 \sim 1$；当 $t < -7 \sim -8℃$ 时，K_t 取 $1 \sim 1.15$；K_d 为土性影响系数，对于黏土，K_d 取 1.0；对于钙质黏土等强冻胀和膨胀性土，取 $1.05 \sim 1.15$；H 为计算处深度，m。

在一般设计中，当不能确定井帮温度时，根据国内冻结井筒的施工情况，对 K_t 建议按表 7-4 取值。

表 7-4 温度影响系数取值表

深度范围	$H \leqslant 100\text{m}$	$100\text{m} < H < 150\text{m}$	$H \geqslant 150\text{m}$
K_t	$0.9 \sim 1$	$1 \sim 1.1$	1.15

2. 冻结压力经验公式二[16]

当冲积层厚度 $H \leqslant 100\text{m}$，

$$P_d = 1.74(1 - e^{-0.02H}) \tag{7-101}$$

当冲积层厚度 $H > 100\text{m}$，

$$P_d = 0.005H + 1.0 \tag{7-102}$$

3. 《煤矿立井井筒及硐室设计规范》规定的冻结压力取值[18]

《煤矿立井井筒及硐室设计规范》(GB 50384—2007)中规定，冻结井筒外层井壁所承受的冻结压力可按表 7-5 取值。

表 7-5 不同深度黏土层的冻结压力标准值

项目	表土层深度/m			
	100	150	200～400	400～500
冻结压力/MPa	$1.2 \sim 1.5$	$1.5 \sim 1.8$	$0.01H$	$(0.01 \sim 0.012)H$

注：H 为表土层深度，m。

有条件时，可结合地层的实际赋存条件、冻结状况和施工工艺或本地区实测成果，对表 7-4 中冻结压力的数值进行调整。

4. 其他冻结压力经验公式

姚直书和程桦[19]根据安徽杨村矿主井的冻结压力实测数据，回归分析得到深厚黏土层冻结压力与深度的关系表达式为：

$$P_d = 0.0101 \sim 0.0129H \tag{7-103}$$

陈远坤[20]根据安徽涡北矿副井 3 个深度水平和风井 4 个深度水平的冻结压力实测数据,回归分析得到涡北矿井筒冻结压力与深度的关系表达式为:

$$P_d = \begin{cases} 0.01265H & H \leqslant 275\mathrm{m} \\ 1.1587 + 0.00819H & H \leqslant 275\mathrm{m} \end{cases} \tag{7-104}$$

汪仁和等[21]根据安徽淮南顾北矿深厚钙质黏土地层井筒的冻结压力实测数据,拟合出黏土地层平均冻结压力与深度的关系表达式为:

$$P_d = 0.0123H - 0.648 \tag{7-105}$$

盛天宝[22]根据河南赵固一矿主井、副井、风井 197~507m 共 7 个黏土层的冻结压力实测数据,回归分析得到黏土地层最大冻结压力与深度的关系表达式为:

$$P_{d\max} = 0.0165 \sim 0.023H \tag{7-106}$$

王衍森等[23]对巨野矿区龙固矿、郭屯矿、郓城矿共 5 个冻结井施工过程中取得的冻结压力实测数据进行了汇总分析,提出冻结压力可按重液水平地压取值,即:

$$P_d = 0.012 \sim 0.013H \tag{7-107}$$

冻结压力的大小和分布对冻结井筒外层井壁的设计与施工以及保证深井施工安全尤其重要。冻结壁是一种临时承载结构,在设计外层井壁时,冻结壁和井壁要视为共同体来考虑。在这种设计中,除应考虑冻结壁、外层井壁及周围土体位移协调条件,将冻结壁视为黏弹性体或黏弹塑性体来考虑其位移变化外,还需考虑两壁相互作用时,冻结壁的变形引起的外壁变形量不能超过外壁现浇混凝土龄期强度所对应的允许变形量,否则外井壁就会产生裂隙或破坏而导致安全事故。考虑冻结壁与外层井壁共同作用的深井冻结压力研究已在第 6 章介绍。

国内现有的研究都是针对某些矿井进行冻结压力的工程实测,根据某一个矿井的实测数据进行回归得到的冻结压力公式,数据具有很大的片面性。且冻结压力实测数据是通过在外井壁埋设压力盒的手段获得,但这种实测手段无法避免存在压力盒标定时的受载与埋设在外层井壁内受力条件不一致、表面抛光的压力盒承载面与冻结壁(无论冻或融)接触面积聚大量的水、外壁现浇混凝土龄期强度和外壁变形的影响等问题。这些因素的影响使得所测"冻结压力"未能完全反映出外层井壁真实所受的压力,这一点是应该引起高度重视并予以再认识的,所以实测冻结压力结果只能作为设计的定性参考,而不能作为定量参考[24]。因此寻求更合理的冻结井冻结压力的计算方法对深厚冲积层冻结凿井有着十分重要的现实意义。

7.8 其他荷载

7.8.1 不均匀压力

由于岩土的赋存状态、性质不同,施工方法不同等都可能使井筒周围的压力(地压或

冻结压力)是不均匀分布状态,对不均匀压力的分布规律,目前国内多数按正弦函数曲线来表示:

$$P_\theta = P_0(1 + \beta \sin\theta) \tag{7-108}$$

式中,P_θ 为不均匀压力,MPa;P_0 为 $\theta = 0°$ 处的压力,MPa;β 为不均匀压力系数,可取 0.15,一般为 0.1~0.2;θ 为角度,(°)。

上式对于不均匀压力的计算,只适用于 $[0,\pi]$ 区间,而在 $[\pi,2\pi]$ 区间内的压力应与 $[0,\pi]$ 区间相对称,为此,胡学文提出采用下式[25]来计算不均匀压力。

$$P_\theta = P_0\left[1 - \frac{\beta}{2}(\cos 2\theta - 1)\right] \tag{7-109}$$

7.8.2　外层井壁吊挂力

冻结井筒外层井壁的竖向钢筋需承受吊挂力,外壁自上而下短段掘砌,受混凝土入模温度较高以及水泥水化热的影响,使得井壁外围的冻土融化,由融化段高内的井壁自重产生吊挂力,吊挂段高取决于冻土融化高度,而融化高度又与冻结壁温度、一次浇筑壁厚、入模温度、掘砌速度等因素相关。在无确切资料时,一般在冻结井壁结构设计中,取吊挂段高为 15~20m,按下式进行吊挂力和竖向钢筋配筋的计算[16]。

$$N = \pi\gamma H(R^2 - R_0^2) \tag{7-110}$$

$$A_g = N\upsilon_L / f_y \tag{7-111}$$

式中,N 为吊挂力,kN;γ 为钢筋混凝土重度,一般取 25kN/m^3;H 为一个吊挂段高的高度,一般取 15~20m;R 为井筒外半径,m;R_0 为井筒内半径,m;A_g 为外壁吊挂钢筋面积,m^2;υ_L 为吊挂荷载系数,一般取 1.3;f_y 为钢筋强度设计值,kPa;

7.8.3　注浆压力

井壁注浆压力是指井壁在壁间或壁后注浆过程中,浆液作用在井壁上的侧向压力。井壁的允许注浆压力可按下式进行计算。

$$P_c = \frac{[\sigma](E^2 + 2R_0E)}{2(R_0 + E)^2} \tag{7-112}$$

式中,P_c 为井壁允许注浆压力,MPa;R_0 为井筒内半径,m;E 为井壁厚度,m;$[\sigma]$ 为井壁材料的允许抗压强度,MPa。

参 考 文 献

[1] 程桦,李焕成. 立井井壁设计的问题及对策. 中国煤炭,1997,23(6):30-33.

[2] 崔广心,杨维好,吕恒林. 深厚表土层中的冻结壁和井壁. 徐州:中国矿业大学出版社,1998.

[3] 崔广心. 深厚表土层竖井井壁的外载. 煤炭学报,2003,25(3):294-298.

[4] 马英明. 立井厚表土层地压的理论和实践. 中国矿业学院院报,1979(2):45-69.

[5] 朱松耆. 表土层中圆形竖井地压的计算. 有色金属,1974(5):13-19.

[6] 马英明. 深表土竖井地压的计算方法. 煤炭科学技术,1979(1):16-22.

[7] 娄根达,苏立凡. 冲积层疏水沉降时的井壁受力分析. 煤炭学报,1991,16(4):56-61.

[8] 杨维好. 深厚表土层中井壁垂直附加力变化规律的研究. 徐州:中国矿业大学[博士学位论文],1993.

[9] 苏骏,程桦. 疏水沉降地层中井筒附加力理论分析. 岩石力学与工程学报,2000,19(3):310-313.

[10] 王明恕,姚鑫林,张剑铮. 深井冻结井壁壁座设计的新问题——负摩擦力. 煤炭学报,1982(2):48-54.

[11] 苏立凡,楼根达,赵光荣. 作用在冻结井壁上负摩擦力的计算. 煤炭科学技术,1993(3):38-41.

[12] 汪鹏程. 冻结壁融沉作用于井壁上的负摩擦力研究. 淮南:淮南矿业学院[硕士学位论文],1998.

[13] 付厚利. 深厚表土中冻结壁解冻阶段井壁竖直附加力变化规律的研究. 徐州:中国矿业大学[博士学位论文],2000.

[14] 邓昕. 非均衡开采下立井井壁破裂机理及修复技术. 露天采矿技术,2010(4):4-6.

[15] 孙文若. 冻结法凿井钢筋混凝土井壁的温度应力应引起重视. 煤炭科学技术,1979(8):1-6.

[16] 张荣立,何国纬,李铎. 采矿工程设计手册(中册). 北京:煤炭工业出版社,2003.

[17] 苏立凡. 冻结井壁外力的实测研究. 煤炭学报,1981(1):30-38.

[18] 中国煤炭建设协会. 煤矿立井井筒及硐室设计规范(GB 50384—2007). 北京:中国计划出版社,2007.

[19] 姚直书,程桦,居宪博,等. 深厚粘土层冻结压力实测分析. 建井技术,2015,36(4):30-33.

[20] 陈远坤. 深厚冲积层井筒冻结压力实测及分析. 建井技术,2006,27(2):19-21.

[21] 汪仁和,亢延民,林斌. 深厚黏土地层冻结压力的实测分析. 煤炭科学技术,2008,36(2):30-32.

[22] 盛天宝. 特厚黏土层冻结压力研究与应用. 煤炭学报,2010,35(4):571-574.

[23] 王衍森,薛利兵,程建平,等. 特厚冲积层竖井井壁冻结压力的实测与分析. 岩土工程学报,2009,31(2):207-212.

[24] 陈湘生. 对深冻结井几个关键问题的探讨. 煤炭科学技术,1999,27(1):36-38.

[25] 胡学文. 井筒在不均匀侧压力作用下的应力. 淮南矿业学院院报,1982(2):41-49.

第8章　深厚冲积层冻结压力实测研究

8.1　概　　述

冻结井井壁受力的过程一般可分为四个阶段：

阶段Ⅰ：井筒掘进构筑外层井壁后。井壁收到不断增加的冻结压力作用阶段。此阶段的压力是设计外壁的主要依据。

阶段Ⅱ：井筒套内层井壁后压力波动阶段。产生波动的原因是内壁中的混凝土水化热使部分冻结壁融冻，以后又回冻冻胀所致。

阶段Ⅲ：冻结壁不断融冻中压力渐变阶段。该阶段后期出现平稳增加的水压。

阶段Ⅳ：地层在自然水文地质条件下，井壁受永久地压阶段。这是井壁长期受力的状况，是设计整个井壁的主要依据。

其中外壁砌筑（阶段Ⅰ）及内壁套壁（阶段Ⅱ）过程中井壁的安全是冻结井筒建设安全与质量控制的关键所在，在施工过程中对关键层位进行冻结压力和井壁内力进行动态监测可以有效地对井壁的安全进行预警，必要时可提前采取相应的应对措施。更重要的是通过前期不断积累的冻结压力和井壁内力的实测数据也为后续冻结井筒井壁设计的不断优化提供了有价值的参考依据。早在20世纪50年代国外就有关于冻结井井壁压力实测的相关报道[1-2]。我国从60年代开始有相关单位（如原煤炭科学研究院北京建井研究所）对双层钢筋混凝土井壁结构所受的冻结压力进行了观测，观测工作多在300m深度以浅的冲积层中开展[3]。近十年来，随着安徽两淮矿区、山东、河南等矿区新一轮的新井建设高潮，针对表土层深度超过400m，甚至达到600m的冻结井筒凿井，中国矿业大学和安徽理工大学等相关科研单位对深厚冲积层中的冻结压力和井壁内力进行了大量工程实测研究[4-10]。其中安徽理工大学地下工程结构研究所对山东济西煤矿主井和副井井筒，陈蛮庄煤矿风井井筒，杨营煤矿主井井筒，安徽淮南潘北煤矿主井井筒，丁集煤矿主井、副井和风井井筒，朱集煤矿风井井筒，安徽淮北刘店煤矿主井井筒，钱营孜煤矿副井井筒，国投新集能源股份有限公司口孜东煤矿主井、副井和风井井筒，安徽恒源煤电股份有限公司朱集西煤矿主井井筒等15个井筒冻结法凿井期间，进行了深厚冲积层冻结井壁力学特性的长期实测研究。根据实测结果分析了冻结压力分布规律、井壁混凝土温度场发展过程、井壁钢筋应力和混凝土应变变化规律。

8.2　冻结压力监测

8.2.1　监测水平

根据各井所处土层和井壁结构情况确定各井的测试水平，各水平所对应的土层性质及冻结壁特征见表 8-1。

表 8-1　各冻结井筒监测水平一览表

矿井	测试水平/m	土性	含水量/%	冻结壁厚度/m	冻结壁平均温度/℃
朱集风井	270	钙质黏土	23.11	6.0	−15.7
	340	黏土	29.56	11.4	−18.3
	349	黏土	30.16	9.2	−17.1
朱集西主井	351	黏土	30.16	9.2	−17.8
	439	钙质黏土	24.91	10.0	−18
	332	黏土	24.89	8	−16.55
杨营主井	422	黏土	25.65	8.2	−16.9
	453	钙质黏土	22.13	8.3	−17
	482	黏土	25.78	8.5	−17.09
丁集矿风井	358	黏土	29.41	10.5	−16.4
	398	钙质黏土	27.42	10.6	−16.5
	347	钙质黏土	27.16	11.3	−18.4
丁集矿副井	418	钙质黏土	26.67	11.4	−18.5
	438	黏土	29.32	11.5	−18.63
	501	黏土	27.63	11.8	−19
潘北风井	171	钙质黏土	24.09	7.0	−15.3
	265	钙质黏土	24.69	7.6	−16.2
	394	黏土	27.08	7.8	−16.7
口孜东主井	485	黏土	26.56	10.7	−16.1
	511	钙质黏土	27.69	10.86	−17.1
	556	钙质黏土	27.57	11.6	−17.5
口孜东副井	490	黏土	26.56	11.4	−18.8
	510	钙质黏土	27.69	11.4	−18.9
	555	钙质黏土	27.57	11.5	−18.6
口孜东风井	451	黏土	27.42	11.5	−16.2
	510	钙质黏土	27.69	11.5	−16.8
	548	黏土	29.73	11.7	−17
刘店主井	198	黏土	21.67	5	−16.1
	246	黏土	21.44	5.1	−16.5
	304	黏土	20.92	5.2	−16.1
济西主井	365	钙质黏土	24.5	7.2	−16.3
	447	黏土	25.47	7.6	−18.5
	323	黏土	25.07	9.1	−18
	369	黏土	25.66	9.3	−17

续表

矿井	测试水平/m	土性	含水量/%	冻结壁厚度/m	冻结壁平均温度/℃
	399	黏土	25.12	9.4	−17.4
陈蛮庄风井	482	黏土	24.17	10.2	−19
	528	黏土	23.45	11	−19.4

8.2.2　元件布置

冻结压力量测采用振弦式土压力计。

各监测水平在外层井壁外表面等间距布置 6 个土压力计,以确定冻结压力的大小及不均匀性。6 个测试断面分别为北、东北、东南、南、西南、西北 6 个方位,每个方位均布置土压力计 1 个,如图 8-1 所示。

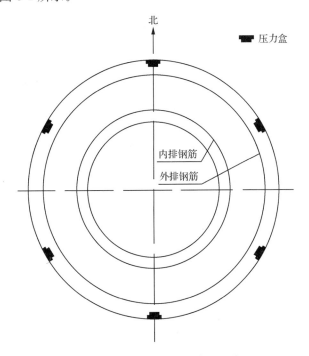

图 8-1　冻结压力测试元件布置示意图

8.2.3　冻结压力监测结果及其分析

1. 冻结压力现场实测曲线

对现场监测数据做统计分析,可得最大冻结压力随时间变化曲线。如果不考虑监测结果的方向性,把同一埋置水平处的不同方向压力值进行平均,作为该深度处的平均冻结压力,可分别得出各水平的平均冻结压力值。图 8-2、图 8-3 分别为各矿井各水平的最大冻结压力和平均冻结压力随时间的变化曲线。

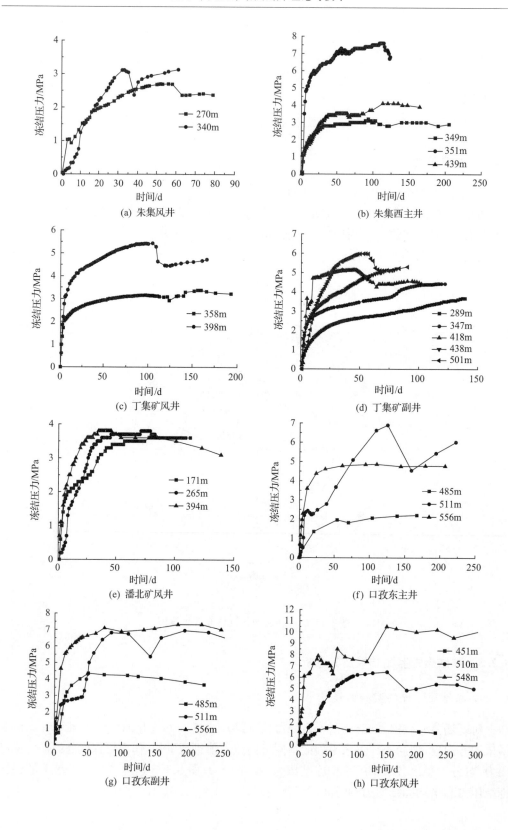

(a) 朱集风井

(b) 朱集西主井

(c) 丁集矿风井

(d) 丁集矿副井

(e) 潘北矿风井

(f) 口孜东主井

(g) 口孜东副井

(h) 口孜东风井

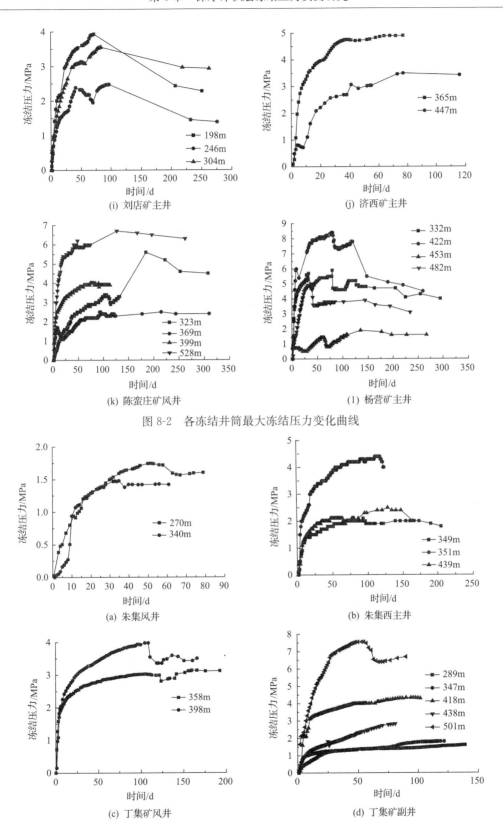

(i) 刘店矿主井

(j) 济西矿主井

(k) 陈蛮庄矿风井

(l) 杨营矿主井

图 8-2　各冻结井筒最大冻结压力变化曲线

(a) 朱集风井

(b) 朱集西主井

(c) 丁集矿风井

(d) 丁集矿副井

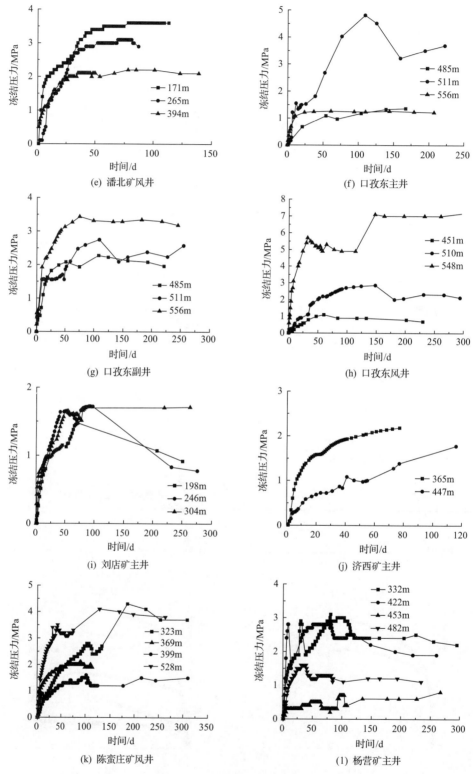

图 8-3 平均冻结压力变化曲线

由图可见,施加于外井壁上的冻结压力增长的共同趋势是:存在着冻结压力快速增长阶段、缓慢增长阶段和趋于稳定阶段。其中冻结压力快速增长阶段发生在混凝土井壁浇筑后的 3～15d 内,基本呈直线增长,最大速率可达到 0.7MPa/d。这主要是由于冻结壁形成时积聚在土体内的残余冻胀力得以释放,产生冻结壁向井内的膨胀位移;同时,冻结壁在围压作用下发生蠕变变形,而在此期间,井壁现浇混凝土的早期强度不断增加,其刚度增大,抵御变形的能力越来越强,当冻结壁的变形受到外壁阻碍时,即产生冻结压力,且冻结压力增长迅速,尤其是在厚黏土层这种现象更为明显,如陈蛮庄矿风井 528m 水平和杨营矿主井 422m 水平。这个时期是井壁压坏事故的高风险期,要注意黏土层的施工安全。随后,冻结压力增长相对平缓呈曲线增长,因为此时井壁混凝土强度平缓增长,由于冻胀变形和蠕变变形所引起的向井心的位移速度变小,而且壁后融土区逐渐回冻完毕,回冻冻胀力增加变缓,所以冻结压力增长速度变慢,压力平均增长小于 0.1MPa/d。之后冻结壁的变形和井壁强度趋于稳定,冻结压力也处于稳定状态。

2. 冻结压力不均匀性分析

对比图 8-2 和图 8-3 的最大冻结压力值和平均冻结压力值的大小可知,同一个测试水平六个方向测得的冻结压力值存在很大的不均匀性。图 8-4 为各矿井不同水平测得的环向冻结压力分布图。

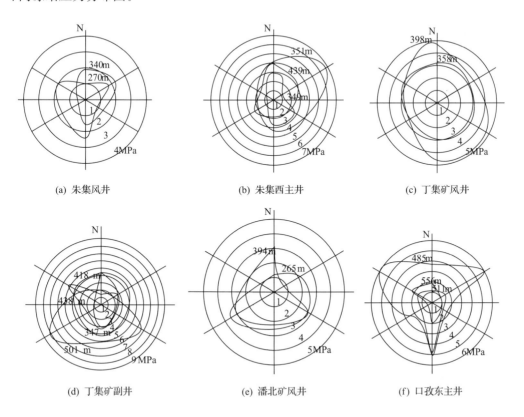

(a) 朱集风井　　　　　(b) 朱集西主井　　　　　(c) 丁集矿风井

(d) 丁集矿副井　　　　　(e) 潘北矿风井　　　　　(f) 口孜东主井

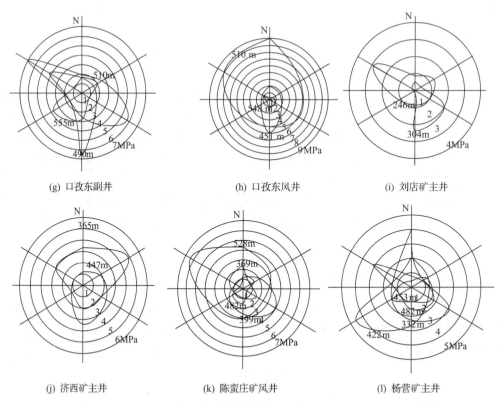

图 8-4　各矿井冻结压力分布图

为便于研究,引入参数 ρ 作为冻结压力环向分布的不均匀性指标, $\rho = P_{max}/P_{min}$,为同一水平所测的最大冻结压力与最小冻结压力之比。各矿井各深度的不均匀系数见表 8-2 至表 8-4。

表 8-2　各深度的不均匀系数表(一)

矿井	深度/m	ρ 值
朱集风井	270	2.8
	340	3.9
朱集西主井	349	3.2
	351	3.2
	439	2.4
丁集矿风井	358	1.1
	398	1.7
丁集矿副井	347	3.9
	418	1.0
	438	3.8
	501	4.0

表 8-3　各深度的不均匀系数(二)

矿井	深度/m	ρ 值
潘北风井	265	3.9
	394	3.8
口孜东主井	485	3.2
	511	3.9
	556	3.9
口孜东副井	490	4
	510	3.8
	555	3.7
口孜东风井	451	3.8
	510	1.9
	548	3.7

表 8-4　各深度的不均匀系数(三)

矿井	深度/m	ρ 值
刘店主井	246	3.6
	304	4.0
济西主井	365	4
	447	2.3
陈蛮庄风井	369	2.7
	399	3.3
	482	3.8
	528	2.6
杨营主井	332	4.0
	422	3.8
	453	4
	482	3.9

由图 8-4 可知,各矿井的冻结压力值因深度不同而异,例如陈蛮庄矿风井[图 8-4(k)]四个水平的冻结深度分别为 323m、369m、399m 和 528m,其最大冻结压力分别 4.4MPa、5.5MPa、6.0MPa 和 6.7MPa,均随埋深的增大而递增。但由图可看出,由于受土性、层厚、土层含水率等地质条件及其他因素的影响,导致浅层的冻结压力值比深部土层冻结压力值要大。如朱集西矿主井冻结压力变化曲线[图 8-4(b)],其中第二水平(351m)的最大冻结压力达到 6.2MPa,而第三水平(439m)的最大冻结压力值为 3.9MPa。

从图 8-4 和表 8-2～表 8-4 也可看出,同一水平不同方向所测的冻结压力值呈现出极大的不均匀性,不均匀性系数为 2～4,其中丁集副井的 501m 水平、口孜东副井 490m 水平、济西主井 365m 和杨营主井的 332m 和 453m 水平的最大冻结压力与最小冻结压力之比达到 4。

冻结压力的不均匀性主要由以下原因造成:

（1）围岩稳定性。以口孜东副井为例,表 8-5 所示为口孜东副井三个测量水平的冻土岩性参数与不均匀系数。

表 8-5　口孜东副井冻土岩性参数与不均匀系数

水平/m	岩性	内聚力/kPa	内摩擦角/(°)	单轴抗压强度(−10℃)/MPa	不均匀系数 ρ
490	黏土	52.93	24.8	2.48	4.00
510	钙质黏土	73.12	25.81	2.51	3.80
555	钙质黏土	72.37	22.87	2.54	3.70

由表 8-5 可知,量测水平附近围岩特性影响着所测冻结压力的不均匀性,围岩强度越低,稳定性就越差,不均匀性系数就越大。根据地质资料,口孜东副井 490m 截面附近的围岩为黏土,相比其他两个水平内聚力和内摩擦角均较小,冻土单轴抗压强度较低。

（2）冻结孔偏斜及挖掘荒径不整齐。冻结孔施工中地层变化、开孔质量及泥浆的配制与管理等因素都会导致冻结孔的偏斜,从而影响到冻结效果,使冻结壁内部的温度场、应力场等分布不均匀。而井筒挖掘荒径不整齐也会导致冻结壁强度的不均匀性。所以冻结壁的周向不均匀性导致所测冻结压力的环向不均匀性。

（3）现场实测环境。压力盒的安装由于受井帮低温环境及井壁外表面影响而存在安装难度,难以保证全部压力盒受力面紧贴和垂直于冻结壁表面,会导致测值偏大或偏小甚至监测元件工作失效。另外井壁和冻结壁之间安放 50～75mm 厚的泡沫板会导致所测冻结压力偏小。

3. 冻结压力影响因素分析

由于钙质黏土和黏土在矿物组成、结构特征、冻结特性等方面存在差异,在进行冻结压力特征分析时要区别对待。

1) 层位深度

图 8-5 为不同水平冻结压力随时间变化曲线及冻结压力与层位深度的关系曲线。

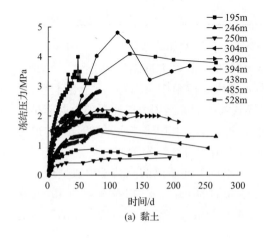

(a) 黏土

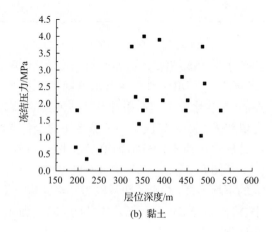

(b) 黏土

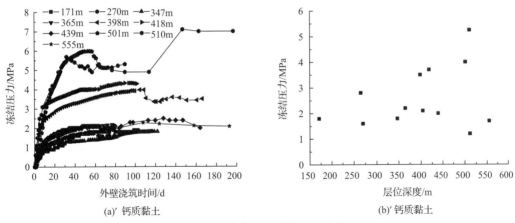

图 8-5　层位深度与冻结压力关系

由图可知,随地层埋深的增加,冻结压力均有增加的趋势。为了便于从量上看出深度对冻结压力的影响,令 $\kappa = P_{max}/(rH)$, P_{max} 为各深度的最大冻结压力,r 为井壁周围岩土容重,取 $24kN/m^3$, H 为埋深(m),κ 为冻结压力侧压系数。各矿井各深度的 κ 值见表 8-6 至表 8-8。

表 8-6　冻结压力侧压系数(一)

矿井	深度/m	κ 值
朱集风井	270	0.37
	340	0.23
朱集西主井	349	0.35
	351	0.48
	439	0.37
丁集矿风井	358	0.37
	398	0.49
丁集矿副井	347	0.50
	418	0.44
	438	0.49
	501	0.47

表 8-7　冻结压力侧压系数(二)

矿井	深度/m	κ 值
潘北风井	265	0.49
	394	0.33
口孜东主井	485	0.50
	511	0.39
	556	0.16
口孜东副井	490	0.48
	510	0.49
	555	0.28

续表

矿井	深度/m	κ 值
口孜东风井	451	0.45
	510	0.49
	548	0.08

表 8-8　冻结压力侧压系数(三)

矿井	深度/m	κ 值
刘店主井	246	0.49
	304	0.32
济西主井	365	0.48
	447	0.44
陈蛮庄风井	369	0.27
	399	0.41
	482	0.13
	528	0.5
杨营主井	332	0.5
	422	0.44
	453	0.15
	482	0.27

由上表可知,侧压系数为 0.08～0.5,其中口孜东主井的 485m 水平,陈蛮庄风井 528m 水平和杨营主井 332m 水平的侧压系数达到 0.5。冻结壁是复杂的水土冰混合体,相比起常温下的土体,流变性较强,所以土体埋深对井壁的影响较大。虽然埋深增加使得冻胀土体所受外载加大,这在一定程度上会抑制冻胀,但是因为土体所受水平地压增大而使得土体积聚的蠕变变形能大大增加,从而使得施加在外层井壁上的冻结压力增大。

对比图 8-5(b)和(b)′可知,地层埋深对钙质黏土冻结压力的影响不如对黏土的影响大,这是因为钙质黏土膨胀率高,冻胀量大于一般黏土,冻胀变形的影响比黏土大,所以虽然有些土体埋深较浅,但冻结压力仍然表现为较大。

2）含水量

图 8-6 为不同含水量土层的冻结压力随时间增长曲线及土体含水量与冻结压力间的关系曲线。

由上图可知,含水量是影响冻结压力的一个重要因素,随含水量增加冻结压力呈现增大的趋势。这是因为在相同条件下,含水量增大,土体冻胀率、冻胀力也随之增大。

3）冻结壁平均温度

图 8-7 为不同冻结壁平均温度条件下,土层的冻结压力随时间变化曲线,及冻结壁平均温度与冻结压力间的关系曲线。

由图可知,总的趋势都是随冻结壁平均温度的降低,冻结压力减小。这是因为冻结壁温度越低,冻结壁的蠕变变形减小,井帮位移变小,使施加于外壁上的冻结压力减小。

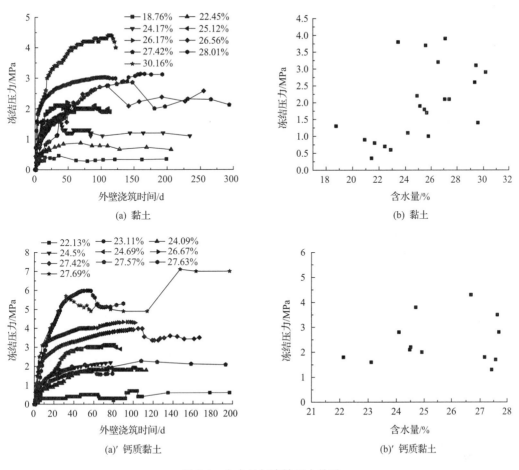

(a) 黏土　　　　　　　　　　　　　　　　　(b) 黏土

(a)′ 钙质黏土　　　　　　　　　　　　　　(b)′ 钙质黏土

图 8-6　含水量与冻结压力关系

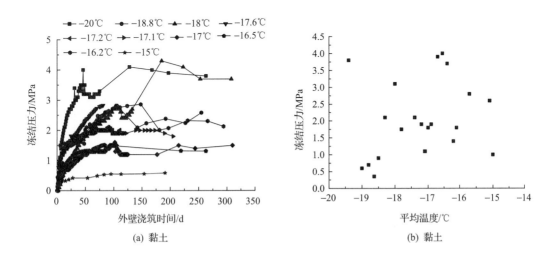

(a) 黏土　　　　　　　　　　　　　　　　　(b) 黏土

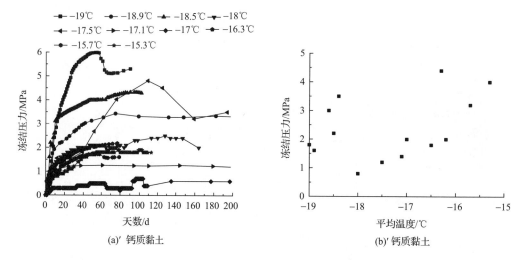

图 8-7　冻结壁平均温度与冻结压力关系

4）冻结壁平均厚度

图 8-8 为不同冻结壁平均厚度条件下，土层的冻结压力随时间变化曲线及冻结壁平均厚度与冻结压力间的关系曲线。

由图可知，随冻结壁平均厚度增加，冻结压力值有减小的趋势，增大冻结壁平均厚度增加了冻结壁的刚度，使得冻结壁向井壁中心的位移减小，冻结压力值稍有减小。

8.2.4　冻结压力影响因素的灰色关联分析

由前面的分析可知，影响冻结压力的因素有层位埋深、含水量、冻结壁平均厚度、冻结壁平均温度和井壁浇筑后经历的时间等。为了找出影响冻结压力的主要影响因素，并对各影响因子的重要性程度实行量化，采用灰分系统理论对冻结压力及其关联因子进行灰色关联分析。

1. 关联系数计算

将冻结压力实测值作为参考数列，记为 $Y_0(k)$，土体埋深、土体含水量、冻结壁平均厚度、冻结壁平均温度、井壁浇筑后经历的时间作为比较数列，分别记为 $X_j(k)$，$j=1,2,3,4,5$。比较数列和参考数列的表达式为：

$$\begin{cases} X_j = \{X_j(i)\} & (i=1,2,\cdots,k;\ j=1,2,3,4,5) \\ Y_0 = \{Y_0(i)\} & (i=1,2,\cdots,k) \end{cases} \tag{8-1}$$

式中，k 为样本数量。由于各数列单位及数量上差别很大，采用均值化对初始数据进行无量纲化以保证计算出的灰关联度的准确性。用关联系数 ξ_i 来表示 Y_0 与 X_j 的第 i 个指标的近似程度。可按下式求得：

$$\xi_i = \frac{\min\limits_{j}\min\limits_{i}|Y(i)-X_j(i)|+0.5\max\limits_{j}\max\limits_{i}\|Y(i)-X_j(i)\|}{\|Y(i)-X_j(i)\|+0.5\max\limits_{j}\max\limits_{i}\|Y(i)-X_j(i)\|} \tag{8-2}$$

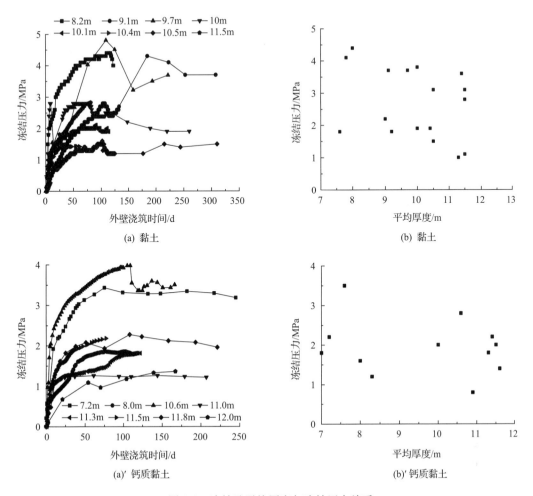

图 8-8　冻结壁平均厚度与冻结压力关系

关联系数值见附表 1 和附表 2。

2. 优势因素分析

将每个影响因素的灰关联系数取平均值,可得各影响因素的灰关联度,即

$$r_{0j} = \frac{1}{k} \sum_{i=1}^{k} \xi_i \, (i=1,2,\cdots,k; j=1,2,3,4,5,6) \qquad (8\text{-}3)$$

r_{0j} 值越大,表示 Y_0 与 X_j 的关系越密切。由式(8-3)可分别得到黏土和钙质黏土各影响因素的关联度,见表 8-9。

表 8-9　灰关联度

岩性	r_{01}	r_{02}	r_{03}	r_{04}	r_{05}
黏土	0.6327	0.6134	0.6111	0.6248	0.7367
钙质黏土	0.74118	0.73012	0.71043	0.74112	0.7654

由表可知,对于黏土,其关联度由大到小的排序是:$r_{05} > r_{01} > r_{04} > r_{02} > r_{03}$,对于钙质黏土,由大到小的排序是:$r_{05} > r_{01} = r_{04} > r_{02} > r_{03}$。从各影响因素关联度的值及排序可看出,无论是黏土还是钙质黏土,上述 5 个因素都是影响冻结压力值的重要因素,其中冻结压力受井壁浇筑后经历时间影响最显著。其次是土体埋深,然后是冻结壁平均温度和土体含水量,最后是冻结壁平均厚度。对于钙质黏土,与黏土不同的是含水量的灰关联度值与冻结壁平均温度的关联度值相等,可见其影响程度比黏土中的影响程度要大,因为钙质黏土膨胀率高,冻胀量大于一般黏土。所以在井壁施工中,对于钙质黏土层段更要注意外井壁的安全。

8.2.5　冻结压力数学计算模型研究

根据以上灰色关联分析结果,可选择土体埋深、土体含水量、冻结壁平均温度、冻结壁平均厚度和井壁浇筑后经历的时间作为冻结压力的主要影响因素,结合无量纲化法对两淮及山东的 15 个井筒的 620 组冻结压力实测数据进行综合分析,寻求冻结压力各影响因素与冻结压力实测数据之间的关系。

1. 无量纲化法原理

力学问题中的基本量纲为长度、时间和质量,分别表示为 $[L]$、$[T]$ 和 $[M]$,这三个量纲为基本量纲。用基本量纲的各种不同组合表示的其他物理量的量纲称为诱导量纲。

力学问题中任何一个物理量的量纲 $[X]$,一般均可用三个基本物理量的量纲的幂次表达式来表示,即

$$[X] = [L]^a [M]^b [T]^c \tag{8-4}$$

式中,a、b、c 为实数。

如果某一类物理问题中有 n 个自变量 $p_1, p_2, \cdots, p_n$,因变量为 p。基本物理量为 k 个,其量纲分别为 $[p_1], [p_2], \cdots, [p_k]$,则有

$$
\begin{aligned}
[p_{k+1}] &= [p_1]^{a_1} [p_2]^{b_1} \cdots [p_k]^{c_1} \\
[p_{k+2}] &= [p_1]^{a_2} [p_2]^{b_2} \cdots [p_k]^{c_3} \\
[p_{k+3}] &= [p_1]^{a_3} [p_2]^{b_3} \cdots [p_k]^{c_3} \\
&\ \ \vdots \\
[p_n] &= [p_1]^{a_{n-k}} [p_2]^{b_{n-k}} \cdots [p_k]^{c_{n-k}} \\
[p] &= [p_1]^{a_{n-k+1}} [p_2]^{b_{n-k+1}} \cdots [p_k]^{c_{n-k+1}}
\end{aligned}
\tag{8-5}
$$

根据量纲一致性原理可确定相互独立的线性方程组,求得式(8-5)中的幂次,即可得无量纲数群:

$$\prod_i = [p_i] / ([p_1]^{a_i} [p_2]^{b_i} \cdots [p_k]^{c_i}) \tag{8-6}$$

2. 数学计算模型建立

当冻结壁已经形成后开始外井壁浇筑时,对于某一固定监测水平而言,其他影响因素可以视为不变,冻结压力值仅与浇筑后历经的时间 t 有关。分析表明,土体埋深、开挖段高、土体含水率、冻结壁平均温度及冻结壁平均厚度不像历经时间与冻结压力值之间那样有较为明显的统计规律,冻结压力随外壁浇筑后历经时间变化时,在固定水平的其他影响因素可以看成以它们的综合作用对冻结压力产生影响。通过冻结压力实测曲线研究发现某一水平冻结压力与外壁浇筑后历经时间可用下式表示:

$$P = k(t) = B(1 - e^{-Ct}) \tag{8-7}$$

式中,B、C 为待定常数。

其他五个影响因子可共同构成一个相对独立的综合影响因子,代表埋深、开挖段高、土体含水率、冻结壁平均温度及冻结壁平均厚度对冻结压力的综合贡献。假设该影响因子可用以下函数表示:

$$P = h(H, h, d, \theta, w) \tag{8-8}$$

式中,H、h、d、θ、w 分别为埋深、开挖段高、冻结壁平均厚度、冻结壁平均温度及土体含水率。因为缺失各监测水平段高数据,所以取黏土层常用开挖段高 2.2m 进行分析。

采用量纲分析法找出 H、h、d、θ、w 五个因子和冻结压力之间的相互影响关系。因为土体埋深 H 对冻结压力的影响表现为冻结壁所受围压的作用,所以可用围压 P_0 来代替,便于分析,冻结壁平均温度用平均温度与冻结管盐水温度的比值来代替,用 ϑ 表示。除了无量纲量 ϑ 及 w 以外,以上其他物理量的基本量纲表达式为:

$$[P_0] = [ML^{-1}T^{-2}]; \quad [d] = [L]; \quad [P] = [ML^{-1}T^{-2}]$$

于是有:

$$F(P_0, h, d, \vartheta, w, P) = 0 \tag{8-9}$$

选择 P_0、d 为基本物理量,经过量纲分析可得

$$\psi(\pi_1, \pi_2, \pi_3, \pi_4) = 0 \tag{8-10}$$

式中,$\pi_1 = h/d, \pi_2 = P/P_0, \pi_3 = \vartheta, \pi_4 = w$。于是可得

$$P/P_0 = f(h/d, \vartheta, w) \tag{8-11}$$

$$[h] = [L];$$

3. 冻结压力计算

一般情况下,开挖段高、土体含水量与冻结压力成正比,冻结壁平均厚度和冻结壁平均温度与冻结压力成反比,故可采用因子准则数 $\pi_1 \cdot \pi_4 / \pi_3$ 来衡量冻结压力因子 π_2 的范围,实测数据统计数据见表 8-10 和表 8-11。

表 8-10　冻结压力及各影响因子统计数据(钙质黏土)

H/m	$w/\%$	d/m	$\theta/℃$	$\pi_1(\text{h/d})$	$\pi_2(P/P_0)$	$\pi_3(\vartheta)$	$\pi_4(w)$	冻结压力 P/MPa
270	23.11	6.0	−15.7	0.333 33	0.493 83	0.523 33	0.2311	1.6
439	24.91	10.0	−18	0.200 00	0.379 65	0.600 00	0.2491	2
398	27.42	10.6	−16.5	0.188 68	0.732 83	0.550 00	0.2742	3.5
347	27.16	11.3	−18.4	0.176 99	0.432 28	0.613 33	0.2716	1.8
418	26.67	11.4	−18.5	0.175 44	0.737 64	0.616 67	0.2667	3.7
171	24.09	7.0	−15.3	0.285 71	0.877 19	0.510 00	0.2409	1.8
265	24.69	7.6	−16.2	0.263 16	0.880 50	0.540 00	0.2469	2.8
511	27.69	10.86	−17.1	0.184 16	0.195 69	0.570 00	0.2769	1.2
556	27.57	11.6	−17.5	0.172 41	0.209 83	0.583 33	0.2757	1.4
510	27.69	11.4	−18.9	0.175 44	0.522 88	0.630 00	0.2769	3.2
555	27.57	11.5	−18.6	0.173 91	0.300 30	0.620 00	0.2757	2
510	27.69	8.5	−16.8	0.235 91	0.980 39	0.510 00	0.2769	3.7
365	24.5	7.2	−16.3	0.277 78	0.502 28	0.543 33	0.245	2.2
453	22.13	8.3	−17	0.240 96	0.147 17	0.566 67	0.2213	0.8

注: $\pi_1 \sim \pi_4$ 分别代表括号中的物理量。

表 8-11　冻结压力及各影响因子统计数据(黏土)

H/m	$w/\%$	d/m	$\theta/℃$	$\pi_1(\text{h/d})$	$\pi_2(P/P_0)$	$\pi_3(\vartheta)$	$\pi_4(w)$	冻结压力 P/MPa
340	29.56	11.4	−18.3	0.175 44	0.343 14	0.610 00	0.2956	1.4
349	30.16	9.2	−17.1	0.217 39	0.429 80	0.570 00	0.3016	1.8
351	30.16	9.2	−17.8	0.217 39	0.949 67	0.593 33	0.3016	4
358	29.41	10.5	−16.4	0.190 48	0.721 60	0.546 67	0.2941	3.1
438	29.32	11.5	−18.63	0.173 91	0.532 72	0.621 00	0.2932	2.8
501	27.63	11.8	−19	0.169 49	0.864 94	0.633 33	0.2763	5.2
394	27.08	7.8	−16.7	0.256 41	0.444 16	0.55 667	0.2708	2.1
485	26.56	10.7	−16.1	0.186 92	0.635 74	0.536 67	0.2656	3.7
490	26.56	11.4	−18.8	0.175 44	0.442 18	0.626 67	0.2656	2.6
451	27.42	11.5	−16.2	0.173 91	0.388 03	0.540 00	0.2742	2.1
548	29.73	11.7	−17	0.170 94	0.106 45	0.566 67	0.2973	0.7
198	21.67	5	−16.1	0.400 00	0.336 70	0.536 67	0.2167	0.8
246	21.44	5.1	−16.5	0.392 16	0.440 38	0.550 00	0.2144	1.3
304	20.92	5.2	−16.1	0.384 62	0.246 71	0.536 67	0.2092	0.9
447	25.47	7.6	−18.5	0.263 16	0.335 57	0.616 67	0.2547	1.8

续表

H/m	w/%	d/m	θ/℃	π₁(h/d)	π₂(P/P₀)	π₃(ϑ)	π₄(w)	冻结压力 P/MPa
323	25.07	9.1	−18	0.219 78	0.954 59	0.600 00	0.2507	3.7
369	25.66	9.3	−17	0.215 05	0.338 75	0.566 67	0.2566	1.5
399	25.12	9.4	−17.4	0.212 77	0.396 83	0.580 00	0.2512	1.9
482	24.17	10.2	−19	0.196 08	0.172 89	0.633 33	0.2417	1
528	23.45	11	−19.4	0.181 82	0.599 75	0.646 67	0.2345	3.8
332	24.89	8	−16.55	0.250 00	0.552 21	0.551 67	0.2489	2.2
422	25.65	8.2	−16.9	0.243 90	0.375 20	0.563 33	0.2565	1.9
482	25.78	8.5	−17.09	0.235 29	0.190 18	0.569 67	0.2578	1.1

注: $\pi_1 \sim \pi_4$ 分别代表括号中的物理量。

由表 8-10 和表 8-11 得到 π_2 与 $\pi_1 \cdot \pi_4/\pi_3$ 的关系曲线(图 8-9)。

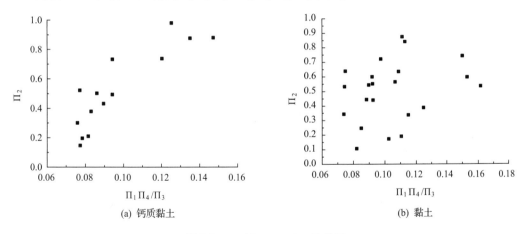

(a) 钙质黏土   (b) 黏土

图 8-9 π_2 与 $\pi_1 \cdot \pi_4/\pi_3$ 的关系

由图 8-9 可知,以下形式的表达式能分别表示出 π_2 与 $\pi_1 \cdot \pi_4/\pi_3$ 的关系:
黏土:

$$\pi_2 = p_1 + p_2(\pi_1 \cdot \pi_4/\pi_3) \tag{8-12}$$

钙质黏土:

$$\pi_2 = p_1 + p_2(\pi_1 \cdot \pi_4/\pi_3)^2 \tag{8-13}$$

考虑式(8-7),令冻结压力 P 为 y、X_1、X_2、X_3、X_4、X_5、X_6 分别表示 t、P_0、h、d、w、ϑ 可构建非线性回归公式模型:
黏土:

$$y = \beta_1 X_2 (1 - e^{-\beta_2 X_1}) [\beta_3 + \beta_4 (X_3 X_5 / X_4 / X_6)] \tag{8-14}$$

钙质黏土:

$$y = \beta_1 X_2 (1 - e^{-\beta_2 X_1}) [\beta_3 + \beta_4 (X_3 X_5 / X_4 / X_6)^2] \qquad (8\text{-}15)$$

用数学优化分析综合工具软件包进行非线性回归,采用麦夸特法(Levenberg-Mar-quardt)和通用全局优化法进行优化计算,在95%的保证率下得到的回归系数向量为:

黏土:

$$\beta = (1.70174 \quad 0.06277 \quad -0.05583 \quad 2.84269)$$

钙质黏土:

$$\beta = (0.96614 \quad 0.05687 \quad 0.22858 \quad 2.55523)$$

所以冻结压力经验公式可表示为:

黏土:

$$P = 1.70174 P_0 (1 - e^{-0.06277t}) [-0.05583 + 2.84269 (hw/d/\vartheta)] \qquad (8\text{-}16)$$

钙质黏土:

$$P = 0.96614 P_0 (1 - e^{-0.05687t}) [0.22858 + 2.55523 (hw/d/\vartheta)^2] \qquad (8\text{-}17)$$

8.2.6　计算结果比较分析

为验证所得经验公式的正确性,分别结合丁集矿副井418m水平(钙质黏土)和501m水平(黏土)的实际工况,将经验公式计算值与实测值进行比较,比较结果如图8-10、图8-11。图8-12所示为同一监测水平下,冻结压力的实测值与冻结压力理论计算值、冻结压力数值计算值和冻结压力经验公式计算值的对比。

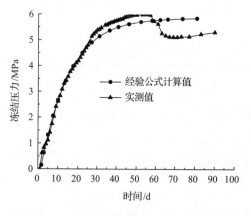

图8-10　丁集矿副井501m冻结压力值

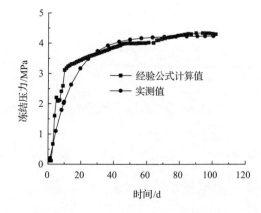

图8-11　丁集矿副井418m冻结压力值

由图8-10和图8-11可知,式(8-16)和式(8-17)与冻结压力实测值吻合较好,所得经验公式能用于冻结压力的参考计算。由此可知,灰色系统理论可成功地应用于冻结壁设计理论中,用灰色理论来计算冻结压力值,可以量化各优势因子的相对重要性程序,使冻结压力各影响因素的贡献更清晰。

由图 8-12 可知,各条冻结压力曲线的增长规律较为相似,理论计算值相比经验公式和数值计算所获得的冻结压力值小,其原因是受限于理论计算求解的困难,无法考虑导致冻结压力的所有主要因素。而经验公式所计算的冻结压力值较大,其原因是在进行实测数据统计分析时,由于现场实测数据的缺失或误差未能全面而正确地考虑冻结压力的所有影响因素。而数值模拟计算可弥补理论计算的不足,获得更为合理的结果。

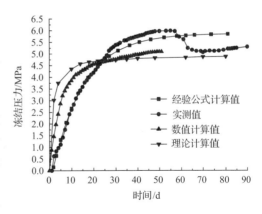

图 8-12　冻结压力比较(数值计算结果见第 6 章)

综上所述,根据深厚冲积层冻结压力的实测结果,可得出以下结论:

(1)通过冻结压力现场实测可知,冻结压力的增长存在着冻结压力快速增长阶段、缓慢增长阶段和趋于稳定阶段。其中冻结压力快速增长阶段发生在混凝土井壁浇筑后的 3～15d 内,基本呈直线增长,最大速率可达到 0.7MPa/d。

(2)同一水平不同方向所测的冻结压力值呈现出极大的不均匀性,不均匀性系数为 2～4。量测水平附近围岩强度越低,稳定性就越差,不均匀性系数就越大;冻结壁的周向不均匀性导致所测冻结压力的环向不均匀性;现场实测环境也导致冻结压力的不均匀。

(3)地层埋深、含水量、冻结壁平均温度、冻结壁平均厚度是影响冻结压力值的重要因素。冻结压力随地层埋深和含水量的增加而增大,随冻结壁平均温度降低和平均厚度的增加而有所减小。含水量的大小对钙质黏土冻结压力的影响较大,对黏土冻结压力的值影响较小。

(4)由灰关联度分析可知,无论是黏土还是钙质黏土,地层埋深、含水量、冻结壁平均温度、冻结壁平均厚度和井壁浇筑后历经时间都是影响冻结压力值的比较重要因素,其中冻结压力受井壁浇筑后历经时间的影响最显著,其次分别为冻结壁土体埋深、平均温度、土体含水量和冻结壁平均厚度等因素的影响。

(5)采用量纲分析法可以找出冻结压力各因子对冻结压力的影响及它们之间的相互关系,从而建立冻结压力数学计算模型。

(6)经验公式和冻结压力实测值吻合较好,可知灰色系统理论可应用于冻结壁设计理论中,为井壁设计提供了新的分析思路。

(7)通过比较可知,数值计算结果更接近实测数据,这是因为在理论计算中无法考虑导致冻结压力的所有主要因素,而经验公式所计算的冻结压力值较大,其原因是在进行实测数据统计分析时,由于现场实测数据的缺失或误差未能全面而正确地考虑冻结压力的所有影响因素。而数值模拟计算可弥补理论计算的不足,获得更为合理的结果。

参 考 文 献

[1] 国外井巷掘砌施工经验. 程义法等译. 北京:中国工业出版社,1965.

[2] Richards L R. Proceedings of the Symposium on Shaft Sinking and Tunnelling; Olympia, London; July 15-

17 1959.

[3] 苏立凡. 冻结井壁外力的实测研究. 煤炭学报, 1981, 6(1): 30-38.

[4] 姚直书, 程桦, 张国勇, 等. 特厚冲积层冻结法凿井外层井壁受力实测研究. 煤炭科学技术, 2004, 32(6): 49-52.

[5] 陈远坤. 深厚冲积层井筒冻结压力实测与分析. 建井技术, 2006, 27(2): 19-21.

[6] 李运来, 汪仁和. 深厚表土层冻结法凿井井壁冻结压力特征分析. 煤炭工程, 2006, (10): 35-37.

[7] 蔡海兵, 程桦, 姚直书, 等. 深厚表土层冻结外层井壁受力状况的监测及分析. 煤炭科学技术, 2009, 37(2): 38-41.

[8] 王衍森, 薛利兵, 程建平, 等. 特厚冲积层竖井井壁冻结压力的实测与分析. 岩土工程学报, 2009, 31(2): 207-212.

[9] 盛天宝. 特厚黏土层冻结压力研究与应用. 煤炭学报, 2010, 35(4): 571-574.

[10] 姚直书, 程桦, 居宪博, 等. 深厚粘土层冻结压力实测分析. 建井技术, 2015, 36(4): 30-33.

第9章 冻结井筒高强高性能钢筋混凝土井壁研究与应用

我国冻结井筒应用的井壁结构形式主要有：单层井壁、双层井壁、塑料夹层钢筋混凝土复合井壁、沥青板夹层双层钢筋混凝土复合井壁、砌块沥青钢板混凝土复合井壁（又称为柔性滑动井壁）等[1]，其主要特性如下。

（1）单层井壁。在我国应用冻结法凿井的早期，冻结井筒采用的井壁结构形式多为钢筋混凝土单层井壁，也有少数冻结井筒采用了混凝土单层井壁，混凝土强度等级通常只有 C13～C23。由于这种井壁是一次成井，分段施工，存在着较多的施工接茬缝。在冻结壁解冻后，单层井壁漏水严重，应用受到限制。

（2）双层井壁。双层井壁的主要形式有：外壁为砌块和内壁为现浇混凝土井壁、外壁为料石与混凝土和内壁为现浇混凝土井壁、双层混凝土或钢筋混凝土井壁等，我国 20 世纪六七十年代广泛使用的井壁结构形式是双层混凝土或钢筋混凝土井壁。

这种井壁结构形式在施工时先浇筑外层井壁，然后采用自下而上连续浇筑内壁。由于后施工的内壁受到先浇筑外壁的约束作用，限制了其热胀冷缩，所以存在着较大的温度约束应力作用。当该力大于混凝土的抗拉强度时，井壁将产生环向裂缝，在冻结壁解冻后，井筒会出现大量漏水现象。

（3）塑料夹层双层钢筋混凝土复合井壁。由于双层井壁仍未能解决井筒漏水问题，经过长期的理论研究、工程实践和借鉴国外经验，提出了一种在内外层井壁间加设塑料夹层的钢筋混凝土复合井壁。其主要特性为：内外层井壁设计时分开计算井壁厚度，外层井壁主要承受冻结压力、内层井壁主要承受静水压力，内外层井壁共同承受水压；内外壁间铺设聚乙烯塑料板夹层，使内外壁间的约束条件大为改善，内层井壁在温度变化过程中沿轴向可以自由伸缩，防止了较大温度约束应力的产生，避免井壁出现环向温度裂缝，从而提高了井壁的抗渗性和封水能力。

当冻结壁解冻时，进行壁间夹层注浆，注入的水泥浆可将井壁结构中可能存在的裂缝和接茬缝充填密实，水泥浆凝结硬化后可使内外壁结合成整体，确保了井壁的封水性能。

（4）沥青板夹层钢筋混凝土复合井壁。沥青夹层钢筋混凝土复合井壁又称为"外让内抗"型复合井壁，其外壁设置有竖向可压缩层使其具有竖向可缩性功能、内壁为连续浇筑的钢筋混凝土井壁，内外层井壁间铺设沥青板夹层，它可衰减竖直附加力和传递水平压力。在特殊沉降地层，该种井壁可防止因竖向附加力作用而发生破坏[2]。

（5）砌块沥青钢板混凝土复合井壁。砌块沥青钢板混凝土复合井壁（又称柔性滑动井壁）由外层预制砌体井壁、内层钢板混凝土复合井壁和内外层井壁间充填一层沥青混合物组成，其优点是同时具备能弯曲、能压缩和能滑动的特点，具有良好的防水性能，并且可以承受一定的动压力[3]。在需要回采井筒煤柱和特殊沉降地层条件下，采用该种井壁结构具有一定优势。

在以上几种冻结井壁结构中,塑料夹层双层钢筋混凝土复合井壁应用最为广泛[4]。随着冻结井筒穿过的表土冲积层加深,井壁承受的外荷载将加大,提高井壁的承载能力成为迫切需要解决的技术难题。

根据井壁结构设计理论可知[5],提高冻结井壁承载能力方法主要有加厚井壁、采用内层钢板混凝土约束结构和采用高强混凝土,但其中最有效措施就是提高井壁中的混凝土强度等级、采用高强混凝土[6]。虽然高强混凝土具有较高的抗压强度,在井壁结构中应用可显著地提高井壁的承载能力,但高强混凝土的坍落度小、可浇筑性差,难以满足冻结井壁特殊性能要求。

对于深厚冲积层冻结井壁,要求其混凝土应具有早强、高强、抗冻、低水化热、防裂、抗渗和良好的工作性,为此,研究提出在深厚冲积层冻结井筒中使用高强高性能钢筋混凝土新型井壁结构[7]。

9.1　高强高性能钢筋混凝土井壁试验研究

由于我国过去缺乏对高强高性能钢筋混凝土井壁结构进行试验研究,它与通常使用的普通钢筋混凝土井壁相比有何异同,目前还缺乏深刻认识。为了经济合理地解决深厚冲积层冻结井筒的支护难题,将高强高性能钢筋混凝土井壁应用于工程实际,就必须要深入地了解它的受力全过程力学行为、破坏形式和承载能力,为此,开展了高强高性能钢筋混凝土井壁结构的试验研究工作。

9.1.1　井壁模型设计

1. 模型试验相似准则

井壁结构模型设计不但要满足应力、变形相似条件,而且还要满足强度相似条件。根据相似理论和弹性力学的基本原理[8],采用方程分析法,推导出井壁静力模型相似指标为:

由几何方程得:　　　　　　$C_\varepsilon C_l / C_\delta = 1$ 　　　　　　　　　　　　　　(9-1)

由边界方程得:　　　　　　$C_P / C_\sigma = 1$ 　　　　　　　　　　　　　　　(9-2)

由物理方程得:　　　　　　$C_E C_\varepsilon / C_\sigma = 1$, $C_v = 1$ 　　　　　　　　(9-3)

式中,C_l 为几何相似常数;C_p 为荷载(面力)相似常数;C_E 为弹性模量相似常数;C_δ 为位移相似常数;C_ε 为应变相似常数;C_σ 为应力相似常数;C_v 为泊松比相似常数。

高强高性能钢筋混凝土冻结井壁为两种材料组成的复合结构,应使模型和原型各组成部分应力变形严格相似,且加载变形前后井壁模型与原型始终保持几何相似,故有 $C_l = C_\delta$,即 $C_\varepsilon = 1$,因此,上述应力变形相似条件可写为:

$$C_l / C_\delta = 1; C_p / C_\sigma = 1; C_E C_\varepsilon / C_\sigma = 1; C_\varepsilon = 1; C_v = 1 \qquad (9-4)$$

为使井壁模型的破坏荷载和破坏形态与原井壁完全相似,不但要满足上述弹性状态下应力应变相似条件,而且还要满足以下的强度相似条件:

① 井壁模型与原型的材料,在加载全过程中应力应变曲线相似;

② 井壁各部分材料的强度相似;

③ 井壁破坏的强度准则相似。

显而易见,要完全满足上述相似条件,模型材料最好采用原井壁结构的材料,这样易于保证井壁模型试验结果与原型井壁结构严格相似。因此,试验采用原材料井壁结构模型,故有:

$$C_E = C_\sigma = C_p = C_R = 1; \ C_\varepsilon = 1; \ C_\mu = 1 \tag{9-5}$$

式中,C_R 为强度相似常数;C_μ 为配筋率相似常数。

由式(9-5)可知,只要施加到模型上的面荷载与原型相一致,则由模型上测到的应力及其结构的承载能力(抵抗荷载作用的能力)与原型是一致的,而模型上测得的位移放大 C_l 倍即为原型产生的位移量。在这种情况下,只要确定适当的几何相似常数就可以了。

2. 井壁结构模型参数

根据前面确定的模型试验相似准则,试验研究以两淮矿区拟开发冻结井筒的井壁结构为模拟原型,采用正交模型设计方法,系统开展了新型高强高性能钢筋混凝土冻结井壁的模型试验。

综合分析两淮矿区拟开发深厚冲积层冻结井筒的初步支护参数,需要试验模拟的原型井壁结构参数见表 9-1。

表 9-1 试验模拟的原型井壁结构参数

井筒直径/m	井壁厚度/mm	混凝土强度等级	配筋率/%
3.0~5.0	650~1250	C60,C70,C80	0.3~0.8

为了使模拟试验研究成果具有应用的广泛性和推广应用的方便性,根据模型试验相似准则,模型试验主要考虑壁厚(h)与内半径(a)之比(λ,称为厚径比)的应用范围,这是一个无量纲量,其相似常数(C_λ)为1。

根据几何相似常数,结合试验加载装置尺寸,确定的井壁模型参数(表 9-2)。混凝土强度等级设计为 C60~C80。模型试件的外直径和高度分别为 925mm 和 562.5mm,井壁模型结构及钢筋网加工、配筋分别见图 9-1 至图 9-3。

表 9-2 井壁结构模型参数表

模型编号	内直径/mm	壁厚/mm	厚径比	混凝土抗压强度/MPa	配筋率/%
C-1	761	82.0	0.2156	C65	0.9
C-2	761	82.0	0.2156	C70	1.2
C-3	761	82.0	0.2156	C75	0.6
C-4	759	82.8	0.2182	C60	0.7
C-5	759	82.8	0.2182	C80	0.7
C-6	730	97.5	0.2671	C60	0.55

续表

模型编号	内直径/mm	壁厚/mm	厚径比	混凝土抗压强度/MPa	配筋率/%
C-7	730	97.5	0.2671	C65	0.55
C-8	730	97.5	0.2671	C70	0.462
C-9	730	97.5	0.2671	C80	0.462
C-10	725.4	99.8	0.275	C65	0.6
C-11	725.4	99.8	0.275	C70	0.9
C-12	725.4	99.8	0.275	C75	1.2

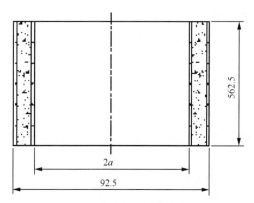

图 9-1　井壁模型结构示意图

图 9-2　C-1 井壁模型钢筋网加工照片

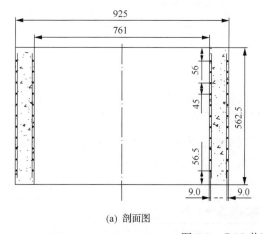

(a) 剖面图

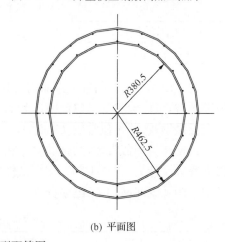

(b) 平面图

图 9-3　C-12 井壁模型配筋图

9.1.2　试验加载装置

模型试件的浇筑采用专门加工的模具,如图 9-4 所示。为了确保井壁模型上、下两端面边界条件相似性,试件浇筑好并养护一段时间后,上车床精加工上、下两端面,以获得合适的表面粗糙度,如图 9-5 所示;试验时,在井壁模型上、下两端面各设置两道橡胶密封圈,通过其变形可确保井壁试件在径向方向上能够自由滑动和密封。井壁模型加载试验在通过原煤炭部鉴定的高强液压加载装置内进行,分别如图 9-6 至图 9-8 所示。它采用高压油来模拟井壁承受的水平荷载,竖向通过盖板和螺栓约束。由于上盖板和螺栓刚度较大,在加载过程中,井壁模型基本上处于平面应变状态。

图 9-4 井壁模型浇筑照片

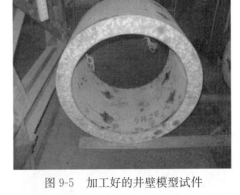

图 9-5 加工好的井壁模型试件

图 9-6 井壁模型试验测试元件接线

图 9-7 井壁模型试验加载装置

图 9-8 井壁模型加载试验

加载试验时,先进行预载 2～3 次,然后分级稳压加载,每级稳压 5～10min,再记录量测数据,直至破坏。

9.1.3 试验数据量测

(1)荷载量测:利用装在高压加载装置上的 0.4 级标准压力表和 BPR 型油压传感器量测井壁试件所受的油压。

（2）井壁应变量测：应变测点分别布置在井壁试件内、外缘混凝土表面和内外排钢筋上。沿井壁纵向布置 2 层，每层沿圆周方向布置 4 个测点，每个测点沿环向和竖向各贴一枚应变片，如图 9-9 所示。

（3）井壁位移量测：在井壁试件内缘对称布置 4 个 YHD-10 电阻式位移传感器，用以量测井壁的径向位移。井壁荷载、应变和位移的量测均由试验应变量测系统进行实时采集和处理，如图 9-10 所示。在整个试验过程中，此套量测系统利用油压传感器实现对荷载监视，以保证实时采集数据时荷载稳压误差在允许的范围内。

图 9-9　井壁模型试件应变测点布置

图 9-10　井壁模型试验数据实时采集与
处理系统

9.1.4　试验结果及其分析

1. 井壁的变形特征

在试验荷载作用下，井壁内部的环向钢筋均为压缩变形，当钢筋达到屈服极限后则丧失了对混凝土的约束作用，只是随着混凝土结构的变形而变形。当混凝土出现裂纹后，钢筋与混凝土的结合力变小，钢筋的变形速度将加快（图 9-11 至图 9-16）。由于钢筋在整个井壁截面中所占比例很小，所以它并不能决定井壁的整体变形特性。由井壁结构设计理

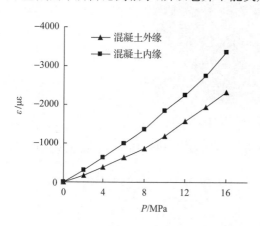

图 9-11　C-10 模型试件混凝土荷载-环向
应变曲线

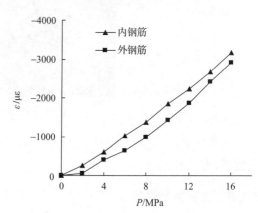

图 9-12　C-10 模型试件钢筋荷载-环向
应变曲线

论可知，C-10 试件的内壁原型可支护冲积层深度约 460mm，该处井壁实际承受水压计算值约 4.6MPa，由图 9-11 可见，在这一荷载作用下，井壁内缘混凝土的工作应变为 $700\mu\varepsilon$，远远小于混凝土单轴抗压极限应变 $2000\sim3000\mu\varepsilon$，该种井壁结构应用于工程实际将处于弹性变形状态。

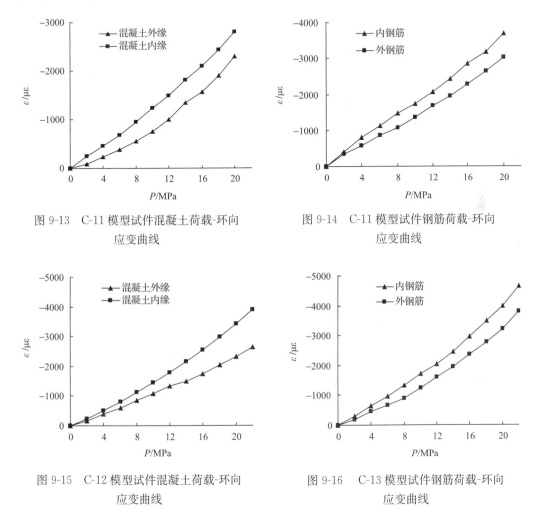

图 9-13　C-11 模型试件混凝土荷载-环向　　　　图 9-14　C-11 模型试件钢筋荷载-环向
　　　　　应变曲线　　　　　　　　　　　　　　　　　应变曲线

图 9-15　C-12 模型试件混凝土荷载-环向　　　　图 9-16　C-13 模型试件钢筋荷载-环向
　　　　　应变曲线　　　　　　　　　　　　　　　　　应变曲线

　　混凝土的变形决定了整个井壁的变形特性，井壁的位移量主要取决于井壁中混凝土的强度、井壁的厚径比(λ)和其应力状态。混凝土的强度等级越高，则井壁位移越小，当井壁进入塑性状态时，井壁的位移将明显加快(图 9-17 至图 9-19)。

　　通过模型试验得到上面的井壁混凝土和钢筋的应变、井壁径向位移值，可作为井筒施工时井壁信息化施工监测时的控制参数，用于判断井壁的安全状态。

　　2. 井壁截面应力

　　井壁结构中钢筋混凝土在弹性工作阶段内，可以用广义胡克定律把实测得到的应变换算成应力，对于井壁内表面，它处于二向应力状态，其环向应力为：

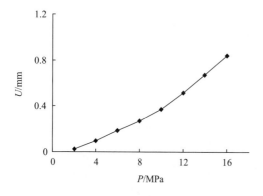

图 9-17　C-1 试件荷载-径向位移曲线

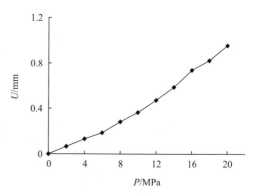

图 9-18　C-2 试件荷载-径向位移曲线

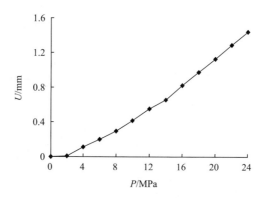

图 9-19　C-3 试件荷载-径向位移曲线

$$\sigma_{ti} = \frac{E}{1-\mu^2}(\varepsilon_t + \mu\varepsilon_z) \tag{9-6}$$

对于处于三向应力状态下的外表面混凝土,径向应力为已知外载荷值 P,则其环向应力为:

$$\sigma_{to} = \frac{E}{1-\mu^2}(\varepsilon_t + \mu\varepsilon_z) - \frac{\mu}{1-\mu}P \tag{9-7}$$

式中,σ_{ti}、σ_{to} 分别为井壁内、外侧表面环向应力;E、μ 分别为钢板或混凝土的弹性模量与泊松比;ε_t、ε_z 分别为井壁表面的环向应变与竖向应变。

试验结果表明,该阶段内钢筋混凝土的试验应力基本符合厚壁圆筒的应力分布规律,可按 Lama 公式计算。由于高强混凝土弹、塑性工作阶段没有明显的界线,因此,在井壁混凝土试验应力分析过程中,当按式(9-6)、式(9-7)换算得到的应力与按 Lama 公式所求应力之差达到一定程度后[9],则不再使用式(9-6)、式(9-7)进行计算,而根据力的平衡条件和内、外缘混凝土应变值,求得混凝土内、外缘环向应力。

在分析井壁中钢筋应力时,视钢筋为理想弹塑性材料,在钢筋中应力没有达到塑性阶段前,采用上述公式计算。达到塑性点后,由于钢筋发生了塑性流变,故取钢筋应力为屈服强度。

根据电阻应变片测试数据处理结果,得模型试件荷载(P)与钢筋和混凝土表面的环向应力(σ_θ)关系,如图 9-20 至图 9-25 所示。

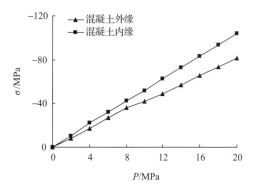

图 9-20　C-10 模型试件混凝土荷载-环向
应力曲线

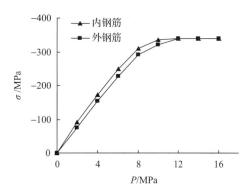

图 9-21　C-10 模型试件钢筋荷载-环向
应力曲线

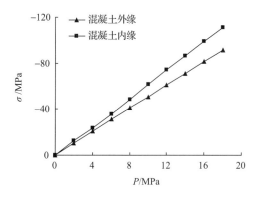

图 9-22　C-11 模型试件混凝土荷载-环向
应力曲线

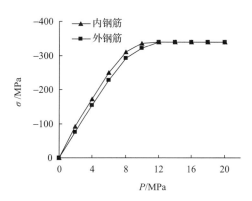

图 9-23　C-11 模型试件钢筋荷载-环向
应力曲线

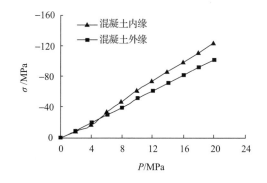

图 9-24　C-12 模型试件混凝土荷载-环向
应力曲线

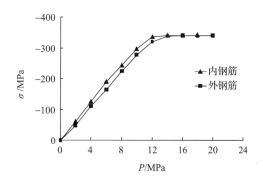

图 9-25　C-12 模型试件钢筋荷载-环向
应力曲线

由图可见,在井壁发生破坏以前,钢筋已进入塑性流动阶段,而不能继续分担井壁所增加的外荷载。与普通钢筋混凝土(C40 左右)井壁模型试验相比,高强高性能钢筋混凝土井壁中钢筋进入塑性流动阶段占井壁全受力过程的比例要大得多。这说明钢筋在弹性阶段可以在一定程度上提高井壁的刚度,使其变形相对于同等条件下的素混凝土井壁稍小些。所以,在均匀侧向压力作用下,钢筋对提高高强钢筋混凝土井壁的承载力作用虽不明显,但可增加高强混凝土结构的延性,提高井壁结构的韧性。

由设计施工图可知,C-1模型的近似内壁原型最大支护深度为460mm,该处内壁计算压力值为4.6MPa。由图9-21可见,在外荷载为4.6MPa时,井壁中混凝土内缘的径向应力只有25MPa左右,仅为极限压力的1/4。说明井壁处于初始弹性阶段,井壁是足够安全的。

由图可见,井壁在临近破坏时,内、外缘混凝土的环向应力逐渐接近,都大大超过了混凝土的单轴抗压强度,如C-10模型试件混凝土立方体抗压强度为67.4MPa,井壁破坏时混凝土的极限应力达到了100MPa,分析其原因这主要是由于井壁结构中混凝土处于复杂应力状态下强度提高所致,首次通过模型试验研究提出了高强高性能钢筋混凝土井壁增强机理,并与国内外多轴受压状态下混凝土强度理论研究成果基本一致[10]。

井壁是一种深埋于地下的厚壁圆筒结构物,其混凝土处于复杂应力状态,井壁混凝土的强度特性在很大程度上区别于地面工程的单轴受力状态,因此,井壁结构的设计计算应考虑多轴应力状态下的混凝土强度特性。

国外从20世纪60年代起就相继开展了混凝土多轴强度的研究,并将其最新成果纳入相应的规范中,如日本、苏联、美国等。国内于80年代开始该方面的研究工作,并取得一定的研究成果,在工程中得到应用的有钢管混凝土和局部承压混凝土结构等。

现有研究结果表明,二轴受压试验中混凝土抗压强度提高系数一般不超过1.5倍,但在三轴受压试验中混凝土抗压强度一般可提高2~5倍。井壁属厚壁圆筒结构,外侧混凝土处于三向受压状态,内侧混凝土虽处于二向应力状态,但由于内表面弧形结构的特殊约束性,理论分析表明,井壁混凝土的抗压强度提高应介于二轴受压和三轴受压之间,本次试验成果与这一分析结果是一致的。

3. 模型试件破坏特征与机理

由于高强高性能钢筋混凝土井壁试件在破坏前内部积聚着大量能量,所以模型试件破坏时发生的破裂声比普通钢筋混凝土井壁大。井壁破裂时,有大块脱落,并出现斜向断裂裂纹,环向钢筋沿破坏面发生塑性弯曲。断裂面发生在井壁混凝土内部质量薄弱处,主要破坏面与井壁切向呈小于45°的夹角,属压剪破坏。图9-26、图9-27为部分井壁模型试件的破坏形态。

从井壁破坏面上混凝土特性来看,一般井壁内侧边缘处有较多的粉碎性破坏现象,而外侧为较整齐的斜向破裂面。由此可见,井壁内混凝土的破坏机理可认为是在井壁承受外载较大时,首先是井壁内侧混凝土环向应力达到其极限强度,由于内侧方向为自由方向,故内侧混凝土出现微小环向裂纹,局部出现脱皮。此时,混凝土已不能继续承受外荷载作用,混凝土中环向钢筋也早已进入塑性流动状态。随着外载荷的继续增加,超过极限强度的高应力区由井壁内侧迅速向外侧发展,最终在井壁混凝土质量较差处发生压剪破坏,形成一个贯穿整个厚度的破坏面。

图 9-26　C-10 模型试件破坏形态

图 9-27　C-12 模型试件破坏形态

4. 井壁极限承载力

将井壁模型试件按前述的试验方法进行加载试验,最后得到其极限承载力值,见表 9-3。由表可见,高强高性能钢筋混凝土井壁在均匀外载作用下,具有很高的承载能力,完全可以满足深厚表土冲积层冻结井筒的支护需要。

表 9-3　井壁模型试件极限承载力试验结果

模型编号	厚径比	混凝土抗压强度/MPa	配筋率/%	极限承载力/MPa
C-1	0.2156	65.3	0.9	18.0
C-2	0.2156	72.2	1.2	20.5
C-3	0.2156	76.8	0.6	21.5
C-4	0.2182	62.2	0.7	15.0
C-5	0.2182	78.3	0.7	21.0
C-6	0.2671	62.6	0.55	18.0
C-7	0.2671	67.0	0.55	21.0
C-8	0.2671	70.5	0.462	22.0
C-9	0.2671	77.8	0.462	25.5
C-10	0.275	67.4	0.6	21.5
C-11	0.275	71.8	0.9	23.0
C-12	0.275	77.5	1.2	25.0

根据试验结果分析可知,井壁极限承载力(P_b)主要与混凝土立方体抗压强度(R)、井壁厚径比(λ)和钢筋的配筋率(μ)有关。通过对表 9-3 试验结果进行统计回归,可得到高强高性能钢筋混凝土井壁结构的极限承载力经验公式为:

$$P_b = 0.1453 R^{1.3999} \lambda^{0.7064} \mu^{0.0164} \tag{9-8}$$

为了分析混凝土强度和配筋率对井壁承载力的影响,根据式(9-8)绘出 P_b-R 和 P_b-μ 的关系曲线,分别如图 9-28、图 9-29 所示。

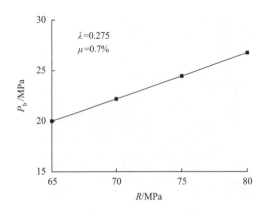
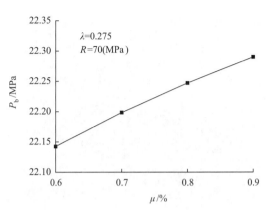

图 9-28 　井壁承载力 P_b 与混凝土强度的关系　　　　图 9-29 　井壁承载力 P_b 与配筋率的关系

由图 9-28 可见,提高混凝土立方体抗压强度对井壁承载力影响非常显著,如将混凝土强度提高 10MPa,则井壁极限承载力将提高 20.55%～22.18%,且工程费用增加十分有限。相反,由图 9-29 可见,增大配筋率对井壁承载力影响不大,如将配筋率从 0.4% 增至 0.8%,井壁承载力仅提高 3.2%～4.3%,且钢筋用量却大大增加,这不但增加了工程成本,而且还使井下混凝土的振捣十分困难,影响混凝土的浇灌质量。因此,通过加大配筋率来提高井壁的极限承载力是不合理的。

关于高强高性能钢筋混凝土井壁承载力的确定,目前还没有合适的计算公式。为此,下面将根据模型试验结果,采用结构塑性分析极限平衡法,推导高强高性能钢筋混凝土井壁的极限承载力计算公式。

由高强高性能钢筋混凝土井壁模型试件破坏形态分析可知,井壁试件破坏首先是内侧混凝土达到强度极限而发生微小裂纹,局部出现剥落,此时内排钢筋早已进入塑性流动阶段。随后,外侧混凝土的环向应力也将随之升高,达到强度极限。井壁破坏时,纵截面上混凝土的环向应力较为一致,呈均匀分布,如图 9-30 所示。假定高强高性能钢筋混凝土井壁为均质体,钢筋为理想弹塑性体,取钢筋屈服强度 σ_s,则根据单位高度井壁结构极限平衡条件得:

$$P_b \cdot b \cdot 1 = \sigma_s \cdot A_g + \sigma_{\theta m} \cdot A_h \tag{9-9}$$

式中, b 为井壁的外半径; A_h 为混凝土纵向截面面积; A_g 为环向钢筋截面面积; $\sigma_{\theta m}$ 为极限状态下混凝土的环向平均应力。

由于 $A_g = \mu \cdot A = \mu \cdot h \cdot 1 = \mu \cdot h$; $A_h = A - A_g = h \cdot (1 - \mu)$;其中, A 为井壁纵向截面面积。则式(9-9)可变换为:

$$P_b \cdot b = \sigma_s \cdot \mu \cdot h + \sigma_{\theta m} \cdot h \cdot (1 - \mu) \tag{9-10}$$

由试验结果可知,井壁混凝土呈压剪破坏形态,根据国内外多向受压混凝土强度试验资料,井壁结构中混凝土可采用莫尔线性强度准则[5],以利于公式推导,即:

$$\sigma_{\theta m} = R_a + k_1 \cdot \sigma_r \tag{9-11}$$

式中, R_a 为混凝土轴心抗压强度,对于高强混凝土,取 $0.8R$; k_1 为由试验确定的侧压效应

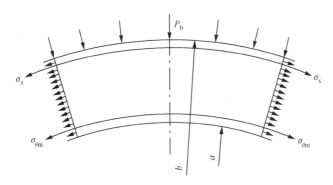

图 9-30　井壁截面受力图

系数；σ_r 为径向应力。

由于钢筋混凝土井壁结构中混凝土受力状态的复杂性，目前无法用理论计算直接确定 k_1 和 σ_r。为此，令 $k_1 \cdot \sigma_r = m \cdot R_a$，代入式(9-12)，得 $\sigma_{\theta m} = (1+m) \cdot R_a$。将其代入式(9-10)，得到高强高性能钢筋混凝土井壁极限承载力的计算公式为：

$$P_b = h \cdot [(1+m) \cdot R_a \cdot (1-\mu) + \mu \cdot \sigma_s]/b \qquad (9-12)$$

式中，m 为井壁结构中混凝土处于复杂应力状态下的强度提高系数，根据试验和理论分析，其大小主要与井壁厚径比(λ)、混凝土抗压强度(R)、钢筋强度(σ_s)和配筋率(μ)有关。

m 为无量纲量，采用量纲分析法可推导出其关系式：

$$m = c \cdot \lambda^d \cdot (R/\sigma_s)^e \cdot \mu^f \qquad (9-13)$$

由表 9-3 中的试验结果回归分析得式(9-13)中各系数分别为：$c=29.06$；$d=0.7239$；$e=1.2655$；$f=0.1138$。

经计算，高强高性能钢筋混凝土井壁结构中混凝土强度提高系数 $m=1.5\sim1.9$。

9.2　井壁极限承载力的理论分析

对于钢筋混凝土井壁结构的力学特性，已有学者对其进行过理论分析，并取得了一定的研究成果。但通常都是基于把混凝土井壁视为弹性体和理想弹塑性体进行的，屈服准则一般采用 Tresca 屈服准则和 Mises 屈服准则。而混凝土是一种非线性的介质，弹性理论只能适用其受力和变形的初期，到混凝土变形后期，应用这些屈服条件得到的计算公式均和试验结果有较大偏差，目前尚无一种合适的理论公式计算高强高性能钢筋混凝土井壁的极限荷载，以真实地分析其可靠度。为此，课题组对高强高性能钢筋混凝土井壁结构试验成果进行了分析总结，结果见表 9-4，在此基础上，又进行了井壁极限承载力的理论分析。

表 9-4　高强高性能钢筋混凝土井壁试验极限承载力

模型编号	内半径 a /mm	外半径 b /mm	混凝土抗压强度 σ_c/MPa	配筋率/%	内摩擦角 ψ_0 /(°)	极限承载力实验值/MPa
A-1	362.7	462.5	67.4	0.6	30	21
A-2	362.7	462.5	71.8	0.9	31	23
A-3	362.7	462.5	77.5	1.2	32	25.5
A-4	380.5	462.5	65.3	0.9	38	17
A-5	380.5	462.5	72.2	1.2	38	19.5
A-6	380.5	462.5	76.8	0.6	38	21
A-7	385	462.5	67.9	1.38	40	16.8
A-8	385	462.5	74.2	1.38	40	19
A-9	385	462.5	79.3	1.38	40	21
A-10	379.5	462.5	62.2	0.7	35	15.5
A-11	379.5	462.5	78.3	0.7	35	21.5
A-12	365	462.5	62.6	0.55	30	18.5
A-13	365	462.5	67.0	0.55	30	21
A-14	365	462.5	70.5	0.462	30	22
A-15	365	462.5	77.8	0.462	34	25

9.2.1　本构关系

对于混凝土材料的本构关系采用线性软化模型[11]，如图 9-31 所示，将应变软化过程近似表示为线性关系，即：

$$
\begin{cases}
\sigma = E\varepsilon & (\varepsilon < \varepsilon_t) \\
\sigma = \sigma_t - E_T(\varepsilon - \varepsilon_t) & (\varepsilon > \varepsilon_t)
\end{cases}
\tag{9-14}
$$

选用不同的斜率 E_T，可以描述材料的不同软化特性。

9.2.2　强度准则

在复杂应力状态下，将材料出现宏观裂纹时应力之间所满足的关系称为强度准则。对于混凝土材料的强度准则采用 Mohr-Coulomb 强度准则，它是由材料的黏聚力 C 和内摩擦角 ψ 来描述，用主应力表达式为：

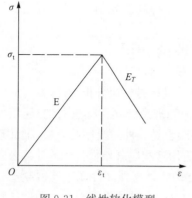

图 9-31　线性软化模型

$$
\frac{1}{2}(\sigma_1 - \sigma_3) = C \cdot \cos\psi - \frac{1}{2}(\sigma_1 + \sigma_3)\sin\psi
\tag{9-15}
$$

9.2.3　理论分析

设高强高性能钢筋混凝土井壁的内半径为 a,外半径为 b,塑性损伤半径为 r_p,如图 9-32 所示,在承受均匀外压力 P 作用下,各点应力分量表示为 $\sigma_r(r)$、$\sigma_\theta(r)$、$\sigma_z = 0.5(\sigma_r + \sigma_\theta)$,且 $\sigma_r > \sigma_z > \sigma_\theta$。由高强高性能钢筋混凝土井壁结构试验结果可知,在均匀外荷载作用下,钢筋对提高高强高性能钢筋混凝土井壁的极限承载力作用并不明显,因此在理论分析时,可不考虑钢筋的影响。

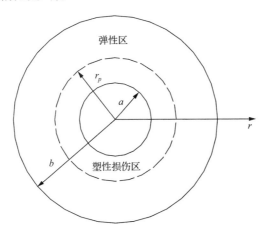

图 9-32　高强高性能钢筋混凝土井壁力学模型

由于混凝土材料在进入塑性损伤后出现软化现象,将塑性损伤后的软化特性用材料的力学性能参数下降段来描述,并且仍服从 Mohr-Coulomb 强度准则,取 $\sigma_1 = \sigma_r$,$\sigma_2 = \sigma_z$,$\sigma_3 = \sigma_\theta$,按式(9-16),初始与损伤后的强度准则分别为:

$$f(\sigma_{ij}) = \frac{1}{2}(\sigma_r - \sigma_\theta) + \frac{1}{2}(\sigma_r + \sigma_\theta)\sin\psi_0 - C_0\cos\psi_0 = 0 \tag{9-16a}$$

$$F(\sigma_{ij}) = \frac{1}{2}(\sigma_r - \sigma_\theta) + \frac{1}{2}(\sigma_r + \sigma_\theta)\sin\psi - C\cos\psi = 0 \tag{9-16b}$$

式中, C_0、ψ_0 为混凝土材料初始损伤时的性能参数; C、ψ 为混凝土材料损伤后的性能参数,若混凝土材料的拉压强度之间具有关系式 $\sigma_t = \alpha\sigma_c$,且 $0 < \alpha < 1$,在采用 Mohr-Coulomb 强度准则的情况下,材料损伤后的内摩擦角不变,即 $\psi = \psi_0$,而凝聚力 C 与损伤半径的大小及所考虑的位置有关,取:

$$C = \left(1 - \beta\frac{r_p - r}{b - a}\right)C_0 \tag{9-17}$$

式中, β 为混凝土的损伤参数。

当 P 较小时,整个高强钢筋混凝土井壁处于线弹性阶段,各应力分量为:

$$\sigma_r = -\frac{b^2 P}{b^2 - a^2}\left(1 - \frac{a^2}{r^2}\right), \quad \sigma_\theta = -\frac{b^2 P}{b^2 - a^2}\left(1 + \frac{a^2}{r^2}\right)$$

代入初始强度准则式(9-17a),有:

$$P = \frac{(b^2 - a^2)r^2 C_0 \cos\psi_0}{b^2(a^2 - r^2 \sin\psi_0)}$$

由于在 $r=a$ 处首先进入塑性,弹性极限压力为:

$$P_e = \frac{(b^2 - a^2)C_0 \cos\psi_0}{b^2(1 - \sin\psi_0)}$$

当 $P > P_e$ 时,内表面附近的混凝土材料处于应变软化阶段,处于应变软化阶段的区域称为塑性损伤区,由于对称性,塑性损伤面为圆柱面,塑性损伤半径为 r_p。将式(9-18)代入式(9-17b),塑性损伤区 $(a \leqslant r \leqslant r_p)$ 内的强度准则可写成:

$$F(\sigma_{ij}) = \frac{1}{2}(\sigma_r - \sigma_\theta) + \frac{1}{2}(\sigma_r + \sigma_\theta)\sin\psi_0 - \left(1 - \beta\frac{r_p - r}{b - a}\right)C_0 \cos\psi_0 = 0 \quad (9\text{-}18)$$

将式(9-13)与平衡方程 $\dfrac{\mathrm{d}\sigma_r}{\mathrm{d}r} + \dfrac{1}{r}(\sigma_r - \sigma_\theta) = 0$ 联立求解,可得塑性损伤区内的应力分量为:

$$\begin{aligned}
\sigma_r &= Dr^{A-1} + \frac{B}{2-A}r + \frac{E}{1-A} \\
\sigma_\theta &= A\sigma_r + Br + E
\end{aligned} \quad (9\text{-}19)$$

式中,D 为待定常数。

$$A = \frac{1 + \sin\psi_0}{1 - \sin\psi_0}, \quad B = -\frac{2C_0\beta\cos\psi_0}{(b-a)(1 - \sin\psi_0)}, \quad E = -\frac{2C_0\cos\psi_0}{1 - \sin\psi_0}\left(1 - \frac{\beta}{b-a}r_p\right)$$

利用塑性损伤区的边界条件:

$$(\sigma_r)_{r=a} = 0, (\sigma_r)_{r=r_p} = -q;$$

则可确定 D,并求得:

$$q = \left(\frac{r_p}{a}\right)^{A-1}\left(\frac{B}{2-A}a + \frac{E}{1-A}\right) - \frac{B}{2-A}r_p - \frac{E}{1-A} \quad (9\text{-}20)$$

在弹性区 $(r_p \leqslant r \leqslant b)$ 内,应力分量可按内半径为 r_p、外半径为 b 承受内压为 q 及外压为 P 作用,求得:

$$\begin{aligned}
\sigma_r &= \frac{b^2 r_p^2 (P-q)}{(b^2 - r_p^2)r^2} + \frac{r_p^2 q - b^2 P}{b^2 - r_p^2} \\
\sigma_\theta &= -\frac{b^2 r_p^2 (P-q)}{(b^2 - r_p^2)r^2} + \frac{r_p^2 q - b^2 P}{b^2 - r_p^2}
\end{aligned} \quad (9\text{-}21)$$

在 $r=r_p$ 处,应力满足初始强度准则式(9-22),由此得钢筋混凝土井壁的极限承载力为:

$$P_b = \frac{1}{b^2(1-\sin\psi_0)} \Big\{ C_0(b^2-r_p^2)\cos\psi_0 + (b^2-r_p^2\sin\psi_0)$$
$$\times \Big[\Big(\frac{r_p}{a}\Big)^{A-1} \Big(\frac{B}{2-A}a + \frac{E}{1-A}\Big) - \frac{B}{2-A}r_p - \frac{E}{1-A} \Big] \Big\}$$

$$(9-22)$$

式中：

$$A = \frac{1+\sin\psi_0}{1-\sin\psi_0}, B = -\frac{2C_0\beta\cos\psi_0}{(b-a)(1-\sin\psi_0)}, E = -\frac{2C_0\cos\psi_0}{1-\sin\psi_0}\Big(1-\frac{\beta}{b-a}r_p\Big)$$

由式（9-23）可以看出，若给定混凝土材料的力学性能参数 C_0 和 ψ_0，高强钢筋混凝土井壁的极限承载力 P_b 与损伤区半径 r_p 和损伤参数 β 有关，对于模型编号为 C-1（表 9-4）的钢筋混凝土井壁结构，取 $\psi_0 = 30°$，$C_0 = \dfrac{\sigma_c(1-\sin\psi_0)}{2\cos\psi_0} = 19.45\text{MPa}$，代入式（9-23），可求得高强钢筋混凝土井壁的极限承载力 P_b 与损伤区半径 r_p 和损伤参数 β 的关系曲线，如图 9-33 所示。若给定混凝土材料的损伤参数 $\beta = 0$，钢筋混凝土井壁的极限承载力 P_b 与损伤区半径 r_p 和混凝土的内摩擦角 ψ_0 有关，对于模型编号为 C-1（表 9-4）的钢筋混凝土井壁结构，其极限承载力 P_b 与损伤区半径 r_p 和混凝土的内摩擦角 ψ_0 的关系曲线如图 9-34 所示。图 9-33 的计算曲线表明，只有当混凝土材料的损伤参数 $\beta = 0$ 时，钢筋混凝土井壁的极限承载力 P_b 始终随着损伤区半径 r_p 的增加而增大，即载荷始终处于稳定状态。对于其他 β 值下，井壁结构呈渐进破坏的特性，每一个 β 值下存在一个损伤区半径 r_p 的值，使得井壁的极限承载力 P_b 达到最大值，该 r_p 值即为临界值 r_{cr}，随着 β 的增加，r_{cr} 以及井壁荷载的最大值都在减小，即随着损伤程度的增加，井壁的最大承载力下降，临界损伤面的范围也在减小。图 9-34 的计算曲线表明，高强钢筋混凝土井壁的极限承载力 P_b 随着混凝土的内摩擦角 ψ_0 的增加而增大。

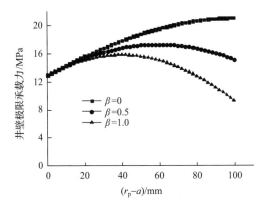

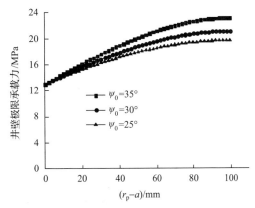

图 9-33　井壁极限承载力 P_b 与损伤区半径 r_p 和损伤参数 β 的关系（$\psi_0 = 30°$）

图 9-34　井壁极限承载力 P_b 与损伤区半径 r_p 和混凝土内摩擦角 ψ_0 的关系（$\beta = 0$）

综上所述，高强高性能钢筋混凝土井壁的极限承载力 P_b 不仅与损伤区半径 r_p 有关，而且还与混凝土的内摩擦角 ψ_0 和损伤参数 β 有关，因此在计算钢筋混凝土井壁的极限承载力时，要选择合适的混凝土力学性能参数。

9.3　井壁承载力理论分析与实验结果比较

由高强高性能钢筋混凝土井壁结构试验结果可知,随着外荷载的增加,高强高性能钢筋混凝土井壁结构在整个受力过程中没有出现明显的塑性流动现象,并且井壁在临近破坏时,混凝土的应力都大大超过了混凝土的单轴抗压强度。因此在理论计算时,取混凝土材料的损伤参数 $\beta=0$。另外,由高强高性能钢筋混凝土井壁破坏形态可知,高强高性能钢筋混凝土井壁结构中的破坏面与最大主应力方向的夹角为 $25°\sim30°$,根据 Mohr-Coulomb 强度准则,混凝土的内摩擦角 ψ_0 为 $30°\sim40°$。

把高强高性能钢筋混凝土井壁结构模型试验参数分别代入式(9-23),计算得到高强高性能钢筋混凝土井壁的极限承载力(表 9-5)。由表可见,计算值和实验结果差别很小,其误差均在 $\pm5\%$ 以内。由此可见,采用式(9-23)计算高强高性能钢筋混凝土井壁的极限承载力是可靠的,为深厚冲积层冻结井高强高性能钢筋混凝土井壁结构设计提供了方法。

表 9-5　高强高性能钢筋混凝土井壁极限承载力理论分析与实验结果比较

模型编号	混凝土抗压强度 σ_c/MPa	配筋率 /%	内摩擦角 ψ_0/(°)	极限承载力实验值/MPa	极限承载力理论公式计算值/MPa	误差/%
A-1	67.4	0.6	30	21	21.10	−0.46
A-2	71.8	0.9	31	23	22.84	0.68
A-3	77.5	1.2	32	25.5	25.09	1.62
A-4	65.3	0.9	38	17	17.71	−4.15
A-5	72.2	1.2	38	19.5	19.58	−0.40
A-6	76.8	0.6	38	21	20.82	0.84
A-7	67.9	1.38	40	16.8	17.64	−4.99
A-8	74.2	1.38	40	19	19.28	−1.45
A-9	79.3	1.38	40	21	20.60	1.91
A-10	62.2	0.7	35	15.5	16.24	−4.79
A-11	78.3	0.7	35	21.5	20.45	4.90
A-12	62.6	0.55	30	18.5	18.96	−2.46
A-13	67.0	0.55	30	21	20.29	3.39
A-14	70.5	0.462	30	22	21.35	2.97
A-15	77.8	0.462	34	25	25.25	−0.99

9.4　井壁混凝土强度准则研究

井壁是一种深埋于地下的厚壁圆筒结构物,其中的混凝土处于复杂应力状态下,由外侧的三向受力转变到内侧的二向受力。根据复杂应力状态下混凝土强度理论可知,井壁中的混凝土抗压强度将不同于单轴受压状态下的强度值。因此井壁结构承载力计算和可靠度分析实际上应以多轴受力条件下的强度指标来衡量,但目前我国现行的井壁结构设计规范尚未考虑到这一点,从而使得设计计算结果不尽合理。同时由于复杂应力状态下混凝土强度特性较复杂,其破坏强度很难用一个具体数值来表达,通常采用空间坐标的破坏曲面来描述混凝土破坏状态。而混凝土强度准则就是表示混凝土空间坐标破坏曲面规律的方程,也就是混凝土破坏时,其应力状态所满足的关系式。所以,有了合适的混凝土强度准则,就能准确地计算井壁的极限承载能力,合理地设计井壁,进行可靠度分析。所以说进行井壁混凝土强度准则研究,可为井壁承载能力的确定提供理论基础。

9.4.1　典型混凝土强度准则

关于复杂应力状态下的混凝土强度准则,国内外专家学者根据各自的试验研究成果提出了相应表达形式,其发展过程由早期提出的莫尔-库仑准则到现在的三参数、四参数和五参数准则等。为了方便起见,常采用平面拉压子午面和偏平面来表示。目前,比较有代表性的多轴受压状态下的混凝土强度准则如下[11~15]:

Jiang 强度准则

$$\frac{\tau_{oct}}{f_c} + 0.2539 \frac{\sigma_{oct}}{f_c} - 0.3868 = 0 \tag{9-23}$$

Chen 强度准则

$$\left(\frac{\tau_{oct}}{f_c}\right)^2 + 0.2095 \frac{\sigma_{oct}}{f_c} - 0.152 = 0 \tag{9-24}$$

Rosethal 强度准则

$$\frac{\tau_{oct}}{f_c} + 0.484 \frac{\sigma_{oct}}{f_c} - 0.322 = 0 \tag{9-25}$$

Podgorski 强度准则

$$\frac{\sigma_{oct}}{f_c} = 0.1 - 1.395 \cdot P \cdot \frac{\tau_{oct}}{f_c} - 0.4091 \left(\frac{\tau_{oct}}{f_c}\right)^2 \tag{9-26}$$

其中, $P = \cos\left(\frac{1}{3}\arccos\alpha - \beta\right)$

式中, σ_{oct}、τ_{oct} 分别为八面体的正应力和剪应力; f_c 为混凝土圆柱体单轴抗压强度,为 0.8 倍立方体抗压强度; θ 为相似角,(°); k_1、k_2 分别为尺寸和形状参数;

α、β 为试验参数。

上述这些强度准则能较好地反映混凝土在一般复杂应力状态下的强度特性,但由于它们都是在一定试验条件下得到的,能否较好地适用于井壁这种特殊受力结构物,需要通过一定的井壁结构强度试验结果进行验证分析。

9.4.2　井壁结构混凝土强度准则

根据高强高性能钢筋混凝土井壁结构模型试验应力分析可知,混凝土在弹性范围内,井壁截面上的环向应力 σ_θ 分布符合厚壁圆筒拉麦公式计算结果,表现为内侧大、外侧小。

当混凝土进入塑性阶段后,内侧环向应力增长速度明显小于外侧环向应力增长速度,在井壁接近破坏极限状态时,截面上的内、外侧应力近似于均匀分布,为此,在水平方向上根据力的平衡条件可求得极限环向应力为:

$$\sigma_\theta = -\frac{Px \cdot R}{R-r} \tag{9-27}$$

由平面应变状态可知,井壁中竖向应力为:

$$\sigma_z = v(\sigma_\theta + \sigma_r) \tag{9-28}$$

式中,v 为混凝土泊松比。

由试验中井壁内、外表面应变实测情况和破坏过程可知,井壁内缘混凝土将首先屈服,局部出现裂纹现象,但此时井壁模型还能继续承载,随着荷载的增加,破坏面将由内向外扩展,当外缘混凝土出现破裂时,井壁便完全丧失承载能力。在井壁外缘,径向应力 σ_r 等于水平侧压力值 Px。

多轴应力状态下混凝土强度,可以用三个主应力为轴的坐标系空间破坏曲面来表示,该曲面也称为破坏包络面,它是一个三维立体图,既不便绘制,也不便应用,故下面采用平面的拉压子午面和偏平面来表示。

通过比较分析可知,在主应力空间有:$\sigma_1 = \sigma_r = -Px$;$\sigma_2 = \sigma_z$;$\sigma_3 = \sigma_\theta$。

对八面体应力空间,有:

$$\sigma_{\text{oct}} = \frac{1}{3}(\sigma_1 + \sigma_2 + \sigma_3) \tag{9-29}$$

$$\tau_{\text{oct}} = \frac{1}{3}\sqrt{(\sigma_1 - \sigma_2)^2 + (\sigma_2 - \sigma_3)^2 + (\sigma_1 - \sigma_3)^2} \tag{9-30}$$

$$\theta = \arccos\frac{2\sigma_1 - \sigma_2 - \sigma_3}{3\sqrt{2} \cdot \tau_{\text{oct}}} \tag{9-31}$$

式中,σ_1、σ_2、σ_3 分别为三个主应力;σ_{oct}、τ_{oct}、θ 分别为八面体应力空间的正应力、剪应力和罗德角。

按上述有关公式对表 9-3 中的井壁模型试验结果进行计算整理,得到相关计算结果,见表 9-6。

表 9-6　井壁模型截面相关应力计算结果

模型编号	f_c /MPa	Px /MPa	σ_1 /MPa	σ_2 /MPa	σ_3 /MPa	$\dfrac{\sigma_{\text{oct}}}{f_c}$	$\dfrac{\tau_{\text{oct}}}{f_c}$	θ /(°)
C-1	57.76	20.5	−20.5	−27.23	−115.63	−0.94	0.75	56.37
C-2	61.44	21.5	−21.5	−28.55	−121.27	−0.93	0.74	56.37
C-3	49.76	15	−15	−19.75	−83.75	−0.79	0.63	56.45
C-4	62.64	21	−21	−27.65	−117.25	−0.88	0.70	56.45

续表

模型编号	f_c /MPa	Px /MPa	σ_1 /MPa	σ_2 /MPa	σ_3 /MPa	$\dfrac{\sigma_{oct}}{f_c}$	$\dfrac{\tau_{oct}}{f_c}$	θ /(°)
C-5	50.08	18	−18	−20.68	−85.38	−0.83	0.62	57.99
C-6	62.24	25.5	−25.5	−29.29	−120.96	−0.94	0.71	57.99
C-7	57.44	23	−23	−25.92	−106.59	−0.90	0.67	58.24
C-8	62	25	−25	−28.17	−115.86	−0.91	0.68	58.24

　　将表 9-6 中的相关计算结果代入前面介绍的 4 个普遍混凝土强度准则表达式(9-23)~式(9-26)中,得到对比结果见表 9-7。由表可见,虽然这些强度准则都能较好地反映混凝土在一般复杂应力状态下的强度特性,但由于它们都是在一定试验条件下得到的,与井壁这种特殊结构物受力状态存在差别,从而使得计算结果与试验值存在一定误差,难以直接将它们应用于井壁结构承载力分析。

表 9-7　采用普通强度准则计算承载力和试验结果的对比

项目	C-1	C-2	C-3	C-4	C-5	C-6	C-7	C-8	C-9	C-10
试验值/MPa	18	20.5	21.5	15	21	18	21	22	25.5	21.5
Jiang 准则计算值/MPa	14.85	16.54	17.53	13.85	17.87	17.14	18.74	19.70	22.02	19.40
Chen 准则计算值/MPa	14.22	15.82	16.78	13.32	17.13	16.40	17.88	18.80	20.97	18.49
Rosethal 准则计算值/MPa	19.44	21.71	22.98	17.88	23.32	22.66	24.99	26.26	29.49	25.94
Podgorski 准则计算值/MPa	13.07	14.60	15.50	11.50	15.54	15.26	17.10	17.86	20.25	17.61

　　为了得到适合于井壁结构中混凝土强度特性的准则形式,能够更好地为井壁结构承载能力合理计算提供理论基础,又根据试验结果推导了井壁混凝土强度准则。

　　通过对表 9-6 中的八面体正应力和剪应力进行线性回归,得到井壁结构中混凝土强度准则的表达式为:

$$\frac{\tau_{oct}}{f_c} + 0.7677 \frac{\sigma_{oct}}{f_c} - 0.0013 = 0 \tag{9-32}$$

　　为了分析采用上式计算井壁承载力的误差,对表 9-3 中部分模型试件进行计算。计算时采用试算法,并逐级增大荷载,如果有关计算值正好满足式(9-33),说明该级荷载即为模型试件的极限承载力;否则,继续加大荷载,直至满足公式为止,从而得到井壁模型的承载力,见表 9-8。

表 9-8　采用井壁强度准则计算承载力和试验结果的对比

项目	C-1	C-2	C-3	C-4	C-5	C-6	C-7	C-8	C-9	C-10
试验值/MPa	18	20.5	21.5	15	21	18	21	22	25.5	21.5
井壁强度准则计算值/MPa	16.12	18.36	19.25	13.58	18.99	19.27	22.47	23.54	27.27	23.62

　　由表 9-8 可见,采用式(9-33)计算的井壁承载力与试验结果误差较小,说明根据井壁模型试验结果得到的井壁混凝土强度准则能较好地反映井壁混凝土强度特性,它可用于

井壁结构的可靠性分析、强度计算和数值分析。

9.5　冻结井筒高强高性能钢筋混凝土井壁工程应用研究

9.5.1　工程概况

淮沪煤电有限公司丁集煤矿设计年产量 500 万 t,初期设计有主井、副井、风井三个井筒,其中主井、风井筒设计净直径均为 7.5m ,穿过表土冲积层厚度分别为 530.05m 和 527.7m,冻结深度分别为 565m 和 558m;副井井筒设计净直径为 8.0m,穿过表土冲积层厚 524.60m,冻结深度为 564m。三个井筒表土冲积层和风化基岩段均采用冻结法施工,下部稳定基岩段采用地面预注浆封水、普通法凿井。

丁集煤矿三个井筒穿过的表土冲积层深厚,是当时国内穿越冲积层最为深厚的冻结井筒,井筒直径又大,对井壁受力极为不利,为抵御强大的外荷载作用,必须要采用高强井壁结构。

9.5.2　井筒工程地质及水文地质特征

丁集煤矿主井、副井、风井检查孔的新地层厚度分别是 530.45m、525.25m、528.65m。新地层划分为上、中、下三个含水层组、中部隔水层和底部砂砾层等五个层组。

1. 上部含水组

上部含水组底界深 121.75～130.40m,可分上、中、下三段。

1)上段弱含水组

上段由地面开始,底界深 25.75～36.40m,砂层累计厚 8.70～13.65m。

上段含水层属潜水至半承压水,富水性不均,含水层厚度和水量变化较大,一般为弱至中等。

2)中段隔水组

底界埋深 65.70～66.10m,组厚 29.70～39.95m,由土黄色、棕黄色夹浅灰绿色黏土、砂质黏土组成。

3)下段含水组

本层段是上含的主体,地层底界埋深 121.75～130.40m,含水组厚 53.80～59.80m。砂层累厚 38.70～44.50m,占组厚的 70%～78%。地层结构见表 9-9。

表 9-9　上部含水组下段地层结构

检查孔名称	埋深/m		厚度/m	砂　层		土　层		砂层占比/%
	顶界	底界		层数	累厚/m	层数	累厚/m	
风井	65.70	125.10	59.40	4	41.35	3	18.05	70
主井	67.95	121.75	53.80	7	38.70	6	15.10	72
副井	66.10	130.40	64.30	12	44.50	8	19.80	69.2

本段上部砂层粒度较细,以粉细砂、粉砂为主,分选较好,呈松散至极松散,富水性强。本段下部砂层以中粗砂为主,呈松散至疏松,富水性强。上含下段属承压水,水量丰富,水质较好,为矿区供水水源。

2. 中部含水组

中部含水组底界埋深 327.25~332.30m,含水组厚 198.05~204.80m,砂层纯厚 150.65~160.60m,占组厚的 74%~81%,中部含水组地层结构见表 9-10。

表 9-10　中部含水组地层结构

检查孔名称	埋深/m		厚度/m	砂　层		土　层		砂层占比/%	中粗砂层占比/%
	顶界	底界		层数	累厚/m	层数	累厚/m		
风井	129.20	327.25	198.05	11	159.00	10	39.05	80	12
主井	127.50	332.30	204.80	23	150.65	22	54.15	74	未取芯
副井	130.40	329.60	199.20	16	160.60	15	38.60	81	84

中含属于承压水,丁集煤矿资源勘探阶段,确定中部含水层顶部有一层砂质黏土,分布较广、成层较薄,一般在 2m 左右,可起相对隔水作用。从丁集煤矿井筒区段来看,分界土层水性能较差,在三个井筒检查孔中,中、上含分界处没有稳定的厚层黏土作为分界,只有一段电阻率相对较低的层段,厚为 5~10m。由取芯得知,为砂质黏土、黏质细砂和细砂组成,而且横向变化较大,副井的砂质黏土向西至风井,全被黏质细砂和细砂取代。

3. 中部隔水组

中部隔水组底界埋深 440.30~443.60m,组厚 108.00~116.35m,其中黏土占 80%~95%。中隔黏土上部呈半固结状,吸湿膨胀。下部为厚层结构单一黏土,固结较好。中隔黏土常含钙质,可塑性、黏结性为一般至较差。中部隔水层地层结构见表 9-11。

表 9-11　中部隔水组地层结构

检查孔名称	埋深/m		厚度/m	黏　土		砂　层		黏土占比/%
	顶界	底界		层数	累厚/m	层数	累厚/m	
风井	327.25	443.60	116.35	6	95.80	5	20.55	82
主井	332.30	440.30	108.00	8	85.90	9	22.10	80
副井	329.60	440.30	110.70	14	104.80	3	5.90	95

4. 下部含水组

下部含水组顶界埋深 440.30~443.60m,底界埋深 502.00~503.80m,组厚 59.25~63.50m,砂层累厚 49.60~62.30m,占组厚的 80%~98%,下部含水层地层结构见表 9-12。

表 9-12　下部含水组地层结构

检查孔名称	埋深/m		厚度/m	砂 层		土 层		砂层占比/%	中粗砂层占比/%
	顶界	底界		层数	累厚/m	层数	累厚/m		
风井	443.60	502.85	59.25	3	56.55	2	2.70	95	26
主井	440.30	503.80	63.50	4	62.30	2	1.65	98	未取芯
副井	440.30	502.00	61.70	10	49.60	5	12.10	80	83

5. 底部砂砾层

底部砂砾层顶界埋深502.00～503.80m,底界埋深525.25～530.05m,厚度为23.25～26.25m。副井以泥质砾砂层为主,夹砾石层,砾砂层结构以中粗砂为主,砾石一般为3～5mm,少量达50mm,偶见大于90mm巨砾。粒度分析结果:2～10mm的颗粒占38.7%～50.7%。风井以泥质砂砾层为主,夹砾石层,砂砾层砾径一般为5～30mm,最大50mm,砾石层以20～50mm中砾为主,大的超过150mm,砾石可分为石英、石英砂岩块。底部砂砾层结构疏松至较松散,泥质砾砂层含较多泥质。

由丁集煤矿主井、副井、风井的检查孔地质柱状可知,主井:0～332.30 段,砂层厚度为218.2m,占该段厚度的65.66%,该段以砂层为主。332.30～440.30 段,砂层厚度为22.10m,占该段厚度的20.46%,该段以黏土为主。440.35～530.05 段,砂层厚度为88.55m,占该段厚度的98.66%,该段以砂层为主。

副井:0～329.6m,砂层厚度为218.2m,占该段厚度的66.2%,该段以砂土为主,329.6～440.30m,砂层厚度为5.9m,占该段厚度的5.34%,该段以黏土为主。440.30～525.25m,砂层厚度为72.85m,占该段厚度的85.76%,该段以砂层为主。

风井:0～327.25m,砂层厚度为215.05m,占该段厚度的65.71%,该段以砂层为主。327.25～443.60m,砂层厚度为20.55m,占该段厚度的17.66%,该段以黏土为主。443.60～527.70m,砂层厚度为82.35m,占该段厚度的97.82%,该段以砂层为主。丁集煤矿表土冲积层砂、黏土厚度占比见表9-13。

表 9-13　丁集煤矿表土冲积层砂、黏土厚度占比

井筒名称	黏土		砂层	
	厚度/m	占比/%	厚度/m	占比/%
主井	214.25	40.42	315.8	59.58
副井	228.3	43.47	296.95	56.53
风井	210.7	39.86	317.95	60.14

9.5.3　井壁结构形式选择

井壁结构形式选择以结构简单、易于施工、造价合理、采用高强筑壁材料作为提高井壁水平承载力的主要技术手段为原则,根据丁集煤矿立井井筒冻结段地质条件和井壁结构常用形式,提出在冻结段上部,内、外壁均采用现浇普通钢筋混凝土井壁结构形式;在冻结井壁下部控制层位,初步设计提出的内、外壁结构形式见表 9-14。

表 9-14 冻结井筒下部控制层位井壁结构设计方案

井壁类型	方案编号	结构形式	混凝土强度等级	优缺点比较
外壁	方案一	现浇高强高性能钢筋混凝土井壁	C60～C70	井壁强度较高,施工工艺成熟,成本较低,但需进一步研究冻结井早强、高强混凝土配制材料和特性
	方案二	高强钢筋混凝土预制弧板井壁	C80～C100	井下组装后可立即承载,强度高,可缩量适宜,但施工工艺复杂,成本较高
内壁	方案一	现浇高强高性能钢筋混凝土井壁	C65～C75	井壁强度较高,施工工艺成熟,成本较低,但需进一步研究井壁的力学特性和设计优化方法
	方案二	内层钢板高强钢筋混凝土复合井壁	C65～C70	内层钢板高强钢筋混凝土复合井壁承载能力高,井壁薄,但施工难度大,成本相对较高

由表 9-14 可知,对于冻结井筒下部控制层位的外壁结构,如果能研制出冻结井壁 C60～C70 早强、高强型混凝土配合比,则采用现浇高强高性能钢筋混凝土外壁是比较经济合理的。为此,课题组通过科技攻关,在大量的室内配制试验研究和现场工业性试验的基础上,得到了深冻结井壁 C60～C70 早强、高强型混凝土配合比[11],从而为井壁使用现浇高强高性能钢筋混凝土井壁提供了技术支持。

对于冻结井筒下部控制层位的内壁结构选择,主要根据现浇高强高性能钢筋混凝土井壁力学特性和设计优化方法研究成果确定。如果通过研究,能够提出科学的设计优化方法,得到合理的内壁厚度,确保现行的冻结孔布置方案和设计的冻结壁厚度能够形成,则可以采用现浇高强高性能钢筋混凝土内壁,否则应采用内层钢板高强钢筋混凝土复合井壁。

9.5.4 控制层位井壁厚度估算

在煤矿立井井筒及硐室设计规范没有实施之前,冻结井壁设计计算主要依据《采矿工程设计手册》中的相关公式,其中控制层位井壁厚度估算公式为[16]:

$$h = a\left(\sqrt{\frac{[R_z]}{[R_z] - 2p}} - 1\right) \tag{9-33}$$

$$[R_z] = \frac{R_a + u_{\min} * R_g}{K}$$

式中,a 为井筒半径;p 为井壁外荷载;R_a 为混凝土单轴抗压设计强度;R_g 为钢筋抗压设计强度;$\mu_{\min}$ 为钢筋最小配筋率。

1. 内层井壁厚度

在丁集煤矿三个井筒中,由于副井井筒直径最大,下面计算分析和设计优化主要针对副井进行。内壁设计外荷载按 1 倍水压计算,其壁厚估算按上式进行。

采用 C70 高性能混凝土时,控制层位内壁厚度为:

$$h \geqslant a\left(\sqrt{\frac{[R_z]}{[R_t]-2P}}-1\right) = 4.0\left(\sqrt{\frac{22.682}{22.682-2\times5.44}}-1\right) = 1.545\text{m}$$

由此可见,即使采用 C70 高性能混凝土,内壁厚度也厚达 1.6m。

2. 外层井壁厚度

冻结压力是外层井壁设计的主要荷载,过去我国对穿过冲积层深度小于 400m 的冻结井筒的冻结压力设计值,主要根据大量实测数据和工程实践,按工程类比法取值。

而丁集矿井三个井筒穿过新生界地层厚达 520m,其冻结压力取值尚无工程实践可供借鉴。为此,通过分析研究过去浅井冻结压力变化规律,并结合丁集矿井黏土冻胀试验结果,提出冻结压力取值范围为 $0.01\sim0.0115H$,其中 H 为累深。

对于副井,在冲积层底部,冻结压力取为 5.246MPa,采用 C70 早强型高性能混凝土时,在控制层位井壁估算厚度为:

$$h = 5.6\left(\sqrt{\frac{35.055}{35.055-2\times5.246}}-1\right) = 1.09\text{m}$$

在副井表土冲积层底部,采用 C70 混凝土时,外壁厚度取 1.1m。

由此可见,即使采用了 C70 高强高性能混凝土,副井控制层位内、外壁总厚度也达到 2.7m。如此厚的井壁结构,不但浇筑时混凝土水化热大,对井壁防裂抗渗不利,而且将给冻结管的布置和冻结壁形成带来困难。因此,必须要寻求井壁设计优化方法,否则,内壁就要采用内层钢板高强钢筋混凝土复合井壁来减薄井壁厚度。

9.5.5　高强高性能钢筋混凝土井壁设计优化

在前面试验研究的基础上,课题组确定在丁集煤矿冻结井筒内壁采用高强高性能钢筋混凝土结构。并根据试验和理论研究结果,对冻结井壁结构进行了设计优化。

1. 根据模型试验结果和现行混凝土结构设计规范进行内壁设计优化

针对丁集矿井深厚冲积层的工程地质条件和井筒基本参数,大量的冻结井壁模型试验研究表明:对于深厚冲积层冻结井筒钢筋混凝土内壁,由于井壁结构中的混凝土处于多轴受压应力状态下,其变形受到约束,井壁结构中混凝土抗压强度得到大幅度提高。

根据井壁模型破坏试验的极限承载力,采用极限平衡法可求得井壁结构破坏时截面的平均最大环向应力。将最大环向应力值与混凝土轴心抗压强度之比 $\left(m = \dfrac{\sigma_{\theta\max}}{f_c}\right)$ 称为混凝土抗压强度提高系数。通过对井壁模型试验结果计算分析,得到丁集煤矿井壁结构中混凝土抗压强度提高系数为 $m=1.615\sim1.949$ 倍。

从理论分析来看,冻结井筒内层井壁是一个深埋于地下的厚壁圆筒结构物,在壁间水压力作用下,内壁中混凝土由外缘的三轴受压状态逐渐过渡为内缘的二向受压状态,井壁结构中的混凝土处于多轴受压应力状态下,不同于一般地面结构的钢筋混凝土梁、柱受力状态,因此,在井壁结构设计强度验算时应该考虑混凝土的多轴受压强度特性。

由于工程结构中多轴受压应力状态下的混凝土强度验算在我国过去混凝土结构设计规范中没有明确规定,因而工程应用中缺少相应规范。

但根据《混凝土结构设计规范》(GB50010—2002)第 5.2.8 条规定和《混凝土结构设计规范》(GB50010—2010)第 C.4 条规定:非杆系的二维或三维结构可采用弹性理论分析、有限元分析或试验方法确定其弹性应力分布,根据主拉应力图形的面积确定所需的配筋量和布置,并按多轴应力状态验算混凝土的强度。即求得混凝土主应力值 σ_i 后,混凝土多轴强度验算应符合下列要求[17]:

$$|\sigma_i| \leqslant |f_i| \quad (i = 1, 2, 3) \tag{9-34}$$

式中,σ_i 为混凝土主应力值;f_i 为混凝土多轴强度。

关于混凝土的多轴强度,现行《混凝土结构设计规范》(GB50010—2010)附录 C.4.2～C.4.3 规定如下:

C.4.2　在二轴应力状态下,混凝土的二轴强度由下列 4 条曲线连成的封闭曲线(图 9-35)确定;也可根据表 9-15 所列数值进行内插取值。

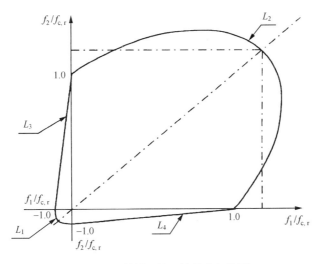

图 9-35　混凝土的二轴强度包络图

表 9-15　混凝土在二轴受压状态下的抗压强度

$f_1/f_{c,r}$	1.0	1.05	1.10	1.15	1.20	1.25	1.29	1.25	1.20	1.16
$f_2/f_{c,r}$	0	0.074	0.16	0.25	0.36	0.50	0.88	1.03	1.11	1.16

C.4.3　混凝土在三轴应力状态下的强度可按下列规定确定:三轴受压(压-压-压)应力状态下混凝土的三轴抗压强度 f_1 可根据应力比 σ_2/σ_1 和 σ_3/σ_1 按图 9-36 确定,或根据表 9-16 内插取值,其最高强度不宜超过单轴抗压强度的 3 倍。

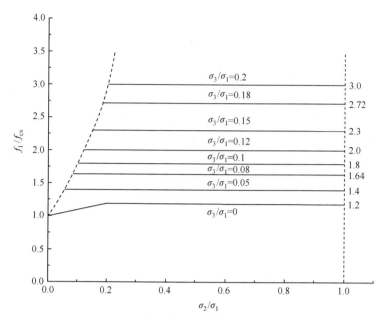

图 9-36　三轴受压状态下混凝土的三轴抗压强度

表 9-16　混凝土在三轴受压状态下抗压强度的提高系数($f_1/f_{c,r}$)

σ_3/σ_1	σ_2/σ_1										
	0	0.05	0.10	0.15	0.20	0.25	0.30	0.40	0.60	0.80	1.00
0	1.00	1.05	1.10	1.15	1.20	1.20	1.20	1.20	1.20	1.20	1.20
0.05	—	1.40	1.40	1.40	1.40	1.40	1.40	1.40	1.40	1.40	1.40
0.08	—	—	1.64	1.64	1.64	1.64	1.64	1.64	1.64	1.64	1.64
0.10	—	—	1.80	1.80	1.80	1.80	1.80	1.80	1.80	1.80	1.80
0.12	—	—	—	2.00	2.00	2.00	2.00	2.00	2.00	2.00	2.00
0.15	—	—	—	2.30	2.30	2.30	2.30	2.30	2.30	2.30	2.30
0.18	—	—	—	—	2.27	2.27	2.27	2.27	2.27	2.27	2.27
0.20	—	—	—	—	3.00	3.00	3.00	3.00	3.00	3.00	3.00

　　根据现行规范规定,在实际混凝土结构计算中,当得到井壁结构中关键点的主应力值 σ_1、σ_2 和 σ_3 后,就可以根据 σ_2/σ_1、σ_3/σ_1 的比值查图 9-35、图 9-36 得到该点混凝土的多轴受力抗压强度提高系数(m),即图 9-35、图 9-36 中的纵坐标值。

　　为此,下面将根据现行《混凝土结构设计规范》关于多轴强度的取值规定,对冻结井筒的内壁混凝土强度进行分析。

　　内层井壁在壁间水压力作用下,内缘环向压应力计算公式为:

$$\sigma_\theta = -2P_w R^2/(R^2-r^2) \tag{9-35}$$

　　在不考虑地层沉降条件下,内层井壁内缘竖向应力可按平面应变状态考虑:

$$\sigma_z = -2\mu P_w R^2/(R^2-r^2) \tag{9-36}$$

式中，R 为井壁外半径；μ 为混凝土泊松比。

在内层井壁内缘混凝土处于二向受压应力状态，由上式可见，其应力比 $\sigma_3/\sigma_1 = 0$，$\sigma_2/\sigma_1 = 0.2$，由混凝土设计规范可知，泊松比可取 0.2。

因此，由表 9-16 可见，在应力比 $\sigma_3/\sigma_1 = 0$，$\sigma_2/\sigma_1 = 0.2$ 情况下，混凝土抗压强度提高系数（m）可取 1.2。所以，在井壁内缘，混凝土抗压强度提高系数 $m=1.2$。

当考虑地层沉降存在竖向附加力作用时，井壁内缘竖向应力增大，则 σ_2/σ_1 比值将大于 0.2，由表 9-16 可见，混凝土抗压强度提高系数仍取 1.2。

对于内层井壁，从内缘开始向外，径向压应力逐渐增大，达到外缘时，等于壁间水压，且均为压应力，即从内缘向外，井壁结构中混凝土均处于三向受压应力状态。由混凝土强度理论和混凝土结构设计规范可知，当混凝土处于三轴受压应力状态，混凝土抗压强度提高系数将更大。

在副井井壁外缘：

$$\sigma_\theta = \frac{b^2 + a^2}{b^2 - a^2} p$$

平面应变状态下：$\sigma_z = \mu(\sigma_\theta + \sigma_r)$

水压力：$\sigma_r = 5.44\text{MPa}$

计算得：$\sigma_2/\sigma_2 = 0.25467$，$\sigma_3/\sigma_1 = 0.273$

查表 9-16 可得，井壁外缘混凝土抗压强度提高系数可取 3.0。

根据现行的钢筋混凝土设计规范，结合内壁的实际受力状态，查表 9-15、表 9-16 可得，井壁结构中混凝土抗压强度提高系数可取 1.2～3.0。

根据井壁模型试验结果和现行混凝土结构设计规范可知，为真实地反映井壁结构的可靠度，在井壁结构强度验算时应考虑其抗压强度提高系数 m，即：

$$[R_z] = \frac{mR_a + u_{\min} \times R_g}{K} \tag{9-37}$$

式中，m 为井壁结构中混凝土由于处于多轴受压应力状态下的抗压强度提高系数，根据混凝土结构设计规范可取 1.2～3.0，而根据井壁模型试验结果得到 $m=1.615～1.949$。考虑到该方法在煤矿深厚冲积层冻结井壁结构设计中为首次采用，经综合分析，确定本次井壁结构设计优化取 $m=1.2$。

为此，对于丁集副井，采用 C70 高性能混凝土时，$[R_z] = 27.058$，控制层位内壁厚度为：

$$h \geqslant a\left(\sqrt{\frac{[R_z]}{[R_t] - 2P}} - 1\right) = 4.0\left(\sqrt{\frac{27.058}{27.058 - 2 \times 5.44}} - 1\right) = 1.173\text{m}$$

在采用冻结井壁设计优化方法后，控制层位副井内壁厚度可取 1.2m。

根据井壁结构模型试验结果和现行混凝土结构设计规范，对丁集煤矿副井控制层位冻结井壁设计优化结果见表 9-17。

表 9-17　丁集副井冻结段控制层位井壁设计优化结果

类别	内壁/m	外壁/m	总厚度/m	内壁减薄率/%
原厚度	1.6	1.1	2.7	33.3
优化后厚度	1.2	1.05	2.25	

由表 9-17 可见,采用本课题组提出的深厚冲积层冻结井壁设计优化方法,可使内壁厚度由 1.6m 减薄到 1.2m,内壁减薄 33.3%,井壁总厚度由 2.7m 减薄到 2.25m。这不但可以降低工程造价、有利于井壁防裂抗渗,最主要的是解决了冻结管的布置和冻结壁形成难题,提高了丁集煤矿冻结法凿井可靠性。

2. 按冻结井壁概率极限状态设计法进行设计优化

安徽理工大学地下工程结构研究所根据大量的现场实测资料、工程设计结果和相关规范规程,运用概率论和数理统计方法,对冻结井壁所承受的荷载及井壁结构抗力进行分析。利用极限状态方程和应用"JC"法对井壁结构的可靠度进行计算,以确定现行的井壁结构安全性并计算了冻结井壁结构的可靠性指标,计算结果略高于目标可靠性指标。依据目标可靠性指标,对冻结井壁进行概率极限状态设计,使得冻结井壁设计方法由定值法向概率法过渡,并使之与有关的概率设计规范进行了良好的衔接[18]。

通过研究,提出冻结井筒钢筋混凝土井壁结构概率极限状态设计法的实用表达式为:

$$P_0 = \gamma_0(\gamma_G P_{GK} + \gamma_Q P_{QK}) \leqslant \frac{P_b}{\gamma_R} = \frac{1}{\gamma_R}\left(\frac{\lambda f_c}{1-\lambda K} + \mu_g R_g\right) \tag{9-38}$$

式中,γ_0 为结构重要性系数,对于井壁,取 $\gamma_0=1.1$;γ_G、γ_Q 为分别为基本荷载和辅助荷载的分项系数,$\gamma_G=1.2$,$\gamma_Q=1.4$;P_{GK} 为基本荷载的标准值;P_{QK} 为辅助荷载的标准值(辅助荷载);γ_R 为井壁结构抗力分项系数;λ 为井壁的厚径比 $\left(\lambda=\frac{h}{a}\right)$($a$ 为井壁的内半径);f_c 为混凝土的轴心抗压强度;μ_g 为井壁中的环向配筋率;R_g 为钢筋的屈服强度;K 为井壁中混凝土的强度系数,由井壁结构强度试验结果分析得到。

现行的冻结井壁结构设计法是将内、外层井壁分开,分别进行设计。因此,在概率极限状态设计法中,也是将内、外壁分开,分别按上式进行设计,不需要对整体井壁强度进行校验,因为整体井壁的可靠度远高于内层或外层井壁的可靠度。

参照《建筑结构荷载规范》,依据试验结果和已有冻结深井的实测资料,分离出内、外层井壁上的荷载分项系数,并写出设计荷载 $P_0=\gamma_0(\gamma_G P_{GK}+\gamma_Q P_{QK})$ 的表达式:

对于内层井壁:$P_0=1.2342H\times10^{-2}$ (MPa);

对于外层井壁:$P_0=1.55716P_d$ (MPa)。

式中,P_d 为计算深度冻结压力标准值;H 为计算深度。

对于外壁,井壁结构抗力分项系数 $\gamma_R=2.34$;对于内壁,井壁结构抗力分项系数 $\gamma_R=3.26$。

1）外层井壁强度验算

根据前面进行的井壁模型试验结果和外壁估算结果,采用概率极限状态设计法进行强度验算。

壁厚 1100mm,混凝土强度等级为 C70 的高强钢筋混凝土井壁,根据试验结果,其极限承载力为 20.5MPa,设计支护深度为 524.6m,强度验算为:

$$1.55716 \times 5.246 = 8.169 < \frac{20.5}{2.34} = 8.76(MPa)$$

由概率极限状态设计法验算结果可知,厚度 1100mm、混凝土强度等级为 C70 的高强钢筋混凝土外壁满足丁集副井控制层位支护强度要求。

2）内层井壁强度验算

对于前面模型试验研究的 1200mm 厚、C70 高强钢筋混凝土井壁,其试验极限承载力为 24.0MPa,强度验算公式为:

$$1.2342H \times 10^{-2} = 1.2342 \times 544 \times 10^{-2} = 6.714 < \frac{24}{3.26} = 7.362(MPa)$$

根据概率极限状态设计法验算结果,1200mm 厚、C70 的高强钢筋混凝土内壁完全可以满足丁集矿井深厚冲积层冻结井筒控制层位的支护要求。

由此可见,根据井壁模型试验结果、现行混凝土结构设计规范和概率极限状态设计法,可使丁集煤矿副井冻结井筒控制层位内壁厚度由 1.6m 减薄到 1.2m,减薄率达 33.3%,确保了该矿井的安全性、高效性和经济性。

9.5.6　冻结井筒高强高性能混凝土的配制与工程应用

根据前面的井壁结构设计理论可知,提高冻结井壁承载能力的最有效措施就是提高井壁中的混凝土强度等级,采用高强高性能混凝土。

虽然在我国的桥梁、水利和高层建筑等一些地面工程中已使用过 C60~C80 级高强高性能混凝土[19],但其施工环境和性能要求与冻结井壁混凝土相差较大。因为在深厚冲积层冻结井筒中,内、外层井壁的单层厚度已由原先的 0.7m 左右增大到现在的 1.2m 左右,属于大体积混凝土工程,施工过程中裂缝控制难度很大;为了确保凿井安全,冻结壁设计平均温度已由原先的 −10℃ 左右降低至 −15℃ 左右,井帮温度大大降低,加大了井壁混凝土的内外温差,恶化了冻结井壁混凝土养护环境;特别是随着矿井建设投资主体的变化,企业多采用市场化的资金运作为矿井建设筹集资金,还贷压力大,要求新井建设速度快,周期短,以降低投资成本。这就相应要求施工的井壁混凝土流动性大、早期强度高,以加快施工速度。

因此,在深厚冲积层冻结井壁施工时,要求其混凝土应具有早强、高强、防冻和良好的工作性。为了确保使用的高强高性能混凝土能满足冻结井筒快速施工,配合比既经济合理又强度可靠,为此,首先对冻结井壁的高强高性能混凝土进行了配制研究。

1. 配制原则

针对深厚冲积层冻结井筒外壁的特殊养护环境和施工条件,要求外层井壁混凝土应具有早强、高强、防冻性能以防止因早期强度偏低而遭受破坏;内层井壁应具有早强、高强、防裂、防水性能以防止冻结壁解冻后出现井壁较大漏水。同时由于内、外壁均属于大体积混凝土施工,要求混凝土水化热低,以防止井壁出现温度裂缝。

冻结井筒外壁高强高性能混凝土配制应满足以下原则:

(1) 早强、防冻,3d 强度应达到设计强度的 75% 以上,7d 强度应达到设计值;

(2) 外壁混凝土浇筑后,8h 可拆模;

(3) 配置工艺简单;

(4) 材料来源本土化,成本低;

(5) 混凝土工作性好,坍落度达到 180～200mm,便于混凝土输送和浇灌;

(6) 低水化热,高耐久性。

冻结井筒内壁高强高性能混凝土配制应满足以下原则:

(1) 早强、防冻;

(2) 内壁混凝土浇筑后,10h 可拆模;

(3) 材料来源本土化,成本低;

(4) 混凝土工作性好,坍落度达到 160～180mm,便于混凝土输送和浇灌;

(5) 低水化热,高耐久性;

(6) 防裂、抗渗。

2. 配制途径

高强高性能混凝土的基本要求是混凝土应具有良好的耐久性、工作性和强度。一般情况下,高性能混凝土应具备高施工性、高抗渗性、高体积稳定性(硬化过程中不开裂,收缩徐变小)、较高强度(C60 级以上),并保持后期强度持续增长,最终获得高耐久性能[20]。

高强高性能混凝土的重要特点是强度高、耐久性好、变形小,强度等级达到或超过 60MPa。配制高强高性能混凝土的一般途径是:采用高标号水泥、高效减水剂、矿物掺和料和优质骨料。

1) 采用高标号水泥

高强高性能混凝土的特点是低水灰比,为了确保其流动性,除掺加高效减水剂外,还须选择适宜低水灰比特性的水泥,一是细度及粒子的组成,二是加水后的早期水化。

水泥粒子群的比表面积、粒子形状、密度及粒子之间的级配(互相填充)等,对浆体的流动性影响很大。比表面积小,粒子形状接近球状,密度大,填充性越大,流动性也大。优化这些因子,可以获得适宜的流动性。对于加水后的早期水化来说,水泥中的铝酸三钙的量越少,流动性的经时降低越小。特别是采用高性能减水剂时,坍落度损失的抑制问题较大。一般情况下,在配制高强高性能混凝土时应采用高标号的普通硅酸盐水泥。

2）掺加高效减水剂

在普通混凝土中,用水量比水泥水化所需的用水量要大得多。一般水泥水化所需的用水量较少,而实际施工时用水量较多。在混凝土硬化后多余的水在水泥石中以及水泥石和集料的界面区域形成大量的各种空隙,以及由混合料泌水和混凝土收缩所引起大量微孔和微孔缝,这些缺陷是导致混凝土强度下降和其他性能指标低劣的根本原因。因此,尽可能减少和消除这些缺陷,改善混凝土结构,是配制高强高性能混凝土的关键问题,其基本措施就是掺入高效减水剂[21]。

3）掺加矿物掺和料

随着混凝土技术的进步,微集料(矿物掺和料)已成为现代高性能混凝土继外加剂之后必不可少的第六组分。国内外常用的微集料主要是优质粉煤灰、磨细矿渣、沸石粉、硅粉等或其复合物。一般微集料具有填充效应、形态效应和火山灰效应,掺入后对高性能混凝土某些性能方面有较大的影响。在本次冻结井壁高强高性能混凝土的研制试验中就分别掺入了硅粉、磨细矿渣、粉煤灰以及它们的复合物。

A. 硅粉

研究结果表明,硅粉对混凝土性能的改善,最突出地表现在以下几个方面:

（1）在普通混凝土中掺入硅粉后,其强度因掺入方式(内掺或外掺)、掺入的品种及掺量的不同可提高 40％～150％。

（2）掺入硅粉后,混凝土没有离析和泌水现象,但其坍落度比普通混凝土有明显减小,实际施工中可通过掺入高效减水剂补偿坍落度降低。

（3）硅粉混凝土孔隙小,属超微量孔隙,其抗渗性、抗冻性等耐久性能比普通混凝土均有很大提高。内掺 5％～10％的硅粉,抗渗性提高 6～11 倍。

（4）其他性能的改善也较明显,如抗化学侵蚀性、抗腐蚀性、抗冲击性等,均有大幅度提高。

B. 磨细矿渣

它对混凝土性能的改善,主要表现在以下几个方面:

（1）掺磨细矿渣混凝土的早期强度与不掺的普通水泥混凝土强度相差不多,7d 能达28d 强度的 75％左右;其后期强度增长率比较高,特别是掺量增多时,混凝土的后期强度增长率提高较多。

（2）掺磨细矿渣的混凝土中,抗冻性能良好,并有很好的抗酸腐蚀性。

（3）特别是混凝土中掺入磨细矿渣后,在硬化初期的放热量比不掺磨细矿渣的混凝土要小得多,在大体积混凝土中使用是最有利的,它不会有因硬化初期水化热量过大导致混凝土体破坏的危险。掺有磨细矿渣混凝土的耐热性能也要比硅酸盐水泥拌制的混凝土好,这是因为混凝土胶材部分含量比较低的缘故。因此,在冻结井壁混凝土中掺入磨细矿渣,可大大降低混凝土中水化热,减小冻结壁融化和防止混凝土开裂。

C. 粉煤灰

粉煤灰是火力发电厂烟囱中收集到的细粉末,英文名 fly ash,故又称"飞灰"。其颗粒多呈球形,表面光滑,与火山灰质混合材料相比,其结构较细密,内比表面积小,且对水的吸附能力小,需水量较小,优质粉煤灰配制的混凝土流动性大。并且由于粉煤灰的火山灰活性,在混凝土中能与水泥水化生成的 Ca(OH)₂ 发生反应而生成具有胶凝性的水化硅酸钙和水化铝酸钙,可用来替代混凝土中一部分水泥,粉煤灰混凝土具有如下特性:

（1）由于粉煤灰呈球状粒形,需水量少,可明显改善混凝土拌和物工作性,减少混凝土泌水,防止集料离析。

（2）由于减少了水泥,也就减少了高水化热的 C₃A、C₃S,可大大降低混凝土的水化热,防止大体积混凝土产生温度裂缝。

（3）由于 C3A 含量减少,提高了混凝土抗硫酸盐腐蚀的能力。

（4）粉煤灰水化消耗了混凝土中的 Ca(OH)₂,可减少由于碱-集料反应引起的膨胀危害。

（5）粉煤灰的火山灰活性,可提高混凝土后期强度。

（6）提高了混凝土的密实性、抗渗性。

4）采用优质骨料

配制高强高性能混凝土,对骨料的要求严格,一定要采用级配良好的优质骨料。

A. 细骨料

对于高强高性能混凝土,细骨料宜选用质地坚硬、级配良好的河砂或人工砂,其细度模数为 2.6～3.2,含泥量不应大于 1.5%。对于砂的级配,大于 5mm 和小于 0.315mm 的数量宜少,否则级配较差,使得成型的混凝土强度偏低。要求 0.6mm 累计筛余大于 70%,0.315mm 累计筛余达到 90%,而 0.15mm 累计筛余达 98%。

细骨料的其他质量指标应符合《普通混凝土用砂质量标准及检验方法》JGJ52—92 的规定。

B. 粗骨料

粗骨料的性能对高强高性能混凝土的抗压强度及弹性模量起到决定性作用,如果粗骨料强度不足,其他提高混凝土强度手段的效果较差。

对强度等级 C60 混凝土,其粗骨料的最大粒径应不大于 31.5mm。对高于 C60 等级的混凝土,其粗骨料的最大粒径应不大于 25mm。

粗骨料的其他质量指标应符合《普通混凝土用碎石或卵石质量标准及检验方法》JCJ53—92 的规定。

3. 原材料选择

1）水泥

本次配制深厚冲积层冻结井筒 C60～C70 高性能混凝土主要采用海螺牌 P.O 52.5R 普通硅酸盐水泥,其为早强型普通硅酸盐水泥,以其配制的混凝土早期强度高且水化热相对较低,特别适合于配制深厚冲积层冻结井筒高强高性能混凝土。因为丁集矿井穿过的冲积层特厚,为抵御强大的地压作用,井壁设计厚度大,且周围环境温度低,属于大体积混凝土施工,井壁极易产生温度裂缝,降低了井壁的抗渗性能。而防止井壁出现温度裂缝的最有效措施就是采用低水化热水泥、减少水泥用量和掺加矿物掺和料,以降低混凝土的水化热。

2）骨料

本次试验所用的细骨料为淮滨中砂，其具体性能指标见表 9-18。

表 9-18　淮滨中砂试验结果

颗粒级配分析结果					细度模数：M_x	一般项目试验结果	
筛孔尺寸/mm	分计筛余量/g	分计筛余百分率/%	累计筛余百分率/%	标准值/%		堆积密度/(kg/m³)	含泥量/%
10.0	0	0	0	0			
5.00	4	0.8	1	10～0			
2.50	35	7	8	25～0			
1.25	88	17.6	26	50～10	2.9	1540	1.6
0.63	207	41.4	67	70～41			
0.315	145	29	94	92～70			
0.16	17	3.4	97	100～90			
底盘	4	—	—	—			

试验选用的粗骨料（石子）有 5 种，分别为八公山京村石料厂石灰岩碎石、上窑石灰岩碎石、怀远花岗岩碎石、宿州闪长岩碎石、明光玄武岩碎石。粗骨料（碎石）的试验结果见表 9-19 至表 9-23。

表 9-19　上窑碎石试验结果

筛孔尺寸/mm	分计筛余量/g	分计筛余率/%	累计筛余率/%	标准值/%
80.0	—	—	—	—
63.0	—	—	—	—
50.0	0	0	—	0
40.0	—	—	—	—
31.5	0	0	0	0～5
25.0	—	—	—	—
20.0	2200	44	44	15～45
16.0	—	—	—	—
10.0	2050	41	85	70～90
5.00	550	11	96	90～100
2.50	200	4	100	95～100
底盘	—	—	—	—

筛分试验结果：该石子粒径为 5～31.5mm，颗粒级配合格，针片状颗粒含量 1.0%。

表 9-20　明光玄武岩碎石试验结果

筛孔尺寸/mm	分计筛余量/g	分计筛余率/%	累计筛余率/%	标准值/%
80.0	—	—	—	—
63.0	—	—	—	—

续表

筛孔尺寸/mm	分计筛余量/g	分计筛余率/%	累计筛余率/%	标准值/%
50.0	—	—	—	—
40.0	—	—	—	—
31.5	0	0	0	—
25.0	—	—	—	—
20.0	160	5.3	5	0~10
16.0	—	—	—	—
10.0	2610	87	92	40~70
5.0	215	7.1	99	90~100
2.50	15	0.5	100	95~100
底盘	—	—	—	—

筛分试验结果:该石子为 5~20mm 连续粒级,颗粒级配合格。

表 9-21　宿州闪长岩碎石试验结果

筛孔尺寸/mm	分计筛余量/g	分计筛余率/%	累计筛余率/%	标准值/%
80.0	—	—	—	—
63.0	—	—	—	—
50.0	—	—	—	—
40.0	—	—	—	—
31.5	290	7.2	7	0~5
25.0	—	—	—	—
20.0	1700	42.5	49	15~45
16.0	—	—	—	—
10.0	1500	37.5	87	70~90
5.0	490	12.2	99	90~100
2.50	20	0.5	100	95~100
底盘	—	—	—	—

筛分试验结果:该石子属 5~31.5mm 连续粒级,颗粒级配合格。

表 9-22　各地碎石母体抗压强度试验结果

产地	受压面积/mm²	破坏荷载/kN			抗压强度/MPa
		I	II	III	
八公山石灰岩	1885	210	198	157	99.87
凤台石灰岩1	1885	105	118	95	53.98
凤台石灰岩2	1885	118	126	106	59
上窑石灰岩	1885	166	188	186	95
怀远花岗岩	1885	229	224	225	120
九龙岗石灰岩	1885	112	115	113	57.7
宿州花岗岩	1963	468	448	494	239.4

表 9-23　各种碎石压碎指标

岩石种类	产地	压碎指标/%
花岗岩	怀远	6.5
石灰岩	上窑	8.3
玄武岩	明光	3.3

3）高效减水剂

对于深厚冲积层冻结井壁 C60、C65 和 C70 高强高性能混凝土的特殊使用环境,掺加外加剂应确保混凝土具有早强、工作性好、防冻和高减水等特性。因此,在原材料一定情况下,选择性能好的外加剂至关重要。为此,本次试验共选用了 5 个厂家的 9 种型号减水剂,分别是:

苏州某混凝土外加剂有限公司生产的特制金星 4 号和氨基磺酸系高效减水剂(简称金星水剂);

蒙城县混凝土防水剂材料厂生产的 FS-A 混凝土防水剂和 FS-D 型高效减水剂;

安徽淮河化工有限责任公司生产的 NF-KD1 型抗冻早强剂和 NF 型高效能减水剂;

山西某化工厂 BR 型高性能混凝土复合剂;

江西省金盛高科技发展有限责任公司生产的羧酸盐接枝共聚型高效能减水剂(简称 LX);

上海某新材料有限公司生产的羧酸基高效减水剂(简称 HP)。

4）矿物掺和料

试验所用的矿物掺和料如下:

A. 硅粉

选用山西东义铁合金厂生产的硅粉,它的颗粒极其微细,是一种超微固体物质,具有超微特性。平均粒径为 $0.1\sim0.15\mu m$,最小粒径为 $0.01\mu m$,小于 $1\mu m$ 的占 80% 以上。比表面积 $250000\sim350000cm^2/g$,是水泥的 $70\sim90$ 倍。密度为 $2.1\sim3.0g/cm^3$,堆密度为 $200\sim250kg/m^3$。其性能指标见表 9-24。

表 9-24　硅粉成分(质量分数)　　　　(%)

SiO_2	Al_2O_3	Fe_2O_3	CaO	MgO	SO_3	烧失量	水分
≥91	≤0.8	≤0.7	≤1	≤1.5	≤0.1	≤4	≤2

B. 磨细矿渣

天津豹鸣股份有限公司生产的比表面积为 $4500cm^2/g$ 和 $5500cm^2/g$ 的矿渣,密度为 $2.89g/cm^3$,其主要性能指标见表 9-25;合肥钢铁集团精建材有限公司生产的磨细矿渣,比表面积为 $3800cm^2/g$;芜湖朱家桥水泥厂生产的磨细矿渣,比表面积为 $4500cm^2/g$。

表 9-25　磨细矿渣成分(质量分数)　　　　(%)

SiO_2	Al_2O_3	Fe_2O_3	CaO	MgO	SO_3
32.41	9.99	1.50	40.32	6.86	2.51

C. 粉煤灰

选用淮南平圩电厂生产的Ⅰ级粉煤灰,其需水量比为89%,烧失量为0.95%,SO_3含量为0.29%,细度为4%。

4. 配制强度及配合比

根据混凝土配合比设计规程,C60～C70混凝土配制强度见表9-26。

表 9-26　C60～C70 强度等级混凝土配制强度

抗压强度标准值/MPa	混凝土强度标准差/MPa	混凝土配制强度/MPa
60	6.0	69.8
65	6.0	74.8
70	6.0	79.8

根据配制强度要求,进行了混凝土配合比设计,在大量配制试验基础上,最后确定的丁集矿井C60～C70混凝土配合比,见表9-27。

表 9-27　丁集矿井冻结井壁 C60～C70 混凝土配合比

强度等级	水泥/kg	矿物掺和料/kg	胶凝材料/kg	水胶比	砂率/%	外加剂掺量/%
C60	410	130	540	0.26	35	1.8
C65	410	150	560	0.26	35	2.0
C70	410	150	560	0.26	35	2.0

5. 工程应用情况

对于以上配合比,首先通过质检部门和现场进行验证性试验,结果表明该配合比3d抗压强度达到设计值的85%,7d抗压强度达到设计值,28d抗压强度达到配制强度,在此基础上才进行工程应用。

由于在冻结井筒采用如此高强度的高性能混凝土在国内外还是第一次,为此,率先建成了国内煤矿井筒建设中最为先进的大型混凝土集中搅拌站,以确保混凝土的加工质量,搅拌站实景如图9-37所示。

作为高强高性能混凝土,其在生产施工过程中的主要工艺、拌和物的坍落度、混凝土的早期强度和28d强度,是混凝土质量控制的关键所在。除制定了完整的质量管理组织体系、明确各自的岗位职责外,还应从原材料的控制、生产工艺的保证、施工工艺的落实上着手,保证配制的混凝土满足要求。

(1) 所有原材料均要有出厂检验单和合格证,到达现场的材料需抽样进行复检,合格后方能使用,控制砂、石含泥量及级配。各类材料在运输、存储、保管和使用过程中严格按管理制度执行。

(2) 混凝土拌制时,必须注意原材料、外加剂的投料顺序,严格控制配料量,正确执行搅拌制度,特别是控制混凝土的搅拌时间。

(3) 混凝土生产现场与施工现场之间应保持密切联系,及时反馈信息。

图 9-37　丁集矿井混凝土集中搅拌站

（4）准确控制用水量，砂、石中的含水率应及时测定，并按测定值调整用水量及砂、石用量，确定施工配合比。

（5）严禁在拌和物出机后加水，由于井下耽误，混凝土坍落度损失较大时，可适当添加高效减水剂进行搅拌。

（6）冬雨季施工时，应采取相应措施，保证混凝土入模温度。

（7）混凝土浇捣后由专人负责混凝土的养护工作，确保养护质量。

在采取上述一系列技术措施后，丁集矿井三个井筒冻结段 C60～C70 高强高性能混凝土施工顺利完成，确保了高强高性能钢筋混凝土井壁质量，取得了良好效果。

参 考 文 献

[1] 张荣立,何国纬,李铎. 采矿工程设计手册. 北京:煤炭工业出版社,2002.

[2] Yao Z S,Yang J J,Sun W R. Experimental study on sliding shaft lining mechanical mechanisms. under ground sub-sidence conditions. Journal of Coal Science & Engineering(China),2003,9(1):95-99.

[3] 陶柏祥,李和群,胡学文. 建井工程结构. 北京:煤炭工业出版社,1986.

[4] 崔云龙. 简明建井工程手册. 北京:煤炭工业出版社,2003:1423-1429.

[5] 杨俊杰,孙文若. 钢筋混凝土井壁的强度特征及设计计算. 淮南矿业学院学报,1994,14(3):23-27.

[6] 程 桦,孙文若,姚直书. 高强钢筋混凝土井壁模型试验研究. 建井技术,1995,16(6):26-27.

[7] 姚直书,程 桦,杨俊杰. 深表土中高强钢筋混凝土井壁力学性能的实验研究. 煤炭学报,2004,29(2):167-171.

[8] 袁文忠. 相似理论与静力学模型试验. 成都:西南交通大学出版社,1998.

[9] 姚直书,程 桦,孙文若. 深厚表土层中高强复合井壁结构的试验研究. 岩土力学,2003,24(5):739-743.

[10] 蒋家奋,汤关祚. 三向应力混凝土. 北京:中国铁道出版社,1988.

[11] Chen W F. Plasticity in reinforced concrete. New York:Mc Graw-Hill Book Company,1982.

[12] 过镇海,王传志. 多轴应力下混凝土的强度破坏和破坏准则研究. 土木工程学报,1991,24(3):1-13.

[13] 姚直书,邓昕. 井壁混凝土强度准则的试验研究及其应用. 山东科技大学学报,2000,19(1):54-57.

[14] 杨健辉,张明军,孙荣玲,等. 混凝土多轴强度模型的偏平面方程变换及讨论. 广西大学学报,2011,36(1):147-159.

[15] 何振军,宋玉普. 高强高性能混凝土多轴拉压力学性能. 工程力学,2010,27(10):190-195.

[16] 张荣立,何国纬,李铎. 采矿工程设计手册. 北京:煤炭工业出版社,2002.

[17] 中华人民共和国国家标准.GB50010—2010 混凝土结构设计规范.北京:中国建筑工业出版社,2010.

[18] 刘全林,孙文若,杨俊杰,等.冻结井钢筋混凝土井壁结构的概率极限状态设计.煤矿设计,1995,42(9):6-9.

[19] 张明征.高性能混凝土的配制与应用.北京:中国计划出版社,2003.

[20] 姚燕.新型高性能混凝土耐久性研究与工程应用.北京:中国建材工业出版社,2004.

[21] 蒋亚清.混凝土外加剂应用基础.北京:化学工业出版社,2004.

第 10 章　冻结井筒高强钢筋混凝土预制弧板井壁研究

随着煤炭资源的不断开发,新井建设时穿过的表土冲积层越来越厚。如正在开发的山东和安徽深部煤田第三系和第四系冲积层厚达 400～800m。在如此深厚的表土冲积层中建井,当采用冻结法施工时,外层井壁承受的冻结压力不但数值大,而且来压快。因此,提高外层井壁的承载能力和早强性将成为一个突出问题[1,2]。

根据深厚冲积层冻结井筒外层井壁的受力特点,并结合我国目前现场的施工技术水平,课题组提出了高强钢筋混凝土预制弧板井壁新型结构[3,4]。它是由 8～12 个高强钢筋混凝土预制弧板井壁构件组成,其预制弧板井壁构件在地面工厂化预制,在井下采用螺栓连接。

该种井壁结构具有如下特点:①地面工厂化预制高强钢筋混凝土弧板,避免了井下现浇混凝土的低温和受力养护条件,混凝土质量得到保证;②井下组装后,可以立即承受设计荷载;③在弧板接头处加入可缩性垫层,有利于调节不均匀内力分布,释放部分弯矩,提高结构承受不均匀荷载的能力。在国外,苏联、波兰等国曾采用过大砌块外壁,但其尺寸较小、混凝土强度等级较低[5,6]。在我国,也有学者对冻结井筒弧形大板块外层井壁进行过探讨[7,8]。由于目前国内煤炭行业还缺乏这种新型井壁结构的设计和设计经验,为此,课题组对其进行了深入系统的研究。

研究模拟对象以济西生建煤矿主、副井冻结井壁为原型。该矿位于山东省济南市以西、黄河西岸的德州市齐河县境内,矿井设计年生产能力 45 万 t。工业广场内设计有主、副两个井筒,其中主井井筒净直径为 4.5m、副井井筒净直径为 5.0m,穿过表土冲积层厚度分别为 457.78m 和 458.50m,采用冻结法施工。由于这两个井筒为当时国内穿过表土冲积层最深的冻结井筒,深部冻结压力大,为使外壁高强、快速承载,确保冻结壁和冻结管的安全,拟采用高强钢筋混凝土预制弧板井壁结构。

10.1　高强钢筋混凝土预制弧板井壁接头形式及垫层材料研究

10.1.1　高强钢筋混凝土预制弧板井壁接头形式

对于高强钢筋混凝土预制弧板井壁结构,在外荷载一定情况下,影响其内力大小的主要因素之一为结构的刚度和接头刚度[9,10]。

在井壁厚度确定的情况下,影响结构刚度的一个主要因素是接头的数量。结构内力分析表明[3],在均匀压力作用下,增加接头数量可增加井壁结构的柔性,减小弯矩,降低结构的内力。但当接头设置数量超过 8 个时,减小弯矩效果就不明显,故通常将装配式结构接头设计成 8～10 个。对于济西矿井,结合冻结井筒基本参数和井壁结构受力分析,设计预制弧板外壁接头为 9 个。

影响结构刚度的另一主要因素是接头的形式,减小接头刚度 K_0 可减小结构内力。通过对国内外现有资料分析发现,对于高强钢筋混凝土预制弧板外壁,由于承受的冻结压力大,采用挖手孔的方法安装环向连接螺栓虽然可减小接头刚度系数 K_0,但对井壁横截面面积削弱太大,严重降低了井壁结构的整体承载能力。为此,对于高强钢筋混凝土预制弧板井壁的接头连接,经多方案比较,最后采用外焊角钢、螺栓连接方式,它的最大特点是便于井下的实际施工。

10.1.2 高强钢筋混凝土预制弧板井壁接头垫层材料

为了弥补接头刚度系数偏大的缺陷,在垫层材料确定时,应选择压缩系数相对较大的材料。垫层材料的主要作用有两点:一是减小接头的刚度系数;二是减小端面不平引起的应力集中。为此,先后对木屑块、硬橡胶和软橡胶三种材料进行了力学性能对比试验,试验结果如表 10-1 和图 10-1 至图 10-6 所示。

表 10-1   接头垫层材料力学性能试验结果

材料名称		应力/MPa	应变(με)		变形率/%	
			试验值	平均值	试验值	平均值
硬橡胶	1	30	917	885	8.3	8.1
	2	30	783		7.8	
	3	30	955		8.2	
软橡胶	1	30	1071.5	967.2	28.5	30.5
	2	30	899		30	
	3	30	931		33	
木屑板	1	30	1286	1462.5	37.4	42.1
	2	30	1900.5		46.2	
	3	30	1201		42.7	

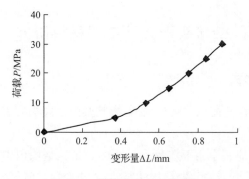

图 10-1   硬橡胶应力变形曲线

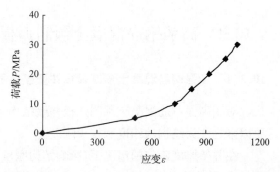

图 10-2   软橡胶应力应变曲线

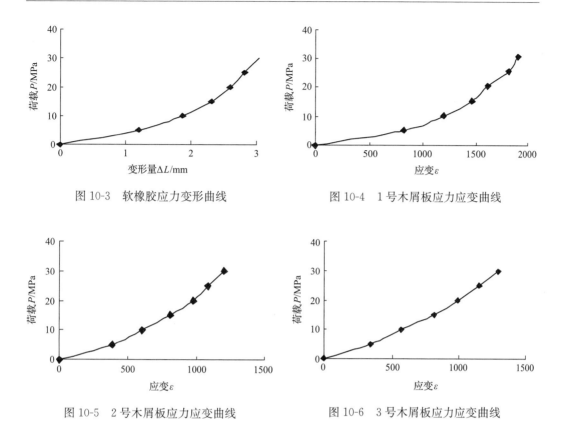

图 10-3　软橡胶应力变形曲线　　　　　图 10-4　1 号木屑板应力应变曲线

图 10-5　2 号木屑板应力应变曲线　　　　　图 10-6　3 号木屑板应力应变曲线

由上面的试验结果对比分析可见,三种材料各项性能指标均能满足弧板外壁性能要求,但考虑到井下施工条件,最后选取的垫层材料为木屑板。

10.2　高强钢筋混凝土预制弧板外壁试验研究

10.2.1　高强钢筋混凝土预制弧板外壁单体构件试验

1. 模型设计与制作

试验研究采用物理模拟方法,以山东济西煤矿主井冻结井筒为模拟对象。根据研究目的,本次试验应同时满足应力和强度相似条件。根据相似理论,采用方程分析法,推导得井壁模型试验的相似指标如下:

由几何方程得:$C_\varepsilon C_l / C_\delta = 1$;由边界条件得:$C_X / C_\sigma = 1$;由物理方程得:$C_E C_\varepsilon / C_\sigma = 1$;由破坏条件得:$C_f / C_{\sigma max} = 1$。其中:$C_l$ 为几何相似常数;C_X 为荷载(面力)相似常数;C_E 为弹性模量相似常数;C_δ 为位移相似常数;C_ε 为应变相似常数;C_σ 为应力相似常数;C_f 为强度相似常数;$C_{\sigma max}$ 为最大应力相似常数。

根据相似准则基本原理,无量纲量的相似常数 C_ε、C_μ(泊松比相似常数)均为 1。由于模型采用原材料,由此可得:$C_\varepsilon = 1$;$C_\sigma = C_E = 1$;$C_X = C_\sigma$;$C_\delta = C_l$;$C_f = C_\sigma$。

根据以上推导的相似准则和济西煤矿主井冻结段井筒设计参数,并结合试验台座尺寸,取井壁模型外直径为 $\phi 3200mm$,则几何相似常数 $C_1 = 2.406$,由此可得井壁模型的内径为 $\phi 2868mm$。模型高度为 208mm,试验材料全部采用现场实际材料,预制弧板井壁单体构件尺寸及其配筋如图 10-7 和图 10-8 所示。

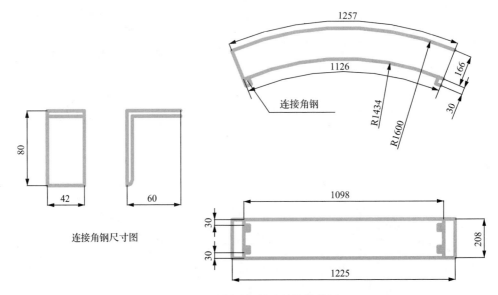

图 10-7　预制弧板外壁单体构件图

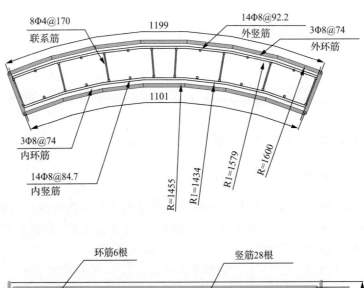

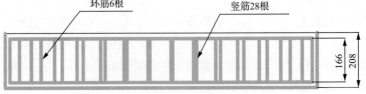

图 10-8　预制弧板外壁单体构件配筋图

浇筑井壁用材料分别选用了 P. O 52.5R 普通硅酸盐水泥、碎石、中粗砂、NF 高效复合减水剂和硅粉。在进行配合比多次试配和优化基础上,选择了一种最佳配合比。

在模板加工过程中,严格控制尺寸误差,确保浇筑试件精度达到设计要求。采用强制式搅拌机搅拌混凝土,振动棒振捣密实,确保混凝土浇筑质量。

2. 试验加载与测试方法

模型试验加载在安徽理工大学地下结构研究所的井壁试验台座内进行,采用两台 1000kN 油缸同步进行荷载施加。

为了全面分析预制弧板外壁在不同荷载分布下的力学特性,试验采用了均匀加载和不均匀加载两种荷载模式。其中均匀加载模式如图 10-9 所示,不均匀加载模式如图 10-10 所示。

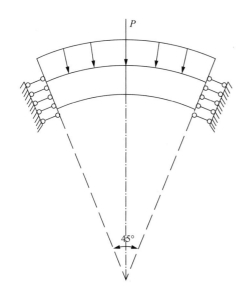
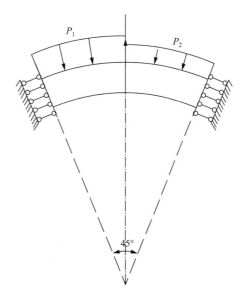

图 10-9　单体构件均匀加载试验示意图　　　图 10-10　单体构件不均匀加载试验示意图

在图 10-10 中,取不均匀压力系数为 $\beta=0.15$,因为分段均布荷载,在两种荷载分界面上对井壁受力不利,这种不均匀性对井壁承载力的影响要比现行井壁设计规范所采用的正弦分布不均匀荷载更为不利。试验所采用的 $\beta=0.15$,按危险截面应力和弯矩等效推演,相当于现行井壁设计规范中 β 为 1.2。

目前对内层井壁的设计一般都不考虑非均布荷载的作用,而仅以均布静水压力为控制荷载进行强度校核,因此在试验荷载条件下所研究的井壁承载能力是偏于安全的。

为了观测井壁模型在整个试验加载过程中的变形和应力发展情况,以分析井壁截面的受力机理,在井壁混凝土内部和表面分别布置了应力应变测点。每个井壁模型在 3 个方位内部布置 18 个应变计、内表面布置 6 个应变计,同时在每个模型试验时布置 3 个位移计,观测井壁在荷载作用下的径向位移情况,众多的应力和变形观测元件可全面地反映井壁模型在加载受力过程中各部位的变形和应力演化规律。

3. 试验结果及其分析

1）单体构件的极限承载力

根据上述试验方法,对两组共 5 个模型试件进行了破坏性试验,测得井壁单体构件的极限承载力见表10-2。

表 10-2　单体构件的极限承载力

试件编号	加载方式	混凝土强度/MPa	极限承载力/MPa	备注
JD1	不均匀	85.1	3.60	支座破坏
JD2	不均匀	85.1	5.38	
JD3	均匀	89.0	8.45	
JD4	不均匀	89.0	6.15	
JD5	均匀	87.5	7.68	

由表 10-2 可见,对于预制井壁单体构件,不论是均匀加载还是不均匀加载,均具有较高的承载能力(JD1 模型试验时支座破坏),且大于模拟原型济西煤矿主井外壁冻结压力设计值 $P=4.5\text{MPa}$,并具有 $K=1.19\sim1.88$ 的安全储备,满足强度要求。

2）单体构件的井壁截面应力分布

进行试验的井壁结构模型处于平面应力状态。在弹性变形阶段,根据实测的应变值,由弹性理论的胡克定律可得到每一截面的中间和内缘的应力换算值。

当井壁变形由弹性阶段进入到弹塑性阶段和塑性阶段时,井壁混凝土的本构关系就不再满足胡克定律了。为此,引入了平面应力状态下的混凝土塑性阶段本构模型,将实测的应变值代入这一本构关系中,通过迭代运算,计算出相当应力。然后求出对应的变形模量和泊松比,按广义胡克定律求出对应的应力值。如图 10-11、图 10-12 所示。

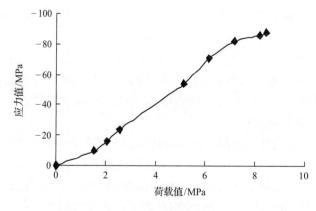

图 10-11　JD-3 模型内缘混凝土切向应力-荷载曲线图

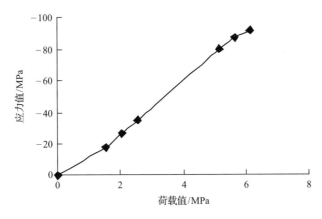

图 10-12　JD-4 模型内缘混凝土切向应力-荷载曲线图

10.2.2　高强钢筋混凝土预制弧板井壁整体结构试验

1. 整体结构试验和测试方法

　　高强钢筋混凝土预制弧板外壁整体结构模型由 9 个高强混凝土弧板单体构件组成，其中包括 7 个大的单体构件(尺寸如图 10-7 所示)和 2 个小的单体构件(它们的外弧长分别为 1060mm 和 297mm，其二者之和等于一个大构件外弧长)，每两个单体弧板构件之间放置一块 5mm 厚垫层板。整体结构模型外直径为 $\phi3200$mm，内直径为 $\phi2868$mm，高度为 208mm。高强钢筋混凝土预制弧板整体井壁结构加载试验装置如图 10-13 和图 10-14 所示，它采用 18 台 1000kN 油缸进行同步加载，荷载模式采用均匀加载和不均匀加载两种方式。其中，南北方向布置 10 台油缸施加大荷载，东西方向布置 8 台油缸施加小荷载，不均匀压力系数 β 设计为 0.15。

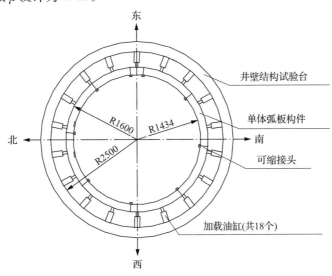

图 10-13　高强钢筋混凝土预制弧板井壁整体结构加载示意图

图 10-14　高强钢筋混凝土弧板井壁整体结构试验装置图

为了观测高强钢筋混凝土预制弧板井壁整体结构模型在试验加载过程中的变形和应力发展规律,分析井壁结构受力机理,在井壁混凝土内部和表面布置了应力变形监测元件。其中,在每个单体构件上均匀布置 3 个测试截面,在每一测试截面上沿高度方向均匀布置 2 个测点,每一构件布置 18 个应变计,9 个构件共布置 162 个应变计;同时,在每一构件内表面布置 6 个应变计,共布置 54 个应变计;并在每个单体构件中部沿径向布置 1 个位移计,共布置 9 个位移计,以测试井壁在荷载作用下的径向位移情况。数据采集使用日本测试株式会社生产的 TDS-303 数据采集系统。该系统具有精度高、灵敏性好等特点,可确保采集的数据准确可靠。

2. 试验结果及其分析

1) 整体结构的极限承载力

根据上述试验方法,共进行了 5 次整体结构破坏性试验,其中 2 次为均匀加载,3 次为不均匀加载,得到高强钢筋混凝土预制弧板井壁整体结构极限承载力,见表 10-3。

表 10-3　高强钢筋混凝土预制弧板井壁整体结构模型试验极限承载力

试验编号	混凝土强度/MPa	破坏荷载/MPa	加载方式及不均匀加载系数	破坏构件编号
1	85.7	5.0	不均匀加载,1.15	9 号小试件
2	90.8	4.5	不均匀加载,1.15	9 号小试件
3	83.9	5.1	均匀加载	9 号小试件
4	85.7	5.2	均匀加载	大小试件结合部位
5	88.5	6.5	均匀加载	9 号和 5 号试件

通过对表 10-3 中高强钢筋混凝土预制弧板外壁整体结构模型试验极限承载力的数据进行分析,可得到以下主要结论:

（1）对于整体结构，不论是均匀加载还是不均匀加载，均具有较高的承载力。试件破坏时，如图 10-15 所示极限荷载均大于或等于模拟原型井壁冻结压力设计值 4.5MPa，并具有 1.0～1.44 的安全储备。

（2）当对预制弧板井壁整体模型施加不均匀荷载时，试件极限承载力为 4.75MPa；施加均匀荷载时，试件极限承载力为 5.6MPa，均满足模拟原型井壁设计强度要求，且均匀加载比不均匀加载试件极限承载力提高了 17.9%。

（3）第一次和第二次试验为不均匀加载试验，第一次试验时井壁发生破坏的构件混凝土立方体抗压强度为 85.7MPa，井壁整体结构的极限承载力为 5.0MPa，而第二次试验时发生破坏的构件混凝土强度为 90.8MPa，整体井壁结构的极限承载力仅为 4.5MPa。这是由于构件接头端面不平整，降低了整体弧板井壁结构的极限承载力。因此要求工程现场在预制弧板井壁时，一定要确保单体构件接头端面平整。

（4）构件混凝土强度是影响预制弧板井壁整体结构极限承载力的决定因素，因此在预制弧板井壁构件时，应保证每个构件混凝土强度有较好的一致性，且均应符合设计要求，以避免在整体弧板井壁结构中因个别构件混凝土强度不能达到设计要求，而导致弧板井壁整体结构极限承载力下降。

图 10-15　高强钢筋混凝土预制弧板井壁整体结构试验破坏图

2）整体结构试验应力分析

本次试验的应力分析按平面应力问题处理，在弹性变形阶段，根据实测的应变值，由弹性理论的本构关系得到各断面的中间和内缘位置应力换算值。

当井壁变形由弹性阶段进入到弹塑性阶段和塑性阶段时，井壁的混凝土本构关系就不再满足胡克定律。根据单一曲线假定，由复杂应力状态下的实测数据，求得对应的应力值，如图 10-16 至图 10-20 所示。由图中可以看出，预制弧板井壁混凝土内缘环向应力随荷载的增加而增加，第一次试验临近破坏时，预制弧板井壁中混凝土内缘环向应力为 72.48MPa；第二次试验临近破坏时的预制弧板井壁混凝土内缘环向应力为 69.43MPa；第三次试验临近破坏时的预制弧板井壁混凝土内缘环向应力为 60.54MPa；第四次试验接近破坏时的预制弧板井壁混凝土内缘环向应力为 69.96MPa；第五次试验接近破坏时的预制弧板井壁混凝土内缘环向应力为 87.59MPa。

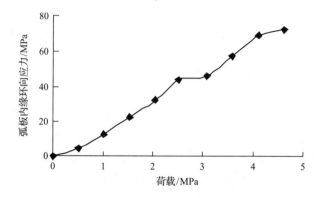

图 10-16　第一次试验预制弧板井壁混凝土内缘环向应力与荷载的关系

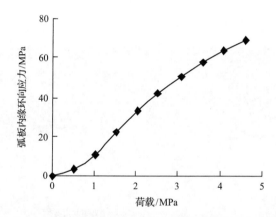

图 10-17　第二次试验预制弧板井壁混凝土内缘环向应力与荷载的关系

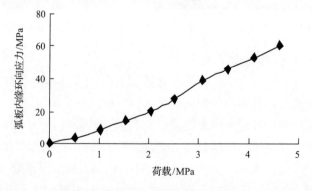

图 10-18　第三次试验预制弧板井壁混凝土内缘环向应力与荷载的关系

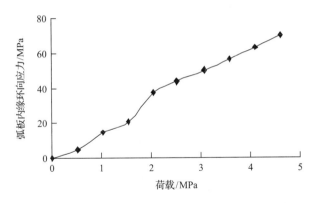

图 10-19　第四次试验预制弧板井壁混凝土内缘环向应力与荷载的关系

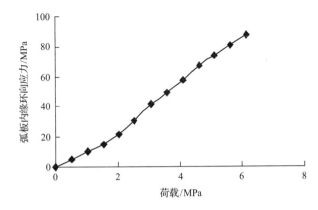

图 10-20　第五次试验预制弧板井壁混凝土内缘环向应力与荷载的关系

3）整体结构位移分析

由图 10-21 可见，预制弧板井壁整体结构的径向位移随着荷载的增大而在逐渐增大，开始加载阶段径向位移的增加速度较快，该期间的位移主要是由预制弧板井壁可缩接头垫层受压变形产生的径向位移；当荷载达到 2.0～4.0MPa 时，预制弧板井壁整体结构的径向位移随着荷载的逐渐增大没有发生大的变化而处于稳定阶段，说明这期间预制弧板

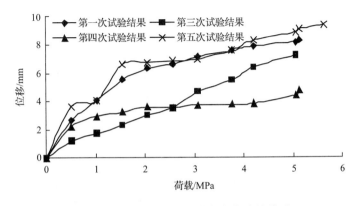

图 10-21　预制弧板井壁荷载与位移的关系

井壁的可缩性接头垫层压缩量消失殆尽,预制弧板井壁构件的混凝土处于弹性变形阶段,因而径向位移量较小;当荷载大于 4.5MPa 时,预制弧板井壁构件的混凝土处于弹塑性变形阶段,因而整体结构的径向位移量较大,最大径向位移达到 9.38mm 左右。

10.3 预制弧板井壁接头力学特性研究

深厚冲积层冻结井筒预制弧板井壁具有在井下装配后即可满负荷工作、并能较好地与冻结压力经时变化相匹配等优点。而前期研究表明,该种新型井壁可缩性接头的力学性态对井壁整体结构的受力变形影响较大,在很大程度上决定了预制弧板井壁的工作性能。表征接头性能的最重要参数是接头抗弯刚度 K_θ,其定义为接头产生单位转角所需的弯矩。由于 K_θ 不但与其构造形式有关,而且随着弯矩、轴力改变而发生变化,一般可通过进行不同偏心距下的接头受力试验而获得[11]。

冻结井筒预制弧板井壁是一种新型结构形式。对其接头刚度模型的研究尚未见相关报道。为此,课题组通过预制弧板井壁接头的试验结果,提出了接头刚度模型,给出了半经验半理论接头抗弯刚度 K_θ 计算公式,并得到了试验验证,从而可为该种新型井壁结构设计应用提供计算参数。

10.3.1 预制弧板井壁接头力学特性试验研究

1. 垫层材料的压缩回弹试验

预制弧板井壁整体结构是由单件构件组装而成,单件构件之间采用螺栓连接,图 10-22 是预制弧板井壁接头构造示意图。为了降低接头刚度和减小相邻构件接头端面的应力集中,在接头处放置了木屑板作为垫层材料。由于衬垫材料相对于钢筋混凝土构件来说,其刚度要小得多,因此接头处的变形主要取决于垫层材料的变形。考虑到接头在实际应用中要重复地加载和卸载,并要承受正(负)弯矩,为了模拟这种条件下衬层材料的力学性能,在接头中间设置了厚度不等的木屑板垫层,进行压缩回弹试验。

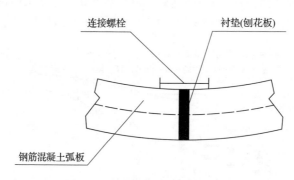

连接螺栓　　　　　　衬垫(刨花板)

钢筋混凝土弧板

图 10-22 预制弧板井壁接头构造

试验时选用了 208mm×166mm×4.2mm 和 208mm×166mm×9mm 两种规格的长方体垫层,在材料试验机上逐级加压到 30MPa,在各级荷载下要等垫层变形稳定,得到木屑板的压缩量,才能进行下一级加载,从而求得在每级荷载下的 $\sigma\text{-}\varepsilon$ 关系。由于垫层材料是典型的非线性材料,$\sigma\text{-}\varepsilon$ 关系与加载的历史有关,设 $\sigma\text{-}\varepsilon$ 的函数关系为:

$$\sigma = E_{\mathrm{r}} \times \varepsilon^{\beta} \tag{10-1}$$

式中, β 为衬垫材料的非线性指数。

根据实验结果,得到垫层材料轴向压缩应力-应变关系及其回归曲线如图 10-23 和图 10-24 所示,根据变形规律,回归方程选用乘幂函数形式。

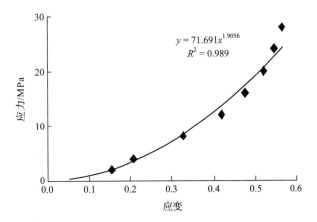

图 10-23　9mm 厚垫层应力应变图

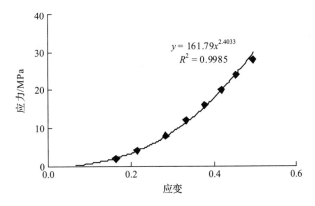

图 10-24　4.2mm 厚垫层应力应变图

由回归方程可得 9mm 厚垫层的相应参数:

$$E_{\mathrm{r}} = 71.691$$
$$\beta = 1.9056$$

4.2mm 厚垫层回归参数为:

$$E_{\mathrm{r}} = 161.79$$
$$\beta = 2.4033$$

由试验结果的 $\sigma\text{-}\varepsilon$ 关系方程可推导出抗压刚度 K_{c} 的值。

$$\sigma = E_r \times \varepsilon^\beta \qquad (10\text{-}2)$$

$$\sigma = N/A_C \qquad (10\text{-}3)$$

$$\varepsilon = \delta/\delta_0 \qquad (10\text{-}4)$$

将式(10-3)、式(10-4)代入式(10-2)中,得:

$$N/A_C = E_r \times (\delta/\delta_0)^\beta \qquad (10\text{-}5)$$

将上式整理可得:

$$N = \frac{\sqrt[\beta]{E_r \times A_c}}{\delta_0} \times N^{\frac{\beta-1}{\beta}} \times \delta \qquad (10\text{-}6)$$

其中:

$$K_C = \frac{\sqrt[\beta]{E_r \times A_c}}{\delta_0} \times N^{\frac{\beta-1}{\beta}} \qquad (10\text{-}7)$$

式中,A_c 为木屑板的承压面积;δ_0 为木屑板的厚度;K_c 为木屑板的抗压刚度。

2. 接头的抗弯试验

为了研究预制弧板井壁接头在正(负)弯矩下的受力性能,本次试验设计了两种施加集中荷载的方式,如图 10-25 所示。试验中,通过对图中对称加载方式的荷载 P_1 和 P_2 大小的调整,使接头处分别产生正(负)弯矩状态。其中在第一组 9mm 厚木屑板试验中先加正弯矩后加负弯矩,第二组 4.2mm 厚木屑板的加载情况正好相反。试验中弯矩的正、负规定为以管片内侧受拉为正,外侧受拉为负。

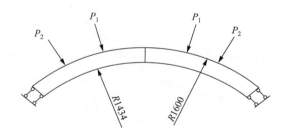

图 10-25 预制井壁接头抗弯试验荷载分布

1) 试验加载装置

接头抗弯加载试验在安徽理工大学地下工程结构研究所的井壁结构实验台内进行,试验分为两组:第一组试验的接头垫层厚 9mm,第二组试验的接头垫层厚 4.2mm。

在每组试验两个构件的三等分点上分别设置 2 台油缸,共 4 台油缸,如图 10-26 所示。其中内侧的两台油缸由一台油泵施加荷载 P_1,外侧的两台油缸由另一台油泵施加荷载 P_2,每台油缸的加载能力都是 1000 kN。为了模拟滑动支座,在两端头处各设置两块等厚度钢板,并在其中加入两层塑料薄膜,且涂上黄油,以保证构件受力时支座处截面能够沿径向自由滑动。同时,为防止构件在加载时上抬,设置了十字架压板,并用高强螺杆固定,加载装置如图 10-26 所示。

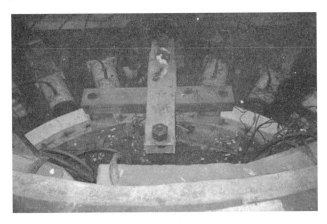

图 10-26　预制弧板井壁接头抗弯试验加载装置

2）测试内容与方法

试验过程中分别对混凝土应变、钢筋应变、接头位移、构件的径向位移、裂缝的宽度和方向等进行测量,数据采集采用 TDS 测试系统,通过测试以上参数可计算得到接缝的转角和接头的抗弯刚度系数等,测试系统如图 10-27 所示。

图 10-27　试验测试系统和试验加载油泵

3）混凝土应变测试

根据电阻应变测试技术,在每一构件内表面布置 5 个测点,在每一测点混凝土表面粘贴直角电阻应变片以实测应变大小,如图 10-28 所示。

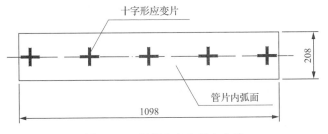

图 10-28　混凝土应变测点布置

4）钢筋应变测试

在每一预制弧制井壁构件的接头处,沿上、中、下三层的内、外排环向钢筋上粘贴电阻应变片;在非接头位置,仅在中间层的内、外排环向钢筋上粘贴电阻应变片,如图 10-29 所示。

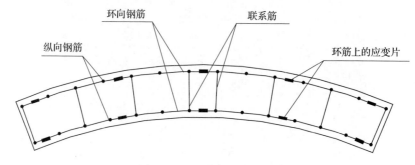

图 10-29　钢筋应变测点布置

5）位移测试

预制弧板井壁的位移包括接头两侧的水平相对位移和径向位移,可采用电阻式位移传感器来量测,其中在接头两侧布置 4 台 YHD-30 型位移传感器,内弧面径向布置 2 台 YHD-50 型位移传感器,如图 10-30 所示。其中 W1～W4 位移传感器用于测量接缝处的水平相对位移,然后通过水平相对位移的差值以及井壁厚度求出接缝处的转角 θ,最终求出接头处的抗弯刚度系数,W5～W6 位移传感器用于测量径向位移。

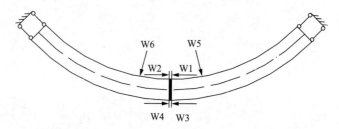

图 10-30　径向位移测点布置

6）试验加载设计

由于预制弧板井壁为首次进行接头抗弯试验,所以,进行了试验加载设计,针对不同接头垫层厚度进行对比试验,具体加载方案见表 10-4 和表 10-5,其中表中油压单位为 MPa,荷载单位为 kN。

第一组弧板井壁接头试验垫层材料厚 9mm,在加载初期,4 台油缸同步施加低油压,然后,保持 P_1 不变(内侧二油缸荷载不变),P_2 加大,使接头处产生一定的负弯矩。再卸载至 $P_1 = P_2$,接着 P_2 不变,P_1 逐渐加大,使接头处由负弯矩转变为正弯矩,随着 P_1 荷载的加大,最终管片破坏。

第二组接头试验垫层材料厚 4.2mm,与第一次试验不同的是,先使接头处产生正弯矩,再卸载,外侧二油缸加载产生负弯矩,最终,接头在负弯作用下破坏。

表 10-4 垫层材料厚 9mm 接头试验加载方案

次数	内路		外路	
	油压/MPa	荷载/kN	油压/MPa	荷载/kN
1	0.8	0.3	0.8	0.3
2	1.0	6.3	1	6.3
3	1.4	18.3	1.4	18.3
4	1.4	18.3	1.8	30.3
5	1.4	18.3	2.2	42.3
6	1.4	18.3	2.6	54.3
7	1.4	18.3	2.8	60.2
8	1.4	18.3	3.2	72.2
9	1.4	18.3	3.6	84.2
10	1.4	18.3	3.2	72.2
11	1.4	18.3	2.8	60.2
12	1.4	18.3	2.6	54.3
13	1.4	18.3	2.2	42.3
14	1.4	18.3	1.8	30.3
15	1.4	18.3	1.4	18.3
16	1.8	30.3	1.4	18.3
17	2.2	42.3	1.4	18.3
18	2.6	54.3	1.4	18.3
19	2.8	60.2	1.4	18.3
20	3.2	72.2	1.4	18.3
21	3.6	84.2	1.4	18.3
22	4.0	96.2	1.4	18.3
23	4.4	108.2	1.4	18.3
24	4.8	120.1	1.4	18.3
25	5.0	126.1	1.4	18.3
26	5.4	138.1	1.4	18.3
27	5.8	150.1	1.4	18.3
28	6.0	156.1	1.4	18.3
29	6.4	168.1	1.4	18.3
30	6.8	180.0	1.4	18.3
31	7.2	192.0	1.4	18.3

表 10-5　垫层材料厚 4.2mm 接头试验加载方案

次数	内路		外路	
	油压/MPa	荷载/kN	油压/MPa	荷载/kN
1	0.8	0.3	0.8	0.3
2	1.0	6.3	1.0	6.3
3	1.4	18.3	1.0	6.3
4	1.8	30.3	1.0	6.3
5	2.2	42.3	1.0	6.3
6	2.6	54.3	1.0	6.3
7	2.8	60.2	1.0	6.3
8	3.2	72.2	1.0	6.3
9	3.6	84.2	1.0	6.3
10	3.2	72.2	1.0	6.3
11	2.8	60.2	1.0	6.3
12	2.6	54.3	1.0	6.3
13	2.2	42.3	1.0	6.3
14	1.8	30.3	1.0	6.3
15	1.4	18.3	1.0	6.3
16	1.0	6.339	1.0	6.3
17	1.4	18.3	1.4	18.3
18	1.4	18.3	1.8	30.3
19	1.4	18.3	2.2	42.3
20	1.4	18.3	2.6	54.3
21	1.4	18.3	2.8	60.2
22	1.4	18.3	3.2	72.2
23	1.4	18.3	3.6	84.2
24	1.4	18.3	4	96.2
25	1.4	18.3	4.4	108.2
26	1.4	18.3	4.8	120.1
27	1.4	18.3	5	126.1
28	1.4	18.3	5.4	138.1
29	1.4	18.3	5.8	150.1
30	1.4	18.3	6.0	156.1
31	1.4	18.3	6.4	168.1
32	1.4	18.3	6.8	180.0
33	1.4	18.3	7.2	192.0
34	1.4	18.3	7.6	204.0

7) 预制弧板井壁接头抗弯试验结果及其分析

A. 混凝土应变分析

在加载试验过程中,对每一预制弧板井壁构件内弧面的环向和竖向应变片进行了实时监测,具体结果如下。

a. 井壁接头处混凝土的环向应变

(1) 井壁接头加 9mm 厚垫层在负弯矩作用下,荷载等级为 $P_1 = 1.4$MPa、$P_2 = 2.8$MPa 和荷载等级为 $P_1 = 1.4$MPa,$P_2 = 3.2$MPa 时混凝土应变情况分别如图 10-31、图 10-32 所示。

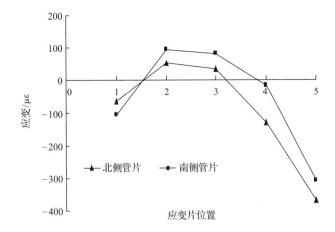

图 10-31　荷载等级为 $P_1 = 1.4$MPa、$P_2 = 2.8$MPa 情况下的应变

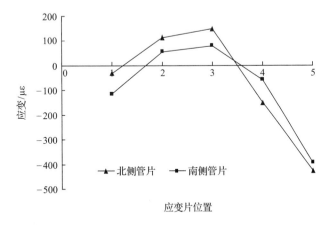

图 10-32　荷载等级为 $P_1 = 1.4$MPa、$P_2 = 3.2$MPa 情况下的应变

由图可见,5 号位置(位于接头处)内侧的混凝土受压明显,且随着荷载的加大(负弯矩的增加),混凝土的压应变增大。而 1 号位置(支座处)内侧的混凝土也受压,但压应力很小,这说明该位置受正弯矩和轴力的共同作用时,轴力起控制作用,表现内侧混凝土受压,但数值相当小。在 2 号、3 号位置,正弯矩的影响大于轴力作用,使混凝土内侧承受明显的拉应力。并随荷载的增大,应变值减小。南、北两侧构件的应变变化规律基本一致,

说明荷载对称。

（2）井壁接头加 9mm 厚垫层在正弯矩作用下，荷载等级为 $P_1=4.8\text{MPa}$、$P_2=1.4\text{MPa}$ 和荷载等级为 $P_1=5.4\text{MPa}$、$P_2=1.4\text{MPa}$ 时混凝土应变情况如图 10-33、图 10-34 所示。

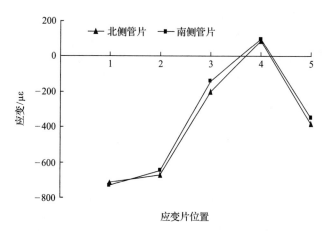

图 10-33　荷载等级为 $P_1=4.8\text{MPa}$、$P_2=1.4\text{MPa}$ 情况下的应变

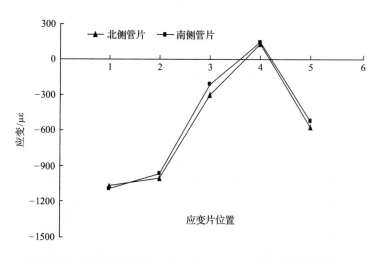

图 10-34　荷载等级为 $P_1=5.4\text{MPa}$、$P_2=1.4\text{MPa}$ 情况下的应变

由图可见，1 号位置（支座处）受负弯矩作用，混凝土受压，随着荷载加大，应变明显增加，南侧构件应变达到 $-1280\mu\varepsilon$。5 号位置（接头处）受正弯矩作用，由于轴向压力起控制作用，正弯矩的作用表现不是很明显。

4.2mm 厚垫层应变变化情况与 9mm 厚垫层情况相类似，但没有 9mm 厚垫层变化明显。综合分析表明，预制弧板井壁混凝土表面应变变化幅度较大。

b. 荷载与混凝土应变关系

试验中由于 P_1 和 P_2 大小的改变将直接导致井壁构件中内力如弯矩、轴力的改变，从而导致混凝土应变的变化，图 10-35、图 10-36 为井壁接头加 9mm 厚垫层板试验时，正、负弯矩作用下接头处混凝土应变随轴力的变化曲线。

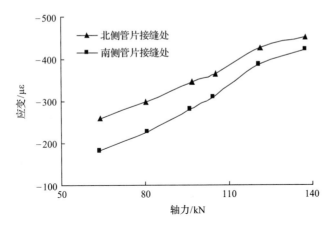

图 10-35　负弯矩作用下接头处混凝土应变随轴力变化曲线

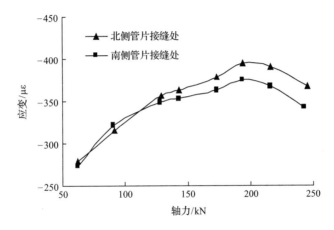

图 10-36　正弯矩作用下接头处混凝土应变随轴力变化曲线

　　由图可见,在负弯矩作用下,随着接头处轴力的增加,井壁内侧混凝土压应变逐渐加大,在轴力较小时呈近似线性增长,随荷载的加大逐渐表现为非线性特性,最大压应变达到－450με,南北两构件混凝土应变发展较对称。在正弯矩作用下,井壁内侧混凝土压应变随轴力变化的规律性相对较差,随轴力的增加,应变是先增加后减小,但始终处于受压状态,从而说明轴力起控制作用,弯矩的影响较小。

　　c. 混凝土应变的极值

　　预制弧板井壁构件混凝土在试验中测量的应变最大值出现在试件的端部或集中荷载作用处,在破坏阶段第一组的最大压应变发生在集中荷载作用处,为－2788με,其值已接近混凝土受压极限状态时的最大压应变值－3300με。试验中测得的最大拉应变为＋687με,大大超过了普通构件混凝土的极限拉应变值 100με～150με,这是由井壁结构受力状态决定的。第二组试验实测结果与其类似,构件破坏时最大压应变发生在接头处,应变值达到－2743με,最大拉应变值为＋718με,位于支座处。

B. 预制弧板井壁径向位移

预制弧板井壁两侧约束是滑动支座,允许构件在加载过程中产生径向位移。由于两组试验中施加正、负弯矩的顺序不同,预制弧板井壁接头加 9mm 厚垫层试验(第一组),先施加负弯矩、卸载后再施加正弯矩;预制弧板井壁接头加 4.2mm 厚垫层试验(第二组)的加载顺序正好相反。图 10-37 至图 10-40 分别是两种情况下的井壁径向位移。

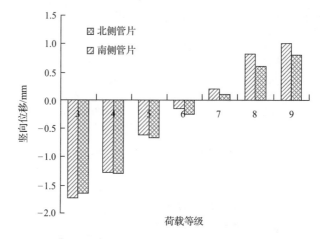

图 10-37　接头加 9mm 厚垫层在负弯矩作用下井壁加载时径向位移

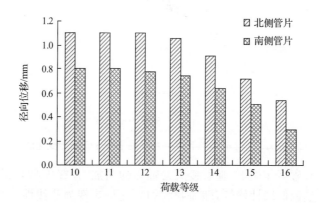

图 10-38　接头加 9mm 厚垫层在负弯矩作用下井壁卸载时径向位移

接头加 9mm 厚垫层试验中,开始时 P_1 和 P_2 同步加载,井壁沿径向滑动,使接头处严密结合。然后,随着负弯矩的加大,接头处井壁的径向位移逐渐减小并出现正值,在第 9 级荷载时达 1.1mm,如图 10-37 所示;在卸载过程中径向位移又逐渐回落,但已不能恢复到加载前的水平,北侧构件仍有 0.55mm 的位移,南侧构件也有 0.3mm 的位移,如图 10-38 所示。再次加载中井壁接头处受正弯矩作用,南北两侧构件的负向位移增大,在即将破坏时,位移由 -8.5mm 突然增至 -13.7mm,这是由于裂缝贯穿造成的。4.2mm 厚垫层试验情况相类似,只是加载顺序不同使得井壁的径向位移方向有所改变,如图 10-39、图 10-40 所示。

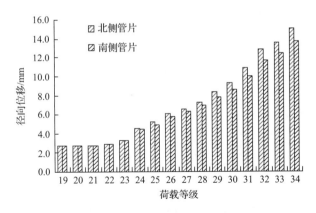

图 10-39　接头加 4.2mm 厚垫层在负弯矩作用下井壁加载时径向位移

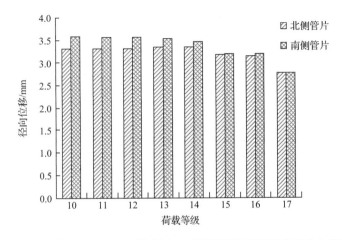

图 10-40　接头加 4.2mm 厚垫层在负弯矩作用下井壁卸载时径向位移

C. 井壁接头处端面位移

井壁接头处端面位移是指在井壁接头处两构件端面在水平方向的相对位移。当 P_1 不变,随 P_2 的逐渐增大(此时接头处于负弯矩下),井壁内、外侧都有不同程度的压缩,外侧的压缩量小于内侧压缩变形量,随着负偏心距的增大,位移的增长速率也增大。当 P_2 一定,P_1 增大,使接缝最终处于正弯矩情况下,此时内侧的压缩量小于外侧的压缩变形量。

a. 负弯矩作用下接头端面位移

负弯矩作用下接头端面位移如图 10-41 所示。由图可见,在负弯矩作用下,随着荷载的增加,接头端面处的外侧受压变形逐渐加大,而内侧受压变形逐渐减小。

b. 正弯矩作用下接头端面位移

在正弯矩下,情况刚好与上面相反,如图 10-42 所示。但总体来说,荷载的加大导致接头端面的压缩变形增大,在接近构件破坏时,井壁接头垫层板的最大压缩量达 7mm,接近原始尺寸的 80%,破坏后接头端面垫层板呈现一端厚一端薄的情况,这充分说明垫层板承受的是偏心荷载。

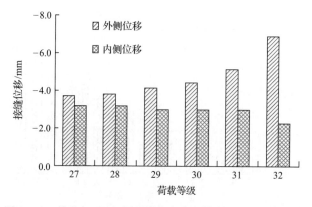

图 10-41　接头加 9mm 厚垫层在负弯矩作用下接头端面位移

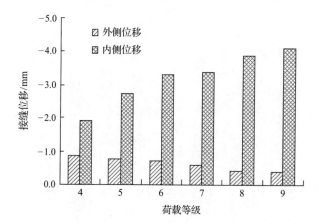

图 10-42　接头加 9mm 厚垫层在正弯矩作用下接头端面位移

c. 垫层板厚度对接头端面位移的影响

在本次试验中选用了两种不同厚度的接头垫层材料,在相同的荷载条件下对接头端面位移进行了对比,如图 10-43、图 10-44 所示。由图可见,接头端面位移在负弯矩受压很小时基本一致,内侧位移(受压大的一侧)9mm 厚垫层增长快得多。而 4.2mm 厚薄垫层

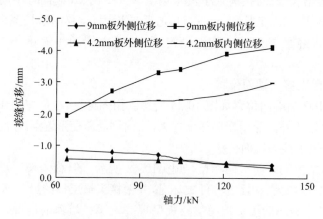

图 10-43　接头加不同厚度垫层板位移比较

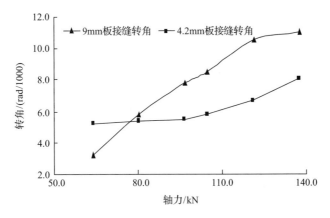

图 10-44　接头加不同厚度垫层板转角比较

产生转角的趋势缓慢,呈凹曲线增加,9mm 厚板随荷载的加大其转角迅速增大,呈凸线性增长。

两组对比试验中,测得的内、外侧位移主要结果见表 10-6。

表 10-6　不同垫层板厚度接头端面位移比较

组别	垫层板厚	偏心距/mm	轴力/kN	弯矩/(kN·m)	外侧位移/mm	内侧位移/mm
		−58	80.2	−4.6	−0.80	−2.72
		−68	104.7	−7.1	−0.58	−3.41
第一组	9mm	−77	137.5	−10.5	−0.41	−4.09
		41	208.9	8.5	−3.70	−3.17
		42	230.9	9.8	−4.09	−3.05
		44	260.9	11.5	−5.07	−2.98
		−65	96.6	−6.3	−0.57	−2.41
第二组	4.2mm	−77	137.5	−10.5	−0.32	−3.0
		−84	186.6	−15.6	0.35	−4.0

D. 预制弧板井壁内钢筋应力

a. 构件不同位置处钢筋应力

试验前,分别在预制井壁构件的不同位置粘贴电阻应变片以实测钢筋受力大小,测点位置如图 10-45 所示。

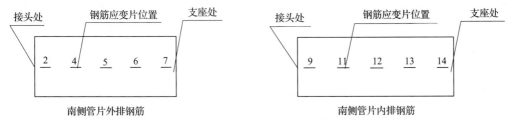

图 10-45　钢筋应变测点布置图

（1）负偏心矩作用下钢筋应力。负偏心矩作用下钢筋应力如图 10-46 所示，由于 P_2 荷载增加而在接头处产生负弯矩，P_2 的作用位置为 30°，恰好位于 5～12 号，6～13 号两截面之间，所以在这两个截面上处于正弯矩状态，外侧的压应力明显大于其他部位，而内侧钢筋受拉，拉应力随荷载的增大而增加。此时，支座截面处钢筋应力相当小并随荷载线性增大。

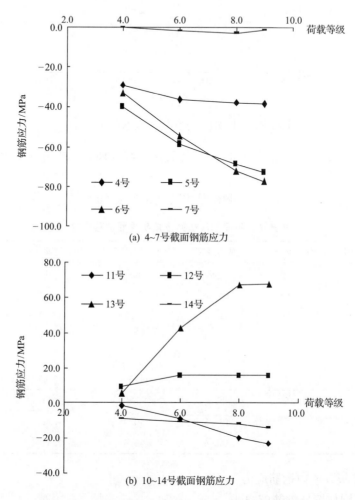

(a) 4～7号截面钢筋应力

(b) 10～14号截面钢筋应力

图 10-46　负弯矩作用下接头加 9mm 厚垫层板钢筋应力

（2）正弯矩作用下钢筋应力。正弯矩作用下钢筋应力如图 10-47 所示，在正弯矩作用下，接头处外侧钢筋受压增大，内侧钢筋由受压转为受拉。支座处产生了负弯矩，外侧钢筋拉应力不大，但内侧受压明显。当接近破坏时，钢筋压应力突然增加，这是由于支座内侧混凝土被压碎，应力转而由钢筋承担引起的；在正弯矩作用下，由于 P_1 较 P_2 大许多，处于 P_2 作用位置附近的 4～11 号截面为较不利位置，随着 P_1 的增加，外侧受压加剧，内侧钢筋受拉，接近破坏时，由于受拉区裂缝的形成与贯穿，使该截面钢筋的拉应力明显加大，破坏时，该截面拉压侧的钢筋应力均已超过其屈服强度。

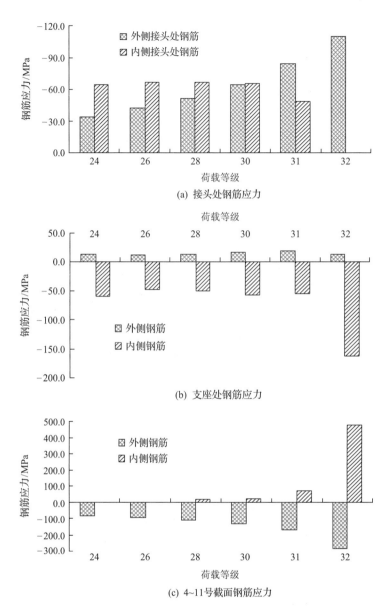

(a) 接头处钢筋应力

(b) 支座处钢筋应力

(c) 4~11号截面钢筋应力

图 10-47　正弯矩作用下接头加 9mm 厚垫层板钢筋应力

b. 接头处内、外排钢筋应力的比较

（1）负弯矩作用下。接头加 9mm 垫层板在不同偏心矩作用下,内外排钢筋应力随轴力的变化如图 10-48 所示。由图可见,负偏心矩下,内外排钢筋都受压,但此阶段施加的外荷载很小,外排钢筋的压应力也很小,基本上处于中性轴附近,混凝土以承受压力为主。内排钢筋应力随荷载线性增大,偏心距越大,钢筋应力增长越快。在此过程中,接头两侧钢筋的应力基本一致。

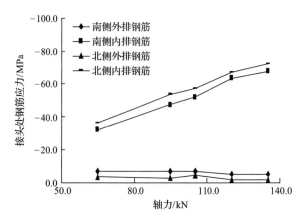

图 10-48　负弯矩作用下接头处钢筋应力比较

（2）正弯矩作用下。正弯矩作用下接头处钢筋应力比较如图 10-49 所示，由图可见，正弯矩作用下，外排钢筋受压，钢筋应力线性增大。内排钢筋在荷载较小时压应力大于外排钢筋，随正偏心矩的加大，压应力仍增加，但增幅很小，这说明轴力起主导作用。当荷载超过 26 级后，接头内侧张开，内侧钢筋应力明显减小。当构件接近破坏时，内排钢筋出现受拉，但数值非常小。而钢筋压应力为 115MPa，没有达到屈服强度，说明内外排钢筋配筋量还应进一步优化，以充分发挥钢筋受拉、混凝土受压的特性。

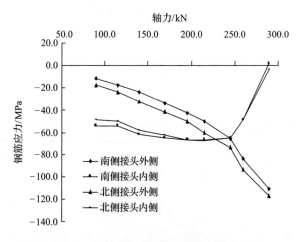

图 10-49　正弯矩作用下接头处钢筋应力比较

c. 加、卸载过程的钢筋应力比较

在试验中有加载和卸载的过程，对于 9mm 板而言，3～9 级为加载，10～15 级为卸载，现取两典型截面分析，如图 10-50 所示。2～9 号截面（接头截面）处于负弯，6～13 号截面处于正弯。由图可看出，接头处外侧钢筋卸载后钢筋应力完全恢复，内侧应力还增加，这说明外侧混凝土处于弹性阶段，而内侧混凝土有一定塑性变形，钢筋与混凝土之间产生一定的相对滑移。6～13 号截面内侧（受拉）卸载后没有回落到加载时的应力水平，说明受拉区已产生裂缝，同时钢筋与混凝土有相对滑动，导致了钢筋的残余应力。

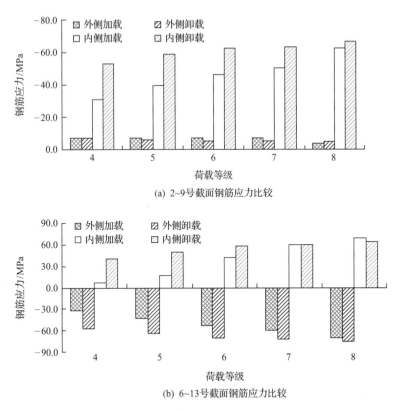

(a) 2~9号截面钢筋应力比较

(b) 6~13号截面钢筋应力比较

图 10-50　加、卸载过程钢筋应力比较

E. 预制弧板井壁构件破坏特征

第一组试验接头加 9mm 垫层板在正弯矩作用时破坏情形如图 10-51 所示,此时 $P_1 > P_2$,破坏处恰为集中荷载 P_1 作用的截面。南侧构件裂缝较北侧构件明显,随着荷载的加大,该截面内侧混凝土受拉开裂并逐渐扩展形成贯穿通缝,有多条辐射状裂缝产生,从油缸位置向外发散。外侧混凝土被压碎,表皮剥落,外侧环筋压弯上翘。两构件支座处内侧混凝土均压碎脱落,接头断面没有破坏。

图 10-51　预制弧板井壁接头加 9mm 厚垫层加载试验破坏情形

第二组试验接头加 4.2mm 垫层板在负弯矩作用时破坏情形如图 10-52 所示,此时 $P_1 < P_2$,破坏处恰为集中荷载 P_2 作用截面。加载变化情况与第一组试验相类似,只是裂缝主要发生在北侧构件,其内侧混凝土开裂,破坏时最大的裂缝开展宽度大约 1cm。同样,支座处内侧混凝土都有不同程度的压碎现象发生。

图 10-52　预制弧板井壁加 4.2mm 厚垫层加载试验破坏情形

10.3.2　预制弧板井壁接头力学特性理论分析

1. 接头力学模型的建立

1) 接头力学模型的基本假设

接头力学模型假设总是和特定的接头构造类型相关联,假设接头结构仅考虑其抗压能力而不考虑其抗拉效果。在预制弧板井壁接头构造示意图中,由于接头端厚度和刚度远大于木屑板垫层,可将构件接头端假定为不产生绕曲变形的刚性板,垫层材料可看成是无数个弹簧,只抗压不抗拉。并且接头处内侧螺栓略去不计,只考虑其承担接头处剪力。根据如上假设,对于预制弧板井壁接头构造,可建立力学模型(图 10-53)。

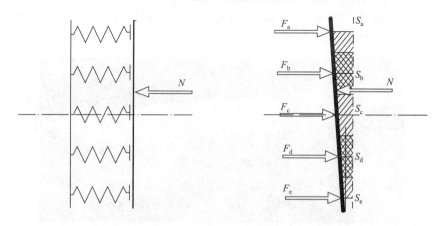

图 10-53　预制弧板井壁接头力学模型简图

2) 接头力学模型关系式推导

如图 10-53 所示，接头垫层材料受力后仍服从平面假定，垫层假设由无数个受压弹簧组成，其可简化成 5 个对称的小弹簧，当接头受到一个偏心压力 N 作用时，接头板产生压缩位移，同时产生转角 θ，根据几何关系，5 个小弹簧的压缩量分别为：

$$\begin{cases} S_a = S_e + h\tan\theta \\ S_b = S_e + \dfrac{3}{4}h\tan\theta \\ S_c = S_e + \dfrac{1}{2}h\tan\theta \\ S_d = S_e + \dfrac{1}{4}h\tan\theta \\ S_e = S_e \end{cases} \tag{10-8}$$

由于接头受力属于小变形问题，θ 非常小，近似认为 $\tan\theta \approx \theta$，上式可简化成：

$$\begin{cases} S_a = S_e + h\theta \\ S_b = S_e + \dfrac{3}{4}h\theta \\ S_c = S_e + \dfrac{1}{2}h\theta \\ S_d = S_e + \dfrac{1}{4}h\theta \\ S_e = S_e \end{cases} \tag{10-9}$$

式中，S_a、S_b、S_c、S_d、S_e 分别为 a、b、c、d、e 点的压缩量；h 为管片的厚度。

在某一小范围内，其应力可由平均值来代替（图 10-53 中的阴影面积），从而可得到下式：

$$\begin{cases} F_a = \dfrac{\sigma_1 + \sigma_2}{2} \times \dfrac{hb}{8} \\ F_b = \dfrac{\sigma_2 + \sigma_3}{2} \times \dfrac{hb}{4} \\ F_c = \dfrac{\sigma_3 + \sigma_4}{2} \times \dfrac{hb}{4} \\ F_d = \dfrac{\sigma_4 + \sigma_5}{2} \times \dfrac{hb}{4} \\ F_e = \dfrac{\sigma_5 + \sigma_6}{2} \times \dfrac{hb}{8} \end{cases} \tag{10-10}$$

根据垫层材料的应力-应变关系，$\sigma = E_r\varepsilon^\beta$，即 $\sigma_i = E_r\varepsilon_i^\beta$，以及应变和位移的关系，$\varepsilon_i = \dfrac{S_i}{t}$ 代入上式可得：

$$
\begin{cases}
F_a = \dfrac{E_r hb}{16}\left[\left(\dfrac{S_e + h\theta}{t}\right)^\beta + \left(\dfrac{S_e + 0.875h\theta}{t}\right)^\beta\right] \\[3mm]
F_b = \dfrac{E_r hb}{8}\left[\left(\dfrac{S_e + 0.875h\theta}{t}\right)^\beta + \left(\dfrac{S_e + 0.625h\theta}{t}\right)^\beta\right] \\[3mm]
F_c = \dfrac{E_r hb}{8}\left[\left(\dfrac{S_e + 0.625h\theta}{t}\right)^\beta + \left(\dfrac{S_e + 0.375h\theta}{t}\right)^\beta\right] \\[3mm]
F_d = \dfrac{E_r hb}{8}\left[\left(\dfrac{S_e + 0.375h\theta}{t}\right)^\beta + \left(\dfrac{S_e + 0.125h\theta}{t}\right)^\beta\right] \\[3mm]
F_e = \dfrac{E_r hb}{16}\left[\left(\dfrac{S_e + 0.125h\theta}{t}\right)^\beta + \left(\dfrac{S_e}{t}\right)^\beta\right]
\end{cases}
\tag{10-11}
$$

式中，S_i 为 i 点的变形量；t 为衬垫材料的厚度。

由图 10-53 接头受力模型中力的平衡条件可得：

$$
F_a + F_b + F_c + F_d + F_e = N \tag{10-12}
$$

由力矩平衡条件得：

$$
F_a \times \frac{h}{2} + F_b \times \frac{h}{4} - F_d \times \frac{h}{4} - F_e \times \frac{h}{2} = Ne \tag{10-13}
$$

将式(10-11)分别代入式(10-12)和式(10-13)可得：

$$
(S_e + h\theta)^\beta + 3(S_e + 0.875h\theta)^\beta + 4(S_e + 0.625h\theta)^\beta + 4(S_e + 0.375h\theta)^\beta
$$
$$
+ 3(S_e + 0.125h\theta)^\beta + (S_e)^\beta = \frac{16t^\beta N}{E_r hb} \tag{10-14}
$$

$$
(S_e + h\theta)^\beta + 2(S_e + 0.875h\theta)^\beta + (S_e + 0.625h\theta)^\beta - (S_e + 0.375h\theta)^\beta
$$
$$
- 2(S_e + 0.125h\theta)^\beta - (S_e)^\beta = \frac{32t^\beta Ne}{E_r hb} \tag{10-15}
$$

式(10-14)、式(10-15)是一个非线性的方程组，可用数值方法求出未知数 S_e 和 θ 以及各点的压缩变形量 S_i 等。

3) 接头抗弯刚度模型的建立

接头抗弯刚度 K_θ 是指接头产生单位转角位移时所需的弯矩，即：

$$
K_\theta = \frac{M}{\theta} = \frac{Ne}{\theta} \tag{10-16}
$$

由于接头转角 θ 要通过非线性方程组来求解，而非线性方程组的数值计算比较繁琐，将给实际工程应用带来不便，为此，下面将通过作图法求得相关值。在接头形式、螺栓预紧力一定的条件下，接头处转角只与该处的弯矩 M、轴力 N 有关，如能找到 M、N 和 θ 的显函数关系，那么也就可求出抗弯刚度 K_θ 与 M、N 之间的关系。在前面试验中，已测出不同荷载等级下的接缝位移，对应可求得不同 M、N 作用下的 θ 值，然后采用回归分析法确定它们之间的关系。图 10-54 所示为接头加 9mm 垫层板后构件在不同弯矩、轴力下的转角值，从图形的变化规律分析，可假定为如下的函数关系：

$$\theta = A_1 + A_2 M + A_3 N + A_4 MN \tag{10-17}$$

式中，A_1、A_2、A_3、A_4 为待定常数，它们与接头构造、垫层尺寸、螺栓预紧力等因素有关，通过多元回归分析可得到具体值(表 10-7)。

表 10-7　接头刚度模型回归系数统计

A_1	A_2	A_3	A_4	相关系数
11.8239	-0.2977	-0.0292	-0.0023	0.9949

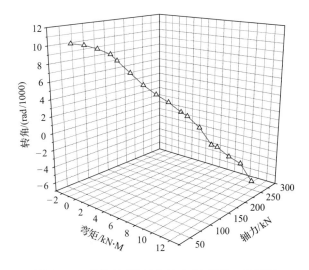

图 10-54　接头处弯矩 M、轴力 N、转角 θ 的关系

经过相关性检验，式(10-17)成立，用回归分析得到的转角与非线性模型得到的结果误差较小，满足计算要求。

将式(10-17)代入式(10-16)可得：

$$K_\theta = \frac{M}{\theta} = \frac{M}{A_1 + A_2 M + A_3 N + A_4 MN} \tag{10-18}$$

上式即为抗弯刚度 K_θ 与弯矩 M、轴力 N 的简化式，它的形式较为简单，使用方便。

2. 接头力学模型的验证

在前面试验中，测定了不同荷载等级下接头两侧的相对转角(包括 9mm 和 4.4mm 两种垫层板)，现采用试验结果对模型计算值进行比较验证。

1) 接头处转角 θ 比较

由于 M-θ 曲线上点的斜率在不断地变化，通过接头刚度的定义式 $K_\theta = M/\theta$ 得出的是曲线上各点的割线斜率，其平均值即为平均割线刚度。如果采用直线代替对应的曲线，对应直线的斜率就表示为平均切线刚度。图 10-55 和图 10-56 分别为对应接头刚度的试验值与计算值的对比结果，由图可见，其误差较小。

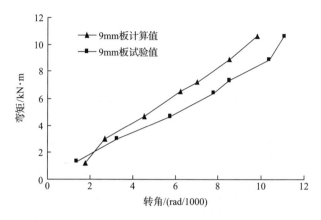

图 10-55　负弯矩时接头处转角计算值与试验值对比

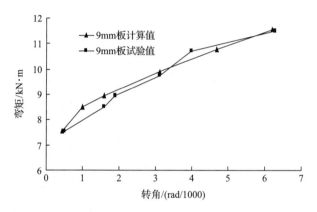

图 10-56　正弯矩时接头处转角计算值与试验值对比

2）接头刚度 K_θ 的比较

表 10-8 为对应接头刚度的试验值与计算值的对比结果。由表可见，其误差较小。

表 10-8　接头刚度试验值与计算值比较

接头类型	荷载形式	割线刚度/(10^3kN·m/rad)			切线刚度/(10^3kN·m/rad)		
		计算值	试验值	相对误差	计算值	试验值	相对误差
9mm 板	正弯矩	6.72	5.28	1：0.79	2.41	2.51	1：1.04
	负弯矩	0.99	0.86	1：0.87	1.04	0.87	1：0.84
4.2mm 板	正弯矩	4.26	3.21	1：0.75	2.31	2.60	1：1.13
	负弯矩	0.89	0.98	1：1.10	0.96	1.16	1：1.21

10.3.3　预制弧板井壁力学特性数值分析

对于预制弧板井壁结构，由于是首次提出并将要采用的新型结构形式，目前我国还缺乏成熟的设计和施工经验，为此，在模型试验研究基础上，又进行了数值分析，并通过试验结果验证，以系统获得该种新型井壁结构的力学特性，为其设计优化提供依据。

1. 基本假定

（1）钢筋混凝土选用分离式模型；用杆件单元（ANSYS 程序中的 Link8 单元）模拟钢筋、混凝土单元（ANSYS 程序中的 Solid65 单元）模拟混凝土[12]，并通过混凝土单元和钢筋单元共用节点实现位移协调。

（2）假定混凝土材料为初始各向同性材料，除了含有塑性性能外，能够在积分点上允许出现开裂和压碎，且塑性发生在开裂和压碎之前。

（3）在每个积分点的 3 个正交主方向上都允许开裂，开裂的裂缝通过调整混凝土材料的应力应变矩阵来模拟，并将裂缝作为模糊开裂区域对待。

（4）如果在某个积分点上出现压碎破坏，则该点对单元刚度的贡献忽略不计。

2. 屈服和破坏准则[12~19]

结合高强钢筋混凝土预制弧板井壁结构的主要力学特性，混凝土材料的屈服模型选用多线性随动强化模型，钢筋材料选用双线性各向同性强化模型。复杂应力状态下的混凝土破坏准则可由式（10-19）表示[14]。如果方程式（10-19）不满足要求，则高强钢筋混凝土预制弧板井壁结构中不发生拉裂和压碎。反之，如果某个方向的主应力为拉应力，弧板井壁结构中将出现拉裂破坏；当三个方向的主应力均为压应力时，则弧板井壁结构中将出现压碎破坏。

$$F/f_c - A \geqslant 0 \tag{10-19}$$

式中，F 为主应力 σ_1、σ_2、σ_3 的函数；A 为用主应力 σ_1、σ_2、σ_3 和 5 个材料参数 f_t、f_c、f_{cb}、f_1、f_2 表示的破坏面；f_t、f_c、f_{cb} 分别为单轴抗拉、单轴抗压和双轴抗压的极限强度；f_1、f_2 分别为静水压力下的双轴和单轴压应力状态的极限抗压强度。

根据不同的应力状态，混凝土的破坏准则可分为如下 4 个区域[13]：

1）在 $0 \geqslant \sigma_1 \geqslant \sigma_2 \geqslant \sigma_3$ 区域

$$F = F_1 = \frac{1}{\sqrt{15}} \left[(\sigma_1 - \sigma_2)^2 + (\sigma_2 - \sigma_3)^2 + (\sigma_3 - \sigma_1)^2 \right]^{\frac{1}{2}} \tag{10-20}$$

$$A = A_1 = \frac{2r_2(r_2^2 - r_1^2)\cos\eta + r_2(2r_1 - r_2)\left[4(r_2^2 - r_1^2)\cos^2\eta + 5r_1^2 - 4r_1r_2\right]^{\frac{1}{2}}}{4(r_2^2 - r_1^2)\cos^2\eta + (r_2 - 2r_1)^2} \tag{10-21}$$

在式（10-21）中，A_1 表示的破坏面如图 10-57 所示[13]，且有如下关系：

$$\cos\eta = \frac{2\sigma_1 - \sigma_2 - \sigma_3}{\sqrt{2}\left[(\sigma_1 - \sigma_2)^2 + (\sigma_2 - \sigma_3)^2 + (\sigma_3 - \sigma_1)^2\right]^{\frac{1}{2}}};$$

$$r_1 = a_0 + a_1\xi + a_2\xi^2; \quad r_2 = b_0 + b_1\xi + b_2\xi^2;$$

$$\xi = \frac{\sigma_m}{f_c}.$$

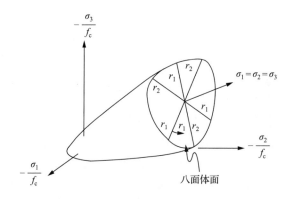

图 10-57 主应力空间中的破坏面

r_1 表达式中的 a_0、a_2 和 a_3 可由式(10-22)得到。

$$\left.\begin{array}{c} \dfrac{F_1}{f_c}(\sigma_1 = f_t, \sigma_2 = \sigma_3 = 0) \\[2mm] \dfrac{F_1}{f_c}(\sigma_1 = 0, \sigma_2 = \sigma_3 = -f_{cb}) \\[2mm] \dfrac{F_1}{f_c}(\sigma_1 = -\sigma_m, \sigma_2 = \sigma_3 = -\sigma_m - f_1) \end{array}\right\} = \begin{bmatrix} 1 & \xi_t & \xi_t^2 \\ 1 & \xi_{cb} & \xi_{cb}^2 \\ 1 & \xi_1 & \xi_1^2 \end{bmatrix} \begin{Bmatrix} a_0 \\ a_1 \\ a_2 \end{Bmatrix} \qquad (10\text{-}22)$$

式中，$\xi_t = \dfrac{f_t}{3f_c}$，$\xi_{cb} = -\dfrac{2f_{cb}}{3f_c}$，$\xi_1 = -\dfrac{\sigma_m}{f_c} - \dfrac{2f_1}{3f_c}$，$\sigma_m$ 为平均应力，$\sigma_m = (\sigma_1 + \sigma_2 + \sigma_3)/3$；

r_2 表达式中的 b_0、b_2 和 b_3 可由式(10-23)得到；

$$\left.\begin{array}{c} \dfrac{F_1}{f_c}(\sigma_1 = \sigma_2 = 0, \sigma_3 = -f_c) \\[2mm] \dfrac{F_1}{f_c}(\sigma_1 = \sigma_2 = -\sigma_m, \sigma_3 = -\sigma_m - f_2) \\[2mm] 0 \end{array}\right\} = \begin{bmatrix} 1 & -\dfrac{1}{3} & \dfrac{1}{9} \\[2mm] 1 & \xi_2 & \xi_2^2 \\ 1 & \xi_0 & \xi_0^2 \end{bmatrix} \begin{Bmatrix} b_0 \\ b_1 \\ b_2 \end{Bmatrix} \qquad (10\text{-}23)$$

式中，$\xi_2 = -\dfrac{\sigma_m}{f_c} - \dfrac{f_2}{3f_c}$，$\xi_0$ 为方程 $a_0 + a_1\xi_0 + a_2\xi_0^2 = 0$ 的正根。

r_1 和 r_2 与 ξ 之间的关系如图 10-58 所示[13]，r_1、r_2 分别为相似角 $\eta = 0°$ 和 60°时的破坏面，且 $0.5 < r_1/r_2 < 1.25$。若破坏准则要求被满足，则材料发生压碎破坏。

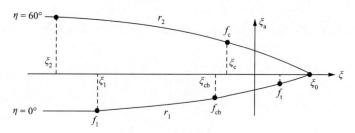

图 10-58 破坏面的剖面图

2) 在 $\sigma_1 \geqslant 0 \geqslant \sigma_2 \geqslant \sigma_3$ 区域

$$F = F_2 = \frac{1}{\sqrt{15}} \left[(\sigma_2 - \sigma_3)^2 + \sigma_2^2 + \sigma_3^2 \right]^{\frac{1}{2}} \tag{10-24}$$

$$A = A_2 = \left(1 - \frac{\sigma_1}{f_t}\right) \frac{2p_2(p_2^2 - p_1^2)\cos\eta + p_2(2p_1 - p_2)\left[4(p_2^2 - p_1^2)\cos^2\eta + 5p_1^2 - 4p_1p_2\right]^{\frac{1}{2}}}{4(p_2^2 - p_1^2)\cos^2\eta + (p_2 - 2p_1)^2} \tag{10-25}$$

式中，$p_1 = a_0 + a_1\chi + a_2\chi^2$；$r_2 = b_0 + b_1\xi + b_2\xi^2$；$\chi = \frac{1}{3}(\sigma_2 + \sigma_3)$；其他符号意义同前。

3) 在 $\sigma_1 \geqslant \sigma_2 \geqslant 0 \geqslant \sigma_3$ 区域

$$F = F_3 = \sigma_i ; \quad i = 1,2 \tag{10-26}$$

$$A = A_3 = \frac{f_t}{f_c}\left(1 + \frac{\sigma_3}{f_c}\right) \tag{10-27}$$

4) 在 $\sigma_1 \geqslant \sigma_2 \geqslant \sigma_3 \geqslant 0$ 区域

$$F = F_4 = \sigma_i ; \quad i = 1,2,3 \tag{10-28}$$

$$A = A_4 = \frac{f_t}{f_c} \tag{10-29}$$

3. 裂缝处理

在出现裂缝后，假定材料是连续的，仍用连续介质力学的方法来处理。如果某一计算单元内的某个积分点的应力状态满足开裂的条件，则认为该积分点周围的一定区域开裂，并且认为是在垂直于引起开裂的应力方向形成无数平行裂缝，把开裂单元处理为正交异性材料单元。例如，当单元某个积分点 x 轴方向出现裂缝，且裂缝张开时，混凝土的本构矩阵为式(10-30)，若此裂缝闭合后，混凝土的本构矩阵为式(10-31)。裂缝闭合的判据为开裂应变小于零[13]。

$$\boldsymbol{D}^{ck} = \frac{E}{1+\nu} \begin{bmatrix} \dfrac{R^t(1+\nu)}{E} & 0 & 0 & 0 & 0 & 0 \\ 0 & \dfrac{1}{1-\nu} & \dfrac{\nu}{1-\nu} & 0 & 0 & 0 \\ 0 & \dfrac{\nu}{1-\nu} & \dfrac{1}{1-\nu} & 0 & 0 & 0 \\ 0 & 0 & 0 & \dfrac{\beta_t}{2} & 0 & 0 \\ 0 & 0 & 0 & 0 & \dfrac{1}{2} & 0 \\ 0 & 0 & 0 & 0 & 0 & \dfrac{\beta_t}{2} \end{bmatrix} \tag{10-30}$$

$$
\boldsymbol{D}^{\mathrm{ck}} = \frac{E}{(1+\nu)(1-2\nu)}
\begin{bmatrix}
1-\nu & \nu & \nu & 0 & 0 & 0 \\
\nu & 1-\nu & \nu & 0 & 0 & 0 \\
\nu & \nu & 1-\nu & 0 & 0 & 0 \\
0 & 0 & 0 & \beta_{\mathrm{c}}\dfrac{1-2\nu}{2} & 0 & 0 \\
0 & 0 & 0 & 0 & \dfrac{1-2\nu}{2} & 0 \\
0 & 0 & 0 & 0 & 0 & \beta_{\mathrm{c}}\dfrac{1-2\nu}{2}
\end{bmatrix}
$$

$$(10\text{-}31)$$

式中，R^{t} 为割线模量（图 10-59[13]）；β_{t} 为裂缝张开时剪力传递系数；β_{c} 为裂缝闭合时剪力传递系数，且 $0 < \beta_{t} < \beta_{c} < 1$。其中上标 ck 表示应力应变关系适用于平行于主应力方向的坐标系且 x^{ck} 轴垂直于裂缝面；E、ν 分别为混凝土的弹性模量和泊松比。

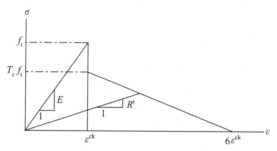

图 10-59　张开裂缝控制强度

T_{c}—拉应力松弛系数（一般为 0.6）

4. 计算模型及物性参数

根据模型试验设计可知，井壁模型内径为 ϕ2868mm，模型高度为 208mm，如图 10-60(a) 所示，据此，数值模拟单元网格划分如图 10-60(b) 所示。预制弧板井壁模型构件浇筑和养护后，在安徽理工大学地下结构研究所大型井壁试验台座中进行加载试验，如图 10-61 所示。

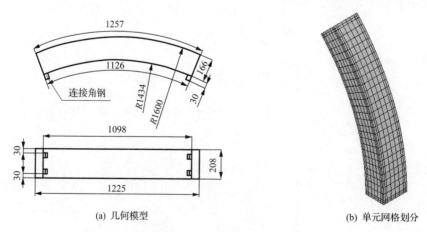

(a) 几何模型　　　　　　　　　　　(b) 单元网格划分

图 10-60　物理模型尺寸和单元网格划分（单位：mm）

图 10-61　预制弧板井壁构件加载试验

　　数值模拟时,混凝土材料的屈服模型选用多线性随动强化模型,钢筋材料选用双线性各向同性强化模型。材料的物性参数参见表 10-9,其中 f_{cb} 为极限双轴抗压强度,f_1 为静水压力下的双轴压应力状态的极限抗压强度,f_2 为静水压力下的单轴压应力状态的极限抗压强度,取 ANSYS 中的默认值[13]。混凝土的应力-应变关系如图 10-62 所示。

表 10-9　计算模型物性参数

材质	编号	弹性模量 E /MPa	泊松比	单轴抗压强度 f_c/MPa	单轴抗拉强度 f_t/MPa	裂缝张开剪力传递系数 β_t	裂缝闭合剪力传递系数 β_c
混凝土	1	35 300	0.23	54.28	6.38	0.45	0.9
	2	38 600	0.23	59.45	6.54	0.45	0.9
	3	42 410	0.23	65.28	7.18	0.45	0.9
	4	40 600	0.23	71.82	7.90	0.45	0.9
	5	44 400	0.23	77.98	8.43	0.45	0.9
	6	44 800	0.23	81.24	8.58	0.45	0.9
	7	48 820	0.23	85.62	9.42	0.45	0.9
钢筋		210 000	0.285	340			

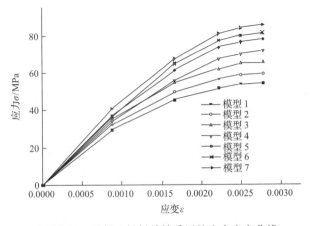

图 10-62　混凝土材料单轴受压的应力应变曲线

5. 计算结果及其分析

利用 ANSYS 有限元分析软件对 7 种不同混凝土材料和 6 种不同配筋率的混凝土预制弧板井壁构件进行了数值模拟,共划分 2006 个单元,其中 Solid65 单元 1856 个、Link8单元 150 个[图 10-60(b)],边界条件处理如图 10-63 所示。预制弧板井壁构件模型试验又进行了两次(图 10-61),浇筑预制弧板井壁构件混凝土单轴抗压强度为 81.28MPa(混凝土材料编号为 6),配筋率为 0.873%。

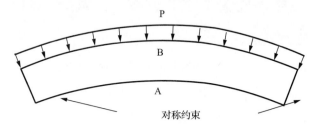

图 10-63　边界条件示意图

1) 有限元计算与实验结果对比

图 10-64 和图 10-65 分别为荷载 $P=10.439$MPa 时构件混凝土等效应力和径向位移 u_r 的等值图。由图可知,此时构件混凝土已达到屈服极限,最大径向位移为 6.371mm。

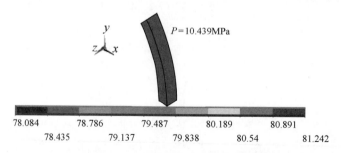

图 10-64　构件混凝土等效应力的等值图

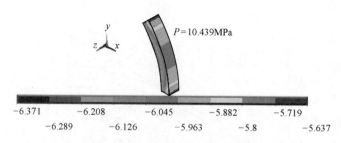

图 10-65　构件混凝土径向位移 u_r 的等值图

图 10-66 为预制弧板井壁构件(混凝土单轴抗压强度为 81.28MPa,配筋率为0.873%)A 点(图 10-63)环向应力 σ_θ 与荷载 P 之间的关系图,图 10-67 为预制弧板井壁构件 A 点(图 10-63)径向位移 u_r 与荷载 P 之间的关系图,由图 10-66 和图 10-67 可见,在

荷载小于 4MPa 时,实验结果与数值计算结果基本一致,在荷载超过 4MPa 时,实验得到的环向应力 σ_θ 和径向位移 u_r 均大于有限元计算值,但差别不大;第一次实验,混凝土预制弧板构件的破坏荷载为 8.95MPa,对应的 A 点(图 10-63)环向应力 σ_θ 为 80.98MPa,径向位移 u_r 为 5.4mm;第二次实验,其破坏荷载为 9.25MPa,对应的 A 点(图 10-63)环向应力 σ_θ 为 82.12MPa,径向位移 u_r 为 5.82mm;而 ANSYS 计算的破坏荷载为 10.439MPa,对应的 A 点(图 10-63)环向应力 σ_θ 为 81.022MPa,径向位移 u_r 为 5.79mm。实验结果(两次实验结果平均)与计算结果之间相差的百分比分别为:环向应力 σ_θ 相差 0.652%,径向位移 u_r 相差 −3.11%,破坏荷载相差 −12.83%。图 10-68 为预制弧板井壁构件破坏图,由图可见,试验时的破坏位置与有限元计算的破坏部位完全相同,在弧形井壁构件的端部附近。由此可以说明,高强钢筋混凝土预制弧板井壁构件的两端是整个结构的薄弱区域,设计时预制弧板井壁构件的两端应该加强,局部可采用钢纤维混凝土,以提高整体结构的承载能力。

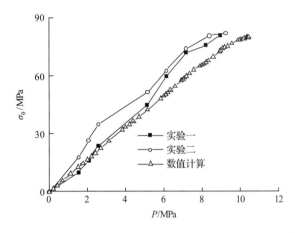

图 10-66　构件 A 点混凝土环向应力 σ_θ 与荷载 P 之间的关系

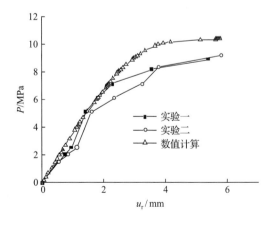

图 10-67　构件 A 点径向位移 u_r 与荷载 P 之间的关系

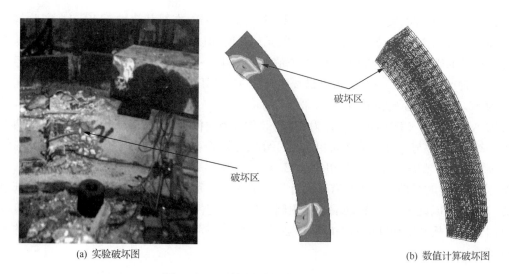

(a) 实验破坏图　　　　　　　　　　　　　　(b) 数值计算破坏图

图 10-68　预制弧板井壁构件破坏图

2) 有限元计算结果分析

图 10-69 为不同混凝土强度材料的预制弧板井壁构件(配筋率为 0.873%)的 A 点径向位移 u_r 与施加荷载 P 之间的关系曲线图,由图可以看出(图中 Concrete material 1 对应表 1 中的混凝土材料编号 1,其余类推),混凝土的强度等级越低,在相同的荷载 P 作用下,构件在 A 点产生的径向位移越大,但预制弧板井壁构件破坏时,其最大径向位移均为 $4.5 \sim 6.5$mm。

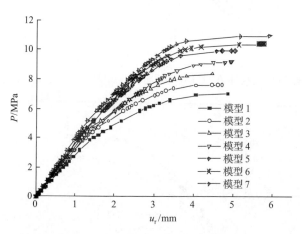

图 10-69　构件 A 点径向位移 u_r 与荷载 P 之间的关系

图 10-70 为不同混凝土材料的预制弧板井壁构件(配筋率为 0.873%)内外排钢筋应力与荷载 P 之间的关系曲线图,图中 1(内排)和 1(外排)分别表示混凝土材料编号为 1 时,构件的内排和外排钢筋的应力与荷载 P 之间的关系曲线,其余类推。由图可以看出,内排钢筋总是比外排钢筋先屈服,并且混凝土的强度等级越低,钢筋发生屈服时对应荷载 P 值越小,钢筋发生屈服时对应荷载 P 值一般为该构件极限承载力的 60% 左右。

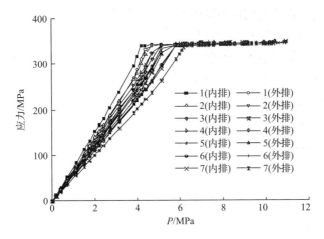

图 10-70　构件中钢筋的应力与荷载 P 之间的关系

图 10-71 为不同混凝土材料的预制弧板井壁构件(配筋率为 0.873%)混凝土内、外环向应力与荷载 P 之间的关系曲线图,图中 1(内排)和 1(外排)分别表示混凝土材料编号为 1 时,构件 A 点和 B 点(图 10-63)的环向应力 σ_θ 与荷载 P 之间的关系曲线,其余类推。由图可以看出,在构件破坏之前的内、外缘(A 点和 B 点)混凝土的环向应力与荷载 P 呈线性关系,并且在相同的外荷载 P 的作用下,内缘(A 点)混凝土的环向应力大于外缘(B 点)混凝土的环向应力。只有在预制弧板井壁构件混凝土应力均达到屈服极限之后,外缘混凝土的环向应力大于内缘混凝土的环向应力。

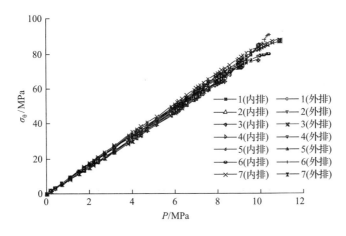

图 10-71　构件中混凝土环向应力 σ_θ 与荷载 P 之间的关系

图 10-72 为混凝土的单轴抗压强度与混凝土预制弧板构件(配筋率为 0.873%)的极限承载力之间的关系曲线图,图 10-73 为不同的配筋率(配筋率分别为 0.491%、0.668%、0.873%、1.105%、1.364%、1.65%)与混凝土预制弧板构件(混凝土单轴抗压强度为 81.28MPa)的极限承载力之间的关系曲线图,由图 10-72 和图 10-73 可见,混凝土的单轴抗压强度越高其极限承载力就越大,配筋率越大其极限承载力也有所提高,但混凝土的单

轴抗压强度对预制弧板井壁构件的极限承载力起着决定性作用。混凝土的强度等级提高10MPa，预制弧板井壁构件的极限承载力提高1.26MPa。增大配筋率对提高预制弧板井壁构件的极限承载力作用不大，配筋率由0.491％增大到1.65％，预制弧板井壁构件的极限承载力从10.386MPa增大到10.485MPa，也就是说，配筋率增大了3倍左右，预制弧板井壁构件的极限承载力只增加了0.1MPa。这是由于预制弧板井壁在均匀荷载作用下是受压结构，钢筋对提高预制弧板井壁构件的极限承载力作用不大。因此在设计预制弧板井壁时，不必通过提高配筋率来提高井壁承载力。

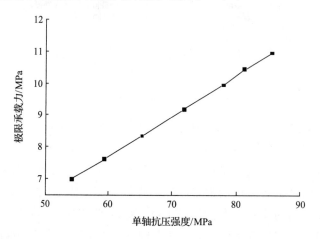

图10-72　构件的混凝土单轴抗压强度与极限承载力的关系

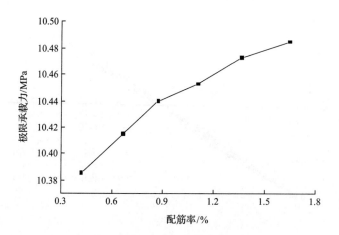

图10-73　井壁构件中配筋率与极限承载力的关系

图10-74为高强钢筋混凝土预制弧板井壁构件(配筋率为0.873 ％，混凝土单轴抗压强度为81.28MPa)的极限承载力与其厚径比之间的关系曲线图，通过计算可知，构件的厚径比越大其极限承载力就越大，构件的厚径比每增加1％，其极限承载力增加0.85MPa。

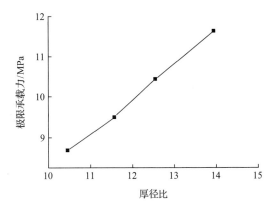

图 10-74　井壁厚径比与极限承载力关系

参 考 文 献

[1] 程桦,孙文若,姚直书. 高强钢筋混凝土井壁模型试验研究. 建井技术,1995,16(6):26-27.

[2] 姚直书,程 桦,孙文若. 深厚表土层中高强复合井壁结构的试验研究. 岩土力学,2003,24(5):739-743.

[3] 程桦,姚直书,于为芹,等. 冻结井高强钢筋预制弧板井壁试验研究. 煤炭学报,2004,29(5):554-558.

[4] 程桦,周晖,姚直书,等. 冻结井高强钢筋混凝土预制弧板井壁接头力学特性试验研究. 合肥工业大学学报, 2006,29(5):564-567.

[5] 陶柏祥,李和群,胡学文. 建井工程结构. 北京:煤炭工业出版社,1986.

[6] 沈正芳,王德民. 立井井壁. 郑青林译. 北京:煤炭工业出版社,1981.

[7] 杨俊杰. 深厚表土地层冻结井筒外层井壁结构选型分析. 建井技术,2003,24(5):27-29.

[8] 杨俊杰. 弧形大板块井壁设计的探讨. 煤炭工程,2003,50(2):35-38.

[9] 朱合华,崔茂玉,杨金松. 盾构衬砌管片的设计模型与荷载分布的研究. 岩土工程学报,2000,22(2):190-194.

[10] 村上博智ほか,工事用シールドのセグンメトの継手举动について. 土木学会论文报告集,1980,296:73-85.

[11] 周晖. 装配式管片衬砌的接头研究. 淮南:安徽理工大学,2003.

[12] Kachlakev D, Miller T, Yim S. Finite element modeling of reinforced concrete structures strengthened with FRP laminates. Civil and Environmental Engineering Department, California Polytechnic State University, May, 2001.

[13] Padmarajaiah S K, Ramaswamy A. A finite element assessment of flexural strength of prestressed concrete beams with fiber reinforcement. Cement & Concrete Composites, 2002, 24(2):229-241.

[14] Barzegar F, Maddipudi S. Three-dimensional modeling of concrete structures, I: Plain concrete. Journal of Structural Engineering, 1997, 123(10):1339-1346.

[15] Samir A A, Khalid M, Faisal F W. Influence of steel fibers and compression reinforcement on deformation of high-strength concrete beams. ACI Struct J, 1997, 94(6):611-624.

[16] Ramzi B A A, Omer Q A. Flexural strength of reinforced concrete T-Beams with steel fibers. Cement and Concrete Composites, 1999, 21(2):263-268.

[17] Samir A A, Faisal F W. Flexural behavior of high-strength fiber reinforced concrete beams. ACI Struct J, 1993, 90(3):279-286.

[18] Kohnke P. ANSYS Theory Reference. ANSYS, Inc December, 2000.

[19] Willam K J, Warnke E D. Constitutive model for the triaxial behavior of concrete//Proc. Int. Association for Bridge and Struct. Eng. Bergamo, Italy, 1975, 19(5):1-30.

第 11 章　冻结井竖向可缩性井壁结构的研究与应用

20 世纪 80 年代以来,我国安徽两淮、江苏徐州、河南永夏、山东兖州和黑龙江东荣等矿区相继发生大量的立井井壁破裂事故(据不完全统计,已达 150 多起),其中,程度轻者产生井壁混凝土开裂剥落、钢筋弯曲外露、立井井筒变形、涌水和卡罐等现象,重者造成井壁破裂、突水溃砂、淹井、工厂地表沉降、地面建筑物开裂和矿井停产等重大安全事故。此种矿井生产运营期间的井壁破裂现象所涉及范围之广,造成后果之严重,前所未有,属国内外罕见的重大地质灾害。

现场观察表明,立井井壁破裂形态主要呈近水平环状的一定高度破碎带,混凝土呈片状剥落且钢筋外露,竖向钢筋向井内弯曲,如图 11-1 所示,且破碎带均发生在表土层与基岩的交界面附近,大多数在表土层底部含水层中,少数在强风化基岩中。

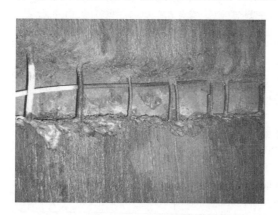

图 11-1　立井井壁破裂现象

早在 1987 年,安徽理工大学与国内有关科研院校及煤矿生产单位一起,历经 10 余年,根据立井井壁的破裂位置和形态,对矿井生产运营期间的井壁破裂机理进行联合攻关,通过理论分析、模型试验和现场实测等方法的研究,对井壁破裂原因基本达成共识,即破裂井壁所穿过表土层的底部含水层直接覆盖在风化基岩段之上,缺乏隔水层,且与下伏煤系岩层有水力联系,随着矿井开采生产的疏排水,引起底部含水层水位下降,造成底部含水层固结压缩沉降,导致上覆地层随之沉降(图 11-2),由于地层疏水沉降产生作用于井筒之上的竖向附加力(负摩擦力)是造成立井井壁破裂的主要原因,季节性温度变化是诱因[1~3]。

特别对于采用冻结法施工的立井井筒,如冻结壁设计较厚和冻结温度设计较低,由于井筒周边冻结壁解冻而产生的地层融化沉降,在一定程度上会加大竖向附加力,从而使得

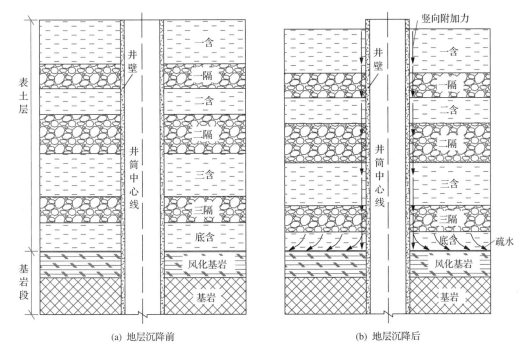

(a) 地层沉降前　　　　　　　　　　　(b) 地层沉降后

图 11-2　疏水沉降地层中立井井筒承受竖向附加力作用

某些矿井在投产前或投产后不久即发生井壁破裂事故（如河南陈四楼矿主井、淮北祁南矿副井等）。

　　另外，还出现因不合理开采工业广场保护煤柱，导致立井井壁破裂的几个工程实例（如河南金龙矿主井、江苏沛城矿主井等）。从井壁破裂形态上看，也是由竖向附加力引起。

　　由于过去在立井井壁结构设计中未曾认识到疏水沉降特殊地层的竖向附加力问题，因而发生了矿井生产期间大范围的井壁破裂事故。在这些矿区及类似特殊地层条件下新建立井井筒的井壁结构设计时，若再不考虑竖向附加力问题，立井井筒在以后生产运营期间的安全性就难以得到保障。因此，立井井壁破裂的预防技术就显得尤为重要。

　　对于冻结法施工的立井井筒，国内外为防止地层沉降引起井壁破坏，提出了若干种冻结井壁结构形式。

　　（1）"AV"型复合井壁结构（德国）。"AV"型复合井壁结构如图 11-3 所示，其内层井壁为外钢板钢筋混凝土井壁，外层井壁为预制的混凝土砌块加木垫板，内、外壁之间为现浇的沥青层。20 世纪 80 年代，我国开滦东欢砣风井和淮南孔集矿风井曾采用"AV"型复合井壁结构。

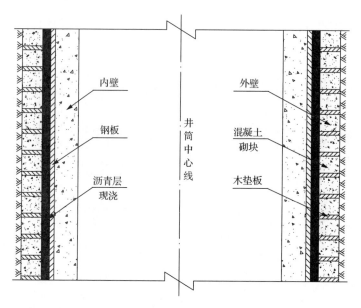

图 11-3 "AV"型复合井壁结构

（2）丘宾筒复合井壁结构（波兰）。丘宾筒复合井壁结构如图 11-4 所示，其内层井壁一般为型钢筒混凝土井壁，外层井壁为预制的混凝土砌块加木垫板，内、外壁之间为现浇的沥青层。

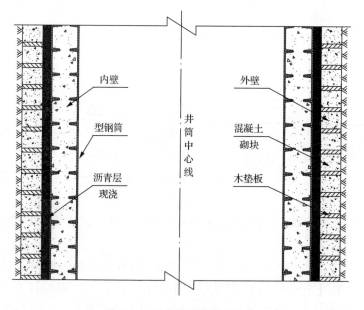

图 11-4 丘宾筒复合井壁结构

上述冻结井壁结构形式中，沥青层是核心部位，它的主要功能是防水、滑动和均压。当地层沉降时，外壁易相对于内壁向下移动，从而衰减作用于内壁上的竖向附加力，同时使内壁承受均匀压力，进而保障井筒的安全使用。

（3）沥青滑动可缩性井壁结构（中国）。沥青滑动可缩性井壁结构如图 11-5 所示,其内层井壁为现浇钢筋混凝土结构,外层井壁为设可缩层的现浇钢筋混凝土结构,内、外壁之间为预制的沥青块夹层。安徽祈南矿副井和河南陈四楼矿主井曾采用这种井壁结构,以预防疏水沉降地层中的冻结井壁破坏,其中祈南矿副井采用的可缩层材料为 PVC 板,陈四楼矿主井采用的可缩层材料为钢盒。

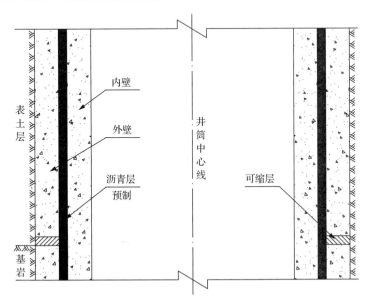

图 11-5　沥青滑动可缩性井壁结构

工程应用表明,"AV"型复合井壁结构和丘宾筒复合井壁结构性能虽好,在一定程度上可预防井壁破坏,但其制造工艺复杂,施工组装精度要求高,造价昂贵,不适合我国国情,难以推广使用。

沥青滑动可缩性井壁结构虽能防止井壁因地层沉降而发生破裂,但其施工工艺同样复杂,且受外界因素影响大,施工质量难以达到设计要求,应用效果不理想。

安徽理工大学地下工程结构研究所 10 多年来一直从事井壁破裂防治技术方面的研究工作,并根据立井井筒的冻结法施工工序,研发了一种冻结井可缩性井壁接头(发明专利号:ZL200610086242.2),该井壁接头在两淮矿区新建冻结井筒中得到了大范围的应用。其中参与技术研究、设计、施工和管理的人员上千人。本章旨在对冻结井可缩性井壁接头预防井壁破裂技术进行系统的阐述,有助于国内同行借鉴并加以推广应用。

11.1　可缩性井壁结构工作原理和结构形式

11.1.1　可缩性井壁结构工作原理

我国早期预防竖向附加力引起井壁破裂的途径主要基于"横抗"的思路,即加大井壁厚度或提高混凝土强度等级来抵抗竖向附加力,预防立井井壁破裂。例如,淮北祁南矿中央风井采用增加井壁厚度方法,使净径 5.0m 井筒的井壁厚度增加 0.3m,混凝土强度提高了 2 个等级,但施工速度慢、工程造价高。又如采用冻结法施工的淮南丁集煤矿主井、副井和风井,净径分别为 7.5m、8.0m 和 7.5m,穿越冲积层厚达 530m,并为典型疏水沉降地层,如考虑竖向附加力的作用,井壁结构按 C70 混凝土强度等级计算,井壁厚度将达 3m。可见,虽然通过提高井壁混凝土的强度和厚度可以预防井壁破裂,但材料消耗太大,经济上不合理。

竖向附加力的大小与立井井筒深度、地层沉降量和井壁结构竖向刚度等因素密切相关,传统设计的钢筋混凝土井壁均为整体竖向刚性结构,无法与地层同步下沉,导致井壁承受巨大的竖向附加力。为此,可基于"竖让"的思路,即根据冻结施工的立井井筒所处地层情况,在双层现浇钢筋混凝土井壁(冻结井筒常用支护形式)的内层井壁中,沿竖向设置若干可缩性井壁接头,当井壁竖向应力达到了某一设定阈值时,该接头便产生竖向压缩变形,使井壁和地层同步下沉,从而达到衰减竖向附加力和预防立井井壁破裂的目的(图 11-6)。

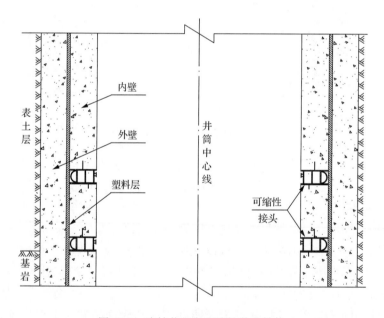

图 11-6　冻结井竖向可缩性井壁结构

11.1.2　可缩性井壁接头结构形式

冻结井可缩性井壁接头为组合钢结构,采用焊缝连接方式。其结构特征是断面呈"工"字结构的圆环形筒状体,顶部为上法兰盘、底部为下法兰盘,上法兰盘和下法兰盘之间是用于承载竖向荷载的 2～3 圈环状立板,在圆环形筒状体的外周,跨接在上法兰盘和下法兰盘之间的是承载水平压力的弧形板,如图 11-7 所示。在接头下法兰盘的底部固连钢垫板,钢垫板的外缘为齿状,相邻齿状之间预留的空间可用来浇筑、振捣混凝土,内缘上也开设有圆形混凝土振捣孔,如图 11-8 所示。在钢垫板的底部和上法兰盘的顶部,分别设防水钢圈,防止地下水渗入。接头在其整圈沿圆周方向上可分设为若干节,具体节数由井筒净直径和提吊能力而定。每节各立板上按设计位置开一个沥青注入孔,内立板上焊接有与沥青注入孔连通的沥青注入管,钢板之间采用焊接[4]。

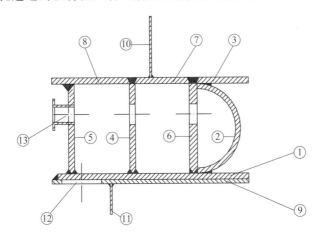

图 11-7　冻结井可缩性井壁接头断面图

①下法兰盘;②弧形板;③、⑦、⑧上法兰盘;④中立板;⑤内立板;⑥外立板;⑨下部钢垫板;⑩上部放水钢板;
⑪下部防水钢板;⑫混凝土浇筑孔;⑬沥青注入管

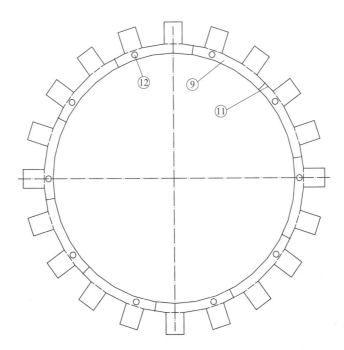

图 11-8　下部钢垫板平面图

⑨下部钢垫板;⑪下部防水钢板;⑫混凝土浇筑孔

11.2　可缩性井壁设计原则及方法

11.2.1　可缩性井壁设计原则

为防止疏水沉降地层中新建冻结井筒发生破裂事故,一个有效的技术途径就是采用竖向可缩性井壁,即在冻结井壁结构中,沿内层井壁竖向设置一个或若干可缩性井壁接头,当地层产生固结沉降时,井壁能随之压缩,从而实现对竖向附加力的衰减和有效控制,进而确保井筒安全运营。为充分发挥冻结井可缩性井壁接头的工作特性,接头设计应满足以下性能要求:

1. 强度要求

接头水平方向能承受侧向水、土压力,且其竖向方向的临界荷载应满足下式:

$$Q_z < P < P_z \tag{11-1}$$

式中,Q_z为上覆井壁自重和井筒装备重量;P为接头竖向临界荷载;P_z为井壁竖向临界荷载。

这样,既可保证可缩性接头在竖向附加力增大到一定数值后、井壁自身所受荷载达到其材料极限承载能力之前发生屈服及压缩变形,可有效地衰减竖向附加力。

2. 可缩量要求

接头可根据需要设置1个或多个,其数量及位置分别取决于地层预测沉降量和地层性状。所有接头累积的竖向可压缩量和井壁的竖向可缩量之和应大于地层预计沉降量:

$$A + B \geqslant U \tag{11-2}$$

式中,A为接头累积压缩量;B为井壁竖向可缩量;U为地层预计沉降量。

3. 防水、制作要求

接头应在产生竖向可缩变形前后均不发生漏水现象。另外,还应满足防腐及易加工等要求。

11.2.2　可缩性井壁接头简化设计方法

接头各钢板的几何参数由井壁厚度、井筒净径、上覆混凝土强度和自重、水平侧向荷载等因素综合确定。在可缩接头结构形式中,由于弧形板只用于承受水平地压,且其在竖向方向为拱形结构,加之厚度较薄,因而对可缩性接头竖向承载能力影响不大。要使接头满足强度和可缩性等要求,环状立板厚度是设计的重点之一,环状立板厚度可采用下式进行简化计算。

$$P = 2\pi \cdot \left(\sum_{i=1}^{n} \delta_i \cdot r_i \right) \cdot \lambda \cdot \sigma_s \tag{11-3}$$

式中，P 为接头竖向临界荷载，由式(11-1)确定；δ_i 为环状立板的厚度；r_i 为环状立板的中心半径；n 为环状立板的圈数，一般为 2～3；σ_s 为钢材的屈服强度；λ 为接头材质的变异系数，取 0.95～1.0。

11.3　疏水沉降地层条件下可缩性井壁的作用机理研究

本节介绍采用有限元数值分析方法，对疏水沉降地层条件下可缩性井壁接头的作用机理进行研究，主要针对地层在疏水沉降过程中竖向刚性井壁(不设可缩性井壁接头)和竖向可缩性井壁(设可缩性井壁接头)的作用机理进行对比分析，并对可缩性井壁接头设置数量和位置对竖向附加力分布的影响规律进行研究，从而验证可缩性井壁接头对衰减和控制竖向附加力的有效性[5]。

11.3.1　有限元计算模型

1. 基本假设

(1) 视井筒与地层为空间轴对称问题；
(2) 按淮北许疃矿主井地质柱状图分层模拟各主要地层；
(3) 用底部含水层受到的相应有效应力增量值等效模拟其水头下降；
(4) 井壁与地层均为弹塑性体，且满足 Morh-Coulomb 屈服准则；
(5) 参照淮北临焕矿区水头下降实测资料，底部含水头下降速率取 8m/a；
(6) 采用等弹模法模拟可缩性井壁接头。

2. 计算模型及参数

以淮北许疃矿主井为例，建立轴对称有限元计算模型。模型主要参数为：表土层厚 356.2m；井筒内半径 $R_a = 2.65$m；外半径 $R_0 = 3.35$m；井壁厚度 $\delta = 0.7$m；混凝土强度等级：C40，C65；研究域径向半径 $R = 36.85$m。

地层与井壁均采用 8 节点等参元，井筒与地层的接触面采用 Sharma 等接点模型。地层和井壁的材料参数见表 11-1，井壁与地层的接触面参数见表 11-2，计算模型如图 11-9 所示。

表 11-1　地层和井壁材料参数一览表

层位	累深/m	重度/(kN/m³)	弹性模量/MPa	泊松比	内摩擦角/(°)	黏聚力/MPa
一含	0～39.5	21	90	0.2	30	0.1
一隔	39.5～105.9	19	65	0.35	22	0.25
二含	105.9～150	21	120	0.25	20	0.15
二隔	150～229	20	80	0.3	23	0.25

层位	累深/m	重度/(kN/m³)	弹性模量/MPa	泊松比	内摩擦角/(°)	黏聚力/MPa
三含	229～252	20	105	0.25	28	0.2
三隔	252～322	19	85	0.35	22	0.3
底含	322～343	19	60	0.23	15	0.2
风化带	343～356	24	2600	0.21	40	7.5
井壁	0～356	25	35000	0.17	40	6.4

表 11-2　井壁与地层的接触面参数

弱面强度/MPa	摩擦角/(°)	残留摩擦角/(°)	拉伸强度/MPa
2.5	20	15	0.35

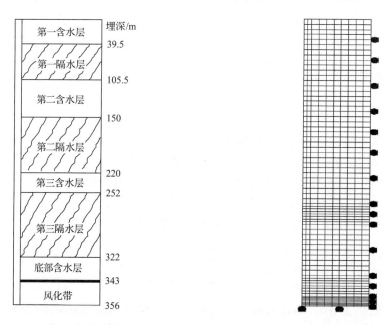

图 11-9　计算模型　　　　　　图 11-10　模型网络划分及边界条件

　　有限元计算模型共划分 1683 个等参单元,总计 5282 个节点。计算模型网络划分及模型边界条件如图 11-10 所示,模型地表为自由边界,左右边界为水平方向约束,底边界为垂直方向约束。

11.3.2　地层疏水固结的等效处理

　　采用载荷模拟含水层疏水压缩。根据土力学原理,作用在土体骨架上的有效应力 σ' 取决于总应力 σ 和孔隙水压力 $u(u \approx 0.01H_w)$

$$\sigma' = \sigma - u = \sigma - 0.01H_w \tag{11-4}$$

式中,H_w 为水头高度,m。

底部含水层(以下简称底含)失水时,土体的有效应力变化为:

$$P = \Delta\sigma' = -0.01\Delta H_w \tag{11-5}$$

式中,ΔH_w 为底含水头变化值,m。

因底含失水后,主要是其自身的固结压缩,因此,计算时将对应的有效应力增量 P 施加在底含顶面上,以等效底含失水后的有效应力变化。

11.3.3　工况模拟

为对比分析竖向刚性井壁(不设可缩性井壁接头)和竖向可缩性井壁(设可缩性井壁接头),以及不同可缩性接头设置数量和位置对附加力分布规律的影响,对可缩性井壁,分设有 1 个和 2 个可缩接头,且分别设置在第三隔水层中部、底含中部以及风化带等多种情况,以对比分析其附加力分布状况。

分四个阶段分别模拟井筒各工况,具体如下:

阶段 1:计算域内初始应力场;

阶段 2:模拟开挖和施工顺序,计算没有底含失水时,井壁的受力状况;

阶段 3:计算底含水头下降 22m 时($P = 0.22$MPa 施加在底含顶面),井壁的受力状况;

阶段 4:计算底含水头下降 56m 时($P = 0.56$MPa 施加在底含顶面),井壁的受力状况。

11.3.4　竖向刚性井壁与地层共同作用分析

竖向刚性井壁(不设可缩性井壁接头)在各种工况下,所受轴向应力和附加力与井深关系曲线如图 11-11 所示。

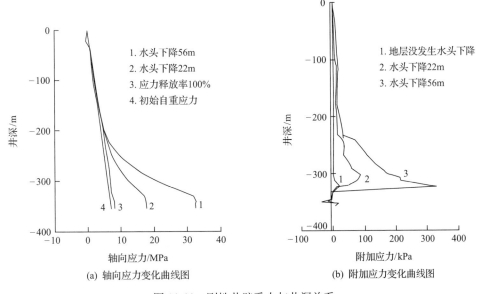

(a) 轴向应力变化曲线图　　　　(b) 附加应力变化曲线图

图 11-11　刚性井壁受力与井深关系

在地层没有疏水沉降时,刚性井壁主要承受水平地压和自重荷载,井壁轴向应力沿井深呈直线分布。因底含水头下降而引起的附加力的大小与井筒和地层间的相对位移、底含水头降成正比,且最大值发生在底含中下部。如底含水头下降 22m 时,$\tau_{max}=90kPa$;下降 56m 时,达 332.9kPa。与底含相接的风化基岩下部,因底含水头下降造成的地层沉降逐渐减少,在井筒自身变形与地层沉降量相等处出现了中性点。而在中性点以下,因井筒自身纵向变形大于地层沉降量,出现了正附加力。

11.3.5　竖向可缩性井壁与地层共同作用分析

1. 单一可缩性接头

为优化可缩性接头的设置位置,分别将其放在风化基岩中部(累深为 349.5m)、底含中部(累深为 332.5m 处)和第三隔水层中部(累深为 294.5m 处)3 个不同部位,进行对比分析。图 11-12 为单一可缩接头放置在不同位置时,井壁附加力沿深度变化曲线。分析该图可知:

(1)可缩性接头可有效地衰减附加力和井壁截面轴向应力。对于刚性井壁,当底含水头下降 56m 时,井壁所受最大附加力为 332.9kPa,且井壁已破坏。

(2)单一可缩性接头分别放置在第三隔水层、底部含水层、风化基岩段时,最大附加力分别为 278kPa、194kPa、164kPa;衰减率分别为 17%、42%、51%。将单一可缩接头放置在风化基岩段效果最好,底部含水层处次之,第三隔水层最差。

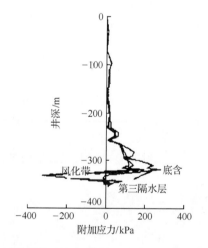

图 11-12　可缩性接头在不同位置时井壁外侧附加力变化曲线

出现上述现象,是由于风化基岩段位于底含中部下方 16.5m 处。底含水头下降 22m 时,在井筒自重和附加力的共同作用下,可缩接头开始屈服变形。而可缩接头位于底含中部,当水头下降 24m 时,可缩接头才发生屈服,因此,后者积累的最大附加力稍大于前者。可缩接头放在第三隔水层部位时,底含水头下降 48m,可缩接头才发生屈服变形,因此,不能有效地衰减井筒承受的附加力。

2. 两个可缩性接头

根据淮北临焕矿区第三含水层和底含失水实测结果，计算时第三含水层不失水。可缩性接头分别布置在风化带和底含中部两处。图 11-13 为水头下降 56m 时可缩性井壁（两个可缩性接头）的受力图。

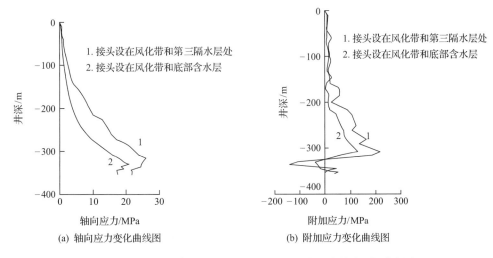

(a) 轴向应力变化曲线图　　　　　　(b) 附加应力变化曲线图

图 11-13　水头下降 56m 时可缩性井壁（两个可缩接头）的受力图

由图 11-13 可知，当底含水头下降 22m 时，位于风化带的可缩接头首先发生屈服变形；当水头下降 56m 时，底含处的可缩接头也发生屈服变形。水头下降至 56m 时，井壁最大轴向应力和最大附加力分别为 20.5kPa、125kPa，比两个可缩性接头放置在风化带和第三隔水层时的轴向应力和竖向附加力分别小 21% 和 43%。出现上述现象，是由于前者两个可缩接头先后发生屈服变形时的水头降仅相差 4m，可在较大范围内，同步衰减附加力。

综合上述分析，可得出以下结论：

(1) 表 11-3 所示为以淮北许疃矿主井为原型，底含水头下降 56m 时，分别采用竖向刚性井壁和竖向可缩性井壁时，竖向附加应力有限元数值模拟结果的对比。

表 11-3　水头下降 56m 时，刚性井壁与可缩性井壁附加力计算结果的对比

井壁结构	设置位置	最大轴向应力 /MPa	衰减率 /%	最大附加力 /kPa	衰减率 /%	平均附加力 /kPa	衰减率 /%
刚性井壁	—	32.72	—	332.9	—	57.4	—
可缩性井壁（单一接头）	三隔中部	32.06	2	278	17	56.3	1.9
	底含中部	22.59	31	194	42	36.8	35.8
	风化带中部	21.75	34	164	51	31.2	45.6
可缩性井壁（两个接头）	底含和风化带	20.5	38	127	62.5	30.2	48.1
	风化带和三隔	21.75	34	164	51	31.2	45.6

(2) 采用数值模拟方法对可缩性井壁接头的作用机理进行研究，主要针对地层在疏

水沉降过程中竖向刚性井壁(不设可缩性井壁接头)和竖向可缩性井壁(设可缩性井壁接头)的作用机理进行对比分析。由表 11-3 可知,若不设置可缩性井壁接头,井壁在地层疏水沉降条件下发生破裂难以避免,而设置可缩性井壁接头可有效衰减竖向附加力。

(3)采用数值模拟方法对可缩性井壁接头设置数量和位置对竖向附加力分布的影响规律进行研究。由表 11-3 可知,将单一接头放置在风化基岩段效果最好,底部含水层处次之,第 3 隔水层最差;相对于单一接头,设置两个接头对竖向附加力的衰减效果更好,且两个接头适宜分别放置在风化基岩段和底部含水层中。

(4)可缩性井壁接头的设置个数应以满足累计纵向压缩量大于地层预计沉降量为先决条件。无论是在井壁中放置单一可缩接头还是多个可缩接头,其设置在地层中的位置是否合理,均对附加力衰减率有较大影响。可缩接头设置数量及位置的优化原则应为:

① 合理确定各可缩接头竖向临界设计荷载。在有多个可缩接头时,应视其所在位置,由下往上,逐一减少各接头竖向临界设计荷载;

② 可缩接头的放置个数应以满足累计纵向压缩量大于地层预计沉降量为先决条件;

③ 在满足安全要求前提下,可缩接头应设置在固结压缩量最大的地层段,或其毗邻下部地层段。

11.4　可缩性井壁接头力学特性模型试验研究

以淮北矿业(集团)有限责任公司祁南二矿主井可缩性井壁接头为原型,采用模型试验方法对该接头的力学特性进行研究。

淮北矿业(集团)有限责任公司祁南二矿主井净直径为 7.2m,表土层厚度为336.85m,表土段采用冻结法施工,基岩段均采用地面预注浆封水。根据井筒检查孔资料,主井所穿越地层属于如图 11-2 所示的疏水沉降特殊地层,且底部含水层直接覆盖在基岩风化带上,与煤系地层存在着直接的水力联系,井筒上将作用较大的竖向附加力,又因设计冻结壁较厚,冻结壁的融沉更将加大竖向附加力。因此为确保井筒运营期间安全,在该主井内层井壁中设置了 1 个可缩性井壁接头,位于−340m 层位,此处内层井壁厚度为 850mm,接头的内半径为 3.63m,井壁接头断面的设计方案如图 11-14 所示。

11.4.1　模型试验方案

为较全面获取可缩性井壁接头的力学特性,井壁接头模型试验中采用竖向、侧向和三轴 3 种加载方式进行试验:

(1)竖向加载试验:研究冻结井壁可缩性接头的竖向变形特性,试验在 2000kN 长柱式压力机上进行。

(2)侧向加载试验:验证冻结井壁可缩性接头的抗侧压极限荷载及防水性能,试验在高强井壁加载装置中进行。

(3)三轴加载试验:研究冻结井壁可缩性接头在竖向、侧向荷载同时作用下的抗侧压能力、封水性能以及竖向变形值,试验在三轴高强井壁加载装置中进行。

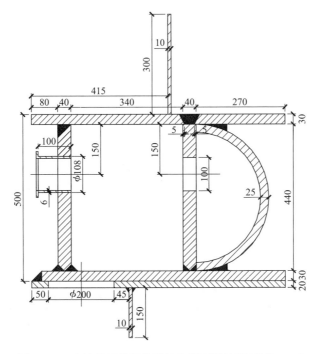

图 11-14　冻结井可缩性井壁接头断面设计图（单位：mm）

11.4.2　模型试验相似准则

采用与井壁接头原型材料相同的 Q235 钢板制作钢制试验接头模型,故本试验为原材料模型试验。根据相似理论,得模型相似条件为:

几何相似条件:

$$\frac{C_\varepsilon \cdot C_L}{C_\delta} = 1 \tag{11-6}$$

边界(面力)相似条件:

$$\frac{C_P}{C_\sigma} = 1 \tag{11-7}$$

物理相似条件:

$$\frac{C_\varepsilon \cdot C_E}{C_\sigma} = 1 \tag{11-8}$$

式中,C_L 为几何相似条件;C_P 为荷载(面力)相似常数;C_E 为弹模相似常数;C_μ 为泊松比相似常数;C_σ 为应力相似常数;C_ε 为应变相似常数;C_δ 为位移相似常数。

考虑到原材料模型试验则有:

$$\frac{C_L}{C_\delta} = 1; \quad \frac{C_P}{C_\sigma} = 1; \quad \frac{C_E}{C_\sigma} = 1; \quad C_\varepsilon = 1; \quad C_\mu = 1 \tag{11-9}$$

最后可得：

$$C_E = C_\sigma = C_P = C_\varepsilon = 1 \tag{11-10}$$

11.4.3　井壁接头模型尺寸

本次模拟试验针对每一种加载方式分别制作 1～2 个接头模型试件，以祁南二矿主井可缩性井壁接头(图 11-14)为研究对象，根据接头原型、试验装置以及试验目的，确定模型试件尺寸(表 11-4)。

表 11-4　试验模型尺寸

加载方式	模型编号	几何相似比 C_l	试验目的
竖向加载	SX-1	10.0	研究可缩性接头的竖向变形特性
	SX-2	10.0	
侧向加载	CX-1	9.62	研究可缩性接头的抗侧压能力及防水性能
三轴加载	TR-1	24.72	研究可缩性接头在竖向、侧向荷载共同作用下的抗侧压能力、封水性能以及竖向变形特性

11.4.4　模型试验测试方法

(1)荷载量测：分别采用 0.4 级精密压力表和油压传感器进行量测，其中油压传感器是经应变仪记录，送计算机处理后由显示器显示其压力值(误差为±0.1MPa)。

(2)位移量测：数控压力机自动采集。

(3)应变量测：采用电阻应变片。

(4)数据采集：试验数据实时采集和处理系统。

11.4.5　竖向加载试验结果与分析

1. 模型试件

竖向加载试验的目的是揭示可缩性井壁接头的竖向变形特性。在竖向加载情况下，共进行两次试验，模型编号分别为 SX-1、SX-2，由几何相似比 10.0，可得模型尺寸(图 11-15)。

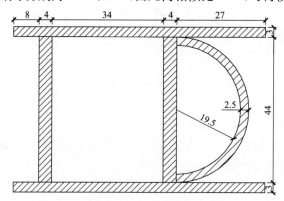

图 11-15　竖向加载试验模型尺寸(单位:mm)

2. 加载方式

将可缩性井壁接头模型放在 2000kN 长柱式压力机的下加压板上。竖向荷载采用逐级施加,并在每一级荷载下自动采集压力和位移数据,直至模型试件压缩屈服或破坏,获得其竖向临时荷载(图 11-16、图 11-17)。

图 11-16　竖向加载试验模型试件　　　　图 11-17　模型试件竖向加载试验

3. 试验结果及其分析

竖向加载过程显示,当竖向荷载较小时,可缩性井壁接头表现为刚性较大,对于竖向荷载主要以抗为主,当竖向荷载达到冻结井壁可缩性接头的临界荷载时,出现压缩变形,直至被压缩到极限为止。图 11-18 所示为两个模型试件的压缩变形曲线。

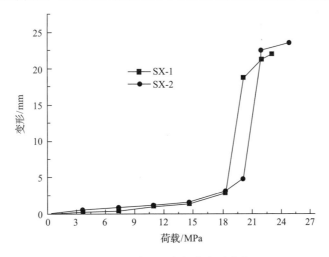

图 11-18　接头竖向加载变形曲线

由图 11-18 可知,加载过程中在竖向荷载作用接头立扳应力未达到屈服强度之前,可缩接头表现为刚性较大,且基本呈弹性变形状态,对于竖向荷载主要以抗为主;当竖向荷载接近冻结井可缩接头的临界荷载时,立板发生屈服,接头压缩变形急剧增加,而整个结构尚能保持稳定,荷载继续增加直至接头被压缩到极限为止。模型 SX-1 的竖向临界荷载为 22.9MPa,最大压缩变形为 22mm,极限压缩率为 44%;模型 SX-2 的竖向临界荷载为 23.5MPa，最大压缩变形为 23.5mm，极限压缩率为 47%。可见，如此大的竖向压缩率能够有效地释放井壁竖向附加力。

竖向加载可缩性井壁接头模型试验结果见表 11-5。

表 11-5　竖向加载可缩性井壁接头模型试验结果

模型编号	几何相似比	竖向临界荷载/MPa	立板中最大竖向应力/MPa	竖向压缩率/%
SX-1	10.0	22.9	226.7	44
SX-2	10.0	23.5	227.2	47

11.4.6　侧向加载试验结果与分析

1. 模型试件

侧向加载试验的目的是检验可缩性井壁接头的抗侧向压力的能力及防水性能。此项试验是将可缩性接头焊接在上、下两段普通的钢筋混凝土井壁中部（上、下段普通钢筋混凝土井壁也按相同缩比模拟）组成可缩性井壁结构，模型材料采用 Q235 钢板和 C60 混凝土。高强井壁加载装置允许模型最大外径为 925mm，而箕斗井-340m 层位内壁设计外直径为 8900mm，故得本模型试件的几何缩比为：

$$C_L = 8900/925 = 9.62$$

在侧向加载情况下，共进行一次试验，模型编号分别为 CX-1，由几何相似比为可得模型尺寸（图 11-19），加工好的模型试件如图 11-20 所示，模型试件加载如图 11-21 所示。

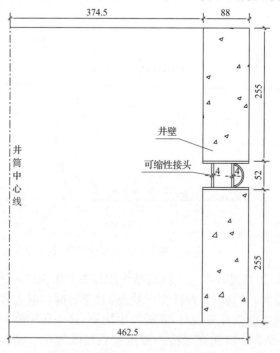

图 11-19　侧向加载可缩性接头井壁模型试件几何尺寸（单位：mm）

图 11-20　侧向加载试验模型试件　　　　　图 11-21　模型试件侧向加载试验

2. 试验方法

(1) 荷载量测：分别采用 0.4 级精密压力表和油压传感器进行量测，油压传感器是经应变仪记录，送计算机处理后由显示器显示其压力值的，其误差为±0.1MPa。

(2) 应变量测：为了了解试件结构在加载过程中的应力应变情况，在上、下段井壁的内、外缘，中间可缩性接头的弧形板和立板圈上沿圆周方向分别粘贴 6 片电阻应变花，其中弧形板上粘贴三片直角形应变花，其余为两片直角形应变花。

(3) 加载方式：加载试验是将模型试件放入井壁高压加载装置中进行，竖向利用上紧螺杆进行刚性约束，侧向施加液压模拟均匀地压。试验时先进行预载，使模型试件和测试元件进入正常稳定工作状态。预载 2～3 级，预载最大值约为设计值的 30%，预载后，正式进行加载试验。加载方式采用分级稳压加载，每级稳压 10～20min，采集测量数据，然后进行下一级加载，直至试件破坏。

3. 试验结果及其分析

此项试验分别对方案结构进行了一次试验，试验结果见表 11-6。

表 11-6　侧向加载可缩性井壁接头模型试验结果

模型种类及编号	几何相似比	侧向承载力/MPa	弧板情况	备注
CX-1	9.62	29.16	完好	破坏之前不漏油

由表 11-6 可见，可缩性井壁接头有很高的抗侧压力能力，其侧向承载力值可达到 29.16MPa，而接头的侧向设计荷载为水压 3.6MPa，可知接头侧向足以满足设计要求。而且在试验中，直至井壁模型发生破坏时也未发生漏油现象，这表明该可缩性井壁接头侧向可满足防水性能要求。

11.4.7　三轴加载试验结果与分析

1. 模型试件

三轴加载试验的目的是研究可缩性接头在竖向、侧向荷载共同作用下的抗侧压能力、封水性能以及竖向变形特性。

此项试验是将可缩性接头焊接在上、下两段普通钢筋混凝土井壁的中部,模型试验的几何相似比取 24.72。只进行一次试验,模型编号分别为 TR-1,得模型尺寸如图 11-22 所示,加工好的模型试件如图 11-23 所示,模型试件加载如图 11-24 所示。

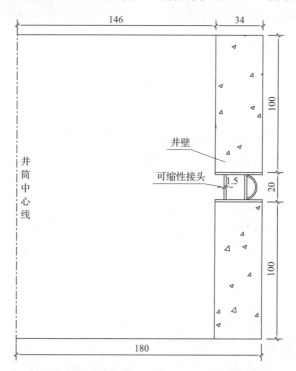

图 11-22　三轴加载可缩性井壁模型试件几何尺寸(单位:mm)

图 11-23　三轴加载试验模型试件

图 11-24　模型试件三轴加载试验

　2. 加载方式

　　将模型试件放入专门的三轴加载罐中,然后放在 2000kN 长柱式压力机上模拟井壁实际受力状态,其中以油压来模拟侧向水平地压,以压力机施加竖向荷载来模拟井壁实际承受的竖向附加力。试验加载先按竖压/侧压为 2:1 的比例对试件施加竖向压力和水平侧向压力,然后按比例分级稳压增加压力。当侧压达到地压设计值时,固定侧压不变,再分级稳压增加竖压,直至可缩性井壁接头压缩到极限为止。

　3. 试验结果及其分析

　1) 压缩变形特性

　　通过布置在可缩性接头处的竖向电阻式位移计量测到了大量的变形数据,当竖向荷载小于可缩接头的临界荷载时,整个井壁结构与传统井壁完全相同,在竖向表现为刚性特征。当施加的竖向荷载达到可缩接头的临界荷载时,可缩接头中竖向立板圈开始屈服失稳,可缩接头出现压缩变形。同时压力机刻度盘上的指针立即下降,随着竖向压力继续增加,压缩变形逐渐增大,竖向荷载卸载,这一过程一直持续到可缩接头压缩量达到其极限为止。由此可见,在传统的井壁结构中,只要增设了可缩性接头结构,就可以在竖向荷载较大时通过可缩接头的竖向变形而卸载,从而确保设计的井壁安全可靠。可缩接头的压缩量见表 11-7。由表可见,可缩性接头具有较大的竖向压缩量,压缩变形率达到 48.8% 左右。

表 11-7　可缩性接头模型试件三轴加载压缩变形结果

模型编号	可缩接头高度/mm	竖向压缩量/mm	压缩变形率/%
TR-1	20	9.76	48.8

　2) 可缩接头的防水性

　　本次模型试验表明,在侧向油压为 3.6MPa 的设计水平地压作用下,可缩接头从开始屈服至完全压缩到极限为止,模型试件接头处始终没有出现渗漏油情况。为了进一步检验其压缩后的防漏性,对模型在完全压缩后,保持竖向压力值不变,分级稳压增大侧向油压值,侧向油压值增大至 10MPa 时,接头处均没有出现漏油。

　3) 可缩接头的竖向临界荷载

　　模型试件的竖向临界荷载和应力见表 11-8。由表可见,可缩接头中的竖向立板中的竖向应力偏大,这主要是由可缩接头模型尺寸偏小,而钢板焊缝高度相对较大造成的,特别是弧形板在焊接后,弧形板的拱脚缝被焊缝填满,弧形不明显,弧形板起着加厚竖向立板的作用。

表 11-8　三轴加载可缩接头井壁模型的竖向临界荷载和竖向应力试验结果

模型编号	侧压力 /MPa	竖向承载力 /MPa	立板中最大竖向 应力/MPa	备注
TR-1	3.6	24.56	238.9	侧向油压值增大至 10MPa 时,接头处没有出现漏油

11.5　可缩性井壁接头力学特性数值模拟研究

竖向可缩性井壁接头是一焊接组合钢结构,为深刻了解其力学特性,这里仍以淮北矿业(集团)有限责任公司祁南二矿主井可缩性井壁接头为原型,采用 ANSYS 有限元程序对该冻结井可缩性井壁接头的力学特性进行数值模拟分析。

11.5.1　数值计算模型

可缩性井壁接头的计算模型如图 11-25 所示,该计算模型为轴对称问题,单元类型采用 4 节点的 PLANE42 二维实体单元,着力于该接头的竖向承载力和水平承载力的分析,以验证模型试验的结果。

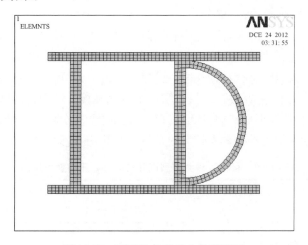

图 11-25　可缩性井壁接头计算模型

可缩性井壁接头为钢结构,计算中采用理想弹塑性模型,钢材的弹性模量取 2.1×10^5 MPa,泊松比取 0.3,屈服应力取 220MPa,屈服模量取 0。本构模型如图 11-26 所示。

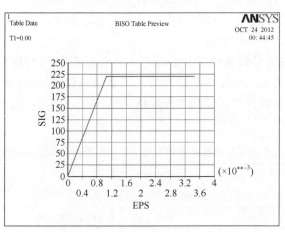

图 11-26　钢板本构模型

11.5.2　荷载及边界条件

计算井壁接头的水平承载力时,模型的上、下端面均视为固定端,在这两个面上节点不产生任何的位移和转角。在井壁接头外侧,即弧面上施加面荷载,直至接头发生屈服。

计算井壁接头的竖向承载力时,模型的下端面视为固定端,在井壁接头外侧,即弧面上施加水压力 3.6MPa,在上端面不断施加荷载,直至接头发生屈服。

11.5.3　竖向承载力分析结果

可缩性井壁接头的力学特性为"横抗竖让",即钢结构可缩性接头的竖向承载力需满足要求。计算结果如图 11-27 至图 11-32 所示。由图 11-32 可见,可缩性接头竖向承载力为 25.2MPa,可缩性接头中的最大 Mises 等效应力达到钢板的屈服应力 220MPa,内、外立板均发生严重屈服现象。

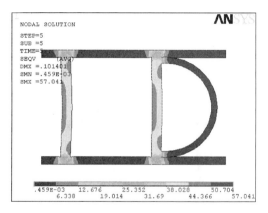

图 11-27　竖向荷载 5MPa 作用下接头的
等效应力图

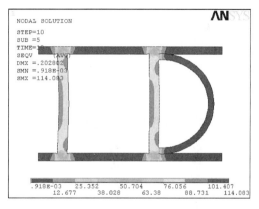

图 11-28　竖向荷载 10MPa 作用下接头的
等效应力图

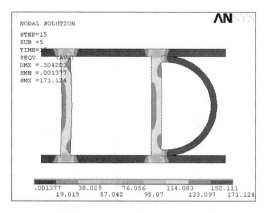

图 11-29　竖向荷载 15MPa 作用下接头的
等效应力图

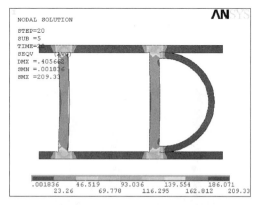

图 11-30　竖向荷载 20MPa 作用下接头的
等效应力图

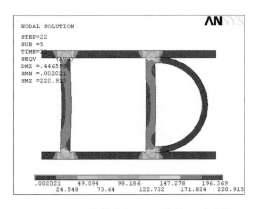
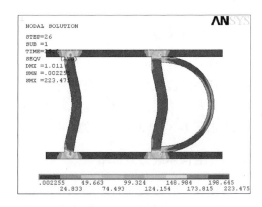

图 11-31　竖向荷载 22MPa 作用下接头的
等效应力图(钢板屈服)

图 11-32　竖向荷载 25.2MPa 作用下接头的
等效应力图(钢板严重变形)

11.5.4　水平承载力分析结果

可缩性井壁接头力学特性为"横抗竖让",即接头在水平方向要能够承受相应的压力。为此,采用 ANSYS 软件对接头的水平承载力进行计算,计算结果如图 11-33 至图 11-38 所示。

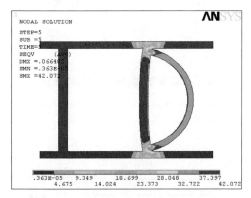
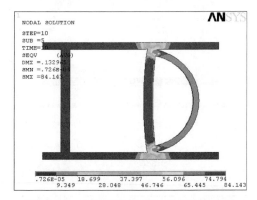

图 11-33　水平荷载 5MPa 作用下接头的
等效应力图

图 11-34　水平荷载 10MPa 作用下接头的
等效应力图

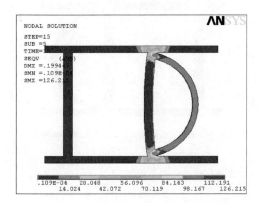
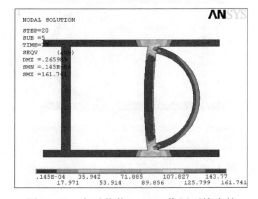

图 11-35　水平荷载 15MPa 作用下接头的
等效应力图

图 11-36　水平荷载 20MPa 作用下接头的
等效应力图

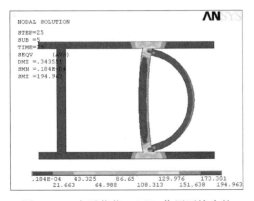

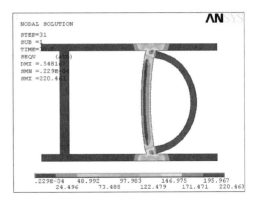

| 图 11-37　水平荷载 25MPa 作用下接头的
等效应力图 | 图 11-38　水平荷载 30MPa 作用下接头的
等效应力 |

从图中可知,应力最大处都发生在弧板与外立板连接处,当应力达到钢板的屈服强度 220MPa 时,可缩性井壁接头水平极限承载力为 30MPa(图 11-38)。而该可缩性接头设置在冻结井内壁处,其主要承受水压,在该控制层的最大水压仅为 3.6MPa,由此可见,井壁可缩性接头完全能够满足横向抗的要求。

11.5.5　数值模拟和模型试验结果对比

对于可缩性井壁接头来说,竖向临界荷载是一个至关重要的参数。如果此值设计偏小,则井壁会在施工荷载、自重和装备等荷载作用下出现压缩;相反,如果此值设计偏大,当竖向附加力作用较大时,井壁已出现破坏,但可缩性接头仍未发生可缩、卸载,从而失去预防井壁破裂的作用。因此,设计的竖向临界荷载需得到充分的验证。采用模型试验、数值模拟两种方法分别得到的祁南二矿主井可缩性接头竖向承载力对比见表 11-9。

表 11-9　可缩性井壁接头竖向承载力模型试验和数值计算结果比较

试验项目	试件名称	竖向承载力模型试验值 /MPa	竖向承载力数值计算值 /MPa	误差/%
竖向加载试验	SX-1	22.9	25.20	9.13
	SX-2	23.5	25.20	6.75
三轴加载试验	TR-1	24.56	25.20	2.54

由表 11-9 可知,可缩性井壁接头模型竖向加载试验得到的竖向承载力分别为 22.9MPa、23.5MPa,与数值模拟计算结果的误差分别为 9.13%、6.57%;可缩性井壁接头模型三轴加载试验得到的竖向承载力为 24.56MPa,与数值模拟计算结果的误差为 2.54%。由此可见,可缩性井壁接头模型三轴加载试验试件的竖向承载力与数值模拟计算结果的误差相对较小,这是由于数值模拟过程中,在井壁接头外侧,即弧面上施加了水压力 3.6MPa,也就是说,数值计算模型的加载相当于三轴加载过程。又因模型试验中所制作的接头试件不可避免会存在初始缺陷等问题,故通过三轴加载模型试验所得的接头竖向承载力略小一点。因此可以证明上述可缩性井壁接头的竖向承载力数值计算结果是合理的,更进一步验证了此种可缩性接头应用于祁南煤矿安全改建工程的合理性。

11.6　可缩性井壁接头竖向稳定性数值模拟研究

11.6.1　稳定性分析的概念

稳定性分析是研究结构或构件的平衡状态是否稳定的问题。处于平衡位置的结构或构件,在任意微小外界扰动下,将偏离其平衡位置,当外界扰动除去以后,仍能自动回复到初始平衡位置时,则初始平衡状态是稳定的,或称稳定平衡。如果不能回复到初始平衡位置,则初始平衡状态是不稳定的,或称不稳定平衡。如果受到扰动后不产生任何作用于该体系的力,因而当扰动除去以后,既不能回复到初始平衡位置又不继续增大偏离,则称为随遇平衡或中性平衡。结构或构件由于平衡形式的不稳定性,从初始平衡位置转变到另一平衡位置,称为屈曲,或称为失稳。

强度与稳定有着显著区别。强度问题是指结构或者其中构件在稳定平衡状态下由荷载所引起的最大应力(或内力)是否超过建筑材料的极限强度,因此是一个应力问题。极限强度的取值取决于材料的特性,对钢材则常取其屈服点。稳定问题则与强度问题不同,它主要是找出外荷载与结构内部抵抗力间的不稳定平衡状态,即变形开始急剧增长的状态,从而设法避免进入该状态,因此,它是一个变形问题。如轴压柱,由于失稳,侧向挠度使柱增加数量很大的弯矩,因而柱子的破坏荷载可以远远低于它的轴压强度。显然,轴压强度不是柱子破坏的主要原因。

稳定性(屈曲)分析是一种用于确定结构开始变得不稳定时的临界载荷和屈曲模态形状(结构发生屈曲响应时的特征形状)的技术,稳定性分析(屈曲分析)是各类结构设计中必须考虑的关键性问题。由于可缩性井壁接头为薄壁圆筒钢结构,为了验算祁南煤矿安全改建工程箕斗井可缩性井壁接头是否会发生竖向失稳破坏,这里以箕斗井可缩性井壁接头为研究对象,采用有限元分析软件 ANSYS 程序对其进行竖向稳定性分析计算。

11.6.2　稳定性分析的类型

ANSYS 程序提供两种结构屈曲载荷和屈曲模态的分析方法:非线性屈曲分析和特征值(线性)屈曲分析。这两种分析方法通常得到不同的结果。

1. 非线性屈曲分析

非线性屈曲分析比线性屈曲分析更精确,故多用于对实际结构的设计或计算。该方法用一种逐渐增加载荷的非线性静力分析技术来求得使结构开始变得不稳定时的临界载荷,如图 11-39(a)所示。

应用非线性技术,模型中就可以包括诸如初始缺陷、塑性、间隙、大变形响应等特征。此外,使用偏离控制加载,用户还可以跟踪结构的后屈曲行为。

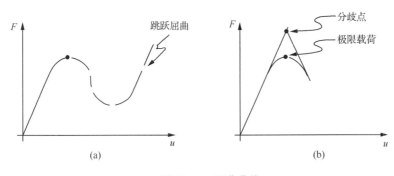

图 11-39　屈曲曲线

2. 特征值屈曲分析

特征值屈曲分析用于预测一个理想弹性结构的理论屈曲强度(分叉点)。该方法相当于教科书里的弹性屈曲分析方法。例如,一个柱体结构的特征值屈曲分析的结果,将与经典欧拉解相当。但是,初始缺陷和非线性使得很多实际结构都不是在其理论弹性屈曲强度处发生屈曲。因此,特征值屈曲分析经常得出非保守的结果,通常不能用于实际的工程分析。

11.6.3　可缩性井壁接头的特征值屈曲分析

实际工程中虽采用非线性屈曲荷载分析,但进行非线性屈曲分析之前仍需先进行特征值屈曲分析,这是因为在非线性屈曲分析时,要以特征值屈曲分析得到的竖向最小特征值屈曲荷载的 1.1 倍为非线性分析的施加荷载。其实现是将特征值屈曲分析得到的一阶屈曲模态各节点的位移特征向量按一定比例缩小,作为结构的初始缺陷施加在模型上,采用逐渐增加载荷的非线性静力分析,求得使结构开始变得不稳定的竖向临界载荷。

根据主井可缩性井壁接头尺寸,分别取可缩性井壁接头高 400mm、500mm、600mm进行对比分析,可缩性井壁接头的其他参数不变。

在线性特征值分析时,在结构上施加单位外荷载即竖向加载 1MPa,目的是计算屈曲荷载时方便。实际的屈曲载荷等于特征值和所施加的载荷乘积。三种高度的可缩性井壁接头特征值屈曲分析的前二阶屈曲模态变形如图 11-40 至图 11-45 所示。

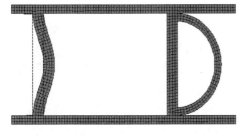

图 11-40　400mm 高井壁接头一阶屈曲模态变形

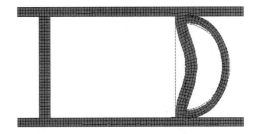

图 11-41　400mm 高井壁接头二阶屈曲模态变形

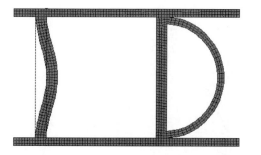

图 11-42　500mm 高井壁接头一阶屈曲模态变形

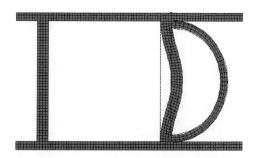

图 11-43　500mm 高井壁接头二阶屈曲模态变形

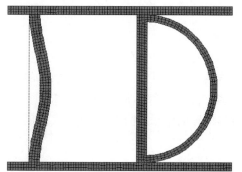

图 11-44　600mm 高井壁接头一阶屈曲模态变形

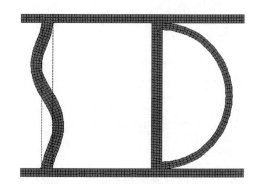

图 11-45　600mm 高井壁接头二阶屈曲模态变形

特征值屈曲分析所产生的多阶模态结果为：可缩性井壁接头高 400mm、500mm、600mm 的一阶模态特征值 freq 分别为 695549、448159、310773。图中给出了同一结构对应的不同模态特征值变形，但实际工程中对同一结构不会产生多种屈曲，当承受的外荷载达到第一阶屈曲荷载时，就开始发生屈曲。故对应可缩性井壁接头高 400mm、500mm、600mm 的竖向最小线性屈曲荷载分别为 695.549MPa、448.16MPa、310.773MPa，即一阶模态特征值乘以单位外荷载 1MPa。这是理想弹塑性的理论屈曲强度，是屈曲载荷的上限。对比三个高度的理想最小线性屈曲荷载，可知在除可缩性井壁接头高度外同尺寸的情况下，可缩性井壁接头越高，其理想最小线性屈曲荷载越小。

11.6.4　竖向可缩性井壁接头的非线性屈曲分析

在非线性屈曲分析中，以特征值屈曲分析得到的竖向最小特征值屈曲荷载的 1.1 倍为非线性分析的施加荷载，如 500mm 高的主井可缩性井壁接头所施加荷载为 448.16×1.1MPa。通过非线性屈曲分析计算，得到三种高度的可缩性井壁接头荷载-位移曲线，如图 11-46 至图 11-48 所示。

井壁接头在竖向载荷作用下立板首先发生局部屈曲，最大屈曲变形区域节点分布在内侧环向竖板的中间位置。计算过程中注意观察输出窗口，发现时间倒退时停止加载，时间转折点乘以非线性分析的施加荷载即为非线性屈曲临界荷载。

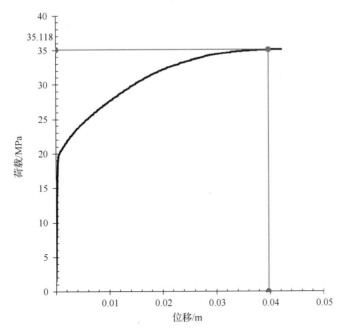

图 11-46　400mm 高井壁接头的荷载-位移曲线

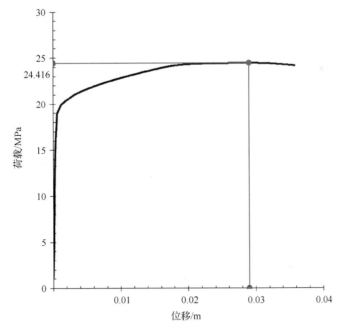

图 11-47　500mm 高井壁接头的荷载-位移曲线

从上述计算结果可以看出,400mm 高可缩性井壁接头的结构对应时间转折点为
0.04588,其非线性屈曲临界载荷为 35.12MPa;500mm 高可缩性井壁接头的结构对应时
间转折点为 0.04952,其非线性屈曲临界载荷为 24.42MPa;600mm 高可缩性井壁接头的

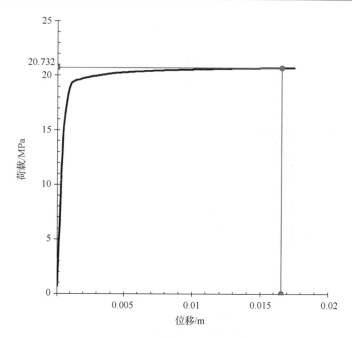

图 11-48　600mm 高井壁接头的荷载-位移曲线

结构对应时间转折点为 0.060647，其非线性屈曲临界载荷为 20.73MPa。对比三种高度的竖向非线性屈曲荷载，可知在除可缩性井壁接头高度外同尺寸的情况下，可缩性井壁接头越高，其竖向非线性屈曲荷载也越小。

11.7　可缩性井壁接头的现场施工技术

冻结井可缩性井壁接头为组合钢结构。由于接头安设在冻结井筒内层井壁中，而内壁是由下向上连续浇筑而成，因此，可缩性井壁接头的焊接组合方式需考虑到冻结井筒内壁特有的施工工序。另外，因井筒的净直径和提吊能力所限，可缩性井壁接头在其整圈沿圆周方向上分设为 6 节，节间对接焊缝中有很多条为隐蔽性焊缝，故要求每节接头的部分钢板在地面组焊，部分钢板在井下组焊，才能进行全部的节间对接焊缝施工。因此，冻结井可缩性井壁接头的现场安装施工工艺较为复杂。这里以许疃煤矿北风井可缩性井壁接头为例，介绍冻结井可缩性井壁接头的现场施工技术。

11.7.1　井壁接头地面焊接

许疃煤矿北风井可缩性井壁接头断面图如图 11-49 所示，立、平面图如图 11-50 所示。整圈可缩性接头分 6 节，每节由 9 块钢板焊接而成。

每节的钢板 1～5 在地面焊接并组装成型，钢板 6 和钢板 8 在地面焊接并组装成型，钢板 7 和钢板 9 在地面焊接并组装成型，然后在井下进行对接焊缝的焊接。外立板 6 个对接处均预留宽 300mm 开口，便于外弧板对接焊缝的焊接，外立板预留孔同样需对接焊实。

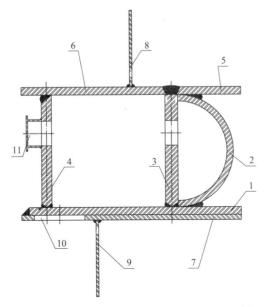

图 11-49　冻结井竖向可缩性接头断面图（*A-A* 剖面）

1. 下法兰盘；2. 弧形板；3. 外立板；4. 内立板；5、6. 上法兰盘；7. 下部钢垫板；
8. 上部防水钢圈；9. 下部防水钢圈；10. 混凝土振捣孔；11. 沥青注入管

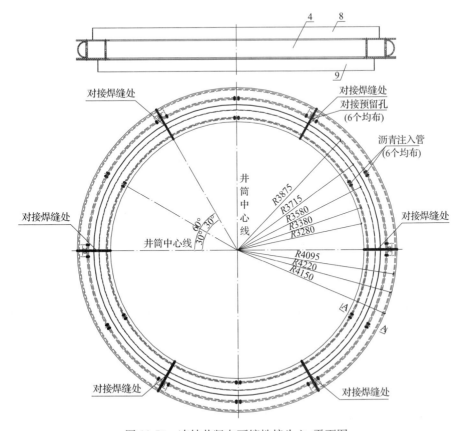

图 11-50　冻结井竖向可缩性接头立、平面图

焊缝表面不得有表面气孔、夹渣、弧坑裂纹、遇弧擦伤等缺陷。接头外露面要进行喷砂除锈，涂两遍防锈漆，涂层应均匀，无明显皱皮、流坠和气泡等。

11.7.2 井壁接头井下施工

1. 施工准备工作

（1）加工 $\phi 20mm$ 钢筋 200mm 长，加工成 L 形 80 根，将 8 台电焊机（4 台 CO_2 气体保护焊机、4 台电焊机）、电控、施工器具及 CO_2 气瓶等下放到中层吊盘上，按工作需要摆放。

（2）准备铲车一辆，信号工、绞车工配备齐全，井下协作人员每班不少于 15 名，焊工 8 名，井下通风工 1 名。

（3）在累深 353m（内壁第 53 模上口）下，错开接茬缝上下 500mm，预留一模（1.1m 高）扎好钢筋未浇筑井壁段，钢筋留茬要平齐一致，以井筒中心为基点，按可缩性井壁接头的外径＋80mm 画圆，检查外壁同心圆度，小于设计的要刷井壁，保证安装有足够尺寸空间。

（4）下放可缩性井壁接头采用 $\phi 26mm \times 6m$ 钢丝绳扣配弓形 13.5t 卸扣的准备，以及稳可缩性井壁接头采用 $\phi 22mm \times 3m$ 钢丝绳扣（2 根）和 2 个 5t 卸扣等的准备；下放及稳平下部垫板采用 $\phi 15mm \times 6m$ 钢丝绳扣的准备。

（5）依照图纸清点可压缩井壁装置材料，采用自制吊点（20mm 钢板）牢固焊接在上部防水板外侧作为稳平可缩性井壁接头用吊点，且必须在地面试吊。

2. 井下施工工序

1）下部钢垫板的安装

按照可缩性井壁接头的设计水平面（累深 353m 为下垫板上平面）将第 53 模内层钢筋全部截齐，整体水平误差不得超过 10mm，下放第一节下部垫板，利用提升钩头及直径 $\phi 15mm$ 的钢丝绳扣配 3t 卸扣可靠起吊，下放下部钢垫板到下吊盘后，利用模板绳夺钩安放到设计位置。

校正可缩性井壁接头下部垫板，将每段钢垫板放在井筒内壁的钢筋上，均匀找正、找平 10 根钢筋（内、外各 5 根）在同水平面，预留长度为 1.08m，在这 10 根钢筋的位置处的钢垫板下表面焊 L 形钢筋。

用水准仪配装水透明塑料管，找平钢垫板上表面，依据井筒中心线找正后将 L 形钢筋与井壁钢筋，组焊在一起固定钢垫板平面。

以第一块钢垫板上表面为基准，依次向两边组装其他钢垫板成圆，保证整个钢垫板圆在一个水平面，接缝不得出现台阶和凸凹面。

焊钢垫板对接焊缝，焊缝质量要检查，发现有影响焊接质量的缺陷应立即整改，焊缝略低于盘面，要达到有封水不渗水的焊接质量要求。

钢垫板盘焊好后，由甲方、监理检查验收；验收结束后立第 53 模模板，同时凿毛第 52 模混凝土，模板校好后浇筑混凝土，为确保钢垫板下混凝土密实，在垫板预留孔位置放一高于盘面 0.5m 接料斗，浇筑时必须不断振捣。

浇筑完成后要清理干净钢垫板盘表面混凝土,混凝土高度不得超过钢垫板盘上表面,待第 53 模混凝土凝固 9h 后拆除第 53 模模板。

2) 可缩性井壁接头组装施工

首先在钢垫板盘上表面画预留定位圆、线,做好标记。

依照可井壁接头组装顺序编号,从 B1-B2 开始下放,采用 $\phi 26\text{mm} \times 6\text{m}$ 钢丝绳扣配弓形 13.5t 卸扣将压缩装置加工件吊放到井下下吊盘,用模板绳配 2 根 $\phi 22\text{mm} \times 3\text{m}$ 钢丝绳扣及 2 个 5t 卸扣起吊上部挡水板上焊接的吊点,将其安装在钢垫板平台定位线上,开始进行可缩性接头的组装加工。

将第一节可缩性接头就位找正后点焊固定,用同样的方法下放及稳平第二节可缩性接头。

以第一段接头上表面为基准分别向两边对接,逐步将每段组成整体圆,按图进行校正后经甲方、监理验收,合格后依次进行外弧板坡口对接焊、外立板坡口对接焊、中立板坡口对接焊,焊接上盘面窗口板,最后焊接下盘面与下垫板成一整体。

3) 施焊的顺序及质量要求

焊材依照图纸设计采用 J422 型焊条及气保护焊丝,所有焊缝质量要保证不渗水,焊缝质量要逐个检查,焊缝略低于盘面,焊缝表面不得有表面气孔,夹渣,弧坑裂纹,遇弧擦伤等缺陷。

(1) 将每节 1～5 组合钢板结构下吊至钢垫板上并就位找正对接后,利用上法兰盘窗口和外立板预留孔,施焊弧形板对接缝。采用等尺寸方板封闭外立板的预留孔,并焊接牢固。

(2) 利用上法兰盘窗口,施焊下法兰盘对接缝。

(3) 接着从上面将弧形板和外立板 3 在结合处打坡口焊成一体。

(4) 接着焊接外立板内接缝及内立板外接缝。

(5) 将 6 和 8 的组合钢结构分节下吊到各自位置,焊上法兰盘 6 与内、外立板的对接缝;

(6) 接着焊上法兰盘、上部防水钢板的所有节间外接缝;

(7) 将下法兰盘钢板与下部钢垫板内环接角焊缝,全部按图焊接满,不渗水。

(8) 接缝全部焊完。按图纸全面检查验收装置的焊接、组装结果,合格后由甲方、监理验收。

3. 热沥青浇筑

(1) 购置成品热沥青(道路沥青 100-甲)到井口,自制一个 1.5m³ 吊桶,下部装一个($\phi 100\text{mm}$)的球阀;并接 3m 长弹簧管。

(2) 三个热沥青注入管弯头上各加装一漏斗后,接到井下可缩接头注入孔口法兰上。

(3) 利用钩头将灌满沥青的吊桶逐次吊下井,通过漏斗(比可缩接头上盘面高 0.5m)灌注到可缩接头,直至注满,待热沥青凝固后封住灌口。

4. 混凝土浇筑

将吊盘落至可缩接头上盘面下 200mm 处,依照井筒中心线及图纸设计,焊接内壁钢筋套筒置于上盘面上,安装竖筋和绑扎环筋,立第 54 模,检查验收合格后方可浇筑第 54 模井壁。

11.7.3　施工安全技术措施

(1) 加强对吊挂系统的严格检查,对提升容器连接装置、天轮、钢丝绳及提升各部位要认真检查。

(2) 绞车房要做好标志,下吊盘位置应醒目、清晰,避免蹲罐及过卷事故。

(3) 主、副钩运行期间必须交叉进行,不得同时打开井盖门,必须做到两井盖门都关闭后方能上下人员;吊桶运行期间,不准上下人或抛掷物料。

(4) 提升或下放构件时,信号把钩工必须将构件稳好才能发开车信号。上中吊盘喇叭口和封口盘井盖门处必须设有专人看管,严防构件撞击吊盘及封口盘钢梁。

(5) 禁止在罐底吊挂物件上下,严禁人货混装。

(6) 在整个吊卸、组装过程中,必须有专人(队长以上领导)负责指挥。

(7) 利用钩头上、下超长物料时应绑扎牢固,并通知信号工及绞车司机慢速运行(不超过 2m/s),过三盘速度不得超过 0.3m/s。

(8) 井下作业应按工作面到吊盘、吊盘到地面分段设置安全梯以便提升设备发生故障或工作面发生火灾时,能安全撤离工作面;在吊盘及工作盘上施工人员必须系好安全带并生根牢靠。

(9) 工作面必须保证足够的新鲜风流,加强风机和风筒的管理工作,任何人员不准随意停风机。

(10) 井下进行夺钩时,人员严禁站在物件下方,严防物件撞伤施工人员。

(11) 施工过程将使用电气焊,必须严格遵守电气焊操作规程。

(12) 施工人员必须持证上岗,必须佩戴必需的劳保用品。

(13) 严禁酒后入井,严禁在施工现场嬉闹。

(14) 气割设备入井前,必须检查氧气瓶和乙炔瓶是否漏气,气带表和割具是否完好。

(15) 氧气瓶和乙炔瓶不得同罐上、下井,且在工作面的间距不得小于 5m。

(16) 氧气瓶和乙炔瓶必须放置稳妥,乙炔瓶必须使用回火装置并严禁倒地使用。

(17) 井下使用的电焊机必须采用合格的手把线,地线严禁用普通电缆替代,接线应正确规范;电源必须使用中性点不接地系统。

(18) 使用电焊时,地线必须与被焊件直接连接;焊机必须放在干燥且通风良好的地方;有水时,必须将电焊机盖好,施工人员必须戴绝缘手套。

(19) 施工现场必须有可靠的灭火器材,黄沙 0.5m³ 和灭火器 4 个;并设专人看护灭火器材。

(20) 作业现场应加强通风,确保有害气体及时排出井筒。

(21) 焊接时要对塑料板加以保护,确保塑料板不变形、不烧损。

（22）施工完毕后，要及时清理现场，确认无任何隐患后方可离开。

（23）其他未尽事宜，应严格按《煤矿安全规程》有关规定执行。

11.7.4　井壁接头施工效果

冻结井可缩性井壁接头在许疃矿北风井中得到成功应用，如图 11-51 至图 11-54 所示。其设计和施工技术可为类似工程提供参考。

图 11-51　井壁接头地面预制

图 11-52　下部钢垫板地面预制

图 11-53　井壁接头井下施工(对接焊缝处)

图 11-54　井壁接头井下施工(沥青注入管处)

11.8　可缩性井壁的推广应用

20 世纪 80 年代以来，我国相继有大量的立井井壁发生破裂事故。安徽理工大学地下工程结构研究所在深入研究立井井壁破裂机理的基础上，针对立井井筒的冻结法施工特点，研发了一种具有竖向可缩、横向抗压和良好防水性能的冻结井可缩性井壁接头，申请并获授权发明专利"冻结井可缩性井壁接头及其施工方法"(ZL 200610086242.2)。在疏水沉降特殊地层中采用冻结法新建立井井筒，为预防立井井壁破裂，可采用该种可缩性井壁接头。

冻结井可缩性井壁接头于 2005 年首次在淮南矿业(集团)有限责任公司丁集煤矿主井、副井、风井共 3 个冻结井筒中得到了成功应用，又于 2005～2015 年在淮北矿业(集团)

有限责任公司 8 个煤矿 20 个冻结井筒、皖北煤电集团有限责任公司 5 个煤矿 7 个冻结井筒、国投新集能源股份有限公司杨村煤矿 3 个冻结井筒中得到了大范围推广应用。截至目前,冻结井可缩性井壁接头已应用于安徽两淮矿区 15 个煤矿共计 33 个冻结井筒中。工程应用表明,该接头具有良好的竖向可缩性、很高的卸压能力、可靠的防水性能,可有效衰减竖向附加力。[4,6~11]

在以往煤矿立井井壁结构设计中,一般通过加大井壁厚度和提高井壁混凝土强度等级来预防井壁破裂,冻结井可缩性井壁接头这项技术的研发,减薄了井壁厚度,减轻了劳动强度,降低了井筒建造成本,缩短了井筒建设工期。冻结井可缩性井壁接头在近 10 年的推广应用中,获得了较大的经济效益。

冻结井可缩性井壁接头的研制,避免了疏水沉降特殊地层新建煤矿立井井筒在役过程中因竖向附加力引发的破坏,为实现本质安全型矿井建设目标提供了技术保障。该项技术在两淮矿区新井建设中得到大范围的推广应用,有力地推动了我国冻结法凿井的科技进步。同时,该技术的成熟性和可靠性已得到工程实践的检验,可推广应用到山东、河南、河北和黑龙江等省份同类地层新井建设中,对推动我国矿井建设技术进步具有十分重要的意义,并将产生更大的社会效益和经济效益。

参 考 文 献

[1] 程桦,杨俊杰,姚直书,等. 钻井井壁可缩性接头模型试验研究. 煤炭学报,2001,26(6):584-589.

[2] 荣传新,程桦,姚直书. 钻井井壁可缩性接头力学特性研究. 煤炭学报,2003,28(3):270-274.

[3] 蔡海兵,程桦,姚直书,等. 沉降地层条件下立井井壁破裂的防治技术//安徽省煤炭学会矿建专业委员会六届一次学术研讨会论文集. 安徽理工大学学报(自然科学版),2011,20(s):1-4.

[4] 蔡海兵,程桦,姚直书,等. 深冻结井筒竖向可缩井壁的设计与施工技术. 煤炭工程,2008,(7):5-7.

[5] 程桦,苏俊,姚直书. 疏水沉降地层竖向可缩性井壁附加力分布规律研究. 岩土力学,2007,28(3):471-475.

[6] 荣传新,程桦,蔡海兵. 冻结井可缩性井壁接头力学特性研究及其应用. 煤炭科学技术,2005,33(9):37-41.

[7] 蔡海兵,程桦,姚直书,等. 竖向可缩接头在两淮矿区立井井壁中的应用. 煤矿安全,2009,(5):40-42.

[8] 庄春朗. 可缩井壁接头在青东煤矿立井井筒中的应用. 建井技术,2008,29(6):10-11.

[9] 裴庆夏,姚直书,张永坤. 信湖煤矿钻井井筒可缩性井壁接头设计及数值模拟研究. 煤炭工程,2012,(3):9-11.

[10] 王从平,赵厚胜,张连福. 冻结井筒竖向可缩性井壁接头的设计研究. 安徽建筑工业学院学报(自然科学版),2013,21(2):17-20.

[11] 周洁,程桦,荣传新,等. 可缩性井壁接头的竖向稳定性研究. 安徽理工大学学报(自然科学版),2013,33(1):75-78.

第 12 章 深厚冲积层冻结法凿井典型工程应用

12.1 丁集矿冻结法凿井工程

12.1.1 工程概况

淮南矿业(集团)公司丁集矿井位于淮南市凤台县,距淮南市约 50km,紧靠凤台—蒙城公路。设计生产能力为 500 万 t/a,采用立井开拓方式,在工业广场内设有主井、副井、风井三个井筒。主井、风井井筒净直径为 7.5m,主井表土层厚度为 530.45m,风井表土层厚度为 528.65m,副井井筒净直径为 8.0m,表土层厚度为 525.25m。三个井筒的表土段均采用冻结法施工,基岩段均采用地面预注浆封水。[1,2]

12.1.2 工程地质与水文地质

丁集矿井井筒检查钻孔资料表明:主井、副井、风井三井筒的新生地层厚度分别为 530.45m、525.25m、528.65m。分为上、中、下含水层,中部隔水层和底部砂砾层等五个层组。

上部含水组:底界埋深 130.4m,可分为上、中、下三段。上段弱含水组以黏土、砂质黏土为主,夹粉砂和粉细砂,黏结性、可塑性较好,固结程度为一般至中等。含水层属潜水至半承压水,富水性不均,含水层厚度和水量变化较大,一般为弱至中等。中段隔水组以黏土、砂质黏土组成,夹薄层细砂,土层黏结性、可塑性较好,固结程度为中等至一般。下段含水组上部砂层粒较细,以粉细砂、粉砂为主,土性松散至极松散;下部砂层以中粗砂为主,土性松散至疏松;黏土夹层黏结性、可塑性较好至差,固结程度为中等。本段砂层富水性强,下段属承压水,富水性为中等至较富,为矿区供水水源。

中部含水组:底界埋深 332.30m,其中砂层占组厚的 80%。砂层粒度、成分、结构不均匀,局部见砾石层,一般为松散至较松散至疏松,黏土质粉细砂压实性较好,中含夹土层,其固结性较好至半固结状,可塑性中等至较差。属承压水。

中部隔含水组:底界埋深 443.0m,黏土占 80%~95%。以黏土为主,呈半固结状,吸湿膨胀,含钙质,黏结性、可塑性为一般至较差,夹细砂、粉砂多层。

下部含水组:底界埋深 503.0m,其中砂层占组厚的 80%~98%。由中粗砂、粉细砂夹薄层、黏土层构成,砂层成分、结构不稳定,局部含砾,底部固结较好。

底部砂砾层:底界埋深 530m,厚度为 26m 左右。以泥质砾砂层为主,砾砂层以中粗砂为主,夹砾石层,结构疏松至较松散,泥质含量不均。

上部含水层以大气降水和地表水补给为主,流向自西北向东南;中部含水层补给排泄条件较差,与上、下含水层均无水力联系;下部含水层以储存量为主,补给水源贫乏,近于封闭状态,流向自西北向东南。

12.1.3　冻结方案

考虑到深厚冲积层冻结的复杂性和工程风险,针对丁集矿井工程特点,深度小于300m 段采用常用的中圈孔加内圈辅助孔冻结方式;深度大于 300m 段采取中圈孔、内圈辅助孔、外圈孔三圈孔的冻结方式。

1. 冻结深度

根据井检孔提供的冲积层厚度、风化带厚度、完整的基岩厚度及隔水性能等资料,确定三圈孔的冻结深度。丁集矿井三个井筒壁座底深度分别为主井、副井 557m,风井550m。采用三圈孔布置,中圈孔为主冻结孔,三个井筒中圈孔冻深分别为主井、副井565m,风井558m。外圈孔采用局部冻结,冻结范围从 300m 到进入风化带 5m;中圈孔冻全深,穿过透水完整基岩10m;内圈孔采用差异冻结,短冻结管穿过强膨胀黏土层,长冻结管进入风化带上界面以下 5m。具体参数见表 12-1。选用螺杆压缩机组并合理配备附属设备。

2. 冻结壁厚度

冻结壁厚度确定遵循以下几个原则:①冻结壁厚度不宜太大,强化冻结能提高冻结壁的整体强度,比增加厚度更加有效。②要保证施工安全,通过控制井帮温度来提高冻结壁的平均温度和冻土层的自身强度。③国外同等条件下的冻结壁厚度偏小,但由于其施工工艺不同,不能盲目套用。根据此原则,确定主井、风井冻结壁厚度为 10.5m,副井为11.5m。冻结壁外圈的扩展范围取 2.5m。冻结壁平均温度为 $-16℃\sim-18℃$ 为宜。

3. 盐水温度

丁集矿井井筒的原始地温高,在530m 处达 32.3℃,因此盐水温度应尽可能降低。积极冻结期的盐水温度取 $-32\sim-34℃$,维护冻结期的盐水温度在 $-24℃$ 以下。相同的盐水温度,流量越大,供冷量就越大。积极冻结期内,主冻结孔单孔的盐水流量应不低于$16m^3/h$。

4. 井帮温度

井帮温度控制按不同井深要求,冲积层厚度小于 300m 井帮温度不高于 $-8℃$,300~400m 的不高于 $-10℃$,大于 400m 的不高于 $-12℃$。冻结壁的井帮温度低,反映冻结壁的强度高,可以控制冻结壁的变形,确保外壁的施工质量。

5. 冻结孔圈径和开孔间距设计

根据冻结深度和冻结壁厚度的设计,内圈孔到掘进荒径的最小距离控制为1.7m。三个井筒三圈孔的设计直径见表 12-1。开孔间距的控制原则是:中圈孔间距≤1.4m,外圈孔间距≤1.7m,内圈孔间距为 2.0~2.2m。

6. 冻结孔的偏斜控制要求

主排孔：①冲积层厚度小于 300m 按 3‰控制；300～500m 按 2‰控制；500m 以下按"靶域"控制，半径 1.0m；②成孔间距：表土段≤2.8m，基岩段≤3.8m。

内、外排孔：冲积层厚度小于 300m 按 3‰控制；300～500m 按 2‰控制；500m 以下按"靶域"控制，半径 1.0m。另外，270m 以下内排孔向井内偏值≤0.5m。

7. 冻结管及供液管设计

三圈孔均选用低碳无缝钢管，具体规格见表 12-1。内圈孔和中圈孔采用内管箍对焊连接，外圈孔采用外管箍焊接。供液管采用 $\phi 75mm \times 6mm$、$\phi 55mm \times 5mm$ 聚乙烯塑料软管。

表 12-1　丁集矿主井、副井、风井井筒冻结钻孔布置主要技术参数

序号	冻结孔类型	参数	井筒冻结设计参数		
			主井	副井	风井
1		井筒净直径/m	7.5	8.0	7.5
2		井筒深度/m	851	891	833
3		表土层埋深/m	530.45	525.25	528.65
4		冻结深度/m	565	565	558
5		表土段井壁最大厚度/m	2.1	2.2	2.1
6		控制层位/m	514.96	502	514.96
7		冻结壁平均温度/℃	−16	−16.5	−16
8		控制层井帮温度/℃	−12	−13	−12
9	内圈冻结孔	圈径/m	14.8	15.4	14.1
		孔数/个	22	24	18
		开孔间距/m	2.112	2.015	2.448
		深度/m	441 和 535	443 和 530	450 和 534
		冻结管	200m 以上 $\phi 159mm \times 7mm$ 冻结管，200m 以下 $\phi 140mm \times 8mm$ 冻结管。差异冻结，内径向偏斜值≤0.5m	200m 以上 $\phi 159mm \times 7mm$ 冻结管，200m 以下 $\phi 140mm \times 8mm$ 冻结管。差异冻结，内径向偏斜值≤0.5m	300m 以上 $\phi 168mm \times 6mm$ 冻结管，300m 以下 $\phi 140mm \times 7mm$ 冻结管。差异冻结，内径向偏斜值≤0.5m
10	中圈冻结孔	圈径/m	21.2	22.5	21.2
		孔数/个	49	53	54
		开孔间距/m	1.359	1.333	1.269
		深度/m	565	565	540～558～500
		冻结管	200m 以上 $\phi 159mm \times 7mm$ 冻结管，200m 以下 $\phi 159mm \times 8mm$ 冻结管	200m 以上 $\phi 159mm \times 7mm$ 冻结管，200m 以下 $\phi 159mm \times 8mm$ 冻结管	$\phi 140mm \times 7mm$ 冻结管

序号	冻结孔类型	参数	井筒冻结设计参数		
			主井	副井	风井
11	外圈冻结孔	圈径/m	28.2	30.2	28
		孔数/个	54	58	52
		开孔间距/m	1.64	1.635	1.692
		深度/m	535	530	534
		冻结管	200m以上ϕ159mm×7mm冻结管,200m以下ϕ159mm×8mm冻结管。315m以下局部冻结	200m以上ϕ159mm×7mm冻结管,200m以下ϕ159mm×8mm冻结管。315m以下局部冻结	300m以上ϕ168mm×6mm冻结管,300m以下ϕ140mm×7mm冻结管。局部冻结深度300～534m
12		水文孔(个/深度)/m	1/123,1/322,1/516	1/122,1/329,1/492	1/302,1/498
13		测温孔(个/深度)/m	4/557,1/532,1/441	4/549,1/527,1/443	2/498,3/540
14		钻孔总工程量/m	71740	79779	69628
15		冻结工期/d	357	365	335
16		装机容量/(kJ/h)	10241	11524.3	14288.2
17		冻结运转最大负荷/kW	9840	11180	11512

8. 水文孔和测温孔设计

水文观测孔设计1～2个浅孔、1个深孔。浅孔观测第四系含水组水文变化,以及工厂附近抽水对其影响;深孔以观测第三系含水组水文变化。测温孔布置6个(风井其中1个测温孔后改为冻结孔),以反映不同方位、深度及冻结壁薄弱部位的冻结温度,测温孔的深度应大于控制层深度。

布置原则是:冻结壁内侧界面位置、冻结壁外侧最大孔间距位置、冻结壁外侧主面和界面位置。测温孔采用ϕ127mm×5mm或ϕ108mm×5mm的无缝钢管,外管箍焊接。

12.1.4 冻结孔施工

1. 施工设备

丁集矿主井、副井冻结钻孔施工选用6台TSJ-2000型水源钻机,配备6台TBW1200/7B及TBW-850/5型泥浆泵施工,测斜采用JDT-5A陀螺测斜仪测斜,纠偏设备选用5LZ165×7.0BH型螺杆钻具。

丁集风井冻结钻孔施工选用6台TSJ-2000A型钻机,配备6台TBW1200/7B及TBW-850/5型泥浆泵施工,测斜采用JDT-3型陀螺测斜仪测斜,定向选用陀螺定向仪和经纬仪。

2. 钻孔质量要求

(1) 钻孔偏斜率要求:孔深 0～300m 不大于 3‰,300～500m 不大于 2‰,超过 500m 按靶域控制,靶域半径为 1m;

(2) 相邻孔间距要求:中圈主冻结孔孔间距表土段不大于 2.2m,基岩段不大于 3.2m。外圈、内圈孔间距表土段不大于 2.8m,基岩段不大于 4.0m;

(3) 内圈孔向井中方向偏斜不得超过 300mm。

3. 钻孔偏斜控制

在丁集深孔钻进过程中,一改传统的垫钻、扫孔、扩孔纠偏措施,广泛采用的是螺杆钻具纠偏,其纠偏速度快且效果好。螺杆纠偏主要特点是钻进时在保持钻杆不动的情况下,通过泥浆的动力带动钻头旋转,并在陀螺定向仪的配合下,按预定轨迹进行纠斜。具体钻具组合形式为钻头—螺杆钻具—斜向器—钻铤—扶正器—钻杆—立轴。其中,螺杆钻具采用的是 5LZ165×7.0 型钻具,定向仪为 JDT-3A 型陀螺测斜仪。

12.1.5　冻结制冷控制

1. 主井、副井冻结制冷控制

1) 冻结运转

丁集矿主井、副井分别于 2004 年 3 月 10 日和 2 月 19 日开机送冷。在运转初期将整个冻结工期分为

送冷→水文孔上水→正式开挖→掘过黏土层→掘到底→套壁五个过程,并根据每个施工阶段对冷量的不同需求,对冷冻盐水的温度和流量进行调节。

2) 盐水温度

冻结过程中盐水温度控制如图 12-1 至图 12-4 所示。

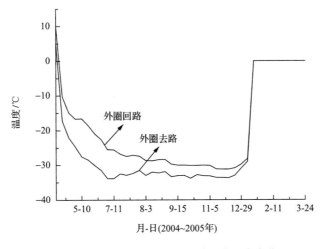

图 12-1　主井外圈盐水去、回路盐水温度变化

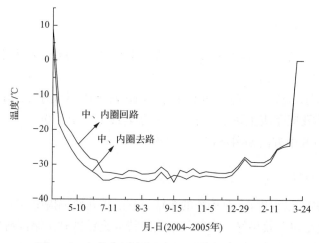

图 12-2　主井中、内圈盐水去、回路盐水温度变化

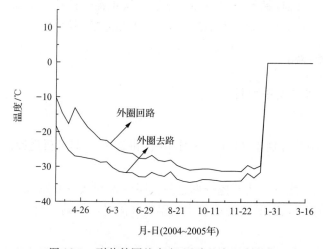

图 12-3　副井外圈盐水去、回路盐水温度变化

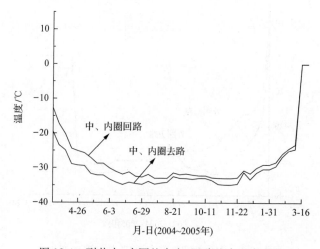

图 12-4　副井中、内圈盐水去、回路盐水温度变化

盐水温度控制主要分以下 5 个过程：

（1）送冷至水文孔上水（主井：2004 年 3 月 10 日～7 月 10 日；副井：2004 年 2 月 19 日～5 月 26 日）

在此过程中，盐水温度在前期会大幅下降，但在盐水温度达到—20℃时要适当控制盐水温度，不能使其下降太快，以免因温度下降过快使冻结器周围土层中的自身潜热不能充分换走，造成所形成冻结壁比较脆弱、热阻加大，并影响交圈时间。

（2）水文孔上水至试开挖（主井：2004 年 7 月 11 日～8 月 3 日；副井：2004 年 5 月 27 日～6 月 28 日）

这个过程是冻结壁初步形成阶段，其壁厚、强度需进一步加强，为井筒开挖创造有利条件。盐水温度应下降达到设计温度。这个阶段中外圈盐水温度明显比中、内圈的盐水温度要高，这是正常的，因为随着冻结壁的不断发展，冻结壁外壁的面积越来越大，对应的换热面积也就增大，这样外圈孔的负荷增加；而冻结壁内壁面积则越来越小，负荷也不断减小，所以中内圈的盐水温度要低于外圈。

（3）正式开挖至掘过黏土层（主井：2004 年 8 月 4 日～11 月 28 日；副井：2004 年 6 月 29 日～11 月 21 日）

这个过程是冻结壁加强、稳定与巩固阶段，随着井筒掘进的不断加深，所需冻结壁厚度、强度相应加大，所以必须以较低的盐水温度（—32～—34℃）作保证。

（4）掘过黏土层至掘到底（主井：2004 年 11 月 29 日～2005 年 2 月 2 日；副井：2004 年 11 月 22 日～2005 年 1 月 30 日）

强膨胀黏土层已经掘过，以下是砂土层和基岩风化带，由于冻结时间长，冻土已经扩入荒径，冻结壁厚度已达到或超过设计要求，井筒需冷量有所减少，所以盐水温度无须继续保持低温，应适当回升。

（5）套壁（消极冻结期）（主井：2005 年 2 月 3 日～3 月 24 日；副井：2005 年 1 月 31 日～3 月 26 日）

井筒到底后，井筒需冷量进一步减少，外排孔已经关闭，所以无温度显示。

3）盐水流量

在相同的盐水温度下，流量的大小直接反映冷量输送的多少，因此应根据在不同条件下冷量的需求不同对盐水流量进行调节。冻结过程中盐水流量控制如图 12-5 至图 12-8 所示。

盐水流量调节依然分以下 5 个过程：

（1）送冷至水文孔上水（主井：2004 年 3 月 10 日～7 月 10 日；副井：2004 年 2 月 19 日～5 月 26 日）

这个阶段是冻结壁形成的关键时期，需要大量的冷量供给，尤其是中圈主冻结孔，因为在此阶段冻结壁形成主要依靠主冻结孔。因此加大中圈主冻结孔的流量，相应降低外圈和内圈孔的流量是非常必要的。这不但有利于冻结壁早日交圈，而且避免了在冻结壁中形成夹心（即未冻水）而影响冻结壁强度。中、内圈使用同一配液圈，在这个过程中内圈孔单孔流量只开启 1/3。

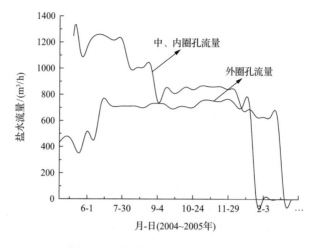

图 12-5　主井外圈孔盐水流量变化

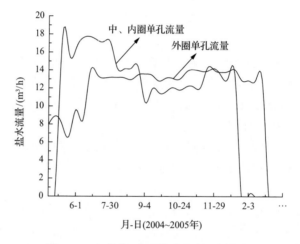

图 12-6　主井中、内圈单孔盐水流量变化

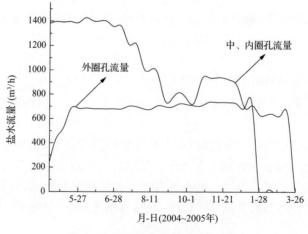

图 12-7　副井外圈孔盐水流量变化

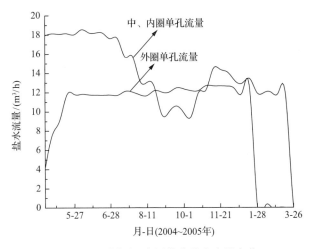

图 12-8 副井中、内圈单孔盐水流量变化

(2) 水文孔上水至试开挖(主井:2004 年 7 月 11 日~8 月 3 日;副井:2004 年 5 月 27 日~6 月 28 日)

这个过程是冻结壁整体形成的重要时期,每个冻结器周围都有其自身的冻土并且逐渐相交,形成完整的冻结壁。这样每个冻结管都需要大量的冷量输送,因此这个过程加大各孔的流量,尤其是内圈孔,要加快冻土扩展速度。使冻土距荒径距离合理,防止开挖时片帮。

(3) 正式开挖至掘过黏土层(主井:2004 年 8 月 4 日~11 月 28 日;副井:2004 年 6 月 29 日~11 月 21 日)

此时冻结壁已经基本形成,但是冻结壁的强度和厚度还不能满足深部掘进需求,因此需要加强冻结壁的强度和增加冻结壁的厚度。在流量控制上要根据井帮温度、测温孔温度、冻土进荒径内距离、揭露土层性质等指标对流量加以调整。中内圈以保证冻结壁平均温度达到设计要求,进荒径内冻土厚度达到最小为原则,而此时外圈孔要保持足够大的盐水流量,使盐水保持紊流状态,以加快冻结壁的向外扩展速度,增加冻结壁的厚度。

(4) 掘过黏土层至掘到底(主井:2004 年 11 月 29 日~2005 年 2 月 2 日;副井:2004 年 11 月 22 日~2005 年 1 月 30 日)

此时,冻结壁已具备足够的厚度、强度,井筒所需冷量逐渐减少,随之中圈流量也减少,外圈因扩展速度逐渐减小,仍需保持足够大的流量,以保证掘砌施工安全。

(5) 套壁(消极冻结期)(主井:2005 年 2 月 3 日~3 月 24 日;副井:2005 年 1 月 31 日~3 月 26 日)

套壁过程中仅需供给少量冷量,以保证所形成冻结壁保持应有的强度和厚度。

2. 风井冻结制冷控制

风井三圈孔盐水温度和单孔盐水流量随时间控制情况分别如图 12-9、图 12-10 所示。

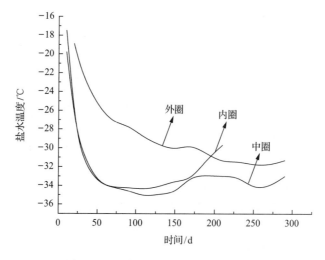

图 12-9　风井外、中、内圈盐水温度变化

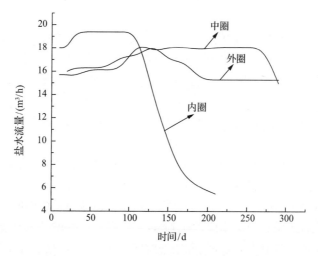

图 12-10　风井外、中、内圈单孔盐水流量变化

风井井筒于 2004 年 6 月 9 日(冻结 112d)开始试挖,6 月 28 日(冻结 131d)正式开挖。在冻结施工过程中,根据测温孔温度、实测井帮温度及冻土形成情况,随时进行冻结壁温度场预测分析,为井筒施工创造有利条件;同时为制冷机合理配组、井筒制冷量控制,提供科学的技术依据。6 月 27 日对内圈孔短供液管(300m 以上)停止盐水循环,并对内圈孔盐水流量进行控制,单孔流量由 18m³/h 调整为 10m³/h。8 月 1 日内圈孔的运行方式改为局部冻结(300m 以下),单孔流量由 10m³/h 调整为 6m³/h;8 月 15 日～9 月 13 日停止盐水循环;9 月 13 日～9 月 27 日恢复内圈孔运行,盐水单孔流量为 5.5m³/h。风井内圈孔于 9 月 28 日起正式停止盐水循环。

适时控制内圈孔盐水循环:一是减缓冻土扩入井帮速度,为井筒快速施工创造有利条件;二是集中冷量冻结深部地层,确保深部地层冻结壁的厚度与强度。从井筒正式开挖到停止内圈孔运行,内圈孔盐水去路最低达到－34.8℃。垂深－349.55～－367.75m 和－387.75～－443.6m 两层厚达 18.20m 与 55.85m 的深厚黏土段施工期间,中圈(主冻结孔)盐水温度始终控制在－34.0℃以下,为掘砌施工单位安全、快速、顺利通过深厚黏土层提供了先决条件。

3. 冻结壁监测监控

由于丁集矿井地质条件复杂,冻结难度大,冻结壁设计尚处于摸索阶段。因此,加强对冻结壁的形成速度、温度场分布规律、冻结壁的变形、压力、温度等进行严格监测,做到信息化施工,就显得特别重要。通过对三个井筒的井帮温度、冻土入荒径、测温孔温度的实测分析,得到其冻结壁的形成规律,如表 12-2 所示。由该表以及测温孔监测结果可知:

1) 测温孔降温趋势分析

测温孔温度下降速度(冻结速度)受到土层土质和土层深度的影响。越深的土层,初始温度越高,冷量损失也越小,同一种土质,深度越大则温降梯度越大;而不同的土质,热交换速度不同,所以温降梯度也不同。不同土质在同一深度冻结速度的大小为:粗砾中砂＞粗砂＞黏质砂土＞砂质黏土＞固结黏土。

三圈孔冻结过程中、中圈冻结管和外圈冻结管之间区域,冻结速度最快;对于荒径内和外圈冻结管外侧范围内,至冻结管相同距离处,内排冻结速度高于外排。

2) 冻结壁厚度实测结果

冻结壁厚度随时间变化,其发展前期较快,后期较慢,并逐渐减小;由表 12-2 可知,主井 200～480m,不同土层的冻结壁厚度分别为 10.2～11.4m,副井 200～480m,不同土层的冻结壁厚度分别为 10.2～11.5m,风井 200～530m,不同土层的冻结壁厚度分别为 10.4～12.1m,而主井、风井冻结壁设计厚度为 10.5m,副井为 11.5m,由此可见,实测冻结壁厚度和设计基本一致。

3) 冻结壁温度实测结果

冻结期间,冻结壁平均温度随时间推移一直下降,直至消极冻结期为止;在冻土冰点附近,冻结壁平均温度降低缓慢,后期温降梯度越来越小,冻结 300d 后,冻结壁平均实测温度砂土层为－20℃,钙质黏土为－19℃左右,井帮实测变形小于 30mm,底膨小于 20mm。说明冻结壁稳定性达到了设计预期要求。

4) 井帮温度及冻土入荒径距离实测结果

井帮温度及冻土入荒径距离随掘进深度增加而不断加大,在厚度超过 300m 段三个井筒的井帮温度实测分别为:主井－7.0～－10.75℃,副井－8.0～－11.2℃,风井－8.0～－16.0℃;三个井筒冻土入荒径距离分别为:主井 1.30～2.20m,副井 1.35～2.30m,风井 1.60～3.60m。另外由表 12-2 可知,风井在 400m 以下井筒基本接近冻实,不利于快速掘进,可适当控制供冷量。

表 12-2　井筒开挖过程中冻结壁形成规律

井筒名称	序号	井深/m	岩性	至荒径平均距离/m	荒径处平均温度/℃	冻结壁厚度/m	冻结壁平均温度/℃
主井	1	200	细砂	0.40	−2	10.2	−19.56
	2	240	细砂	1.10	−5	10.7	−20.50
	3	280	细砂	1.10	−5	10.7	−20.50
	4	320	粉细砂	1.30	−7	10.6	−20.30
	5	360	钙质黏土	1.50	−8	10.5	−18.60
	6	400	含钙砂质黏土	2.05	−10.75	11.6	−18.90
	7	440	钙质黏土	1.80	−9.5	10.5	−18.30
	8	480	钙质黏土	2.20	−10.4	11.4	−18.70
副井	1	200	细砂	0.41	−2	10.2	−19.56
	2	240	细砂	1.00	−5	10.6	−20.30
	3	280	细砂	1.10	−5.5	10.7	−20.20
	4	320	粉细砂	1.35	−8	10.8	−20.30
	5	360	钙质黏土	1.60	−9	10.7	−18.50
	6	400	含钙砂质黏土	2.00	−11.2	11.4	−18.10
	7	440	钙质黏土	1.75	−9	10.6	−18.60
	8	480	钙质黏土	2.30	−11	11.5	−18.10
风井	1	203.2	中细砂	1.45	−8.8	10.7	−20.32
	2	255.8	细砂	1.25	−7.5	10.8	−20.64
	3	271.8	粉砂	1.32	−9.1	10.7	−20.30
	4	282	黏土	1.00	−7.2	10.4	−20.10
	5	299	中细砂	1.71	−10.4	11.6	−20.40
	6	312.6	细砂	1.60	−10.0	11.4	−20.60
	7	316	砂质黏土	1.65	−9.7	10.8	−19.90
	8	319.4	粉砂	1.89	−12.4	11.7	−20.50
	9	370.8	固结黏土	1.89	−11.7	10.9	−20.20
	10	391.6	固结黏土	1.67	−10.5	10.5	−20.30
	11	402	固结黏土	1.85	−11.3	11.1	−20.50
	12	421.2	固结黏土	1.95	−12.2	11.2	−20.10
	13	435.1	粉砂	2.00	−13.3	12.1	−20.60
	14	445.5	砂质黏土	2.11	−13.2	11.6	−20.10
	15	466.3	粉砂	2.49	−13.3	11.2	−21.10
	16	474.1	中粗砂	2.95	−14.8	11.5	−21.20
	17	530.7	黏质砂砾	3.60	−16.0	11.7	−21.30

12.1.6　井壁结构方案

井壁结构参数见表 12-3。

表 12-3　井壁结构参数

井筒名称	净直径/m	深度/m	井壁厚度/mm 和混凝土强度		内、外壁之和/mm	塑料夹层厚度/mm	泡沫板厚度/mm
			内层井壁	外层井壁			
主井	7.5	6.0～170.0	500/C40	500/C40	1000	1.5×2	—
		170.0～240.0	750/C40	700/C40	1450	1.5×2	50
		240.0～290.0	750/C50	700/C50	1450	1.5×2	50
		290.0～320.0	750/C60	700/C60	1450	1.5×2	50
		320.0～400.0	950/C60	950/C60	1900	1.5×2	75
		400.0～430.0	950/C65	950/C65	1900	1.5×2	75
		430.0～490.0	1150/C65	1000/C65	2150	1.5×2	75
		490.0～545.0	1150/C70	1000/C70	2150	1.5×2	50
		545.0～557.0	2150/C70(壁座)		2150	—	—
副井	8.0	6.0～160.0	500/C40	500/C40	1000	1.5×2	—
		160.0～240.0	800/C40	750/C40	1550	1.5×2	50
		240.0～290.0	800/C50	750/C50	1550	1.5×2	50
		290.0～320.0	800/C60	750/C60	1550	1.5×2	50
		320.0～400.0	1000/C60	1000/C60	2000	1.5×2	75
		400.0～420.0	1000/C65	1000/C65	2000	1.5×2	75
		420.0～480.0	1200/C65	1050/C65	2250	1.5×2	75
		480.0～544.0	1200/C70	1050/C70	2250	1.5×2	50
		544.0～556.0	2250/C70(壁座)		2250	—	—
风井	7.5	9.5～170.0	500/C40	500/C40	1000	1.5×2	—
		170.0～240.0	750/C40	700/C40	1450	1.5×2	50
		240.0～290.0	750/C50	700/C50	1450	1.5×2	50
		290.0～320.0	750/C60	700/C60	1450	1.5×2	50
		320.0～400.0	950/C60	950/C60	1900	1.5×2	75
		400.0～430.0	950/C65	950/C65	1900	1.5×2	75
		430.0～490.0	1150/C65	1000/C65	2150	1.5×2	75
		490.0～538.0	1150/C70	1000/C70	2150	1.5×2	50
		538.0～550.0	2150/C70(壁座)		2150	—	—

12.1.7 冻结段掘砌施工

1. 掘砌施工总体情况

丁集矿主井井筒 7 月试挖完成 26.6m，8 月成井 112.4m，9 月成井 128.1m，10 月成井 101.2，11 月成井 80.6m(全部是深厚钙质黏土，段高 2.4m)，截至 12 月 31 日冻结段外壁全部施工完毕，共计 165d。2005 年 1 月 30 日施工至 557m(大壁座下 1m)开始一次套壁，至 2005 年 3 月 24 日内壁套壁施工结束，共计 234d。

丁集矿副井井筒于 2004 年 6 月 28 日正式开工，2005 年 1 月 24 日冻结段外壁施工结束，外壁施工共计用时 210d，平均月成井 76.86m。12m 壁座掘砌施工用时 11d(包括工序转换 2d)，冻结段内壁施工从 2005 年 2 月 4 日～3 月 27 日，共计用时 54d，套壁施工月成井 299m。

丁集风井井筒 2004 年 6 月 9 日试挖，试挖段采用 2.4m 段高，正式开挖后至 320m 水平采用 3.6m 段高。垂深 320m 以下采用 2.6m 段高，由于采用合理的掘砌段高，自井筒开挖至垂深 504m 水平，平均矿建施工速度 91m/月，最高月进尺 111m。2005 年 1 月 18 日冻结段外壁掘砌落底，1 月 20 日正式开始套壁，4 月 1 日套壁结束。两层深厚黏土层埋深于 349.55～367.75m 与 387.75～443.60m，第一层施工起始时间为 2004 年 10 月 13 日，结束时间为 10 月 19 日。第二层施工起始时间为 2004 年 10 月 25 日，结束时间为 11 月 16 日。从施工过的井壁情况来看，深厚黏土层外层井壁未发生挤垮压坏现象，施工工作面也未发现冻结管破裂。至此，风井安全顺利地通过了深厚黏土层。

2. 冻结段深厚黏土层施工方法

1) 掘进

采用人工风铲掘进，大抓装罐，三班掘进，一班砌壁，段高 2.4m。在多层 10m 左右厚度含钙黏土层施工中，针对其具有强膨胀性，冻结壁强度低，蠕变值较大，冻胀性较强的工程地质特征，为确保安全快速施工，在外壁掘砌中采取如下措施：在深厚黏土层中掘砌时，由建设、监理、冻结和施工四方对各个层段冻结壁强度、井帮温度、位移速度等基础数据进行测算，严格将径向位移量控制在 50mm 以内。并组织精干力量快速施工，减少井帮裸露时间，掘进要控制在 22h 内。结合信息化施工，保证施工安全。按已编制的在深厚黏土层中易发生的情况及预防措施要求做好应急预案。

另外，加强冻结。深井冻结施工时要结合建井施工速度和工艺，选择合理的冻结参数以加强冻结，降低井帮温度，满足建井要求。

2) 砌壁

加大井壁与围岩之间的释压空间。加厚铺设泡沫塑料板，以此释放井帮初期冻结压力，同时使圆形井壁均匀受压，以加强井壁的抗压能力。

提高外层井壁的早期强度和整体强度，阻止冻结壁位移进一步发展，在主要强膨胀性黏土层中，混凝土试配时添加防冻早强减水剂等外加剂，以提高井壁早期强度和整体支护强度，防止外层井壁被压坏。

继续坚持甲方、监理和施工三方混凝土浇筑旁站制度,保证混凝土质量和混凝土浇筑快速、顺利进行。

3. 掘砌施工工艺

1) 主井

主井冻结段外壁掘砌混合作业方式,使用整体下行式金属活动模板配铁刃角架砌壁,固定段高 3.5m(砂层)或 2.4m(黏土层),以减少井帮暴露时间,施工快速安全,操作简单,井壁质量易保证,可以实现部分工序平行交叉作业。

主井施工设备,根据工程设计技术特征和建设单位对工期、质量的要求。满足不同阶段和不同井深施工方案和施工进度对设备能力、型号的要求。选择成熟、配套的机械设备,组成立井施工机械化作业线,配套能力有一定的富余系数(一般不小于 40%)。

在主井冻结表土段施工过程中,冻结段外壁采用短段掘砌混合作业方式,使用自制冻土挖掘机配合风镐或高效风铲挖土,中心回转抓岩机装罐,使用带刃角架整体下行式金属活动模板砌壁,固定段高 3.5m(2.0m),混凝土输送使用 2.0m³ 底卸式吊桶。

井筒表土段的开挖,应具备下列条件:水文观测孔内的水位,应有规律上升并溢出孔口;测温孔的温度,已符合设计规定,并确认在井筒掘砌过程中不同深度的冻结壁的强度达到设计要求;经冻结施工单位主管部门分析,确认冻结壁已全部交圈并发出试挖通知书;地面提升、搅拌系统、材料运输、供热等辅助设施已具备。

掘砌段高根据井筒所处深度的岩层性质、冻结壁的强度以及掘进速度等因素综合考虑,同时符合下列规定:试挖阶段,不应超过 1.5m。易膨胀性黏土层,应不超过 2.5m。丁集主井表土段深 530.05m,其中砂质黏土、黏土累厚 222.2m,占表土层的 41.9%;砂层累厚 293.41m,占表土层的 55.4%;砾石层累厚 14.44m,占表土层的 2.7%。厚度在 10m 以上黏土层共有 7 层,最厚为 30.85m。风化带深度在 535.0~545.0m。表土中的黏土、钙质黏土膨胀性较强。施工中予以充分重视采取综合技术安全措施,通过深厚黏土层。强化冻结,黏土层井帮温度必须达到 −8℃ 以下;严格控制掘砌段高,不得大于 2.5m,组织足够的人力、机械强行挖掘,使冻结壁暴露时间控制在 18h 之内;与设计、监理单位紧密配合,加强冻结段井帮温度、井帮位移和冻胀压力的观测,用可靠的数据指导施工;提高混凝土质量,购置的混凝土必须质量合格,符合设计要求,保证混凝土入模温度不得低于 20℃,使混凝土的强度在 24h 达到设计值的 30%,72h 强度达到设计值的 70%。

当冻结段井壁外壁施工至垂深 545m 位置时,拆除整体活动金属模板,按设计要求掘 12m 内外壁整体浇筑段,增设锚网临时支护,当掘至垂深 557m 时,转入内外壁整体现浇段砌筑施工。

2) 副井

采用人工风铲掘进,大抓装罐,三班掘进,一班砌壁。在多层 10m 左右厚度含钙黏土层施工中,针对其具有强膨胀性、冻结壁强度低、蠕变值较大、冻胀性较强的工程地质特征,为确保安全快速施工,在外壁掘砌中采取以下措施:

短段掘砌,段高不大于 2.4m,在深厚黏土层中掘砌时,由建设、监理、冻结和施工四方对各个层段冻结壁强度、井帮温度、位移速度等基础数据进行测算,严格将径向位移量控制在 50mm 以内。并组织精干力量快速施工,减少井帮裸露时间,掘进时间控制在 22h

内。结合信息化施工,保证施工安全,并按已编制的在深厚黏土层中易发生的情况及预防措施要求做好应急预案。

加强冻结,深井冻结施工时要结合建井施工速度和工艺,选择合理的冻结参数以加强冻结,降低井帮温度,满足建井要求。

冻结段外壁采用综合机械化配套方案,短段掘砌混合作业方式。采用人工多台风镐、铁锹掘进为主,中心回转抓岩机直接破土装罐为辅,两套单钩 4m³ 吊桶提升。井筒内进入风化基岩段后,采用钻爆法施工。外壁砌筑采用 2.4~3.4m 高度液压伸缩整体移动式金属模板,掘至模板高度后再进行砌筑。内壁采用 1.0m 高组合式金属模板,自下而上连续砌筑,并采用 3.0m³ 底卸式吊桶下放混凝土。

3) 风井

风井冻结表土段采用人工配合风镐破土,两台 HZ-6 型中心回转抓岩机装岩;冻结基岩段采用放松动炮的方法破岩,人工配合抓岩机装岩,提升采用 2JKZ-3.6/13.23、JKZ-2.8/15.5A 型提升机提升,提升容器为 5m³ 吊桶,卸矸方式采用人工挂钩式翻矸装置。砌壁模板采用单缝液压整体式下移模板,该模板段高 2.1m,由三台 JZ2-16/800 型稳车悬吊。

内壁施工采用多工序平行交叉作业,使用 11 套金属组装模板循环倒模。在吊盘的下方悬挂一辅助盘,在井筒内形成 4 个工作平台。在吊盘上层盘进行塑料板铺设工作、中层盘进行钢筋的绑扎、下层盘稳模浇灌、辅助盘拆模洒水养护井壁。

12.1.8　井壁内外力监测

1. 监测内容及方法

井壁的监测内容:① 井壁钢筋应力;② 井壁混凝土应变;③ 井壁混凝土温度。

为了确保观测系统长期的稳定性和可靠性,本次监测采取精度高、抗干扰性强、稳定性好的振弦式传感元件作为一次仪表,振弦式频率仪作为二次仪表。测试元件随工程施工埋入井壁混凝土中,其中钢筋应力采用钢筋计量测;井壁应变采用振弦式混凝土应变计量测。

2. 监测水平及元件布置

根据冻结段井壁结构设计参数和开工顺序,信息化施工井壁内外力监测以副井井筒为主。根据地层和井壁结构情况,在副井外层井壁共布置 5 个测试水平,具体布置位置见表 12-4。

表 12-4　监测水平一览表

井筒名称	测试水平	埋深/m	土层性质	层厚/m	混凝土强度等级	环筋直径
副井	1	289	钙质黏土	5.2	C50	25(Ⅲ)
	2	347	钙质黏土	12.8	C60	28(Ⅲ)
	3	417.9	钙质黏土	8.3	C65	28(Ⅲ)
	4	438	黏土	10	C65	28(Ⅲ)
	5	501	钙质黏土	2.5	C70	32(Ⅲ)

外壁测试元件布置如图 12-11 所示。在井壁内排钢筋上沿东、南、西、北 4 个方向各布置 1 个测试断面,每个测试断面沿环向、竖向和径向各布置一个钢筋计。每个水平共布置钢筋计 12 个。在井壁内侧沿 4 个方向各布置 1 个测试断面,每个测试断面沿环向、竖向和径向各布置一个混凝土应变计。每个水平共布置混凝土应变计 12 个。

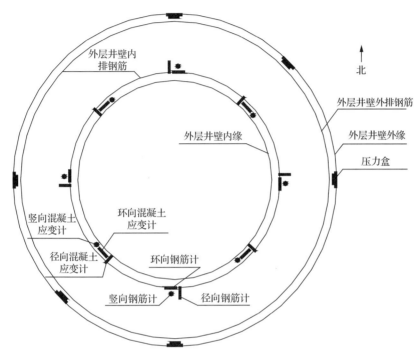

图 12-11　外壁测试元件布置示意图

3. 监测结果及其分析

1) 钢筋应力

钢筋竖向应力监测结果如图 12-12 至图 12-16 所示。由外壁 5 个水平测试结果可见,其中 4 个测试水平井壁中竖向钢筋的拉应力都较大,这主要是由混凝土体积变形和降温收缩所产生的竖向约束应力导致的。因为在混凝土浇筑后,水化热温度达到 40～50℃,随后开始降低(这由 5 个测试水平的温度测试结果可见),混凝土产生收缩,而冻结壁对混凝土产生约束作用,阻碍钢筋混凝土收缩,于是在钢筋中产生了较大的竖向拉应变和拉应力。井壁竖向拉应力大小与混凝土水化热高低和冻结壁变形大小有关,当冻结壁变形大,外壁受到的冻结压力增加,井壁收缩受到的约束将变大,钢筋中受到的拉应力随之增加。由测试值可见,副井第一水平和第二水平竖向钢筋应力较大,其中第一水平处 C50 为普通混凝土,水化热较大,井壁降温梯度大,井壁收缩严重;而第二水平处黏土层冻结压力来压快且大,使得冻结壁对外壁的约束增强,钢筋受到的拉应力变大。而副井第四水平处为黏土层,冻结壁强度高、变形小,对外壁的竖向约束小,井壁竖向钢筋处于受压状态,对井壁受力十分有利。

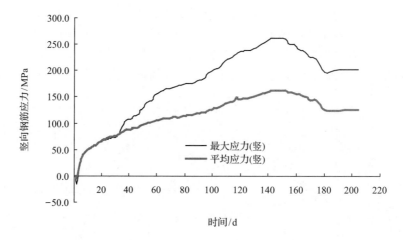

图 12-12　副井第一水平(−289m)竖向钢筋应力变化曲线

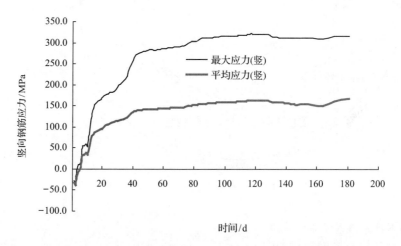

图 12-13　副井第二水平(−347m)竖向钢筋应力变化曲线

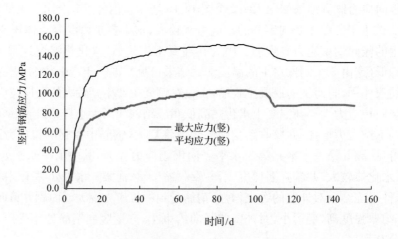

图 12-14　副井第三水平(−417.9m)竖向钢筋应力变化曲线

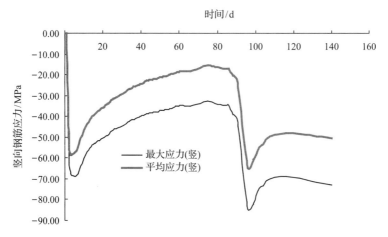

图 12-15　副井第四水平(−438m)竖向钢筋应力变化曲线

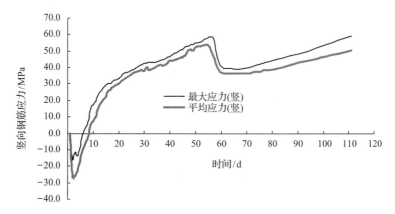

图 12-16　副井第五水平(−501m)竖向钢筋应力变化曲线

钢筋环向应力监测结果如图 12-17 至图 12-21 所示。由 5 个水平测试结果可见,外壁环向钢筋的压应力值初期呈直线形规律增加,随后逐渐增加。这主要是由于外壁环向钢筋的压应力属荷载应力,由冻结压力引起的。

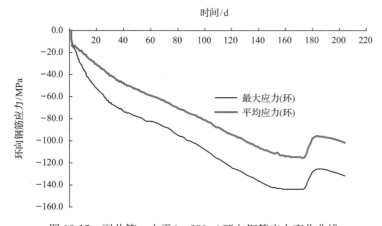

图 12-17　副井第一水平(−289m)环向钢筋应力变化曲线

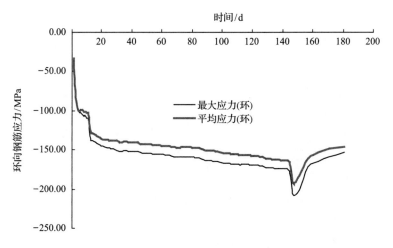

图 12-18　副井第二水平(−347m)环向钢筋应力变化曲线

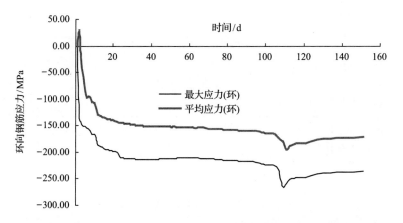

图 12-19　副井第三水平(−417.9m)环向钢筋应力变化曲线

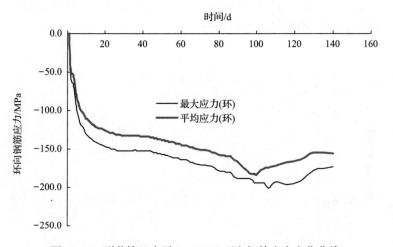

图 12-20　副井第四水平(−438m)环向钢筋应力变化曲线

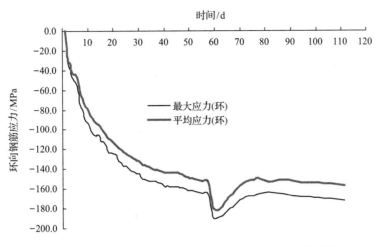

图 12-21　副井第五水平(−501m)环向钢筋应力变化曲线

2）混凝土应变

外壁混凝土的变形包括收缩变形和冻结压力作用变形。其中混凝土的收缩变形主要包括塑性收缩、自身收缩、干燥收缩和温度收缩。对于特厚表土层冻结井筒外壁，要求其混凝土的早期强度高、坍落度大、水灰比低，从而使得混凝土的塑性收缩和自身收缩变形增大。由于施工工艺要求外壁拆模时间早，混凝土表面水分过早散失，加大了干燥收缩。又因为特厚表土层中外壁设计厚度大，属于大体积混凝土施工，水化热温度较高，而井帮温度低，温降梯度大，导致混凝土温度收缩严重。所有上述原因，将使得混凝土的收缩变形大大增加。

当混凝土的变形没有受到约束时，为自由变形，不会产生拉应力。但是特厚黏土层中冻结壁变形大、冻结压力来压快且数值大，对外壁的围抱力大，约束了混凝土的收缩变形，将在混凝土中产生竖向拉应力，当拉应力超过其抗拉强度时，井壁便产生环向裂缝。

混凝土竖向应变监测结果如图 12-22 至图 12-26 所示。对于混凝土试件，通过单轴拉伸试验得到其极限拉应变为 140με 左右，但在钢筋混凝土结构中和存在约束条件下，

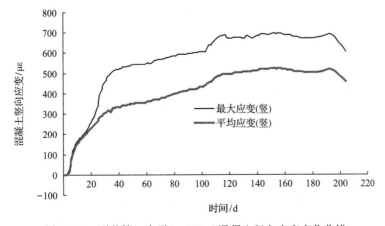

图 12-22　副井第一水平(−289m)混凝土竖向应变变化曲线

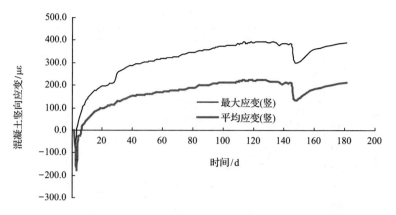

图 12-23　副井第二水平(-347m)混凝土竖向应变变化曲线

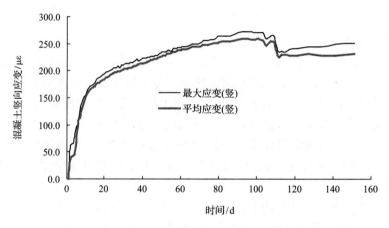

图 12-24　副井第三水平(-417.9m)混凝土竖向应变变化曲线

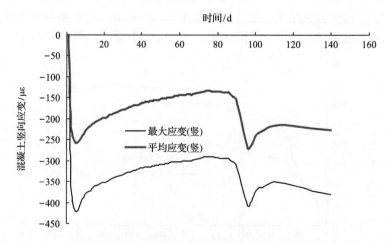

图 12-25　副井第四水平(-438m)混凝土竖向应变变化曲线

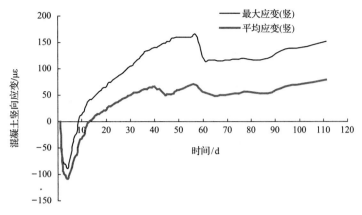

图 12-26　副井第五水平(−501m)混凝土竖向应变变化曲线

混凝土的开裂极限拉应变将得到较大提高。由测试结果可见,外壁 5 个水平混凝土受到的拉应变很大,这主要是由于混凝土竖向收缩变形受到冻结壁约束所致,加上自重吊挂作用,从而产生较大的竖向拉应力。

混凝土环向应变监测结果如图 12-27 至图 12-31 所示。由测试结果可见,外壁混凝土的环向压应变较大,这主要是由于混凝土收缩变形和冻结压力共同作用所致。

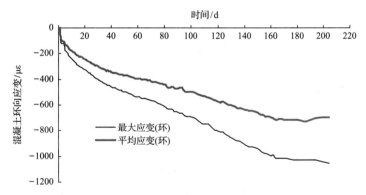

图 12-27　副井第一水平(−289m)混凝土环向应变变化曲线

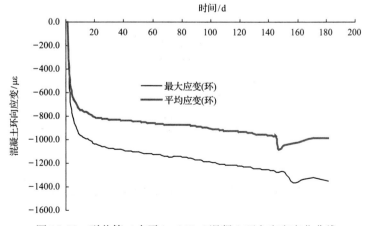

图 12-28　副井第二水平(−347m)混凝土环向应变变化曲线

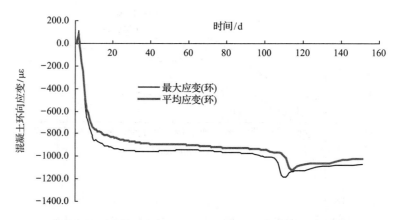

图 12-29　副井第三水平(－417.9m)混凝土环向应变变化曲线

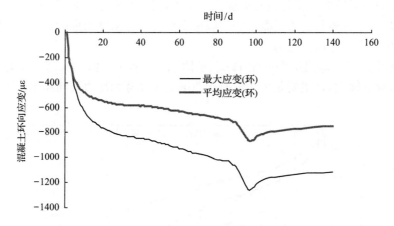

图 12-30　副井第四水平(－438m)混凝土环向应变变化曲线

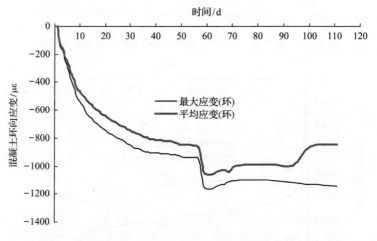

图 12-31　副井第五水平(－501m)混凝土环向应变变化曲线

3）井壁混凝土温度场实测结果及分析

与浅表土层的冻结井筒不同,深厚表土冻结井壁所承受的冻结压力和水压较大,为了抵御强大的外荷载,井筒深部的钢筋混凝土井壁结构均采用了 C50 强度等级以上的高强高性能混凝土,即使这样,内、外壁的厚度通常也超过了 1m。由于施工环境、施工工艺和施工速度的原因,深冻结井井壁混凝土具有以下几个特点:①混凝土早期强度高;②混凝土早期水化放热速度快,根据现场实测,混凝土在 25h 以内就达到了最高温升;③混凝土温升大,通常为 35～50℃;④由于冻结壁造成的低温工况,井壁混凝土内外温差较大。对照美国混凝土协会对大体积混凝土的定义,以上几点都充分说明深冻结井壁高强混凝土属于大体积混凝土。在冻结壁的约束作用下,大体积混凝土在硬化过程中的裂缝控制通常是保证混凝土结构质量的关键一环,但是和其他土木工程结构的大体积混凝土不同的是,由于要保证一定的入模温度以满足混凝土的早强性,深冻结井筒大体积混凝土的裂缝控制无法在施工上采取相应措施,唯一的办法只有通过优化混凝土的配合比,减少混凝土水化热,降低最高温升,从而减少温差大造成的温度应力。

以丁集矿副井 3 个水平的外壁混凝土温度实测结果对深冻结井井壁高强混凝土的温度场进行分析。

三个测试水平井壁基本参数见表 12-5,每个测试水平井壁混凝土配合比见表 12-6。

表 12-5　丁集矿副井监测水平一览表

测试水平	埋深/m	土层性质	层厚/m	混凝土强度等级	井壁厚度/mm	泡沫板厚度/mm
1	289	钙质黏土	5.2	C50	900	50
3	417.9	钙质黏土	8.3	C65	1100	75
5	501	黏土	2.5	C70	1100	50

表 12-6　丁集煤矿副井冻结段外层井壁混凝土配合比

混凝土强度等级	混凝土原材料用量/(kg/m³)							水泥品种（海螺牌）	减水剂种类及其掺量
	水泥	硅粉	磨细矿渣	碎石	砂子	水	高效减水剂		
C50	500	—	—	1176.4	606.1	150.0	8.3	P.O 42.5	NF(1.6%)
C65	450	33.8	54	1187.5	584.9	139.8	9.7	P.O 52.5R	NF(1.8%)
C70	450	45	54	1178.1	580.2	142.7	9.9	P.O 52.5R	NF(1.8%)

三个水平测试结果如图 12-32 至图 12-34 所示。

从以上三个水平的实测数据可以看出,深冻结井井壁高强混凝土水化放热速度快,混凝土浇筑后 24h 内基本达到最高温升,基于混凝土强度等级、混凝土所用原材料和配合比的不同,温升通常为 30～50℃。丁集矿副井一水平 C50 等级混凝土由于单方水泥用量较大,在混凝土入模温度为 23℃ 的情况下,硬化后最高温度达到了 67℃,温升为 44℃,二水平 C65 等级混凝土和三水平 C70 等级混凝土配合比经过优化减少了水泥用量,双掺了硅粉和磨细矿渣,在保证混凝土早强的同时,有效地控制了水化放热量,减小了混凝土的最高温升。二水平 C65 混凝土入模温度 15℃,硬化后最高温度 47℃,温升 32℃;三水平 C70

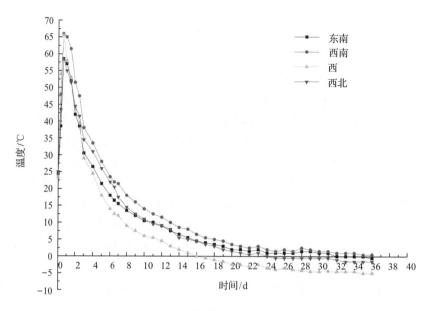

图 12-32　丁集矿副井一水平外壁混凝土温度变化曲线（C50 混凝土）

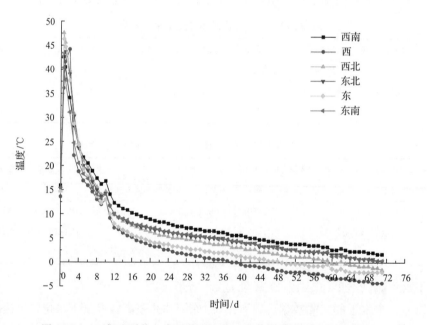

图 12-33　丁集矿副井三水平外壁混凝土温度变化曲线（C65 混凝土）

混凝土入模温度 26℃，硬化后最高温度 57℃，温升 31℃。从温度变化曲线亦可看出，由于冻结壁的低温作用，混凝土在达到最高温度后，温降速度较快，在 15d 后，温降趋于平稳，混凝土进入负温养护。如图 12-34 所示，五水平温度变化曲线显示在 50d 时由于套壁到该位置后，受内壁混凝土水化热的影响，温度出现了升高现象，温升 20℃左右，在 3～4d 后温度又开始出现下降，混凝土继续进入缓慢负温养护期。

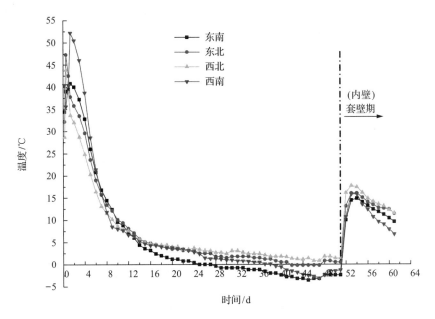

图 12-34　丁集矿副井五水平外壁混凝土温度变化曲线(C70 混凝土)

12.2　口孜东矿冻结法凿井工程

12.2.1　工程概况

口孜东矿井是国投新集能源股份有限公司已建成的大型矿井,该矿设计有主井、副井、风井三个井筒,其中主井井筒设计净直径为 7.5m,穿过表土层厚为 568.45m;副井井筒设计净直径为 8.0m,穿过表土层厚 571.95m;风井井筒设计净直径为 7.5m,穿过表土层厚 573.2m,三个井筒表土冲积层和部分基岩含水层均采用冻结法施工,特别是主井,冻结深度达到 737m,是目前国内冻结最深的矿井之一。[3,4]

12.2.2　工程地质与水文地质

根据地质资料,口孜东矿新生界松散层厚度为 426.18～687.6m,主井、副井、风井 3个井筒均需穿过 589～604m 厚的新生界松散层和基岩风化带。

主井新地层厚度为 557.6m,0～437.50m 主要由砂质黏土和细砂、中砂、粉砂组成;437.50～494.70m 为两层钙质黏土,557.6～568.45m 为砂砾层。基岩风化带深度为568.45～580.20m。黏土层具强膨胀性,砂层、砂砾层结构松散易坍塌,黏土层及砾石层互相交叠。

副井新地层厚度为 560.3m,0～496.55m 主要由砂质黏土和中砂、细砂、粉砂组成;496.55～560.30m 为两层钙质黏土,560.30～571.95m 为砂砾层。基岩风化带深度为571.95～589.56m。黏土层具强膨胀性,砂层、砂砾层结构松散易坍塌,黏土层及砾石层互相交叠。

风井新地层厚度为 564.0m,0～443.1m 主要由砂质黏土和细砂、中砂、粉砂组成,443.10～564.0m 为三层钙质黏土和一层黏土,564.0～573.20m 为砂砾层。基岩风化带深度为 573.20～604.63m。黏土层具强膨胀性,砂层、砂砾层结构松散易坍塌,黏土层及砾石层互相交叠。

12.2.3 冻结方案

由于第三系深部厚黏土层单层厚度大、埋藏深、单轴抗压强度低、蠕变特性显著,加上第三系黏土层的总厚度大、含水量低、地温高等特点,同时考虑确保井筒安全连续施工和上部快速施工,为保证冻结壁有足够的强度和厚度,经过反复方案对比和专家论证,口孜东矿主井、副井、风井采用四排孔冻结方案。

1. 主井冻结方案

口孜东矿主井表土段采用四排孔冻结方式,具体设计方案如下:

1) 冻结深度

采用外排孔＋中排孔＋内排孔＋防片孔冻结方式:

外排孔采用局部冻结方式,即 362m 以上采取隔温措施,362m 以下进行冻结,其深度为 578m。

中排孔采用差异冻结方式,其长腿深度为 737m,短腿深度为 608m。

内排孔采用全深冻结,冻结深度为 569m。

防片孔采用差异冻结方式,其长腿深度为 470m,短腿深度为 220m。

2) 冻结孔布置参数

局部冻结段以上采用中排孔＋内排孔＋防片孔冻结方式,局部冻结段以下采用外排孔＋中排孔＋内排孔冻结方式,以满足冻结壁厚度及平均温度的要求。其中防片孔主要起 470m 以上防片帮的作用;内排孔起上部降低冻结壁平均温度、470m 以下降低井帮温度、防底膨的作用;外排孔主要起增加冻结壁厚度、降低冻结壁平均温度、增大冻结壁稳定性的作用;中排孔为主冻结孔,主要起增加冻结壁厚度、降低冻结壁平均温度的作用,其中深孔(737m)起基岩段封水作用。具体冻结孔布置参数见表 12-7。

表 12-7 主井冻结孔布置参数

冻结孔类型	布置参数	数值	备注
外排孔	圈径/m	30.8	局部冻结,上部(362m 以上)采取隔热
	孔数/个	58	
	开孔间距/m	1.667	
	深度/m	578	
中排孔	圈径/m	24.5	主井采取差异冻结 长/短腿:737m/608m
	孔数/个	54	
	开孔间距/m	1.425	
	深度/m	608/737	

续表

冻结孔类型	布置参数	数值	备注
内排孔	圈径/m	18.2	全深冻结
	孔数/个	26	
	开孔间距/m	2.198	
	深度/m	569	
防片孔	圈径/m	12.7/14.8	梅花型布置,差异冻结 长/短腿:470m/220m
	孔数/个	9/9	
	开孔间距/m	4.431/5.164	
	深度/m	220/470	

3）冻结壁设计

井筒表土段最大掘进荒径 12.55m。设计积极冻结期盐水温度为 −34～−36℃,取控制层位 568.45m。设计冻结壁厚度 11.5m。设计冻结壁平均温度为 −16～−18℃。

2. 副井冻结方案

口孜东矿副井表土段采用四排孔冻结方式,具体设计方案如下:

1）冻结深度

外排孔冻结深度为 576m,采用局部冻结方式。

中排孔以穿过风化带,进入基岩段为原则,冻结深度为 615m。

内排孔冻结深度为 575m。

防片帮孔采用插花冻结方式,内排冻结深度 240m,外排冻结深度 480m。

2）冻结孔布置参数

对于四排孔冻结方式,其中内排孔主要起防片帮、降低井帮温度、减少冻土位移量的作用;外排孔、中排孔、内排孔主要起降低冻结壁平均温度、增大冻结壁稳定性作用,在基岩段起封水作用。

冻结孔布置参数见表 12-8。

表 12-8　副井冻结孔布置参数

冻结孔类型	布置参数	数值	备注
外排孔	圈径/m	33.5	局部冻结,上部采取隔热
	孔数/个	63	
	开孔间距/m	1.67	
	深度/m	576	
中排孔	圈径/m	26.3	全深冻结
	孔数/个	59	
	开孔间距/m	1.40	
	深度/m	615	

冻结孔类型	布置参数	数值	备注
内排孔	圈径/m	19	全深冻结
	孔数/个	28	
	开孔间距/m	2.12	
	深度/m	575	
防片孔	圈径/m	13.4/15.6	梅花型布置,差异冻结 长/短腿:480m/240m
	孔数/个	33.5	
	开孔间距/m	63	
	深度/m	1.67	

3)冻结壁设计

井筒表土段最大掘进荒径13.25m。设计冻结盐水温度为$-29\sim-34℃$,取控制层位571.95m。设计冻结壁厚度12.5m。设计冻结壁平均温度为$-15℃$。

3. 风井冻结方案

口孜东矿风井表土段采用四排孔冻结方式,具体设计方案如下:

1)冻结深度

外排孔冻结深度为585m。采用局部冻结,350m以上保温。

中排孔以穿过风化带、进入基岩段为原则,冻结深度为626m。

内排孔冻结深度为575m。

防片帮孔采用插花冻结方式,内排冻结深度220m,外排冻结深度470m。

2)冻结孔布置参数

对于四排孔冻结方式,其中内排孔主要起防片帮、降低井帮温度、减少冻土位移量的作用;外排孔、中排孔、内排孔主要起降低冻结壁平均温度、增大冻结壁稳定性作用,在基岩段起封水作用。

冻结孔布置参数见表12-9。

表 12-9　风井冻结孔布置参数

序号	冻结孔类型	布置参数	数值	备注
1	冻结孔 布孔圈径	防片帮孔/m	12.65/15.0	
		内圈孔/m	17.4	
		中圈孔/m	23.6	
		外圈孔/m	31.4	
2	冻结孔数	防片帮孔/个	10/10	
		内圈孔/个	25	
		中圈孔/个	53	
		外圈孔/个	60	

续表

序号	冻结孔类型	布置参数	数值	备注
3	冻结孔 开孔间距	防片帮孔/m	3.909/4.635	内孔 至外孔 2.32
		内圈孔/m	2.181	
		中圈孔/m	1.398	
		外圈孔/m	1.643	
4	冻结孔 深度	防片帮孔/m	220/470	
		内圈孔/m	575	
		中圈孔/m	626	
		外圈孔/m	585	
5		测温孔/(个/m)	2/626　2/585　1/575	
6		水文孔/(个/m)	73/1 346/1 436/1	
7		钻孔工程量/m	93405	

3) 冻结壁设计

井筒表土段最大掘进荒径 12.85m。设计冻结盐水温度为 $-34\sim-36℃$,取控制层位 564.0m。设计冻结壁厚度 11.5m。设计冻结壁平均温度为 $-17℃$。

12.2.4　冻结孔施工

口孜东矿主井、副井冻结钻孔施工选用 7 台套 TSJ-2000A 型水源钻机,配备 14 台 TBW-850/50 型泥浆泵施工,测斜采用 JDT-5A 陀螺测斜仪测斜,纠偏设备选用 5LZ165×7.0BH 型螺杆钻具,定向选用蔡司 010B 型经纬仪。

口孜东矿风井采用 TSJ-2000E 型水注两用钻机 12 台,同时施工,每台钻机配备 TBW-850/50 型泥浆泵一台。钻孔测斜采用 JDT-5 型陀螺仪,实现不提钻测斜。采用 JDT-3K 型陀螺仪定向,随钻可提式导向器和 YL-127 型螺杆钻纠斜。

12.2.5　冻结制冷控制

1. 制冷效果

口孜东主、副井冷冻站从 2007 年 2 月 1 日开始正式制冷运转,副井冷冻站于 2008 年 3 月 26 日停机,主井冷冻站于 2008 年 7 月 16 日停止冻结运转。口孜东风井于 2007 年 2 月 1 日开始冻结,开机初期,快速降温,风井设计 30d 盐水温度降至 $-28℃$,实际冻结 24d (2007 年 2 月 23 日)盐水温度降至 $-28℃$,比设计要求的提前 6d。

主井:3 月 14 日 22:20 深孔冒水,表明该报道层位已交圈;3 月 20 日 20:08 浅孔冒水,标志着该报道层位也已经交圈;6 月 8 日 2:58 中深孔冒水,至此主井的所有报道层位均已交圈。主井于 2007 年 6 月 11 日试挖,2008 年 2 月 20 日顺利地通过了表土段,2008 年 3 月 20 日壁座以上冻结基岩段得以安全顺利通过,并于 2008 年 3 月 20 日开始第一次套壁,2008 年 5 月 17 日套壁工作安全顺利结束。2008 年 5 月 27 日恢复掘砌,同年 7 月

16 日通过冻结段基岩,标志着主井冻结施工顺利结束。

副井:3 月 27 日 11:36 深孔冒水;3 月 30 日浅孔冒水;6 月 2 日 20:18 中深孔冒水。副井于 2007 年 6 月 6 日试挖,2007 年 12 月 23 日顺利地通过了表土段,2008 年 1 月 21 日冻结基岩段得以安全顺利通过,并于 2008 年 3 月 21 日套壁安全结束。

风井:浅水孔内管水位在冻结 52d 后,2007 年 3 月 23 日开始有规律上升,于 2007 年 4 月 16 日冻结 75d 冒出地面管口;中深水文孔水位,在冻结 59d 后,2007 年 3 月 31 日开始有规律上升,于 2007 年 4 月 3 日冻结 60d 冒出地面管口;深水孔水位,冻结 62d 后于 2007 年 4 月 3 日开始有规律上升,于 2007 年 4 月 14 日冻结 73d 冒出地面管口,证明深、浅水文孔不同深度范围内各含水层已全部交圈。风井冻结壁交圈时间为 75d。井筒于 2007 年 4 月 18 日冻结 77d 开挖,比设计 85d 提前 8d,截至 2008 年 2 月 27 日井筒套壁施工至 400m,井帮温度-12.0℃,井心-1.0℃,冻结效果良好。

2. 冷量控制

1) 冻结制冷量保证

根据计算,主井、副井、风井最大需冷量分别为 1239.5×10^4 kcal/h、1290.3×10^4 kcal/h、1107.21×10^4 kcal/h,冻结站采用双级压缩制冷,安装 JHLG25ⅢTA 型(表 12-10)螺杆冷冻机作为低压机,安装 LG20ⅢA 型螺杆冷冻机作为高压机。双级压缩机组和以前用的活塞式压缩机组相比,其操作简便,制冷量大,各项性能均处于国内先进水平。实际设备总装机标准制冷量主井、副井、风井筒分别达到了 174.84MJ(4176×10^4 kcal)/h、182.13MJ(4350×10^4 kcal)/h、181.08MJ(4325×10^4 kcal)/h。与最大需冷量之比为 3.35、3.37、3.91,保证制冷量能够满足井筒供冷的需求。

表 12-10 冷冻机组及附属设备选型

设备名称	设备型号	数量/台		
		主井	副井	风井
低压冷冻机	JHLG25ⅢTA	24	25	25
高压冷冻机	LG20ⅢA	24	25	25
蒸发器	LZ-160 型	48	50	50
蒸发式冷凝器	ZLN-660 型	48	50	50
中间冷却器	ZL-8.0 型	24	25	25
贮液器	ZA-3.0B 型	12	13	13

为了增强制冷系统的利用率和制冷效率,保证在不同的时期能够满足每圈的供冷需求,使制冷系统能够向每个冻结圈方便地调配,在保证体征制冷量的同时,在制冷工艺上也采取了相应的措施,冷冻站的安装采用小系统,即每两组或四组机组组成一个独立的制冷系统。虽然在安装的过程稍微多了一点工作量,但是其优点还是很明显的,能够使机组在各个制冷系统之间灵活的调配,使需冷量较多的时期和供冷量要求高的冻结圈有充足的制冷量保证。

2）盐水温度控制

确保积极冻结期盐水温度为－34～－36℃，维护冻结期盐水温度为－26～－28℃。盐水总循环量为 2550m³/h，其中防片帮孔不小于 10m³/h，内圈孔不小于 12m³/h，中、外圈孔不小于 14m³/h，保证低温大流量盐水循环，强化了冻结。

盐水温度控制主要分为以下 5 个过程：

（1）送冷至水文孔上水。在此过程中盐水温度在前期会大幅下降，但在盐水温度达到－20℃时要适当控制盐水温度，不能使其下降太快，以免因温度下降过快使冻结器周围土层中的自身潜热不能充分换走，造成所形成冻结壁比较脆弱、热阻加大，并影响交圈时间。

（2）水文孔上水至试开挖。这个过程是冻结壁初步形成阶段，其壁厚、强度需进一步加强，为井筒开挖创造有利条件。盐水温度下降应达到设计温度。

这个阶段中外圈盐水温度明显比中、内圈的盐水温度要高，这是正常的，因为随着冻结壁的不断发展，冻结壁外壁的面积越来越大，对应的换热面积也就增大，这样外圈孔的负荷增加；而冻结壁内壁面积则越来越小，负荷也不断减少，所以中内圈的盐水温度要低于外圈。

（3）正式开挖至掘过黏土层。这个过程是冻结壁加强、稳定与巩固阶段，随着井筒掘进的不断加深，所需冻结壁厚度、强度相应加大，所以必须以较低的盐水温度作保证。

（4）掘过黏土层至掘到底。至此强膨胀黏土层已经掘过，以下是砂土层和基岩风化带，由于冻结时间长，冻土已经扩入荒径，冻结壁厚度已达到或超过设计要求，井筒需冷量有所减少，所以盐水温度无须继续保持低温，应适当回升。

（5）套壁（消极冻结期）。井筒到底后，井筒需冷量进一步减少。

口孜东矿风井冻结过程中盐水温度控制如图 12-35 所示。

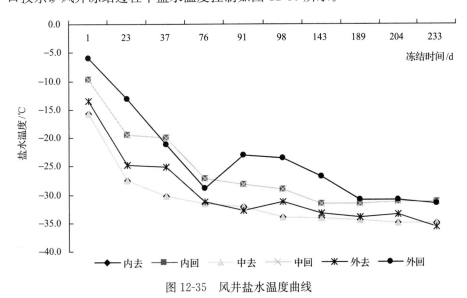

图 12-35　风井盐水温度曲线

3）盐水流量控制

盐水流量调节仍分为以下 5 个过程：

（1）送冷至水文孔上水。这个阶段是冻结壁形成的关键时期，需要大量的冷量供给，尤其是中圈主冻结孔，因为在此阶段冻结壁形成主要依靠主冻结孔。因此加大中圈主冻结孔的流量，相应降低外圈和内圈孔的流量是非常必要的。这不但有利于冻结壁早日交圈，而且避免在冻结壁中形成夹心（即未冻水）而影响冻结壁强度。

（2）水文孔上水至试开挖。这个过程是冻结壁整体形成的重要时期，每个冻结器周围都有其自身的冻土并且逐渐相交，形成完整的冻结壁。这样每个冻结管都需要大量的冷量输送，因此这个过程加大各孔的流量，尤其是内圈孔，要加快冻土扩展速度。使冻土距荒径距离合理，防止开挖时片帮。

（3）正式开挖至掘过黏土层。这个时候冻结壁已经基本形成，但是冻结壁的强度和厚度还不能满足深部掘进需求，因此此时需要加强冻结壁的强度和增加冻结壁的厚度。在流量控制上要根据井帮温度、测温孔温度、冻土进荒径内距离、揭露土层性质等指标对流量加以调整。中内圈以保证冻结壁平均温度达到设计要求，进荒径内冻土厚度达到最小为原则，而此时外圈孔要保持足够大的盐水流量，使盐水保持紊流状态，以加快冻结壁的向外扩展速度，增加冻结壁的厚度。

（4）掘过黏土层至掘到底。此时，冻结壁已具备足够的厚度、强度，井筒所需冷量逐渐减少，随之中圈流量也减少，外圈因扩展速度逐渐减小，仍需保持足够大的流量，以保证掘砌施工安全。

（5）套壁（消极冻结期）。套壁过程中仅需供给少量冷量，以保证所形成冻结壁保持应有的强度和厚度。

3. 冻结施工监测

为了准确掌握冻结壁发展情况，对各项技术参数进行监测、监控，及时有效掌握冻结发展速度，分析冻结壁发展状况，为快速、连续、安全施工提供了保障，并达到预期目的。

冻结施工过程中在三个井筒每个掘砌段高对井帮温度进行检测，见表 12-11 至表 12-13。根据井下实测数据以及测温数据，利用温度场对冻结壁状况进行分析和提前预测来指导掘进。同时对井帮位移进行量测，见表 12-14（风井），在确保安全条件下，及时调控冻结孔流量，控制冻土入荒，尽量少用冻土，多挖"溏心"。如风井在井筒挖至 50m 时，根据井帮温度的实测数据，经分析预测，下部冻土可能入荒较多，多方研究后做出了强化主冻结孔冻结、对防片帮孔流量进行控制的决定，关闭 220m 短腿，470m 长腿流量控制在 5m³/h 左右。这一决定使风井在 50～350m 施工中，真正做到了少用冻土，多挖"溏心"，为快速掘进创造了条件。

表 12-11　主井井帮温度监测数据

累深/m	地层	井帮温度/℃			
		东	西	南	北
27.8	砂质黏土	−0.2	−1.0	−0.6	−0.4
114.2	钙质黏土	−6.2	−5	−8	−5.2
415.8	中砂	−16.5	−14.2	−16.2	−17.9
515.6	钙质黏土	−15.1	−12.1	−14.0	−12.1
564.6	含砾石黏土	−17.0	−16.3	−16.9	−17.7

表 12-12　副井井帮温度监测数据

累深/m	地层	井帮温度/℃			
		东	西	南	北
32	砂质黏土	−0.3	−0.5	−0.1	−0.7
139.3	中粗砂	−6.7	−7	−5.2	−6.9
209.6	砂质黏土	−9.3	−6.9	−9.1	−9.7
390.9	细砂	−8.5	−7.4	−6.4	−10.9
468.9	砂质黏土	−12.3	−15.1	−15.5	−14.1
516.5	钙质黏土	−8.2	−11.8	−12.5	−12.8
568.5	含砾石黏土	−15.3	−16.2	−16	−16.2

表 12-13　风井井帮温度监测数据

累深/m	地层	井帮温度/℃			
		东	西	南	北
42.50	钙质黏土层	1.5	2.2	1.5	2.8
108.65	黏土层	−2.1	−1.9	−1.8	−2.0
127.40	中砂	−4	−4	−5.5	−3
198.65	细砂	−5	−4.5	−6	−4.8
485.40	黏土	−11.8	−11	−14	−14.3
513.40	钙质黏土	−10.5	−11.2	−11.0	−12.0
545.40	钙质黏土(含砂)	−13	−15	−13.8	−15.2
561.40	砾石层	−15	−14	−14	−14.2
569.50	砂质黏土(含砾石)	−15	−14.5	−15	−15.2

表 12-14 风井井帮位移数据

测量次数	时间	测点水平/m	冻结时间/d	方向	累计时间/h	位移累计/mm	位移速率/(mm/h)
1	2007.10.01	469.4	243	东	35	70	2.0
				南	35	70	2.0
				西	35	70	2.0
				北	35	70	2.0
2	2007.10.07	481.4	249	东	24	24	1
				南	24	24	1
				西	24	24	1
				北	24	0	0
3	2007.10.14	495.4	256	东	24	52.8	2.2
				南	24	48	2
				西	24	48	2
				北	24	48	2
4	2007.11.09	531.4	282	东	25	25	1
				南	25	12.5	0.5
				西	25	25	1
				北	25	25	1

12.2.6 井壁结构方案

口孜东矿主井、副井、风井井壁结构参数见表 12-15。

表 12-15 井壁结构参数

井筒名称	净直径/m	深度/m	井壁厚度/mm 和混凝土强度		内、外壁之和/mm	塑料夹层厚度/mm	泡沫板厚度/mm
			内层井壁	外层井壁			
主井	7.5	+27.7～-152.3	600/C40	500/C40	1100	1.5mm×2	25
		-152.3～-207.3	600/C50	500/C50	1100	1.5mm×2	25
		-207.3～-282.3	900/C50	750/C50	1650	1.5mm×2	50
		-282.3～-362.3	900/C60	750/C60	1650	1.5mm×2	50
		-362.3～-432.3	1200/C60	950/C70	2150	1.5mm×2	75
		-432.3～-522.3	1200/C70	1250/C75	2450	1.5mm×2	75
		-522.3～-541.0	1200/C75	1250/C75	2450	1.5mm×2	75
		-541.0～-557.3	1200/C75	1250/C75	2450	1.5mm×2	—
		-557.3～-572.3	2450/C70(壁座)		2450	—	—

续表

井筒名称	净直径/m	深度/m	井壁厚度/mm 和混凝土强度		内、外壁之和/mm	塑料夹层厚度/mm	泡沫板厚度/mm
			内层井壁	外层井壁			
副井	8.0	＋21.7～－152.3	650/C40	600/C40	1250	1.5mm×2	25
		－152.3～－212.3	650/C50	600/C50	1250	1.5mm×2	25
		－212.3～－282.3	950/C50	800/C50	1750	1.5mm×2	25
		－282.3～－362.3	950/C60	800/C60	1750	1.5mm×2	50
		－362.3～－437.3	1250/C60	1050/C70	2300	1.5mm×2	50
		－437.3～－502.3	1250/C70	1300/C75	2550	1.5mm×2	75
		－502.3～－546.3	1250/C75	1300/C75	2550	1.5mm×2	75
		－546.3～－564.8	1250/C75	1300/C75	2550	1.5mm×2	—
		－564.8～－578.8	2550/C70(壁座)		2550	—	—
风井	7.5	－12.3～－152.3	600/C40	500/C40	1100	1.5mm×2	25
		－152.3～－207.3	600/C50	500/C50	1100	1.5mm×2	25
		－207.3～－287.3	900/C50	750/C50	1650	1.5mm×2	50
		－287.3～－362.3	900/C60	750/C60	1650	1.5mm×2	50
		－362.3～－412.3	1200/C60	900/C70	2100	1.5mm×2	75
		－412.3～－482.3	1200/C70	1400/C70	2600	1.5mm×2	75
		－482.3～－517.3	1200/C70	1400/C75	2600	1.5mm×2	75
		－517.3～－545.5	1200/C75	1400/C75	2600	1.5mm×2	75
		－545.5～－573.3	1200/C75	1400/C75	2600	1.5mm×2	—
		－573.3～－587.3	2600/C70(壁座)		2600	—	—

井壁结构见图 12-36 至图 12-38。

12.2.7　冻结段掘砌施工

考虑到冻结压力的不确定性,在井筒外壁掘砌过程中,通过对掘砌工作面冻结壁径向位移、井帮温度、底臌等因素,在已施工外壁内预埋冻土信息监测元件,实时观测冻结井壁冻胀力情况,科学分析研究,及时把信息反馈,指导井筒施工,发现问题及时预警,并制订相应的应急预案,调整施工工艺,确保了口孜东矿井三个井筒安全施工。

1. 主井

冻结段外壁采用掘砌混合作业方式,使用整体下行式金属活动模板配铁刃角架砌壁,根据不同土性,段高分别采用 4m(砂层)和 2.2m(钙质黏土层)。

施工设备选择的原则为:根据工程设计技术特征和建设单位对工期、质量的要求,选择成熟、配套的机械设备,组成立井施工机械化作业线,配套能力有一定的富余系数(一般不小于 40%),以满足不同阶段和不同井深施工方案和施工进度对设备能力、型号的要求。

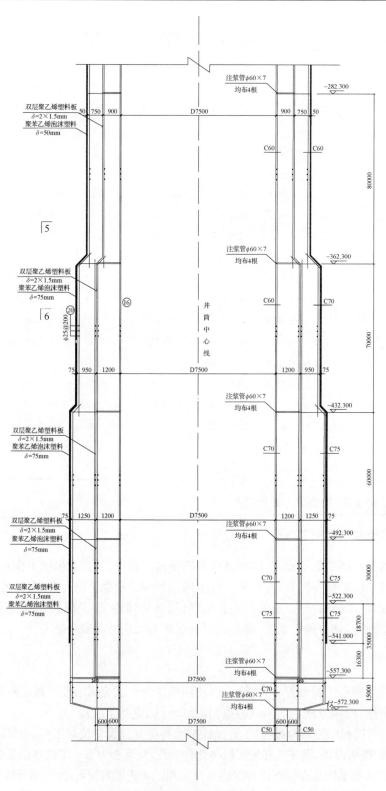

图 12-36 口孜东矿主井井壁结构(表土段－300m 以下)(单位:mm)

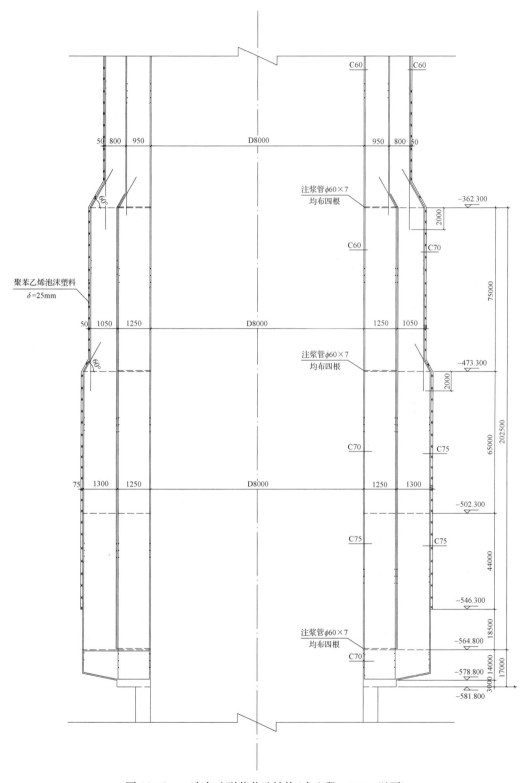

图 12-37　口孜东矿副井井壁结构(表土段－300m 以下)

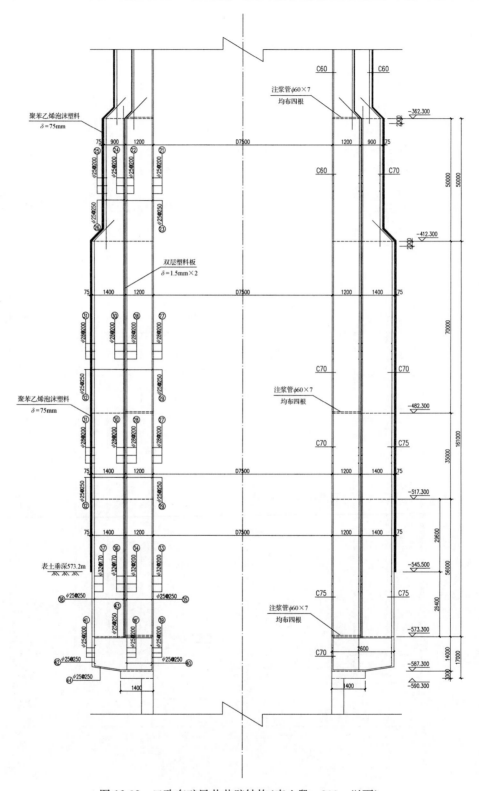

图 12-38 口孜东矿风井井壁结构(表土段－300m 以下)

冻结表土段施工,外壁采用短段掘砌混合作业方式,采用 CASE55 挖掘机配合风镐,中心回转抓岩机装罐,采用带刃角架整体下行式金属活动模板砌壁,固定段高 4.0m(或 2.2m),混凝土输送使用 2.5m³ 底卸式吊桶。

掘砌段高根据井筒所处深度的土层性质,冻结壁和井壁强度以及掘进速度等因素综合考虑确定:试挖阶段,段高不超过 1.5m;易膨胀性黏土层,不超过 2.5m。针对口孜东矿主井表土深厚,砂砾层累厚 309.5m,占表土层的 54%;黏土累厚 253.7m,占表土层的 46%,表土中的黏土、钙质黏土膨胀性较强,施工难度大等特点,施工中采取了以下综合技术安全措施,即强化冻结,黏土层井帮温度必须达到 -8℃ 以下;严格控制掘砌段高,组织足够的人力、机械强行挖掘,使冻结壁暴露时间控制在 20h 之内;加强冻结段井帮温度、井帮位移和冻胀压力的观测,用可靠的数据指导施工;为提高混凝土早期强度,要求混凝土入模温度不得低于 20℃,强度在 24h 达到设计值的 30%,72h 强度达到 70%。

当冻结段井壁外壁施工至垂深 585m 位置时,拆除整体活动金属模板升井,按设计要求掘 17m 内外壁整体浇筑段,增设锚网临时支护,当掘至垂深 604m 时,转入内外壁整体现浇段砌筑施工。

2. 副井

采用挖掘机辅以风镐铲子挖土,大抓装罐,三班掘进,一班砌壁。在过钙黏土层施工中,针对其具有强膨胀性,冻结壁强度低,蠕变值较大,冻胀性较强的工程地质特征,为确保安全快速施工,在外壁掘砌中采取如下措施:

采取短段掘砌,段高不大于 2.4m,在深厚黏土层中掘砌时,由建设、监理、冻结和施工四方对各个层段冻结壁强度、井帮温度、位移速度等基础数据进行测算,严格将径向位移量控制在 50mm 以内。并组织精干力量快速施工,减少井帮裸露时间,掘进时间控制在 20h 内。结合信息化施工,保证施工安全,并按已编制的在深厚黏土层中易发生的情况及预防措施要求做好应急预案。

加强冻结,深井冻结施工时要结合建井施工速度和工艺,选择合理的冻结参数以加强冻结,降低井帮温度,满足建井要求。

冻结段外壁采用综合机械化配套方案,短段掘砌混合作业方式。冻土未进入井内采用中心回转抓岩机直接破土装罐为主,挖掘机掘进为辅;冻土进入井心以人工风镐挖土为主,挖掘机、中心回转抓岩机直接破土装罐为辅,两套单钩 3m³、4m³ 吊桶提升。井筒内进入风化基岩段后,采用钻爆法施工。外壁砌筑采用 3.6m 高度液压伸缩整体移动式金属模板,掘至模板高度后再进行砌筑。内壁采用 1.0m 高组合式金属模板,自下而上连续砌筑,3.0m³ 底卸式吊桶下混凝土。

3. 风井

风井冻结表土段采用人工配合风镐破土,两台 HZ-6 型中心回转抓岩机装岩;冻结基岩段采用放松动炮的方法破岩,人工配合抓岩机装岩,采用 2JK-4.0×2.1(Ⅱ)E、JKZ-2.8/15.5 型提升机提升,提升容器为 5m³、4m³ 吊桶,浇筑混凝土使用 3m³ 底卸式吊桶下料,混凝土搅拌站集中供应商品混凝土。卸矸方式采用座钩式翻矸装置。砌外壁模板采用单缝液压整体式下移模板,该模板段高 3.9m,由三台 JZ-16/1000 型 4 台稳车悬吊。

内壁施工采用多工序平行交叉作业,使用整体液压滑升模板。滑升模板下安设一辅助盘,布置洒水管路以便模板滑升后混凝土井壁洒水养护。在吊盘上层盘进行塑料板铺设工作,中层盘进行钢筋的绑扎,滑模盘上绑扎内层钢筋、浇灌混凝土。

12.2.8 井壁内外力监测

1. 监测内容及方法

1) 监测内容

(1) 外层井壁竖向和环向钢筋应力;

(2) 外层井壁混凝土竖向和环向应变;

(3) 井壁混凝土的温度变化规律。

2) 监测方法

为了确保观测系统长期的稳定性和可靠性,监测采取精度高、抗干扰性强、稳定性好的振弦式传感元件作为一次仪表,振弦式频率仪作为二次仪表。测试元件随工程施工埋入井壁混凝土中;钢筋的应力量测采用 JTM-V1000H 型振弦式钢筋测力计,其量程为 250MPa,分辨率≤0.04%F·S;混凝土的应变量测采用 JTM-V5000 型振弦式应变计,其量程为 3000$\mu\varepsilon$,分辨率≤0.02%F·S。

振弦式传感元件测试方法具有以下优点:

(1) 结构简单、可靠,制作安装方便;

(2) 零点稳定,适宜长期观测;

(3) 宜于多点远距离遥测,且便于数字化和自动化处理;

(4) 抗干扰能力强,适合恶劣环境下使用。

根据监测内容确定传感器的规格和数量,购买传感器,并将其在实验室内逐个做好标定、接头防水处理等准备工作;当井筒掘砌到指定位置时,埋设传感器,将传感器及其导线通过防水接线盒与集中电缆相连接,通到地面观测站,按时进行观测。

每个观测水平布置一根多芯铠装屏蔽信号控制电缆,电缆通过钢丝绳悬吊在井筒中,电缆与元件引出线的接头要严格密封,确保监测元件正常工作。

2. 监测水平及元件布置

口孜东主井、副井、风井筒监测水平见表 12-16。

表 12-16 口孜东主、副、风井筒监测水平一览表

井筒名称	测试水平	埋深/m	土层性质	层厚/m	混凝土强度等级	环筋直径/mm
	1	485	黏土	16.2	C75	28
主井	2	511	钙质黏土	10.9	C75	28
	3	556	钙质黏土	9.2	C75	28

续表

井筒名称	测试水平	埋深/m	土层性质	层厚/m	混凝土强度等级	环筋直径/mm
副井	1	490	黏土	5.95	C75	28
	2	510	钙质黏土	22.85	C75	28
	3	555	钙质黏土	10.3	C75	28
风井	1	451	黏土	16.3	C75	28
	2	510	钙质黏土	44.75	C75	28
	3	548	钙质黏土	26.50	C75	28

各井筒不同监测水平的测试元件统一布设如下：

在井壁内排钢筋上沿东、南、西、北 4 个方向各布置 1 个测试断面,每个测试断面沿环向和竖向各布置一个钢筋计(兼作温度传感器)。

在井壁内侧沿 4 个方向各布置 1 个测试断面,每个测试断面沿环向和竖向各布置一个混凝土应变计(兼作温度传感器)。

外壁测试元件布置如图 12-39 所示。

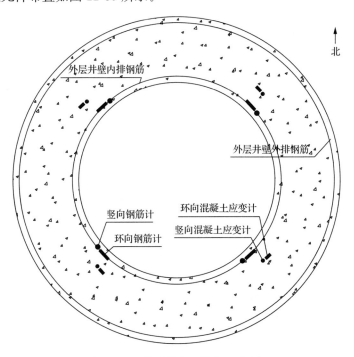

图 12-39　外壁测试元件布置示意图

3. 监测结果及其分析

1) 钢筋应力

A. 竖向钢筋应力

由 9 个水平测试结果可见,其中 3 个测试水平井壁中竖向钢筋的拉应力都较大,这主要是由混凝土体积变形和降温收缩所产生的竖向约束应力。因为在混凝土浇筑后,水化热温升到 40～50℃,随后开始降温,混凝土产生收缩,而冻结壁对混凝土产生约束作用,阻碍钢筋混凝土收缩,于是在钢筋中产生了较大的竖向拉应变和拉应力。井壁竖向拉应力大小与混凝土水化热高低和冻结壁变形大小有关,当冻结壁变形大,外壁受到的冻结压力增加,井壁收缩受到的约束将变大,钢筋中受到的拉应力随之增加。由测试值可见,主井第一水平和副井第一水平竖向钢筋应力较大,其使用 C75 为高强混凝土,水化热较大,井壁温降梯度大,井壁收缩严重;而且黏土层厚度大,冻结压力来压快且大,使得冻结壁对外壁的约束增强,钢筋受到的拉应力变大。

而主井、副井第二、三水平处为钙质黏土层,冻结壁强度高、变形小,对外壁的竖向约束小,井壁竖向钢筋处于受压状态,对井壁受力十分有利。

各水平测试结果随时间变化曲线如图 12-40 至图 12-48 所示。

a. 主井

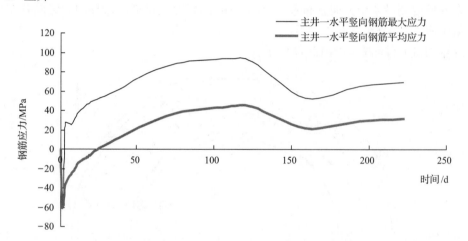

图 12-40　主井第一水平(−485m)竖向钢筋应力变化曲线

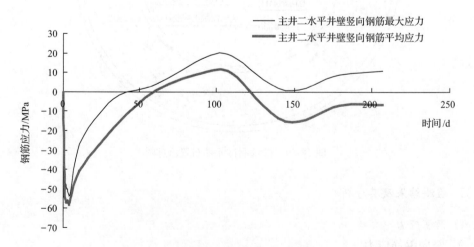

图 12-41　主井第二水平(−511m)竖向钢筋应力变化曲线

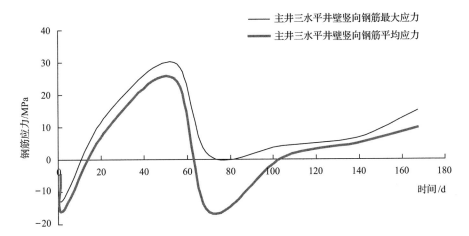

图 12-42　主井第三水平(−556m)竖向钢筋应力变化曲线

b. 副井

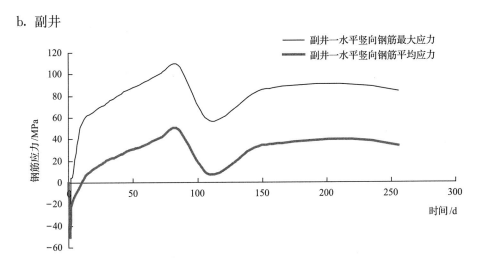

图 12-43　副井第一水平(−490m)竖向钢筋应力变化曲线

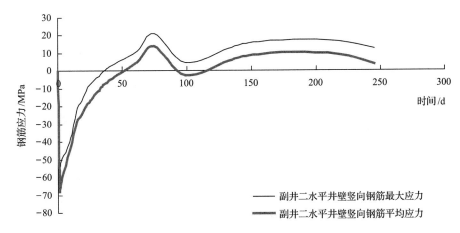

图 12-44　副井第二水平(−510m)竖向钢筋应力变化曲线

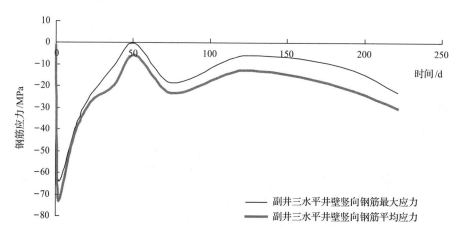

图 12-45　副井第三水平(−555m)竖向钢筋应力变化曲线

c. 风井

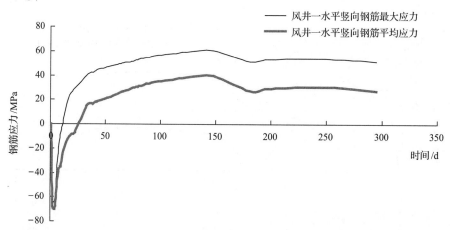

图 12-46　风井第一水平(−451m)竖向钢筋应力变化曲线

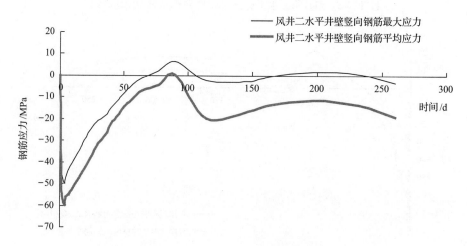

图 12-47　风井第二水平(−510m)竖向钢筋应力变化曲线

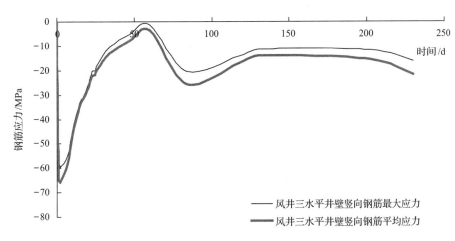

图 12-48　风井第三水平(−548m)竖向钢筋应力变化曲线

B. 环向钢筋应力

由 9 个水平测试结果可见,外壁环向钢筋的压应力值初期呈直线型规律增加,随后逐渐增加,其变形规律与冻结压力基本一致。这主要是由于外壁环向钢筋的压应力属荷载应力,由冻结压力引起。

各水平测试结果随时间变化曲线见图 12-49 至图 12-57。

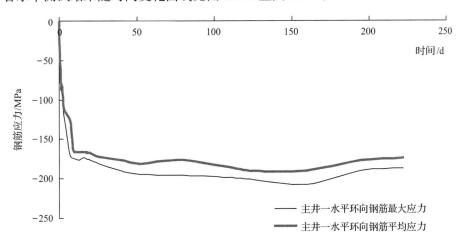

图 12-49　主井第一水平(−485m)环向钢筋应力变化曲线

2) 混凝土应变

外壁混凝土的变形包括收缩变形和冻结压力作用变形。其中,混凝土的收缩变形主要包括塑性收缩、自身收缩、干燥收缩和温度收缩。

对于特厚表土层冻结井筒外壁,要求其混凝土的早期强度高、坍落度大、水灰比低,从而使得混凝土的塑性收缩和自身收缩变形增大。由于施工工艺要求外壁拆模时间早,混凝土表面水分过早散失,加大了干燥收缩。又因为特厚表土层中外壁设计厚度大,属于大体积

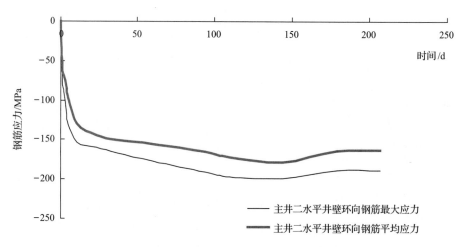

图 12-50　主井第二水平(−511m)环向钢筋应力变化曲线

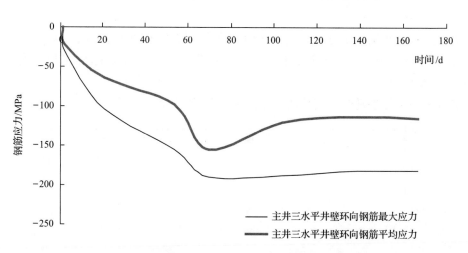

图 12-51　主井第三水平(−556m)环向钢筋应力变化曲线

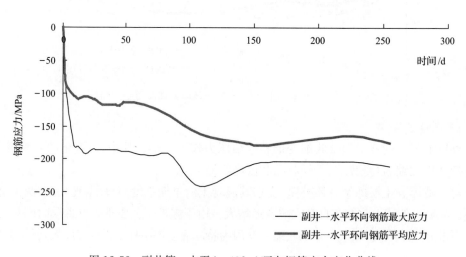

图 12-52　副井第一水平(−492m)环向钢筋应力变化曲线

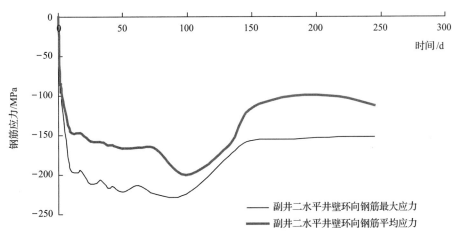

图 12-53　副井第二水平(−510m)环向钢筋应力变化曲线

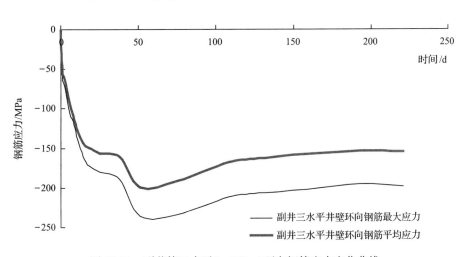

图 12-54　副井第三水平(−555m)环向钢筋应力变化曲线

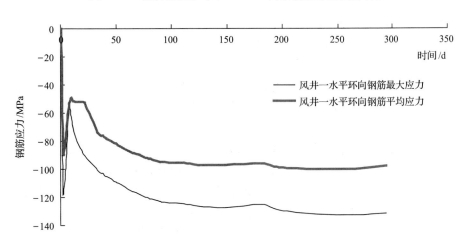

图 12-55　风井第一水平(−451m)环向钢筋应力变化曲线

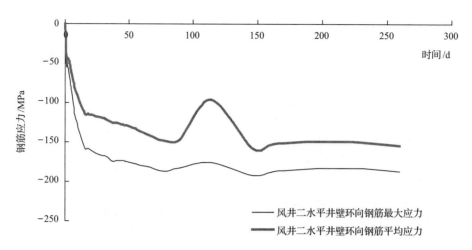

图 12-56 风井第二水平(−510m)环向钢筋应力变化曲线

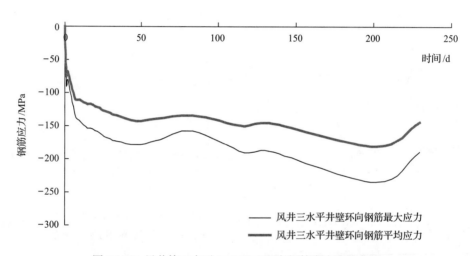

图 12-57 风井第三水平(−548m)环向钢筋应力变化曲线

混凝土施工,水化热温度较高,而井帮温度低,温降梯度大,导致混凝土温度收缩严重。所有上述原因,将使得混凝土的收缩变形大大增加。

当混凝土的变形没有受到约束时,为自由变形,不会产生拉应力。但是特厚黏土层中冻结壁变形大、冻结压力来压快且数值大,对外壁的围抱力大,约束了混凝土的收缩变形,将在混凝土中产生竖向拉应力,当拉应力超过其抗拉强度时,井壁便产生环向裂缝。

A. 混凝土竖向应变

对于混凝土试件,通过单轴拉伸试验得到其极限拉应变为 140με 左右,但在钢筋混凝土结构中和存在约束条件下,混凝土的开裂极限拉应变将得到较大提高。

由测试结果可见,外壁 9 个水平混凝土受到的拉应变很大,这主要是由于混凝土竖向收缩变形受到冻结壁约束所致,加上自重吊挂作用,从而产生较大的竖向拉应力。

测试结果如图 12-58 至图 12-66 所示。下面分析其变化规律。

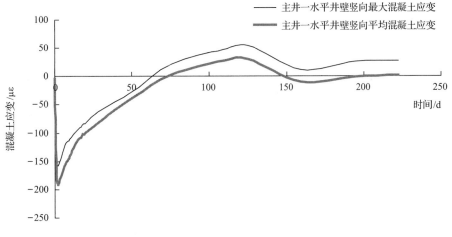

图 12-58　主井第一水平(−480m)混凝土竖向应变变化曲线

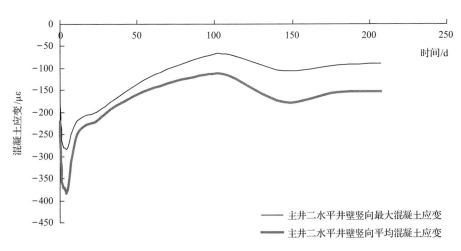

图 12-59　主井第二水平(−506m)混凝土竖向应变变化曲线

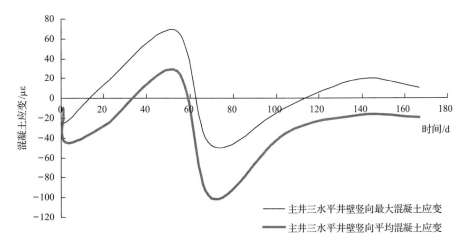

图 12-60　主井第三水平(−551m)混凝土竖向应变变化曲线

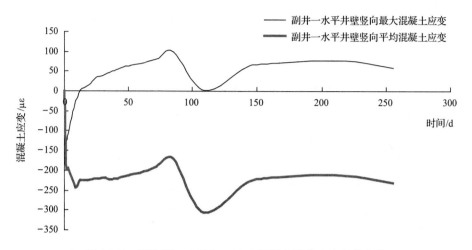

图 12-61　副井第一水平(−492m)混凝土竖向应变变化曲线

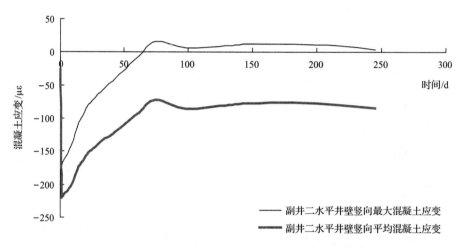

图 12-62　副井第二水平(−510m)混凝土竖向应变变化曲线

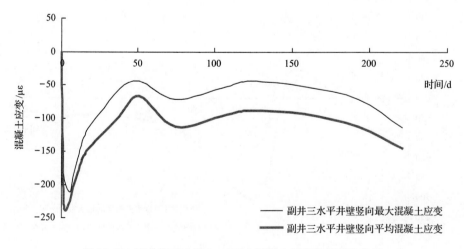

图 12-63　副井第三水平(−555m)混凝土竖向应变变化曲线

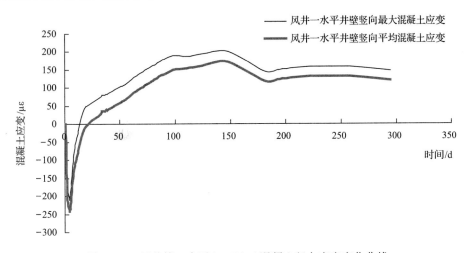

图 12-64　风井第一水平(−451m)混凝土竖向应变变化曲线

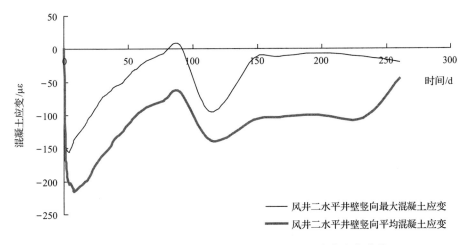

图 12-65　风井第二水平(−510m)混凝土竖向应变变化曲线

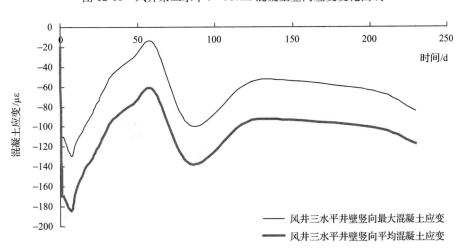

图 12-66　风井第三水平(−548m)混凝土竖向应变变化曲线

B. 混凝土竖向应变

由测试结果可见,目前外壁混凝土的环向压应变较大,这主要是由于混凝土收缩变形和冻结压力共同作用所致。测试结果如图 12-67 至图 12-75 所示。下面分析其变化规律。

3) 井壁混凝土温度场实测结果及分析

与丁集矿应用成果一样,口孜东矿井壁高强高性能混凝土也进行了配合比优化设计,混凝土温度场实测结果显现的规律也与丁集矿测试结果一致。

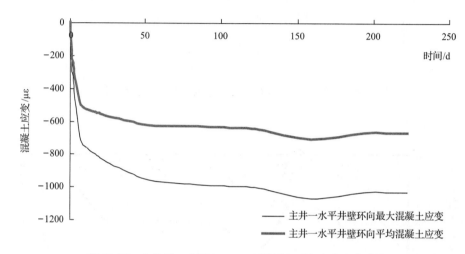

图 12-67　主井第一水平(−480m)混凝土环向应变变化曲线

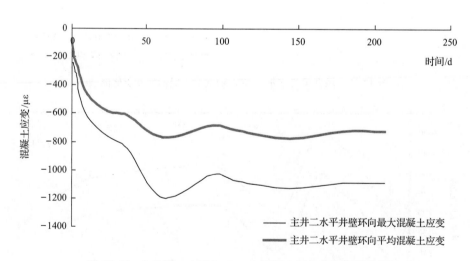

图 12-68　主井第二水平(−506m)混凝土环向应变变化曲线

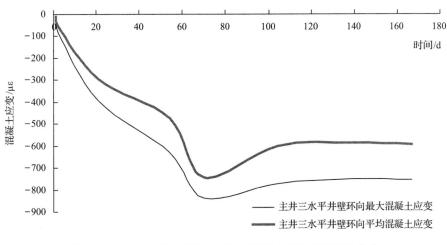

图 12-69 主井第三水平(−551m)混凝土环向应变变化曲线

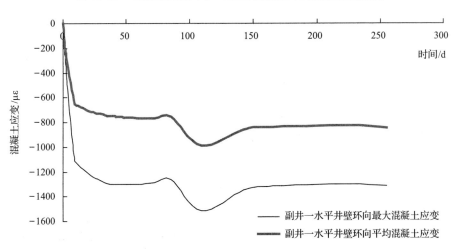

图 12-70 副井第一水平(−492m)混凝土环向应变变化曲线

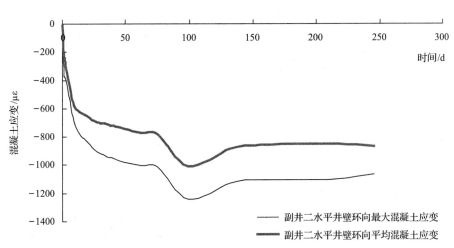

图 12-71 副井第二水平(−510m)混凝土环向应变变化曲线

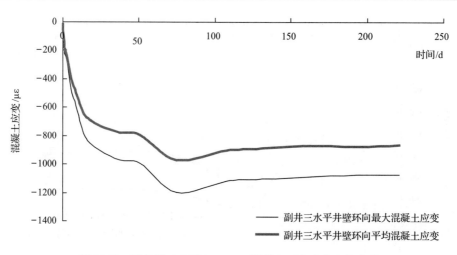

图 12-72　副井第三水平(−555m)混凝土环向应变变化曲线

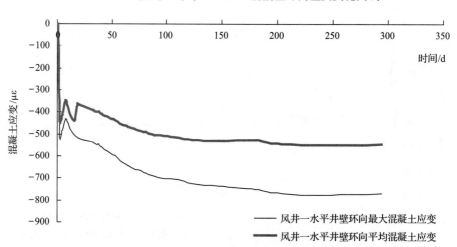

图 12-73　风井第一水平(−451m)混凝土环向应变变化曲线

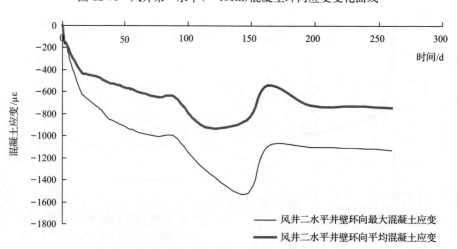

图 12-74　风井第二水平(−510m)混凝土环向应变变化曲线

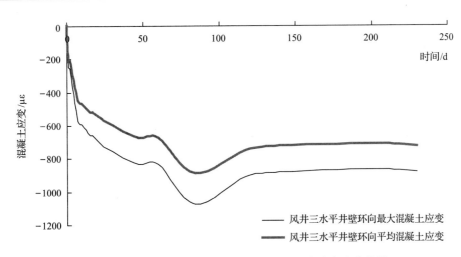

图 12-75 风井第二水平(−548m)混凝土环向应变变化曲线

参 考 文 献

[1] 荣传新，盛卫国. 深厚冲积层冻结法凿井工程设计及其应用. 煤炭科学技术. 2007，35(11)：25-28.

[2] 唐永志，荣传新. 淮南矿区复杂地层大型矿井建设关键技术. 煤炭科学技术. 2010，38(4)：40-44.

[3] 姚直书，程桦，居宪博，等. 深厚粘土层冻结压力实测分析. 建井技术. 2015，36(4)：30-33.

[4] 程桦，姚直书，荣传新，等. 深厚冲积层立井冻结设计理论现状与思考[A]. 矿山建设工程新进展—2006 全国矿山建设学术会议文集(上册)[C]. 2006.

附　　表

附表 1　灰关联系数表（黏土）

序号	ξ_1^1	ξ_2^1	ξ_3^1	ξ_4^1	ξ_5^1
1	0.650	0.571	0.548	0.584	0.962
2	0.658	0.577	0.554	0.590	0.965
3	0.660	0.579	0.556	0.593	0.974
4	0.676	0.591	0.567	0.605	0.961
5	0.708	0.615	0.590	0.631	0.907
6	0.744	0.642	0.614	0.659	0.858
7	0.783	0.671	0.641	0.690	0.813
8	0.822	0.700	0.667	0.720	0.776
9	0.843	0.715	0.680	0.736	0.769
10	0.874	0.737	0.700	0.759	0.762
11	0.920	0.769	0.729	0.793	0.750
12	0.943	0.785	0.743	0.810	0.755
13	0.959	0.796	0.754	0.822	0.761
14	0.977	0.809	0.765	0.835	0.769
15	0.985	0.814	0.769	0.841	0.781
16	0.970	0.804	0.760	0.830	0.807
17	0.967	0.802	0.758	0.828	0.832
18	0.970	0.804	0.760	0.830	0.858
19	0.970	0.804	0.760	0.830	0.884
20	0.967	0.802	0.758	0.828	0.923
21	0.653	0.573	0.614	0.611	0.948
22	0.756	0.651	0.703	0.699	0.804
23	0.797	0.681	0.739	0.734	0.765
24	0.850	0.719	0.784	0.779	0.736
25	0.899	0.754	0.826	0.820	0.710
26	0.941	0.783	0.861	0.854	0.704
27	0.990	0.817	0.901	0.895	0.718
28	0.965	0.851	0.943	0.936	0.746
29	0.925	0.885	0.985	0.977	0.779
30	0.890	0.919	0.976	0.984	0.812

序号	ξ_1^l	ξ_2^l	ξ_3^l	ξ_4^l	ξ_5^l
31	0.870	0.941	0.952	0.959	0.890
32	0.858	0.955	0.938	0.946	0.992
33	0.875	0.935	0.958	0.966	0.883
34	0.881	0.929	0.965	0.973	0.784
35	0.870	0.941	0.952	0.959	0.726
36	0.861	0.952	0.941	0.949	0.675
37	0.845	0.973	0.922	0.929	0.633
38	0.850	0.965	0.929	0.936	0.590
39	0.870	0.941	0.952	0.959	0.523
40	0.881	0.929	0.965	0.973	0.491
41	0.658	0.578	0.619	0.605	0.929
42	0.922	0.890	0.992	0.956	0.601
43	0.802	0.965	0.869	0.898	0.561
44	0.710	0.835	0.762	0.785	0.530
45	0.632	0.729	0.673	0.690	0.497
46	0.583	0.665	0.618	0.632	0.482
47	0.565	0.642	0.598	0.611	0.482
48	0.561	0.636	0.593	0.606	0.490
49	0.525	0.590	0.553	0.565	0.475
50	0.515	0.577	0.541	0.552	0.480
51	0.494	0.551	0.519	0.529	0.476
52	0.491	0.547	0.515	0.525	0.487
53	0.488	0.544	0.512	0.522	0.497
54	0.488	0.544	0.512	0.522	0.514
55	0.478	0.532	0.501	0.511	0.520
56	0.475	0.528	0.498	0.507	0.533
57	0.475	0.528	0.498	0.507	0.553
58	0.469	0.521	0.491	0.501	0.563
59	0.475	0.528	0.498	0.507	0.592
60	0.475	0.528	0.498	0.507	0.601
61	0.719	0.638	0.635	0.688	0.814
62	0.799	0.700	0.697	0.761	0.736
63	0.899	0.775	0.772	0.851	0.672
64	0.982	0.864	0.860	0.960	0.617
65	0.886	0.955	0.950	0.937	0.589

序号	ξ_1^1	ξ_2^1	ξ_3^1	ξ_4^1	ξ_5^1
66	0.804	0.938	0.943	0.846	0.563
67	0.752	0.868	0.872	0.789	0.556
68	0.718	0.823	0.827	0.752	0.566
69	0.690	0.786	0.790	0.721	0.582
70	0.677	0.769	0.772	0.706	0.604
71	0.664	0.752	0.756	0.692	0.636
72	0.649	0.734	0.737	0.677	0.671
73	0.637	0.719	0.722	0.664	0.720
74	0.636	0.716	0.719	0.662	0.776
75	0.641	0.724	0.727	0.668	0.899
76	0.649	0.734	0.737	0.677	0.962
77	0.628	0.707	0.709	0.653	0.918
78	0.621	0.697	0.700	0.645	0.837
79	0.621	0.697	0.700	0.645	0.771
80	0.619	0.695	0.698	0.644	0.697
81	0.633	0.619	0.616	0.627	0.857
82	0.684	0.668	0.664	0.676	0.791
83	0.747	0.728	0.723	0.738	0.734
84	0.796	0.774	0.769	0.786	0.706
85	0.832	0.808	0.803	0.821	0.696
86	0.856	0.831	0.826	0.845	0.696
87	0.893	0.866	0.860	0.881	0.688
88	0.922	0.893	0.886	0.908	0.686
89	0.952	0.921	0.914	0.938	0.688
90	0.984	0.984	0.976	0.999	0.694
91	0.928	0.959	0.967	0.942	0.681
92	0.911	0.941	0.949	0.924	0.686
93	0.878	0.906	0.913	0.890	0.683
94	0.852	0.878	0.885	0.864	0.686
95	0.819	0.843	0.849	0.829	0.680
96	0.792	0.815	0.820	0.802	0.677
97	0.783	0.805	0.810	0.793	0.687
98	0.758	0.779	0.784	0.768	0.688
99	0.758	0.779	0.784	0.768	0.706
100	0.747	0.767	0.772	0.756	0.715

序号	ξ_1^1	ξ_2^1	ξ_3^1	ξ_4^1	ξ_5^1
101	0.662	0.640	0.702	0.657	0.859
102	0.713	0.688	0.760	0.707	0.799
103	0.762	0.733	0.816	0.755	0.751
104	0.818	0.785	0.881	0.810	0.722
105	0.886	0.848	0.961	0.877	0.689
106	0.972	0.926	0.946	0.961	0.666
107	0.956	0.997	0.882	0.967	0.649
108	0.924	0.970	0.855	0.935	0.656
109	0.895	0.937	0.830	0.904	0.668
110	0.874	0.914	0.811	0.883	0.685
111	0.877	0.918	0.814	0.886	0.719
112	0.880	0.922	0.817	0.890	0.760
113	0.860	0.899	0.799	0.869	0.797
114	0.843	0.881	0.785	0.852	0.854
115	0.840	0.878	0.783	0.849	0.912
116	0.850	0.889	0.791	0.859	0.994
117	0.850	0.889	0.791	0.859	0.933
118	0.850	0.889	0.791	0.859	0.858
119	0.860	0.899	0.799	0.869	0.786
120	0.859	0.899	0.799	0.868	0.738
121	0.575	0.619	0.583	0.639	0.933
122	0.629	0.681	0.638	0.705	0.836
123	0.723	0.794	0.736	0.827	0.724
124	0.791	0.876	0.806	0.916	0.710
125	0.865	0.967	0.882	0.986	0.720
126	0.981	0.876	0.959	0.839	0.677
127	0.856	0.775	0.839	0.746	0.641
128	0.743	0.681	0.730	0.658	0.598
129	0.644	0.597	0.634	0.580	0.548
130	0.568	0.531	0.561	0.518	0.517
131	0.529	0.497	0.523	0.485	0.508
132	0.508	0.478	0.502	0.467	0.510
133	0.489	0.461	0.483	0.451	0.516
134	0.503	0.474	0.497	0.463	0.564
135	0.538	0.505	0.531	0.492	0.640

序号	ξ_1^1	ξ_2^1	ξ_3^1	ξ_4^1	ξ_5^1
136	0.656	0.607	0.646	0.589	0.945
137	0.669	0.619	0.659	0.600	0.792
138	0.644	0.597	0.634	0.580	0.743
139	0.632	0.587	0.623	0.570	0.696
140	0.628	0.583	0.619	0.566	0.672
141	0.581	0.629	0.574	0.605	0.899
142	0.653	0.714	0.644	0.683	0.784
143	0.752	0.834	0.739	0.792	0.690
144	0.805	0.900	0.791	0.852	0.685
145	0.814	0.911	0.799	0.861	0.741
146	0.851	0.958	0.836	0.903	0.784
147	0.971	0.910	0.951	0.965	0.773
148	0.916	0.818	0.935	0.863	0.763
149	0.846	0.762	0.862	0.800	0.799
150	0.846	0.762	0.862	0.800	0.967
151	0.888	0.796	0.906	0.838	0.896
152	0.954	0.848	0.975	0.896	0.812
153	0.997	0.882	0.983	0.934	0.731
154	0.976	0.866	0.998	0.916	0.660
155	0.945	0.840	0.965	0.888	0.616
156	0.926	0.825	0.945	0.871	0.578
157	0.945	0.840	0.965	0.888	0.528
158	0.966	0.858	0.987	0.907	0.494
159	0.966	0.858	0.987	0.907	0.464
160	0.907	0.811	0.926	0.855	0.457
161	0.594	0.608	0.562	0.635	0.939
162	0.630	0.646	0.593	0.676	0.908
163	0.693	0.712	0.649	0.749	0.837
164	0.729	0.751	0.681	0.792	0.873
165	0.844	0.874	0.780	0.930	0.776
166	0.971	0.992	0.887	0.928	0.750
167	0.923	0.891	0.988	0.839	0.736
168	0.858	0.830	0.936	0.785	0.754
169	0.800	0.775	0.868	0.736	0.792
170	0.762	0.740	0.823	0.704	0.822

序号	ξ_1^1	ξ_2^1	ξ_3^1	ξ_4^1	ξ_5^1
171	0.750	0.729	0.810	0.694	0.908
172	0.739	0.718	0.797	0.684	0.981
173	0.794	0.769	0.860	0.730	0.749
174	0.873	0.844	0.954	0.797	0.639
175	0.999	0.961	0.913	0.901	0.560
176	0.941	0.907	0.968	0.853	0.522
177	0.889	0.858	0.973	0.810	0.492
178	0.865	0.837	0.945	0.791	0.454
179	0.881	0.851	0.964	0.804	0.422
180	0.897	0.866	0.983	0.817	0.392
181	0.515	0.557	0.531	0.590	1.000
182	0.524	0.567	0.540	0.601	0.987
183	0.537	0.582	0.553	0.618	0.989
184	0.551	0.599	0.569	0.637	0.972
185	0.565	0.615	0.583	0.655	0.985
186	0.582	0.636	0.602	0.679	0.989
187	0.611	0.670	0.632	0.718	0.977
188	0.635	0.700	0.658	0.752	0.985
189	0.648	0.716	0.673	0.770	0.878
190	0.637	0.702	0.660	0.754	0.804
191	0.626	0.689	0.649	0.739	0.744
192	0.624	0.686	0.647	0.736	0.672
193	0.626	0.689	0.649	0.739	0.624
194	0.628	0.692	0.651	0.743	0.580
195	0.627	0.690	0.649	0.740	0.533
196	0.624	0.686	0.647	0.736	0.497
197	0.619	0.681	0.642	0.730	0.465
198	0.614	0.675	0.636	0.723	0.430
199	0.608	0.667	0.630	0.715	0.399
200	0.605	0.663	0.626	0.710	0.380
201	0.584	0.614	0.659	0.585	0.956
202	0.599	0.631	0.679	0.601	0.932
203	0.615	0.649	0.699	0.617	0.927
204	0.646	0.684	0.740	0.648	0.898
205	0.675	0.717	0.778	0.678	0.932

序号	ξ_1^1	ξ_2^1	ξ_3^1	ξ_4^1	ξ_5^1
206	0.678	0.719	0.781	0.680	0.968
207	0.696	0.741	0.806	0.699	0.988
208	0.727	0.775	0.848	0.730	0.983
209	0.730	0.779	0.852	0.733	0.963
210	0.733	0.783	0.856	0.736	0.916
211	0.752	0.804	0.881	0.755	0.913
212	0.767	0.821	0.903	0.770	0.896
213	0.787	0.844	0.931	0.791	0.884
214	0.813	0.874	0.967	0.817	0.886
215	0.836	0.900	0.999	0.839	0.866
216	0.860	0.928	0.970	0.864	0.848
217	0.876	0.947	0.951	0.880	0.822
218	0.898	0.973	0.926	0.902	0.803
219	0.911	0.988	0.912	0.916	0.780
220	0.911	0.988	0.912	0.916	0.756
221	0.665	0.616	0.640	0.591	0.980
222	0.729	0.670	0.698	0.640	0.916
223	0.812	0.740	0.774	0.703	0.856
224	0.881	0.796	0.837	0.754	0.843
225	0.999	0.895	0.947	0.842	0.811
226	0.869	0.971	0.917	0.963	0.795
227	0.802	0.887	0.842	0.947	0.813
228	0.731	0.801	0.764	0.849	0.860
229	0.682	0.743	0.711	0.784	0.912
230	0.690	0.753	0.720	0.795	0.888
231	0.607	0.654	0.629	0.686	0.969
232	0.564	0.605	0.584	0.632	0.988
233	0.521	0.556	0.538	0.579	0.948
234	0.490	0.520	0.504	0.540	0.931
235	0.470	0.498	0.483	0.516	0.993
236	0.482	0.511	0.496	0.530	0.818
237	0.505	0.538	0.521	0.559	0.687
238	0.536	0.573	0.553	0.597	0.584
239	0.541	0.578	0.559	0.603	0.516
240	0.543	0.581	0.561	0.606	0.449

序号	ξ_1^1	ξ_2^1	ξ_3^1	ξ_4^1	ξ_5^1
241	0.630	0.609	0.633	0.604	0.952
242	0.660	0.636	0.662	0.631	0.892
243	0.694	0.668	0.697	0.663	0.850
244	0.728	0.700	0.731	0.694	0.822
245	0.737	0.708	0.740	0.702	0.875
246	0.774	0.742	0.777	0.735	0.907
247	0.824	0.788	0.828	0.780	0.913
248	0.862	0.823	0.866	0.814	0.988
249	0.883	0.841	0.887	0.833	0.851
250	0.896	0.854	0.901	0.845	0.708
251	0.855	0.816	0.859	0.808	0.631
252	0.845	0.807	0.849	0.799	0.568
253	0.847	0.809	0.851	0.801	0.507
254	0.860	0.820	0.864	0.812	0.476
255	0.888	0.846	0.893	0.838	0.460
256	0.930	0.884	0.935	0.875	0.445
257	0.925	0.879	0.929	0.870	0.407
258	0.913	0.869	0.917	0.859	0.379
259	0.919	0.874	0.924	0.865	0.352
260	0.927	0.882	0.932	0.872	0.334
261	0.605	0.609	0.624	0.593	0.968
262	0.655	0.660	0.677	0.642	0.868
263	0.727	0.733	0.754	0.710	0.776
264	0.800	0.807	0.833	0.780	0.734
265	0.859	0.867	0.897	0.835	0.716
266	0.903	0.913	0.946	0.878	0.711
267	0.945	0.956	0.993	0.917	0.714
268	0.971	0.982	0.982	0.941	0.732
269	0.999	0.992	0.955	0.967	0.746
270	0.956	0.946	0.912	0.986	0.753
271	0.936	0.926	0.894	0.966	0.772
272	0.918	0.909	0.878	0.947	0.792
273	0.936	0.926	0.894	0.966	0.842
274	0.918	0.909	0.878	0.947	0.876
275	0.906	0.897	0.867	0.933	0.916

序号	ξ_1^l	ξ_2^l	ξ_3^l	ξ_4^l	ξ_5^l
276	0.913	0.903	0.873	0.941	0.978
277	0.918	0.909	0.878	0.947	0.947
278	0.924	0.915	0.883	0.953	0.903
279	0.950	0.940	0.906	0.980	0.845
280	0.950	0.940	0.906	0.980	0.810
281	0.551	0.613	0.595	0.566	0.990
282	0.565	0.630	0.611	0.580	0.974
283	0.577	0.645	0.625	0.593	0.974
284	0.580	0.648	0.628	0.595	0.992
285	0.592	0.664	0.643	0.609	0.992
286	0.600	0.674	0.653	0.617	0.969
287	0.608	0.684	0.662	0.625	0.952
288	0.625	0.705	0.682	0.643	0.940
289	0.634	0.716	0.692	0.652	0.937
290	0.634	0.716	0.692	0.652	0.912
291	0.634	0.716	0.692	0.652	0.888
292	0.630	0.712	0.688	0.649	0.862
293	0.627	0.709	0.685	0.646	0.830
294	0.627	0.709	0.685	0.646	0.807
295	0.634	0.716	0.692	0.652	0.794
296	0.634	0.716	0.692	0.652	0.767
297	0.652	0.740	0.714	0.672	0.764
298	0.664	0.756	0.729	0.685	0.756
299	0.670	0.764	0.736	0.691	0.739
300	0.670	0.764	0.736	0.691	0.721
301	0.547	0.647	0.570	0.582	0.930
302	0.610	0.738	0.640	0.654	0.800
303	0.684	0.848	0.721	0.739	0.718
304	0.808	0.959	0.861	0.886	0.631
305	0.965	0.803	0.964	0.933	0.573
306	0.915	0.727	0.856	0.832	0.554
307	0.802	0.654	0.757	0.738	0.526
308	0.746	0.616	0.707	0.690	0.523
309	0.739	0.611	0.700	0.684	0.559
310	0.746	0.616	0.707	0.690	0.620

序号	ξ_1^1	ξ_2^1	ξ_3^1	ξ_4^1	ξ_5^1
311	0.675	0.567	0.642	0.628	0.636
312	0.616	0.525	0.588	0.577	0.644
313	0.586	0.503	0.561	0.551	0.781
314	0.598	0.512	0.572	0.561	0.895
315	0.606	0.518	0.580	0.569	0.970
316	0.629	0.534	0.601	0.589	0.821
317	0.629	0.534	0.601	0.589	0.731
318	0.634	0.537	0.605	0.593	0.669
319	0.634	0.537	0.605	0.593	0.616
320	0.634	0.537	0.605	0.593	0.557
321	0.683	0.640	0.667	0.634	0.919
322	0.785	0.728	0.764	0.721	0.791
323	0.997	0.913	0.969	0.901	0.660
324	0.870	0.952	0.898	0.965	0.645
325	0.839	0.915	0.865	0.927	0.671
326	0.781	0.847	0.804	0.857	0.686
327	0.723	0.779	0.743	0.788	0.688
328	0.666	0.713	0.682	0.721	0.677
329	0.629	0.671	0.644	0.678	0.686
330	0.629	0.671	0.644	0.678	0.760
331	0.672	0.720	0.689	0.728	0.932
332	0.723	0.779	0.743	0.788	0.874
333	0.715	0.769	0.733	0.778	0.788
334	0.715	0.769	0.733	0.778	0.671
335	0.723	0.779	0.743	0.788	0.592
336	0.723	0.779	0.743	0.788	0.541
337	0.707	0.761	0.726	0.769	0.505
338	0.715	0.769	0.733	0.778	0.450
339	0.723	0.779	0.743	0.788	0.420
340	0.723	0.779	0.743	0.788	0.392
341	0.649	0.665	0.696	0.661	0.846
342	0.722	0.742	0.782	0.737	0.757
343	0.831	0.858	0.912	0.852	0.673
344	0.982	0.983	0.921	0.991	0.599
345	0.902	0.933	0.997	0.926	0.670

序号	ξ_1^l	ξ_2^l	ξ_3^l	ξ_4^l	ξ_5^l
346	0.970	0.937	0.880	0.944	0.644
347	0.870	0.843	0.797	0.849	0.624
348	0.751	0.731	0.696	0.735	0.597
349	0.729	0.710	0.677	0.714	0.662
350	0.806	0.783	0.743	0.788	0.814
351	0.823	0.798	0.757	0.804	0.958
352	0.870	0.843	0.797	0.849	0.771
353	0.912	0.882	0.832	0.889	0.637
354	0.959	0.926	0.870	0.933	0.547
355	0.995	0.971	0.910	0.979	0.489
356	0.995	0.971	0.910	0.979	0.460
357	0.995	0.971	0.910	0.979	0.433
358	0.982	0.948	0.890	0.955	0.419
359	0.982	0.948	0.890	0.955	0.400
360	0.995	0.959	0.900	0.967	0.378
361	0.560	0.607	0.626	0.602	0.969
362	0.589	0.642	0.663	0.637	0.900
363	0.628	0.688	0.712	0.682	0.845
364	0.687	0.760	0.789	0.752	0.776
365	0.745	0.831	0.866	0.822	0.744
366	0.798	0.897	0.938	0.887	0.744
367	0.787	0.883	0.923	0.873	0.820
368	0.741	0.825	0.860	0.817	0.977
369	0.749	0.836	0.872	0.827	0.865
370	0.723	0.804	0.837	0.795	0.731
371	0.723	0.804	0.837	0.795	0.673
372	0.723	0.804	0.837	0.795	0.623
373	0.723	0.804	0.837	0.795	0.582
374	0.741	0.825	0.860	0.817	0.548
375	0.736	0.820	0.854	0.812	0.508
376	0.727	0.809	0.842	0.800	0.471
377	0.723	0.804	0.837	0.795	0.444
378	0.727	0.809	0.842	0.800	0.424
379	0.727	0.809	0.842	0.800	0.407
380	0.727	0.808	0.842	0.800	0.392

附表 2　灰关联系数表(钙质黏土)

序号	ξ_1^1	ξ_2^1	ξ_3^1	ξ_4^1	ξ_5^1
1	0.585	0.620	0.605	0.632	0.996
2	0.596	0.632	0.617	0.645	0.988
3	0.610	0.648	0.632	0.661	0.970
4	0.626	0.667	0.650	0.681	0.977
5	0.643	0.686	0.667	0.701	0.974
6	0.656	0.701	0.681	0.716	1.000
7	0.669	0.716	0.696	0.732	0.973
8	0.682	0.731	0.710	0.748	0.935
9	0.690	0.740	0.719	0.757	0.881
10	0.684	0.733	0.712	0.750	0.832
11	0.683	0.732	0.711	0.749	0.754
12	0.690	0.740	0.719	0.757	0.721
13	0.700	0.752	0.730	0.769	0.691
14	0.706	0.759	0.736	0.777	0.664
15	0.712	0.766	0.743	0.784	0.635
16	0.717	0.772	0.748	0.790	0.607
17	0.723	0.778	0.754	0.797	0.583
18	0.723	0.778	0.754	0.797	0.559
19	0.724	0.779	0.755	0.798	0.543
20	0.723	0.778	0.754	0.797	0.524
21	0.691	0.644	0.650	0.671	0.943
22	0.743	0.689	0.695	0.719	0.864
23	0.799	0.737	0.744	0.772	0.804
24	0.901	0.823	0.833	0.867	0.726
25	0.962	0.940	0.953	0.998	0.666
26	0.885	0.977	0.963	0.921	0.647
27	0.824	0.902	0.891	0.855	0.636
28	0.774	0.843	0.833	0.801	0.638
29	0.758	0.824	0.815	0.784	0.652
30	0.738	0.800	0.791	0.763	0.669
31	0.716	0.774	0.766	0.739	0.696
32	0.690	0.744	0.736	0.711	0.722
33	0.673	0.724	0.717	0.693	0.774
34	0.673	0.724	0.717	0.693	0.840
35	0.726	0.787	0.778	0.750	0.953

序号	ξ_1^1	ξ_2^1	ξ_3^1	ξ_4^1	ξ_5^1
36	0.740	0.803	0.794	0.766	0.942
37	0.718	0.777	0.769	0.742	0.922
38	0.721	0.780	0.772	0.745	0.850
39	0.732	0.794	0.785	0.757	0.785
40	0.729	0.790	0.782	0.754	0.753
41	0.705	0.631	0.636	0.627	0.977
42	0.751	0.667	0.674	0.663	0.907
43	0.807	0.711	0.718	0.706	0.850
44	0.850	0.745	0.752	0.739	0.837
45	0.872	0.761	0.769	0.756	0.851
46	0.882	0.769	0.778	0.764	0.902
47	0.882	0.769	0.778	0.764	0.957
48	0.898	0.781	0.790	0.775	0.982
49	0.902	0.784	0.793	0.778	0.971
50	0.902	0.784	0.793	0.778	0.919
51	0.918	0.796	0.805	0.790	0.896
52	0.926	0.802	0.812	0.796	0.867
53	0.948	0.819	0.828	0.812	0.844
54	0.966	0.832	0.842	0.825	0.822
55	0.979	0.842	0.852	0.835	0.797
56	0.994	0.853	0.863	0.846	0.780
57	0.998	0.856	0.867	0.849	0.757
58	0.994	0.853	0.863	0.846	0.728
59	0.995	0.863	0.874	0.856	0.709
60	0.990	0.867	0.877	0.859	0.701
61	0.669	0.643	0.622	0.633	0.961
62	0.963	0.908	0.868	0.889	0.680
63	0.969	0.973	0.928	0.951	0.658
64	0.890	0.943	0.990	0.965	0.625
65	0.830	0.875	0.915	0.894	0.595
66	0.774	0.813	0.847	0.829	0.576
67	0.754	0.791	0.823	0.806	0.578
68	0.734	0.770	0.801	0.784	0.579
69	0.721	0.755	0.784	0.769	0.584
70	0.707	0.740	0.769	0.754	0.591

序号	ξ_1^l	ξ_2^l	ξ_3^l	ξ_4^l	ξ_5^l
71	0.691	0.722	0.749	0.735	0.597
72	0.684	0.715	0.741	0.727	0.610
73	0.682	0.713	0.739	0.725	0.628
74	0.676	0.706	0.732	0.718	0.643
75	0.661	0.689	0.714	0.701	0.651
76	0.655	0.683	0.708	0.695	0.669
77	0.644	0.671	0.695	0.682	0.679
78	0.648	0.675	0.699	0.686	0.706
79	0.643	0.669	0.693	0.680	0.718
80	0.644	0.671	0.695	0.682	0.740
81	0.645	0.655	0.646	0.647	0.918
82	0.702	0.715	0.704	0.705	0.828
83	0.765	0.780	0.767	0.768	0.764
84	0.930	0.951	0.932	0.934	0.657
85	0.914	0.894	0.911	0.909	0.597
86	0.767	0.753	0.766	0.764	0.539
87	0.671	0.661	0.670	0.669	0.496
88	0.598	0.589	0.596	0.596	0.462
89	0.541	0.534	0.540	0.539	0.434
90	0.512	0.506	0.512	0.511	0.421
91	0.500	0.494	0.500	0.499	0.419
92	0.481	0.475	0.480	0.480	0.411
93	0.478	0.473	0.478	0.477	0.416
94	0.470	0.465	0.470	0.469	0.418
95	0.473	0.467	0.472	0.472	0.427
96	0.509	0.503	0.509	0.508	0.464
97	0.538	0.531	0.537	0.536	0.494
98	0.538	0.531	0.537	0.536	0.508
99	0.538	0.531	0.537	0.536	0.523
100	0.531	0.524	0.530	0.530	0.531
101	0.671	0.673	0.670	0.653	0.937
102	0.697	0.700	0.696	0.678	0.904
103	0.737	0.740	0.735	0.715	0.851
104	0.783	0.786	0.781	0.758	0.814
105	0.835	0.839	0.833	0.807	0.785

序号	ξ_1^l	ξ_2^l	ξ_3^l	ξ_4^l	ξ_5^l
106	0.871	0.875	0.869	0.841	0.783
107	0.908	0.912	0.905	0.875	0.788
108	0.939	0.944	0.937	0.904	0.811
109	0.960	0.965	0.957	0.923	0.850
110	0.957	0.962	0.954	0.920	0.933
111	0.945	0.950	0.942	0.909	0.986
112	0.954	0.959	0.951	0.918	0.919
113	0.989	0.994	0.986	0.950	0.890
114	0.991	0.985	0.994	0.971	0.861
115	0.971	0.966	0.974	0.990	0.822
116	0.956	0.951	0.959	0.996	0.783
117	0.956	0.951	0.959	0.996	0.742
118	0.959	0.954	0.962	0.999	0.695
119	0.984	0.979	0.987	0.977	0.644
120	0.982	0.987	0.979	0.943	0.604
121	0.608	0.622	0.624	0.641	0.982
122	0.638	0.653	0.655	0.673	0.927
123	0.666	0.683	0.685	0.706	0.886
124	0.702	0.720	0.723	0.745	0.848
125	0.726	0.746	0.749	0.773	0.856
126	0.736	0.756	0.759	0.784	0.893
127	0.742	0.762	0.765	0.790	0.956
128	0.744	0.765	0.768	0.793	0.943
129	0.744	0.765	0.768	0.793	0.865
130	0.742	0.762	0.765	0.790	0.801
131	0.734	0.754	0.757	0.781	0.731
132	0.736	0.756	0.759	0.784	0.683
133	0.739	0.759	0.763	0.788	0.639
134	0.742	0.762	0.765	0.790	0.607
135	0.739	0.759	0.763	0.788	0.568
136	0.744	0.765	0.768	0.793	0.539
137	0.739	0.759	0.763	0.788	0.513
138	0.734	0.754	0.757	0.781	0.486
139	0.736	0.756	0.759	0.784	0.466
140	0.734	0.754	0.757	0.781	0.448

序号	ξ_1^l	ξ_2^l	ξ_3^l	ξ_4^l	ξ_5^l
141	0.639	0.653	0.643	0.647	0.919
142	0.705	0.722	0.710	0.715	0.828
143	0.796	0.819	0.803	0.809	0.741
144	0.895	0.924	0.904	0.912	0.694
145	0.998	0.970	0.993	0.984	0.686
146	0.900	0.873	0.891	0.884	0.682
147	0.846	0.822	0.838	0.832	0.703
148	0.814	0.792	0.807	0.801	0.744
149	0.831	0.807	0.823	0.817	0.829
150	0.852	0.827	0.844	0.837	0.927
151	0.852	0.827	0.844	0.837	0.989
152	0.857	0.833	0.849	0.843	0.880
153	0.852	0.827	0.844	0.837	0.798
154	0.852	0.827	0.844	0.837	0.720
155	0.836	0.812	0.828	0.822	0.683
156	0.836	0.812	0.828	0.822	0.638
157	0.841	0.817	0.833	0.827	0.594
158	0.846	0.822	0.838	0.832	0.563
159	0.857	0.833	0.849	0.843	0.531
160	0.857	0.833	0.849	0.843	0.505
161	0.604	0.642	0.630	0.639	0.950
162	0.638	0.680	0.667	0.677	0.905
163	0.685	0.733	0.718	0.729	0.850
164	0.739	0.796	0.778	0.791	0.801
165	0.796	0.863	0.842	0.857	0.778
166	0.818	0.888	0.866	0.883	0.812
167	0.833	0.906	0.883	0.900	0.877
168	0.814	0.884	0.862	0.878	0.983
169	0.814	0.884	0.862	0.878	0.927
170	0.840	0.914	0.891	0.909	0.871
171	0.867	0.946	0.921	0.940	0.829
172	0.874	0.955	0.929	0.948	0.779
173	0.861	0.938	0.914	0.932	0.700
174	0.844	0.918	0.895	0.912	0.636
175	0.840	0.914	0.891	0.909	0.603

序号	ξ_1^1	ξ_2^1	ξ_3^1	ξ_4^1	ξ_5^1
176	0.837	0.911	0.888	0.905	0.568
177	0.833	0.906	0.883	0.900	0.537
178	0.830	0.903	0.880	0.897	0.511
179	0.827	0.899	0.876	0.893	0.485
180	0.821	0.892	0.869	0.886	0.463
181	0.649	0.664	0.650	0.690	0.903
182	0.764	0.785	0.766	0.822	0.755
183	0.896	0.925	0.899	0.977	0.665
184	0.913	0.885	0.911	0.842	0.596
185	0.754	0.734	0.752	0.705	0.535
186	0.623	0.609	0.621	0.589	0.482
187	0.604	0.592	0.603	0.572	0.507
188	0.619	0.606	0.618	0.586	0.577
189	0.630	0.616	0.629	0.595	0.659
190	0.601	0.589	0.600	0.569	0.698
191	0.550	0.539	0.549	0.523	0.669
192	0.507	0.498	0.506	0.484	0.627
193	0.474	0.466	0.473	0.454	0.602
194	0.472	0.464	0.471	0.452	0.699
195	0.472	0.464	0.471	0.452	0.809
196	0.474	0.466	0.473	0.454	0.975
197	0.479	0.471	0.478	0.458	0.837
198	0.472	0.464	0.471	0.452	0.740
199	0.468	0.460	0.467	0.448	0.652
200	0.466	0.458	0.465	0.447	0.587
201	0.699	0.661	0.731	0.662	0.968
202	0.738	0.696	0.773	0.697	0.911
203	0.775	0.729	0.814	0.730	0.870
204	0.820	0.768	0.863	0.769	0.834
205	0.863	0.806	0.912	0.807	0.807
206	0.888	0.827	0.939	0.829	0.802
207	0.926	0.860	0.982	0.861	0.790
208	0.934	0.868	0.991	0.869	0.808
209	0.954	0.885	0.989	0.886	0.813
210	0.981	0.907	0.962	0.909	0.818

序号	ξ_1^1	ξ_2^1	ξ_3^1	ξ_4^1	ξ_5^1
211	0.999	0.927	0.941	0.929	0.825
212	0.976	0.948	0.920	0.949	0.833
213	0.972	0.952	0.917	0.953	0.851
214	0.958	0.965	0.905	0.967	0.863
215	0.954	0.969	0.901	0.971	0.891
216	0.946	0.978	0.894	0.979	0.912
217	0.942	0.982	0.890	0.984	0.934
218	0.946	0.978	0.894	0.979	0.965
219	0.929	0.996	0.879	0.998	0.979
220	0.929	0.996	0.879	0.998	0.982
221	0.641	0.678	0.691	0.645	0.992
222	0.650	0.689	0.702	0.655	0.989
223	0.660	0.701	0.714	0.665	0.925
224	0.670	0.711	0.725	0.674	0.836
225	0.670	0.712	0.725	0.675	0.726
226	0.667	0.709	0.722	0.672	0.659
227	0.668	0.710	0.723	0.673	0.626
228	0.673	0.715	0.728	0.678	0.591
229	0.683	0.726	0.740	0.688	0.574
230	0.693	0.737	0.752	0.698	0.548
231	0.698	0.743	0.758	0.703	0.510
232	0.698	0.744	0.758	0.704	0.470
233	0.700	0.745	0.760	0.705	0.444
234	0.700	0.745	0.760	0.705	0.406
235	0.705	0.752	0.767	0.711	0.382
236	0.712	0.759	0.774	0.717	0.370
237	0.718	0.766	0.782	0.724	0.364
238	0.720	0.768	0.784	0.725	0.354
239	0.720	0.768	0.784	0.725	0.345
240	0.720	0.769	0.785	0.726	0.334